# 射频与微波电路设计理论及应用

## RF and Microwave Circuit Design：Theory and Applications

[英]查尔斯·E. 弗里(Charles E. Free)
科林·S. 艾奇逊(Colin S. Aitchison) 著

冯 枫 张嘉男 张 伟 金 晶
闫淑霞 那伟聪 刘文远 等译

国防工业出版社
·北京·

著作权合同登记　图字：01-2023-4264 号

图书在版编目（CIP）数据

射频与微波电路设计理论及应用/（英）查尔斯·E.
弗里（Charles E. Free），（英）科林·S. 艾奇逊
（Colin S. Aitchison）著；冯枫等译. —北京：国防
工业出版社，2024. 5
书名原文：RF and Microwave Circuit Design：
Theory and Applications
ISBN 978-7-118-13265-6

Ⅰ. ①射…　Ⅱ. ①查…　②科…　③冯…　Ⅲ. ①射频电
路-电路设计　②微波电路-电路设计　Ⅳ. ①TN710.02

中国国家版本馆 CIP 数据核字（2024）第 069076 号

RF and Microwave Circuit Desing：Theory and Applications by Charles E. Free and Colin S. Aitchison
ISBN：9781119114635


※

国防工业出版社出版发行
（北京市海淀区紫竹院南路 23 号　邮政编码 100048）
三河市天利华印刷装订有限公司印刷
新华书店经售

*

开本 710×1000　1/16　印张 40¾　字数 732 千字
2024 年 5 月第 1 版第 1 次印刷　印数 1—1500 册　定价 268.00 元

---

（本书如有印装错误，我社负责调换）

国防书店：（010）88540777　　书店传真：（010）88540776
发行业务：（010）88540717　　发行传真：（010）88540762

## 翻译组成员

主译：冯　枫　张嘉男　张　伟　金　晶　闫淑霞
那伟聪　刘文远

参译：李可佳　张佳利　刘　伟　李小龙　刘　可
刘文旭　李佳慧　白太琦　杨艺琦　胡海甜
金姝婷　刘津辰　刘作栋　刘玉莹　娄卓辰
王世淋　苏建霖　林秀媚　付加萍

# 前　　言

近年来，射频和微波频率通信应用的迅速扩展引起了业界和学术界对高频电子学领域的浓厚兴趣。本书介绍了现代射频和微波频率下的电路和器件原理，重点介绍了当前的实用设计。本书的主题之一是通过单个无源和有源元件在平面电路结构中相互连接来实现的高频混合集成电路的设计。使用传统方法来制造这种电路是将元件组装在低损耗的已经预先蚀刻了所需互连图案的覆铜印制电路板上。目前，新材料和新制造技术的发展为电路设计人员创造了更大的设计空间，使得在更高的频率甚至毫米波范围内使用混合电路结构成为可能。特别是，使用可光刻成像的厚膜和低温共烧陶瓷（LTCC）材料可以制造低成本、高性能的多层结构。大部分高频材料都是从第一性原理发展而来的，它只需要读者具有基本的电子知识。书中介绍了许多工程实例来强化重点，并在章节末提供了带有答案的补充问题。书中介绍的材料主要基于两位作者在英国几所大学教授的射频和微波通信课程。书中会具体讨论这些材料的性质及其在射频和微波电路中的应用。

第 1 章介绍了作为高频电路分析基础的射频和微波传输线理论，并从传输线理论扩展到史密斯圆图的原理和应用。史密斯圆图是一种图形工具，可用于表示和解决传输线问题。本章总结了一些常见的高频传输线的性质，包括同轴电缆、微带、共面波导和空心金属波导。

第 2 章扩展了微带的理论和应用。微带是迄今为止用于射频和微波应用的最常见互连类型，本章讨论了这种传输介质的性质，并介绍了一些典型的无源微带元件。

第 3 章介绍了有关现代电路材料和相关制造技术的信息。这一章非常重要，是因为高频平面电路的良好电气设计需要很好地理解电路材料的性质和功能。除了传统的蚀刻电路技术外，本章还讨论了使用光刻厚膜、LTCC 和喷墨打印等较新的制造方法。本章最后讨论了可用于表征高频电路材料的各种方法。

第 4 章通过讨论与微带组件相关的不连续性，延续了平面电路设计的主题。本章还包括封装集总无源元件的等效电路，以及可以单层和多层形式使用的微型平面元件。

第 5 章介绍了 $S$ 参数的概念。$S$ 参数是用于表征射频和微波器件的网络参数，了解它们的含义和用途对于微波设计至关重要。本章内容包括有关功率增益的定义，以及在高频网络分析中如何使用流图。

第 6 章介绍了微波铁氧体。铁氧体材料在微波技术中占有一席之地，主要用于提供非往复元件。本章解释了铁氧体材料的性质，以及它们在传统金属波导元件中的应用，还讨论了铁氧体材料在多层平面电路中的最新用途。

第 7 章介绍了射频和微波频率的测量。重点介绍了作为所有高频实验室最主要测试仪器的矢量网络分析仪（VNA）的使用。除了描述 VNA 的功能和用途外，本章还讨论了校准和测量误差等重点问题。

第 8 章介绍了射频滤波器，这是大多数高频子系统中的基本电路。本章介绍了主要的滤波器响应，然后将理论分析扩展到实际的设计环节中。本章还囊括了一些微带滤波器设计的工程实例，并总结了多层结构在射频和微波频率下生产高性能滤波器的优势。

第 9 章介绍了混合微波放大器的设计，其中封装晶体管（通常是金属半导体场效应晶体管（MESFET））位于输入和输出匹配网络之间。重点介绍匹配网络的设计，并考虑这些网络对传感器增益、噪声和稳定性的影响，同时，通过工程实例展示了用微带实现的设计策略。

第 10 章介绍了平面电路中开关和移相器的功能和设计。本章讲述了在射频和微波电路中用作开关的四种器件的功能，即 PIN 二极管、场效应晶体管（FET）、微机电开关（MEMS）和在线相变开关（IPCS），并介绍了这些开关在各种类型移相器中的应用，以及提供了特定的工程实例来展示微带移相器是如何被设计的。

第 11 章介绍了有关高频电路中使用的各种振荡器。从反馈电路中的振荡标准开始，描述了三种主要类型的晶体管振荡器，即 Colpitts、Hartley 和 Clapp-Gouriet 振荡器。从基本振荡器开始，介绍了压控振荡器（VCO）的概念。许多射频和微波接收器以及大多数测试仪器都从非常稳定的低频晶体振荡器和频率合成器获得所需的频率。本章讨论了晶体振荡器，并概括了使用锁相环的混频器的主要类型，还给出了专门用于微波频率的几种类型的振荡器的描述：其中包括介电谐振器振荡器（DRO）以及使用 Gunn 和 Impatt 原理的振荡器。在许多情况下，振荡器噪声是一个重要问题，特别是对于低噪声接收器，本章最后讨论了振荡器噪声以及测量该噪声的方法。

第 12 章介绍了射频和微波天线。本章首先介绍了简单导线结构（包括半波偶极子）的电磁辐射理论，然后扩展分析了考虑线阵的情况，并详细讲解了最广泛用于射频和低微波频率通信的天线阵列–八木宇田阵列。由于与微波频率相关的短波长为天线设计人员提供了更大的设计空间，本章详细阐述了使用平面贴片结构的微波天线和使用孔径辐射的微波天线的设计细节。

第 13 章介绍了功率放大器和分布式放大器。功率放大器通常被定位为发射机中传输信号之前的最后一个设备，因此功率放大器引入的任何失真都无法校正，失真问题也是本章的重要主题。本章还介绍了分布式放大器，该放大器不仅可以在微波频率下提供高可用增益，而且可以有非常宽的带宽。

第 14 章汇总了前几章中介绍的一些器件，并讨论了射频和微波接收器。噪声在任何接收器中都是一个重要问题，特别是当接收的信号电平非常低时尤为重要，本章还讨论典型的噪声源，以及它们如何影响接收器的性能。

# 目　　录

# 第 1 章　射频传输线

## 1.1 引　　言

电缆和电路互连形式的传输线是射频和微波系统中必不可少的组件。此外，许多分布式平面组件依赖传输线原理进行操作。本章将会介绍沿导波结构进行射频传输的概念，并且为后续章节当中分布式组件的开发提供基础。

图 1.1 展示了四种最常见的射频和微波传输线形式。

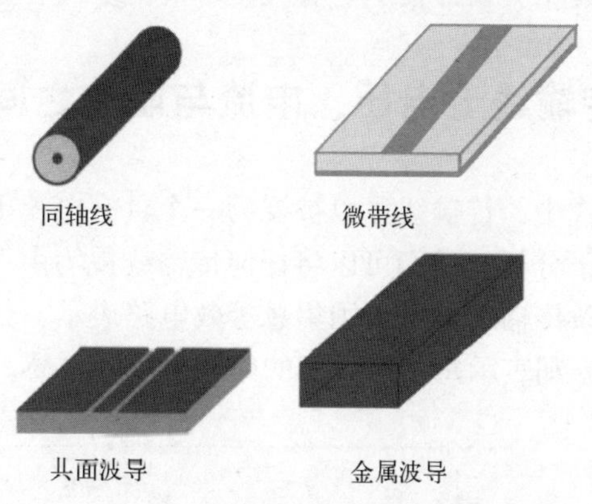


图 1.1　常见的高频传输线类型

(1) 同轴电缆属于屏蔽式传输线，其中信号导体位于圆柱形导电管的中心，内部空间充满无损耗电介质。电介质通常是固体，但对于高频应用，它通常以介电叶片的形式出现，以便形成具有较低传输损耗的半空气间隔介质。一种典型的同轴电缆是柔性的，外径约为 5mm，但是更小直径的同轴电缆同样存在，如直径为 1mm 的电缆可用于毫米波设备间的互连。此外，对于超高频应用，电缆可能具有刚性或半刚性结构。有关同轴电缆的更多内容参见附录 1. A。

(2) 共面波导（CPW）中的导体通常位于基底的同一侧，如图 1.1 所示。这种类型的结构便于有源元件的安装以及信号轨道之间的隔离。共面波导广泛应用于高频段下的紧凑型集成电路中。有关共面波导的更多内容参见附录 1. B。

（3）波导由矩形或圆形横截面的空心金属管组成，是一种用于 1GHz 以上微波频率的传统传输线形式。对于许多电路和互联应用，波导已被平面结构所取代，其在现代射频和微波系统中的使用仅限于相当专业的应用，它是唯一一种可以支持某些变送器应用所需要的超高功率的传输线。充气金属波导是一种损耗非常低的介质，因此可用于制造非常高 $Q$ 值的空腔，第 3 章将对此应用与介电测量相关的细节进行更详细的讨论。传统波导的最新应用是在毫米波应用领域的基片集成波导（SIW）结构，第 4 章在新兴技术的背景下对此进行了更详细的解释。有关波导理论的更多内容参见附录 1. C。

（4）微带线是射频和微波应用的平面电路中最常用的互联形式。如图 1. 1 所示，它由一块一侧完全覆盖导体形成接地层，另一侧有一条信号轨道的低损耗绝缘基底组成。这是高频电路设计中尤为重要的媒介，因此本书第 2 章专门深入讨论微带线及其相关设计技术。有关微带的更多内容参见附录 1. D。

## 1. 2　传输线上电压、电流与阻抗之间的关系

在最简单的形式中，传输线可以被视为一个具有电流出发和返回路径的双导体结构。为了便于分析，我们可以将任何传输线视为由大量非常短的小传输线（$\delta z$）组成，每条传输线都可以用集总等效电路表示，如图 1. 2 所示。在等效电路中，$R$ 和 $L$ 分别表示每单位长度的串联电阻和电感。

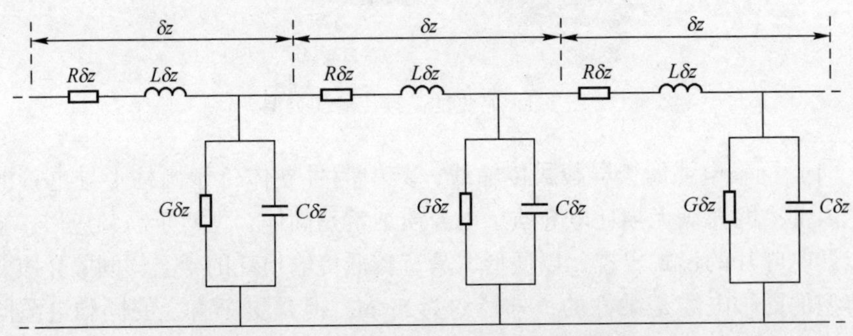


图 1. 2　用集总元件表示的传输线

在等效电路中，$R$ 和 $L$ 分别表示每单位长度的串联电阻和电感，$C$ 表示每单位长度传输线之间的电容，$G$ 是每单位长度的并联电导率，代表导体之间具有非常高电阻值的绝缘介质。

需要注意的是，要使这种用集总电路表示传输线的方法合理，前提是 $\delta z$ 相较于波长很小。$R$、$L$、$G$ 和 $C$ 通常被视为基本的传输线常数，他们的单位分别是 Ω/m、H/m、S/m 和 F/m。

为了建立起传输线上电压和电流的关系，我们首先需要指定一条由发送端的正弦电压激励的线，其角频率为 $\Omega$。如果我们记线路上某个任意点的电压和电流分别为 $V$ 和 $I$，那么我们可以对这一点上单位长度的传输线单元进行分析。单位长度上的压降为 $\delta V$，并联电流为 $\delta I$，如图 1.3 所示。

使用标准交流电路理论，我们可以将电压的变化 $\delta V$ 与等效电路的元件相关联，即

$$-\delta V=(R\delta z)I+(L\delta z)\frac{\partial I}{\partial t}$$

$$=(R\delta z)I+(L\delta z)\mathrm{j}\omega I$$

则

$$\frac{\delta V}{\delta z}=-(R+\mathrm{j}\omega L)I$$

考虑极限情况，当 $\delta z$ 趋近于 0 时，有 $\frac{\delta V}{\delta z}$ 趋近于 $\frac{\mathrm{d}V}{\mathrm{d}z}$，可以由此得到

$$\frac{\mathrm{d}V}{\mathrm{d}z}=-(R+\mathrm{j}\omega L)I \tag{1.1}$$

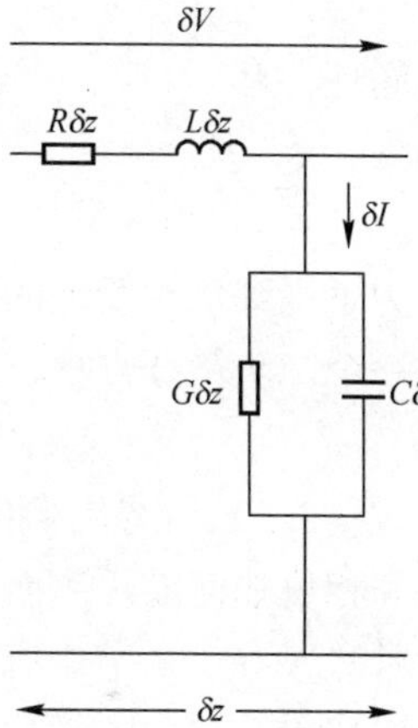

图 1.3　一个单位长度 δz 的传输线等效电路

考虑并联电流 $\delta I$，有

$$-\delta I=(G\delta z)V+(C\delta z)\frac{\partial V}{\partial t}$$

$$=(G\delta z)V+(C\delta z)\mathrm{j}\omega V$$

则

$$\frac{\delta I}{\delta z}=-(G+\mathrm{j}\omega C)V$$

考虑极限情况，当 $\delta z$ 趋近于 0 时，有 $\frac{\delta I}{\delta z}$ 趋近于 $\frac{\mathrm{d}I}{\mathrm{d}z}$，可以由此得到

$$\frac{\mathrm{d}I}{\mathrm{d}z}=-(G+\mathrm{j}\omega C)V \tag{1.2}$$

将式（1.1）用时间做差分可得

$$\frac{\mathrm{d}^2V}{\mathrm{d}z^2}=-(R+\mathrm{j}\omega L)\frac{\mathrm{d}I}{\mathrm{d}t}$$

用式（1.2）中等式右边的部分替代$\frac{\mathrm{d}I}{\mathrm{d}z}$可得

$$\frac{\mathrm{d}^2V}{\mathrm{d}z^2}=(R+\mathrm{j}\omega L)(G+\mathrm{j}\omega C)V$$

上式可改写为

$$\frac{\mathrm{d}^2V}{\mathrm{d}z^2}=\gamma^2V \tag{1.3}$$

其中

$$\gamma=\sqrt{(R+\mathrm{j}\omega L)(G+\mathrm{j}\omega C)} \tag{1.4}$$

同理，有

$$\frac{\mathrm{d}^2I}{\mathrm{d}z^2}=\gamma^2I \tag{1.5}$$

为了得到传输线上的电压变化量，我们必须求解式（1.3）以此得到 $V$，这是一个二阶微分方程，其标准解的形式为

$$V=V_1\mathrm{e}^{-\gamma z}+V_2\mathrm{e}^{+\gamma z} \tag{1.6}$$

式（1.6）等号右侧的两个项显示了在正向和反向方向上传播的波的峰值振幅和相位如何随距离而变化。这些波的振幅和相位值由 $\gamma$ 值决定，$\gamma$ 定义为传播常数（在 1.3 节中有更详细的讨论）。

对式（1.6）做差分可得

$$\frac{\mathrm{d}V}{\mathrm{d}z}=-\gamma V_1\mathrm{e}^{-\gamma z}+\gamma V_2\mathrm{e}^{\gamma z} \tag{1.7}$$

结合式（1.7）以及式（1.1）可得

$$-(R+\mathrm{j}\omega L)I=-\gamma V_1\mathrm{e}^{-\gamma z}+\gamma V_2\mathrm{e}^{\gamma z}$$

即

$$I=\frac{\gamma}{(R+\mathrm{j}\omega L)}V_1\mathrm{e}^{-\gamma z}-\frac{\gamma}{(R+\mathrm{j}\omega L)}V_2\mathrm{e}^{\gamma z} \tag{1.8}$$

将 $\gamma=\sqrt{(R+\mathrm{j}\omega L)(G+\mathrm{j}\omega C)}$ 代入式（1.8），可得

$$I=\sqrt{\frac{(G+\mathrm{j}\omega C)}{(R+\mathrm{j}\omega L)}}V_1\mathrm{e}^{-\gamma z}-\sqrt{\frac{(G+\mathrm{j}\omega C)}{(R+\mathrm{j}\omega L)}}V_2\mathrm{e}^{\gamma z}$$

或

$$I=\frac{V_1}{Z_0}\mathrm{e}^{-\gamma z}-\frac{V_2}{Z_0}\mathrm{e}^{\gamma z} \tag{1.9}$$

其中

$$Z_0=\sqrt{\frac{(R+\mathrm{j}\omega L)}{(G+\mathrm{j}\omega C)}} \tag{1.10}$$

阻抗 $Z_0$称为传输线的特征阻抗。对于任何传输线来说，特征阻抗都是一个重要特性，了解其物理意义是十分有必要的。从理论上讲，它是支持波沿一个方向传播的无限长传输线上任意一点的电压与电流之比，如果传输线是无耗的，即 $R=0$，并且 $G=0$，我们可以由式（1.10）得到 $Z_0=\sqrt{L/C}$，此时阻抗是一个与频率无关的常量。因此，如果一个传输线连接一个与特性阻抗相等的终端，那么就不会产生任何反射。此外，如果传输线以其特性阻抗端接，则线路输入端的阻抗将等于特性阻抗，在这种情况下，该线被称为是匹配的。

考虑传输线的发送端，即 $z=0$，将其代入式（1.6）和式（1.9）可得

$$\begin{cases}V=V_{\mathrm{S}}=V_1+V_2\\ I=I_{\mathrm{S}}=\dfrac{V_1-V_2}{Z_0}\end{cases} \tag{1.11}$$

其中，$V_{\mathrm{S}}$和 $I_{\mathrm{S}}$分别代表传输线发送端的电压和电流。

求解式（1.11）得到 $V_1$和 $V_2$，即

$$\begin{cases}V_1=\dfrac{V_{\mathrm{S}}+Z_0I_{\mathrm{S}}}{2}\\ V_2=\dfrac{V_{\mathrm{S}}-Z_0I_{\mathrm{S}}}{2}\end{cases} \tag{1.12}$$

对于传输线上的任意间距 $z$，对应的电压电流现在可以根据发送端的电压和电流得到，将式（1.12）中的 $V_1$、$V_2$代入式（1.6）和式（1.9）可得

$$\begin{aligned}V&=\frac{V_{\mathrm{S}}+Z_0I_{\mathrm{S}}}{2}\mathrm{e}^{-\gamma z}+\frac{V_{\mathrm{S}}-Z_0I_{\mathrm{S}}}{2}\mathrm{e}^{\gamma z}\\ &=V_{\mathrm{S}}\left(\frac{\mathrm{e}^{\gamma z}+\mathrm{e}^{-\gamma z}}{2}\right)-I_{\mathrm{S}}Z_0\left(\frac{\mathrm{e}^{\gamma z}-\mathrm{e}^{-\gamma z}}{2}\right)\end{aligned} \tag{1.13}$$

式（1.13）可以用双曲函数改写为

$$V=V_{\mathrm{S}}\cosh(\gamma z)-I_{\mathrm{S}}Z_0\sinh(\gamma z) \tag{1.14}$$

同理，有

$$I=I_{\mathrm{S}}\cosh(\gamma z)-\frac{V_{\mathrm{S}}}{Z_0}\sinh(\gamma z) \tag{1.15}$$

距离传输发送端任意距离 $z$ 处的阻抗 $Z_z$可以通过式（1.14）除以式（1.15）得到，即

$$Z_z=\frac{V}{I}=\left(\frac{Z_{\mathrm{S}}\cosh(\gamma z)-Z_0\sinh(\gamma z)}{Z_0\cosh(\gamma z)-Z_{\mathrm{S}}\sinh(\gamma z)}\right)Z_0 \tag{1.16}$$

其中，$Z_S=\dfrac{V_S}{I_S}$为发送端的阻抗。

现在我们考虑一个有限长且长度为$l$的传输线，由任意阻抗$Z_L$端接，那么当$z=l$时，$Z_Z=Z_L$，此时式（1.16）可以改写为

$$Z_L=\left(\frac{Z_S\cosh(\gamma l)-Z_0\sinh(\gamma l)}{Z_0\cosh(\gamma l)-Z_S\sinh(\gamma l)}\right)Z_0 \tag{1.17}$$

端接阻抗$Z_L$的一条传输线的输入阻抗$Z_{in}$，可通过改写式（1.17）获得，即

$$Z_{in}=Z_S=\frac{Z_0(Z_L\cosh(\gamma l)+Z_0\sinh(\gamma l))}{(Z_0\cosh(\gamma l)+Z_L\sinh(\gamma l))} \tag{1.18}$$

这是一个重要且复杂的表达式，它给出了在传播常数为$\gamma$、特性阻抗为$Z_0$，以及线长为$l$时，以阻抗$Z_L$端接的传输线的输入阻抗$Z_{in}$的计算公式。如果传输线的损耗很低，式（1.18）可以极大地被简化，具体内容将在本章后文讲述。

## 1.3 传播常数

式（1.4）引出了传播常数，该常数决定了以特定频率沿传输线传播的波的幅度和相位，并且可以方便地表示为

$$\gamma=\alpha+j\beta \tag{1.19}$$

其中

$\alpha$——衰减系数；

$\beta$——相位传播常数。

考虑到式（1.6）等号右边的第一项，我们有

$$V_F=V_1e^{-\gamma z}=V_1e^{-(\alpha+j\beta)z}=V_1e^{-\alpha z}e^{-j\beta z}$$

其中，$V_F$为沿着传输线间距为1的前向波电压。波的幅度可以用以下公式给出：

$$|V_F|=|V_1|e^{-\alpha z}$$

上式可改写为

$$\alpha=-\log_e\left|\frac{V_F}{V_1}\right|=-\ln\left|\frac{V_F}{V_1}\right| \tag{1.20}$$

取两个电压之比的自然对数，得出以奈培为单位的比率，所以$\alpha$将会以Np/m（奈培/米）作为单位。尽管奈培不是射频网络当中的一个常见单位，它对于将电压比从奈培转换为更常见的功率单位dB非常重要。

考虑到一个电压比值 $\alpha$，我们有

$$\alpha_{\mathrm{Np}}=\log_{e}\alpha \quad \Rightarrow \quad \alpha=e^{\alpha_{\mathrm{Np}}} \tag{1.21}$$

$$\alpha_{\mathrm{dB}}=20\log_{10}\alpha \quad \Rightarrow \quad \alpha=10^{\alpha_{\mathrm{dB}}/20} \tag{1.22}$$

因此

$$e^{\alpha_{\mathrm{Np}}}=10^{\alpha_{\mathrm{dB}}/20}$$

即

$$\alpha_{\mathrm{Np}}\log_{e}e=\frac{\alpha_{\mathrm{dB}}}{20}\log_{e}10$$

$$\alpha_{\mathrm{Np}}=0.115\times\alpha_{\mathrm{dB}} \tag{1.23}$$

和

$$1\mathrm{Np}\equiv 8.686\mathrm{dB} \tag{1.24}$$

传播常数的虚部给出了波在传播一段距离 $z$ 时经历的传输相变。由于一个波长内包含 $2\pi$ 个 rad 单位，传播常数通常定义为

$$\beta=\frac{2\pi}{\lambda} \tag{1.25}$$

其中 $\lambda$ 为沿所考虑的传输线的波长。根据式（1.25），相位传播常数的单位为 rad/m（弧度/米）。

### 1.3.1　色散

上述理论描述了以单一频率沿传输线的传播过程。但是，由于所有承载信息的信号都包含多个频率，因此了解传输线的传播特性如何随频率变化非常重要。

如果信号中包含的所有频率都以相同的速度传播，则称该传输线为无色散。如果不是这样，并且相速度① $v_p$ 是频率的函数，则传输线将表现出色散特性。如果存在色散，则包含许多频率成分（如电压脉冲）的信号在沿传输线传播时会失真，失真程度会随着传播距离的增加而加剧。

群速度 $v_g$ 是一个确定色散程度的一个重要概念。我们可以通过考虑由许多正弦波组成的一个信号传输过程来解释这个概念，每个正弦波具有不同的频率和幅度。这些频率分量将组合成具有特定包络的复合模式。群速度是该包络沿传输线传播的速度。可以证明群速度由下式给出：

$$v_g=\frac{\delta\omega}{\delta\beta} \tag{1.26}$$

① 相速度是正弦波相位沿线传输的速度，用 $v_p$ 表示，$v_p=\omega/\beta$，相速度更多的细节内容参见附录 1.C.5 中关于波导传播的相关内容。

如果该速度与频率无关，则传输线将是无色散的，并且信号频率分量之间的相位关系将保持下去。

群速度的倒数称为群延迟，是特定频率下 $\beta$-$\omega$ 响应的斜率。如果 $\beta$ 是频率的线性函数，则 $\beta$-$\omega$ 响应将是一条直线，群延迟将是恒定的，并且与频率无关。为避免失真，群延迟在所传输信号的整个频率范围内保持恒定非常重要。

### 1.3.2 幅度失真

如果衰减常量 $\alpha$ 是频率的变化函数，则会发生幅度失真，从而导致复杂信号的频率分量随着信号传播而产生不同的幅度变化。为了不发生衰减失真，我们要求$\frac{\delta\alpha}{\delta f}=0$。通常，衰减失真对于射频和微波电路互连并不重要，因为这些互连很短，并且故意设计为低损耗。

## 1.4 无损传输线

射频和微波电路中遇到的大多数传输线都是尺寸短且故意制造为低耗散损耗的。因此，修改上述理论使其适用于无损传输线是有意义的。

当无损传输线有 $R=G=0$，并且式（1.10）将发生变化时，特征阻抗的实部将变为实数，通过下式给出：

$$Z_0=\sqrt{\frac{L}{C}} \tag{1.27}$$

此外，由于线路中的损耗为0，因此衰减系数 $\alpha$ 将为0，传播系数将仅表示波在线路上的相位表现，即

$$\gamma=\mathrm{j}\beta=\mathrm{j}\omega\sqrt{LC} \tag{1.28}$$

且

$$\beta=\omega\sqrt{LC} \tag{1.29}$$

当 $\gamma=\mathrm{j}\beta$ 时，传输线的输入阻抗表达式也会发生改变，式（1.18）改写为

$$Z_{\mathrm{in}}=\frac{Z_0(Z_{\mathrm{L}}\cosh(\mathrm{j}\beta l)+Z_0\sinh(\mathrm{j}\beta l))}{(Z_0\cosh(\mathrm{j}\beta l)+Z_{\mathrm{L}}\sinh(\mathrm{j}\beta l))} \tag{1.30}$$

回想到 $\cosh(\mathrm{j}x)=\cos(x)$ 并且 $\sinh(\mathrm{j}x)=\mathrm{j}\sin(x)$，式（1.30）可以改写为

$$Z_{\mathrm{in}}=\frac{Z_0(Z_{\mathrm{L}}\cos(\beta l)+\mathrm{j}Z_0\sin(\beta l))}{(Z_0\cos(\beta l)+\mathrm{j}Z_{\mathrm{L}}\sin(\beta l))} \tag{1.31}$$

或

$$Z_{in}=\frac{Z_0(Z_L+jZ_0\tan(\beta l))}{(Z_0+jZ_L\tan(\beta l))} \tag{1.32}$$

这是一个重要的表达式，给出了以 $Z_L$端接时，相位传播常数为$\beta$、特性阻抗为 $Z_0$和线路长度 $l$ 的情况下的无损传输线的输入阻抗 $Z_{in}$。

**例 1.1**　以下传输线常量适用于工作频率为 100MHz 的无损传输线：$L=0.5\mu H/m$，$C=180pF/m$。

求：(1) 传输线的特征阻抗；

(2) 相位传播常数；

(3) 在传输线上的传播速度；

(4) 在传输线上 20cm 的距离内相位的变化量。

**解**：(1) $Z_0=\sqrt{\frac{L}{C}}=\sqrt{\frac{0.5\times10^{-6}}{180\times10^{-12}}}\Omega=52.7\Omega$；

(2) $\beta=\omega\sqrt{LC}=2\pi\times10^8\times\sqrt{0.5\times10^{-6}\times180\times10^{-12}}\text{rad/m}=5.96\text{rad/m}$；

(3) $v_P=\frac{1}{\sqrt{LC}}=\frac{1}{\sqrt{0.5\times10^{-6}\times180\times10^{-12}}}\text{m/s}=1.05\times10^8\text{m/s}$；

(4) $\phi=\beta l=5.96\times0.2\text{rad}=1.192\text{rad}\equiv68.29°$。

**例 1.2**　一条特定的无损传输线具有 75Ω 的特性阻抗和 4rad/m 的相位常数。求当该传输线长度为 30cm，端接阻抗(100−j50)Ω 时的输入阻抗。

**解**：

$$\phi=\beta l=4\times0.3\text{rad}=01.2\text{rad}\equiv68.7°$$

利用式（1.32）有

$$\begin{aligned}Z_{in}&=\frac{Z_0(Z_L+jZ_0\tan(\beta l))}{(Z_0+jZ_L\tan(\beta l))}\\&=\frac{75\times(100-j50+j75\times\tan(68.7°))}{75+j(100-j50)\times\tan(68.7°)}\Omega\\&=39.87\angle3.26°\Omega\\&\equiv(39.81+j2.27)\Omega\end{aligned}$$

## 1.5　匹配和不匹配传输线

根据式（1.32），我们可以建立匹配特征阻抗 $Z_0$的无损传输线的条件，该线端接在负载 $Z_L$上。

(1) 匹配传输线。如果 $Z_L=Z_0$，那么 $Z_{in}=Z_0$，这时传输线就可以被认为是匹配的，所有从发送端传送的能量都会被负载吸收并且将不会存在反射波。

(2) 完全不匹配传输线。如果负载阻抗被短路电路或是开路电路所替代，那么此时传输线可以被认为是完全不匹配的，并且终端不会耗散任何能量，输入阻抗呈现全抗性。

当 $Z_L=0$（即端接短路电路）式（1.32）将改写为

$$Z_{in}=Z_{S/C}=jZ_0\tan(\beta l) \tag{1.33}$$

当 $Z_L=\infty$（端接开路电路）式（1.32）将改写为

$$Z_{in}=Z_{0/C}=\frac{Z_0}{j\tan(\beta l)}=-jZ_0\cot(\beta l) \tag{1.34}$$

(3) 部分不匹配传输线。使用任意负载阻抗值时，一些入射能量将从接收端反射，从而产生如1.6节所述的驻波。

## 1.6 传输线上的波

如果 $Z_L\neq Z_0$，则传输线将不匹配，一些能量将从负载端反射。在这种情况下，入射和反射的行波将相互作用形成干涉波形。由于如果负载是无源阻抗，入射波和反射波必须处于相同的频率，因此干涉波形将采用驻波的形式，波形的最大值和最小值位于固定位置。两个相邻最大值或最小值之间的距离必须为 $\lambda/2$，其中 $\lambda$ 是传输线上的波长。典型的电压驻波模式如图1.4所示。

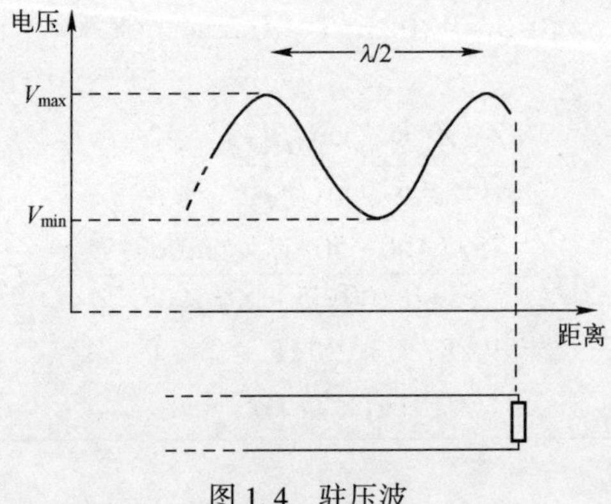


图1.4　驻压波

波形电压最大值将为 $V|V_F||V_R|_{max}$，最小值为$V|V_F||V_R|_{min}$，其中 $V_F$和$V_R$分别是正向波和反射波的峰值电压。传输的失配程度可以通过两个参数来表征，即电压驻波比（VSWR）和反射系数$\rho$，这两个参数定义如下。

VSWR 定义为

$$\mathrm{VSWR}=\frac{V_{\max}}{V_{\min}}=\frac{|V_{\mathrm{F}}|+|V_{\mathrm{R}}|}{|V_{\mathrm{F}}|-|V_{\mathrm{R}}|} \tag{1.35}$$

由于我们知道 $V_{\mathrm{R}}=0$ 表示负载匹配，$V_{\mathrm{R}}=V_{\mathrm{F}}$ 表示所有能量都被反射情况下的完全不匹配，因此我们可以推断出 VSWR 值的范围为

$$1\leqslant(\mathrm{VSWR})\leqslant\infty \tag{1.36}$$

当 $Z_{\mathrm{L}}=Z_0$ 时，驻波比为 1。

反射系数 $\rho$ 通过下式定义：

$$\rho=\frac{V_{\mathrm{R}}}{V_{\mathrm{F}}} \tag{1.37}$$

因此 $\rho$ 的大小范围由下式给出：

$$0\leqslant|\rho|\leqslant 1 \tag{1.38}$$

$\rho$ 的最理想值为 0，$\rho$ 的值为 1 时所有的能量都从负载端反射。值得一提的是，$\rho$ 是一个复杂的物理量，同时给出幅度和相位的信息，并且它是设计匹配网络的过程中一个非常重要的物理量，相关内容将在本章后续部分进行讨论。

显然，驻波比和反射系数之间一定存在某种关系，因为这两个参数都提供了有关负载反射程度的信息，式（1.39）展示了这种关系：

$$\mathrm{VSWR}=\frac{V_{\max}}{V_{\min}}=\frac{|V_{\mathrm{F}}|+|V_{\mathrm{R}}|}{|V_{\mathrm{F}}|-|V_{\mathrm{R}}|}=\frac{1+\left|\frac{V_{\mathrm{R}}}{V_{\mathrm{F}}}\right|}{1-\left|\frac{V_{\mathrm{R}}}{V_{\mathrm{F}}}\right|}=\frac{1+|\rho|}{1-|\rho|} \tag{1.39}$$

此外，首先将式（1.11）重写为以下形式来确定反射系数和阻抗之间的关系

$$V=V_{\mathrm{F}}+V_{\mathrm{R}}\quad I=\frac{V_{\mathrm{F}}-V_{\mathrm{R}}}{Z_0} \tag{1.40}$$

随后，有

$$Z=\frac{V}{I}=Z_0\frac{V_{\mathrm{F}}+V_{\mathrm{R}}}{V_{\mathrm{F}}-V_{\mathrm{R}}}=Z_0\frac{1+\frac{V_{\mathrm{R}}}{V_{\mathrm{F}}}}{1-\frac{V_{\mathrm{R}}}{V_{\mathrm{F}}}}=Z_0\frac{1+\rho}{1-\rho} \tag{1.41}$$

将式（1.41）改写为

$$\rho=\frac{Z-Z_0}{Z+Z_0} \tag{1.42}$$

**例 1.3** 反射系数 $0.4\angle-22°$ 对应的驻波比是多少?

**解:**

$$\mathrm{VSWR}=\frac{1+|\rho|}{1-|\rho|}=\frac{1+0.4}{1-0.4}=\frac{1.4}{0.6}=2.33$$

## 1.7 史密斯圆图

史密斯圆图由 J. B. Smith 于 1935 年开发，是用于射频和微波电路设计的图形工具。虽然涉及图形操作的技术容易出现严重的读取和绘图错误，但史密斯圆图在快速直观地评估电路问题方面仍然很有用，在使用史密斯圆图后，设计者可以使用 CAD 进行返工以提供精确的设计信息。

在现代，史密斯圆图的主要应用之一是测量仪器，用于将电路参数表示为频率的函数，史密斯圆图是现代网络分析仪中显示的重要组成部分（见第 7 章）。

### 1.7.1 史密斯圆图的推导

式（1.42）可用归一化阻抗写为

$$\rho=\frac{z-1}{z+1} \tag{1.43}$$

其中，$z$ 表示归一化阻抗，定义为

$$z=\frac{Z}{Z_0} \tag{1.44}$$

其中，$Z_0$为传输线的特征阻抗。

需要指出的是，这里我们采用了归一化的惯例，其中阻抗、电阻和电抗的归一化值分别由小写字母 $z$、$r$ 和 $x$ 表示。

将 $z=r+\mathrm{j}x$ 代入等式（1.43），有

$$\rho=\frac{(r+\mathrm{j}x)-1}{(r+\mathrm{j}x)+1}=\frac{(r-1)+\mathrm{j}x}{(r+1)+x} \tag{1.45}$$

由于反射系数是一个复数，包含幅度和相位，我们可以将 $\rho$ 写为

$$\rho=U+\mathrm{j}V \tag{1.46}$$

综合式（1.45）和式（1.46）可得

$$U+jV=\frac{(r-1)+jx}{(r+1)+jx} \tag{1.47}$$

我们可以通过等式两侧实部和虚部相等这一条件来求解式（1.47），经过一些费力但常规的数学运算，我们得到

$$\left(U-\frac{r}{r+1}\right)^2+V^2=\left(\frac{1}{r+1}\right)^2 \tag{1.48}$$

并且

$$(U-1)^2+\left(V-\frac{1}{x}\right)^2=\left(\frac{1}{x}\right)^2 \tag{1.49}$$

由此可以看出，式（1.48）和式（1.49）都是表示 $U-V$ 平面中圆的方程。

对于一个特定的 $r$ 值，式（1.48）表示一个圆心位于$\left(\frac{r}{r+1},0\right)$，半径为$\frac{1}{r+1}$的一个圆。因此对于任意一个圆，$r$ 的值都是恒定的。史密斯原图上的正圆被称为恒定归一化电阻圆，图 1.5 展示了此类圆。

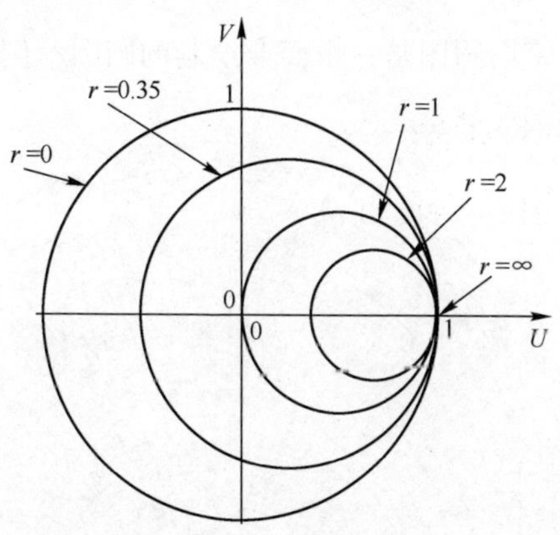


图 1.5　归一化恒定电阻圆

类似的，对于一个特定的 $x$ 值，式（1.49）表示一个圆心位于$\left(1,\frac{1}{x}\right)$，半径为$\frac{1}{x}$的圆。这些固定电抗值的圆被称为恒定归一化电抗圆，图 1.6 展示了一些示例，需要注意的是 $x$ 的值可以取正数或是负数，因为在实际工程问题当中，电抗的值可以是正数也可以是负数。我们还可以通过式（1.49）看出，在 $x=0$ 的情况下，对应的圆半径无穷大，因此可以由与 $U$ 轴重合的直线表示。

作为参考，$r=0$ 对应的圆也展示在图 1.6 中。

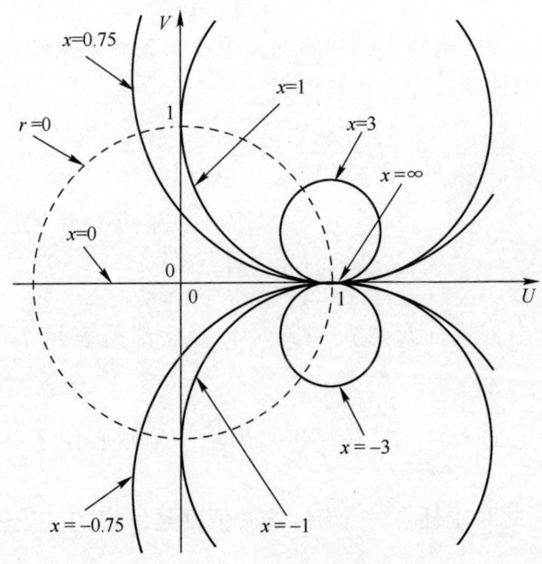


图 1.6　归一化恒定电抗圆

图 1.7 所示的史密斯圆图是一个商业绘制的圆图示例，我们可以看到，除

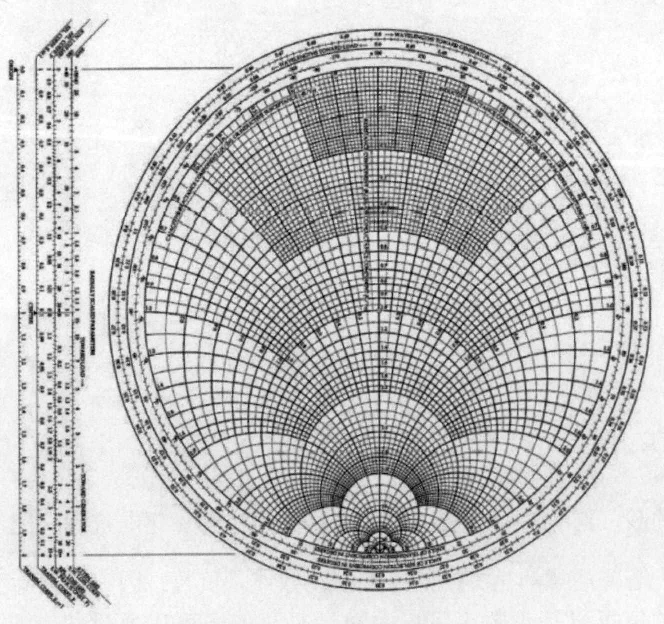

图 1.7　史密斯圆图

了已经讨论过的归一化电阻和电抗圆之外，左侧还提供了一组刻度。这组刻度能够帮助设计者在图表上绘制径向距离，这些距离对应了电压驻波比和反射系数的特定值。本章后续的案例将演示这组刻度的使用方法。

### 1.7.2　史密斯圆图的属性

（1）通过定位对应的电阻线和电抗线的交点，在图表上绘制阻抗点，需要记住的是图表仅显示归一化值。

（2）由于图表是在反射平面上绘制的，即 $\rho=U+jV$，因此以原点为中心绘制的圆上的点表示具有恒定幅值的反射系数。这些圆没有画在图上，需要由使用者自行绘制，通常称为等 VSWR 圆（简称为 VSWR 圆）。绕等驻波比圆移动对应于沿一条传输线移动，以此改变反射系数的角度。然而，围绕 VSWR 圆的旋转方向很重要，因为从传输线的发送端向负载端移动将使反射系数的角度正向增加，相反，从负载向发送端移动将使反射系数的角度负向增加。为了方便史密斯圆图的使用者，图的周围附加了一个显示反射系数角度的环形刻度（该刻度的使用方法将在（3）中讨论，并在例 1.4 中进行了演示）。我们从前面对驻波的讨论中知道，不匹配传输线上的电压模式每半波长重复一次，因此从 VSWR 圆上的给定点环绕一整圈，返回到同一点，必须对应于沿该传输线移动距离 $\lambda/2$。图表的外围有适当的波长刻度，请注意，两个刻度分别表示两个不同的运动方向。史密斯圆图上的距离总是由电长度来表示，即波长的分数。

（3）反射系数可以直接绘制在图表上。径向距离对应于反射系数在线性尺度上的幅值，从图表中心的 0（$U-V$ 平面中的原点）开始，最大圆周处反射系数达到最大值 1。史密斯圆图的一些制造商提供反射系数刻度作为绘图的辅助（图 1.7）。史密斯圆图还包含对应于反射系数角度的圆周刻度。因此，绘制反射系数点涉及通过适当的角度识别径向线，然后沿该线标记所需的径向距离。

（4）归一化阻抗可以通过绕图表旋转 180°来转换为归一化导纳。绘制归一化导纳后，电阻圈转换为电导圈，电抗线转换为电纳线。

从阻抗平面到导纳平面的这种转换的可靠性可以通过验证史密斯圆图上的 180°旋转对应于沿传输线移动 $\lambda/4$ 来确定，详见（2）中的讨论。从式（1.32）开始，距离负载 $l$ 处的阻抗 $Z(l)$ 由下式给出：

$$\frac{Z(l)}{Z_0}=\frac{Z_L+jZ_0\tan(\beta l)}{Z_0+jZ_L\tan(\beta l)} \tag{1.50}$$

用 $l+\lambda/4$ 替换 $l$，对应于沿传输线移动 $\lambda/4$，可以得到

$$\frac{Z(l+\lambda/4)}{Z_0}=\frac{Z_L+jZ_0\tan(\beta(l+\lambda/4))}{Z_0+jZ_L\tan(\beta(l+\lambda/4))}$$
$$=\frac{Z_L+jZ_0\tan(\beta l+\beta\lambda/4)}{Z_0+jZ_L\tan(\beta l+\beta\lambda/4)}$$

即

$$\frac{Z(l+\lambda/4)}{Z_0}=\frac{Z_L+jZ_0\tan(\beta l+\pi/2)}{Z_0+jZ_L\tan(\beta l+\pi/2)} \tag{1.51}$$

利用三角函数关系 $\tan(x+\pi/2)=-\frac{1}{\tan(x)}$，可以将式（1.51）改写为

$$\frac{Z(l+\lambda/4)}{Z_0}=\frac{Z_L-jZ_0\frac{1}{\tan(\beta l)}}{Z_0-jZ_L\frac{1}{\tan(\beta l)}} \tag{1.52}$$

式（1.52）可改写为

$$\frac{Z(l+\lambda/4)}{Z_0}=\frac{Z_0+jZ_L\tan(\beta l)}{Z_L+jZ_0\tan(\beta l)}=\frac{Z_0}{Z(l)} \tag{1.53}$$

因此，我们从式（1.53）可以看出，沿传输线移动 $\lambda/4$ 距离的效果是将归一化阻抗转换为其倒数值，即将归一化阻抗转换为归一化导纳。所以在史密斯圆图上绘制的任意归一化阻抗点都可以通过在图表上旋转 180°直接转换为等效归一化导纳点。当图表用于分析涉及串联和并联元件组合的电路时，这是一种特别有用的方法，将在本章后面的内容中介绍。

史密斯圆图的一些主要特征如图 1.8~图 1.13 所示。在图表上绘制了点以说明所涉及的原理，需要读者理解的是，史密斯圆图的绘制与任何制图技术一样，也会出现绘图错误。因此，在本书中使用史密斯圆图来演示射频设计原理的地方，读者应该了解只有通过使用适当的 CAD 软件才能获得精确的结果。

图 1.8 展示了特定归一化恒定电阻和电抗线的示例。电阻圆的值用通过图中心的垂直刻度标识，电抗线的值用图表外围的刻度标识。

通过定位相应电阻线和电抗线的交点在图上绘制阻抗点。例如，图 1.9 展示了归一化阻抗 0.3+j0.6 的位置，该位置位于 0.3 归一化电阻圆和 0.6 归一化电抗线的交点处。图 1.9 还展示了特殊的阻抗点，即短路、开路和匹配阻抗位置。

如本章前面所述，史密斯圆图也可用于绘制和处理导纳数据。在导纳平面上，绘制在图上的“实”圆变成归一化电导圆，“虚”线代表归一化电纳。图 1.10 展示了绘制在图上的导纳示例。在导纳平面中，点 $y=0.3+j0.6$ 表示归一化导纳，归一化电导为 0.3，归一化电纳为 0.6。

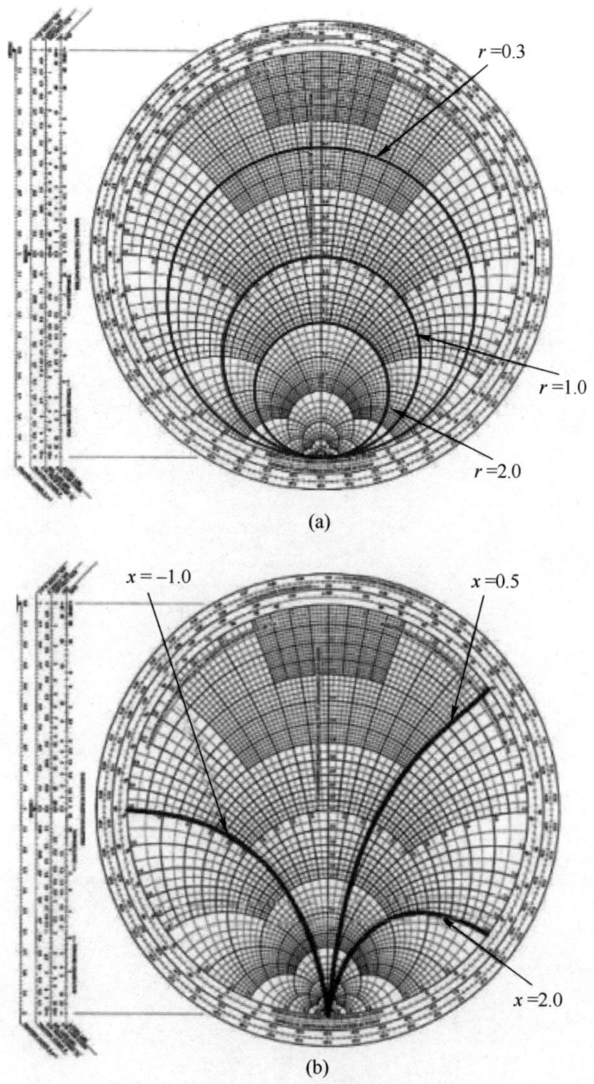


图 1.8　等电阻线圆和等电抗线圆

驻波比圆在 1.7.2 节（2）中进行了讨论。这些同心圆可以通过 VSWR 刻度轻松地在图表上绘制，VSWR 刻度是通常打印在绘图区域旁边的刻度之一。VSWR = 4 圆的图如图 1.11 所示，其中圆的半径是从 VSWR 刻度得到的。注意，在大多数史密斯圆图上打印的刻度中，VSWR 刻度被简单地标识为 SWR 刻度。

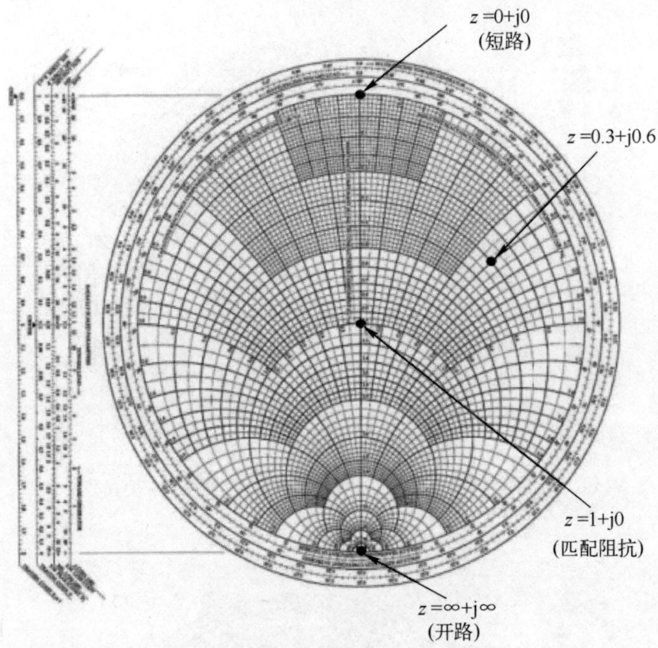


图 1.9　归一化阻抗点示例

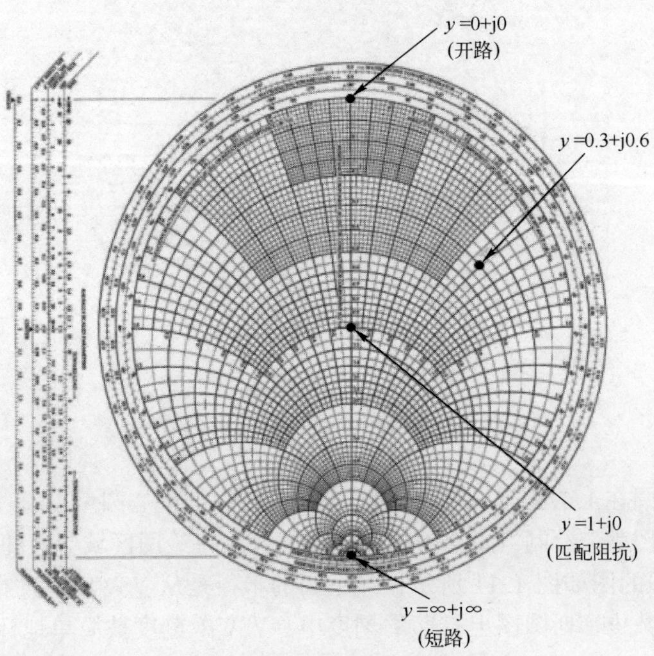


图 1.10　归一化导纳点示例

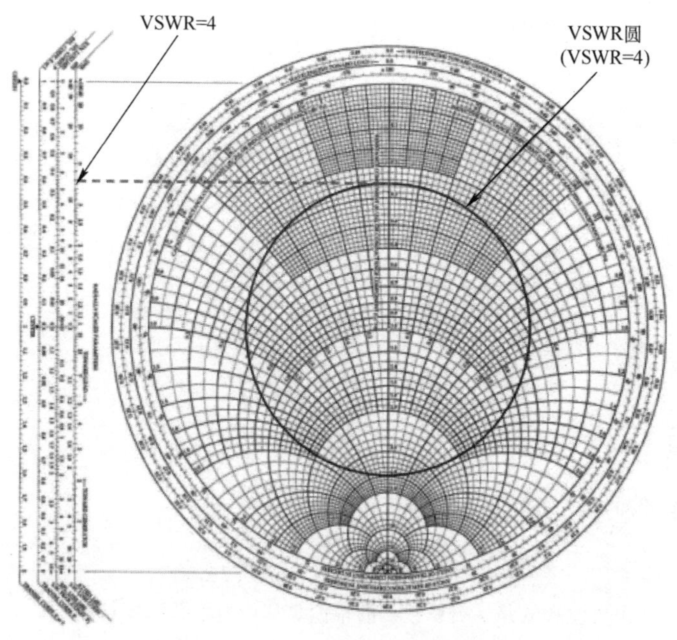


图 1.11　VSWR 圆（VSWR = 4）（需要注意的是圆的半径是从 SWR 刻度获得的）

在图上绘制反射系数点的过程如图 1.12 所示。在这个例子当中，我们展示了对应于反射系数 $\rho = 0.7\angle 60°$ 的点的绘图方法。首先利用反射系数刻度绘制半径为 0.7 的同心圆，然后从图表中心绘制一条径向线，以穿过反射系数刻度上所需的角度（在本例中为 60°），该刻度添加在绘图区域的外围。径向线与绘制的圆相交的地方即所需反射系数位置。

以特定负载端接的无损耗传输线上任意点的阻抗位于 VSWR 圆上。使用史密斯圆图很容易找到距负载特定距离处的阻抗点，过程如图 1.13 所示。首先绘制负载的归一化阻抗 $z_L$，然后利用 $Z_L$ 绘制 VSWR 圆，从图中心通过 $Z_L$ 绘制的径向线确定了负载在图表外围波长刻度上的位置 $S_1$。然后围绕波长刻度顺时针（负载端到发送端）移动到新位置 $S_2$，找到距负载电距离 $d$ 处的阻抗，其中 $d = S_2 - S_1$；最后从 $S_2$ 到图表中心绘制一条径向线，在这条径向线与 VSWR 圆相交的地方，得出与负载距离 $d$ 处的归一化阻抗。值得注意的是，在使用史密斯圆图时，距离只能表示为电距离，即表示为所用频率波长的分数，因为在图表上我们只知道一转对应于沿传输线半个波长的距离。

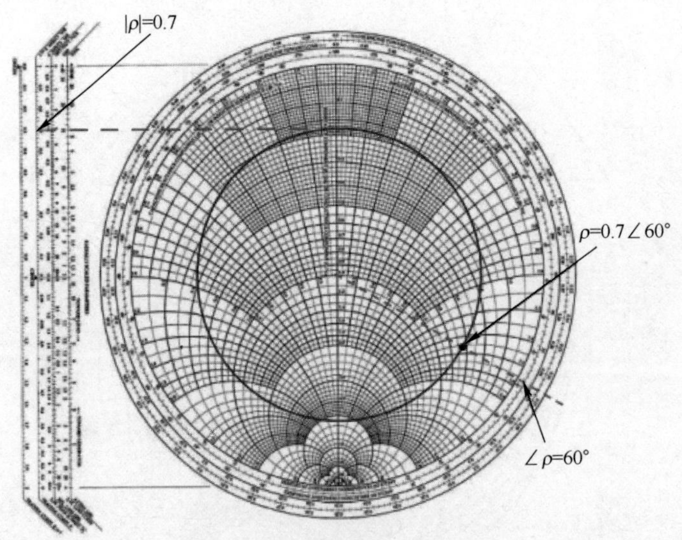


图 1.12　反射系数点，$\rho=0.7\angle 60°$
（需要注意的是反射系数点的幅值是从反射系数刻度得到的）

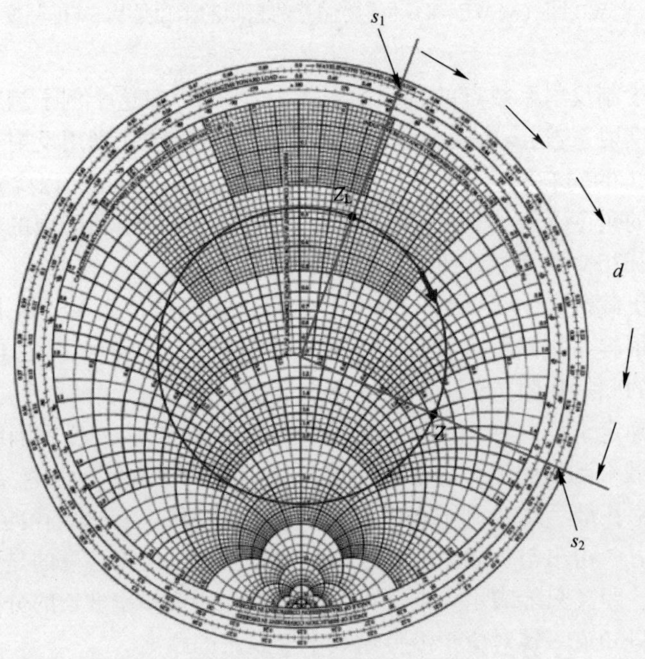


图 1.13　在负载 $Z_L$ 前间距 $d$ 处的阻抗 $Z$

**例 1.4**　特性阻抗为 50Ω 的无损传输线由阻抗(120+j40)Ω 端接。

求：(1) 负载的归一化阻抗；

(2) 负载的反射系数；

(3) 传输线上的 VSWR。

**解**：(1) $z_L=\dfrac{120+j40}{50}=2.4+j0.8$；

(2) 和 (3) 参考图 1.14 所示的史密斯圆图：绘制归一化负载阻抗并绘制 VSWR 圆后，我们得到

$$\rho=0.46\angle 17°$$

$$\text{VSWR}=2.7$$

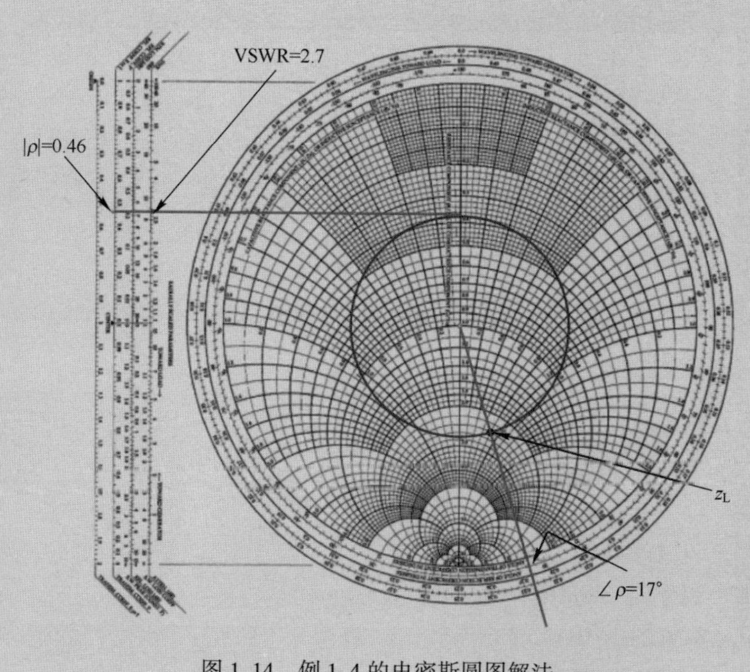


图 1.14　例 1.4 的史密斯圆图解法

**例 1.5**　特征阻抗为 75Ω 的无损传输线由阻抗为(18−j30)Ω 的负载端接。求距负载 0.175λ 距离处的阻抗。

**解**：

将负载阻抗归一化，$z_L=\dfrac{18-j30}{75}=0.24-j0.4$。

从绘制的负载阻抗点绕 VSWR 圆顺时针转动 0.174λ，得到一个交点 $z=0.33+j0.77$。因此，所需的阻抗 $Z=(0.33+j0.77)\times75\Omega=(24.75+j57.75)\Omega$（图 1.15）。

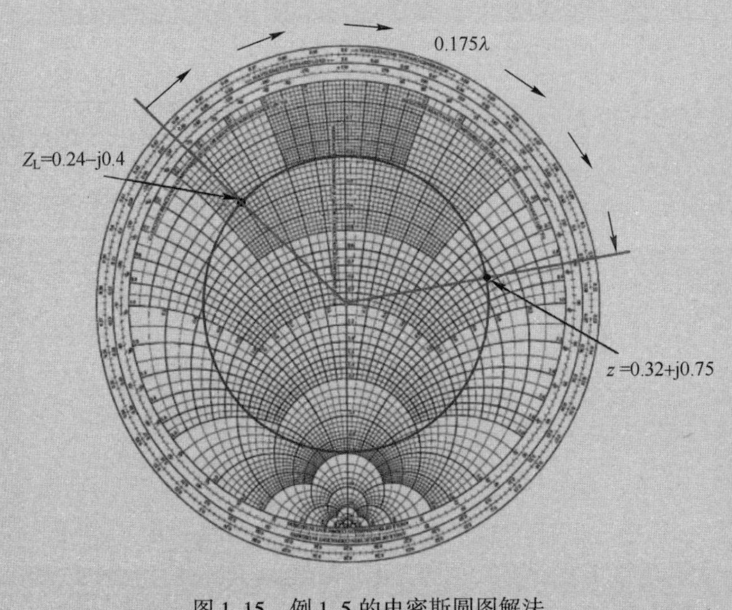


图 1.15　例 1.5 的史密斯圆图解法

**例 1.6**　特征阻抗为 50Ω 的无损传输线由阻抗为(18.5+j25.0)Ω 的负载端接。该线路的传播速度为 $2\times10^8$m/s。

求：

（1）负载的导纳；

（2）频率为 700MHz 时距离负载 35mm 的导纳。

**解**（参考图 1.16）：

（1）$z_L=\dfrac{18.5+j25.0}{50}=0.37+j0.50$

在史密斯圆图上旋转 180°得出

$$y_L=0.90-j1.37\Rightarrow Y_L=(0.90-j1.37)\times\frac{1}{50}\text{S}=(18.0-j27.4)\text{mS}$$

（2）$\lambda=\dfrac{2\times10^8}{700\times10^6}\text{m}=285.7\text{mm}\Rightarrow35\text{mm}=\dfrac{35}{285.7}\lambda=0.123\lambda$

在 VSWR 圆上顺时针旋转 0.123λ 得到

$$y_1=0.32-j0.27 \Rightarrow Y_1=(0.32-j0.27)\times\frac{1}{50}\mathrm{S}=(6.4-j5.4)\,\mathrm{mS}$$

y1=0.32–j0.27
zL=0.37+j0.5
0.123λ
yL=0.90–j1.37

图 1.16　例 1.6 的史密斯圆图解法

## 1.8 短　截　线

短截线是长度较短的无损传输线，在短路或开路中端接。这种短截线的输入阻抗是虚构的，如式（1.33）和式（1.34）所示。图 1.17 展示了由特征阻抗为 $Z_0$的无损传输线形成的短截线，该线端接短路。

l
Zin= ±jX
Z0

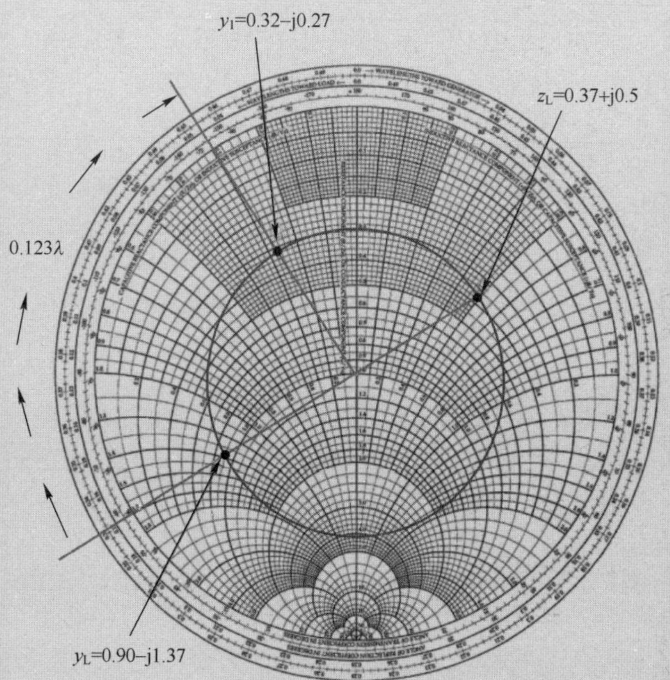

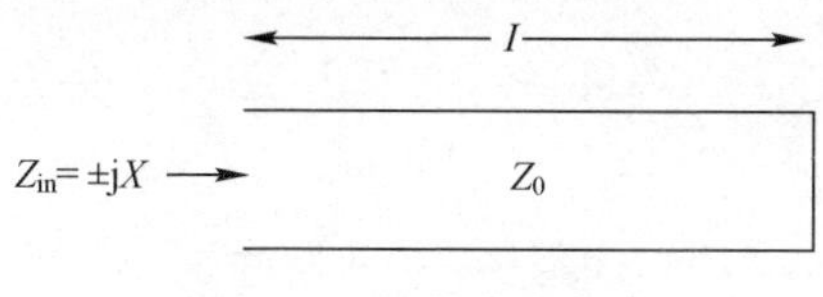

图 1.17　短截线示意图

因此，我们可以通过调整短截线的长度，在给定频率下产生任何幅值的正电抗或负电抗（电感或电容）。短截线能够在射频和微波频率下充当非常实用的串联或分流匹配元件，如果使用集总电抗元件，会受到寄生效应的干扰，并且电路制造技术可能不支持集总元件的几何形状。

**例 1.7** 由 50Ω 的无损传输线制成的短路短截线，在 820MHz 频率下产生 45nH 的电感。若传输线上的传播速度为 2.2×108m/s，求短截线所需的长度。

**解：**

在 820MHz 下，有

$$450\text{nH} \Rightarrow \text{j}X_{\text{L}} = \text{j}(2\pi \times 820 \times 10^{6} \times 45 \times 10^{-9})\Omega = \text{j}231.9\Omega,$$

$$\lambda = \frac{2.2 \times 10^{8}}{820 \times 10^{6}}\text{m} = 268.30\text{mm}.$$

利用式（1.33）可得

$$Z_{\text{in}} = \text{j}Z_{0}\tan(\beta l)$$

$$\text{j}231.9 = \text{j}50\tan\left(\frac{2\pi}{268.30}l\right)$$

$$\tan\left(\frac{2\pi}{268.30}l\right) = \frac{231.9}{50} = 4.64$$

$$\frac{2\pi}{268.30}l = 77.84 \times \frac{\pi}{180}$$

$$l = 58.00\text{mm}$$

补充：使用史密斯圆图同样可以求得短截线的长度，如例 1.8 所示。

**例 1.8** 用史密斯圆图解法重做例 1.7。

**解：**

将输入电抗归一化得：

$$\text{j}x_{\text{in}} = \frac{\text{j}231.9}{50} = \text{j}4.64$$

在史密斯圆图上绘制 $z = 0 + \text{j}4.64$ 并读出与 $Z_{S/C}$ 的距离得到 $l = 0.216\lambda$（图 1.18），即

$$l = 0.216\lambda = 0.216 \times 268.3\text{mm} = 57.95\text{mm}$$

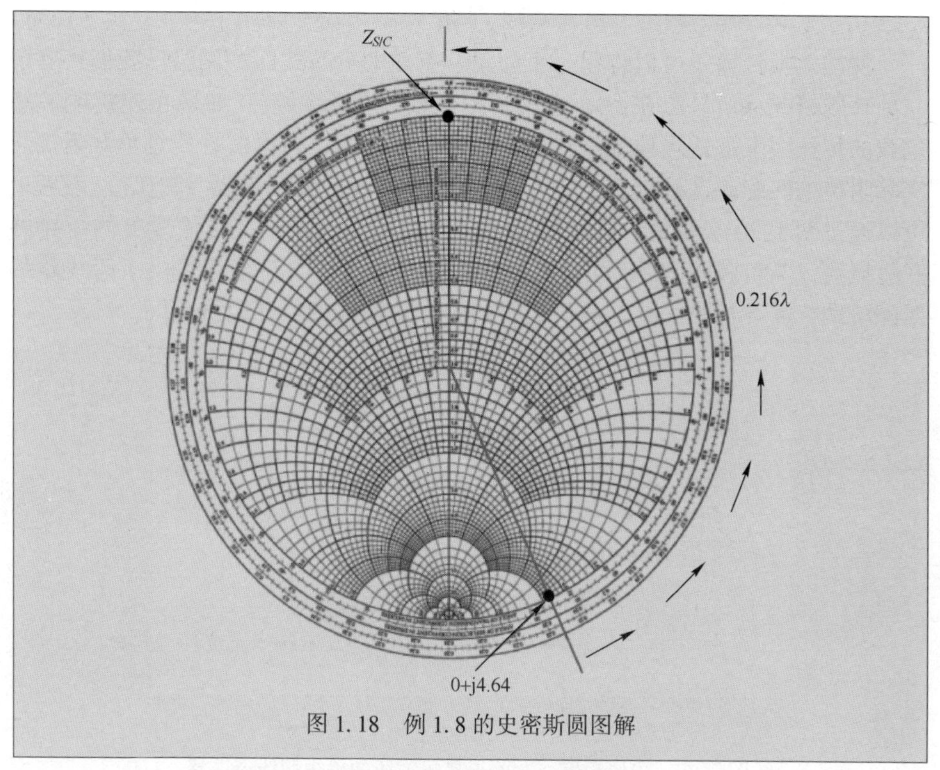


图 1.18　例 1.8 的史密斯圆图解

## 1.9　分布式匹配电路

匹配电路的主要功能是完成阻抗匹配，以实现从电源到负载的最大功率传输。匹配网络通常由无损分布式电抗或无损集总电抗组成。分布式电抗定义为物理尺寸在工作频率下可与波长相比拟，而集总电抗的尺寸与波长相比较小。

图 1.19 显示了负载阻抗 $Z_L$，与之相连的是阻抗为 $Z_S$ 的信号源，两者通过一个匹配网络相连接。

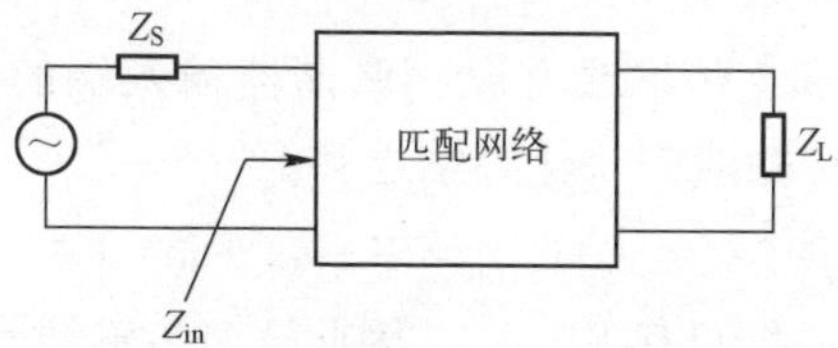


图 1.19　信号源和负载之间的匹配网络

为了确保从信号源到负载传输的最大功率，必须设计匹配网络以产生输入阻抗 $Z_{in}$，它是源阻抗的共轭，即

$$Z_{in}=Z_S^* \tag{1.54}$$

使用无损传输线可以构建一个简单、有效的分布式匹配网络。我们将考虑一种特殊情况：信号源在特定频率下具有 $Z_0$ 的实际阻抗。如果在连接电源和负载的传输线上的适当位置添加一定长度的短截线，可以实现任意负载阻抗与实际阻抗的匹配。这种类型的匹配电路称为单短截线调谐器（SST），该理论可以通过图 1.20 来解释，该图展示了长度为 $l_{STUB}$，连接在传输线上的短路并联短截线，与负载的间距为 $d$。在本例中，在本例中，短截线提供了跨线路的匹配电纳，需要指出的是，我们假设线路和短截线的特征阻抗相同。

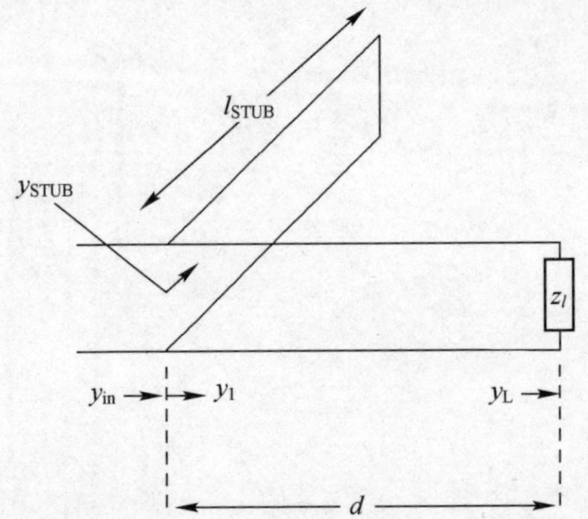


图 1.20　采用短路、并联连接短截线的单短截线调谐器

参考图 1.20，有以下性能。

（1）并联短截线连接在归一化电导为 $l$ 的线路上的点处，因为我们只能使用短截线来消除线路导纳的虚部。设此时的归一化导纳为 $y_1$，有

$$y_1=1\pm jb \tag{1.55}$$

（2）调整短截线的长度以产生一个归一化的输入电纳，这个输入电纳将消除主传输线上的剩余电纳，即我们需要

$$y_{STUB}=\mp jb \tag{1.56}$$

（3）由于短截线和主传输线并联，调谐器输入端的归一化输入导纳将是归一化短截线导纳和传输线归一化导纳之和：

$$y_{in}=y_1+y_{STUB}=(1\pm jb)\mp jb=1 \tag{1.57}$$

在去归一化之后，我们有 $Y_{in}=Y_0$，因此这时传输线是匹配的。

关于 SST 的说明如下。

（1）我们的研究主要针对归一化导纳，这是因为短截线通常与主传输线并联连接，我们可以直接对短截线和传输线连接处的导纳求和。

（2）尽管不是绝对的，但短截线的特征阻抗通常等于主传输线的特征阻抗。在实际调谐器中，相较主传输线，阻抗更高的短截线可能会有一些优势，这种情况下的短截线尺寸更小，能够最大限度地减少与主传输线连接处的物理不连续性。

（3）SST 可以采用短路短截线或开路短截线。在特定设计中使用哪种类型的短截线在很大程度上取决于实际的工程问题。使用同轴电缆时，通常使用短路短截线，因为只需使用金属盘将中心导体连接到电缆的接地护套，就能相对容易地在短截线末端产生良好的短路效果。如果同轴线在末端保持打开状态，电磁场会向空间扩散，从而产生两个问题。首先，开口端的边缘场将导致传输线的有效长度大于其实际长度；其次，开口端会产生一些辐射，从而将新的损耗引入调谐器。

当使用平面电路（如微带）时，短截线通常是开路的，因为在基板连接到接地平面以产生短路的过程中存在物理问题。射频和微波电路的基板通常由陶瓷制成，陶瓷是一种非常坚硬的材料，通过基板进行连接非常困难并且成本高昂，并且通常需要对基板进行激光钻孔。

（4）从理论上讲，SST 可将任何负载阻抗与信号源匹配，但它的缺点是必须改变短截线的位置以匹配不同的负载阻抗。这个缺点可以通过使用双短截线调谐器来弥补，它包含了两个匹配的短截线，这两个短截线间隔一定的距离。但是这种双短截线调谐器无法匹配负载阻抗的所有可能值，需要三短截线调谐器，其中三个短截线具有固定间距，以匹配任意大小的负载阻抗，但这种类型的调谐器的实际使用会非常困难。Collin 对多短截线调谐器的理论和设计进行了详尽的讨论[1]。

使用史密斯圆图设计短路、并联连接短截线 SST 的流程。

（1）绘制归一化负载阻抗点，并将其转换为归一化负载导纳点；

（2）通过负载导纳绘制 VSWR 圆；

（3）从负载导纳点沿顺时针（负载到发送端）穿过 VSWR 圆，与单位电导圆相交，穿过的距离（使用波长尺度）给出了 $d$ 的值，与单位圆的交点为 $y_1$，等于 $1\pm jb$；

（4）标出 $y_{STUB}(=0\mp jb)$；

（5）从 $y_{STUB}$ 开始，逆时针沿电导圆移动到 $y_{S/C}$，根据移动的距离得到短截线的电长度 $l_{STUB}$（运动是逆时针的，因为就短截线而言，我们正在从发送端向短路负载移动）；

（6）使用适当的导波长度将 $d$ 和 $l_{STUB}$ 的电长度转换为物理长度以完成设计。

**例 1.9** 设计一个 SST，它将负载阻抗(80-j65)Ω 与频率为 1.3GHz 的 50Ω 信号源相匹配。调谐器采用与主传输线并联的短路短截线。调谐器中使用的所有电缆的特征阻抗均为 50Ω，传输速度为 2×108m/s。

**解：**

$$z_L = \frac{80-j65}{50} = 1.6-j1.3$$

$$\lambda = \frac{2\times10^8}{1.3\times10^9}\text{m} = 153.85\text{mm}$$

根据图 1.21 的史密斯圆图可得

$$y_L = 0.38+j0.31$$

从 $y_L$ 绕 VSWR 圆旋转，与单位电导圆相交，得到

$$y_1 = 1+j1.14$$

根据移动的距离得出

$$d = 0.166\lambda - 0.054\lambda = 0.112\lambda = 0.112\times153.85\text{mm} = 17.23\text{mm}$$

为了匹配，我们需要 $y_{STUB} = -j1.14$。

绕圆图从 $y_{STUB}$ 旋转到 $y_{S/C}$ 给出所需的短截线长度：

$$l_{STUB} = 0.28\lambda - 0.135\lambda = 0.119\lambda = 0.115\times153.85\text{mm} = 17.69\text{mm}$$

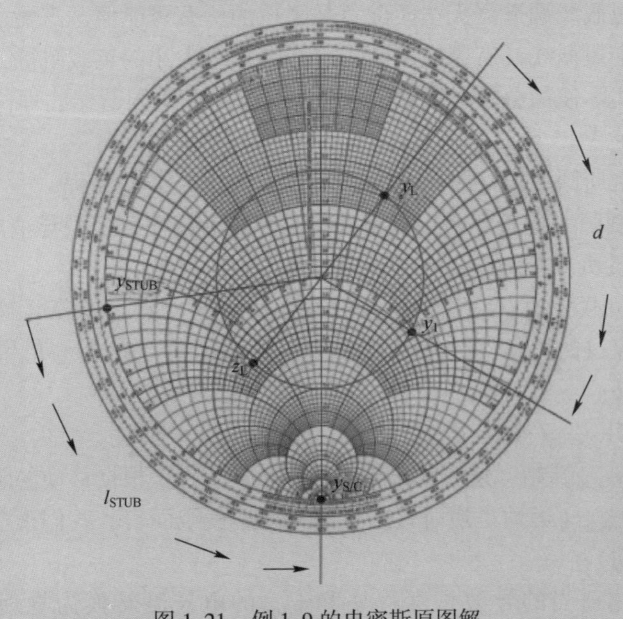


图 1.21 例 1.9 的史密斯原图解

## 1.10　使用史密斯圆图调节集总阻抗

到目前为止，我们讨论的重点是将史密斯圆图用于涉及传输线的情况。虽然该图表通常被描述为传输线计算器，但它在电子学当中与调节阻抗和导纳相关的领域，具有更普遍的应用。

从图 1.21 上任意给定的阻抗点围绕恒定电阻线移动对应于增加阻抗的电抗。顺时针方向的移动对应于使电抗增加，即串联电感的增加，而逆时针方向的运动对应于使电抗减小，即串联电容的添加。将电感或电容添加到给定归一化阻抗 $z_1$ 的影响，如图 1.22 所示。

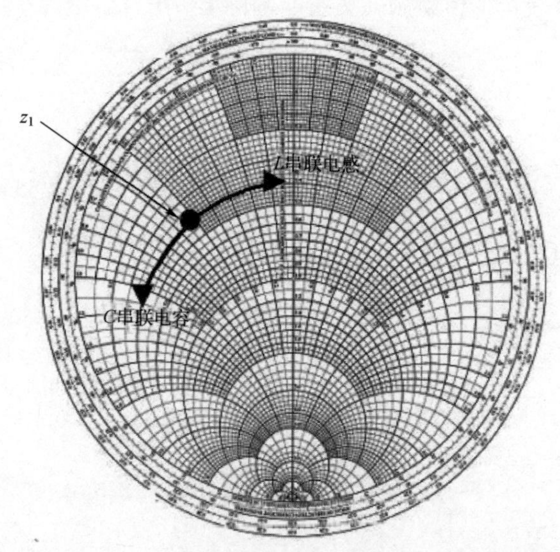


图 1.22　将电抗添加到归一化阻抗 $z_1$ 的影响

同样地，对于导纳平面，围绕恒定的电纳圆移动对应于在并联中添加对应的电纳。顺时针运动表示连接电容，电容具有正电纳，逆时针运动表示电感的连接，电感具有负电纳。

由于阻抗和导纳之间的转换在史密斯圆图上非常简单（旋转 180°），分析由串联和并联的电抗组成的网络变得非常容易。例 1.10 演示了在该网络中调节电抗的方法。

**例 1.10**　使用史密斯圆图，确定工作在 850MHz 下，图 1.23 中网络的输入阻抗 $Z_{in}$。该网络由三个无损电抗组成，以 π 型连接，由(20-j15)Ω 的负载阻抗端接。

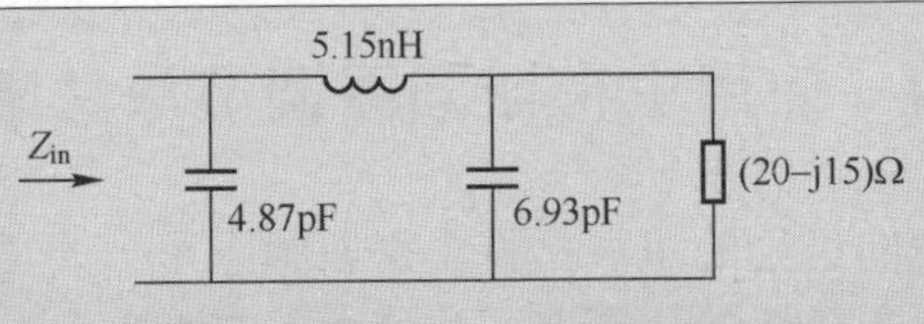


图 1.23　例 1.10 的电路图

首先，必须对网络中的元件属性进行归一化，以便可以在史密斯圆图上绘制数据。为了方便，我们将基于 50Ω 进行归一化。

讨论：当处理没有传输线，即没有特征阻抗的网络时，我们可以根据任何计算方便的值进行归一化，但必须保持一致。归一化过程只是一个缩放操作，方便我们将获得的值绘制在史密斯圆图上，有

$$z_L=\frac{20-j15}{50}=0.4-j0.3$$

将电感的电抗归一化：

$$5.15\text{nH}:\ j\frac{\omega L}{50}=j\frac{2\pi\times850\times10^6\times5.15\times10^{-9}}{50}=j0.55$$

将电容的电纳归一化：

$$6.93\text{pF}:\ j\frac{\omega C}{(1/50)}=j\omega C\times50=j2\pi\times850\times10^6\times6.93\times10^{-12}\times50=j1.85$$

$$4.87\text{pF}:\ j\frac{\omega C}{(1/50)}=j\omega C\times50=j2\pi\times850\times10^6\times4.87\times10^{-12}\times50=j1.30$$

网络各连接点的阻抗和导纳如图 1.24 所示。

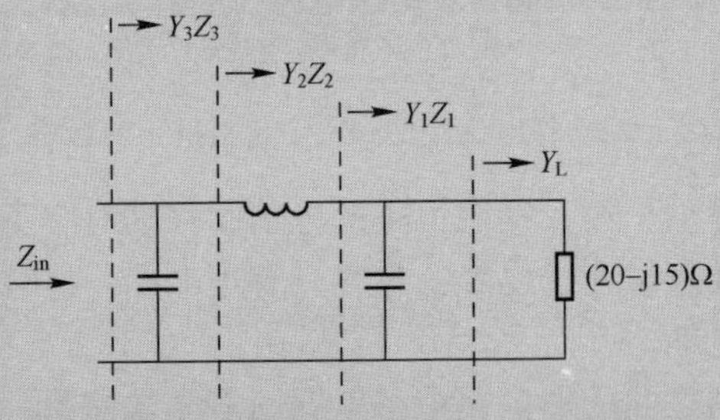


图 1.24　例 1.10 求解方案的示意图

从负载阻抗向后求解，即向发送端，我们使用史密斯圆图利用导纳值添加并联元件，并利用阻抗值添加串联元件。

步骤 1：标出 $z_L$；

步骤 2：将 $z_L$ 转换为 $y_L$；

步骤 3：从 $y_L$ 开始绕电纳线顺时针移动 1.85 个单位，得出 $y_1$ 的位置，这表示增加了 6.93pF 电容，顺时针移动是因为电容具有正电纳；

步骤 4：将 $y_1$ 转换为 $z_1$；

步骤 5：从 $z_1$ 绕电抗线顺时针移动 0.55 个单位，得出 $z_2$ 的位置，这表示增加了 5.15nH 电感，顺时针移动是因为电感具有正电抗；

步骤 6：将 $z_2$ 转换为 $y_2$；

步骤 7：从 $y_2$ 绕电纳线顺时针移动 1.30 个单位，得出 $y_3$ 的位置，这表示增加了 4.87pF 电容，顺时针移动是因为电容具有正电纳；

步骤 8：将 $y_3$ 转换为 $z_3$。

根据史密斯圆图（图 1.25）我们可以得到

$$z_3 = 0.36+j0.37$$

$$z_{in} \equiv z_3$$

$$Z_{in} = (0.36+j0.37)\times 50\Omega = (18.0+j18.5)\Omega$$

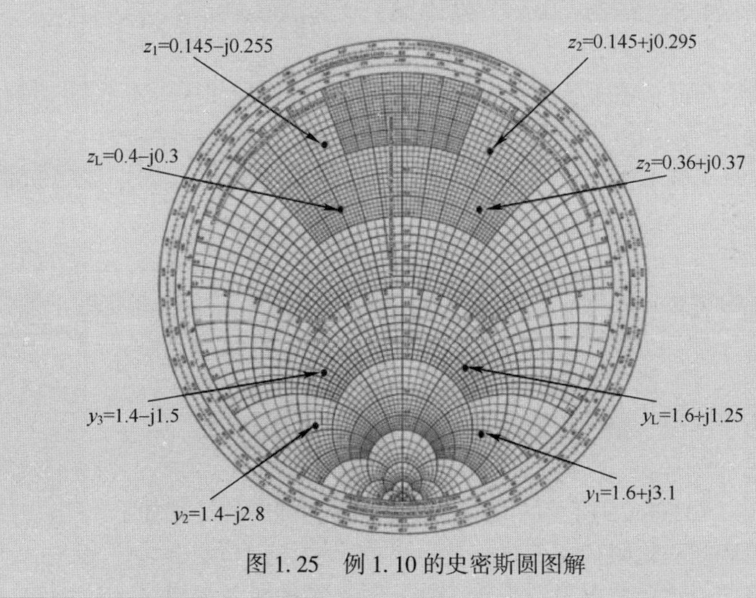


图 1.25　例 1.10 的史密斯圆图解

## 1.11　集总阻抗匹配

如第 1.9 节所述，使用分布式传输线路构建匹配网络的替代方法是使用无损电抗形式的集总元件。通常，纯电抗元件用于匹配网络，以避免不必要的耗散损耗。尽管集总元件在高频下受到寄生效应的影响，但它们在紧凑型射频和微波电路（特别是集成电路）中至关重要，在这些电路中，尺寸限制了传输线元件的使用，这些原件的长度与波长的比值较大。需要记住的是，集总电路的较高损耗意味着它们的 $Q$ 值往往低于分布式电路。

### 1.11.1 将复数负载阻抗与实数源阻抗匹配

一个简单的集总元件匹配网络，由两个无损电抗元件组成，一个串联，另一个并联，两者连接在阻抗为 $Z_L$ 的负载之前，如图 1.26 所示，该网络可被视为第 1.9 节中讨论的 SST 的集总等价。

理论：我们假设匹配网络将用于负载阻抗 $Z_L$ 与 50Ω 的源阻抗相匹配。串联电抗用于产生归一化导纳 $y_1$，该导纳在两个电抗元件的连接处具有实部。然后使用并联电抗抵消 $y_1$ 的归一化电纳，从而使归一化输入导纳为一，并与 50Ω 的源阻抗匹配。

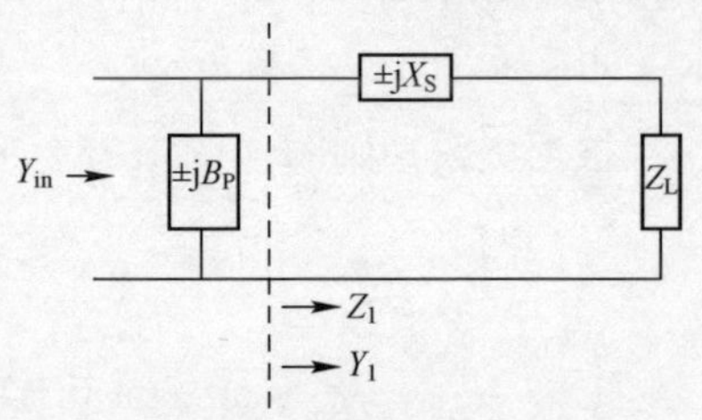

图 1.26　集总元件匹配网络

由于我们知道三项关于阻抗和导纳关系，可以得到使用史密斯圆图进行设计的过程如下。

（1）$z_1$ 的实部必须与 $z_L$ 的实部相同，因为这些阻抗仅因串联电抗值而异，即

$$z_1 = z_L \pm jx_S \tag{1.58}$$

（2）$y_1$ 的实部必须与 $y_{in}$ 的实部相同，因为这些导纳仅因并联电纳的值而异，即

$$y_{in} = y_1 \pm jb_P \tag{1.59}$$

（3）为了匹配，归一化输入导纳的形式为

$$y_{in} = 1 + j0 \tag{1.60}$$

因此，参考图 1.26 所示的网络，使用史密斯圆图的过程如下。

（1）绘制归一化阻抗点 $z_L$。

（2）将归一化单位电阻圆旋转 180°。这么做的原因与步骤（5）有关。

（3）从 $z_L$ 沿着等电阻圆移动并与旋转后的归一化单位电阻圆相交。交点即为 $z_1$，从 $z_L$ 到 $z_1$ 的移动给出了串联元件的属性。值得一提的是，上述操作可能会在旋转圆上产生两个交点，从而有两个可能的 $z_1$ 值，得到两个不同的解决方案。

（4）从 $z_1$ 移动 180°以得到 $y_1$ 的位置。需要注意的是，旋转后的圆被构造为归一化单位电阻圆的镜像。因此，将这个旋转圆上的任何归一化阻抗点转换

为等效归一化导纳，将确保归一化导纳位于单位电导圆上，从而满足 $y_1$ 的实部必须是单位 1 的条件。

（5）从 $y_1$ 沿着单位电导圆移动到圆图的中心，得出并联元件的属性。

**例 1.11**　设计一个集总元件网络，该网络用于在 2.4GHz 的频率下将负载阻抗(20−j40)Ω 与 50Ω 源阻抗进行匹配。该网络将由两个无损电抗元件组成，连接方式如图 1.26 所示。求两种可能的解决方案，并计算每个解决方案所需的元件属性。

**解：**

将负载阻抗归一化：$z_L=\dfrac{20-j40}{50}=0.4-j0.8$

旋转单位电阻圆，绘制 $z_L$ 的位置后，我们看到经过 $z_L$ 的等电阻圆与旋转后的圆有两个交点，这两个交点即为两种可能的解决方案。

**解法一：**

考虑第一个交点，如图 1.27 所示。

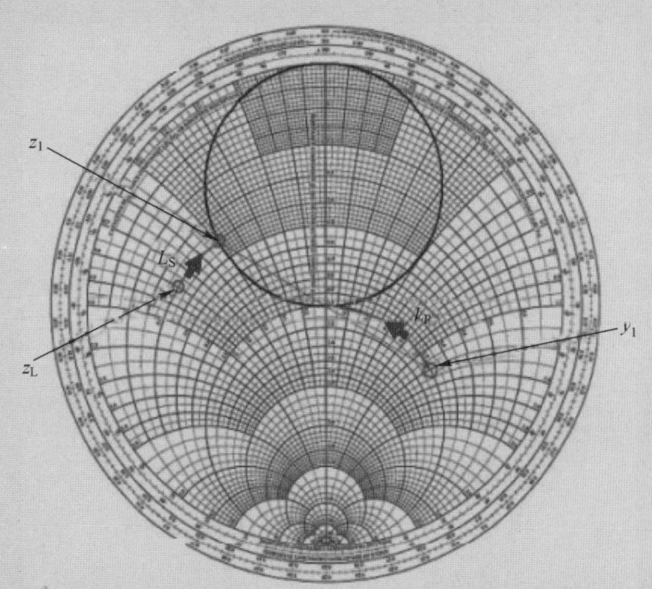


图 1.27　例 1.11 的第一种史密斯圆图解法

我们发现需要增加正电抗才能从 $z_L$ 移动到 $z_1$，即第一个交点。因此，需要一个电感作为串联元件。将 $z_1$ 转换为等效导纳 $y_1$ 后，需要负电纳加入才能将导纳移动到圆图的中心，即匹配位置。因此，我们需要一个电感作为并联元件。

使用史密斯圆图中的数据：

$$z_1-z_L=(0.4-j0.495)-(0.4-j0.8)=j0.305$$

且

$$y_0-y_1=1.0-(1.0+j1.2)=-j1.2$$

因此，我们需要归一化串联电抗 j0.305 和并联电纳-j1.2：

$$j0.305=\frac{j\omega L_S}{50}\Rightarrow L_S=\frac{50\times0.305}{\omega}=\frac{50\times0.305}{2\pi\times2.4\times10^9}\text{H}=1.01\text{nH}$$

$$-j1.2=-j\frac{1}{\omega L_P}\times50\Rightarrow L_P=\frac{50}{1.2\times2\pi\times2.4\times10^9}\text{H}=2.76\text{nH}$$

**解法二：**

查看图 1.28，我们发现，如果使用更大的串联电感，就可以实现另一个有效交点 $z_2$，从而得出第二种解决方案。

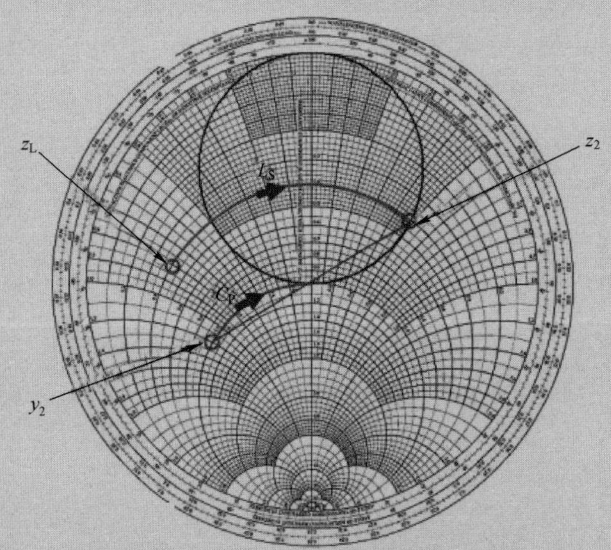


图 1.28　例 1.11 的第二种史密斯圆图解

使用史密斯圆图中的数据：

$$z_2-z_L=(0.4+j0.495)-(0.4-j0.8)=j1.295$$

$$y_0-y_2=1.0-(1.0-j1.2)=j1.2$$

因此，对于第二个解决方案，我们需要归一化串联电抗 j1.295 和并联电纳 j1.2：

$$\mathrm{j}1.295=\mathrm{j}\frac{\omega L_S}{50}\Rightarrow L_S=\frac{50\times 1.295}{\omega}=\frac{50\times 1.295}{2\pi\times 2.4\times 10^9}\mathrm{H}=4.29\mathrm{nH},$$

$$\mathrm{j}1.2=\mathrm{j}\omega C_P\times 50\Rightarrow C_P=\frac{1.2}{2\pi\times 2.4\times 10^9\times 50}=1.59\mathrm{pF}$$

**总结：**

满足例 1.11 中要求的两个可能的匹配网络如图 1.29 所示。

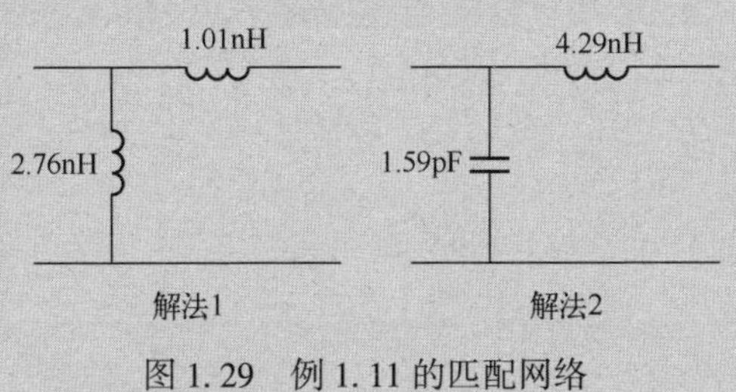


图 1.29　例 1.11 的匹配网络

**例 1.12**　图 1.26 所示的无损电抗网络将用于将(34+j42$f$)Ω（其中$f$是以 GHz 为单位的频率）的负载阻抗与频率为 2GHz 的 50Ω 源阻抗匹配。

（1）计算元件的属性值，求出两种解决方案，并计算两种情况下的电抗值；

（2）选择（1）中其中一个解决方案，如果频率增加 20%，并且元件属性不变，求网络输入处的 VSWR。

**解：**

（1）归一化负载阻抗（图 1.30）：$z_L-\frac{34+\mathrm{j}(42\times 2)}{50}=0.68+\mathrm{j}1.68$

使用史密斯圆图中的数据：

$$z_1-z_L=(0.68+\mathrm{j}0.47)-(0.68+\mathrm{j}1.68)=-\mathrm{j}1.21$$

$$y_0-y_1=1.00-(1.00-\mathrm{j}0.65)=\mathrm{j}0.65$$

因此，需要归一化串联电抗-j1.21 和并联归一化电抗 j0.65，有

$$-\mathrm{j}1.21=-\mathrm{j}\frac{1}{\omega C_S}\times\frac{1}{50}\Rightarrow C_S=\frac{1}{1.21\times\omega\times 50}=\frac{1}{1.21\times 2\pi\times 2\times 10^9\times 50}\mathrm{F}=1.32\mathrm{pF}$$

$$\mathrm{j}0.65=\mathrm{j}\omega C_P\times 50\Rightarrow C_P=\frac{0.65}{\omega\times 50}=\frac{0.65}{2\pi\times 2\times 10^9\times 50}\mathrm{F}=1.03\mathrm{pF}$$

考虑旋转后的圆上第二个有效交点，得到如图 1.31 所示的史密斯圆图解法。

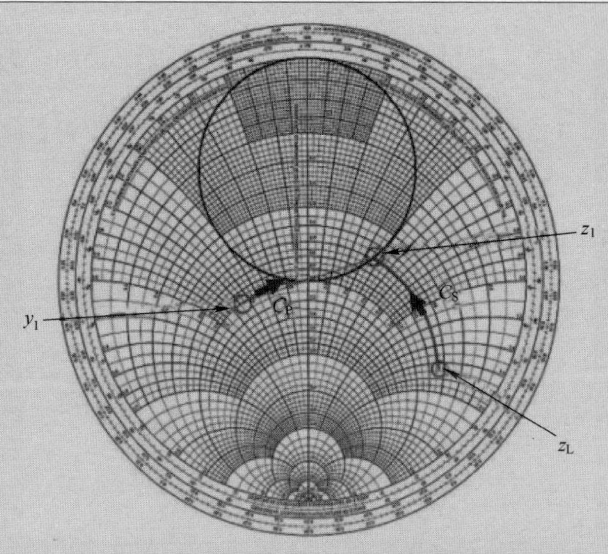


图 1.30　例 1.12（1）的第一种史密斯圆图解

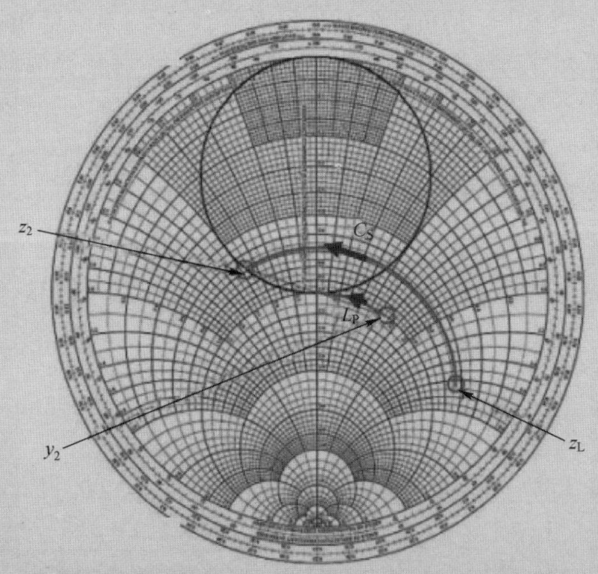


图 1.31　例 1.12（1）的第二种史密斯圆图解

使用史密斯圆图中的数据：

$$z_2-z_L=(0.68-j0.47)-(0.68+j1.68)=-j2.15$$

$$y_0-y_2=1.00-(1.00+j0.65)=-j0.65$$

因此，我们需要串联归一化电抗-j2. 15 和并联归一化电纳-j0. 65，有

$$-j2.15=-j\frac{1}{\omega C_S}\times\frac{1}{50}\Rightarrow C_S=\frac{1}{2.15\times50\omega}=\frac{1}{2.15\times2\pi\times2\times10^9\times50}F=0.74pF$$

$$-j0.65=-j\frac{1}{\omega L_P}\times50\Rightarrow L_p=\frac{50}{0.65\times\omega}=\frac{50}{0.65\times2\pi\times2\times10^9}H=6.12nH$$

**总结：**

满足例 1. 12 中要求的两种可能的匹配网络如图 1. 32 所示。

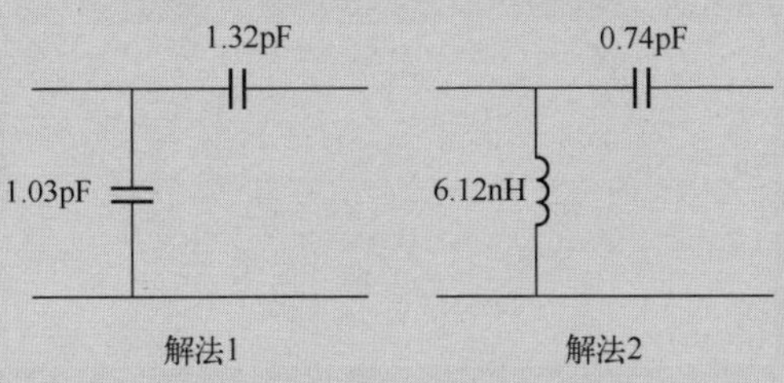


图 1. 32　例 1. 12 的匹配网络

（2）从（1）中选择第一个匹配网络：

新工作频率：$f=2.4$GHz。

负载阻抗的新值：

$$Z_L^\dagger=(34+j42\times2.4)\Omega=(34+j100.8)\Omega$$

归一化负载阻抗的新值：

$$z_L^\dagger=\frac{34+j100.8}{50}=0.68+j2.02$$

归一化串联电抗的新值：

$$-j1.21\times\frac{2}{2.4}=-j1.01$$

归一化平行电纳的新值：

$$j0.65\times\frac{2.4}{2}=j0.78$$

使用史密斯圆图求解的流程如下。

（1）绘制新的归一化负载阻抗，$z_L^\dagger$（图 1. 33）；

（2）经过 $z_L^\dagger$ 沿等电阻线逆时针移动 2. 02 个单位（表示新的串联电抗），以得出新的 $z_1^\dagger$ 值；

（3）将 $z_1^\dagger$ 转换为 $y_1^\dagger$；

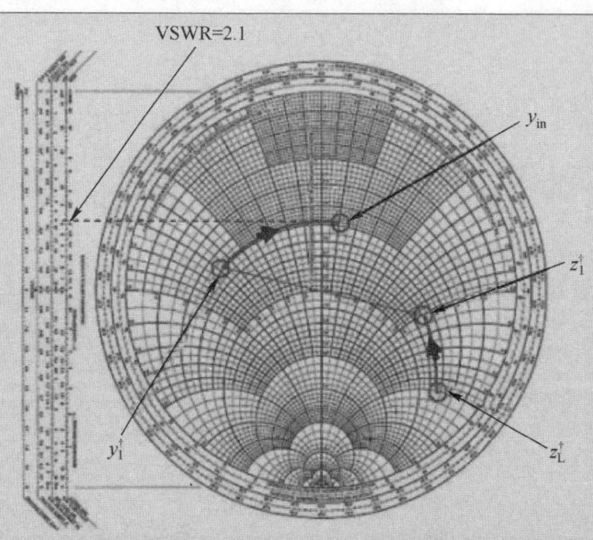


图 1.33　例 1.12（2）的史密斯圆图解

（4）经过 $y_1^\dagger$ 沿等电导圆顺时针移动 0.78 个单位（表示新的并联电纳），得出 $y_{in}$ 的值；

（5）测量从图表中心到 $y_{in}$ 的径向距离，并使用适当的刻度查找网络输入处的驻波比。(需要注意的是，测量径向距离的另一种方法是绘制穿过 $y_{in}$ 的 VSWR 圆并找到 VSWR，如图 1.11 所示)。

使用史密斯圆图中的数据：

$$z_1^\dagger = z_L^\dagger + (-j1.01) = 0.68 + j2.02 - j1.01 = 0.68 + j1.01$$

$$y_1^\dagger = 0.48 - j0.68$$

$$y_{in} = y_1^\dagger + j0.78 = 0.48 - j0.68 + j0.78 = 0.48 + j0.10$$

$$\mathrm{VSWR} = 2.1$$

关于集总元件匹配的其他注意事项。

（1）对于特定的网络连接方式，总有两种不同的解决方案（对应于 $z_1$ 的两个交点)，这为设计人员提供了额外的自由度，避免添加尺寸不合适的元件；

（2）如果归一化负载阻抗点位于单位电阻圆内，则无法使用图 1.26 所示的网络连接方式实现匹配，在这种情况下，必须使用图 1.34 中的连接方式。

在图 1.34 所示的网络中：并联电抗元件首先用于构建归一化阻抗 $z_1$，其实部为单位 1；然后用匹配网络的串联元件消除 $z_1$ 的虚部。利用史密斯圆图进

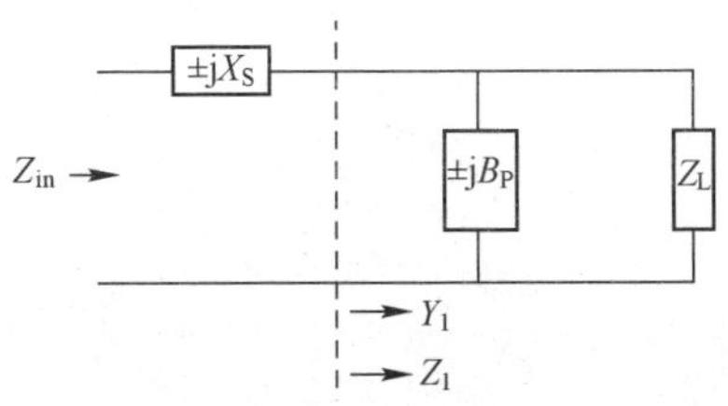


图 1.34　集总元件的匹配网络 2

行设计的过程类似于图 1.26 中电路的设计过程。主要区别是，在这里我们首先将负载阻抗转换为等效归一化导纳，这样就可以直接添加并联元件的电纳。与我们之前设计匹配网络一样，我们需要在史密斯圆图上绘制一个旋转后的单位圆，以便我们可以将 $y_1$ 转换为 $z_1$，并确保 $z_1$ 的实部是单位 1。设计过程将通过示例 1.13 进行演示。

**例 1.13**　设计一个集总元件网络，该网络能够在频率为 4GHz 时将 (150~j50)Ω 的负载阻抗与 50Ω 源阻抗进行匹配。网络将由两个无损电抗组成，连接方式如图 1.34 所示。求两种可能的解决方案，并计算每个解决方案所需要的电抗值。

**解：**

将负载阻抗归一化：$z_L = \dfrac{150-j50}{50} = 3-j1$。

绘制 $z_L$ 并转换为 $y_L$ 后，我们从图 1.35 中可以看出，绕等电导圆移动将有两个可能的方向与旋转圆相交，从而产生两种可能的解决方案。

**解法一：**

从 $y_L$ 顺时针移动以与旋转后的圆相交，得出 $y_1$，如图 1.35 所示。

使用史密斯圆图中的数据：

$$y_1 - y_L = (0.3+j0.455)-(0.3+j0.1) = j0.355$$

$$z_0 - z_1 = 1-(1-j1.55) = j1.55$$

因此，我们需要一个并联归一化电纳 j0.355 和一个串联归一化电抗 j1.55，有

$$j0.355 = j\omega C_P \times 50 \Rightarrow C_P = \frac{0.355}{50\times\omega} = \frac{0.355}{50\times2\pi\times4\times10^9}\text{F} = 0.28\text{pF}$$

$$j1.55 = \frac{j\omega L_S}{50} \Rightarrow L_S = \frac{1.55\times50}{\omega} = \frac{1.55\times50}{2\pi\times4\times10^9}\text{H} = 3.08\text{nH}$$

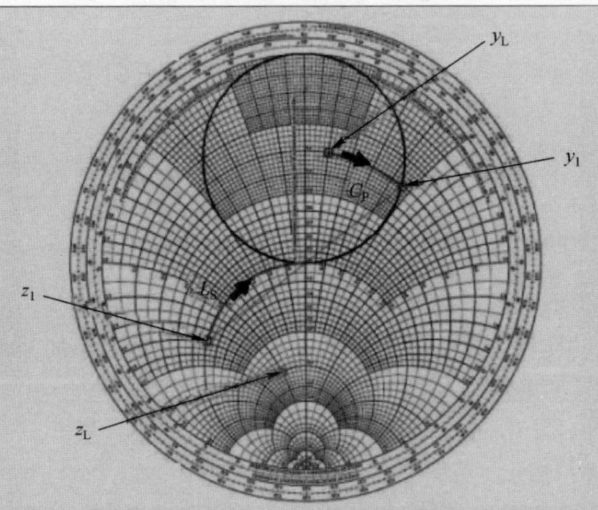


图 1.35　例 1.13 的解法一

**解法二：**

从 $y_L$ 逆时针移动，我们得到 $y_2$，如图 1.36 所示。

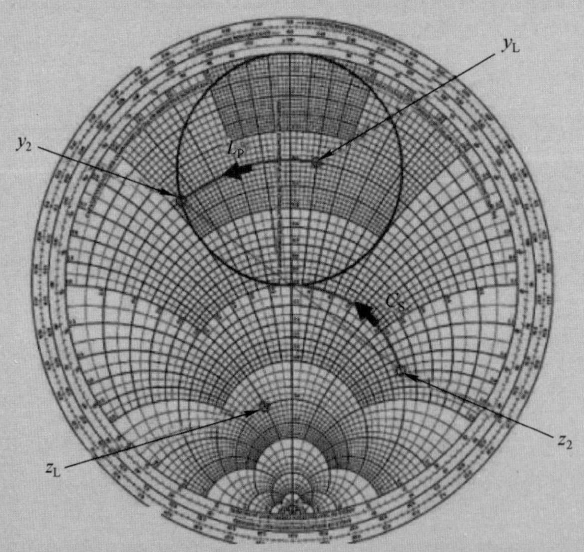


图 1.36　例 1.13 的解法二

使用史密斯圆图中的数据：

$$y_2 - y_L = (0.3 - j0.455) - (0.3 + j0.1) = -j0.555$$

$$z_0 - z_2 = 1-(1+\mathrm{j}1.55) = -\mathrm{j}1.55$$

因此，我们需要并联归一化电纳 $-\mathrm{j}0.555$ 和串联归一化电抗 $-\mathrm{j}1.55$，有

$$-\mathrm{j}0.555 = -\frac{\mathrm{j}}{\omega L_{\mathrm{P}}}\times 50 \Rightarrow L_{\mathrm{P}} = \frac{50}{0.555\times\omega} = \frac{50}{0.555\times 2\pi\times 4\times 10^{9}}\mathrm{H} = 3.58\mathrm{nH}$$

$$-\mathrm{j}1.55 = -\frac{\mathrm{j}}{\omega C_{\mathrm{S}}}\times\frac{1}{50} \Rightarrow C_{\mathrm{S}} = \frac{1}{1.55\times 2\pi\times 4\times 10^{9}\times 50}\mathrm{F} = 0.51\mathrm{pF}$$

**总结：**

满足示例 1.13 中要求的两种匹配网络如图 1.37 所示。

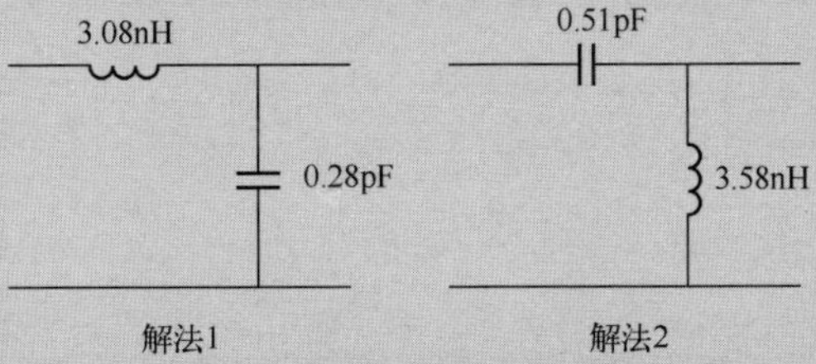

3.08nH　0.28pF　　0.51pF　3.58nH

解法1　　解法2

图 1.37　例 1.13 的匹配网络

## 1.11.2　将复数负载阻抗与复数源阻抗匹配

在 1.10 节中，我们研究了复数形式的负载阻抗与实数形式的源阻抗匹配过程。虽然这可能是实际设计中最常见的情况，但在某些情况下，例如放大器的级间匹配，我们希望匹配两个复阻抗，即将复数负载阻抗与复数源阻抗匹配。如 1.11.1 节所述，通过使用两个无损电抗，可以在单个频率下实现这种匹配，但使用史密斯圆图进行设计的方法需要做一些修改。

假设我们希望将复数源阻抗 $Z_{\mathrm{S}} = R_{\mathrm{S}} + \mathrm{j}X_{\mathrm{S}}$ 与复数负载阻抗 $Z_{\mathrm{L}} = R_{\mathrm{L}} + \mathrm{j}X_{\mathrm{L}}$ 匹配，匹配网络必须在信号源和网络输入之间提供复数共轭阻抗匹配，即匹配网络的输入阻抗必须等于 $Z_{\mathrm{S}}^{*}$，如图 1.38 所示（使用星号表示共轭复数）。

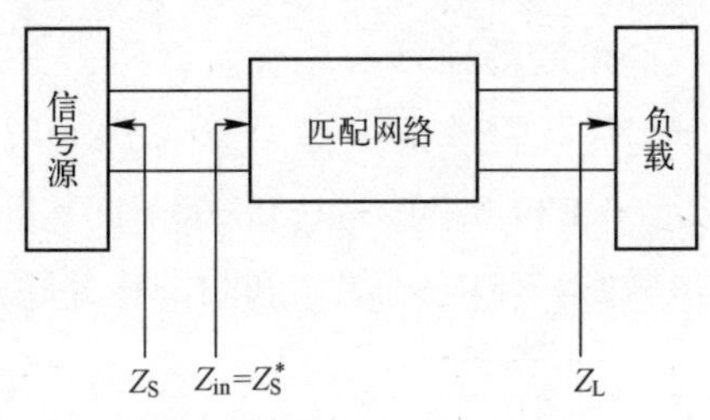


图 1.38　复阻抗匹配

我们假设匹配网络具有与图 1.26 所示相同的结构，利用史密斯圆图进行设计的过程与之前类似，不同之处在于串联电抗必须产生与 $y_{in}$ 具有相同电导的归一化导纳 $y_1$，所以旋转圆将由通过 $Z_L$ 的归一化电导圆旋转 180°形成，设计的步骤如例 1.14 所示。与前面的集总单元匹配网络一样，将产生两个有效的解决方法，对应于旋转圆上的两个不同交点。

**例 1.14** 设计一个集总元件匹配网络，将(100+j200)Ω 的负载阻抗与工作频率为 800MHz，阻抗为(25+j130)Ω 的信号源相匹配。匹配网络由两个无损电抗元件组成，按图 1.26 所示的方式进行连接。

**解：**

将负载阻抗归一化：$z_L=\dfrac{100+j40}{50}=2.0+j0.8$

将源阻抗归一化：$z_S=\dfrac{25+j130}{50}=0.5+j2.6$

匹配网络所需的归一化输入阻抗 $z_{in}$ 由下式给出：

$$z_{in}=z_S^*=0.5-j2.6$$

设计过程的第一步骤是绘制 $z_{in}$，找到 $y_{in}$ 的对应位置，并将通过 $Z_L$ 的等电导圆旋转 180°。

**解法一：**

从图 1.39 可以看出，通过 $y_{in}$ 的归一化电导线与旋转后的圆相交于两点，进而得到两种可能的解决方案。第一个解决方案对应于 $y_1$ 处的交点。

使用史密斯圆图中的数据：

$$z_1-z_L=(2.0-j4.5)-(2.0+0.8)=-j5.3$$

$$y_{in}-y_1=(0.08+j0.37)-(0.08+j0.18)=j0.19$$

**解法二：**

选择第二个交点 $y_2$，得到如图 1.40 所示的解决方案。

根据史密斯圆图我们可以得到

$$z_2-z_L=(2.0+j4.5)-(2.0+j0.8)=j3.7$$

$$y_{in}-y_2=(0.08+j0.37)-(0.08-j0.18)=j0.55$$

因此，我们需要串联归一化电抗 j3.7 和归一化并联电抗 j0.55，有

$$j3.7=j\omega L_S\times\frac{1}{50}\Rightarrow L_S=\frac{3.7\times 50}{\omega}=\frac{3.7\times 50}{2\pi\times 800\times 10^6}(\mathrm{H})=36.80\mathrm{nH}$$

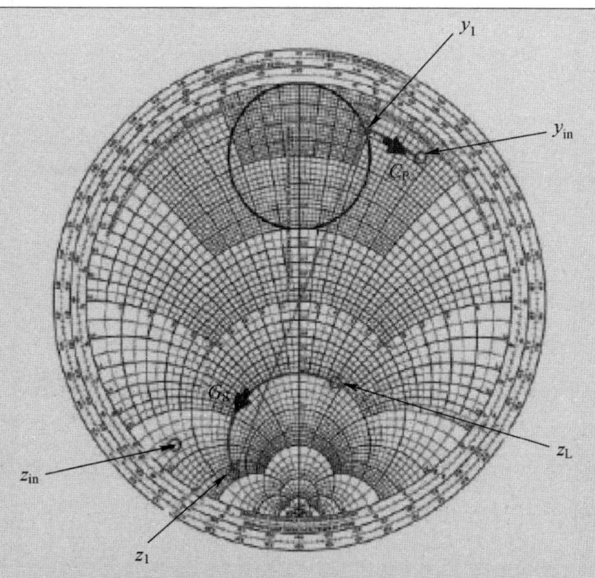


图 1.39　例 1.14 的第一种史密斯圆图解法

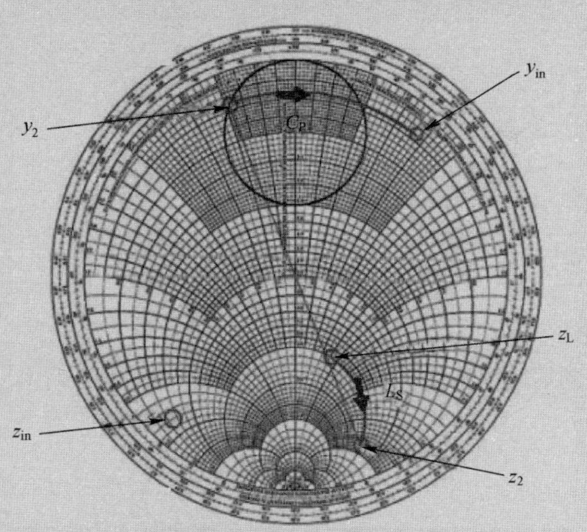


图 1.40　例 1.14 的第二种史密斯圆图解法

$$j0.55 = j\omega C_P \times 50 \Rightarrow C_P = \frac{0.55}{\omega \times 50} = \frac{0.55}{2\pi \times 800 \times 10^6 \times 50}\text{F} = 2.19\text{pF}$$

**总结：** 满足示例 1.14 中要求的两种匹配网络如图 1.41 所示。

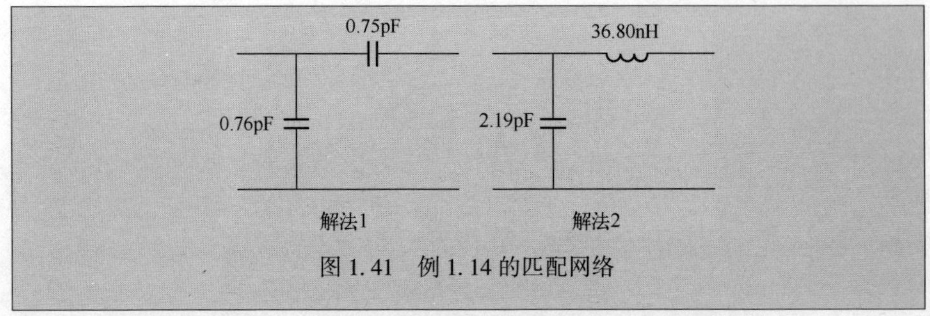


图 1.41　例 1.14 的匹配网络

## 1.12　无损传输线的等效集总电路

无论是单独的还是混合形式，射频和微波电路中都会经常遇到一个问题：缺乏足够的空间来实现分布式设计，其中电路的尺寸与波长的比值较大。克服这个问题的一个有效方法是用等效的集总电路替换传输线。可以证明（见附录 1.E），电抗的简单 π 型网络具有与无损传输线的匹配部分相同的电学特性。图 1.42 展示了传输线及其等效电路。

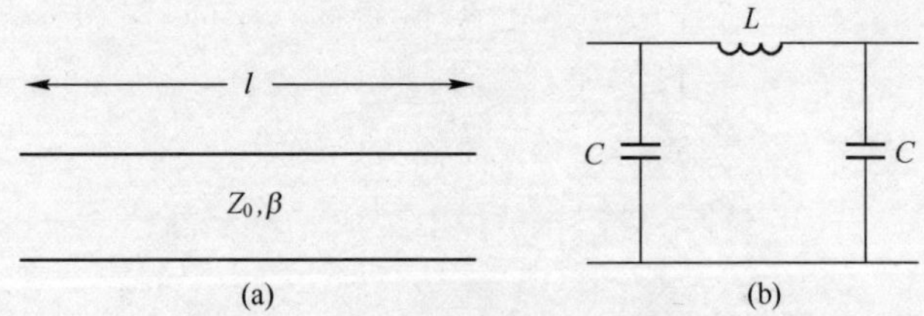


图 1.42　传输线的等效集总网络

（a）无损传输线的长度；（b）等效 π 型网络。

图 1.42 中的等效电路的电抗值可以使用以下表达式来计算：

$$L=\frac{Z_0}{2\pi f}\sin(\theta)=\frac{Z_0}{2\pi f}\sin(\beta l) \tag{1.61}$$

$$C=\frac{1}{2\pi f Z_0}\tan\left(\frac{\theta}{2}\right)=\frac{1}{2\pi f Z_0}\tan\left(\frac{\beta l}{2}\right) \tag{1.62}$$

其中

$Z_0$——传输线的特征阻抗；

$f$——工作频率；

$l$——传输线的长度。

对于 $\lambda/4$ 传输线的特殊情况，$\beta l=90°$，式（1.61）和式（1.62）变为

$$L=\frac{Z_0}{2\pi f} \tag{1.63}$$

$$C=\frac{1}{2\pi f Z_0} \tag{1.64}$$

## 1.13 补充习题

注：(1) 假设这些问题中的所有传输线以及电抗元件都是无损的。

(2) 使用史密斯圆图的方法求解这些习题，可能会有一些绘图误差。

1.1　50Ω 传输线由(70－j20)Ω 的阻抗端接。求距离端接 0.35λ 处的阻抗。

1.2　75Ω 传输线由阻抗为(150+j40)Ω 的负载端接。求从负载到最近的电压最大点之间电气长度。

1.3　50Ω 传输线由阻抗为(62－j120)Ω 的负载端接。求负载的反射系数和传输线的驻波比。

1.4　工作频率为 500MHz，输出阻抗为 50Ω 的发送端通过 2.5m 长，电阻为 50Ω 的电缆连接到 50Ω 的负载。如果误用了 75Ω 的电缆，请求出发送端输出端的反射系数。信号在电缆上的传输速度为 $2.2\times10^8$m/s。

1.5　当工作频率为 750MHz 时，75Ω 的传输线端接一个阻抗之后，传输线的 VSWR 为 4.5。负载端口到最近的电压最小点之间的距离为 6cm，求负载端口的阻抗，假设信号在传输线上的传输速度为 $2\times10^8$m/s。

1.6　特征阻抗为 100Ω 的传输线由(220+j80)Ω 的阻抗端接。求负载端口的导纳和负载与最近的归一化电导为单位 1 的点之间的电气长度（用与波长的比值来表示的长度）。

1.7　传输线的特性阻抗为 50Ω，传输速度为 $2.2\times10^8$m/s，由阻抗 $Z_L$ 端接。如果距离负载 0.75m 处，传输线上的阻抗为(30－j85)Ω，当工作频率为 100MHz 时，求 $Z_L$ 的值。

1.8　75Ω 传输线由(60－j95)Ω 的阻抗端接。设计一个 SST，使用短路短截线，它将端接的阻抗与工作频率为 500MHz 的传输线相匹配。假设传输线上的传输速度为 $2.0\times10^8$m/s，短截线的特征阻抗为 75Ω，并与传输线并联。

1.9　使用开路短截线重复问题 1.8。

1.10　如果传输线和短截线的特征阻抗均为 50Ω，重复问题 1.8。

1.11　需要构建一个工作频率为 800MHz 的 4nH 电感。电感将由一段短路的 50Ω 传输线构建，其传输速度为 $2.2\times10^8$m/s。求所需的传输线长度。

1.12　工作频率为 1.5GHz 的 10pF 电容由一段短路的 75Ω 传输线制成，其传输速度为 $2.2\times10^8$m/s。求所需的传输线长度。

1.13　求图 1.43 中所示的 $Z_{in}$ 值，工作频率为 750MHz。

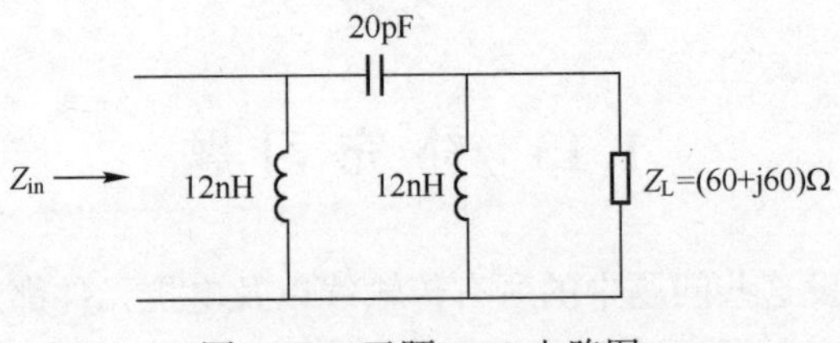


图 1.43　习题 1.13 电路图

1.14　求图 1.44 中所示的 $Z_{in}$ 值，工作频率为 2GHz。

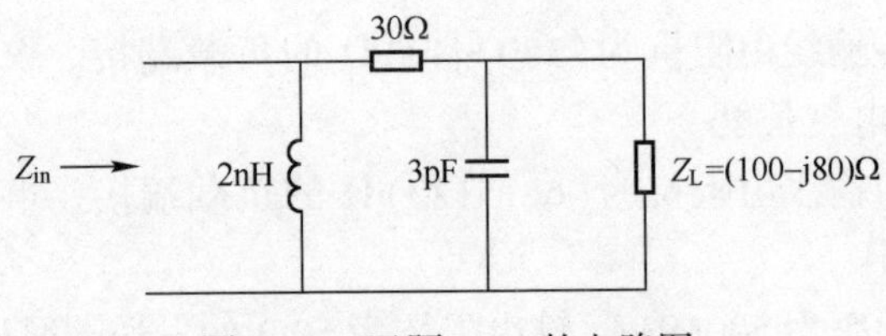


图 1.44　习题 1.14 的电路图

1.15　求图 1.45 中所示的 $Z_{in}$ 值，工作频率为 400MHz。

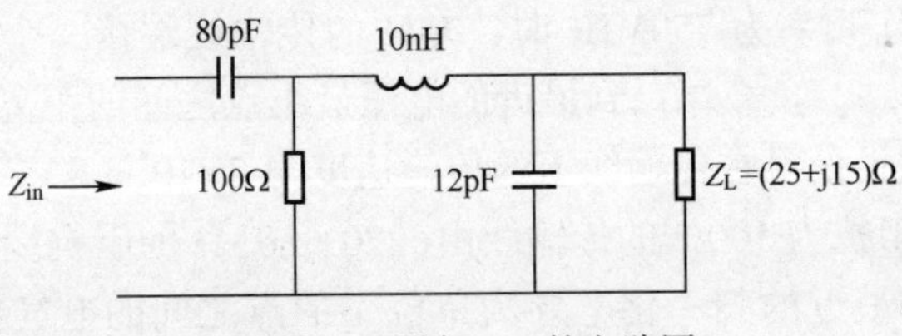


图 1.45　习题 1.15 的电路图

1.16　由无损串联电抗元件和无损并联电纳元件组成的匹配网络如图 1.46 所示。求将(10−j15)Ω 的负载阻抗匹配到工作频率为 550MHz 的 50Ω 源阻抗所需的元件值。找出两种可能的解决方案，并计算两种情况下的元件值。

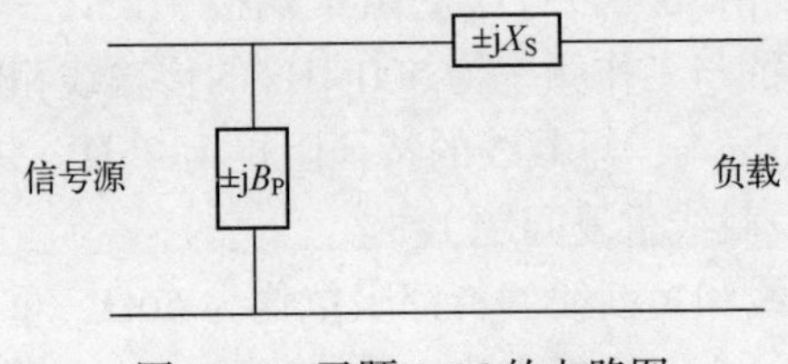


图 1.46　习题 1.16 的电路图

1.17 （1）由无损串联电抗元件和无损并联电纳元件组成的匹配网络如图 1.47 所示。负载阻抗为(120−j10$f$)Ω，其中$f$是以 GHz 为单位的频率。求将负载阻抗匹配到工作频率为 3GHz 的 50Ω 源阻抗所需的元件值。找出两种可能的解决方案，并分别求出这两种情况下的元件值。

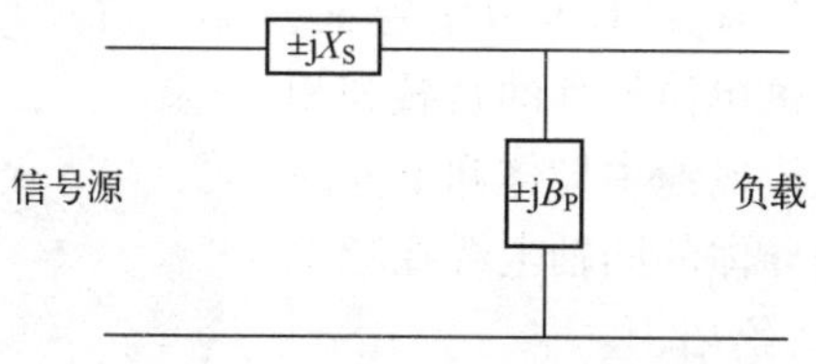


图 1.47　习题 1.17 的电路图

（2）假设频率降低 15%。找出（1）中计算的每个匹配网络输入端的反射系数。

1.18　网络需要将(20−j15)Ω 的负载阻抗与阻抗为(25−j35)Ω（工作频率为 1.5GHz）的源阻抗相匹配。证明由两个电感组成的网络将提供合适的匹配，并求出电感的值。

# 附录 1.A　同轴电缆

## 1.A.1　同轴电缆中的电磁场模式

同轴电缆内的电场和磁场分布如图 1.48 所示。电场线在内外导体之间为径向线，磁场线在中心导体周围形成闭环。

可以看出，电场和磁场是正交的，并且位于与传播方向成 90°角的平面中，即位于与电缆轴线成 90°角的平面中，这种传播方式被称为横向电磁（TEM）传播模式。

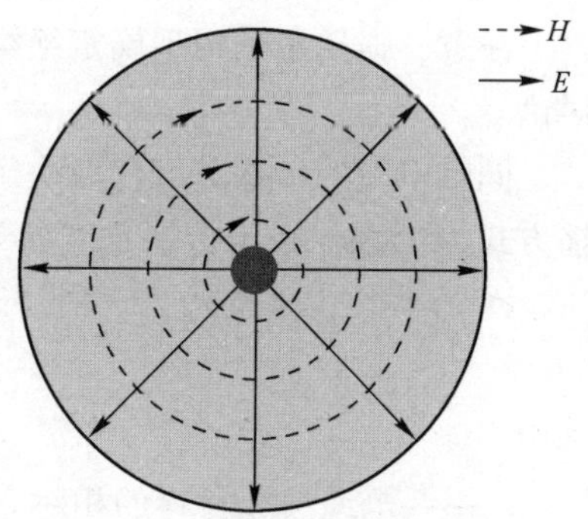


图 1.48　同轴电缆内的电磁场示意图

## 1.A.2　同轴电缆的基本特性

同轴电缆的特征阻抗 $Z_0$ 由下式给出[2]：

$$Z_0=\frac{1}{2\pi}\sqrt{\frac{\mu}{\varepsilon}}\ln\left(\frac{r_o}{r_i}\right) \tag{1.65}$$

其中

$\mu$ 和 $\varepsilon$——填充电缆的电介质的磁导率和介电常数；

$r_o$和 $r_i$——电缆尺寸参数，如图 1.49 所示。

波沿同轴电缆的传播特性取决于传播常数（$\gamma$）的值，该常数在第 1.3 节中定义，该常数提供了电缆中每单位长度的衰减和相变的信息。衰减取决于电缆中导体和电介质损耗的总和。使用铜导体的同轴电缆在频率 $f$ 处的导体损耗由下式给出[2]：

$$\alpha_c = \frac{9.5\times10^{-5}\times(r_o+r_i)\sqrt{f\varepsilon_r}}{r_o r_i \ln\left(\frac{r_o}{r_i}\right)} \text{dB/单位长度} \tag{1.66}$$

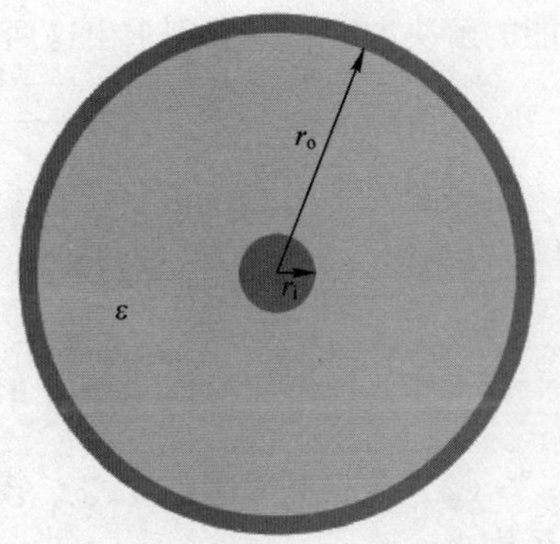

图 1.49　同轴电缆参数命名

其中：$\varepsilon_r$为电缆填充材料的相对介电常数（介电常数）。

介电损耗由下式给出[2]：

$$\alpha_d = 27.3\sqrt{\varepsilon_r}\frac{\tan\delta}{\lambda_0}\text{dB/单位长度} \tag{1.67}$$

其中

$\tan\delta$——电缆的损耗角正切；

$\lambda_0$——目标频率处的自由空间波长。

注意，损耗角是用于确定绝缘材料损耗值的参数，第 3 章将给出更详细的讨论。

同轴电缆的传播速度仅取决于填充电缆的电介质的介电常数，并且由于传播方式为 TEM，得出传播速度如下：

$$v_p = \frac{c}{\sqrt{\varepsilon_r}} \tag{1.68}$$

其中

$\varepsilon_r$——电缆填充材料的相对介电常数（介电常数）；

$c$——光速。

因此，在给定频率 $f$ 下，同轴电缆的传播常数为

$$\gamma = \alpha + j\beta = (\alpha_c + \alpha_d) + j\frac{2\pi f}{c}\sqrt{\varepsilon_r} \tag{1.69}$$

与同轴电缆相关的另一个重要参数是截止波长 $\lambda_c$。通过它，我们能够推

导出特定尺寸的同轴电缆中的传播频率。截止波长与电缆物理参数的关系为[2]

$$\lambda_c = \pi \sqrt{\varepsilon_r}(r_o + r_i) \tag{1.70}$$

确保高阶模式用于特定应用的同轴电缆在截止波长以下工作是很重要的，以便仅以单一模式传播，原因有如下两个。

（1）为了精确计算一段给定长度同轴电缆上的相位变化，明确在电缆上仅有一种已知传输特性的传输模式是非常必要的。

（2）当传播过程从同轴电缆过渡到另一种传输介质（波导或微带线）时，有必要清楚地知道电缆内的电磁场模式。

随着工作频率的增加，电缆的尺寸必须减小。用于射频工作的典型同轴电缆直径约为 6mm，中心导体直径约为 1mm。具有这些尺寸的柔性电缆通常用塑料电介质填充，其相对介电常数为 2.3。因此，利用式（1.70）可得，该电缆的截止波长约为 17mm，对应的截止频率为 17.6GHz，这是该电缆使用的频率上限。如果需要在毫米波频率（例如 50GHz）下使用同轴电缆，则电缆的总直径需要小于约 2.5mm。在 100GHz 的工作频率下，毫米波网络分析仪中的同轴电缆和连接器的直径通常为 1mm。

# 附录 1.B　共面波导

## 1.B.1　共面波导（CPW）的结构

共面传输线的两个示例如图 1.50 所示，这种类型的线路的主要特点是信号和接地导体都在基板的同一侧。传统的 CPW 线路将接地层延伸到基板的边缘，但在许多实际情况下，这是不可能的，并且接地平面仅仅是信号传输线两侧的两个宽带，这种结构称为有限接地平面 CPW。

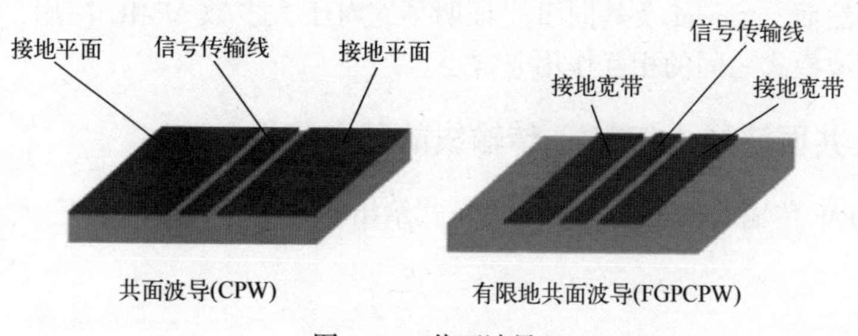


图 1.50　共面波导

## 1.B.2 CPW传输线上的电磁场分布

电场分布如图1.51所示。

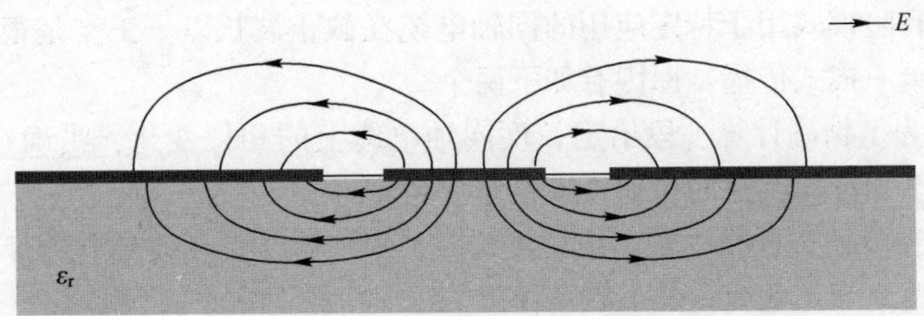


图1.51 共面传输线上的电场分布

关于电场分布，应注意以下三个要点。

(1) 由于基板的介电常数高于空气，因此基板内的电场浓度高于基板上方。

(2) 相当一部分的磁场将边缘化渗透到基板上方的空气中，因此，如果线路被金属封装起来，那么线路上方必须有足够的空间，以避免边缘场耦合到封装的金属上。

(3) 如果基板很薄，电磁场也可能边缘化渗透进入基板下方的空气中，因此在封装共面传输线时需要非常小心。

共面传输线上的磁场（图1.51中没有绘制）在信号传输线周围形成闭环，并且在工作频率达到低微波区域（通常低于20GHz）时，传播模式可被视为准TEM，这意味着电场和磁场完全位于垂直于传播方向的横向平面中。在高微波频率下，因为存在磁场的纵向分量，传播模式变为非TEM。如果共面波导（CPW）传输线的尺寸与波长之比较小，如单片微波集成电路（MMIC），Collin[1]提出了最高可用于50GHz，基于准TEM模式的简单设计公式（见A.1.2.3节）。若CPW传输线用于更高的毫米波频率，则需要进行全波分析以确定传播特性。许多CPW电路工作在高于表面波模式截止频率的毫米波段。然而，Riaziat及其同事[3]证明了，对于大多数MMIC应用，CPW传播和表面波模式之间的相互作用非常小。

## 1.B.3 共面波导（CPW）传输线的基本特性

沿CPW传输线的传播速度$v_P$由下式给出：

$$v_P = \frac{c}{\sqrt{\varepsilon_{r,eff}^{CPW}}} \tag{1.71}$$

其中

$c$——光速；

$\varepsilon_{r,eff}^{CPW}$——介质的有效介电常数，并考虑了基板的介电常数和延伸到基板上方和下方空气中的电磁场的比例。

有效介电常数的值通常取为[3,4]

$$\varepsilon_{r,eff}^{CPW}=\frac{\varepsilon_r+1}{2} \tag{1.72}$$

其中，$\varepsilon_r$为 CPW 传输线的基板的介电常数。

CPW 传输线的特征阻抗 $Z_0$由下式给出[4]：

$$Z_0=\frac{30\pi}{\sqrt{\varepsilon_{r,eff}^{CPW}}}\left[\frac{1}{\pi}\ln\left(\frac{2(1+\sqrt{k'})}{(1-\sqrt{k'})}\right)\right]\quad 0\leqslant k\leqslant 0.71 \tag{1.73}$$

$$Z_0=\frac{30\pi}{\sqrt{\varepsilon_{r,eff}^{CPW}}}\left[\frac{1}{\pi}\ln\left(\frac{2(1+\sqrt{k})}{(1-\sqrt{k})}\right)\right]^{-1}\quad 0.71\leqslant k\leqslant 1 \tag{1.74}$$

其中

$$k=\frac{s}{s+2w} \tag{1.75}$$

$$k'=\sqrt{1-k^2} \tag{1.76}$$

参数 $s$ 和 $w$ 的定义如图 1.52 所示。

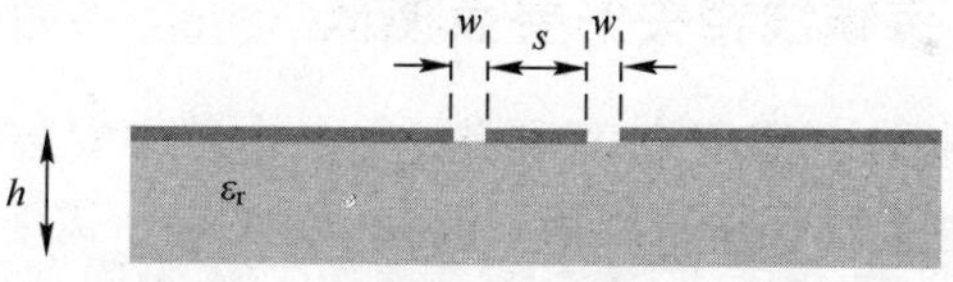


图 1.52　共面波导尺寸参数 $s$ 和 $w$

CPW 传输线中的损耗是导体和介电损耗的总和。Collin[1]导出总导体损耗（以 dB/单位长度为单位）的表达式为

$$\alpha_c=\frac{A}{2Z_0}\left[\pi+\ln\left(\frac{4\pi s}{t}\right)-kB\right]+\frac{kA}{2Z_0}\left[\pi+\ln\left(\frac{4\pi(s+2w)}{t}\right)-\frac{B}{k}\right] \tag{1.77}$$

其中

$$A=\frac{R_m}{4s(1-k^2)[K(k)]^{①}} \tag{1.78}$$

① 具有给定模 $k$ 的完全椭圆积分的值可以从表格中找到，或者通过对如下数列中的前三项求和作为近似值[1]得到

$$K(k)=\frac{\pi}{2}\left(1+\frac{k^2}{4}+\frac{9k^2}{64}+\cdots\right)\quad k\leqslant 0.4$$

$$B=\ln\left(\frac{1+k}{1-k}\right) \tag{1.79}$$

且有

$t$——导体厚度；

$R_m$——导体表面电阻；

$K(k)$——模数为 $k$ 的首类完全椭圆积分。

CPW 传输线中的介电损耗（以 dB/单位长度为单位）由文献［4］给出下式：

$$\alpha_d=2.73\frac{\varepsilon_r}{\sqrt{\varepsilon_{r,eff}^{CPW}}}\frac{(\varepsilon_{r,eff}^{CPW}-1)}{(\varepsilon_r-1)}\frac{\tan\delta}{\lambda_0} \tag{1.80}$$

其中

$\varepsilon_r$——基板介电常数

$\tan\delta$——基板的损耗角正切。

CPW 在频率 $f$ 下的传播常数由下式给出：

$$\gamma=\alpha_c+\alpha_d+j\frac{2\pi f}{c}\sqrt{\varepsilon_{r,eff}^{CPW}} \tag{1.81}$$

其中，$\alpha_c$ 和 $\alpha_d$ 可以通过式（1.77）和式（1.80）得出。

## 1.B.4 与 CPW 传输线相关的要点梗概

（1）与微带线相比，使用 CPW 在混合 RF 电路中安装封装的有源元件通常更容易，因为这些元件往往采用扁平波束引线封装，需要将一个或多个引线接地。在微带线中，要解决这一问题较为复杂，需要使用垂直连接（VIA）的方法连接到接地层。

（2）CPW 是 MMIC 的首选，因为 CPW 的信号传输线与接地平面位于基板的同一侧，这样的布局可以在紧密间隔的信号传输线之间提供良好的隔离效果。

（3）CPW 的几何形状是对称的，能够轻松实现从微带线或槽型传输线的过渡，这极大地增加了设计的自由度，特别是设计多层电路。

（4）从同轴线转换为 CPW 很容易，因为两种结构都具有对称的几何形状，信号传输线都位于接地层之间。因此，在使用 CPW 的封装平面电路上安装同轴连接器很容易。安装在 RF 和微波封装上的连接器通常是设计中的一个弱环，关于这个内容，在第 3 章中会有更详细的讨论。

（5）共面传输线尤其是几何尺寸较小的传输线表现出低色散的特性。Jackson[5] 证明了，在 60GHz 的工作频率下，对于色散和导体损耗，CPW 会展示出比微带线更好的结果。

（6）共面结构中传输线的间距通常很小，这导致了该结构能承载的最大功率较小。

（7）CPW 传输线通常需要比微带线更大的包装外壳，因为边缘区域更大。在 CPW 传输线结构的上表面和下表面都可能存在边缘场。

（8）特征阻抗和传播速度等电气特性取决于许多参数，因此相较于设计微带线，使用图形设计曲线设计 CPW 传输线比较复杂（见附录 1. D 和第 2 章）。使用适当的 CAD 封装包是设计 CPW 的唯一实用技术。

（9）通常，共面传输线需要相对较小的间距才能得出实用的特征阻抗值。例如，如果使用 25 密耳（$h$=0. 025 英寸=0. 635mm）厚的氧化铝（射频和微波电路中非常常见的基板材料）基板，构建特征阻抗为 50Ω 的传输线需要 100μm 的信号传输线宽度（$w$）和 90μm 的传输线间距。然而，CPW 结构的实际线路阻抗范围往往会大于微带线。

微带线和 CPW 的阻抗范围如下：

| 微带线 | 15Ω→110Ω |
|---|---|
| CPW | 20Ω→250Ω |

（10）CPW 或 FGPCPW 传输线的几何尺寸小，这使其成为了高毫米波频率应用的首选。

# 附录 1. C　金属波导

## 1. C. 1　波导原理

波导是中空的金属管，金属管的横截面通常是矩形或圆形的，电磁场通过它进行传播。波导提供低损耗传输，能够承载的最大功率较大。

矩形波导的内壁称根据尺寸大小分为宽壁和窄壁，尺寸由 $a$ 和 $b$ 表示，如图 1. 53 所示。

前面提到了 TEM 波，电场和磁场完全位于垂直于传播方向的横向平面中。横向平面被认为延伸到无穷大，这意味着电场和磁场具有均匀的密度。TEM 波也称为平面波，这种波不可能存在于由金属导体包围的介质中，如果存在，那么金属表面的边界条件将不成立。因此，金属波导中肯定存在不同

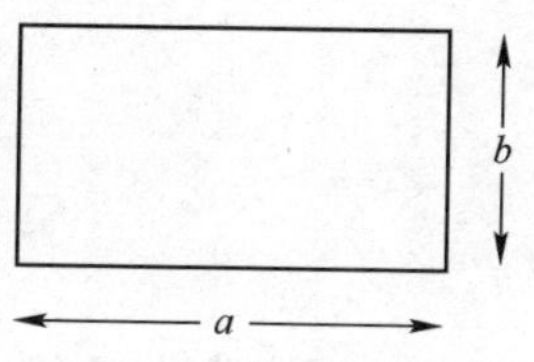


图 1. 53　矩形波导的横截面

于 TEM 波的电场和磁场传播模式，有许多不同的传播模式存在于金属波导中，这些模式称为波导模式。

## 1. C. 2　波导传播过程

矩形波导内电场和磁场的传播模式通常由自由空间内两个平面波相交产生的干涉情况来说明。图 1. 54（a）中两个平面波以与水平面成 $\theta$ 角的方式传播，电场方向垂直于纸面。实线代表峰值磁场线，虚线代表零磁场线。相邻峰值磁场线间的距离为自由空间波长的一半。电场使用常规方法表示，空心圆表示指向纸内的场线，实心点表示指向纸外的场线。

两个平面波相交产生的干涉图如图 1. 54（b）所示。由图可以看出，磁场已经形成了闭环，电场存在最大值和最小值点。此外，在 $xx'$ 和 $yy'$ 线上电场为 0。因此，垂直于绘制平面的导电片可以在不破坏场模式的情况下，沿着这两条线放置。图 1. 54（b）说明了电磁场能够存在于矩形波导内狭窄的壁之间。形成波导宽壁的金属板将位于垂直于电场并平行于磁场平面的正交平面上，因此对场的模式没有任何影响。随着波的传播，磁闭环和对应的电场在波导内传播。

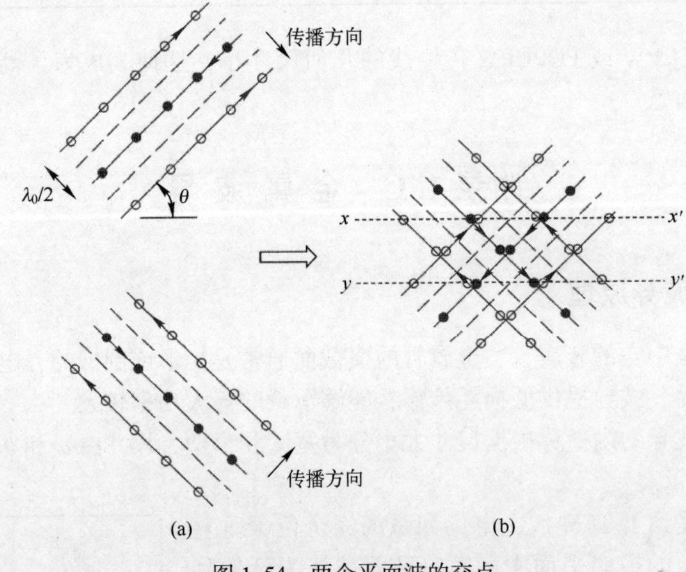


图 1. 54　两个平面波的交点
（a）单个波；（b）由两个平面波产生的干涉模型。

## 1. C. 3　矩形波导模式

矩形波导中可以存在许多不同的电场和磁场模式，这些模式称为波导模式。这些模式分为两种类型：电场完全位于横向平面的 TE 模式和磁场完全位于横向平面内的 TM 模式。设置下标用于表示特定模式，有 $TE_{mn}$ 和 $TM_{mn}$ 两种模式。第一个下标 $m$ 表示在宽壁视角内场的循环次数，第二个下标 $n$ 表示字段在窄壁视角内场的循环次数。在本章中，循环次数是指特定场的大小由 0 变为最大值再变为 0 的次数。

因此，可以从平面波的干涉方式判断出图 1.55 所示的电磁场模式被称为 $TE_{10}$，因为电场在宽壁视角内有一次循环，而电场在窄壁视角内是恒定的。

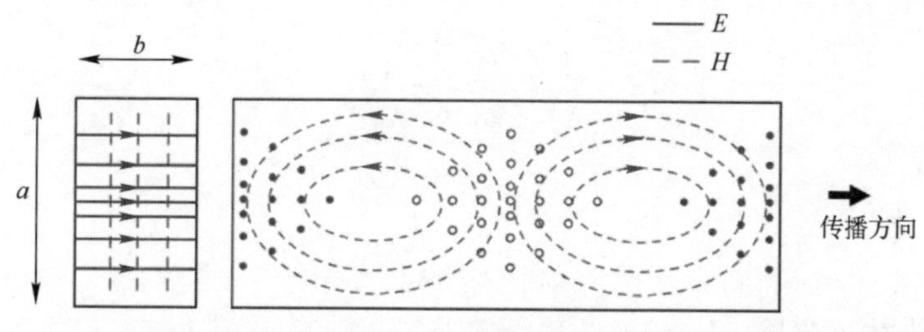


图 1.55　矩形波导中 $TE_{10}$ 模式的电场和磁场示意图

## 1.C.4　波导方程

波导方程将导波波长 $\lambda_g$、自由空间波长和波导尺寸联系在一起的表达式。该方程可以通过单个磁场环路的几何形状推导出来，如图 1.56 所示。

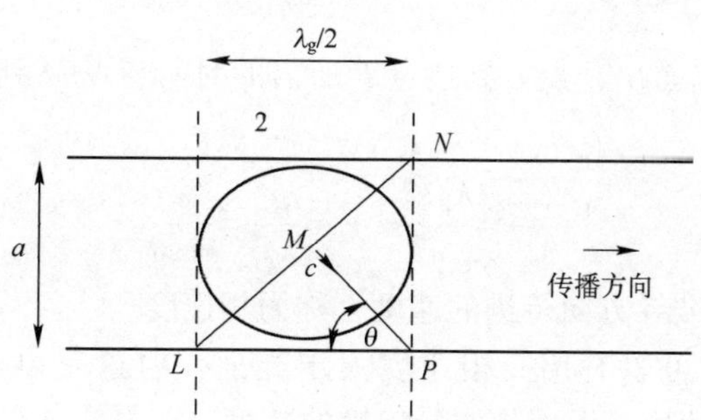


图 1.56　矩形波导中的单个磁场环路

图 1.56 中的线 $LN$ 表示以光速 $c$ 传播的平面波，与波导轴成 $\theta$ 角。从前面对平面波干涉的讨论中，我们可以知道一个磁闭环的轴向长度是 $\lambda_g/2$，并且 $MP$ 一定是 $\lambda_g/2$，其中 $\lambda_g$ 是自由空间波长。根据△LMP 和△MNP，有

$$\cos\theta=\frac{\lambda_0/2}{\lambda_g/2}=\frac{\lambda_0}{\lambda_g}$$

$$\sin\theta=\frac{\lambda_0/2}{a}=\frac{\lambda_0}{2a}$$

又

$$\sin^2\theta+\cos^2\theta=1$$

因此

$$\left(\frac{\lambda_0}{\lambda_g}\right)^2+\left(\frac{\lambda_0}{2a}\right)^2=1$$

即

$$\frac{1}{\lambda_g^2}+\frac{1}{(2a)^2}=\frac{1}{\lambda_0^2}$$

或

$$\frac{1}{\lambda_g^2}+\frac{1}{\lambda_c^2}=\frac{1}{\lambda_0^2} \tag{1.82}$$

其中，$\lambda_c$为截止波长，$\lambda_c=2a$。

截止波长是宽壁尺寸为 $a$ 的波导内，以 $TE_{10}$模传播的最长波长，其对应的频率为截止频率$f_c$。在低于$f_c$的频率下，能量只会以倏逝波的形式渗透到波导中，有非常高的衰减。因此，在 $TE_{10}$模下，只有自由空间波长大于 $2a$ 的频率才能传播。

## 1.C.5 相位和群速度

从图 1.56 可以看出，点 $L$ 到达点 $P$ 所需的时间与点 $M$ 到达点 $P$ 所需的时间相同，即

$$\frac{\lambda_g/2}{v_P}=\frac{\lambda_0/2}{c}\Rightarrow v_P=\frac{g}{\lambda_0}c=\frac{c}{\cos\theta} \tag{1.83}$$

其中，$v_P$为点 $L$ 沿波导方向行进的速度，称为相速度。

从式（1.83）可以看出，相速度大于光速，但这是电磁模式的特定点（或相位）行进的速度，而不是能量传输的速度。能量沿波导传播的速度是群速度 $v_g$，从图 1.56 可以看出，在轴向上分解 $c$ 可得

$$v_g=c\cdot\cos\theta \tag{1.84}$$

结合式（1.83）和式（1.84）可得

$$v_P\times v_g=c^2 \tag{1.85}$$

## 1.C.6 矩形波导的场论

A.1.3.2 中基于两个平面波的干涉，给出了关于波导传播过程的解释，并

且提供了一个非常实用的图形化视角，很好地为矩形波导这个主题进行了介绍。如果使用经典场理论，我们可以完成一套严格且完备的分析。这种方法利用矩形波导壁的边界条件求解麦克斯韦方程组。Collin[1] 给出了该理论的完整推导过程，但在这里只进行主要结论的陈述。

基于场论分析[1]，矩形波导中 TE 模态的电场和磁场分量由下式计算，(坐标系如图 1.57 所示)：

$$\begin{cases} E_x = \dfrac{\mathrm{j}\omega\mu n\pi}{bk_c^2} H_0 \cos\left(\dfrac{m\pi x}{a}\right)\sin\left(\dfrac{n\pi y}{b}\right)\mathrm{e}^{\mathrm{j}(\omega t-\beta z)} \\ E_y = -\dfrac{\mathrm{j}\omega\mu m\pi}{ak_c^2} H_0 \sin\left(\dfrac{m\pi x}{a}\right)\cos\left(\dfrac{n\pi y}{b}\right)\mathrm{e}^{\mathrm{j}(\omega t-\beta z)} \\ E_z = 0 \\ H_x = \dfrac{\mathrm{j}\beta m\pi}{ak_c^2} H_0 \sin\left(\dfrac{m\pi x}{a}\right)\cos\left(\dfrac{n\pi y}{b}\right)\mathrm{e}^{\mathrm{j}(\omega t-\beta z)} \\ H_y = \dfrac{\mathrm{j}\beta n\pi}{bk_c^2} H_0 \cos\left(\dfrac{m\pi x}{a}\right)\sin\left(\dfrac{n\pi y}{b}\right)\mathrm{e}^{\mathrm{j}(\omega t-\beta z)} \\ H_z = H_0 \cos\left(\dfrac{m\pi x}{a}\right)\cos\left(\dfrac{n\pi y}{b}\right)\mathrm{e}^{\mathrm{j}(\omega t-\beta z)} \end{cases} \tag{1.86}$$

其中

$$k_c = \sqrt{\left(\frac{m\pi}{a}\right)^2 + \left(\frac{n\pi}{b}\right)^2} \tag{1.87}$$

$H_0$——波导输入端的磁场强度。

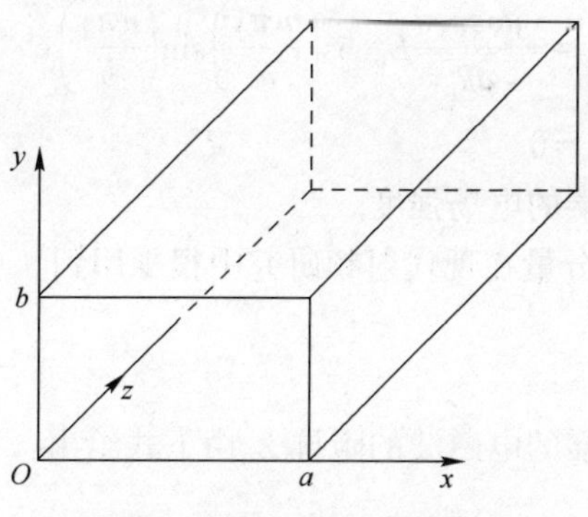


图 1.57　电磁场各分量的坐标系

利用式（1.86），求得 $TE_{10}$ 模下的电磁场各分量，即

$$\begin{cases} E_x = 0 \\ E_y = -\dfrac{j\omega\mu\pi}{ak_c^2}H_0\sin\left(\dfrac{\pi x}{a}\right)e^{j(\omega t-\beta z)} \\ E_z = 0 \\ H_x = \dfrac{j\beta\pi}{ak_c^2}H_0\sin\left(\dfrac{\pi x}{a}\right)e^{j(\omega t-\beta z)} \\ H_y = 0 \\ H_z = H_0\cos\left(\dfrac{\pi x}{a}\right)e^{j(\omega t-\beta z)} \end{cases} \tag{1.88}$$

通过对式（1.88）的观察，我们发现电磁场的分布与图 1.55 中的分布一致，图 1.55 是从两个平面波的干涉推导出来的，电场只有在 $y$ 方向上的一个分量，在波导壁处为 0（$x=0$ 和 $x=a$），在导波的中心($x=a/2$)达到最大值。

为了理论的完整性，我们将 $TM_{mn}$ 模场的分量由下式计算：

$$\begin{cases} E_x = -\dfrac{j\beta m\pi}{ak_c^2}E_0\cos\left(\dfrac{m\pi x}{a}\right)\sin\left(\dfrac{n\pi y}{b}\right)e^{j(\omega t-\beta z)} \\ E_y = -\dfrac{j\beta n\pi}{bk_c^2}E_0\sin\left(\dfrac{m\pi x}{a}\right)\cos\left(\dfrac{n\pi y}{b}\right)e^{j(\omega t-\beta z)} \\ E_z = E_0\sin\left(\dfrac{m\pi x}{a}\right)\sin\left(\dfrac{n\pi y}{b}\right)e^{j(\omega t-\beta z)} \\ H_x = \dfrac{j\omega\varepsilon n\pi}{bk_c^2}E_0\sin\left(\dfrac{m\pi x}{a}\right)\cos\left(\dfrac{n\pi y}{b}\right)e^{j(\omega t-\beta z)} \\ H_y = -\dfrac{j\omega\varepsilon m\pi}{ak_c^2}E_0\cos\left(\dfrac{m\pi x}{a}\right)\sin\left(\dfrac{n\pi y}{b}\right)e^{j(\omega t-\beta z)} \\ H_z = 0 \end{cases} \tag{1.89}$$

其中，$E_0$为波导输入端的电场强度。

但是，$TM_{mn}$模场分量在现代射频研究中很少用到。

## 1.C.7 波导阻抗

在自由空间中传播的电磁波的阻抗 $Z_0$由下式给出：

$$Z_0 = \left|\frac{E}{H}\right| = \sqrt{\frac{\mu_0}{\varepsilon_0}} = 120\pi = 377\Omega \tag{1.90}$$

在波导中，自由空间阻抗因波导壁的存在而发生改变。对于 $TE_{10}$模，波导阻抗为

$$Z_g = \left| \frac{E_y}{H_x} \right| \tag{1.91}$$

将等式（1.88）代入等式（1.91）可得

$$Z_g = \frac{\omega\mu\pi H_0/ak_c^2}{\beta\pi H_0/ak_c^2} = \frac{\omega\mu}{\beta} = \frac{2\pi f\mu}{2\pi/\lambda_G} = f\mu\lambda_g$$

$$= \frac{c}{\lambda_0}\mu\lambda_g = \frac{1}{\sqrt{\mu\varepsilon}\,\lambda_0}\mu\lambda_g = \sqrt{\frac{\mu}{\varepsilon}}\frac{\lambda_0}{\lambda_0}$$

即

$$Z_g = Z_0\frac{\lambda_G}{\lambda_0} \tag{1.92}$$

## 1.C.8　高阶矩形波导模式

前文的理论主要针对一种特定的模式：$TE_{10}$，此模式通常被描述为主模。对于给定尺寸的波导，$TE_{10}$将以最低的频率传播，并且对于此波导，在某个频率范围内，只能以$TE_{10}$的模进行传播。因此，$TE_{10}$是实际的波导传输和设备中最实用的一种传播模式。特定模式的截止波长可由下式得出

$$\lambda_c = \frac{1}{\sqrt{\left(\frac{m}{2a}\right)^2 + \left(\frac{n}{2b}\right)^2}} \tag{1.93}$$

相应的截止频率可由下式得到

$$f_c = c\sqrt{\left(\frac{m}{2a}\right)^2 + \left(\frac{n}{2b}\right)^2} \tag{1.94}$$

矩形波导的名称如表 1.1 所列。

表 1.1　矩形波导的名称

| 矩形波导名称 | 推荐工作频率/GHz | $f_{c(TE10)}$/GHz |
|---|---|---|
| WG90 | 8.20~12.40 | 6.56 |
| WG28 | 26.50~40.00 | 21.08 |
| WG10 | 75.00~110.00 | 59.01 |
| WG5 | 140.00~220.00 | 115.750 |

## 1.C.9　波导衰减

图 1.58 绘制了两条矩形波导内传播模式的衰减随频率变化曲线。两条曲

线分别对应于 $TE_{10}$ 和 $TE_{11}$，相较于主模，$TE_{11}$ 是更高阶的模，并且他的截止频率和主模的截止频率最接近。

从图 1.58 可以看出，当频率接近截止频率时，衰减急剧增加。高于截止频率的部分，由于波导壁的耗散，衰减随频率的增长缓慢增加；另外，因为趋肤效应，耗散随着频率的增加而增加，第 2 章中将会给出更详细的讨论。从图 1.58 中还可以看出，有一个频率区域只有 $TE_{10}$ 模能够传播，在 $\Delta f$ 表示的频率范围内，衰减最小。我们可以将特定尺寸的波导视为具有用 $\Delta f$ 表示的工作带宽。

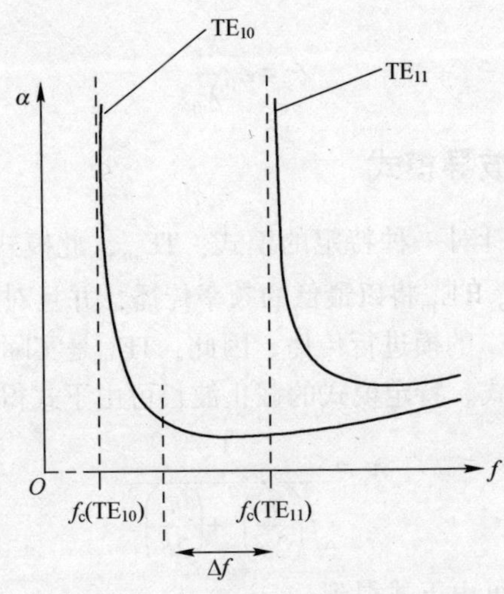


图 1.58　矩形波导模式的衰减变化

## 1.C.10　矩形波导的尺寸和波导名称

从前面的讨论可以看出，波导的尺寸是一个关键要素，对于工作在主模下的波导，所需的尺寸随着频率的增加而减小。用符号 WG 表示矩形波导的尺寸，表 1.1 中给出了一些常用波导的例子。在表 1.1 中，$TE_{10}$ 模式的建议频率范围对应于图 1.58 中的 $\Delta f$。

## 1.C.11　圆形波导

高频电磁波沿着具有圆形横截面的波导传播与沿矩形波导传播有着类似的原理。主要区别在于对圆形波导的分析需要使用球极坐标系，以便与波导的几何形状兼容，并且麦克斯韦方程组的解是通过贝塞尔函数得到的。圆形波导中的传播模式可分为 $TE_{nm}$ 和 $TM_{nm}$，其中下标 $m$ 指场在波导径向上循环的次数，

下标 $n$ 指场在圆周方向上变化的双循环（全正弦波）次数。圆形波导的坐标系如图 1.59 所示。

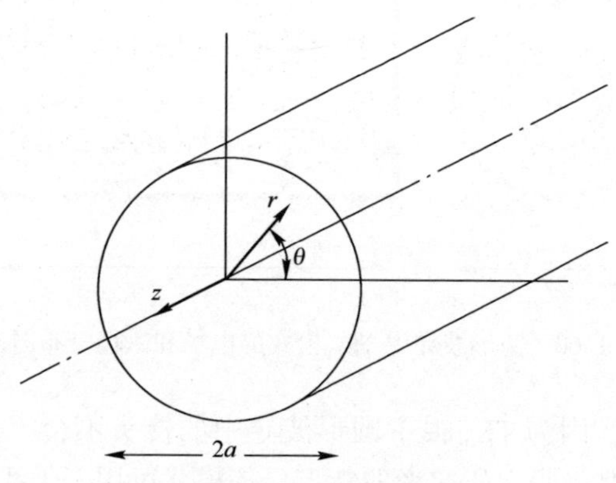


图 1.59　圆形波导的坐标系

圆形波导中 $\mathrm{TE}_{nm}$ 模的电磁场分量如下：

$$\begin{cases} E_r = -\dfrac{\omega\mu n}{rk_c^2} H_0 J_n(k_c r)\cos(n\theta)\,\mathrm{e}^{\mathrm{j}(\omega t-\beta z)} \\ E_\theta = \dfrac{\mathrm{j}\omega\mu}{k_c} H_0 J_n'(k_c r)\cos(n\theta)\,\mathrm{e}^{\mathrm{j}(\omega t-\beta z)} \\ E_z = 0 \\ H_r = -\dfrac{\mathrm{j}\beta}{k_c} H_0 J_n'(k_c r)\cos(n\theta)\,\mathrm{e}^{\mathrm{j}(\omega t-\beta z)} \\ H_\theta = -\dfrac{\beta n}{rk_c^2} H_0 J_n(k_c r)\cos(n\theta)\,\mathrm{e}^{\mathrm{j}(\omega t-\beta z)} \\ H_z = H_0 J_n(k_c r)\cos(n\theta)\,\mathrm{e}^{\mathrm{j}(\omega t-\beta z)} \end{cases} \tag{1.95}$$

需要注意的是，形式为 $J_n(x)$ 的函数称为第一类贝塞尔函数，阶数为 $n$，参数为 $x$，函数的值通常可由查表得出。贝塞尔函数的振幅在正值和负值之间变化，并随着 $x$ 的增加而减小。当函数值为 0 时，对应的 $x$ 值被称为函数的根。第一种贝塞尔函数的微分形式可写为 $J'n(x)$。

对于圆形波导，研究的重点模式是 $\mathrm{TE}_{01}$，因为它展现出了衰减随频率的增加而减小的特性。$\mathrm{TE}_{01}$ 模的场分布如图 1.60 所示，可以看到电场线绕波导的轴线形成闭环，磁场线在通过导轨中心的轴向平面上形成闭环。这意味着电流能够在波导壁内沿圆周方向移动。

场和电流以波导中心轴为基准具有对称性，这就意味着这种模式有利于形

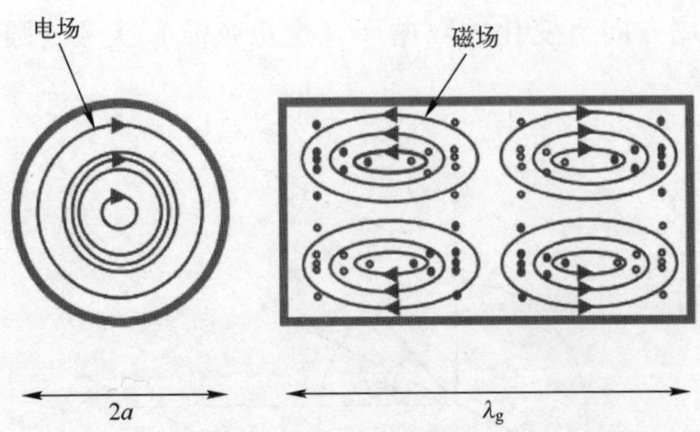


图 1.60　圆形波导中 $TE_{01}$ 模式的电场和磁场分布图

成旋转的波导接头，因为 $TE_{01}$ 模下圆形波导中的接头不会干扰电流。但 $TE_{01}$ 模的低损耗特性是其最吸引研究者的特点，该模式可用于天线的低损耗馈线连接以及极高 $Q$ 值空腔的构建，这一应用将在第 3 章电介质测量的内容中进行更详细的讨论。值得一提的是，虽然 $TE_{01}$ 模式具有一些很实用的特性，但它不是圆形波导的主模，在激励 $TE_{01}$ 模式时需要注意不要产生其他不需要的模式。圆形波导的主模是 $TE_{11}$，该模式的衰减特性如图 1.61 所示。

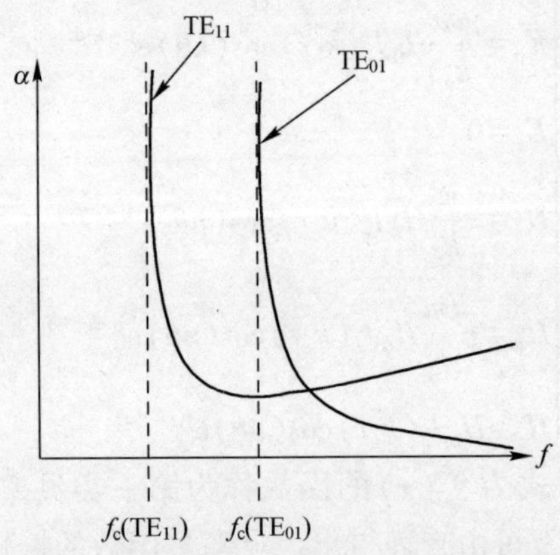


图 1.61　圆形波导中常规模式的衰减曲线

我们知道，对于金属波导中的任何模式，电场的切向分量在波导壁处必须为零，并且根据式（1.95）中 $E_\theta$ 的表达式，当 $r=a$ 时 $J_n'(k_c r)=0$，因此对于 $TE_{01}$ 模式，当 $n=0$ 时，有 $J_0'(k_c a)=0$。查找贝塞尔函数表，当 $x=3.83$ 时是 $J_0'(x)$ 的第一个根。

Karbowiak[7] 证明了，半径为 $a$ 的圆形波导中 $TE_{01}$ 模的截止波长为

$$\lambda_c = \frac{2\pi a}{x} \tag{1.96}$$

因此，$TE_{01}$模的截止频率为

$$f_c = \frac{c}{\lambda_c} \tag{1.97}$$

对于直径为 50mm 的圆形波导，有

$$\lambda_c = \frac{2\pi \times 25}{3.83}\text{mm} = 41.02\text{mm}$$

$$f_c = \frac{3\times 10^8}{41.02\times 10^{-3}}\text{Hz} = 7.31\text{GHz}$$

Karbowiak[7]还证明了，$TE_{01}$模在远高于截止频率的工作频率$f_0$下，衰减（单位为 dB/m）为

$$\alpha = 17.37\frac{F^2 R_m}{2a} \tag{1.98}$$

其中

$$F = \frac{f_c}{f_0}$$

$R_m$——金属波导的表面电阻。

从式（1.98）可以看出，$TE_{01}$模的衰减随着频率的增加而减小，并且增加波导的直径将减小任意频率下的衰减。

# 附录 1.D　微　带　线

微带线的横截面如图 1.62 所示。

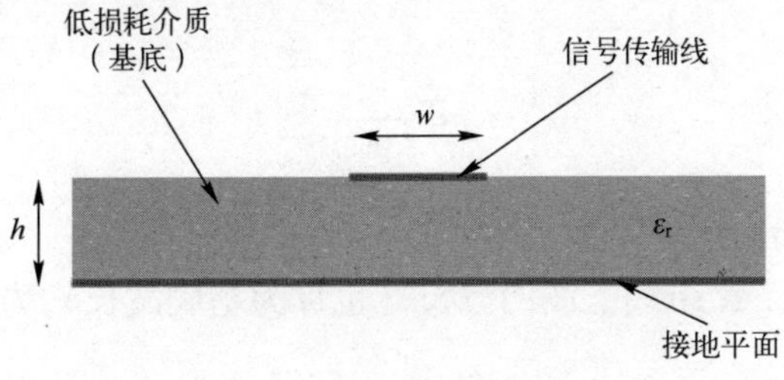


图 1.62　微带线的横截面

微带线由相对介电常数为 $\varepsilon_r$的低损耗绝缘基板，基板上表面的信号线以及覆盖基板底部的金属接地平面构成。微带线的主要参数是基板相对介电常数

($\varepsilon_r$)、基板厚度（$h$）和信号线宽度（$w$）。正是这三个参数决定了微带线的特征阻抗（$Z_0$）和传播速度（$v_p$）。仅当信号线非常厚（通常超过 10μm）时，才需要考虑信号线的厚度。

微带线的特征阻抗和几何参数之间的关系如下。

在 $w/h<3.3$ 的情况下，有

$$Z_0=\frac{119.9}{\sqrt{2(\varepsilon_r+1)}}\ln\left(4\frac{h}{w}+\sqrt{16\left(\frac{h}{w}\right)^2+2}\right) \tag{1.99}$$

在 $w/h>3.3$ 的情况下，有

$$Z_0=\frac{119.9\pi}{2\sqrt{\varepsilon_r}}\chi \tag{1.100}$$

其中

$$\chi=\frac{w}{2h}+\frac{\ln 4}{\pi}+\frac{\ln(e\pi^2/16)}{2\pi}\left(\frac{\varepsilon_r-1}{\varepsilon_r^2}\right)+\frac{\varepsilon_r+1}{2\pi\varepsilon_r}\left[\ln\left(\frac{\pi e}{2}\right)+\ln\left(\frac{w}{2h}+0.94\right)\right] \tag{1.101}$$

其中，$e=2.718$。

微带线是一种开放式结构，一部分电磁场会渗透到微带线上方的空气中。由于电磁波的传播并不完全在基底内，我们需要为传播介质确定一个有效的相对介电常数($\varepsilon_{r,eff}^{MSTRIP}$)：

$$1\leqslant\varepsilon_{r,eff}^{MSTRIP}\leqslant\varepsilon_r \tag{1.102}$$

特征阻抗为 $Z_0$ 的微带线的有效相对介电常数可由下式得出[8]：

$$\varepsilon_{r,eff}^{MSTRIP}=\frac{\varepsilon_r+1}{2}\left[1+\frac{29.98}{Z_0}\left(\frac{2}{\varepsilon_r+1}\right)\left(\frac{\varepsilon_r-1}{\varepsilon_r+1}\right)\left(\ln\left[\frac{\pi}{2}\right]+\frac{1}{\varepsilon_r}\ln\left[\frac{4}{\pi}\right]\right)\right]^{-2} \tag{1.103}$$

其中，$\varepsilon_r$ 为基底的相对介电常数。

一旦知道基板的有效相对介电常数，就可由下式得出微带线上波的传播速度：

$$v_p=\frac{c}{\sqrt{\varepsilon_{r,MSf}^{MRIP}}} \tag{1.104}$$

其中，$c$ 为光速（$3\times10^8$ m/s）。

在指定频率 $f$ 下微带线上波的波长（也称为基底波长）为

$$\lambda_s=\frac{v_p}{f}=\frac{c}{f\sqrt{\varepsilon_{r,eff}^{MSTRP}}} \tag{1.105}$$

Hammerstad 和 Bekkadal[9] 给出了一个应用广泛的微带线导体损耗 $\alpha_c$ 表达式：

$$\alpha_c = \frac{0.072\sqrt{f}}{wZ_0}\left(1+\frac{2}{\pi}\arctan[1.4(\Delta R_m\sigma)^2]\right)\text{dB/单位长度} \tag{1.106}$$

其中

$f$——工作频率；

$w$——微带轨道宽度；

$Z_0$——微带线的特征阻抗；

$\Delta$——金属的 RMS 表面粗糙度；

$R_m$——金属表面阻抗；

$\sigma$——金属的电导率。

微带线中的介电损耗可以通过 Gupta[4] 给出的表达式计算：

$$\alpha_d = 27.3\frac{\varepsilon_r(\varepsilon_{r,eff}^{MSTRIP}-1)\tan\delta}{\sqrt{\varepsilon_{r,eff}^{MSTRIP}}(\varepsilon_r-1)\lambda_0}\text{dB/单位长度} \tag{1.107}$$

其中

$\varepsilon_r$——基底的相对介电常数；

$\varepsilon_{r,eff}^{MSTRIP}$——基底的有效相对介电常数；

$\lambda_0$——工作频率下的自由空间波长；

$\tan\delta$——基底的损耗角正切（见第 3 章）。

然后，可将 $\alpha_c$、$\alpha_d$、$\varepsilon_{r,eff}^{MSTRIP}$ 代入下式，得出给定微带线的传播常数 $\gamma$：

$$\gamma = \alpha_c+\alpha_d+j\frac{2\pi f}{c}\sqrt{\varepsilon_{r,eff}^{MSTRIP}} \tag{1.108}$$

## 附录 1.E　传输线的等效集总电路表示方法

二端口网络和一段无损传输线之间的等效关系可以通过传输特性或者 *ABCD* 参数来推断。第 5 章给出了这些参数的定义，并且对于网络参数进行了更详细的讨论。

如图 1.63 所示，由包含无损导纳的 π 型网络组成的二端口网络可由式（1.109）中的 ***ABCD*** 矩阵表示[8]：

$$\begin{bmatrix} \boldsymbol{A} & \boldsymbol{B} \\ \boldsymbol{C} & \boldsymbol{D} \end{bmatrix}_{\pi\text{-network}} = \begin{bmatrix} 1+\dfrac{Y_2}{Y_3} & \dfrac{1}{Y_3} \\ Y_1+Y_2+\dfrac{Y_1Y_2}{Y_3} & 1+\dfrac{Y_1}{Y_3} \end{bmatrix} \tag{1.109}$$

我们从第 1.2 节中可以得知，无损传输线具有类似串联电感和并联电容的特性，图 1.64 展示了一种具有代表性的短电长度等效 π 型网络。

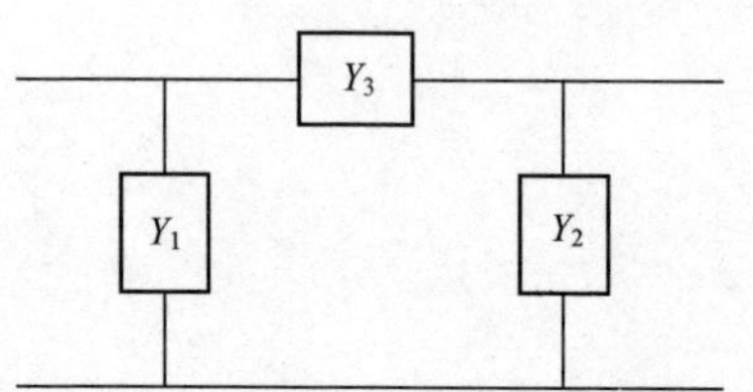


图 1.63 导纳形式的等效 π 型网络

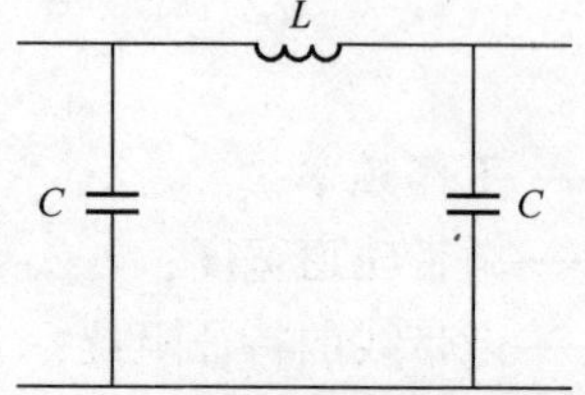


图 1.64 短电长度等效 π 型网络

根据图 1.63 和图 1.64，有

$$\begin{cases}Y_1=Y_2=\mathrm{j}\omega C\\ Y_3=\dfrac{1}{\mathrm{j}\omega L}=-\mathrm{j}\dfrac{1}{\omega L}\end{cases}\tag{1.110}$$

代表图 1.64 所示电路的 ***ABCD*** 矩阵如下：

$$\begin{bmatrix}\boldsymbol{A} & \boldsymbol{B}\\ \boldsymbol{C} & \boldsymbol{D}\end{bmatrix}_{\text{equivalent}\pi-\text{network}}=\begin{bmatrix}1-\omega^2LC & \mathrm{j}\omega L\\ \mathrm{j}(2\omega C-\omega L[\omega C]^2) & 1-\omega^2LC\end{bmatrix}\tag{1.111}$$

如图 1.65 所示，特征阻抗为 $Z_0$，传播常数为 $\beta$ 的一段无损传输线也可以用 ***ABCD*** 矩阵[10]表示：

$$\begin{bmatrix}\boldsymbol{A} & \boldsymbol{B}\\ \boldsymbol{C} & \boldsymbol{D}\end{bmatrix}_{\text{Txline}}=\begin{bmatrix}\cos\beta l & \mathrm{j}Z_0\sin\beta l\\ \mathrm{j}Y_0\sin\beta l & \cos\beta l\end{bmatrix}\tag{1.112}$$

如果图 1.64 所示 π 型网络的电气特性等效于一段短传输线的电气特性，则式（1.111）中的 ***ABCD*** 矩阵一定与式（1.112）中的矩阵相同，则

$$\begin{cases}\cos\beta l=1-\omega^2LC\\ \mathrm{j}Z_0\sin\beta l=\mathrm{j}\omega L\\ \mathrm{j}Y_0\sin\beta l=\mathrm{j}(2\omega C-\omega L[\omega C]^2)\end{cases}\tag{1.113}$$

将式（1.113）移项可得

$$\begin{cases}L=\dfrac{Z_0}{\omega}\sin\beta l\\ C=\dfrac{1}{\omega Z_0}\tan\left(\dfrac{\beta l}{2}\right)\end{cases}\tag{1.114}$$

式（1.114）可用于计算频率$\dfrac{\omega}{2\pi}$下，特征阻抗为 $Z_0$，相位常数为 $\beta$ 的无损传输线的等效集总电路元件属性。

无损传输线如图 1.65 所示。

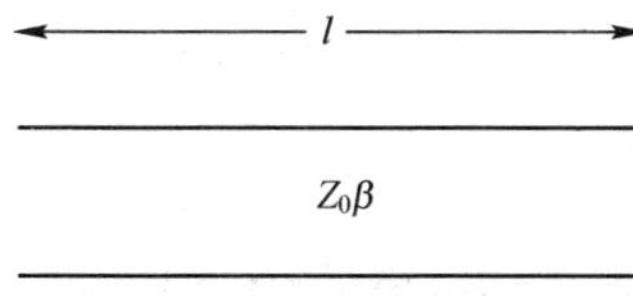


图 1.65　无损传输线

# 参考文献

[1] Collin, R. E. (1992). *Foundations for Microwave Engineering*, 2e. New York: McGraw Hill.

[2] Chang, K., Bahl, L., and Nair, V. (2002). *RF and Microwave and Component Design for Wireless Systems*. New York: Wiley.

[3] Riaziat, M., Majidi-Ahy, R., and Feng, I. J. (1990). Propagation modes and dispersion characteristics of coplanar waveguides. *IEEE Transactions on Microwave Theory and Techniques* 38 (3): 245-251.

[4] Gupta, K. C., Garg, R., Bahl, I., and Bhartia, P. (1996). *Microstrip Lines and Slotlines*, 2e, Boston, MA: Artech House.

[5] Jackson, R. W. (1996). Considerations in the use of coplanar waveguide for millimeter-wave integrated circuits. *IEEE Transactions on Microwave Theory and Techniques* 34 (12): 1450-1456.

[6] Kreyszig, E. (1993). *Advanced Engineering Mathematics*. New York: Wiley.

[7] Karbowiak, A. E. (1965). *Trunk Waveguide Communication*. London: Chapman and Hall.

[8] Edwards, T. C. and Steer, M. B. (2000). *Foundations of Interconnect and Microstrip Design*. London: Wiley.

[9] Hammerstad, E. O. and Bekkadal, F. A. (1975). *Microstrip Handbook*, ELAB Report STF 44A74169. Norway: University of Trondheim.

[10] Pozar, D. M. (2001). *Microwave and RF Design of Wireless Systems*. New York: Wiley.

# 第 2 章　平面电路设计 1——微带线

## 2.1　引　　言

微带线是射频和微波平面电路中最常用的连接形式。第 1 章介绍了微带线的概念及其优点，能够在给定的尺寸下，计算微带线的特征阻抗和传播常数的方程。

在本章中，将更详细地讨论与微带线设计相关的实际问题，并给出了一些常见微带线元件的设计案例。图 2.1 展示了微带线的主要尺寸参数。

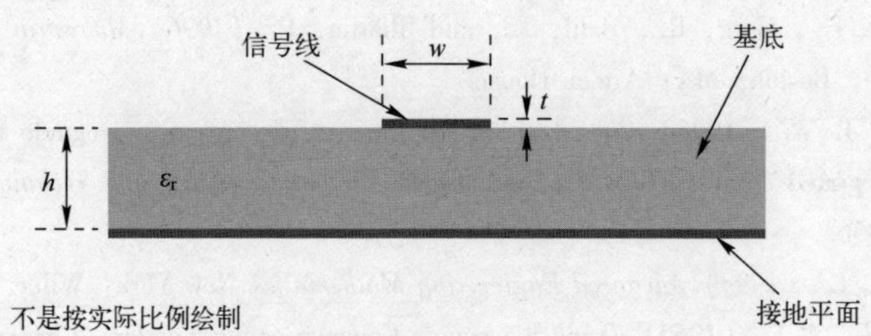


图 2.1　微带线的横截面的主要尺寸参数

## 2.2　微带线上的电磁场分布

微带线的传输模式为准 TEM 模，这意味着电场和磁场完全位于垂直于传播方向的横向平面中。需要注意的是，由于波需要在混合的绝缘介质（基底和空气）当中传播，所以在微带线上不会有纯 TEM 波，在微带线的设计中，选择合适的尺寸参数以最小化不需要的模式非常重要，这个问题将在 2.5 节中进行更详细的讨论。微带线周围的电场分布如图 2.2 所示。

微带线的周围存在一个磁场，如图 2.2 所示，其中磁力线在信号线周围形成闭环，并与电场线正交。从图 2.2 可以看出，电磁场密度最大的位置在微带线下方，场通过侧面渗透进入基底，也渗入基底上方的空气中。

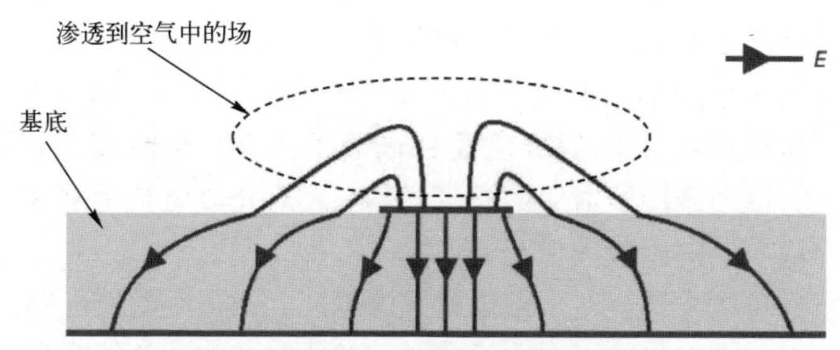


图 2.2　微带线横截面的电场分布图

## 2.3　有效相对介电常数 $\varepsilon_{r,eff}^{MSTRIP}$

微带线会产生边缘场,也就意味着波将在混合绝缘介质中传播,即部分在基板中,部分在微带线上方的空气中。因此,我们需要指定一个有效的相对介电常数 $\varepsilon_{r,eff}^{MSTRIP}$:

$$1 \leqslant \varepsilon_{r,eff}^{MSTRIP} \leqslant \varepsilon_r \tag{2.1}$$

其中,$\varepsilon_r$ 为基底的相对介电常数(介电常数)。

利用有效相对介电常数,我们可以在特定工作频率 $f$ 下,确定沿微带线传输的波的波长(通常简称为衬底波长):

$$\lambda_s = \frac{v_p}{f} = \frac{c}{f\sqrt{\varepsilon_{r,eff}^{MSTRIP}}} \tag{2.2}$$

其中

$\lambda_s$——衬底波长;

$v_p$——波沿微带线的传播速度;

$c$——光速($3\times10^8$m/s)。

## 2.4　微带设计图和 CAD 软件

一旦知道了微带线的尺寸参数,就可以通过各种计算机辅助设计(CAD)软件,精确地得出微带线的特征阻抗和传播速度。除了一系列商业软件,互联网上还有许多免费的软件,能够帮助用户将微带线的物理特性与一些关键参数联系起来。

为了在本章中展示基本的微带线设计原理，我们将通过设计图来获得基本的电路参数。必须强调的是，由于在阅读图表时会产生一些误差，这种方法对于实际工程应用来说并不够准确。相关设计图见附录 2. A，其中包含两张图：第一张给出了特征阻抗 $Z_0$随 $w/h$ 变化的函数图；第二张给出了 $\varepsilon_{\mathrm{r,eff}}^{\mathrm{MSTRIP}}$ 随 $w/h$ 变化的函数图，这两张图所对应的微带线基底相对介电常数为 9. 8（介电常数不同的基板对应不同的函数图像)。

从图中我们可以发现，对于给定厚度的基底，微带线的特征阻抗随着信号线宽度的增加而减小。另外，对于给定厚度和相对介电常数的基底，它所对应的微带线特征阻抗范围有实际限制。想要实现微带线极低的特征阻抗，对应的微带线过宽，没有实际使用的价值，相反，微带线极高的阻抗对应非常窄的宽度，这样的微带线很难被生产出来。图 2. 24 和图 2. 25 表明，对于相对介电常数为 9. 8 的基底上的微带线，阻抗范围约为 25~90Ω。

设计图的使用方法很简单，通常遵循以下顺序：

$$Z_0 \Rightarrow \frac{w}{h} \Rightarrow \varepsilon_{\mathrm{r,eff}}^{\mathrm{MSTRIP}} \tag{2.3}$$

例 2. 1 演示了这个流程。

**例 2. 1** 在厚度为 0. 5mm，相对介电常数为 9. 8 的基板上制造了一条特征阻抗为 52Ω 的微带线。

试求：

(1) 传输线的长度；

(2) 传输线的有效相对介电常数；

(3) 工作频率为 2GHz 时传输线上的波长。

**解：**

(1) 根据附录 2. A 中的微带线阻抗设计图，有

$$Z_0 = 52\Omega \Rightarrow \frac{w}{h} = 0.82$$

$$w = 0.82 \times 0.5\mathrm{mm} = 0.41\mathrm{mm}$$

(2) 根据附录 2. A 中的微带线相对介电常数设计图，有

$$\frac{w}{h} = 0.82 \Rightarrow \varepsilon_{\mathrm{r,eff}}^{\mathrm{MSTRIP}} = 6.55$$

(3) $\lambda_s = \dfrac{c}{f\sqrt{\varepsilon_{\mathrm{r,eff}}^{\mathrm{MSTRIP}}}} = \dfrac{3\times10^8}{2\times10^9\times\sqrt{6.55}}\mathrm{m} = 0.0586\mathrm{m} = 58.6\mathrm{mm}$

## 2.5 工作频率限制

为了避免产生TM模，同时不发生横向微带线共振（TM代表横磁，是指磁场完全位于与传播方向正交的平面内的模），微带线的工作频率有一定的限制。

（1）当准TEM模和最低阶TM模的相速度接近时，这两种模式之间存在强耦合。强耦合会在下式成立的条件下发生[1,2]：

$$f_{\mathrm{TEM}}=\frac{c\arctan\varepsilon_{\mathrm{r}}}{\pi h\sqrt{2(\varepsilon_{\mathrm{r}}-1)}} \tag{2.4}$$

这导致了最大基底厚度 $h_{\max}$ 存在一定的限制，由文献［1］得出

$$h_{\max}=\frac{0.354\lambda_0}{\sqrt{\varepsilon_{\mathrm{r}}-1}} \tag{2.5}$$

其中，$\lambda_0$ 为工作频率下的自由空间波长。

（2）如果微带线的信号线足够宽，可能会发生横向共振。有效共振长度为$(w+2x)$，其中 $w$ 是信号线的宽度，$x$ 是场在轨道边缘向外渗透的长度，通常 $x$ 取为 $0.2h$。因此，横向共振的截止波长 $\lambda_{\mathrm{cf}}$ 由下式可得

$$\frac{\lambda_{\mathrm{cf}}}{2}=w+2x=w+0.4h \tag{2.6}$$

相应的截止频率为

$$f_{\mathrm{cf}}=\frac{c}{(2w+0.8h)\sqrt{\varepsilon_{\mathrm{r}}}} \tag{2.7}$$

## 2.6 趋 肤 深 度

在微波频率下，在导体中流动的电流并不是均匀分布在导体的横截面上，而是集中在导体表面，这种现象称为趋肤效应，这是一个非常重要的概念，对微带线电路的设计具有实际意义。

趋肤效应可以用一个通交流电的圆柱形导体来解释。

（1）交流电在导体内产生不断变化的磁场（磁通量），从而在导体内形成感应电压。

（2）感应电压的方向与电流相反（焦耳—楞次定律）。

（3）感应电压的值将取决于磁通量的变化率（法拉第定律）。

（4）最大感应电压将位于磁通量变化最大处，即导体的中心。

（5）因此，导体中心的电流被抑制，电流被迫流向导体表面。

（6）由于趋肤效应的显著程度取决于磁通量的变化率，即交流电的频率，因此在高 RF 和微波频率下，趋肤效应将变得非常显著。

高频电流在圆柱形导体直径上的典型分布情况如图 2.3 所示。

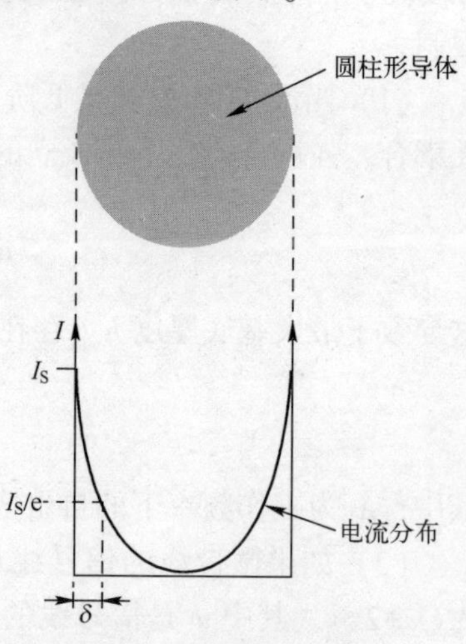

图 2.3　圆柱形导体上 RF 电流幅值分布图

趋肤深度 $\delta_s$ 是用于量化趋肤效应的参数，定义为电流大小衰减到表面值的 $\frac{1}{e}$（e=2.718）时的导体深度，如图 2.3 所示，其中表面电流用 $I_s$ 表示。$\delta_s$ 的值由下式计算可得到

$$\delta_s = \frac{1}{\sqrt{\pi\mu f\sigma}} \tag{2.8}$$

其中

$\mu$——导体的磁导率；

$f$——工作频率；

$\sigma$——导体的电导率（通常对于导体，磁导率是自由空间磁导率，即 $\mu = \mu_0 = 4\pi\times10^{-7}\text{H/m}$）。

**例 2.2**　在以下频率下计算金导体的趋肤深度：（1）1GHz；（2）10GHz；（3）100GHz。

**解：**

金的电导率为 $4.1\times10^7\text{S/m}$。

（1）$\delta_s = \dfrac{1}{\sqrt{\pi\times4\times\pi\times10^{-7}\times10^9\times4.1\times10^7}}\text{m} = 2.485\mu\text{m}$；

（2）$\delta_s = \dfrac{1}{\sqrt{\pi\times4\times\pi\times10^{-7}\times10^{10}\times4.1\times10^7}}\text{m} = 0.786\mu\text{m}$；

（3）$\delta_s = \dfrac{1}{\sqrt{\pi\times4\times\pi\times10^{-7}\times10^{10}\times4.1\times10^7}}\text{m} = 0.786\mu\text{m}$。

例 2.2 中的数据显示了对于应用在微波频率范围内的导体，$\delta_s$ 的值非常小。在 100GHz 时，$\delta_s$ 的值与许多导体的 RMS 表面粗糙度相当，这提醒我们对于高频的应用，材料表面的质量应该被密切关注（这个问题在第 3 章中将会有更详细的讨论，包含了有关微带线电路制造中使用的材料和工艺的相关内容）。

此外，我们需要认识到，在导体中，大约 65% 的电流在导体表面以下一个趋肤深度内流动。根据这个条件，可以得出微带线电路当中的导体所需的实际厚度值，通常认为是 $5\delta_s$。较细的导体往往具有较高的电阻，但由于在导体中心流动的电流很少，因而当导体厚度大于 $5\delta_s$ 时，导体的电阻值不再显著降低。

## 2.7　微带线元件示例

本节介绍了一些常见的微带线元件的理论和设计方法。

### 2.7.1　分支线耦合器

分支线耦合器是一个四端口元件，可用作功率分配器，或者用来组合来自不同源的信号。微带分支线耦合器的结构如图 2.4 所示。

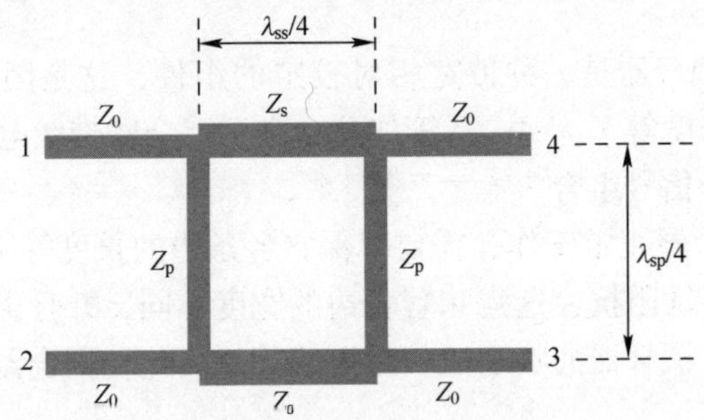


图 2.4　微带分支线耦合器

耦合器由长度为四个 $\lambda/4$ 的四个部分组成，分别连接到元件的四个端口，端口的特征阻抗为 $Z_0$。施加在端口 1 的信号会被分离到端口 3 和 4，端口 2 保持隔离状态。在微波电路或网络中，当施加在其中一个端口上的信号没有出现在另一个端口时，这两个端口称为隔离。对于分支线耦合器，我们可以通过信号在分支线耦合器四条边上传输的路径来解释端口 2 与端口 1 的隔离原理。施加在端口 1 上的信号在端口与耦合器的连接处分流，其中一半的信号逆时针通过一个 $\lambda/4$ 的部分到达端口 2，另一半顺时针通过三个 $\lambda/4$ 的部分到达端口 2。因此，两路分支信号所经过的路径长度相差 $\lambda/2$，导致它们的相位相反，相互抵消，进而端口 2 与端口 1 隔离。

耦合器串联和并联部分的特征阻抗 $Z_s$ 和 $Z_p$ 决定了功率的分配。如果要实现 3dB 的功率分配，对于 3dB 的功率分配，特征组抗需要满足 $Z_p=Z_0$ 和 $Z_s=Z_0/\sqrt{2}$。

其他要点如下。

（1）对于 3dB 分支线耦合器，当在端口 1 施加信号时，端口 3 和端口 4 处的输出信号幅度相等，相位相差 90°，两组信号互相正交，这是因为他们所经过的路径长度相差 $\lambda/4$。

（2）由于端口 2 与端口 1 隔离，两个不同频率的激励源可以分别同时连接到端口 1 和 2，端口 3 和端口 4 会产生这两组激励的混合信号。这两个激励源将互相隔离。当两个激励的频率不同时，常规做法是按照两个频率对应波长的平均值确定耦合器的边长。

（3）分支线耦合器是微带线设计的一个示例，其中微带线物理几何形状的显著变化（本例中为分支线环路的各个顶点）会导致明显的不连续性。为了实现精确的设计，各个拐角几何中心之间的距离必须等于 $\lambda/4$，并采取适当的补救措施来解释不连续性。微带线不连续性的问题将在第 4 章中有更详细的讨论。

（4）分支线耦合器是一种带宽相对较窄的组件，这是因为正确使用它的前提是四条边的长度等于 $\lambda/4$。尽管如此，它在混合微带线电路中仍然有许多应用，特别是用于信号组合。

（5）要让耦合器正常工作，需要确保它各条边的长度等于 $\lambda/4$。但是，不同边具有不同的特征阻抗，这意味着各边的宽度不同，并且由于衬底波长是信号线宽度的函数，耦合器的物理边长将不相等。因此，耦合器的物理形状是矩形而不是正方形。

**例 2.3**　设计一个工作频率为 12GHz 的微带分支线耦合器。耦合器提供 3dB 的功率分配功能，端口阻抗为 50Ω。耦合器的基底相对介电常数为 9.8，厚度为 0.25mm。

**解：**

对于 3dB 功分器，有

并联边的阻抗，$Z_p=50\Omega$

串联边的阻抗，$Z_s=\dfrac{50}{\sqrt{2}}\Omega=35.4\Omega$

使用附录 2.A 中的微带线设计图，有

$$50\Omega\Rightarrow\frac{w}{h}=0.9\Rightarrow w=0.9\times h=0.9\times0.25\text{mm}=0.225\text{mm}$$

$$\frac{w}{h}=0.9 \Rightarrow \varepsilon_{r,eff}^{MSTRIP}=6.6 \Rightarrow \lambda_{sp}=\frac{\lambda_0}{\sqrt{6.6}}$$

$$\lambda_0=\frac{c}{f}=\frac{3\times10^8}{12\times10^9}m=0.25m=25mm$$

$$\lambda_{sp}=\frac{25}{\sqrt{6.6}}mm=9.73mm$$

$$\frac{\lambda_{sp}}{4}=\frac{9.73}{4}mm=2.43mm$$

$$35.4\Omega \Rightarrow \frac{w}{h}=1.9 \Rightarrow w=1.9\times h=1.9\times0.25mm=0.475mm$$

$$\frac{w}{h}=1.9 \Rightarrow \varepsilon_{r,eff}^{MSTRIP}=7.05 \Rightarrow \lambda_{sp}=\frac{\lambda_0}{\sqrt{7.05}}$$

$$\frac{\lambda_{ss}}{4}=\frac{25}{4\times\sqrt{7.05}}mm=2.35mm$$

满足例 2.3 要求的设计图如图 2.5 所示。

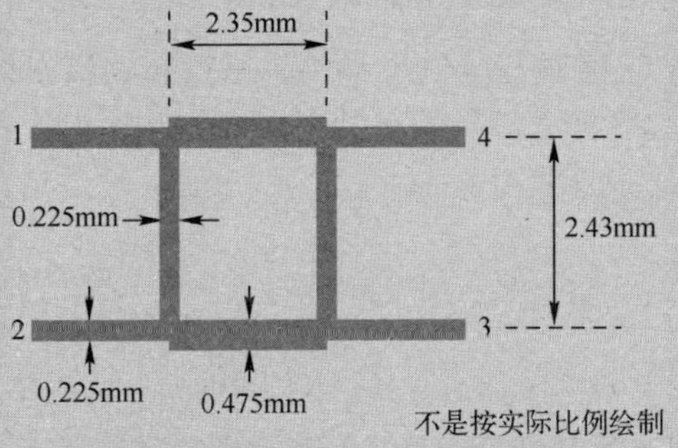

图 2.5　满足例 2.3 要求的设计图

## 2.7.2　λ/4 变换器

λ/4 变换器（也称 λ/4 转换器）是一种非常有用的微带线元件，它可以在给定频率下匹配两个电阻（或两条不同特征阻抗的传输线）。λ/4 变换器如图 2.6 所示，特征阻抗为 $Z_0$的微带线与负载 $Z_L$相连，同时它包含了一段特征阻抗为 $Z_{0T}$，长度为 λ/4 的微带线，输入阻抗 $Z_{in}$由下式给出：

$$Z_{in}=\frac{Z_{0T}^2}{Z_L} \tag{2.9}$$

因此可以通过改变 $Z_{0T}$ 来实现 $Z_{in}=Z_0$。

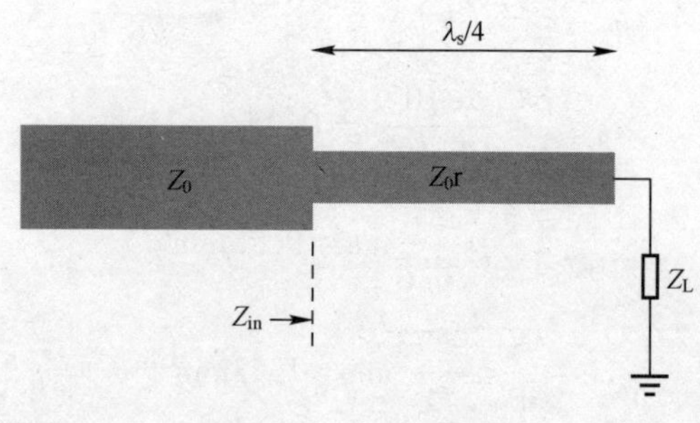


图 2.6 λ/4 变换器

λ/4 变换器特别适合用微带线来实现的原因之一是：只要调整微带线的宽度就可获得 $Z_{0T}$（对于常规的微带线阻抗范围内 25~90Ω）的任意值。其他的传输介质，如同轴电缆，特征阻抗只能取到几个不同的标准值。

为方便起见，我们也可以将式（2.9）写为

$$Z_{0T}=\sqrt{Z_1 Z_2} \tag{2.10}$$

式中，$Z_1$ 和 $Z_2$ 为需要匹配的阻性阻抗。

**例 2.4** 设计一个微带线 λ/4 变换器，它能将输出阻抗为 50Ω 的激励源与输入阻抗为 75Ω、频率为 2.5GHz 的平面天线相匹配。λ/4 变换器基底的相对介电常数为 9.8，厚度为 1mm。

**解：**

λ/4 变换器的特征阻抗，$Z_{0T}=\sqrt{50\times75}\,\Omega=61.2\Omega$

使用附录 2.A 中的微带线设计图，我们得到

$$61.2\Omega\Rightarrow\frac{w}{h}=0.55\Rightarrow w=0.55h=0.55\times1\text{mm}=0.55\text{mm}$$

$$\frac{w}{h}=0.55\Rightarrow\varepsilon_{r,\text{eff}}^{\text{MSTRIP}}=6.38\Rightarrow\lambda_s=\frac{\lambda_0}{\sqrt{6.38}}$$

$$\lambda_0=\frac{c}{f}=\frac{3\times10^8}{2.4\times10^9}\text{m}=0.125\text{m}=125\text{mm}$$

$$\frac{\lambda_s}{4}=\frac{125}{4\times\sqrt{6.38}}\text{mm}=12.37\text{mm}$$

满足例 2.4 要求的设计图如图 2.7 所示。

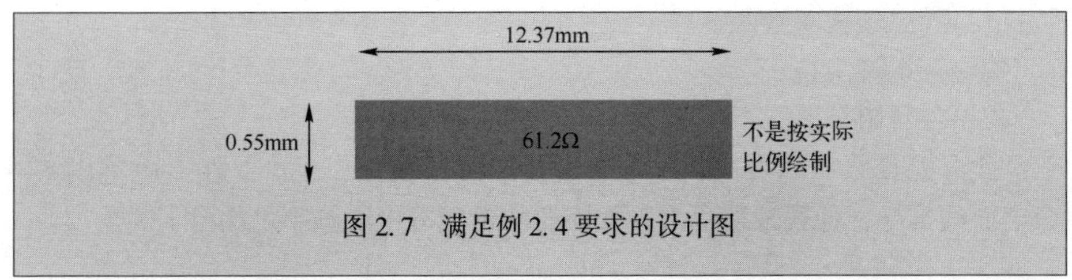


图 2.7　满足例 2.4 要求的设计图

单阶 λ/4 变换器具有相对较窄的带宽，因为只有当匹配部分的长度等于工作频率下波长的 1/4 时，变换器才提供完美匹配。我们可以通过级联多个不同的长度为 λ/4 的微带线来拓宽频带，如图 2.8 所示。需要注意的是，每段微带线的电长度是相同的，即为 λ/4 或 90°。由于衬底波长随各段微带线宽度的变化而变化，因此多阶变换器中不同部分的物理长度会有所不同。

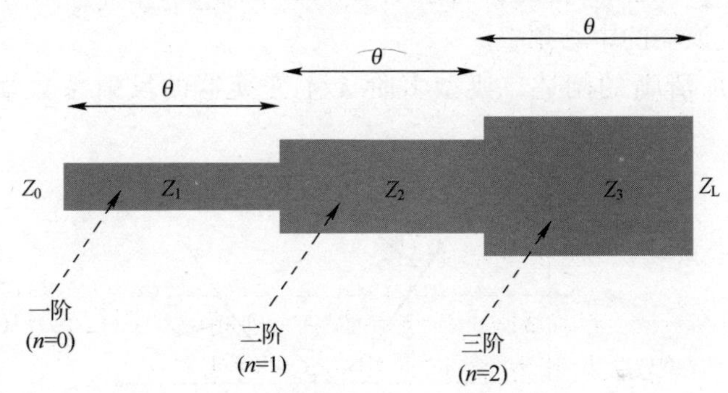


图 2.8　微带线三阶 λ/4 变换器

在输入反射系数 $\Gamma$ 满足下式时，将实现宽带，最平坦响应（巴特沃斯响应）[3]：

$$\Gamma=A(1+\mathrm{e}^{-\mathrm{j}2\theta}) \tag{2.11}$$

其中

$A$——与要匹配的阻抗相关的常数；

$\theta$——变换器各部分的电气长度。

相邻阶微带线的特征阻抗必须满足

$$\ln\left(\frac{Z_{n+1}}{Z_n}\right)=2^{-N}C_n^N\ln\left(\frac{Z_\mathrm{L}}{Z_0}\right) \tag{2.12}$$

其中

$N$——变换器中微带线的段数（阶数）；

$Z_n$——第 $n$ 步的阻抗；

$C_n^N$——二项式系数①；

$Z_L$——端接阻抗；

$Z_0$——源阻抗。

式（2.12）中的表达式基于多重反射理论得出，Collins 在[3]中给出了一个全面的推导，他还证明了多阶变换器的带宽与中心频率之比由下式给出：

$$\frac{\delta f}{f_0}=2-\frac{4}{\pi}\arccos\left|\frac{2\rho_{\max}}{\ln\left(\frac{Z_L}{Z_0}\right)}\right|^{\frac{1}{N}} \tag{2.13}$$

其中

$\delta f$——变换器的带宽，定义为当输入端反射系数小于某个指定的最大值 $\rho_{\max}$ 时的频率范围；

$f_0$——变换器的中心频率。

为了更加清晰的阐述，典型多阶 $\lambda/4$ 变换器的反射系数幅值如图 2.9 所示。

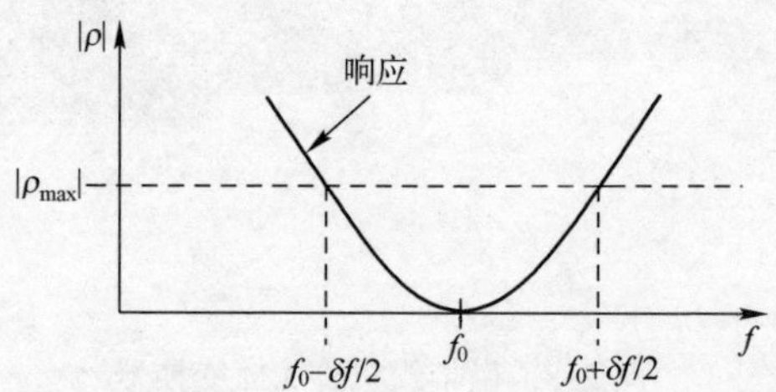


图 2.9　多阶 $\lambda/4$ 变换器的反射系数幅值示意图

**例 2.5**　设计一个三阶 $\lambda/4$ 变换器，将 25Ω 的负载与频率为 5GHz 的 50Ω 微带线相匹配。变换器应具有最平坦的响应，变换器基底的相对介电常数为 9.8，厚度为 0.8mm。

**解：**

各阶的阻抗可以通过式（2.12）得出，其中 $N=3$，$Z_L=25\Omega$，$Z_0=50\Omega$。

第一阶：$n=0\quad \ln\left[\frac{Z_1}{50}\right]=2^{-3}C_0^3\ln\left[\frac{25}{50}\right]\Rightarrow Z_1=45.85\Omega$

① 二项式系数可以用 $C_n^N=\frac{N!}{(N-n)!n!}$。

第二阶：$n=1 \quad \ln\left[\frac{Z_2}{45.85}\right]=2^{-3}C_1^3\ln\left[\frac{25}{50}\right] \Rightarrow Z_2=35.36\Omega$

第三阶：$n=2 \quad \ln\left[\frac{Z_3}{35.36}\right]=2^{-3}C_2^3\ln\left[\frac{25}{50}\right] \Rightarrow Z_3=27.27\Omega$

注意：一个可以作为校对的步骤是，假设存在第四阶，用类似的方法求出对应的阻抗，所得的值应该与 $Z_L$ 相等，即 $n=3 \quad \ln\left[\frac{Z_4}{27.27}\right]=2^{-3}C_3^3\ln\left[\frac{25}{50}\right] \Rightarrow$ $Z_4=25.00\Omega \equiv Z_L$

为了完成设计过程，我们需要使用附录 2. A 中的微带线设计图（或适当的 CAD 软件）来查找各阶对应的微带线宽度和长度。注意，各阶微带线的电气长度为 90°，但物理长度会略有不同，因为衬底波长随信号线宽度的变化而变化。

根据微带线设计图得到以下数据，如表 2. 1 所列。

表 2. 1　微带设计图的有关数据

| $Z_n/\Omega$ | $w/h$ | $w/\text{mm}$ | $\varepsilon_{r,\text{eff}}^{\text{MSTRIP}}$ | $\lambda_s/\text{mm}$ | $\lambda_s/4/\text{mm}$ |
|---|---|---|---|---|---|
| 45. 85 | 1. 10 | 0. 88 | 6. 70 | 23. 18 | 5. 80 |
| 35. 36 | 1. 85 | 1. 48 | 7. 04 | 22. 61 | 5. 65 |
| 27. 27 | 2. 90 | 2. 32 | 7. 37 | 22. 10 | 5. 53 |

例 2. 5 的完整设计图如图 2. 10 所示。

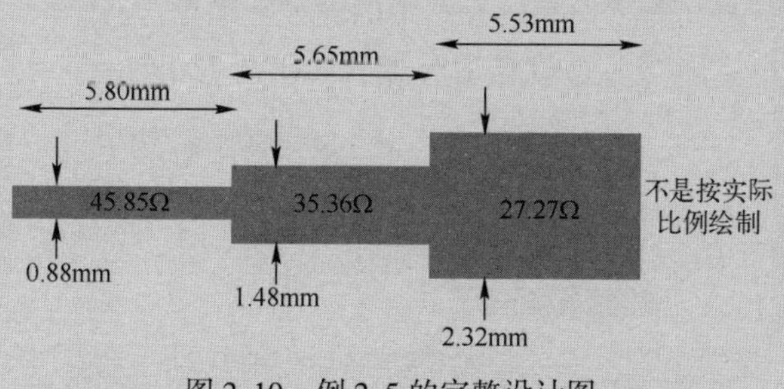


图 2. 10　例 2. 5 的完整设计图

**例 2. 6**　如果输入端允许的最大驻波比为 1. 5，求例 2. 5 中设计的变换器带宽。

**解：**

首先

$$(\text{VSWR})_{\max}=\frac{1+|\rho_{\max}|}{1-|\rho_{\max}|}$$

即

$$1.5=\frac{1+|\rho_{\max}|}{1-|\rho_{\max}|}\Rightarrow|\rho_{\max}|=0.2$$

为了求出带宽，我们需要将参数代入式（2.13）中，即

$$\frac{\delta f}{5\times10^9}=2-\frac{4}{\pi}\arccos\left|\frac{2\times0.2}{\ln\left(\frac{25}{50}\right)}\right|^{\frac{1}{3}}=1.254$$

$$\delta f=1.254\times5\times10^9\,\text{Hz}=6.27\text{GHz}$$

$$带宽=6.27\text{GHz}$$

讨论：用与中心频率的比值来表示，即

$$\frac{\delta f}{f_0}=\frac{6.27}{5}=1.254\equiv125.4\%$$

证明了阶数相对较小的多阶转换器可以获得的非常大的带宽。

### 2.7.3 威尔金森功率分配器

威尔金森（Wilkinson）功率分配器是一种三端口微带线元件，可用于功率分配或组合，它在平面微波电路中有许多用途，特别是用于平面天线的多路反馈，以及组合多级微波功率放大器中的输入和输出。

特征阻抗为 $Z_0$的威尔金森功率分配器如图 2.11 所示。

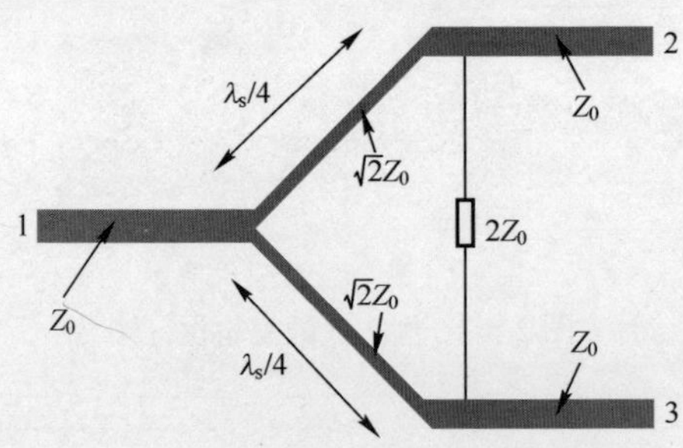


图 2.11　威尔金森功率分配器

端口 1 的传输线分为两路，分别通过 $\lambda/4$ 变换器连接到端口 2 和 3。端口 2 和 3 之间连接一个电阻，其值为特征阻抗的两倍，因此 Wilkinson 功率分配器的电学特性类似于其中一个端口内部互联的四端口分支线耦合器。

其他要点如下。

（1）功分器中匹配电阻的功能：创造出了第四个端口，这个端口无法与其他端口连接，因而器件可以同时在三个端口上实现匹配。此外，当输出端口不匹配时，电阻可以有效地提高隔离度。

（2）要想实现在单片微波集成电路（MMIC）中，图 2.11 所示的元件尺寸太大，特别是工作频率小于 10GHz 时。可以使用以下三种方法来减小尺寸。

① 弯折长度为 $\lambda/4$ 的部分，但要避免弯折的部分产生不必要的耦合和自感。

② 用集总等效元件替换长度为 $\lambda/4$ 的部分，但添加的电感可能会产生额外的损耗。

③ 用集总分布式等效电路替换长度为 $\lambda/4$ 部分，虽然不会带来大的问题，但缩减的尺寸会有一定限制。

**例 2.7**　设计一个 Wilkinson 功率分配器，包括输入和输出传输线，能够在 2.5GHz 的频率下提供 3dB 的功率分配，端口阻抗为 50Ω。构成该功率分配器的微带线基底相对介电常数为 9.8，厚度为 1mm。

**解：**

连接各端口的传输线阻抗＝50Ω。

长度为 $\lambda/4$ 部分的阻抗＝$\sqrt{2}\times 50\Omega = 70.7$。

电路的尺寸根据附录 2.A 中的微带设计图得到。

输入和输出传输线：

$$50\Omega \Rightarrow \frac{w}{h} = 0.9 \Rightarrow w = 0.9\times h - 0.9\times 1\text{mm} = 0.9\text{mm}$$

$\lambda/4$ 变换器：

$$70.7\Omega \Rightarrow \frac{w}{h} = 0.35 \Rightarrow w = 0.35\times h = 0.35\times 1\text{mm} = 0.35\text{mm}$$

$$\frac{w}{h} = 0.35 \Rightarrow \varepsilon_{\text{r,eff}}^{\text{MSTRIP}} = 6.25 \Rightarrow \lambda_{\text{s}} = \frac{\lambda_0}{\sqrt{6.25}}$$

$$\lambda_0 = \frac{c}{f} = \frac{3\times 10^8}{2.5\times 10^9}\text{m} = 0.12\text{m} = 120\text{mm}$$

$$\lambda_{\text{s}} = \frac{120}{\sqrt{6.25}}\text{mm} = 48.0\text{mm} \Rightarrow \frac{\lambda_{\text{s}}}{4} = 12.0\text{mm}$$

例 2.7 的完整设计图如图 2.12 所示。

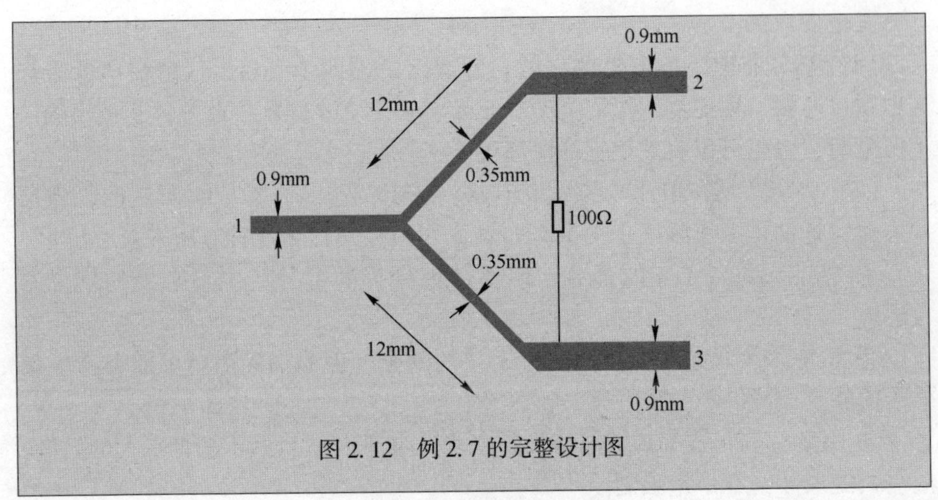


图 2.12 例 2.7 的完整设计图

## 2.8 耦合微带线结构

许多四端口无源微带线元件依靠紧密间隔的微带传输线之间的耦合效应来工作，两条以这种方式相互耦合的传输线如图 2.13 所示。

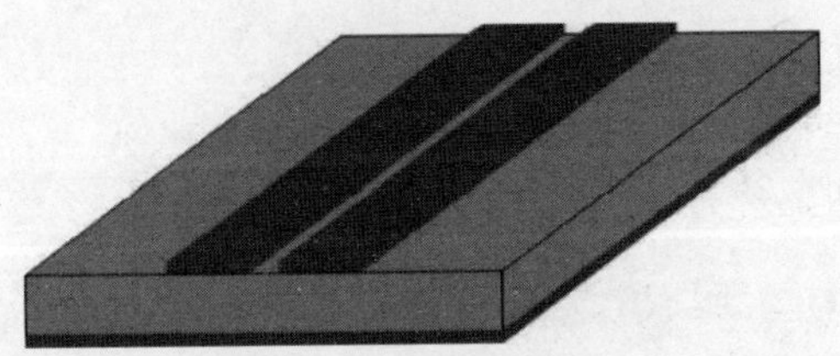

图 2.13 耦合微带线

如果当电流在其中一条微带线当中流动时，另一条微带线将产生感应信号，那么我们称这两条传输线是电磁耦合的。耦合的程度主要取决于传输线之间的距离，间距最小时耦合最强。

### 2.8.1 耦合微带线分析

任何一对耦合的微带线之间都存在复杂的电磁场。但是在任意时刻下，两条耦合微带线上的电压必须电位相同或相反，根据这一条件我们可以简化分析过程。这就引出了奇数和偶数模态的概念：偶模是指当两条微带线电位相同时场的模式；奇模是指当两条微带线电位相反时场的模式。偶模和奇模的电场的分布如图 2.14 所示。

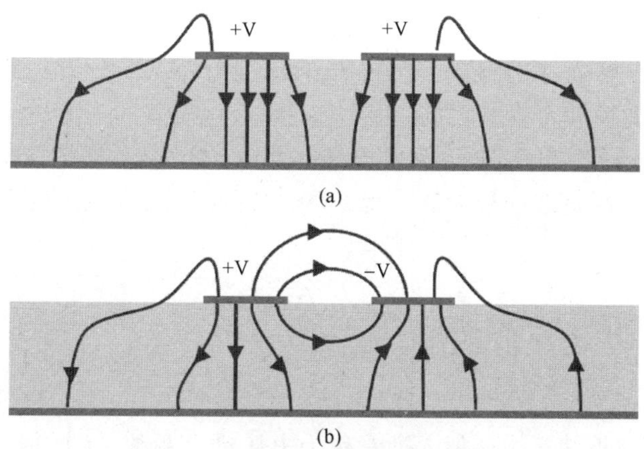


图 2.14　偶模和奇模的电场分布图
（a）偶模；（b）奇模。

耦合线结构的端电压可以通过使用简单的传输线理论，分别独立地在奇模和偶模下求得，还可以通过对每种模的端口电压求和来得到总电压。我们在这里展示了耦合线分析的一些基本结果，诸多教材都给出了常规的求解过程[1]。

用于表示两段电气长度为 $\theta$ 的耦合线端口的传统标识方法如图 2.15 所示。

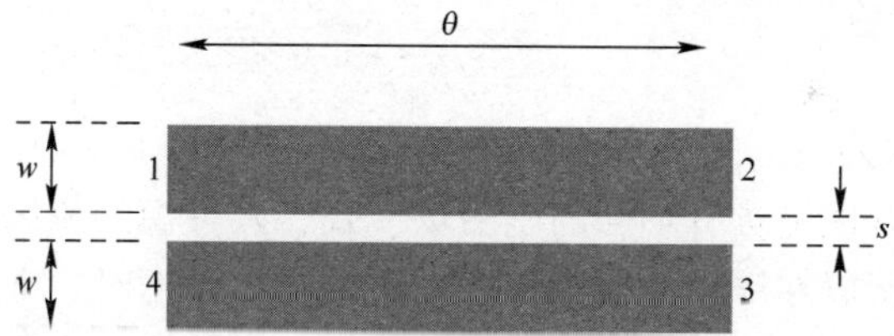


图 2.15　微带耦合线的参数命名

假设奇模和偶模传播速度相同，因而具有相同的传播相位 $\theta$，当端口 1 输入幅度为 $V$ 的输入电压时，对应的端口电压将为

$$\begin{cases} V_1 = V \\ V_2 = \dfrac{\sqrt{1-k^2}}{\sqrt{1-k^2}\cos\theta + \mathrm{j}\sin\theta} V \\ V_3 = 0 \\ V_4 = \dfrac{\mathrm{j}k\sin\theta}{\sqrt{1-k^2}\cos\theta + \mathrm{j}\sin\theta} V \end{cases} \tag{2.14}$$

其中

$$k=\frac{Z_{0e}-Z_{0o}}{Z_{0e}+Z_{0o}} \tag{2.15}$$

$Z_{0e}$和 $Z_{0o}$——偶模和奇模的阻抗。

在式（2.14）中，$V_4$表示耦合电压，当 $\theta=90°$时，即耦合部分的长度为 $\lambda/4$ 时，耦合电压将取到最大值。将 $\theta=90°$代入式（2.14），得到端口电压为

$$\begin{cases} V_1=V \\ V_2=-\mathrm{j}\sqrt{1-k^2}\,V \\ V_3=0 \\ V_4=kV \end{cases} \tag{2.16}$$

耦合电压仅取决于 $k$ 的值，通常称为电压耦合系数。$k$ 的值是奇模和偶模阻抗幅值的函数，阻抗取决于耦合线的宽度 $w$ 和间距 $s$。奇模和偶模阻抗与耦合线几何参数之间的关系由文献［1］中的方程给出。Akhtarzad 等人[4]开发了一种图形设计技术，用于确定给定特征阻抗所对应的耦合线几何形状。但是图形设计技术往往不准确，对于实际设计，最好使用适当的 CAD 软件设计出给定特征阻抗所对应的几何形状。

文献［1］中的附录 A 证明了，要在两条耦合线的端口上实现阻抗匹配，必须有

$$Z_0=\sqrt{Z_{0e}Z_{0o}} \tag{2.17}$$

其中，$Z_0$为端口阻抗。

此外，由于奇偶模具有不同的电磁场模式，两种模的相速度不同，因而具有不同的波长。所以在计算一段微带耦合线的轴向长度时，常规做法是取奇模和偶模波长的平均值。在 $\theta=90°$，对应的长度 $L$ 由下式给出：

$$L=\frac{\lambda_{av}}{4}=\frac{\lambda_{se}+\lambda_{so}}{8} \tag{2.18}$$

其中，$\lambda_{se}$和 $\lambda_{so}$分别为偶模和奇模的衬底波长。

## 2.8.2 微带定向耦合器

微带定向耦合器的结构如图 2.16 所示。微带定向耦合器由两条微带线组成，它们在长度 $L$ 上互相耦合。为了使耦合部分的长度更加明确，与端口连接的部分呈张开状。张开量没有具体的角度，即图中的 $\varphi$，但与威尔金森功分器一样，在避免不必要的耦合和产生明显的不连续性（微带线的不连续性将在第 4 章中进行详细讨论）之间进行了折衷。通常使用 $\varphi=90°$表示张开角度。

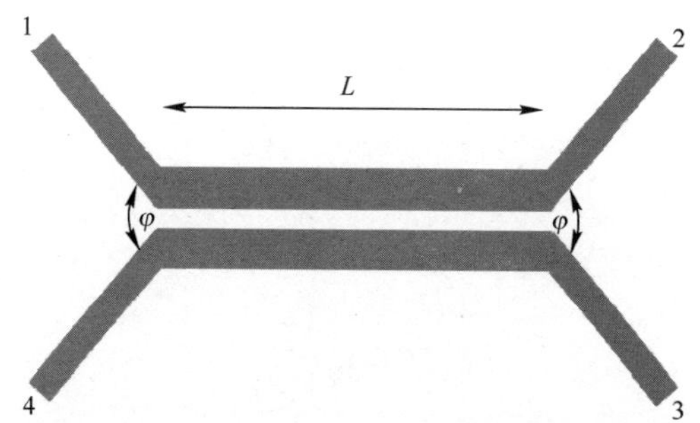


图 2.16　微带定向耦合器的结构

微带定向耦合器属于后向波耦合器。如果我们考虑的耦合器各端口匹配，并且有一个信号被施加到端口 1，则沿主线路从端口 1 传输到端口 2 的一些能量将耦合到另一条线，并将出现在端口 4 处。端口 3 上不会出现信号，该端口是隔离的。因此，耦合器具有方向性：从端口 1 传输到端口 2 的信号仅耦合到端口 4，从端口 2 传输到端口 1 的信号仅耦合到端口 3。

有四个用于确定定向耦合性能的参数：耦合度（$C$），方向性（$D$），隔离度（$I$）和传输性（$T$），这些参数都是用功率比定义的。如果有一个功率为 $P_1$ 的信号源连接到端口 1，并且耦合到端口 4 的功率为 $P_4$，则以 dB 为单位的耦合度（$C$）定义为

$$C = 10\log\left(\frac{P_1}{P_4}\right)\text{dB} \tag{2.19}$$

从理论上讲，端口 3 应该是被隔离的，耦合器将耦合能力完全转移到端口四的能力由方向性（$D$）来衡量：

$$D = 10\log\left(\frac{P_4}{P_3}\right)\text{dB} \tag{2.20}$$

因此，对于理想的定向耦合器，$D=\infty$。端口 3 与端口 1 的隔离度定义为

$$I = 10\log\left(\frac{P_1}{P_3}\right)\text{dB} \tag{2.21}$$

对于理想的定向耦合器，$P_3=0$ 时，隔离度是无穷大。没有从端口 1 耦合到端口 4 的功率将直接从端口 1 传输到端口 2，因此传输性($T$)定义为

$$T = 10\log\left(\frac{P_1}{P_2}\right)\text{dB} \tag{2.22}$$

有两个值得注意的问题如下。

（1）定向耦合器的性能主要由耦合参数 $C$ 来决定，因此，20dB 定向耦合器是指耦合端口的信号功率比输入端口的信号功率低 20dB。

需要牢记的是，dB 定义为两个功率之比的常用对数（log10）的 10 倍，即

$$\mathrm{dB} \equiv 10\log\left(\frac{P_1}{P_2}\right) \tag{2.23}$$

对应的电压关系为

$$\mathrm{dB} = 10\log\left(\frac{V_1^2/Z_1}{V_2^2/Z_2}\right) \tag{2.24}$$

如果 $Z_1 = Z_2$，那么我们可以用一个简单的电压比来定义 dB，即

$$\mathrm{dB} = 10\log\left(\frac{V_1^2}{V_2^2}\right) = 20\log\left(\frac{V_1}{V_2}\right) \tag{2.25}$$

因此，如果端口全部匹配，我们可得四个定向耦合器参数为

$$\begin{cases} C = 20\log\left(\dfrac{V_1}{V_4}\right)\mathrm{dB} \\ D = 20\log\left(\dfrac{V_4}{V_3}\right)\mathrm{dB} \\ I = 20\log\left(\dfrac{V_1}{V_3}\right)\mathrm{dB} \\ T = 20\log\left(\dfrac{V_1}{V_2}\right)\mathrm{dB} \end{cases} \tag{2.26}$$

**例 2.8** 各端口均匹配的 12dB 微带定向耦合器的端口阻抗为 50Ω。试确定：

（1）耦合系数 $k$ 的值；

（2）奇模和偶模下阻抗的值。

**解：**

（1）利用式（2.26），有

$$12 = 20\log\left|\frac{V_1}{V_4}\right| = 20\log\left(\frac{1}{k}\right)$$

$$k = 0.251$$

（2）利用式（2.17），有

$$50 = \sqrt{Z_{0e}Z_{0o}} \tag{a}$$

利用式（2.15），有

$$0.251=\frac{Z_{0e}-Z_{0o}}{Z_{0e}+Z_{0o}} \tag{b}$$

由式（a）我们得到 $Z_{0o}=\frac{2500}{Z_{0e}}$，代入式（b）解得 $Z_{0e}=64.62\Omega$ 且 $Z_{0o}=38.69\Omega$。

**例 2.9**　图 2.16 所示的理想的 20dB 微带耦合线定向耦合器的端口 1 工作频率为 10mW，施加功率为 10mW 的信号源，各端口与 50Ω 阻抗相匹配。

试确定：

（1）耦合器端口 2、3 和 4 的功率；

（2）端口 2、3 和 4 对应的 RMS 电压。

**解：**

（1）$C=20\text{dB}\equiv 100$（功率比）

端口 4 的输出功率：$P_4=\frac{10}{100}\text{mW}=0.1\text{mW}$

端口 3 的输出功率：$P_3=0$

端口 2 的输出功率：$P_2=(10-0.1)\text{mW}=9.9\text{mW}$

（2）由 $P=\frac{V_{\text{RMS}}^2}{R}\Rightarrow V_{\text{RMS}}=\sqrt{PR}$ 可得

端口 4 的 RMS 电压：$V_4=\sqrt{0.1\times10^{-3}\times50}\,\text{V}=70.71\text{mV}$

端口 3 的 RMS 电压：$V_3=0$

端口 2 的 RMS 电压：$V_2=\sqrt{9.9\times10^{-3}\times50}\,\text{V}=703.56\text{mV}$

**例 2.10**　12dB 定向耦合器的工作频率被设计为 10GHz。试求在 9GHz 下的耦合情况，并对结果进行讨论。

**解：**

在 10GHz 的设计频率下，有

$$12=20\log\left(\frac{1}{k}\right)\Rightarrow k=0.251$$

耦合器的电气长度可由下式计算：

$$\theta=\beta l=\frac{2\pi}{\lambda}l=\frac{2\pi}{v_{\text{p}}}fl$$

即

$$\theta \propto f$$

因此，如果将$f$更改为9GHz（降低10%），则$\theta$也将减少10%。在10GHz的设计频率下，$\theta=90°$，依此类推。

$$9\text{GHz}, \ \theta=90-9°=81°$$

利用式（2.14），有

$$\frac{V_4}{V_1}=\frac{\mathrm{j}k\sin\theta}{\sqrt{1-k^2}\cos\theta+\mathrm{j}\sin\theta}=\frac{\mathrm{j}k\tan\theta}{\sqrt{1-k^2}+\mathrm{j}\tan\theta}$$

设9GHz时的电压耦合系数为$k_1$，则

$$k_1=\left|\frac{\mathrm{j}0.251\tan 81°}{\sqrt{1-(0.251)^2}+\mathrm{j}\tan 81°}\right|=\left|\frac{\mathrm{j}0.251\times 6.314}{0.968+\mathrm{j}6.314}\right|=0.248$$

即

$$k_1=0.248\equiv 20\log\left(\frac{1}{0.248}\right)\mathrm{dB}=12.11\mathrm{dB}$$

**讨论：**上述计算表明，定向耦合器的带宽相对较宽，频率大小变化10%时仅会导致小于1%的耦合dB值变化。

#### 2.8.2.1 微带定向耦合器的设计

微带耦合线定向耦合器的设计主要有五个步骤。

（1）根据规范确定$C$、$Z_0$和$f_0$的值；

（2）求出$Z_{0e}$和$Z_{0o}$；

（3）借助适当的CAD软件求出$w/h$和$s/h$；

（4）借助适当的CAD软件求出$\lambda_{se}$和$\lambda_{so}$。

通过式（2.18）计算耦合区域的长度$L$，即

$$L=\frac{\lambda_{av}}{4}=\frac{\lambda_{se}+\lambda_{so}}{8}$$

注意，与所有简单的微带耦合线结构一样，此设计过程涉及取近似值。这是因为奇模和偶模具有不同的相速度，计算耦合长度时必须取两种模态波长的平均值。

**例2.11** 设计一个在8GHz频率下耦合系数为15dB的微带定向耦合器。耦合器的端口阻抗为50Ω，基底相对介电常数为9.8，厚度为0.6mm。

**解：**

$$15\text{dB} \Rightarrow 15 = 20\log\left(\frac{1}{k}\right) \Rightarrow k = 0.178$$

根据式（2.15），有

$$k = 0.178 = \frac{Z_{0e} - Z_{0o}}{Z_{0e} + Z_{0o}} \tag{a}$$

根据式（2.17），有

$$Z_0 = 50 = \sqrt{Z_{0e} Z_{0o}} \tag{b}$$

求解式（a）和式（b）：$\begin{cases} Z_{0e} = 59.85\Omega \\ Z_{0o} = 41.77\Omega \end{cases}$

借助适当的 CAD 软件，得到上述偶模和奇模阻抗值对应的耦合器几何形参数：

$$w = 585\mu\text{m}, \quad s = 275\mu\text{m}$$

微带线的几何形状还决定了两种模的波长，同样借助 CAD 软件，我们有

$$\lambda_{se} = 14.13\text{mm}, \quad \lambda_{so} = 16.72\text{mm}$$

耦合区域所需的长度从式（2.18）中可得

$$L = \frac{14.13 + 16.72}{8}\text{mm} = 3.86\text{mm}$$

将耦合区域与四个端口连接的微带线的特征阻抗必须为 50Ω，使用附录 2.A 中的微带设计图可得宽度为

$$50\Omega \Rightarrow \frac{w}{h} - 0.9 \rightarrow w = 0.9 \times h = 0.9 \times 0.6\text{mm} = 450\mu\text{m}$$

例 2.11 的完整设计图如图 2.17 所示。

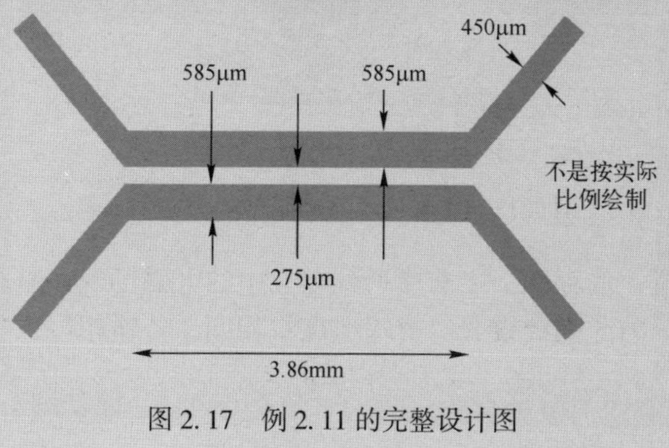


图 2.17　例 2.11 的完整设计图

#### 2.8.2.2 微带定向耦合器的方向性

如果假设偶模和奇模的传输相变相等，即 $\theta_e=\theta_o$，则理论上讲，微带定向耦合器的方向性是无限的。但实际情况并非如此，因为对于典型的微带线几何形状，奇模的传播速度比偶模的传播速度高出约 12%。对偶模和奇模的相变进行严格分析，给出了以下关于方向性 $D$ 的表达式[1]：

$$D=\frac{V_4}{V_3}=\left|\frac{(aZ_{0e}-bZ_{0o})Z_0}{a(Z_0Z_{0e}\cos\theta_e+jZ_{0e}^2\sin\theta_e)-b(Z_0Z_{0o}\cos\theta_o+jZ_{0o}^2\sin\theta_o)}\right| \tag{2.27}$$

其中

$$\begin{cases}a=2Z_0Z_{0o}\cos\theta_o+j(Z_{0o}^2+Z_0^2)\sin\theta_o\\ b=2Z_0Z_{0e}\cos\theta_e+j(Z_{0e}^2+Z_0^2)\sin\theta_e\end{cases} \tag{2.28}$$

$\theta_e$ 和 $\theta_o$——在偶模和奇模下，通过耦合部分的传输相位。

由于偶模和奇模的传播速度不等，实际微带定向耦合器的方向性在工作频率下被限制在 20dB 左右。但如果进行 2.9 节中所描述的修改，可以显著提高方向性。

#### 2.8.2.3 微带定向耦合器的优化

结构简单的微带定向耦合器会损失一定的方向性，因为在计算耦合区域的长度时需要取奇模和偶模波长的平均值。可以利用以下两种方法来均衡耦合区域上奇偶模的传输相位。

(1) 介电覆盖

在耦合区域上放置一层厚厚的电介质，其具有与基底相同的相对介电常数，如图 2.18 所示。

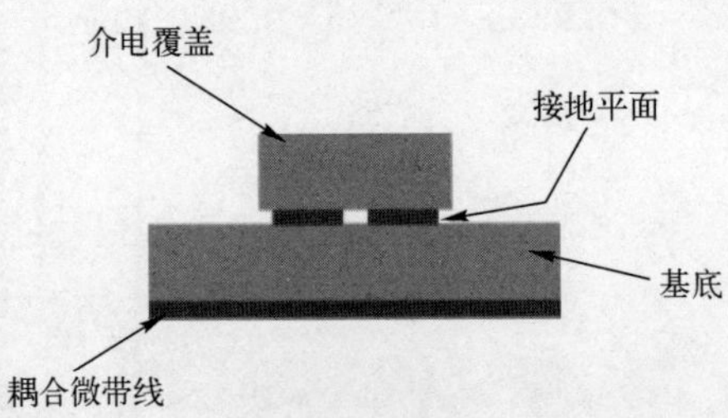


图 2.18 介电覆盖的微带耦合线的横截面

由于介电覆盖的存在，之前渗透到空气中的电磁场现在与基底中的场处于相同的介质中，因此两种模式的传输速度将相同，传输相位也是如此，即

$$v_{pe}=v_{po} \tag{2.29}$$

且

$$\theta_e = \theta_o \tag{2.30}$$

虽然覆盖技术在概念上非常简单，但在实际应用中有许多缺点。它需要某种形式的环氧黏合剂，其材料特性与基底材料相匹配，以将覆盖层固定到位。此外，在生产过程中，它需要一种非标准的表面贴装操作，这种操作可能会导致成本非常高昂。

（2）Podell 技术

Podell[5] 开发了一种技术通过对耦合线几何形状进行简单更改，以解决奇偶模具有不同速度的问题。在 Podell 技术中，耦合线之间的间隙是锯齿形的，如图 2.19 所示，这么做的目的是增加速度更快的奇模行进的距离以限制它的速度。

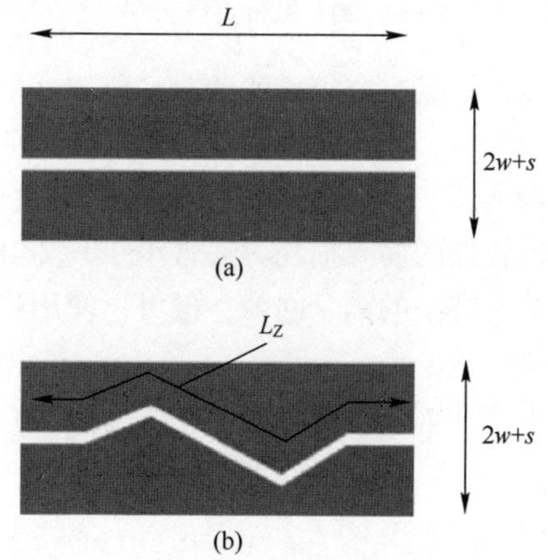


图 2.19　具有锯齿形间隙结构的耦合微带线

（a）直线间隙；（b）锯齿形间隙。

耦合器的总宽度与常规结构的耦合器宽度相同，因此，偶模的传播基本上不受间隙形状的影响，因为与偶模相关的电磁场基本上与间隙的形状无关。

由于奇模的传播速度快于偶模，因此可以通过使锯齿形长度与直线长度之比等于两种模式的速度之比来均衡两个模式的传输相位，即

$$\frac{L_z}{L} = \frac{v_{p,odd}}{v_{p,even}} \tag{2.31}$$

Podell 技术在实际应用中的优势在于，它只涉及在光刻阶段对电路布局进行简单的修改，因此不会显著增加生产成本。在优化效果方面，使用 Podell 方法通常可以将耦合器的方向性提高约 15dB。因此，该技术可将微带耦合器的方向性从 20dB 左右提高到 30dB 以上。该技术唯一的缺点是锯齿形路径确实明显地在间隙中引入了一些不连续性，在高微波频率下这将成为一个问题。

## 2.8.3 其他常见的微带耦合线结构示例

### 2.8.3.1 微带直流击穿

微带直流击穿如图 2.20 所示，由两个紧密耦合的手指形微带线组成，每个指形微带线的长度为 $\lambda_s/4$，集成在微带线中。

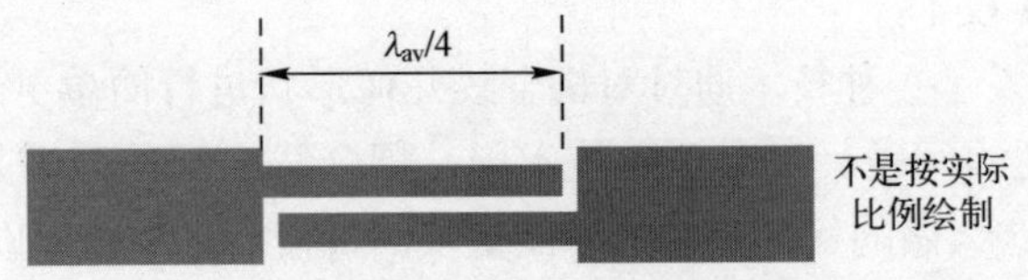


图 2.20 微带直流击穿

对于需要在微带线上提供直流隔离的情况，使用这种类型的元件是在表面贴装电容器的有效替代方案，例如实现相邻有源器件的独立直流偏置。微带直流击穿不会受到微波频率下，往往与表面贴装电容相关的封装寄生效应的影响。此外，它可以提供较低的插入损耗，通常小于 0.2dB，带宽相对较宽。该元件的一个缺点是需要非常小的耦合间隙，但可以使用将在第 3 章中介绍的多层格式来解决这个问题。

耦合部分与主微带线匹配的条件为

$$Z_0 = \sqrt{Z_{0e} Z_{0o}} \tag{2.32}$$

其中

$Z_0$——主微带线的阻抗；

$Z_{0o}$和 $Z_{0e}$——耦合线奇模和偶模的阻抗。

然而，满足这种匹配条件通常需要与主线宽度相比非常窄的指形微带线宽度，并且有必要对微带线的不连续性进行补偿。此外，Free 和 Aitchison[6] 发现这种类型的电路会产生显著的多余相位，这个问题在实际应用当中必须被考虑。

### 2.8.3.2 边缘耦合微带带通滤波器

三阶微带带通滤波器如图 2.21 所示。滤波器包含了三个长度为 $\lambda_s/2$ 谐振部分，每个部分通过 $\lambda_s/4$ 耦合线耦合到相邻谐振器。第 5 章介绍了这类滤波器的详细设计过程，讨论了各种类型的 RF 和微波滤波器的设计和应用。

### 2.8.3.3 朗格耦合器

Lange 耦合器[7] 是一种宽带四端口微带元件，具有交错结构，如图 2.22 所示。耦合器由四个交错的指形微带线组成，总长度为 $\lambda_s/4$。导线连接用于连接交替的手指形微带线，并用于最大化从端口 1 到端口 4 的功率传输。

使用交错结构意味着可以在输入端口和耦合端口之间实现紧密耦合，而无需在微带线之间留出非常小的间隙。Lange[7] 最初提出的交错结构在输入端口和耦合端口之间提供了 3dB 的耦合。如图 2.16 所示，若要用一个边缘耦合微带结构实现 3dB 的耦合效果，则需要远小于 10μm 的耦合间隙。

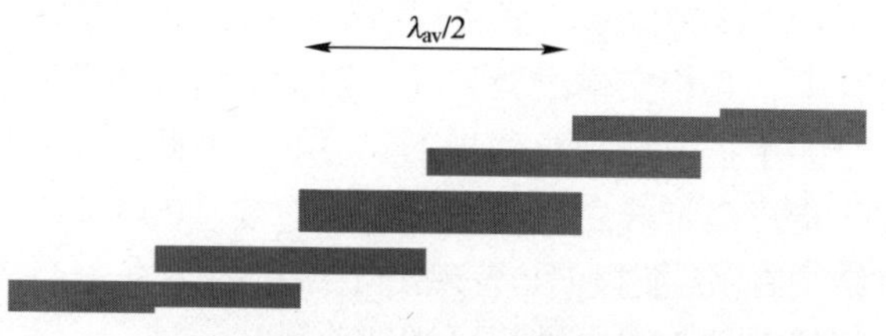


图 2.21　边缘耦合微带带通滤波器

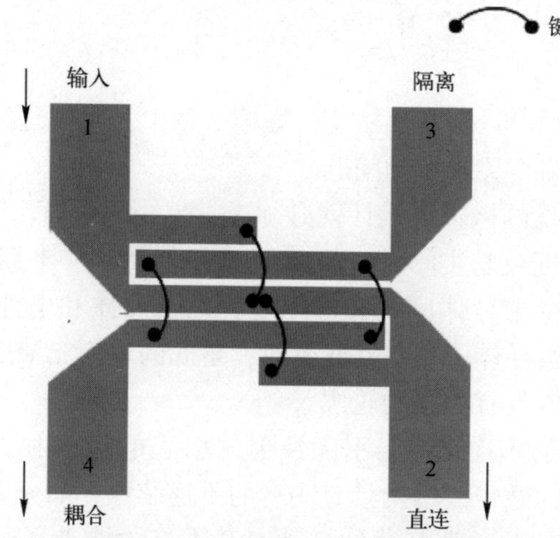


图 2.22　朗格耦合器各端口名称

朗格最早提出了交错耦合器的概念，但他没有给出任何能够实际应用的设计。之后许多研究者都给出了解决方案，其中最实用且被引用最广泛的设计方程是 Osmani 提出的方程[8]。Osmani 给出的表达式使相邻微带线的偶模和奇模阻抗可由电压耦合系数 $k$、手指数（$N$）和终端阻抗（$Z_0$）得出

$$Z_{0o}=Z_0\left[\frac{1-k}{1+k}\right]^{0.5}\frac{(N-1)(1+q)}{(k+q)+(N-1)(1-k)} \tag{2.33}$$

$$Z_{0e}=Z_{0o}\frac{k+q}{(N-1)(1-k)} \tag{2.34}$$

其中

$$q=\left[k^2+(1-k^2)(N-1)^2\right] \tag{2.35}$$

一旦从上述表达式中得到偶模和奇模的阻抗，就可以确定手指形微带线的宽

度（$w$）和间距（$s$），如前文所述。手指形微带线的长度可由式（2.18）得到。

朗格耦合器需要使用导线连接，必须确保这些导线不会产生明显的电感，这通常是通过使用扁平带状导线并确保导线的长度 $<\lambda_0/8$ 来规避的。在最近的研究中，Bikiny 等人[9]通过以多层形式制造朗格耦合器来消除对导线连接的需求。在他们的设计中，互相交错的微带线分别位于结构的不同层上，由薄介电层隔开。由于交错的手指形微带线位于不同层上，因此不需要导线连接，并且使用窄导体条在手指形微带线之间建立所需的连接。Bikiny 使用厚膜技术来制造多层结构，该结构在 Ka 波段①上表现出了出色的带宽[9]。使用厚膜技术制造电路的相关内容将在第 3 章中进行更详细地展开。

## 2.9 小　　结

本章介绍了微带线设计的基本概念。在第 2 章中，我们已经明确了一些对成功设计高频微带电路至关重要的问题。

（1）想要进行精确的微带线设计就必须求微带线的精确几何尺寸。

（2）了解趋肤深度及其实际意义在微带电路的制备中非常重要。趋肤深度会影响给定频率下微带导体应具有的厚度，以及导体和电介质表面的光洁度。需要记住的是，当导体覆盖在基底上时，基底的表面光洁度非常重要，因此导体的底面与基底应具有相同的轮廓。

（3）微带电路中的不连续性会引入反射并引起电磁辐射，所以应尽可能避免。如果一个设计的微带线结构具有固有的不连续性，如分支线耦合器中顶点的或 $\lambda/4$ 变换器中的阶，那么我们必须对其不连续性进行适当的补偿。关于微带线不连续性的相关内容将在第 4 章中进一步展开。

（4）要想完成一个良好的微带线设计，我们要了解电路生产中涉及的制造工艺，以及制造工艺对电气性能的影响。第 3 章将讨论生产微带电路的一些现代技术。

## 2.10 补充习题

2.1　为什么在设计微带线电路时需要确定有效相对介电常数?

2.2　你认为有效相对介电常数的值随着微带线宽度的增加是会增加还是减小?

---

① Ka 波段指的是 26.5~40GHz 的频率范围。

2.3　如果一条微带线的有效相对介电常数为 3.8。工作在频率为 5GHz 时对应的衬底波长是多少？

2.4　填写下表，对应的微带线基底相对介电常数为 9.8，厚度为 635μm，工作频率为 10GHz。

| $Z_0/\Omega$ | $w/\mu m$ | $\lambda_s/mm$ | $V_P/(m/s)$ |
|---|---|---|---|
| 25 | | | |
| 50 | | | |
| 75 | | | |
| 100 | | | |

2.5　在 1mm 厚的氧化铝基板上制造 50Ω 微带线（$\varepsilon_r=9.8$）。如果将同样 $\varepsilon_r=9.8$ 的厚电介质放置在信号线顶部，则 10GHz 时，衬底波长变化的近似百分比是多少？

2.6　如果要使用铜导体制造微带电路，请求出以下频率所需的最小信号线厚度：1GHz、10GHz、100GHz（铜的电阻率为 $17.5\times10^{-9}\Omega\cdot m$）。

2.7　一微带电路的基底相对介电常数为 9.8，厚度为 0.635mm。基底涂有厚度为 32μm 的铜材料。用湿法蚀刻工艺制造特征阻抗为 50Ω 和 70Ω 的微带线。如果在蚀刻过程中不允许凹割，请求出会产生的线路阻抗的百分比误差。

2.8　图 2.23 是微带混合环的示意图。圆形部分为特征阻抗为 $Z_R$ 的环形微带线，它有四个端口，如图 2.23 所示。连接到每个端口的传输线特征阻抗为 $Z_0$，为了每个端口的匹配，必须有 $Z_R=Z_0/\sqrt{2}$。

（1）如果将单位电压幅度的信号施加到端口 1，则在端口正确端接时，求出其他三个端口的信号的幅度和相位。

（2）解释为什么信号源可以分别连接到端口 1 和端口 3 而不会相互干扰。

（3）设计一个微带混合环，工作频率为 10GHz。该环的端口阻抗为 50Ω，基底相对介电常数为 9.8，厚度为 0.5mm。

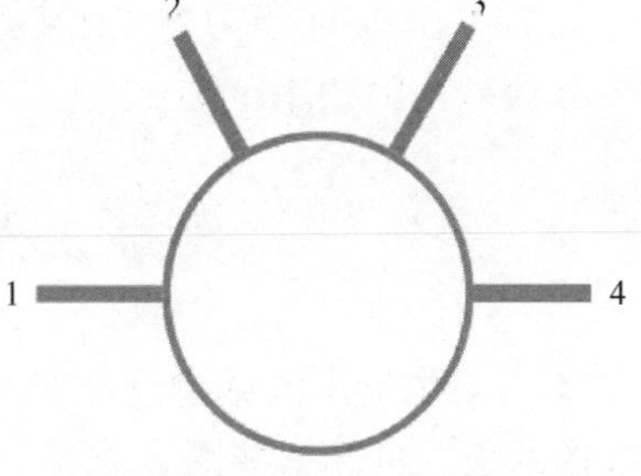

图 2.23　习题 2.8 对应的混合环

（4）假设在（3）中设计的混合环覆盖着一层厚厚的电介质，相对介电常数也为 9.8。试求新结构的最佳工作频率。

2.9　设计一个单阶微带 λ/4 变换器，在 6GHz 的工作频率下将 80Ω 的负载阻抗与 50Ω 微带线相匹配。变换器基底的相对介电常数为 9.8，厚度为 0.5mm。

2.10 重复习题 2.9，但对应的变换器是用同轴电缆制成的，同轴电缆填充有相对介电常数为 2.3 的电介质。并对结果进行讨论。

2.11 设计一个四阶微带 $\lambda/4$ 变换器，用以在 12GHz 的频率下将 25Ω 的负载与的 50Ω 微带线相匹配。变换器应具有最大平坦响应，基底相对介电常数为 9.8，厚度为 0.635mm。

2.12 设计一个三阶微带 $\lambda/4$ 变换器，用以在 15GHz 的频率下将 80Ω 的负载与 50Ω 微带线匹配。变换器应具有最大的平坦响应，基底相对介电常数为 9.8，厚度为 0.5mm。

2.13 假设习题 2.11 中设计的变换器将用于输入端最大 VSWR 为 1.3 的混合微带电路，试确定变换器正常工作的带宽。

2.14 按照到习题 2.13 中规定的 VSWR 条件，如果变换器的阶从 4 增加到 6，带宽会有什么改善？

2.15 设计一个威尔金森功分器，在 9GHz 时提供 3dB 的功率分配。功分器的端口阻抗为 50Ω，基底相对介电常数为 9.8，厚度为 1.2mm。

2.16 设计一个阻抗为 50Ω 的 3dB 微带分支线耦合器，工作频率为 15GHz。耦合器基底相对介电常数为 9.8，厚度为 0.4mm。

2.17 假设习题 2.16 中的耦合器顶部放置了一层厚电介质，其相对介电常数也为 9.8。试求耦合器的性能的变化情况。

2.18 设计一个阻抗为 50Ω 的微带边缘定向耦合器，要求工作在 15GHz 时提供 14dB 耦合效果。试求耦合部分的偶模和奇模阻抗。

2.19 试求对于习题 2.18 中设计的耦合器，耦合效果保持在设计值 0.5dB 误差内的频率范围。

## 附录 2.A 微带线设计图

本附录中给出的微带设计图（图 2.24、图 2.25）适用于相对介电常数为 9.8 的基板。虽然这些图表能够方便我们演示微带线设计流程，但它们并不适合于实际的设计工作，因为可能产生明显的读数误差，如果所需要的微带线元件性能要求高并且要有可预测性，那么获得准确的微带线几何形状就显得尤为重要。

对于实际的设计工作，应使用 ADS®等 CAD 软件。

我们还能在互联网上找到一些能够精确计算微带线参数的免费软件，但这些计算器的功能往往非常有限。

微带传输线的阻抗设计图和有效介电常数设计图如图 2.24 和图 2.25 所示。

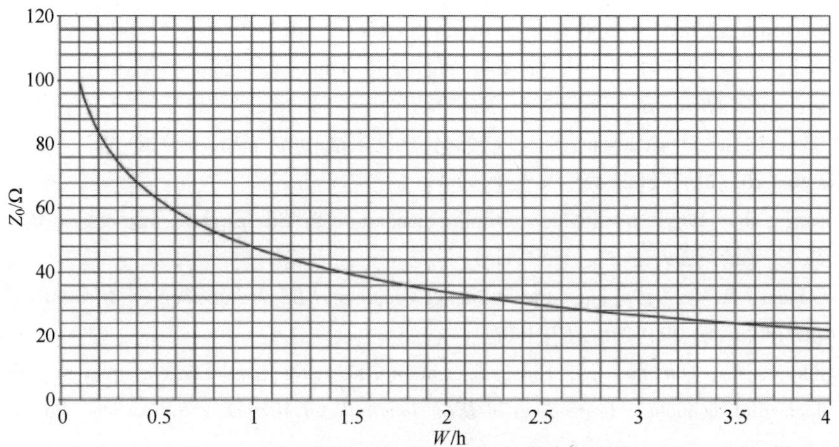


图 2.24　微带传输线的阻抗设计图

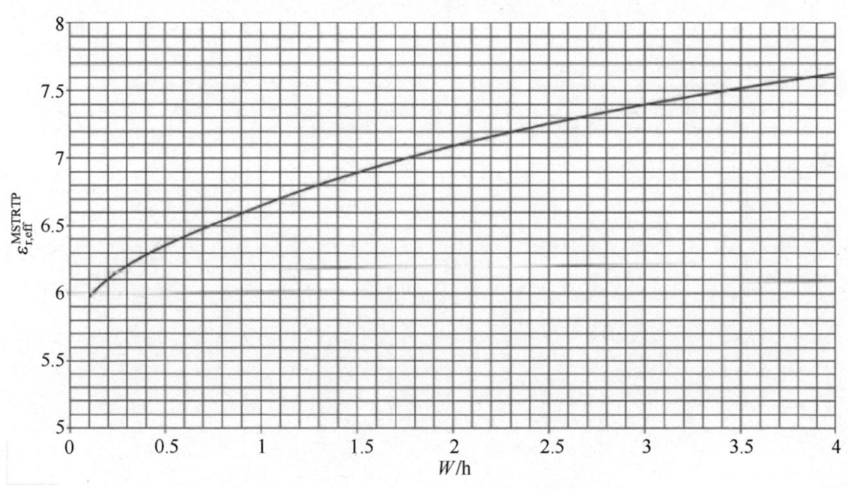


图 2.25　微带传输线的有效介电常数设计图

## 参考文献

[1] Edwards, T. C. and Steer, M. B. (2000). *Foundations of Interconnection and Microstrip Design*. Chichester, UK: Wiley.

[2] Glover, I. A., Pennock, S. R., and Shepherd, P. R. (2005). *Microwave Devices, Circuits and Subsystems*. Chichester, UK: Wiley.

[3] Collin, R. E. (1992). *Foundations for Microwave Engineering*, 2e. New York: McGraw Hill.

[4] Akhtarzad, S., Rowbottom, T. R., and Jones, P. B. (1975). The design of coupled microstrip lines. *IEEE Transactions on Microwave Theory and Techniques* 23: 486-492.

[5] Podell, A. (1970). A high directivity microstrip coupler technique. *Proceedings of IEEE International Microwave Symposium* (May 1970), pp. 33-36.

[6] Free, C. E. and Aitchison, C. S. (1984). Excess phase in microstrip DC blocks. *Electronics Letters* 20 (21): 892-893.

[7] Lange, J. (1969). Interdigitated stripline quadrature hybrid. *IEEE Transactions on Microwave Theory and Techniques* 17: 1150-1151.

[8] Osmani, R. M. (1981). Synthesis of Lnge couplers. *IEEE Transactions on Microwave Theory and Techniques* 29 (2): 168-170.

[9] Bikiny, A., Quendo, C., Rius, E. et al. (2009). Ka-band Lange coupler in multilayer thick-film technology. *Proceedings of IEEE International Microwave Symposium*, Boston USA (June 2009), pp. 1001-1004

# 第3章　射频和微波电路的制造工艺

## 3.1 引　　言

随着频率增加到射频和微波范围，用于制造平面电路的材料和制造技术变得更加重要。在这些高频率下，良好电路设计在很大程度上取决于合适的材料和制造工艺的选择，并且，电路设计人员必须了解现有电路材料和相关制造工艺的特性和局限性。本章介绍现有的主要制造工艺和材料，并说明它们的优缺点。

本章首先回顾用于描述高频电路材料性能的参数，然后展开讨论，列出应用于射频和微波电路的材料及基本要求。

为特定电路应用选择制造工艺是至关重要的，并且对电路设计有重大影响，高频应用材料的最新发展为电路设计人员提供了广泛的电路结构选择。一项特别有用的发展是相对低成本的多层电路工艺，其为设计人员提供了更大的灵活性。使用厚膜或低温共烧陶瓷（LTCC）技术的多层技术曾经是单片电路设计人员的专属领域，现在是混合电路设计人员的一种经济高效的选择。多层结构的使用允许平面导体之间强而有效的耦合，并能提升滤波器和天线的馈电性能。特别是 LTCC 多层结构使得系统级封装（SiP）的概念得以实现，在 SiP 中，电路互连和集总无源器件集成在单个陶瓷封装中。SiP 结构将在本章后面讨论。

在厚膜技术领域，光敏材料的使用使低成本、高分辨率电路的半自动化制造工艺成为可能，这项技术引起了工业和研究领域的极大兴趣。近年来，使用喷墨技术直接印刷单层 3D 高频结构为电路制造提供了额外的灵活性。为完整起见，本章包含了对各种制造技术的综述，以及对其高频性能的分析。

电路材料的表征对材料制造商和用户都很重要，本章最后讨论了各种现有的测量技术。讨论主要集中在微波和毫米波技术，因为在这些频率区域中，材料的特性尤为重要。

# 3.2 基本材料参数的回顾

## 3.2.1 电介质

通常，用于射频应用（如同轴传输线和平面基板）的电介质是非常良好的绝缘体，因此电导率可以忽略不计。然而，当电介质受到变化的电场时，材料内部会出现各种其他物理机制，这些机制会引起阻尼效应并导致电介质损耗。例如，一个平行板电容器中的电介质可以用一个简单的 $GC$ 并联电路来表示，如图 3.1 所示，其中电导 $G$ 表示的电阻用于计算电介质损耗。

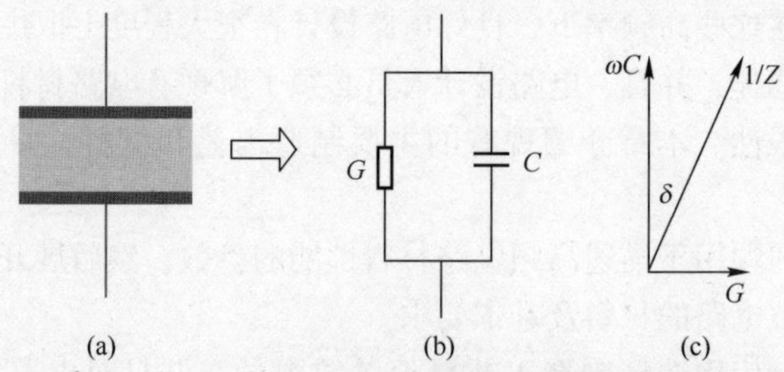


图 3.1　平行板电容器及其等效电路和导纳矢量图

图 3.1（c）展示了 $GC$ 并联电路的导纳矢量图，从中可以看出

$$\tan\delta = \frac{1}{\omega CR} \tag{3.1}$$

其中，$\tan\delta$ 为电介质的损耗角正切。

根据简单的电路理论，式（3.1）也可以写为

$$\tan\delta = \frac{1}{Q} \tag{3.2}$$

其中，$Q$ 为电介质的 $Q$ 因子①。

使用电导 $G$ 表示电介质损耗的另一种方法是简单地将电介质的相对介电常数写成复数形式，即

$$\varepsilon_{\mathrm{r}} = \varepsilon' - \mathrm{j}\varepsilon'' \tag{3.3}$$

其中

$\varepsilon'$——在直流和低频下使用的介电常数；

① $Q$ 因子的定义见本章的公式（3.16）。

$\varepsilon''$——表示电介质损耗的量。

可以证明[1]损耗角正切和复介电常数的实部、虚部之间具有如下关系：

$$\tan\delta=\frac{\varepsilon''}{\varepsilon'} \tag{3.4}$$

$\varepsilon'$和 $\tan\delta$ 的值在射频频谱的低频部分随频率保持相对恒定，但在微波（尤其是毫米波）频率下会发生巨大的变化。因此，在选择或研发应用于微波领域的介电材料时，电介质表征技术尤为重要。

电磁波在介电材料中的传播可以用第 1 章中介绍的概念来描述，即传播常数 $\gamma$，其形式为

$$\gamma=\alpha+\mathrm{j}\beta \tag{3.5}$$

其中

$\alpha$——衰减常数，其单位为 Np/m；

$\beta$——相位传播常数，其单位为 rad/m。

在微带线的特定情况下，每行波长 $\lambda_s$ 的电介质损耗（dB）由广泛引用的下式表示[2]，即

$$\alpha_d=27.3\frac{\varepsilon_r(\varepsilon_{r,\mathrm{eff}}^{\mathrm{MSTRIP}}-1)\tan\delta}{\varepsilon_{r,\mathrm{eff}}^{\mathrm{MSTRIP}}(\varepsilon_r-1)}\mathrm{dB}/\lambda_s \tag{3.6}$$

式（3.6）中符号具有其常用的含义。注意，有效相对介电常数用于考虑边缘效应，因为一些能量在衬底上方的空气中传播。

**例 3.1**　一个低损耗的电介质，其复相对介电常数为 $\varepsilon_r=2.6-\mathrm{j}0.018$。

**求解：**

（1）电介质的损耗角正切；

（2）电介质的 $Q$ 因子。

**解：**（1）利用式（3.4）得

$$\tan\delta=0.018/2.6=6.92\times10^{-3}$$

（2）利用式（3.2）得

$$Q=1/\tan\delta=1/6.92\times10^{-3}=144.51$$

**例 3.2**　电介质的相对介电常数实数值为 2.6，$Q$ 值为 210，传播常数为 $\gamma=(2\pi/\lambda_d)(0.5\tan\delta+\mathrm{j})$，其中符号具有其常用的含义。

求解（在 10GHz 频率下）：

（1）该材料中的波长；

（2）该材料中的传播速度与空气中的传播速度之比；

（3）通过 10mm 长度的该材料的相位变化；

（4）以 dB/m 为单位的衰减常数；

（5）通过 30mm 该材料的损耗（以 dB 表示）。

**解**：（1）$\lambda_d=\frac{\lambda_0}{\sqrt{2.6}}=\frac{30}{\sqrt{2.6}}\text{mm}=18.61\text{mm}$

（2）$\frac{v_p(\text{material})}{v_p(\text{air})}=\frac{1}{\sqrt{2.6}}=0.62$

（3）$\phi=\frac{2\pi}{\lambda_d}\times l=\frac{2\pi}{18.61}\times 10\text{rad}=1.07\pi\text{rad}\equiv 192.60°$

（4）

$$Q=210\Rightarrow\tan\delta=\frac{1}{210}=4.46\times10^{-3}$$

$$\begin{aligned}\alpha&=\frac{2\pi}{\lambda_d}\times0.5\tan\delta=\frac{2\pi}{18.61}\times0.5\times4.76\times10^{-3}\text{Np/mm}\\&=8.04\times10^{-4}\text{Np/mm}=8.04\times10^{-1}\text{Np/m}\\&=8.04\times8.686\times10^{-1}\text{dB/m}=6.98\text{dB/m}\end{aligned}$$

（5）$\text{Loss}=6.98\times0.030\text{dB}=0.21\text{dB}$

**例 3.3** 假设在 $Q$ 值为 195、相对介电常数为 9.8，厚度为 0.4mm 的衬底上制造的 50Ω 微带，求解在 15GHz 频率下 100mm 该微带线的电介质损耗（以 dB 表示）。

**解**：

$$Q=195\Rightarrow\tan\delta=\frac{1}{195}=5.13\times10^{-3}$$

利用微带设计图（或者 CAD）：$Z_0=50\Omega\Rightarrow\varepsilon_{r,\text{eff}}^{\text{MSTRIP}}=6.6$

$$15\text{GHz}\Rightarrow\lambda_0=20\text{mm}$$

$$\lambda_s=\frac{20}{\sqrt{6.6}}\text{mm}=7.78\text{mm}$$

利用式（3.6）可得

$$\begin{aligned}\alpha_d&=27.3\times\frac{9.8\times(6.6-1)\times5.13\times10^{-3}}{6.6\times(9.8-1)}\text{dB/7.78mm}\\&=0.13\text{dB/7.78mm}\end{aligned}$$

因此，100mm 该微带线的电介质损耗为

$$\text{Loss}=0.13\times\frac{100}{7.78}\text{dB}=1.67\text{dB}$$

## 3.2.2　导体

由于导体的有限电导率导致的衰减是造成射频和微波电路损耗的主要因素之一。导体损耗可以分为由材料的体电阻率引起的损耗和由材料的表面粗糙度引起的损耗。随着频率的提高，由于趋肤效应，表面粗糙度引起的损耗往往占主导地位，这已经在第 2 章讨论过。

微带线中的导体损耗通常使用由 Hammerstad 和 Bekkadal 所提出的下式计算[2]：

$$\alpha_c=0.072\frac{\sqrt{f}}{wZ_0}\lambda_s\left(1+\frac{2}{\pi}\arctan\left[\frac{1.4\Delta^2}{\delta_s^2}\right]\right)\text{dB}/\lambda_s \tag{3.7}$$

其中

$f$——工作频率，单位为 GHz；

$w$——微带线的宽度；

$Z_0$——微带线的特征阻抗；

$\Delta$——RMS 表面粗糙度；

$\delta_s$——趋肤深度。

**例 3.4**　假定微带线特征阻抗为 70Ω，材料参数如下：

电介质：相对介电常数 = 9.8，

厚度 = 0.6mm，

损耗正切 = 0.0004。

导体：铜（$\sigma=56\times10^6$S/m），

RMS 表面粗糙度 = 0.63μm。

求解 5GHz 频率下的电介质损耗和导体损耗（以 dB/m 表示）。

**解**：利用微带设计图（或者 CAD），有

$$70\Omega\Rightarrow\frac{w}{h}=0.35\Rightarrow\varepsilon_{r,\text{eff}}^{\text{MSTRIP}}=6.25$$

$$\lambda_s=\frac{\lambda_0}{\sqrt{6.25}}=\frac{60}{\sqrt{6.25}}\text{mm}=24\text{mm}$$

$$w=0.35\times h=0.35\times0.6\text{mm}=0.21\text{mm}$$

利用式（3.6）得

$$\alpha_d = 27.3 \times \frac{9.8 \times (6.25-1) \times 0.0004}{6.25 \times (9.8-1)} \mathrm{dB}/\lambda_s = 0.01 \mathrm{dB}/\lambda_s$$

$$\alpha_d = 0.01 \times \frac{1000}{24} \mathrm{dB/m} = 0.42 \mathrm{dB/m}$$

趋肤深度可以利用第 2 章中的式（2.8）计算：

$$\delta_s = \sqrt{\frac{2}{\omega \mu_0 \sigma}} = \sqrt{\frac{2}{2\pi \times 5 \times 10^9 \times 4\pi \times 10^{-7} \times 56 \times 10^6}} \mathrm{m}$$
$$= 0.951 \mu\mathrm{m}$$

其中我们假设导体的相对磁导率为 1。

利用式（3.7）得

$$\alpha_c = 0.072 \times \frac{\sqrt{5}}{0.21 \times 70} \times 24 \times \left(1 + \frac{2}{\pi} \arctan\left[\frac{1.4 \times (0.63)^2}{(0.951)^2}\right]\right) \mathrm{dB}/\lambda_s$$
$$= 0.355 \mathrm{dB}/\lambda_s$$
$$= 0.355 \times \frac{1000}{24} \mathrm{dB/m} = 14.79 \mathrm{dB/m}$$

**例 3.5** 在例 3.4 中，由表面粗糙度引起的导体损耗的百分比是多少？

**解**：将 $\Delta = 0$ 代入式（3.7），可以得到体电阻率引起的电阻损耗为

$$\alpha_c(\mathrm{bulk}) = 0.072 \times \frac{\sqrt{5}}{0.21 \times 70} \times 24 \mathrm{dB}/\lambda_s$$
$$= 0.263 \mathrm{dB}/\lambda_s$$

则

$$\alpha_c(\mathrm{surface}) = (0.355 - 0.263) \mathrm{dB}/\lambda_s$$
$$= 0.092 \mathrm{dB}/\lambda_s$$

由表面粗糙度引起的损耗的百分比为

$$\frac{0.092}{0.355} \times 100\% = 25.92\%$$

例 3.4 的结果表明，导体损耗明显大于电介质损耗，现代低损耗衬底材料通常就是这种情况。然而，随着频率的增加，式（3.7）中的表达式变得不太准确，并且趋肤深度变得与 RMS 表面粗糙度相当。图 3.2 展示了对于射频和微波电路中使用的三种常见材料，趋肤深度是如何随频率变化的，从图中可以看出，趋肤深度在 10GHz 以上急剧下降，因此许多作者建议 10GHz 应该是式（3.7）使用的上限频率。

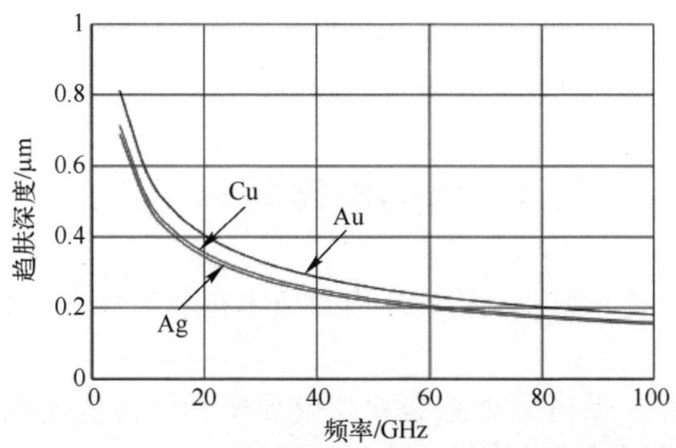


图 3.2　金（Au）、铜（Cu）和银（Ag）的趋肤深度随频率的变化

尽管式（3.7）中给出了导体损耗的表达式仍然在广泛使用，但是它的提出已经有一段时间了。最近的研究使用全波 3D 仿真以及更复杂的模型来表示导体表面，从而改进了在更高的微波频率下确定表面损耗的技术。使用高频结构仿真器，Sain 和 Melde [3] 在频率高达 40GHz 的导体支持的共面线上展示了仿真和测量的导体损耗之间的良好的匹配性。

在类似的工作中，Iwai 和 Mizatani[4] 提出了对式（3.7）的修正，从而更好地表示毫米波频率下的表面损耗。修改后的导体损耗表示为

$$\alpha_c = 0.072\frac{\sqrt{f}}{wZ_0}\lambda_s\left(1+\frac{32}{\pi}\arctan\left[\frac{0.24\Delta^2}{\delta_s^2}\right]\right)\mathrm{dB}/\lambda_s \tag{3.8}$$

式（3.8）给出了在毫米波频率下更高的预测损耗。文献［4］中公布的数据显示，利用式（3.8）中的修正表达式，当 $\Delta/\delta$ 比值高达 2 时，测量的损耗和公式预测的损耗相当吻合。

处理导体在高频下的性能时经常使用的另一个参数是表面阻抗。表面阻抗本质上是沿导体表面上正方形的对边放置的两个电极之间的阻抗，因此其单位是欧姆每平方米，通常简写为 $Z_\square$。对于光滑导体，表面阻抗为

$$Z_{\square,\mathrm{smooth}} = \frac{1+\mathrm{j}}{\sigma\delta_s} \tag{3.9}$$

Gold 和 Helmreich [5] 展示了如何用表面阻抗的概念来模拟导体粗糙度，方法是将式（3.9）修改为

$$Z_{\square,\mathrm{rough}} = \frac{1}{\sigma_{\mathrm{eff}}\delta(\sigma_{\mathrm{eff}})} + \mathrm{j}\frac{1}{\sigma_{\mathrm{bulk}}\delta(\mu_{r,\mathrm{eff}})} \tag{3.10}$$

其中

$\sigma_{\mathrm{eff}}$——有效电导率，表示由于粗糙表面而增加的损耗；

$\mu_{r,\mathrm{eff}}$——有效磁导率，表示表面粗糙度对表面电感的影响以及相应的对传播延迟的影响。

利用这一概念，Gold 和 Helmreich 展示了毫米波频率下典型传输线的仿真传输损耗和测量传输损耗之间良好的一致性。

## 3.3 射频电路材料要求

本节总结了射频和微波电路中使用的导体和电介质的主要要求。

**1. 导体**

(1) 低电阻率，低电阻率意味着高电导率和低传输损耗，这对于导体损耗为主要来源的平面线路结构很重要。

(2) 表面光洁度好，表面光洁度好意味着低表面粗糙度，从而降低表面损耗。随着频率的增加和趋肤深度的减小，大部分电流可能在粗糙的表面上流动，这一点变得更加重要。

(3) 稳定的表面，表面的质量不应随着时间的推移或暴露于大气中而恶化，这一点很重要，因为表面质量恶化会增加表面损耗。例如，铜和银暴露在大气中时都会氧化，产生高电阻的表面层，增加了它们的表面损耗。金虽然昂贵，但却可以提供非常稳定的表面，通常用于电镀[①]射频和微波电路及元件。银通常用于厚膜电路（在本章后面讨论），薄层低损耗电介质（如玻璃）通常印刷在导电线路上以防止氧化。

(4) 提供良好的线/空间分辨率的能力，许多平面组件，如耦合器和滤波器，依赖于密集导体之间的耦合。因此，射频和微波导体必须能够加工成小的耦合间隙，通常小于 10μm。

(5) 定义清晰的线路几何形状，不清晰的线路定义会导致线路阻抗和传输相位的误差。

(6) 特性随温度的变化小，与所有电路一样，在合理的温度范围内，导体应保持其物理和电气特性，这一点很重要。

**2. 电介质**

(1) $\varepsilon_r$的选择，介电常数的选择对于实现最佳射频性能至关重要。用于微带等平面电路的衬底通常需要高介电常数（通常约为 10）以提供紧凑的电路，而用于平面天线的衬底需要低介电常数以提供有效的辐射。对于介质谐振器（在第 11 章中讨论），需要 $\varepsilon_r$值在 15~50 范围内的低损耗电介质来提供高 $Q$ 值。

(2) 低损耗角正切，对于平面线和天线，通常损耗角正切应小于 0.001，从而获得可接受的电介质损耗。

---

① 镀金是指在导体表面覆盖很薄的一层金。可以在银导体表面镀一层比趋肤深度更薄的镀金层，使得复合结构具有银的高导电性，同时镀金可以防止银的表面氧化。

(3) 各向同性介电常数，介电常数在所有方向上都应该相同，这样，在微带上制造的平面元件（如滤波器）无论其在电路中的方向如何，都会表现出相同的性能。一些软基板在制造过程中在压力下轧制，因此，在轧制方向上表现出与其他方向不同的介电常数。

(4) 精确定义的 $\varepsilon_r$，射频和微波电路的电性能严重依赖于衬底的 $\varepsilon_r$ 值。因此，应当确切地知道 $\varepsilon_r$ 值，并且 $\varepsilon_r$ 值应该随频率保持稳定。

(5) 介电常数随温度系数的变化小，通常缩写为 $T_f$，并以百万分之一每摄氏度（$\times 10^{-6}$/℃）表示。

(6) 尺寸一致，衬底厚度对微带和多层电路的电性能有显著影响。

(7) 尺寸随温度的稳定性，这对于厚膜制造中使用的衬底尤为重要（将在本章后面介绍），因为在金属导体烧制过程中，衬底可能会受到高达 1000℃ 的温度的影响。

(8) 低表面粗糙度，当导体沉积在电介质衬底上时，导体的底部将与电介质具有相同的表面粗糙度，因此粗糙的衬底将导致导体中的高表面损耗。这对于微带来说尤其重要，因为大部分线路电流在金属的底部流动。

(9) 高导热性，有助于平面电路散热。

用于平面电路（如微带）的电介质可以大致分为“硬”和“软”基板。“硬”基板是指物理上坚硬、易碎且需要使用特殊机械加工技术的基板。陶瓷基材，例如氧化铝，是硬基板的例子，这些基板上的垂直孔需要激光钻孔。当这些孔用金属填充时，就提供了电路不同层之间的传导互连，“软”基板具有柔韧性，物理上柔软且易于机械加工，尽管它们的电气性能通常不如硬基板。氧化铝已成为大多数高频应用的首选材料。从表 3.1 可以看出，高纯度氧化铝 (99.5%) 在 10GHz 下性能优异，具有极低的电介质损耗和极低的表面粗糙度，这是通过表面抛光实现的。但是，选择高纯度氧化铝成本比较高，对于大多数应用来说，96% 的氧化铝可以提供足够的性能。

表 3.1 和表 3.2 总结了一些常用于高频平面电路的介电材料的特性，但这些只是目前可用的非常广泛的材料中的一小部分，在 Cruickshank 的参考文献 [6] 中可以找到更全面讨论。

表 3.1　10GHz 下常见“硬”基板的典型数据

| 材　料 | $\varepsilon_r$ | $\tan\delta$ (10GHz) | $\Delta/\mu m$ |
|---|---|---|---|
| 96%氧化铝 | 9.6 | 0.0006 | 10 |
| 99.5%氧化铝 | 10.2 | 0.0001 | 0.1 |
| 石英 | 3.8 | 0.0001 | 0.01 |
| LTCC（杜邦 9K7TM） | 7.1 | 0.001 | – |

表 3.2 10GHz 下常见“软”基板的典型数据

| 材 料 | $\varepsilon_r$ | tanδ（10GHz） | Δ/μm |
|---|---|---|---|
| RT/duroidTM 6011 | 10.4 | 0.001 | 6 |
| RT/duroid 5880 | 2.3 | 0.001 | 6 |
| FR4 编织板 | 4.4 | 0.01 | 6 |

## 3.4 平面高频电路的制造

目前，有许多制造技术可用于制造高频电路，本节介绍一些主要的方法。

### 3.4.1 蚀刻电路

这是制造印制电路板（PCB）电路的传统方法的直接应用。用于射频的蚀刻电路与用于低频的蚀刻电路之间的唯一区别在于，用于射频的蚀刻电路必须注意保持特定的线路宽度和间距。在第 2 章中，我们看到了微带线的宽度是如何直接影响线路的特征阻抗以及传播速度的。微带电路蚀刻过程的基本步骤如图 3.3 所示。

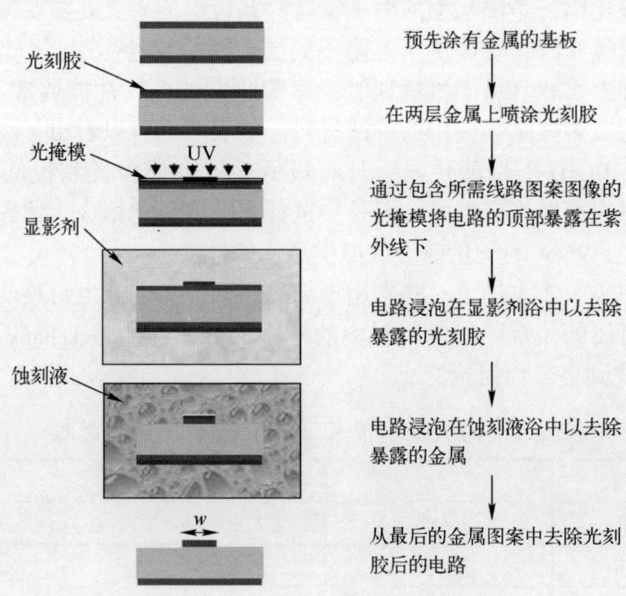


图 3.3 蚀刻微带电路的基本步骤

图 3.3 所示最终电路的线路宽度为 $w$。然而，这个宽度将小于光掩模上的线路宽度，因为在蚀刻阶段，蚀刻剂将倾向于横向以及向下侵蚀，从而底切抗蚀层。底切量由蚀刻比决定，蚀刻比是向下蚀刻速率与侧向蚀刻速率之比。因此，如果我们假设蚀刻比为 1，线路厚度为 $t$，则最终电路的宽度 $w$ 可由下式给出，即

$$w = w' - 2t \tag{3.11}$$

其中，$w'$为光掩模上的线路宽度。

如例 3.6 所示，在设计光掩模时，如果不能补偿底切，会对高频电路造成严重后果。为了补偿底切，需要知道覆盖基板的金属的厚度。镀铜基板材料的制造商倾向于标定每单位面积的金属（铜）质量，用户必须据此计算线路厚度 $t$。对于在美国制造的材料，金属的质量将以英制单位标定，即$oz/ft^2$（盎司/平方英尺），必须进行适当的尺寸转换。例如，如果制造商标定在特定基板上覆盖的铜为 $1oz/ft^2$，尺寸转换后则等于 $305.1g/m^2$。然后利用铜的密度（$8930kg/m^3$），可以计算出铜层的厚度为 34.2μm。

**例 3.6**　采用蚀刻工艺在相对介电常数为 9.8、厚度为 0.635mm 的基板上制造 10GHz 的微带电路。基板覆盖有质量为 $1oz/ft^2$的铜。如果不考虑底切，计算 50Ω 和 70Ω 线路的特征阻抗和衬底波长的百分比误差。

**解**：利用上面铜的数据：$1oz/ft^2 \Rightarrow t = 34.2\mu m$

（1）对 50Ω 线路。

- 利用第 2 章中的微带设计图（或 CAD）：

$$50\Omega \Rightarrow w/h = 0.9 \Rightarrow w = 0.9h = 0.9 \times 635\mu m = 571.5\mu m$$

$$w/h = 0.9 \Rightarrow \varepsilon_{r,eff}^{MSTRIP} = 6.6 \Rightarrow \lambda_s = \frac{\lambda_0}{\sqrt{6.6}} = \frac{30}{\sqrt{6.6}} mm = 11.68mm$$

底切后的线路宽度为

$$w' = (571.5 - [2 \times 34.2])\mu m = 503.1\mu m$$

- 利用微带设计图：

$$w'/h = 503.1/635 = 0.79 \Rightarrow Z_0 = 53\Omega$$

$$\text{特征阻抗的百分比误差} = (53-50)/50 \times 100\% = 6\%$$

- 利用微带设计图：

$$w'/h = 0.70 \Rightarrow \varepsilon_{r,eff}^{MSTRIP} = 6.54 \Rightarrow \lambda_s = \frac{\lambda_0}{\sqrt{6.54}} = \frac{30}{\sqrt{6.54}} mm = 11.73mm$$

$$\text{衬底波长的百分比误差} = (11.73-11.68)/11.68 \times 100\% = 0.43\%$$

(2) 对 70Ω 线路。

- 利用微带设计曲线（或 CAD）：

$$70\Omega \Rightarrow w/h = 0.35 \Rightarrow w = 0.35h = 0.35 \times 635\mu m = 222.25\mu m$$

$$w/h = 0.35 \Rightarrow \varepsilon_{r,eff}^{MSTRIP} = 6.25 \Rightarrow \lambda_s = \frac{\lambda_0}{\sqrt{6.25}} = \frac{30}{\sqrt{6.25}} mm = 12.00mm$$

底切后的线路宽度为

$$w' = (222.25 - [2 \times 34.2]) = 153.85\mu m$$

- 利用微带设计图：

$$w'/h = 153.85/635 = 0.24 \Rightarrow Z_0 = 79\Omega$$

特征阻抗的百分比误差=(79−70)/70×100%=12.86%

- 利用微带设计曲线：

$$w'/h = 0.24 \Rightarrow \varepsilon_{r,eff}^{MSTRIP} = 6.14 \Rightarrow \lambda_s = \frac{\lambda_0}{\sqrt{6.14}} = \frac{30}{\sqrt{6.14}} = 12.11mm$$

衬底波长的百分比误差=(12.11−12.00)/12.00×100%=0.92%

如例 3.6 所示，忽略底切造成的影响取决于基板的厚度。镀铜软基板材料的制造商可以实现重量低至 $1/8oz/ft^2$ 的涂层，相当于约 4.2μm 的线路厚度。尽管铜层很薄，但对于许多趋肤深度小于 1μm 的微波电路来说已经足够了。使用薄铜层使得相当精确的电路能够被简单地蚀刻，几乎没有底切补偿。例如，图 3.4 展示了 10GHz 直流手指击穿的部分放大图，其中指间的间隙为 30μm。将电路蚀刻在覆有 1/8oz 铜的软基板材料上，可以看出，简单的蚀刻工艺可以产生明确的间隙，并且间隙的蚀刻尺寸在设计值的 2% 以内。

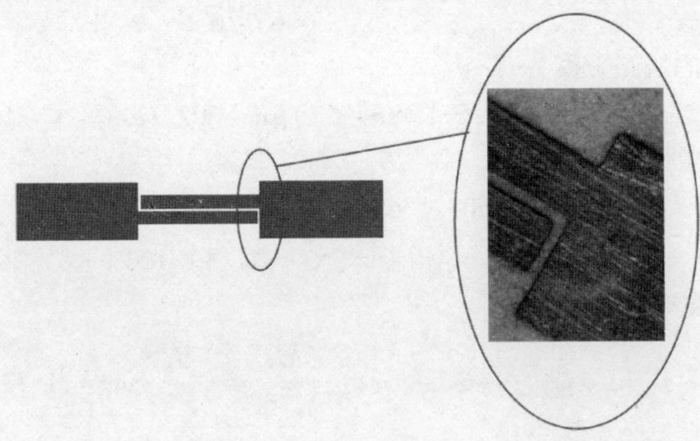

图 3.4　10GHz 微带直流断路中蚀刻 30μm 间隙的放大图

### 3.4.2　厚膜电路（直接丝网印刷）

几十年来，低频电子电路的厚膜加工已经得到了很好的发展，现在这种技术也已成为制造用于毫米波区域电路的可行技术之一。与简单的蚀刻电路相比，该技术具有许多优点：价格便宜，适合大规模生产，最显著的优点是提供了制造多层结构的潜力。用于厚膜工艺的导体和电介质以厚浆料的形式提供。基本的厚膜工艺是将这些浆料通过金属筛网，然后在熔炉中烧制。导体图案和电介质图案都可以通过这种方式进行处理，但我们将基于导体图案来描述基本步骤。

（1）该过程需要使用丝网，丝网由细金属丝网制成，通常每英寸有 300 根或 400 根金属丝（每厘米约 100 根或 130 根金属丝）。

（2）用感光乳剂覆盖丝网，并在乳剂中显影所需导体图案的负像，留下与导体图案相对应的清晰区域。

（3）使用专门设计的厚膜印刷机将导体浆料通过丝网挤压到陶瓷基板上，以形成所需的导体图案。

（4）覆有湿导体图案的基板在相对较低的温度（小于 100℃）下干燥以去除挥发性成分。然后将其通过具有特定燃烧周期的炉子，以将导体浆料转化为固体金属。所有常见的导体金属（铜、金和银）都可以用这种方式加工，尽管贵金属金和银是高频电路中最常见的导体。

上述的步骤只是一个概述，建议需要有关厚膜材料和相关制造工艺的更详细信息的读者参考文献［7］。图 3.5 展示了一个典型的厚膜丝网的示例，该丝网包含一个 10GHz 的微带电路图案。

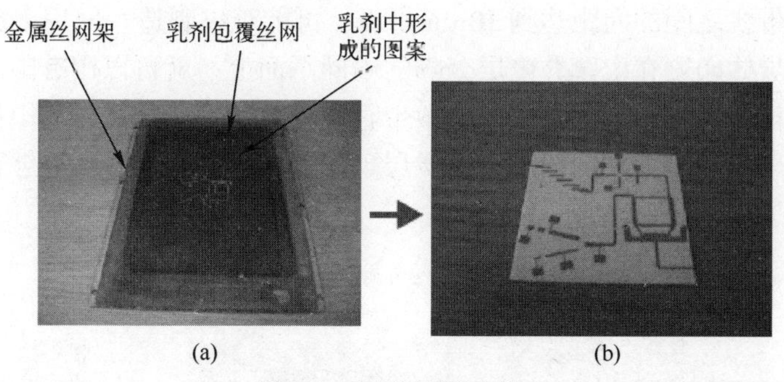


图 3.5　厚膜丝网示例

（a）厚膜金属丝网；（b）印刷在氧化铝基板上的最终电路。

虽然厚膜技术提供了一种简单、低成本的高频电路制造方法，但通过金属丝网印刷图案在可以实现的最小特征尺寸方面存在一些限制，而且由于丝网上孔的形状，导致导体的边缘是锯齿状的。3.4.3 节中描述的厚膜显影可以克服这些限制。

然而，利用基本厚膜工艺制造多层电路的可能为高频电路设计人员提供了一些有用的附加设计技术。多层技术可以发挥实际优势的三个示例如下。

（1）滤波器和匹配网络中通常需要具有高特征阻抗的微带线。高阻抗线路需要窄线路，在典型的衬底材料（例如氧化铝）上生产这些线受到制造极窄线路所涉及的实际问题的限制。Tian 等人[8]表明，通过在氧化铝衬底上的导体下方印刷一层低介电常数的电介质（图 3.6），可以在不减小线路宽度的情况下显著增加线路的特征阻抗。

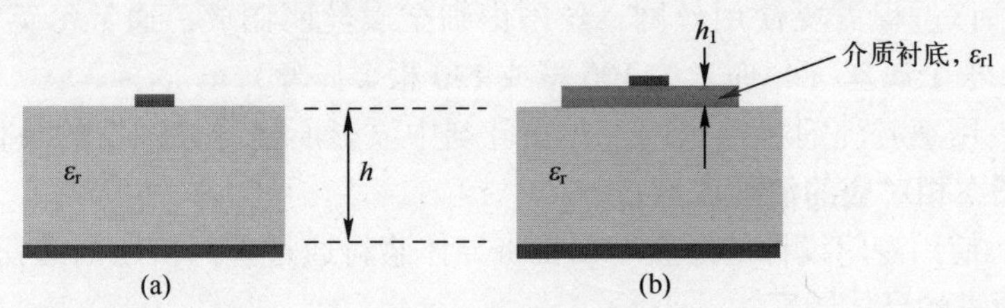


图 3.6　多层微带线

（a）微带；（b）带衬底的微带。

Tian 等人[8]考虑了 $\varepsilon_r = 9.9$ 和 $h = 635\mu m$ 的氧化铝基板，结果表明，通过引入相对介电常数 3.9，厚度为 100μm 的衬底，50μm 宽的微带线的特征阻抗从 110Ω（无衬底）增加到 156Ω。

（2）许多平面元件，如滤波器、定向耦合器和直流断路器，都依赖平行微带线之间的边缘耦合来实现特定的电气性能。在某些情况下，需要同一平面中两条微带线之间的间距达到 10μm 量级，可能难以制造。使用多层技术，只需将两个导体印刷在由薄介电层分隔的不同平面上，就可以用有限的宽面耦合取代边缘耦合。图 3.7 展示了厚膜微带直流断路器的设计图，其中使用了多层技术在两个耦合手指之间插入电介质层。这种结构使两个手指能够重叠，从而产生强烈的局部宽面耦合。

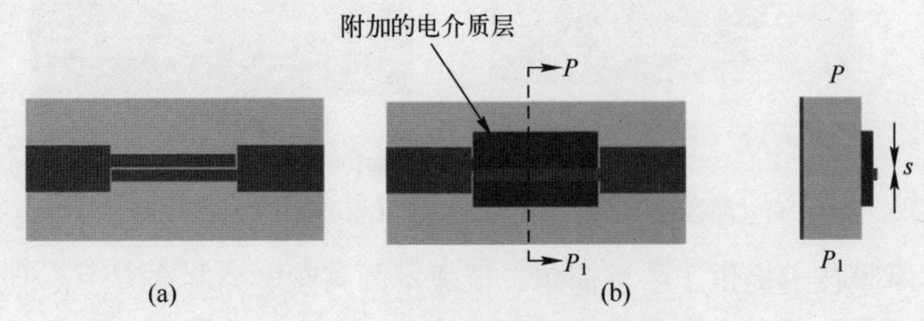


图 3.7　多层直流断路器的设计图

（a）单层直流断路器；（b）厚膜多层直流断路器。

Tian 等人[9]通过仿真和实际测量表明，图 3.7 所示的设计能够提供非常宽的带宽性能。他们的结果表明，在 2.5～10GHz 的频率范围内，插入损耗小于 0.2dB。图 3.8 给出了指形耦合的放大图，展示了导体重叠的细节。需要注意的是，顶部导体比嵌入的导体略宽，这是为了保持正确的阻抗，因为顶部导体的阻抗会受到印刷的低阻抗层的影响。

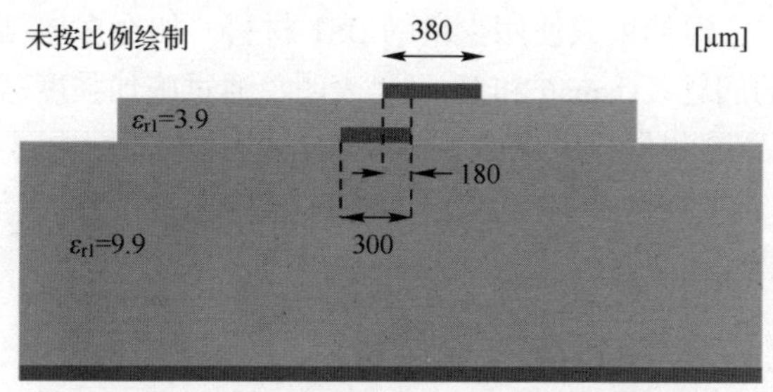


图 3.8　在多层直流断裂[9]中耦合的细节

（3）当辐射元件与其他高频电路包含在同一封装中时，例如在微型接收器的前端，多层技术也可以有效地应用。微波电路通常选择高介电常数的衬底，例如氧化铝，因为衬底波长小，电路可以做得非常紧凑。但是对于辐射元件，例如贴片天线，则希望使用低介电常数的衬底，因为这样可以更有效地辐射能量（见第 12 章）。满足这两种介电常数要求的多层封装如图 3.9 所示。

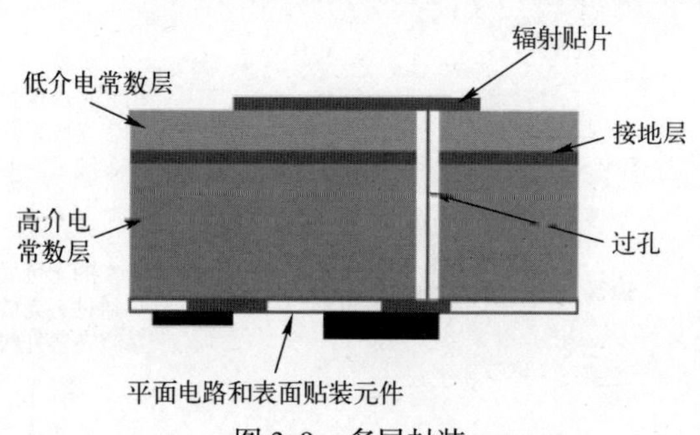


图 3.9　多层封装

图 3.9 所示设计的一种替代方案是将天线也放在高介电常数的衬底上，并且只在天线的辐射边缘下方印刷低介电常数材料。这种技术在第 12 章中有更详细的讨论。

迄今为止的讨论集中在使用厚膜印刷导体和电介质。然而，使用这种技术可以印刷的材料范围要广泛得多，并为射频和微波电路设计人员提供了有用的机会，特别是在减少与表面贴装封装相关的不必要的寄生效应方面。印刷电阻厚膜浆料是一项成熟的技术[7]，可以避免在高频电路中为了实现偏置而引入片状电阻器。通过在两个平面电极之间印刷高介电常数的电介质，可以很容易地制造电容器。印刷电阻器和电容器都可以很容易地加入到多层结构中。另一种适用于高频应用的材料是钛酸锶钡（BST），它具有铁电特性，可以通过改变材料上的电场强度来改变其介电常数。BST 以厚膜浆料的形式存在，因此可以很容易地应用到多层厚膜电路中。BST 材料的缺点是它表现出非常高的损耗角正切（约 0.01），但如果只使用少量的 BST 材料，如在多层结构中的薄层中，这不是一个显著的问题。Osman 和 Free[10] 表明，通过施加强度为 2.5V/μm 的电场，厚膜 BST 样品的测量介电常数在 1～8GHz 的频率范围内可以改变约 15%。随后，他们使用 BST 在微型环形谐振器滤波器内形成一个电容，以实现滤波器中心频率的调谐。

### 3.4.3 厚膜电路（使用光可成像材料）

随着近年来光可成像电介质和导体浆料的发展，厚膜技术在制造高质量微波和毫米波电路方面的潜力得到了显著增强。这些浆料对紫外线敏感，不需要通过丝网印刷图案。这使得材料能够直接使用光刻技术进行图案化，从而能够实现导体和电介质的高分辨率图案，特征尺寸低至 10μm 量级。

图 3.10 概述了使用光可成像材料制造厚膜电路的过程，包括以下四个基本步骤。

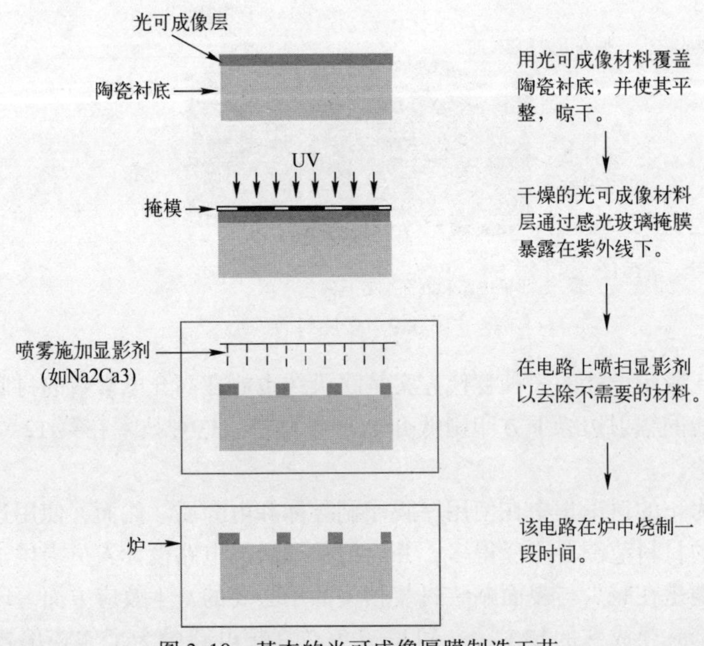

图 3.10　基本的光可成像厚膜制造工艺

（1）印刷一层光可成像材料（导体或电介质）以覆盖支撑衬底的表面，将印刷层放置片刻使其平整，然后晾干。

（2）通过合适的（负）掩模将光可成像层暴露在紫外线下。

（3）通过紫外线照射显影的层区域被冲洗掉，通常使用一种特殊的装置，在细喷雾喷洒显影剂的同时旋转衬底。

（4）具有所需导体或电介质图案的电路在炉中烧制以实现最终的厚膜图案。

可以连续重复步骤（1）~（4），以构建导体和电介质材料的多层结构。如果需要，可以使用具有不同介电常数的电介质。此外，如前所述，可以使用制造无源元件的材料。

光可成像工艺的一个特别有用的特征是其能够容易地创建垂直互连（过孔），只需要在电介质层上对孔进行成像，然后通过合适的掩模用金属填充它们。过孔可用作不同层的导体之间的简单电气连接，或用作热过孔，从多层封装内传导多余的热量。热过孔对于从高功率组件（如功率放大器）中散热特别有用，这些组件在高频下往往效率很低。

虽然光可成像厚膜技术可用于制造各种电子电路，但引起广泛关注的一个特殊功能是制造表面集成波导（SIW）的能力。SIW 是一种集成在印刷电介质层内的波导，波导的顶部和底部宽面由印刷导体层形成，垂直侧壁由过孔栅栏形成。过孔栅栏是由紧密间隔的导通过孔组成的线性阵列。如果相邻过孔之间的间距小于电介质中的波长，则过孔栅栏将起到实心导体的作用。图 3. 11 展示了 SIW 的基本结构。

图 3. 11（a）展示了一个集成矩形波导，其尺寸使用传统符号 $a$ 和 $b$ 标识。所需的波导高度是通过多个印刷电介质层来实现的。图 3. 11（b）展示了一个印刷电介质层。制造 SIW 的方法是：首先在支撑衬底上印刷并烧制导电层，形成波导的底部宽面。然后在底平面上印刷一层光可成像电介质，并与形成两个过孔栅栏的孔阵列一起进行光成像，接着对电路进行显影和烧制，以留下具有孔阵列的电介质层。最后通过合适的掩模用金属填充过孔，并再次烧制电路。重复印刷和烧制电介质层的过程，直到达到所需的波导高度 $b$。通常，每个电介质层的厚度约为 10μm，需要 10~20 次烧制才能达到合适的波导高度。

SIW 的两个特殊用途在文献中引起了大量关注，即用于滤波器和天线。图 3. 12 展示了一个四腔滤波器中的一个印刷电介质层，并展示了其过孔阵列的排列方式。SIW 滤波器的输入和输出通常通过结构顶部表面上的共面耦合探针连接。

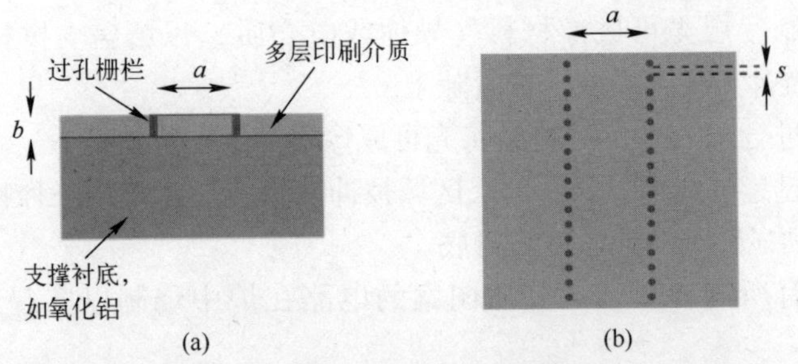


图 3.11　表面集成波导（SIW）的结构

（a）SIW 的横截面；（b）一个展示填充过孔的印刷电介质层。

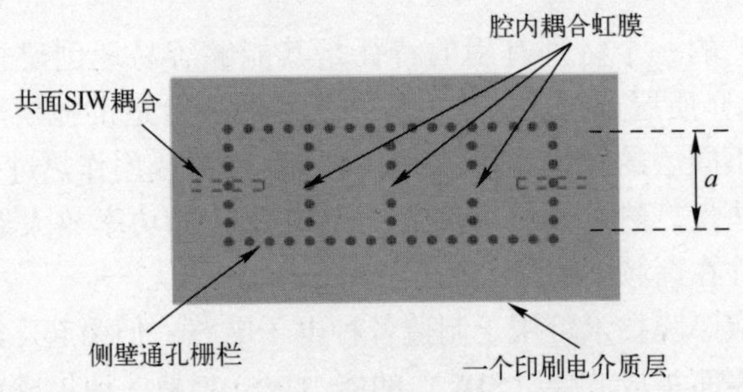


图 3.12　四腔 SIW 滤波器中的过孔阵列示意图

IEEE 微波杂志上的一系列文章对 SIW 滤波器进行了特别好的介绍[11-13]，这些文章提供了丰富的理论和实践数据，以及广泛的参考文献。

虽然 SIW 腔体滤波器的优点是其完全集成在陶瓷封装中，但它们的缺点是腔体必须用电介质填充，而电介质相关的损耗对滤波器插入损耗和滚降有不利影响。克服这些损耗的一种技术是将集成的 SIW 线路与表面贴装波导（SMW）耦合，该表面贴装波导包含形成滤波器的充气金属腔，如图 3.13 所示。

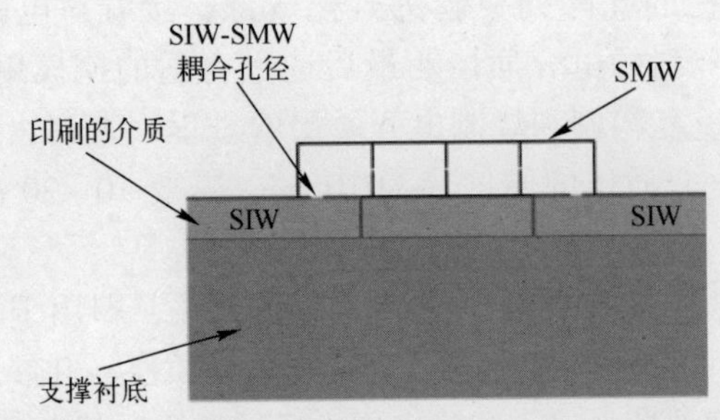


图 3.13　使用表面贴装波导（SMW）的四腔滤波器

在毫米波频率下，电介质的损耗变得非常显著，且波长小到足以使 SMW 腔的尺寸切实可行，SIW 和 SMW 的组合尤其有用。在这些频率下，因为没有电介质填充滤波器腔，它们具有更高的 $Q$ 值，同时较短的波长使滤波器腔相对较小。Schorer 等人[14]比较了 SIW 滤波器与使用 SMW 腔的滤波器在 K 波段的性能，他们发现使用 SMW 滤波器具有显著的好处，并表明使用只有几毫米高的 SMW 腔可以将插入损耗和滚降提高约 3.7 倍。

SIW 技术受到广泛关注的另一个领域是缝隙天线，通过在 SIW 的上表面切槽可以制造非常紧凑的天线，这种类型的天线在 12.15 节有更详细的讨论。

### 3.4.4　低温共烧陶瓷电路

使用光可成像厚膜技术的主要缺点是需要大量的连续烧制循环，因为每一个印刷层必须在下一层印刷前进行成像、显影和烧制。即便使用烧制周期只需 20min 的网带炉进行烧制，制造一个相对简单的结构也非常耗时，在生产环境中肯定没有吸引力。低温共烧陶瓷（LTCC）技术可以用于制造与光可成像技术制造的非常相似的多层结构，但这些层可以并行制造，只需要一个烧制周期，因此可以相对快速地生产复杂的多层封装。

LTCC 介电材料由材料制造商以柔性片材的形式提供，这些片材通常卷在圆柱形卷轴上供用户使用，因此通常称为 LTCC 料带。有多种厚度的片材可供用户（电路设计人员）选择，典型厚度值为 5mil（127μm）和 10mil（254μm）。常用的 LTCC 料带的介电常数在 5~10 范围内，损耗角正切在 0.001 和 0.003 之间变化。

LTCC 电路的生产有五个主要阶段，如图 3.14 所示。

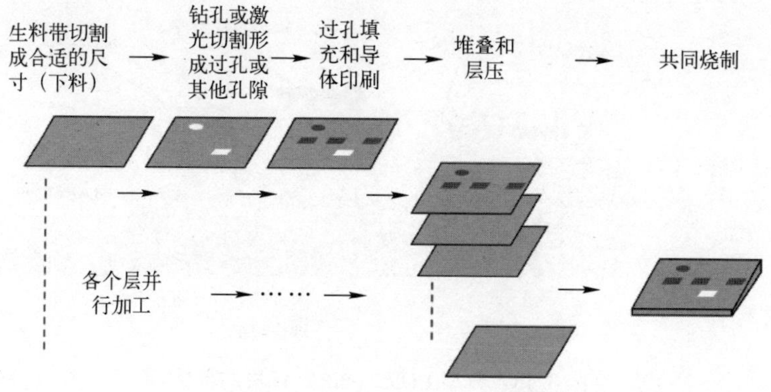


图 3.14　低温共烧陶瓷生产过程

第 1 阶段：将 LTCC 料带切割成合适的尺寸，未烧制的 LTCC 料带通常称为生料带，这一过程称为下料。

第 2 阶段：用于构成多层封装的生料带层被钻孔或激光切割，形成过孔和空腔的孔。

第 3 阶段：生料带层用相应的导电浆料进行丝网印刷，以填充过孔并印刷所需的导体图案。

第 4 阶段：堆叠生料带层，采用适当的机制进行对齐（通常在每一层上作对准标记，可以使用传统的光学掩模对准器），然后将堆叠的生料带真空密封在塑料袋中，并在低温（几十摄氏度）的等静压室中加压黏合。

第 5 阶段：去掉塑料袋，将层压的料带在网带炉或箱式炉中烧制，遵循特定的时间-温度曲线，最终生产出固体陶瓷元件。网带炉特别适合于这项工作，因为工件可以在各个烧制区移动，每个烧制区的环境条件可以精确控制，从而以相对较快的速度提供最佳的烧制曲线。对于 LTCC，烧制曲线中的最高温度约为 850℃。

在 LTCC 制造工艺的烧制周期中会发生收缩。射频和微波电路中导体的相对位置是至关重要的，例如在利用耦合线特性的定向耦合器和滤波器中，线间距是一个重要的设计参数，因此 $x$-$y$ 平面上的收缩会对电路产生显著的不利影响。这个问题可以通过使用自约束 LTCC 料带（例如 Heralock™）来克服，这种料带被设计为主要在 $z$ 方向收缩，从而可以在关键的 $x$-$y$ 平面上保持良好的精度。

图 3. 15 给出了 LTCC 模块的理想化视图，展示了该技术在单个陶瓷封装中集成多个电路功能和组件的潜力，这种类型的电路组件通常称为 SiP。GayNor 对 SiP 技术所涉及的材料和工艺进行了深入讨论[15]。

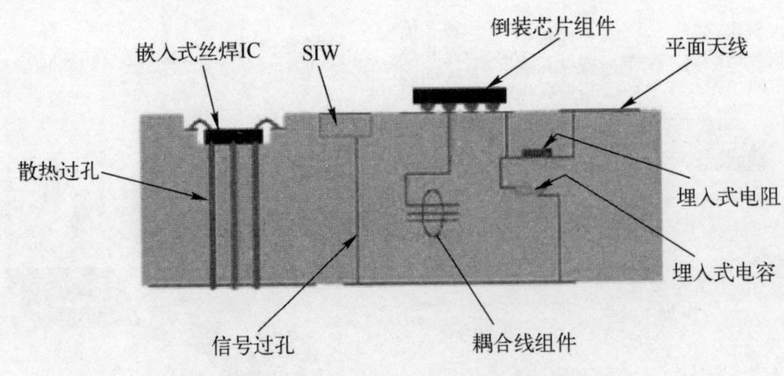


图 3. 15　典型 LTCC（SiP）模块的特性

在LTCC结构中创建SIW很容易，但与多层光可成像厚膜电路中的SIW一样，它们也存在填充电介质的缺点。然而，Henry等人[16]表明，使用LTCC技术可以形成空气填充的SIW通道，并且在140~190GHz的频率范围内产生了相对较低的测量插入损耗，约为0.14dB/mm。

## 3.5　喷墨技术的使用

使用喷墨印刷制造高频电路是一项快速兴起的技术，与前面几节中讨论的传统技术相比具有显著的优势。喷墨工艺是众所周知的，涉及由计算机控制的通过小直径喷嘴的油墨沉积。在本书中，“墨”是指用于构建电子电路的导体和电介质浆料。这项技术有许多明显的优势。

（1）生产时间短，因为不涉及光刻工艺。

（2）工艺是成本经济，因为所需的导体或电介质材料是添加到基板上的，而不是像在蚀刻和光可成像的厚膜工艺中那样使用去除不需要的材料的减材制造方法。

（3）很容易在柔软的基板上印刷，例如纸或薄塑料，这对于例如射频标签和共形天线等应用很重要。

（4）喷墨印刷材料所需的烧结温度相对较低（小于300℃），因此可以使用的基材范围很广。

喷墨工艺需要使用特殊的打印机，其中计算机控制可以精确控制喷墨头的横向位置和油墨沉积量。使用这种技术，可以实现尺寸小于50μm的导体和介电电路功能。导电油墨通常由银纳米粒子的胶体溶液制成，印刷后在几百摄氏度的温度下烧结。对于导体，油墨中导电金属的百分比和烧结温度对于生产高质量的电路互连非常重要。在微波应用中，烧结导线应具有低损耗（即低电阻率）和明确的几何形状，即直边、矩形横截面和光滑表面。Belhaj等人[17]研究了在柔性Kaplon基板上喷墨印刷的导体在高达67GHz的频率下的性能，在其工作中使用了由40%（按质量计）银纳米粒子组成的商用油墨，并研究了印刷线的电阻率与烧结温度的相关性，测出了在100℃时电阻率约为80Ω·cm，在200℃时降至约10Ω·cm，然后趋于稳定。这些结果表明了烧结温度的重要性，也表明烧结温度完全在各种塑料衬底所能承受的温度范围内。图3.16展示了使用喷墨技术用银Ag纳米粒子油墨制造的共面线，并表明使用该技术可以实现高分辨率和良好的线边缘质量。

虽然喷墨技术的主要优势之一是能够在中等温度下在薄的柔性基板上加工高频电路，但该工艺也非常适合在厚的刚性基板上制造多层电路。喷墨印刷导

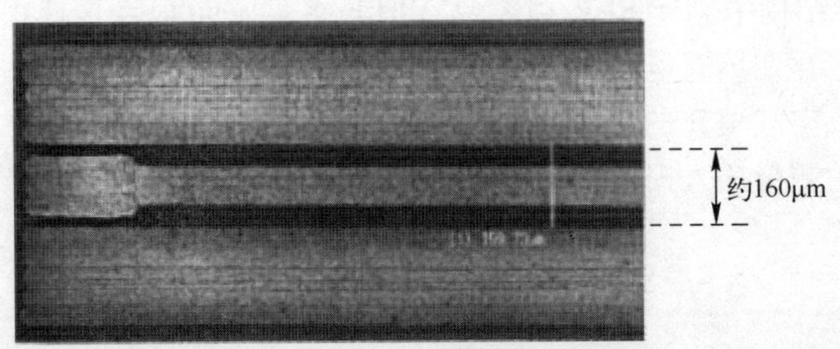


图 3.16 采用喷墨技术制造的 CPW 线（来源：经授权转载自文献［17］）

体和电介质提供了构建与前面章节中描述的基于光可成像厚膜技术相同的系统级封装模块的潜力，但在降低成本和生产时间方面具有显著优势。在目前关于喷墨技术及其高频应用的重要工作中，Kim 等[18]发表了信息多层电路，其中包括在厚聚合物基板上完全喷墨印刷的过孔和 SIW 结构。在 Kim 的工作之前，大多数关于喷墨填充过孔的报道信息都是针对薄基板的，其中过孔相对容易被连续的金属层填充。事实证明，由于金属在烧制过程中的收缩，即使在孔上进行多次印刷，在厚基板中填充直的圆柱形过孔也很困难。文献［18］中介绍的示例有一个新特点，是使用阶梯式过孔在基板的两侧引入逐渐过渡，发现这样可以更有效的金属化。阶梯式过孔的概念随后通过 SIW 腔体谐振器的构造得到了验证，其中谐振器的垂直壁由阶梯式过孔阵列形成。在约 5.8GHz 处测量和仿真的 $S$ 参数数据之间具有良好的一致性[18]。

喷墨技术在射频和微波应用中的使用不仅限于印刷导体和电介质。Nikfalazar 等[19]通过制造可调谐的 S 波段移相器，证明了喷墨工艺印刷 BST 材料的能力。他们制造了一个多层电路，其中包含金属-绝缘体-金属（MIM）结构的铁电（BST）变容器作为调谐元件，并证明了在 1~4GHz 频带上测量值和仿真相移值之间的良好一致性。Chen 和 Wu[20]提供了展示喷墨技术在高频工作中的多功能性的另一个示例，他们展示了打印的碳纳米管可以作为工作频率为 5GHz 的全喷墨打印相控阵天线的部件。

## 3.6 射频和微波电路材料的表征

精确了解高频电路中使用的材料特性对于良好的设计至关重要，尤其重要的是平面电路中使用的介电材料的损耗和相对介电常数（介电常数），本节的主要重点是在微波和毫米波频率下测量这些参数。

### 3.6.1 电介质损耗和介电常数的测量

确定介电材料特性的传统方法是将待测材料样品插入腔体谐振器，测量 $Q$ 因子和谐振频率的变化。由于腔体谐振器在这些测量中的重要性，下面将专门讨论这些谐振器的特性。

#### 3.6.1.1 腔体谐振器

腔体谐振器可以由一段两端封闭的空心金属矩形波导构成，其尺寸如图 3.17 所示。

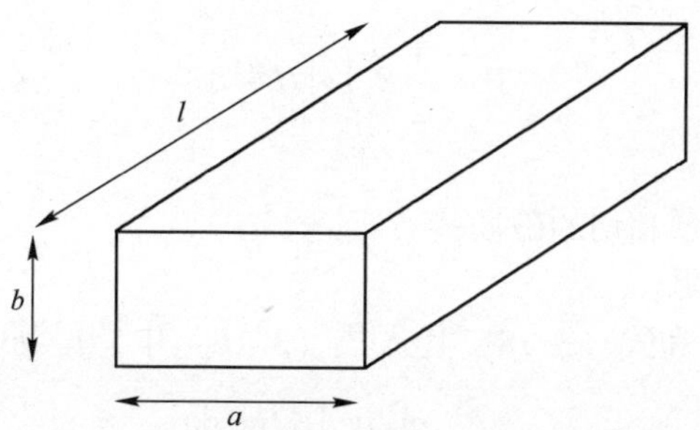


图 3.17　矩形波导腔体的尺寸

如果将电磁波引入腔体，当腔体的长度（$l$）是半个导波长的倍数，则将建立驻波模式，即腔的长度为

$$l = p \times \frac{\lambda_g}{2} \tag{3.12}$$

其中，$p$ 为一个整数。通常，对于横电（TE）模式，谐振腔内的模式由 $TE_{mnp}$ 表示，其中 $m$ 和 $n$ 的定义见附录 1. C。

由式（3.12）和式（1.72）~式（1.83），我们可以得到腔体谐振频率的表达式

$$\left(\frac{p}{2l}\right)^2 + \left(\frac{m}{2a}\right)^2 + \left(\frac{n}{2b}\right)^2 = \left(\frac{f}{c}\right)^2 \tag{3.13}$$

即谐振频率为

$$f = c\sqrt{\left(\frac{p}{2l}\right)^2 + \left(\frac{m}{2a}\right)^2 + \left(\frac{n}{2b}\right)^2} \tag{3.14}$$

腔体主模由 $TE_{101}$ 表示，根据式（3.14），其谐振频率为

$$f_0 = c\sqrt{\left(\frac{1}{2l}\right)^2 + \left(\frac{1}{2a}\right)^2} \tag{3.15}$$

谐振腔的 $Q$ 因子通常定义为

$$Q=\frac{\omega_0 \times \text{average energy stored}}{\text{power dissipated}} \tag{3.16}$$

其中，$\omega_0=2\pi f_0$，$f_0$为谐振频率。

存储在腔体中的能量由体积分给出，即

$$W=\frac{1}{2}\mu_0\int_v |H|^2 \mathrm{d}v \tag{3.17}$$

其中，$|H|$为腔体内的磁场强度峰值。

功率损耗是由于腔体壁有限的导电性允许壁面电流流动，所引起功率损耗由面积分给出，即

$$P=\frac{1}{2}R_s\int_s |H_t|^2 \mathrm{d}s \tag{3.18}$$

其中

$H_t$——与腔体壁相切的磁场；

$R_s$——表面电阻。

将式（3.17）和式（3.18）代入式（3.16）中，得到腔体的$Q$因子为

$$Q_u=\frac{\omega_0\mu_0\int_v |H|^2 \mathrm{d}v}{R_s\int_s |H_t|^2 \mathrm{d}s} \tag{3.19}$$

其中，“u”用于表示腔体的无负载$Q$因子。

因为没有考虑腔体壁上的耦合孔径，式（3.19）中的积分计算很简单[21-22]，从而可以得到支持$TE_{101}$主模的矩形波导腔的无负载$Q$因子为

$$Q_u=\frac{abl(a^2+l^2)}{\delta_s(2a^3b+2l^3b+a^3l+l^3a)} \tag{3.20}$$

其中，$\delta_s$为趋肤深度，其他参数的定义见图3.17。

谐振腔的无负载$Q$因子通常写成更近似的形式，即

$$Q_u=\frac{2}{\delta_s}\times\frac{V}{A} \tag{3.21}$$

其中，$V$和$A$分别是腔体的体积和表面积。

式（3.21）仅适用于具有立方体形状的腔体，然而，式（3.21）是有用的，因为它表明通常最高的$Q$因子是由体积与表面积比值高的简单腔体形状得到的。

**例 3.7** 支持$TE_{101}$模的铜矩形波导谐振腔尺寸如下：$a=22.86\text{mm}$，$b=10.16\text{mm}$，$l=20\text{mm}$。求解谐振频率和腔体的无负载$Q$因子[$\sigma$(铜)=5.8×107S/m]。

**解**：（1）求解谐振频率。谐振时，有

$$l=\frac{\lambda_g}{2}\Rightarrow\lambda_g=2l=2\times20\text{mm}=40\text{mm}$$

$$\lambda_c=2a=2\times22.86\text{mm}=45.72\text{mm}$$

利用式（1.72）可得

$$\frac{1}{\lambda_0^2}=\frac{1}{(45.72)^2}+\frac{1}{(40)^2}\Rightarrow\lambda_0=30.10\text{mm}$$

$$\lambda_0=30.10\text{mm}\Rightarrow f_0=9.97\text{GHz}$$

谐振频率 = 9.97GHz

（2）求解腔体的 $Q$ 因子。根据式（2.8），趋肤深度为

$$\delta_s=\frac{1}{\sqrt{\pi\mu_0 f\sigma}}$$

$$=\frac{1}{\sqrt{\pi\times4\pi\times10^{-7}\times9.97\times10^9\times5.8\times10^7}}$$

$$=0.66\mu\text{m}$$

利用式（3.20）：

$$Q_u=\frac{1}{\delta_s}\times\frac{x}{y}$$

其中

$$x=22.86\times10.16\times20\times[22.86^2+20^2]\times10^{-3}=4285.52$$

$$y=[2\times22.86^3\times10.6]+[2\times20^3\times10.16]+[22.86^3\times20]+[20^3\times22.86]$$
$$=827109.5619$$

得到

$$Q_u=\frac{1}{0.66\times10^{-6}}\times\frac{4285.52}{827109.56}=7850.49$$

无负载的腔体 $Q$ 因子 = 7850.49

到目前为止，我们已经考虑了无负载的腔体，即腔体内没有任何激励信号，腔体的 $Q$ 因子表示为 $Q_u$。为了在腔体内激发信号，实际上必须在腔体的其中一个壁上有一个耦合孔，或者在腔体内有一个导线耦合环。在任何一种情况下，耦合机制都会使腔体产生有负载的效果。

无负载的腔体可以用串联 RLC 谐振电路表示，$Q$ 由下式给出：

$$Q_u=\frac{\omega L}{R}$$

腔体与外界耦合将带来额外的损耗，但不会产生额外的电抗，因为来自耦合的任何额外电抗都将通过改变腔体的内部电抗来补偿，以保持原始谐振频

率。然而，外部负载电阻将耦合到腔体中，并会增大代表腔体的谐振电路的电阻 $R$，从而降低腔体的 $Q$。如果耦合到腔体的外部（负载）电阻为 $R_L$，则腔体的有负载 $Q_L$由下式给出

$$Q_L=\frac{\omega L}{R+R_L}$$

对上式左右两边求倒数，得到

$$\frac{1}{Q_L}=\frac{R+R_L}{\omega L}=\frac{R}{\omega L}+\frac{R_L}{\omega L}$$

即

$$\frac{1}{Q_L}=\frac{1}{Q_u}+\frac{1}{Q_e} \tag{3.22}$$

其中，$Q_e$定义为腔体的外部 $Q$ 因子。因此，$Q_e$表示无负载腔体的总存储能量与外部耦合带来的损耗之比。

制作腔体谐振器的常用方法之一是使用短路长度的矩形波导，在距离短路部分一定距离处放置一个包含耦合虹膜的横向板，如图 3.18 所示。长度 $l$ 即为谐振腔的长度。

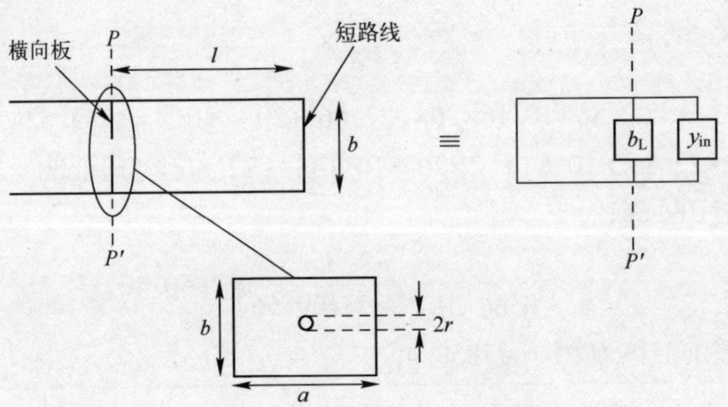


图 3.18　波导腔及其等效电路

在图 3.18 中，横向板的中心有一个小的圆形耦合虹膜，该虹膜表现为一个并联感纳，其归一化值由下式给出

$$b_L=-\mathrm{j}\,\frac{3ab}{8\beta r^3} \tag{3.23}$$

其中，$\delta=2\pi/\lambda_g$，$\lambda_g$为导波长。

因此，在 $P$–$P'$平面，谐振器的等效电路可以表示为归一化感纳 $b_L$与归一化导纳 $y_{in}$并联，归一化导纳 $y_{in}$表示一段短接波导的输入导纳。根据式（1.33）

我们知道

$$y_{in}=-j\cot\beta l \tag{3.24}$$

因此，为了谐振，我们需要

$$b_L+y_{in}=0 \tag{3.25}$$

即

$$\frac{3ab}{8\beta r^3}+\cot\beta l=0 \tag{3.26}$$

由于虹膜表现为并联电感，因此腔体的长度必须略小于 $\lambda_g/2$，以便 $y_{in}$ 提供一个电容来抵消虹膜的电感。然而，典型的虹膜提供的并联电感值非常小，只需要略微地减小腔体长度，如示例 3.8 所示。

**例 3.8**　图 3.18 所示的 6GHz 腔体谐振器将使用内部尺寸如下的矩形波导制成：$a=40.39\text{mm}$，$b=20.19\text{mm}$。如果圆形耦合虹膜的半径为 3mm，求解所需的腔体长度（$l$）。

**解**：在 6GHz：$\lambda_0=\frac{3\times10^8}{6\times10^9}\text{m}=50\text{mm}$

利用式（1.72）计算导波长：

$$\frac{1}{(50)^2}=\frac{1}{(2\times40.39)^2}+\frac{1}{\lambda_g^2}\Rightarrow\lambda_g=63.66\text{mm}$$

然后有

$$\beta=\frac{2\pi}{63.66}\text{rad/m}=0.0987\text{rad/m}$$

将上式代入式（3.26）可得

$$\frac{3\times40.39\times20.19}{8\times0.0987\times3^3}+\cot\beta l=0$$

$$114.74+\cot\beta l=0$$

$$\beta l=0.9972\pi$$

$$l=0.9972\pi\times\frac{63.66}{2\pi}\text{mm}=31.74\text{mm}$$

备注：计算出的长度仅略小于 $\lambda_g/2$（$=63.66/2\text{mm}=31.83\text{mm}$），$\lambda_g/2$ 是忽略虹膜影响时腔的谐振长度。

由于谐振频率是固定的，目前所介绍的腔体谐振器在实际应用中有一定的局限性。可以对谐振腔进行一些有限的手动调谐，通常以腔体 $Q$ 因子的轻微下降为代价。图 3.19 展示了两种最常见的调谐技术。

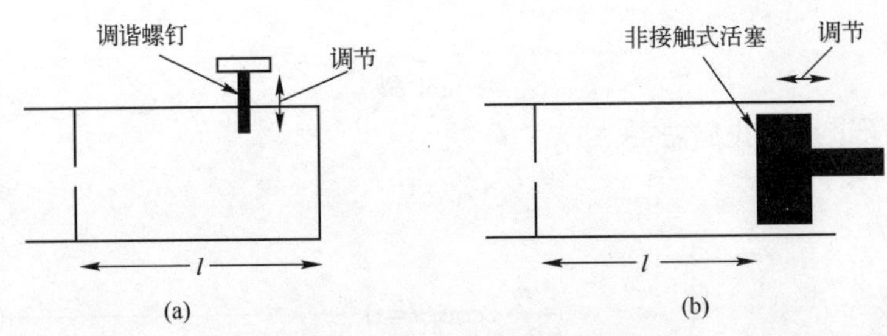


图 3.19　谐振腔的手动调谐

（a）使用调谐螺钉；（b）使用非接触式活塞。

在图 3.19（a）所示的螺钉调谐的情况下，一个金属柱沿平行于电场的方向被拧入波导中，实现引入与腔体并联的导纳的效果。柱的直径和拧入波导的深度决定了导纳的值，从而决定了频率调谐量。图 3.19（b）展示了另一种结构，该结构简单地使用一个活塞来改变腔的谐振长度，从而改变谐振频率。活塞通常由微米螺钉驱动，以实现精细的频率调谐。此外，活塞是非接触式的，以避免活塞和波导壁之间的接触电阻变化，这是通过在活塞侧面加工槽来实现的，这些槽表明活塞表面和波导侧面之间的短路。

由矩形波导形成的腔体谐振器因其相对简单和能够提供高 $Q$ 值而具有吸引力。然而，当频率增加到频谱的毫米波部分时，由于波导内部尺寸急剧减小，矩形波导腔体谐振器的使用变得困难。毫米波频率下的一个很好的解决方案是利用多模圆形波导支持 $\mathrm{TE}_{01}$ 模式的特性，多模意味着波导内可能存在一种以上的模态。正如在第 1 章的附录 1.C 中所示，圆形波导中的 $\mathrm{TE}_{01}$ 模式表现出随着频率的增加而衰减的特性，这意味着它有可能为工作在毫米波频率的腔体谐振器提供非常高的 $Q$ 值。圆形腔体谐振器的 $Q$ 因子表达式可以通过在适当的电磁场分布下求解式（3.19）来确定。Collin[22] 表明，对于圆柱形腔体谐振器中的 $\mathrm{TE}_{mnp}$ 模式，$Q$ 因子由下式给出

$$Q=\frac{\lambda_0}{\delta_{\mathrm{s}}}\frac{\left[1-\left(\frac{m}{x}\right)^2\right]\left[x^2+\left(\frac{p\pi a}{l}\right)^2\right]^{1.5}}{2\pi\left[x^2+\frac{2a}{l}\left(\frac{p\pi a}{l}\right)^2+\left(1-\frac{2a}{l}\right)\left(\frac{mp\pi a}{xl}\right)^2\right]} \tag{3.27}$$

其中

$p$——腔体轴向长度中半导波长的个数；

$a$——腔体半径；

$l$——腔体长度；

$\delta_s$——趋肤深度；

$\lambda_0$——自由空间波长；

$m$ 和 $x$ 的定义见第 1 章附录 1. C。

**例 3. 9**　如果腔体由铜制成，半径为 25mm，求解支持 $TE_{019}$ 模式的圆柱形腔体谐振器在 50GHz 时的 $Q$ 值。

($\sigma$ 铜 = 5. 8×107S/m)。

**解：** $f_0 = 50\text{GHz} \Rightarrow \lambda_0 = \dfrac{3\times10^8}{50\times10^9}\text{m} = 6\text{mm}$

利用式（1. 86），可得

$$\lambda_c = \frac{2\pi a}{x} = \frac{2\pi\times25}{3.83}\text{mm} = 41.02\text{mm}$$

利用式（1. 72）可得

$$\frac{1}{(6)^2} = \frac{1}{(41.02)^2} + \frac{1}{\lambda_g^2} \Rightarrow \lambda_g = 6.07\text{mm}$$

谐振腔的长度：

$$l = 9\times\frac{\lambda_g}{2} = 9\times\frac{6.07}{2}\text{mm} = 27.32\text{mm}$$

趋肤深度：

$$\delta_s = \frac{1}{\sqrt{\pi\mu_0 f\sigma}} = \frac{1}{\sqrt{\pi\times4\pi\times10^{-7}\times50\times10^9\times5.8\times10^7}}\text{m} = 0.30\mu\text{m}$$

将上式代入式（3. 27），注意 $m=0$，可得

$$Q = \frac{6\times10^{-3}}{0.3\times10^{-6}}\times\frac{\left[(3.83)^2+\left(\dfrac{9\times\pi\times25}{27.32}\right)^2\right]^{1.5}}{2\pi\left[(3.83)^2+\dfrac{2\times25}{27.32}\left(\dfrac{9\times\pi\times25}{27.32}\right)^2\right]}$$

$$= 20\times10^3\times\frac{17899.51}{7793.10}$$

$$= 45736.82$$

为了达到示例 3. 9 中所得的非常高的 $Q$ 值，腔体必须多模化。在半径为 $a$ 的圆形波导中，在给定频率下可以同时支持的模式数 $N$ 由下式给出

$$N = 10.20\left(\frac{a}{\lambda_0}\right)^2 \tag{3.28}$$

其中，$\lambda_0$ 为自由空间波长。

**例 3.10**　求例 3.9 中的腔体谐振器内可能存在的模式数。

**解**：利用式（3.28）可得

$$N = 10.20\left(\frac{25}{6}\right)^2 = 177$$

如果一个波导高度多模，即 $N$ 值很大，则很难避免激发不必要的模式。此外，当测量多模腔的 $Q$ 值时，很难从不必要的模式谐振中识别出正确的谐振曲线。这些问题可以通过使用波模滤波器来克服。波模滤波器是抑制除 $TE_{0n}$ 系列之外的所有 TE 和 TM 模式传播的一类波导。所需的波模滤波器在物理上是可实现的，因为除 $TE_{0n}$ 系列之外的所有 TE 和 TM 模式都具有轴向壁面电流分量。因此，所需的波模滤波器应具有各向异性的壁阻抗，在圆周方向上具有低阻抗，以允许 $TE_{01}$ 模式的低损耗传播，并具有高轴向阻抗以衰减所有不需要的模式。利用一段螺旋波导制造波模滤波器可以满足这些要求，其结构如图 3.20 所示。制造此类滤波器的常规方法是首先将漆包铜线缠绕在尺寸精确的钢芯轴上，该芯轴的直径与所需的波导内径相同。线材通常为 40 号 swg（标准线规），其直径约为 130μm。导线螺旋式紧密缠绕并用树脂固定，树脂的外部涂有吸波材料以防止波沿螺旋线的外部传播。最后，将该结构装入保护筒中，并取出芯轴。由于使用了小直径的导线，所以圆周阻抗非常低，但轴向阻抗非常高，因为轴向电流必须通过包裹线芯的漆包线。通过绕线螺旋波导和通过相同直径的实心铜管的 $TE_{01}$ 模式的传输损耗之间的差异取决于上釉量，即取决于图 3.20 中定义的 $d/D$ 值。可以证明[23]如果 $d/D>0.8$，损耗的差异小于 9%。

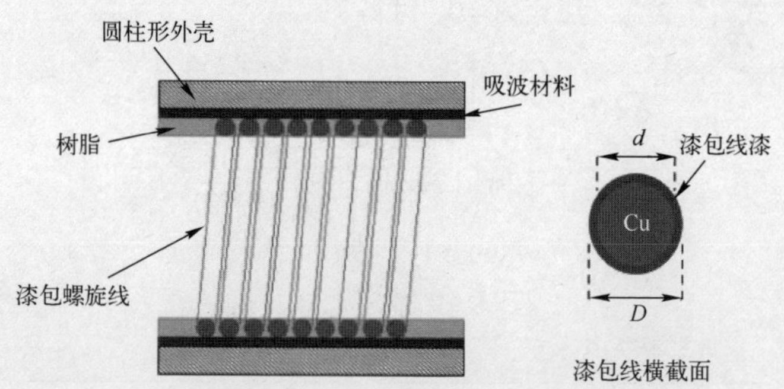


图 3.20　典型的螺旋波导结构

虽然螺旋式滤波器将抑制除 $TE_{0n}$ 系列以外的所有模式的传播，但这确实意味着在频率低于 $TE_{02}$ 模式的截止频率时，$TE_{01}$ 模式将单独存在，如示例 3.11 所示。

**例 3.11**　在内径为 50mm 的螺旋波导中，求解只有 $TE_{01}$ 模式能传播的频率范围。

注释：$J_o'(x)$ 的第一个根出现在 $x = 3.8317$ 时，第二个根出现在 $x = 7.0156$ 时。

**解**：利用式（1.86）计算：

$TE_{01}$ 模式的截止波长为

$$\lambda_{c,01} = \frac{2\pi \times 25}{3.8317}\text{mm} = 41.00\text{mm}$$

$TE_{02}$ 模式的截止波长为

$$\lambda_{c,02} = \frac{2\pi \times 25}{7.0156}\text{mm} = 22.39\text{mm}$$

从而有

$$f_{c,01} = \frac{c}{\lambda_{c,01}} = \frac{3 \times 10^8}{41.00}\text{Hz} = 7.32\text{GHz}$$

$$f_{c,02} = \frac{c}{\lambda_{c,01}} = \frac{3 \times 10^8}{22.39}\text{Hz} = 13.40\text{GHz}$$

频率范围为：7.32~13.40GHz

### 3.6.1.2　基于腔体微扰的介电表征

在微波频率下测量材料介电特性的传统方法是将一小块材料样品插入谐振腔中，从而对谐振腔的谐振频率和 $Q$ 值产生微小的扰动。从谐振频率的变化可以求出介电常数，从 $Q$ 的变化可以确定损耗角正切。图 3.21 展示了一种典型设置，其中被测材料的狭窄试样通过一个小孔插入矩形谐振腔中的最大电场位置。

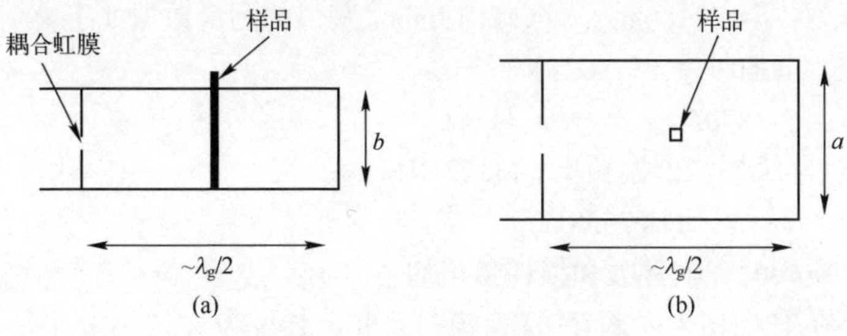


图 3.21　插入矩形波导腔的样品

（a）谐振腔侧视图；（b）谐振腔俯视图。

图3.21所示的样品具有矩形横截面，但形状并不重要。在实践中，样品的形状取决于其制造的难易程度，以及需要以合理的精度知道样品的体积。为方便起见，样品通常通过一个小孔插入，如图3.21（b）所示，尽管孔的存在会干扰壁面电流。理论上，更好的解决方案是有一个完全封闭的腔体，可以拆卸/组装以插入和取出样品，但是对于 $Q$ 值在10000以内的腔体，很难通过机械组装腔体来实现一致的 $Q$ 值。重要的是，样品的存在不应显著干扰腔内的场模式，因此样品应具有小体积、低损耗和相对较低的介电常数。所以，该方法适用于在射频和微波电路中用作衬底的大多数材料，但对于具有高介电常数的材料，应使用另一种方法。使用上述步骤，样品的介电特性可以通过下式确定：

$$\varepsilon'=\varepsilon_{\mathrm{r}}=\left(\frac{f_0-f_1}{2f_0}\times\frac{V_{\mathrm{c}}}{V_{\mathrm{s}}}\right)+1 \tag{3.29}$$

和

$$\varepsilon''=\left(\frac{1}{Q_1}-\frac{1}{Q_0}\right)\times\frac{V_{\mathrm{c}}}{4V_0} \tag{3.30}$$

其中

$f_0$——无样品时腔体的谐振频率；

$f_1$——有样品时腔体的谐振频率；

$Q_0$——无样品时腔体的 $Q$ 值；

$Q_1$——有样品时腔体的 $Q$ 值；

$V_{\mathrm{s}}$——腔体内样品的体积；

$V_{\mathrm{c}}$——腔体的体积。

**例3.12** 使用腔体微扰技术测量直径为1mm的圆柱形绝缘材料棒的介电特性，样品如图3.21所示放置在支持 $TE_{101}$ 模式的矩形波导腔内。腔体的截面数据为：$a=22.86\text{mm}$，$b=10.19\text{mm}$。获得的测量数据如下：

空腔：谐振频率=12GHz

$Q=8704$

腔体+绝缘棒：谐振频率=11.23GHz

$Q=7538$

求介质棒的介电常数和损耗角正切。

**解**：在12GHz时，对于 $TE_{101}$ 模式，腔的长度为 $\lambda_{\mathrm{g}}/2$，其中

$$\frac{1}{\lambda_0^2}=\frac{1}{(2a)^2}+\frac{1}{\lambda_{\mathrm{g}}^2}\Rightarrow\frac{1}{(25)^2}=\frac{1}{(2\times22.86)^2}+\frac{1}{\lambda_{\mathrm{g}}^2}\Rightarrow\lambda_{\mathrm{g}}=29.86\text{mm}$$

$$l=\frac{29.86}{2}\text{mm}=14.93\text{mm}$$

腔体内棒的体积为

$$V_s=(\pi\times1\times10.19)\text{mm}^3=32.02\text{mm}^3$$

空腔的体积为

$$V_c=(22.86\times10.19\times14.93)\text{mm}^3=3477.84\text{mm}^3$$

利用式（3.29）可得

$$\varepsilon'=\varepsilon_r=\frac{12.00-11.23}{2\times12}\times\frac{3477.84}{32.02}+1=4.48$$

利用式（3.30）可得

$$\varepsilon''=\left(\frac{1}{7538}-\frac{1}{8704}\right)\times\frac{3477.84}{4\times32.02}=4.83\times10^{-4}$$

损耗角正切为

$$\tan\delta=\frac{\varepsilon''}{\varepsilon'}=\frac{4.83\times10^{-4}}{4.48}=1.08\times10^{-4}$$

**总结**：介电常数为 4.48，损耗角正切为 $1.08\times10^{-4}$。

虽然式（3.29）和式（3.30）广泛用于低微波频率下的介电表征，但它们确实涉及一个基本的近似，即假设加载样品的腔体内的场是均匀的。Orloff 等人最近的工作[24]通过对基本方法进行一些修正来解释由腔体内样品的存在所产生的非均匀场，从而显著提高了测量精度。Orloff 所提出的修正细节超出了本书的范围，但细节在文献［24］中有很好的解释，并提供了已知石英电介质的测量样品的数据来验证新技术。

腔体微扰技术遇到的困难之一是确定电介质样品的精确体积，该体积必须很小，以免显著干扰腔体内的场。式（3.29）和式（3.30）可以重新整理为

$$\tan\delta=\frac{\varepsilon_r-1}{2\varepsilon_r}\frac{f_0}{f_0-f_1}\left(\frac{1}{Q_1}-\frac{1}{Q_0}\right)\tag{3.31}$$

这意味着在已知介电常数的情况下，无需知道腔体内样品的体积即可确定损耗角正切。由于材料的介电常数在低微波频域内不会随频率发生显著变化，对于介电常数通常从低频测量中得知且主要兴趣在于确定材料损耗的情况来说，这是一个有用的表达式。

使用被测介电材料细棒的替代方法是使用材料薄膜并将其插入波导腔壁上的狭缝中。如果狭缝不会显著中断电流，则辐射可以忽略不计。图 3.22 展示了如何在矩形波导腔（支持 $TE_{10n}$模式）和多模圆形波导腔（支持 $TE_{01n}$模式）

中切割非辐射狭缝。在这两种情况下，狭缝的长尺寸平行于壁面电流，对于窄缝，电流路径几乎没有中断。

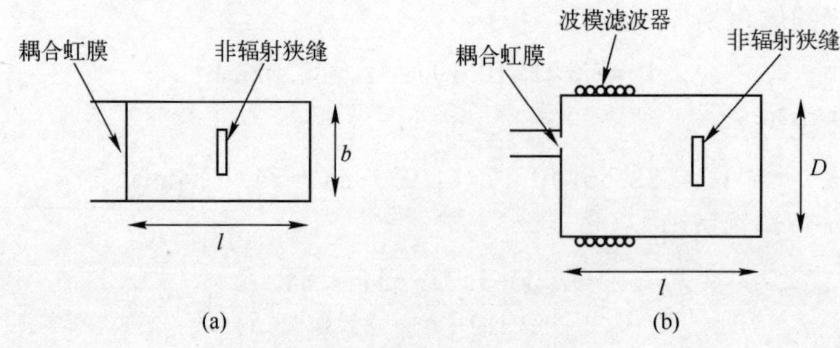


图 3.22　波导腔中的非辐射狭缝

（a）矩形波导腔；（b）圆形波导腔。

在图 3.22（b）所示的圆形波导腔的情况下，腔的一部分由螺旋波导制成，用作波模滤波器，抑制不需要的模式。还应注意，圆形腔体通过偏离中心的耦合虹膜馈电以激发 $TE_{01}$ 模式，耦合虹膜的位置对应于电场的最大值。

到目前为止，讨论的腔体微扰技术使用的是均匀的介电样品。然而，在射频和微波频率下，需要能够表征非自支撑但需要印刷或沉积在刚性衬底上的电介质层。一个示例是厚膜电介质，它必须印刷在支撑衬底（通常是氧化铝）上。因此，需要对形成两层样品的介电材料进行表征。表征厚膜层的一种技术是用被测材料部分涂覆在薄的低损耗衬底，如图 3.23 所示。通常，衬底是 250μm 厚的高纯度氧化铝。

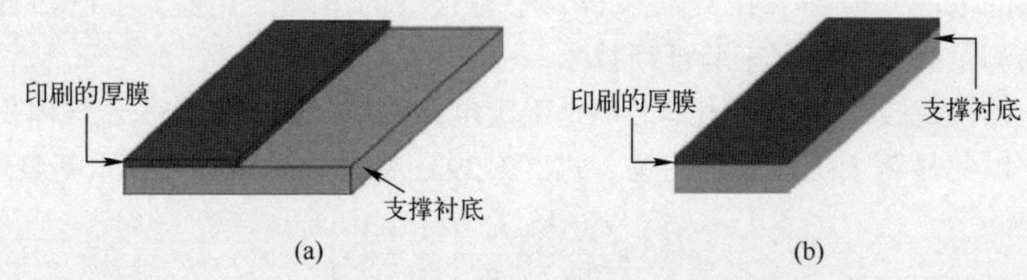


图 3.23　两层厚膜测试样品

（a）基材部分涂上被测厚膜层；（b）分割衬底产生两层测试样品和参考样品。

使用陶瓷锯将部分涂覆的衬底进行分割，得到两层测试样品和具有与支撑厚膜的衬底相同尺寸和性能的参考件。然后在未涂覆材料的情况下测量腔体的谐振频率和 $Q$，得到参考值 $f_0$ 和 $Q_0$。接着用两层试样代替参考件，并重复测量，利用先前的理论计算厚膜层的介电常数和损耗角正切。该方法假设原始氧化铝块的介电特性没有变化，并且参考件与支撑被测厚膜层的衬底块精确地位于同一位置。

#### 3.6.1.3　分离介质谐振器（SPDR）的使用

分离介质谐振器（SPDR）广泛用作测量频率范围为 1~35GHz 的低损耗介电层压样品特性的方法。SPDR 的发展很大程度上归功于 Krupta 的工作[25,26]，他在该测量技术的理论和应用方面发表了大量著作，SPDR 的主要特征如图 3.24 所示。

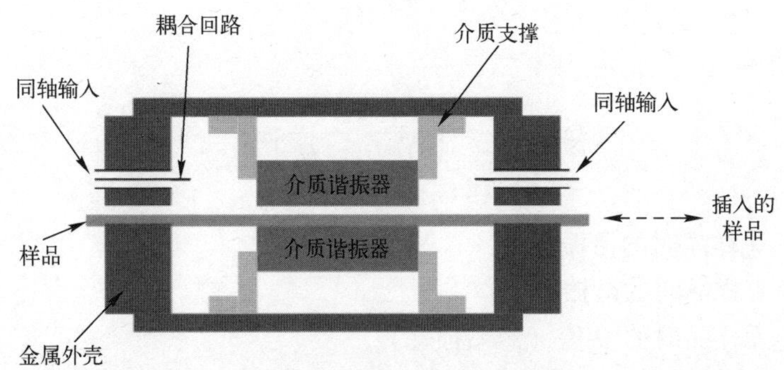


图 3.24　分离介质谐振器

介质谐振器由一个短的垂直电介质圆柱体组成，该圆柱体分为两部分，待测样品插入电介质的两半之间。介质谐振器安装在金属外壳内的绝缘支架上，两个同轴馈电提供射频连接，带有水平耦合回路，用于激励和检测金属腔内的电磁场。SPDR 设计为在介质谐振器内以 $TE_{01\delta}$ 模式运行；下标 0 和 1 与圆形金属波导中的 $TE_{01}$ 模式具有相同的含义，$\delta$ 表示由于两端的边缘场，谐振器的轴向长度小于半波长。$TE_{01\delta}$ 模式的电场线在样品平面内形成闭环，如图 3.25 所示。

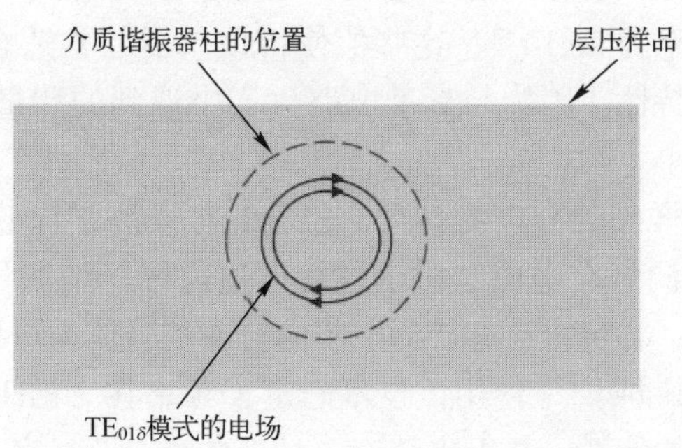


图 3.25　分离介质谐振器中样品的平面视图

SPDR 仪器中使用的测量样品通常比介质谐振器的直径大，以确保被测介质完全填充谐振器两半之间的区域。重要的是，在 SPDR 测量中使用的层状样品具有一致的厚度，从而使得谐振器的两半之间没有不均匀的气隙。一般而言，材料的介电常数越高，样品应该越薄，SPDR 仪器的制造商通常会针对特定介电常数范围提供最佳样品厚度的指导。使用 SPDR 测量材料的复介电常数与前面讨论的腔体微扰测量相似，即在有样品和无样品的情况下测量谐振频率和 $Q$ 值。可以由下式计算复介电常数[26]：

$$\varepsilon' = \varepsilon_r = 1 + \frac{f_0 - f_1}{h f_0 K_\varepsilon} \tag{3.32}$$

和

$$\tan\delta = \frac{\varepsilon''}{\varepsilon'} = \left(\frac{1}{Q} - \frac{1}{Q_{DR}} - \frac{1}{Q_c}\right) \times \frac{1}{P_{es}} \tag{3.33}$$

其中

$f_0$——无样品时的谐振频率；

$f_1$——有样品时的谐振频率；

$Q$——无样品时的 $Q$ 值（忽略损耗）；

$Q_{DR}$——有样品时的 $Q$ 值；

$Q_c$——无样品且考虑金属损耗时的 $Q$ 值；

$K_\varepsilon$——样品厚度和相对介电常数的函数；

$P_{es}$——样品的能量填充因子。

对于特定的 SPDR 仪器，可以针对 $\varepsilon_r$ 和 $h$（样本厚度）的各种组合计算 $K_\varepsilon$ 的值[26]，且 $\varepsilon_r$ 可以根据式（3.32）用迭代过程找到。$P_{es}$ 的值是从有样品和无样品情况下的体积分之比得到的[26]。Krupta 等人[26]研究认为样品厚度的不确定性是 SPDR 测量中不确定性的主要来源。根据他们的理论，由使用 4GHz SPDR 得到的测量结果可得出的结论是：介电常数测量的不确定度为 0.3%，损耗正切值的分辨率为 $2\times10^{-5}$。这些值使得该仪器非常适合用于测量射频和微波应用中的衬底特性，因为与标准电路生产中遇到的测量误差相比，SPDR 技术的测量误差很小。

除了测量均匀样品的介电特性外，SPDR 对于测量厚膜层的特性非常有用，厚膜层特性的测量在上面已讨论过。通过进行三组测量：①空腔；②包含支撑衬底的腔体；③包含涂有待测厚膜的衬底的腔体，可以推导出厚膜层的性能。Dziurdzia 及其同事[27]使用该技术确定了频率在 20GHz 附近时，光可成像厚膜电介质样品的特性，并得出结论，对于在蓝宝石衬底上制备的样品，测量技术的不确定度小于 2%。

#### 3.6.1.4 开放式谐振器

随着工作频率增加到毫米波区域，闭腔测量技术的使用变得更有问题，主要是因为主模腔变得非常小。在毫米波频率下进行复介电常数测量的另一种技术是使用开放式谐振器。文献［28，29］完善地建立了开放式谐振器的原理，并为高频下的电介质分析提供了一种精确的测量工具。半球形开放式谐振器的主要特征如图 3.26 所示，谐振器被描述为半球形谐振器，因为它由一个具有球形轮廓的反射器和一个平面反射器组成，而不是具有两个球形反射器的谐振器。

在图 3.26 中，毫米波信号通过位于球面镜中心的波导馈入谐振区域。信号在球面镜的凹面和平面镜的上表面之间产生谐振。镜子通常由黄铜制成，反射面经过精密研磨加工，通常会镀金以减少表面损耗并增加谐振器的 $Q$。将被测样品放置于平面镜上方，在有样品和无样品的情况下测量仪器的 $Q$ 值和谐振频率。根据谐振频率和 $Q$ 值的变化，可以计算复介电常数。

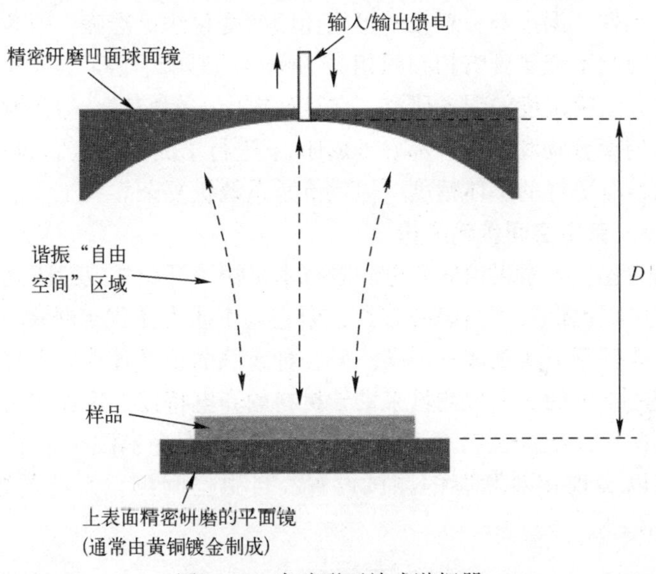


图 3.26　半球形开放式谐振器

开放式谐振器的理论在文献中有很好的记载，Komiyama 等人提供了语言简洁且信息丰富的讨论[30]，并在 100GHz 下对一系列衬底材料进行了复介电常数的测量。他们提供了从谐振频率和谐振器 $Q$ 值的测量中提取复介电常数值的详细过程。在类似的工作中，Hirvonen 及其同事[31]也使用开放式谐振器在 100GHz 下测量了材料的介电常数和损耗角正切，但考虑了待测样品厚度的校正。由于实际测试样品通常是平面的，具有平坦的上表面，因此上表面的轮廓与从球面镜反射的波束的相位前不匹配。这对于薄样品没有任何重大的影响，但随着样品厚度的增加，显然会引入相位误差。一般来说，使用开放式谐振器获得的测量数据被认为是非常准确的，根据文献［31］，在 100GHz 下，

当 $\varepsilon_r \geqslant 2$ 时，介电常数测量的不确定度为 0.02%~0.04%，当 $10^{-4} \leqslant \tan\delta \leqslant 10^{-3}$ 时，损耗角正切的分辨率为 $6 \sim 40 \times 10^{-6}$。

从开放式谐振器中提取测量数据基本上有两种方法。最常用的方法是将开放式谐振器连接到毫米波网络分析仪，在保持谐振器长度（$D$）不变的情况下，将谐振曲线显示为频率的函数，这种方法称为频率变化法，是文献［31］中用于获取数据的方法，属于一种快速测量方案，并具有使用平均技术来减少噪声影响的潜力。另一种方法，称为腔体长度变化法，是将平面镜安装在平移台上，以精确的小步长改变腔体的长度，从而建立谐振的轮廓。这种方法由 Afsar 等人发明[32]，他们使用 20nm 步长来改变腔体长度。有人指出，这种技术比频率变化法更简单，成本更低，主要是因为它不需要使用昂贵的毫米波网络分析仪。此外，据推测，新技术可能比频率变化法更准确，因为它只需要固定频率源，因此不会受到与扫频源相关的噪声的影响。随后，Afsar 等[33]发表了对这两种方法精确度的深入研究。在该研究中，他们对介电常数从 2.1~9.6 不等的一系列聚合物和陶瓷样品在 60GHz 下进行了测量。他们的一般结论是，频率变化法具有更好的整体精度，但代价是系统更复杂。

#### 3.6.1.5 自由空间传输测量

到目前为止，本章讨论的介电测量技术采用了开放式或封闭式谐振腔。虽然这些技术可以提供极其精确的数据，但它们本质上是固定频率（窄带）法，并且在毫米波频率下实施成本很高。另一种成熟的技术是从位于自由空间中两个天线之间的样本的 $S$ 参数测量来推导材料的介电特性。这种方法具有潜在的宽带优势，并且在毫米波频率下很有吸引力，因为毫米波频率下天线尺寸较小，因此可以实现相对紧凑的测试设置。自由空间测量系统的主要特征如图 3.27 所示。

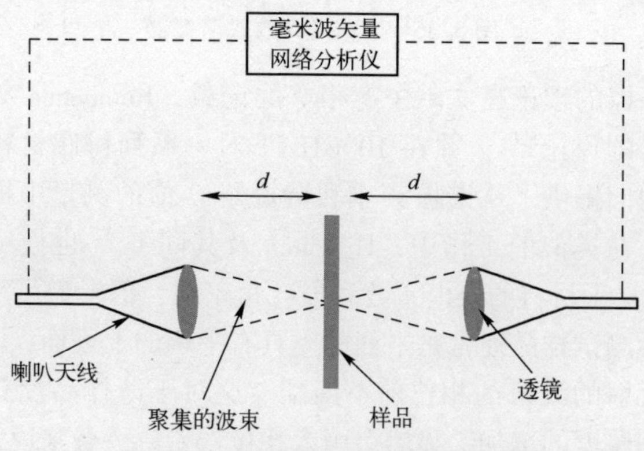


图 3.27　自由空间毫米波测量系统

图 3.27 所示的测量系统由 2 个毫米波喇叭天线组成，被测样品位于它们中间，样品平面垂直于天线轴线。喇叭天线上装有介电透镜（见第 12 章）以将电磁波束聚焦到样品上，即样品必须位于天线的焦平面内。毫米波矢量网络分析仪（VNA）连接在两个天线的输入之间。通过使用自由空间 TRL 校准程序（见第 13 章），VNA 可以测量出样本的 S 参数，并显示为频率的函数。Ghodgaonkar 等人在文献［34］中针对工作在 16GHz 的系统，对自由空间测量系统进行了全面的讨论。尽管文献［34］中描述的系统不在毫米波段，但该方法很容易应用于更高的频率。例如，Osman 等人在文献［35］中使用相同的方法获取了 G 波段（145~155GHz）下 LTCC 样本的数据。

使用两个天线的自由空间方法的一种变体是使用单个天线，测量由导电板支撑并位于天线焦平面中的样品的反射。图 3.28 展示了带有导体衬底的样品的简单设置。

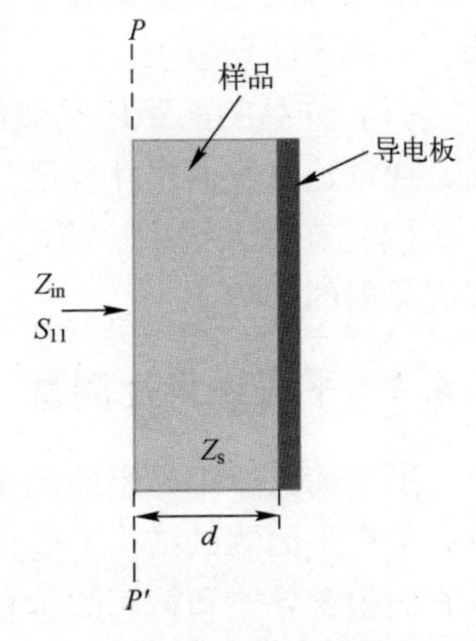

图 3.28　带有导体衬底的测试样品

使用与文献［34］相同的方法，我们可以将带有导体衬底的样品看作特征阻抗为 $Z_s$ 的以短路端接的传输线，然后根据式（1.33），有

$$Z_{in}=jZ_s\tan\beta_s d \tag{3.34}$$

利用式（1.42）可得

$$\rho_{in}=\frac{jZ_s\tan\beta_s d-Z_0}{jZ_s\tan\beta_s d+Z_0} \tag{3.35}$$

根据式（5.3）定义的 S 参数为

$$\rho_{in}\equiv S_{11}$$

则

$$S_{11}=\frac{jZ_s\tan\beta_s d-Z_0}{jZ_s\tan\beta_s d+Z_0} \tag{3.36}$$

对于非磁性样品，有

$$Z_s=\sqrt{\frac{\mu_0}{\varepsilon_0\varepsilon^*}} \tag{3.37}$$

其中

$\mu_0$ 和 $\varepsilon_0$——自由空间的磁导率和介电常数；

$\varepsilon^*$——样品的复相对介电常数。

此外，有以下公式：

$$Z_0=\sqrt{\frac{\mu_0}{\varepsilon_0}} \tag{3.38}$$

结合式（3.37）和式（3.38）得到

$$\frac{Z_{\mathrm{s}}}{Z_0}=\frac{1}{\sqrt{\varepsilon^*}}=(\varepsilon^*)^{-0.5} \tag{3.39}$$

将式（3.39）代入到式（3.36）中得到

$$S_{11}=\frac{\mathrm{j}(\varepsilon^*)^{-0.5}\tan\beta_{\mathrm{s}}d-1}{\mathrm{j}(\varepsilon^*)^{-0.5}\tan\beta_{\mathrm{s}}d+1} \tag{3.40}$$

其中

$$\beta_{\mathrm{s}}=\frac{2\pi}{\lambda_{\mathrm{s}}}=\frac{2\pi}{\lambda_0}\times(\varepsilon^*)^{-0.5} \tag{3.41}$$

$\lambda_0$——在给定测量频率下的自由空间波长。在特定频率下测量 $S_{11}$ 后，可以通过式（3.40）的解找到 $\varepsilon^*$ 的值。

虽然自由空间测量技术在毫米波频率下相对简单，但为了获得准确的结果，有两个注意事项。

（1）样品的面积应足该够大，以避免样品边缘的衍射效应。对于方形样品，通常建议侧面尺寸应至少是样品上被照射区域最大尺寸的 3 倍。

（2）在双天线系统的情况下，应使用时间选通技术来消除两个天线之间多次反射的影响。

## 3.6.2 平面线特性测量

虽然前几节中介绍的测量技术可以提供关于电介质特性的非常精确的信息，但在平面测试结构上进行的测量对于电路设计人员来说非常有吸引力，因为它们包含导体和衬底的所有特性，并提供制造过程有效性的指示。各种谐振平面电路已用于线路表征，包括短截线形式的线性谐振器或终端开路线的半波长部分。但是线性谐振器必然涉及开端形式的显著不连续性。尽管如第 4 章所讨论的那样，可以预测开端效应，但平面测量中最广泛使用的电路是谐振环，它由传输线的闭合环路组成，从而避免了开端。微带谐振环最初是由 Troughton[36] 在 1968 年提出的，现在仍然广泛用于线路表征，主要用于色散测量。微带和共面波导（CPW）形式都已用于在频谱中直到毫米波部分的频率下的谐振环测量。除了谐振电路结构，非谐振线性线路的简单结构也可以提供有用的测量数据，这些将在 3.6.2.2 节中简要讨论。

### 3.6.2.1 微带谐振环

微带谐振环的传统布局如图 3.29 所示，由带有两个线性馈电的微带闭环组成，两个线性馈电通过小间隙耦合到环上。通常，使用传输测量从谐振环获得数据，这需要两个馈电，尽管使用单个馈电的反射测量可以提供相同的信息。

当基于平均直径 $D$ 计算的环周长等于衬底波长的整数倍时，环将表现出谐振，即

$$\pi D = n\lambda_s \tag{3.42}$$

其中，$n$ 为一个整数。

根据式（3.42），环的谐振频率为

$$f_0 = \frac{nc}{\pi D\sqrt{\varepsilon_{r,eff}^{MSTRIP}}} \tag{3.43}$$

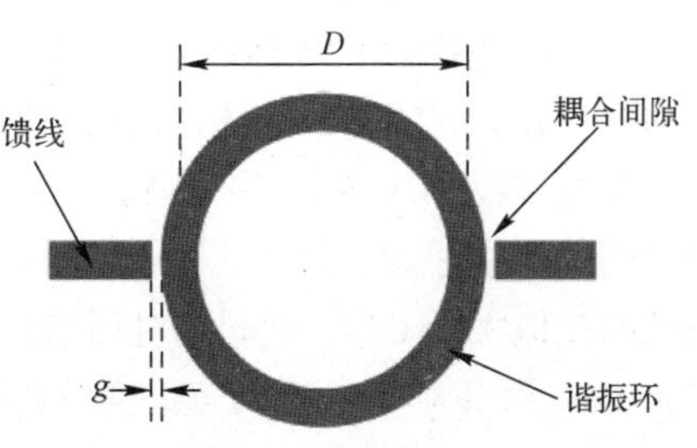


图 3.29　微带谐振环

且

$$\varepsilon_{r,eff}^{MSTRIP} = \left(\frac{nc}{f_0 \pi D}\right)^2 \tag{3.44}$$

其中，$\varepsilon_{r,eff}^{MSTRIP}$ 为环的有效相对介电常数。

使用连接到馈线端的 VNA① 来测量传输损耗，可以显示一组与频率相对应的离散的谐振曲线，每条曲线对应于不同的 $n$ 值。通过测量给定谐振响应的谐振频率，可以利用式（3.44）找到有效的相对介电常数。此外，通过测量谐振曲线的 $Q$ 值，线损可以用以下公式计算

$$\alpha_T = \frac{n}{Q_L D} \tag{3.45}$$

其中

$\alpha_T$——总线损耗，单位为 Np/m；

$Q_L$——谐振环的 $Q$ 因子。

虽然谐振环是一种简单方便的测量工具，但如果要获得准确的数据，还需要考虑以下几点。

（1）馈线和环之间必然存在间隙，这些间隙会在环上产生电抗负载和电阻负载。因此，间隙尺寸的选择对于精确测量很重要；间隙必须小到足以将可测量的信号耦合到环中，但又不能小到使负载效应变得显著。许多作者已经解决了间隙的等效电路问题，以便对测量数据进行补偿。Yu 和 Chang[37] 使用传输线分析来研究在频率约为 3.5GHz 时间隙对微带环形谐振器性能的影响。他们将间隙建模为电容器的 L 型组合，如图 3.30 所示。

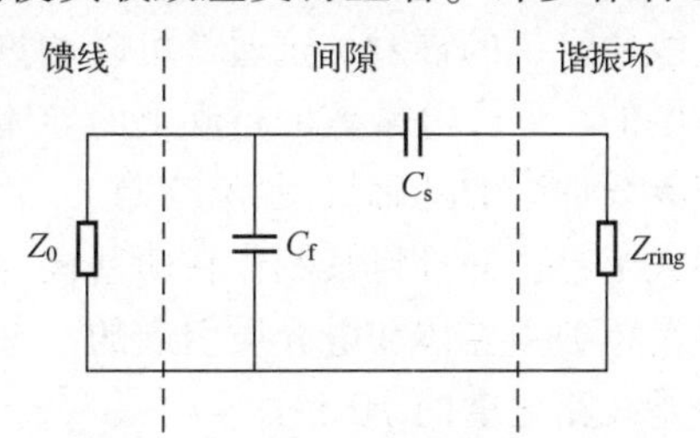


图 3.30　谐振环耦合间隙的简单模型

串联电容 $C_s$ 代表馈线末端与环之间的

① VNA 是矢量网络分析仪的缩写，第 7 章详细讨论了这种仪器。

耦合，并联电容 $C_t$ 代表馈线末端的边缘耦合；馈线的特征阻抗用 $Z_0$ 表示，环阻抗用 $Z_{ring}$ 表示。通过修改线性微带线间隙的标准方程，可以得到电容值与间隙尺寸的关系（见第 4 章）。利用 Yu 和 Chang 的模型，获得了理论和测量的谐振频率之间的非常好的一致性[37]。Yu 和 Chang 还得出结论，如果间隙尺寸 $g$ 与馈线宽度的比值大于 0.4，则间隙对环谐振频率的影响可以忽略不计。在随后的研究中，Bray 和 Roy [38] 基于 T 型间隙的不连续性，开发了一种改进的集总元件模型来表示间隙。该研究做出了一个合理的假设，即大直径环的曲率在耦合间隙附近看起来是线性的。他们使用 EM 仿真提取了模型的电容值，该模型能够在非常宽的频率范围内，即 5~40GHz，预测环的谐振频率，误差在 0.11% 以内。

（2）由于环是圆形的，因此会有曲率效应，如果要代表微带设计中使用的直线，则必须对测量数据进行适当的补偿。Owens[39] 最先研究了曲率的影响，他发表了在 2~12GHz 频率范围内微带谐振环的补偿数据。最近，Faria [40] 提供了关于曲率影响的最新信息，并得出结论，对于小曲率半径，Owens 的补偿数据被低估了。正如预期的那样，曲率的影响对于由小曲率半径的宽线路形成的环更为显著。这表明，出于测量目的，最好使用具有中等宽度的大直径环。使用特征阻抗为 50Ω 的线路是明智的，因为实际设计中最常用的线路的特征阻抗是 50Ω，使得测量的数据可以更容易地应用于实际设计。然而，使用非常宽的直径的环可能导致另一个问题，即考虑宽区域时，由于衬底或导体特性的变化，环内可能存在不连续性。微带环内的不连续性会导致模式分裂和双峰谐振曲线的出现。

（3）确保谐振环足够大以避免穿过环的电磁场相互作用导致环成为圆盘谐振器，这一点很重要。然而，这通常不是问题，因为需要避免显著的曲率效应决定了环直径应该很大。

（4）由于用微带谐振环测量的损耗应该代表相同宽度的线性微带线的损耗，因此确保环损耗不包括显著的辐射分量是很重要的，因为不会有来自理想直线微带线的辐射。这通常可以通过合理选择测试环尺寸来实现。众所周知，在厚的、低介电常数的衬底上的导体不连续性会产生非常有效地辐射，这是微带天线理论的基础（见第 12 章）。因此，确保用于测量的谐振环具有小曲率，即大半径，并且将其制作在薄基板上，将有效地消除辐射损耗，而测量的损耗将是单独由导体和电介质引起的。一个实用的经验法则是确保环的平均半径至少是线路宽度的 10 倍。

虽然微带环形谐振器是一种简单、高效且广泛用于材料表征的电路，但它在毫米波频率下的使用存在问题，因为需要非常薄的基板以避免产生高阶模式，如第 2 章所述。然而，通过使用导体只沉积在衬底一侧的平面结构

（例如槽线和 CPW），使得环形谐振器的概念可以在非常高的频率下使用。图 3.31 展示了典型的槽线和 CPW 环形谐振器几何形状的示例。

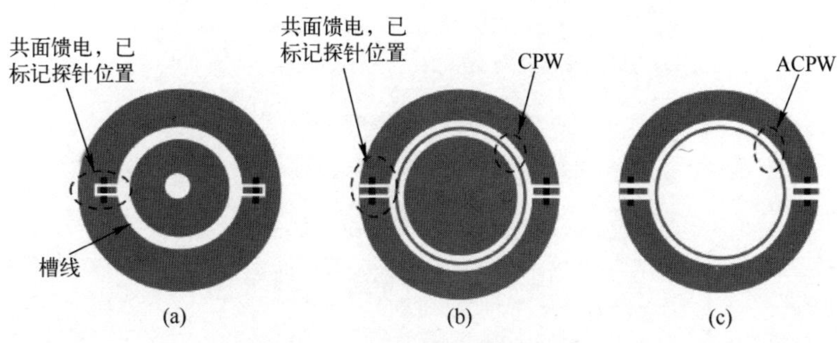


图 3.31　备选环形谐振器形式

（a）槽线；（b）CPW；（c）非对称 CPW。

Hopkins 和 Free[41]通过使用图 3.31（a）所示的结构，在 2~220GHz 的频率范围内进行了超宽带色散测量，证明了槽线环形谐振器的有效性（应该指出的是，CPW 探针的两个外部接头将外环接地，因此内环不需要接地）。文献［41］中的测量数据来自 VNA 显示的在 5~100GHz 和 140~220GHz 两个频率范围内的谐振，提取的 $\varepsilon_{r,eff}$ 值的结果与理论预测一致，误差在 3.5% 以内，从而验证了测量结构的有效性。另一种槽线结构是如图 3.31（b）所示的 CPW。然而，CPW 存在一个实际问题，即必须将孤立的中心导体盘接地以确保生成正确的 CPW 模式。中心导体接地可以通过使用一个或多个过孔将圆盘连接到衬底另一侧的接地平面来实现，但这有损 CPW 的主要优点，即导体不再局限于单个平面。Benarabi 等[42]通过使用如图 3.31（c）所示的非对称 CPW 环形谐振器解决了这个问题。尽管文献［42］中报告的工作主要重点是新型银复合导体的微波性能，但它也提供了有关 ACPW 结构设计的有用信息。

**3.6.2.2　非谐振线**

前几节中描述的测量技术可以提供较高的测量精度，主要是因为它们使用了这样或那样形式的谐振电路。这些电路利用电压放大，提高了测量参数的灵敏度。一种更简单的技术是利用不同长度的非谐振线。尽管这种测量无法实现与更复杂的谐振结构相同程度的精确度，但使用现代测量仪器，它可以提供有关平面线特性的有用信息。此外，使用非谐振线可以在连续的频率范围内进行扫描测量，而谐振结构只能提供多个离散频率的数据。基本的非谐振电路结构如图 3.32 所示，由两条等宽但不等长的微带线组成。

与直线相比，图 3.32 中显示的曲折线只是提供了额外的路径长度。曲折部分之间的间距必须足够大以避免边缘耦合，并且拐角应切角以尽量减少拐角

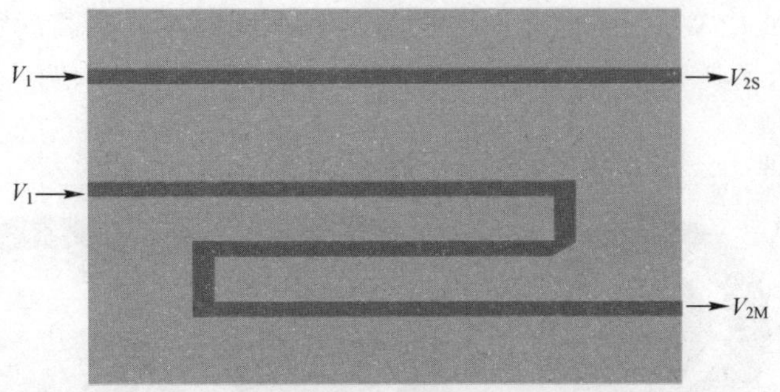


图 3.32　非谐振测试电路

不连续性。如果对每条线路施加相同的电压 $V_1$，则在给定频率下，线路单位长度的损耗由下式给出：

$$\alpha=\frac{|V_{2M}|-|V_{2S}|}{\Delta L} \tag{3.46}$$

其中，$\Delta L$ 为两条线之间的长度差。

类似地，给定频率下单位长度的相位变化由下式给出：

$$\phi=\frac{\angle(V_{2M})-\angle(V_{2S})}{\Delta L} \tag{3.47}$$

衬底波长和有效相对介电常数可以由下式给出：

$$\phi=\frac{2\pi}{\lambda_s}=\frac{2\pi}{\lambda_0}\sqrt{\varepsilon_{r,eff}^{MSTRIP}} \tag{3.48}$$

其中，$\lambda_0$为测量频率下的自由空间波长。

非谐振线技术的使用假设直线和曲折线的测量条件是相同的，特别是发射器的特性是相同的。对于微带线，通过将测试电路安装在“通用测试夹具”中，如图 3.33（a）所示，可以实现高度的发射器可重复性。使用这种类型的夹具，测试电路被夹在两个弹簧夹之间，其中一个固定，另一个可通过滑块在 $x$-$y$ 平面上移动。射频信号通过微型同轴连接器连接到夹具，并通过扁平接头进行接触，该接头可以精确定位在微带线的末端。使用这种类型的夹具安装的电路的可重复性非常好，在 20GHz 以内，重复测量的误差通常在 ±0.1dB 以内，重复测量的相差在 ±1°以内。

CPW 形式的非谐振线也可用于更高毫米波频率下的测试，其测试电路安装在如图 3.33（b）所示常规探针台中。

还应注意，在设计具有有限接地面的 CPW 线路时，正确选择接地条的宽度对于最大限度地减少线路损耗是非常重要的。FGCPW 线的横截面如图 3.34 所示。

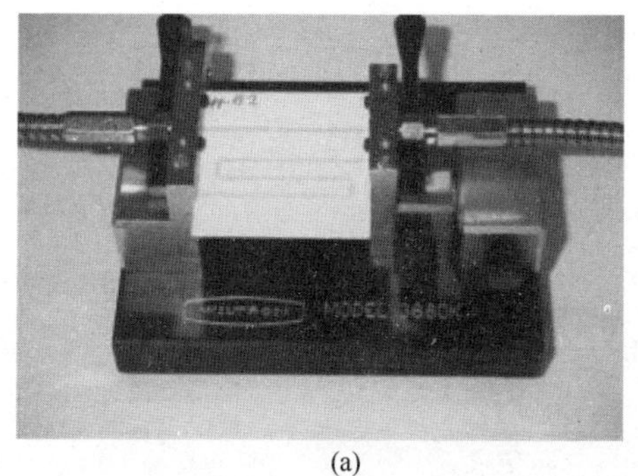

(a)

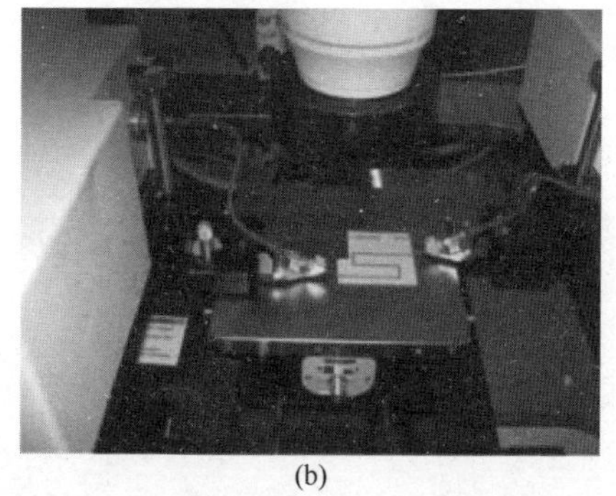

(b)

图 3.33　平面测试电路的安装

（a）微带测试电路安装在通用测试夹具上；（b）CPW 测试电路安装在常规探针台上。

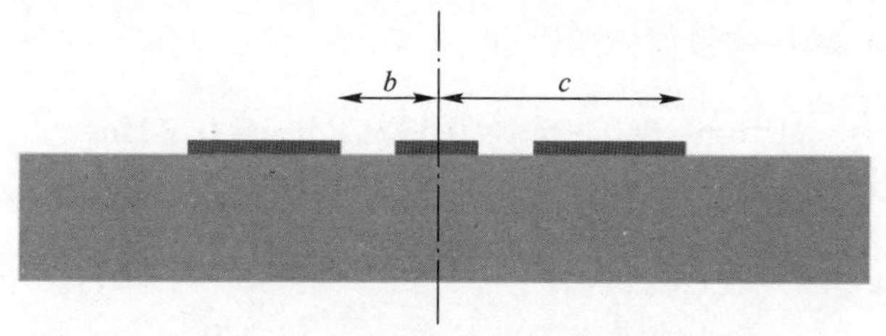


图 3.34　对称 FGCPW 线的横截面

Ghione 和 Goano[43] 表明，如果有限接地面对线路损耗的影响可以忽略不计（小于 $c=\infty$ 的理想情况的 10%），则必须满足下式，即

$$c>2b \tag{3.49}$$

利用扫频技术还可以提供信息丰富的显示，展示作为频率的函数的各种损耗源的重要性。

**例 3.13**　从 50Ω 微带线的宽带扫描获得的总线路损耗（dB/mm）如图 3.35 所示。

线路数据如下。

衬底：相对介电常数 = 9.8

厚度 = 0.25mm

导体：铜（$\sigma=5.87\times10^{7}$ S/m）

RMS 表面粗糙度 = 370nm

忽略辐射损耗，求：

（1）电介质在 10GHz、30GHz 和 50GHz 下的损耗角正切；

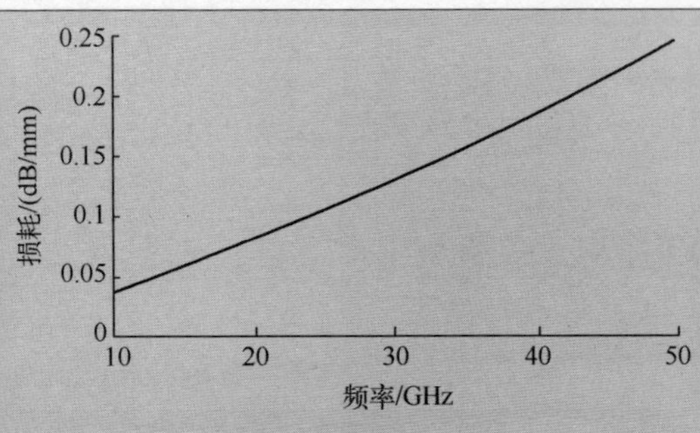


图 3.35　微带线损耗

（2）在 10GHz、30GHz 和 50GHz 时，体导体损耗、导体表面损耗和电介质损耗所占的百分比，以图形方式显示结果，并对结果进行评论。

**解**：（1）利用微带设计图，有

$$50\Omega \Rightarrow \frac{w}{h}=0.9 \Rightarrow w=0.9\times 0.25\text{mm}=0.225\text{mm}$$

$$\frac{w}{h}=0.9 \Rightarrow \varepsilon_{r,\text{eff}}^{\text{MSTRIP}}=6.6$$

$$10\text{GHz}：\lambda_0=\frac{c}{f}=\frac{3\times 10^8}{10\times 10^9}\text{m}=30\text{mm}\quad \lambda_s=\frac{30}{\sqrt{6.6}}\text{mm}=11.68\text{mm}$$

$$30\text{GHz}：\lambda_0=\frac{c}{f}=\frac{3\times 10^8}{30\times 10^9}\text{m}=10\text{mm}\quad \lambda_s=\frac{10}{\sqrt{6.6}}\text{mm}=3.89\text{mm}$$

$$50\text{GHz}：\lambda_0=\frac{c}{f}=\frac{3\times 10^8}{50\times 10^9}\text{m}=6\text{mm}\quad \lambda_s=\frac{6}{\sqrt{6.6}}\text{mm}=2.34\text{mm}$$

计算趋肤深度 $\delta_s=(\pi\mu_0 f\sigma)^{-0.5}$：

$$\delta_s(10\text{GHz})=(\pi\times 4\pi\times 10^{-7}\times 10^{10}\times 5.87\times 10^7)^{-0.5}\text{m}=0.66\mu\text{m}$$

$$\delta_s(30\text{GHz})=0.38\mu\text{m}$$

$$\delta_s(50\text{GHz})=0.30\mu\text{m}$$

从图 3.35 中读出总损耗的值：

$$\begin{cases}\alpha_t=0.038\text{dB/mm}，10\text{GHz}\\ \alpha_t=0.130\text{dB/mm}，30\text{GHz}\\ \alpha_t=0.246\text{dB/mm}，50\text{GHz}\end{cases}$$

现在 $\alpha_t=\alpha_d+\alpha_c$

其中　$\alpha_d$——电介质损耗；

$\alpha_c$——导体总损耗（体导体损耗和导体表面损耗之和）。

在求解的三个频率下，$\alpha_c$的值可以通过式（3.8）得到

$$\alpha_c(10\text{GHz})=\frac{0.072\times\sqrt{10}}{0.225\times50}\left(1+\frac{32}{\pi}\arctan\left[\frac{0.24\times0.370^2}{0.66^2}\right]\right)\text{dB/mm}$$
$$=0.035\text{dB/mm}$$

类似地，有

$$\alpha_c(30\text{GHz})=0.117\text{dB/mm}$$
$$\alpha_c(50\text{GHz})=0.207\text{dB/mm}$$

介质损耗现在可以通过从扫频响应读取的总损耗中减去计算的导体损耗来获得：

$$\alpha_d(10\text{GHz})=\alpha_t(10\text{GHz})-\alpha_c(10\text{GHz})=(0.038-0.035)\text{dB/mm}=0.003\text{dB/mm}$$
$$\alpha_d(30\text{GHz})=\alpha_t(30\text{GHz})-\alpha_c(30\text{GHz})=(0.130-0.117)\text{dB/mm}=0.013\text{dB/mm}$$
$$\alpha_d(50\text{GHz})=\alpha_t(50\text{GHz})-\alpha_c(50\text{GHz})=(0.246-0.207)\text{dB/mm}=0.039\text{dB/mm}$$

利用式（3.6）可得

$$10\text{GHz}:0.003=27.3\times\frac{9.8\times(6.6-1)\times\tan\delta}{6.6\times(9.8-1)}\times\frac{1}{11.68}\Rightarrow\tan\delta=0.0014$$
$$30\text{GHz}:0.013=27.3\times\frac{9.8\times(6.6-1)\times\tan\delta}{6.6\times(9.8-1)}\times\frac{1}{3.89}\Rightarrow\tan\delta=0.0020$$
$$50\text{GHz}:0.039=27.3\times\frac{9.8\times(6.6-1)\times\tan\delta}{6.6\times(9.8-1)}\times\frac{1}{2.34}\Rightarrow\tan\delta=0.0035$$

（2）将$\Delta=0$代入式（3.8），可以得到体导体损耗：

$$\alpha_{c,\text{bulk}}(10\text{GHz})=\frac{0.072\times\sqrt{10}}{0.225\times50}\text{dB/mm}=0.020\text{dB/mm}$$
$$\alpha_{c,\text{bulk}}(30\text{GHz})=\frac{0.072\times\sqrt{30}}{0.225\times50}\text{dB/mm}=0.035\text{dB/mm}$$
$$\alpha_{c,\text{bulk}}(50\text{GHz})=\frac{0.072\times\sqrt{50}}{0.225\times50}\text{dB/mm}=0.045\text{dB/mm}$$

表面损耗由$\alpha_{c,\text{surface}}=\alpha_c-\alpha_{c,\text{bulk}}$给出，即

$$\alpha_{c,\text{surface}}(10\text{GHz})=(0.035-0.020)\text{dB/mm}=0.015\text{dB/mm}$$
$$\alpha_{c,\text{surface}}(30\text{GHz})=(0.117-0.035)\text{dB/mm}=0.082\text{dB/mm}$$
$$\alpha_{c,\text{surface}}(50\text{GHz})=(0.207-0.045)\text{dB/mm}=0.162\text{dB/mm}$$

求解得到的例 3.13 的有关数据如下：

| $f$/GHz | $\alpha_t$/(dB/mm) | $\alpha_d$/(dB/mm) | $\alpha_{c,bulk}$/(dB/mm) | $\alpha_{c,surface}$/(dB/mm) |
|---|---|---|---|---|
| 10 | 0.038 | 0.003≡7.9% | 0.020≡52.6% | 0.015≡39.5% |
| 30 | 0.130 | 0.013≡10.0% | 0.035≡26.9% | 0.082≡63.1% |
| 50 | 0.246 | 0.039≡15.9% | 0.045≡18.2% | 0.162≡65.9% |

作为示例，上表中所示的数据也可以用饼图表示，如图 3.36 所示。

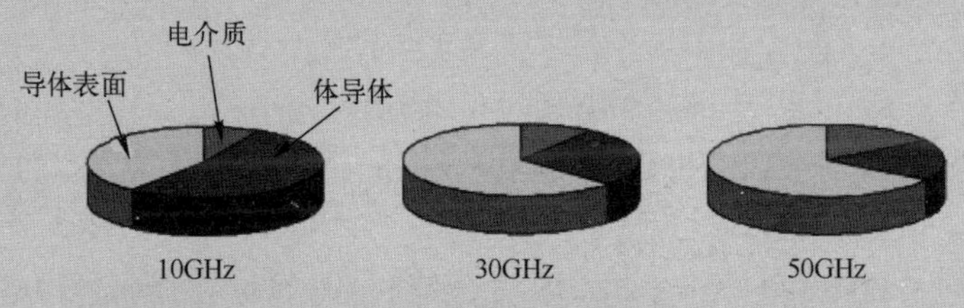


图 3.36　线路损耗的组成部分

评论：随着频率的增加，由于电介质的损耗，特别是由于导体表面粗糙度造成的损耗，都变得更加重要。

将计算得到的导体损耗加到扫频响应中也很有用，以突出损耗源的相对重要性，如图 3.37 所示。

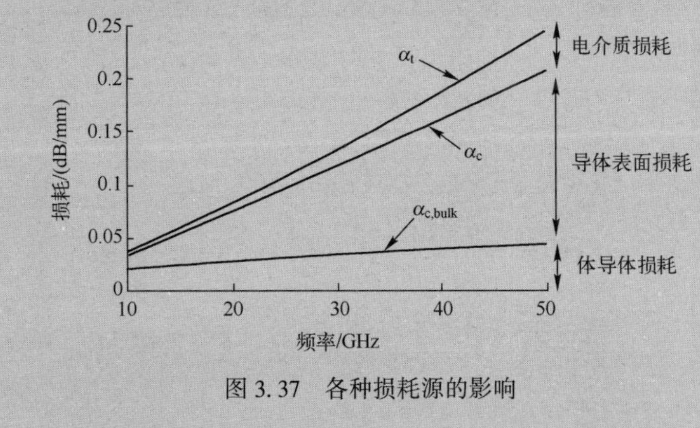


图 3.37　各种损耗源的影响

### 3.6.3　微带线的物理特性

本章已经讨论了表面粗糙度在确定平面互连损耗方面的重要性。因此，能够检查和测量导体和电介质的表面粗糙度，以及沉积导体的轮廓是非常重要的。机械轮廓仪（有时称为 Talysurf 轮廓仪）通常用于此类测量。在这些仪器中，一根尖头探针用于表面绘制。利用传感器感应垂直偏转，产生的电信号显示为探针横向移动的距离的函数。探针的尖端通常由金刚石制成，其精确的形状对于获得准确的表面轮廓至关重要。尖端通常是弯曲的，曲率半径约为2~3μm，显然这限制了可以记录的最大曲率。图3.38显示了使用标准实验室轮廓仪获得的氧化铝上蚀刻金厚膜线的表面轮廓示例。响应表明了导体和电介质的表面粗糙度以及线的横截面几何形状。理想情况下，线路应具有矩形横截面，以便精确定义特征阻抗。在如图所示的两种情况下，线条边缘都表现出非常好的滚降，即急剧滚降，尽管对于78μm线，滚降似乎相当差，但这是由于扩大了水平尺度导致的。

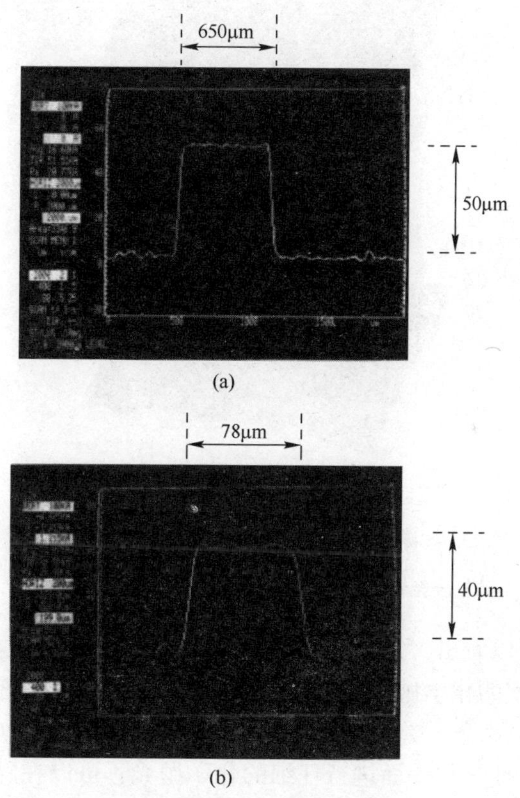


图3.38　氧化铝上金厚膜线的轮廓

(a) 氧化铝上宽650μm的金厚膜线的轮廓；(b) 氧化铝上宽78μm的金厚膜线的轮廓。

上述类型的表面轮廓仪依赖于测量探针的物理运动，并将其转换为可测量的电信号。虽然这提供了良好的轮廓信息和RMS表面粗糙度的指示，但它对详细的表面分析有局限性。在高毫米波频率下，趋肤深度小于200nm，通常需要更详细地研究材料的表面，例如检查表面抛光的效果。用于此类表面检查的便利仪器是原子力显微镜（AFM）。AFM 采用安装在悬臂末端的精细金属探针。当探针的尖端在被测材料的表面上扫描时，仪器会测量尖端上的受力。通过这种方案，AFM 能够测量 10pm 量级的深度变化，横向分辨率为 100pm 量级。图 3.39 展示了沉积在 99.5% 氧化铝上的金导体的 AFM 扫描示例及化学抛光金表面的效果。在这种情况下，化学抛光是通过将金导体短时间浸入由碘和碘化钾制成的强蚀刻溶液中来实现的。

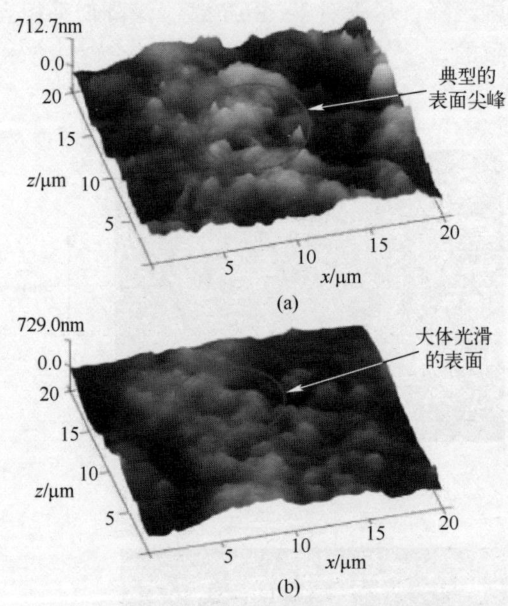


图 3.39　金导体表面 AFM 扫描

（a）未经处理的金表面；（b）化学抛光后的金表面。

从图 3.39 可以看出，蚀刻液先去除了金表面的尖峰，这会降低表面粗糙度。使用这种类型的化学抛光时需要小心，避免在表面的凹槽中产生针孔。然而，在高毫米波频率下，趋肤深度与 RMS 表面粗糙度相当（或甚至比表面粗糙度更小），对平面导体表面进行仔细的化学抛光，可以在降低导体表面损耗方面产生显著的效果。

## 3.7　补充习题

3.1　特定介电材料的复相对介电常数为 2.32-j0.007，求材料的损耗角正切和 $Q$。

3.2　在 950MHz 下，通过 50mm 长的电介质的相位变化是 144°，如果介电材料的 $Q$ 值为 125，那么材料的复相对介电常数是多少?

3.3　在特定频率下对 3cm 厚的介电材料块进行测量表明，通过该材料的传输损耗为 0.35dB，传输相位变化为 0.3rad，该材料的传播常数是多少?

3.4　在 0.635mm 厚的氧化铝基板（$\varepsilon_r=9.8$）上制造特征阻抗为 70Ω 的微带线。假定氧化铝的损耗角正切为 0.0008，确定 8.5GHz 下线路中的电介质损耗（以 dB/m 为单位）。

3.5　基于以下参数在相对介电常数为 9.8 的 LTCC 基板上制造 50Ω 微带线：

衬底：厚度 = 1.5mm

导体：铜（$\sigma=5.76\times107\text{S/m}$）

RMS 表面粗糙度 = 0.31μm

如果 2.4GHz 下 50mm 长度的线路的损耗为 0.120dB，求电介质的损耗角正切。

3.6　基于以下参数设计用于 94GHz 的 50Ω 微带线：

衬底：$\varepsilon_r=9.8$

$\tan\delta=0.0005$

$h=0.2\text{mm}$

导体：金（$\sigma=4.45\times107\text{S/m}$）

RMS 表面粗糙度 = 0.605μm

求以 dB/mm 为单位的总线路损耗。

3.7　支持 $TE_{101}$ 模式的 12GHz 谐振腔由一段内部尺寸为 $a=22.86\text{mm}$ 和 $a=10.16\text{mm}$ 的矩形铜波导制成，求腔体的无负载 $Q$($\sigma$ 铜 $=5.76\times107\text{S/m}$)。

3.8　采用内径为 50mm 的圆形铜波导制成 40GHz 谐振腔（腔体支持 $TE_{013}$ 模式，铜 $\sigma=5.76\times107\text{S/m}$），求解：

（1）无负载腔体所需的长度；

（2）腔体的无负载 $Q$。

3.9　用一段短路的 X 波段矩形波导制造一个孔径耦合谐振腔（图 3.18），其内部尺寸为 $a=22.86\text{mm}$ 和 $b=10.16\text{mm}$，并且支持的主模为 $TE_{101}$ 模式。耦合虹膜是横向板上的中心圆孔。

求解：

（1）如果腔体长 19mm，并且谐振频率为 10GHz，所需的孔径半径是多少?

(2) 如果孔径半径为 3mm，并且谐振频率为 12GHz，所需的谐振腔的长度是多少?

(使用史密斯圆图来确认答案)

3.10　当使用谐振腔微扰法测量相对介电常数为 6 的低损耗电介质的损耗角正切时，获得以下数据：

无负载腔体的谐振频率=9.6GHz

无负载腔体的 $Q$ 因子=3500

加载样品时谐振频率的变化=3%

加载样品时 $Q$ 因子的变化=4.2%

求解：

(1) 加载样品时腔体的谐振频率；

(2) 加载样品时腔体的 $Q$ 因子；

(3) 电介质的损耗角正切和 $Q$。

3.11　用一段支持 $TE_{011}$ 模式的圆形波导制造一个 60GHz 的高 $Q$ 值腔体，波导的直径为 25mm。腔体的一端通过短路端接，另一端由带有小耦合虹膜的横向板端接。如果虹膜的归一化电纳为-j5.2，求解所需的腔体长度。

3.12　基于以下数据设计天线馈电系统中使用的 50Ω 微带线：

衬底：$\varepsilon_r=9.8$

$h=0.3\text{mm}$

$\tan\delta=0.0015$

导体：铜 ($\sigma=5.87\times 107\text{S/m}$)

如果系统规格要求微带馈线在 25GHz 时损耗不超过 0.08dB/mm，求解导体的最大可接受 RMS 表面粗糙度。

3.13　绘制问题 3.12 中设计的微带线总损耗（以 dB/mm 为单位）随 $\Delta/\delta$ 的函数的变化曲线，其中，$0.5\leqslant\Delta/\delta\leqslant 2$。

3.14　如果特征阻抗为 70Ω，绘制习题 3.13 中的图，并对结果进行评论。

## 参 考 文 献


[1] Harrop, P. J. (1972). *Dielectrics*. London: Butterworth.

[2] Hammerstad, E. O. and Bekkadal, F. (1975). *A Microstrip Handbook*, ELAB Report, STF44 A74169. University of Trondheim Norway.

[3] Sain, A. and Melde, K. L. (2013). Broadband characterization of coplanar waveguide interconnects with rough conductor surfaces. *IEEE Transactions on Components, Packaging and Manufacturing Technology* 3 (6): 1038-1046.

[4] Iwai, T. and Mizatani, D. (2015). Motoaki Tani measurement of high-frequency conductivity affected by conductor surface roughness using dielectric rod resonator method. *Proceedings of IEEE International Symposium on Electromagnetic Compatibility*, Dresden, Germany (Auguest 2015), pp. 634-639.

[5] Gold, G. and Helmreich, K. (2015). Surface impedance concept for modelling conductor roughness. *Proceedings of IEEE International Microwave Symposium*, Phoenix, AZ (May 2015).

[6] Cruickshank, D. B. (2011). *Microwave Materials for Wireless Applications.* Norwood, MA: Artech House.

[7] Pitt, K. E. G. (ed.) (2005). *Handbook of Thick Film Technology.* Port Erin, Isle of Man, UK: Electrochemical Publications Ltd.

[8] Tian, Z., Free, C. E., Aitchison, C., Barnwell, P., and Wood, J. (2002). Multilayer thick-filmmicrowave components and measurements. *Proceedings of 35th International Symposium on Microelectronics*, Denver, CO (4-6 September 2002).

[9] Tian, Z., Free, C. E., Barnwell, P., Wood, J., and Aitchison, C. (2001). Design of novel multilayer microwave coupled line structures using thick-film technology. *Proceedings of 31st European Microwave Conference*, London (24-26 September 2001).

[10] Osman, N. and Free, C. E. (2014). Miniature rectangular ring band-pass filter with embedded barium strontium titanate capacitors. *Proceedings of Asia Pacific Microwave Conference*, Sendai, Japan (November 2014), pp. 306-308.

[11] Chen, X.-P., Wu, K. et al. (2014). *IEEE Microwave Magazine* 15 (5): 108-116.

[12] Chen, X.-P. and Wu, K. (2014). Substrate integrated waveguide filters: design techniques and structure innovations. *IEEE Microwave Magazine* 15 (6): 121-133.

[13] Chen, X.-P. and Wu, K. (2014). Substrate integrated waveguide filters: practical aspects and design considerations. *IEEE Microwave Magazine* 15 (7): 75-83.

[14] Schorer, J., Bornemann, J., and Rosenberg, U. (2014). Comparison of surface mounted high quality filters for combination of substrate integrated and waveguide technology. *Proceedings of 2014 Asia Pacific Microwave Conference*, Sendai, Japan (4-7 November 2014), pp. 929-931.

[15] Gaynor, M. P. (2007). *System-in-Package: RF Design and Applications.* Norwood, MA: Artech House.

[16] Henry, M., Osman, N., Tick, T., and Free, C. E. (2008). Integrated air-filled waveguide Antennas in LTCC for G-band operation. *Proceedings of Asia Pacific Microwave*

*Conference*, Hong Kong (December 2008).

[17] Belhaj, M. M., Wei, W., Palleecchi, E., Mismer, C., Roch - jeune, I., and Happy, H. (2014). Inkjet printed flexible transmission lines for high frequency applications up to 67GHz. *Proceedings of 9th European Microwave Integrated Circuit Conference*, Rome, Italy (6-7 October 2014), pp. 584-587.

[18] Kim, S., Shamim, A., Georgiadis, A. et al. (2016). Fabrication of fully inkjet-printed Vias and SIW structures on thick polymer substrates. *IEEE Transactions on Components, Packaging and Manufacturing Technology* 6 (3): 486-496.

[19] Nikfalazar, M., Zheng, Y., Wiens, A., Jakoby, R., Friederich, A., Kohler, C., and Binder, J. R. (2014). *Proceedings of 44th European Microwave Conference*, Rome, Italy (6-9 October 2014), pp. 504-507.

[20] Chen, M. Y., Pham, D., Subbaraman, H. et al. (2012). Conformal ink-jet printed C-band phased-Array antenna incorporating carbon nanotube field-effect transistor based reconfigurable true-time delay lines. *IEEE Transactions on Microwave Theory and Techniques* 60 (1): 179-184.

[21] Waldron, R. A. (1969). *Theory of Guided Electromagnetic Waves*. London: Van Nostrand Reinhold.

[22] Collin, R. E. (1992). *Foundations for Microwave Engineering*. New York: McGraw-Hill.

[23] Karbowiak, A. E. (1965). *Trunk Waveguide Communication*. London: Chapman and Hall.

[24] Orloff, N. D., Obrzut, J., Long, C. J. et al. (2014). Dielectric characterization by microwave cavity perturbation corrected for nonuniform fields. *IEEE Transactions on Microwave Theory and Techniques* 62 (9): 2149-2159.

[25] Krupta, J. A., Geyer, R. G., Baker-Jarvis, J., and Ceremuga, J. (1996). Measurements of the complex permittivity of microwave circuit board substrates using split dielectric resonator and re-entrant cavity techniques. *Proceedings of 7th International Conference on Dielectric Materials, Measurements and Applications*, Bath, UK (23-26 September 1996), pp. 21-24.

[26] Krupta, J., Clarke, R. N., Rochard, O. C., and Gregory, A. P. (2000). Split post dielectric resonator technique for precise measurements of laminar dielectric specimens-measurement uncertainties. *Proceedings of 13th International Conference on Microwaves, Radar and Wireless Communications*, Wroclaw, Poland (22-24 May 2000), pp. 305-308.

[27] Dziurdzia, B., Krupta, J., and Gregorczyk, W. (2006). Characterization of thick-film dielectric at microwave frequencies. *Proceedings of 16th International Conference on Microwaves, Radar and Wireless Communications*, Krakow, Poland (22-24 May 2006), pp. 361-364.

[28] Cullen, A. L. and Yu, P. K. (1971). The accurate measurement of permittivity by means of an open resonator. *Proceedings of the Royal Society of London* A325: 493-509.

[29] Cullen, A. L., Nagenthiram, P., and Williams, A. D. (1972). Improvement in open resonator permittivity measurement. *Electronics Letters* 8 (23): 577-579.

[30] Komiyama, B., Kiyokawa, M., and Matsui, T. (1991). Open resonator for precision measurements in the 100GHz band. *IEEE Transactions on Microwave Theory and Techniques* 39 (10): 1792-1796.

[31] Hirvonen, T. M., Vainikainen, P., Lozowski, A., and Raisanen, A. V. (1996). Measurement of dielectrics at 100GHz with an open resonator connected to a network analyzer. *IEEE Transactions on Instrumentation and Measurement* 45 (4): 780-786.

[32] Afsar, M. N., Ding, H., and Tourshan, K. (1999). A new open resonator technique at 60GHz for permittivity and loss tangent measurement of low-loss materials. *Proceedings of* 1999 *IEEE International Microwave Symposium*, Anaheim, CA (13-19 June 1999), pp. 1755-1758.

[33] Afsar, M. N., Moonshiram, A., and Wang, Y. (2004). Assessment of random and systematic errors in millimeter-wave dielectric measurement using open resonator and Fourier transform spectroscopy systems. *IEEE Transactions on Instrumentation and Measurement* 53 (4): 899-906.

[34] Ghodgaonkar, D. K., Varadan, V. V., and Varadan, V. K. (1989). A free-space method for measurement of dielectric constants and loss tangents at microwave frequencies. *IEEE Transactions on Instrumentation and Measurement* 37 (3): 789-793.

[35] Osman, N., Leigh, R., and Free, C. E. (2009). Characterization of LTCC material at G-band. *Proceedings of 42nd International Symposium of Microelectronics*, San Jose, CA (1-5 November 2009), pp. 260-267.

[36] Troughton, P. (1968). High Q-factor resonators in microstrip. *Electronics Letters* 4 (24): 520-522.

[37] Yu, C.-C. and Chang, K. (1997). Transmission-line analysis of a capacitively coupled microstrip ring resonator. *IEEE Transactions on Microwave Theory and Techniques* 45 (11): 2018-2024.

[38] Bray, J. R. and Roy, L. (2003). Microwave characterization of a microstrip line using a two-port ring resonator with an improved lumped-element model. *IEEE Transactions on Microwave Theory and Techniques* 51 (5): 1540-1547.

[39] Owens, R. P. (1976). Curvature effect in microstrip ring resonators. *Electronics Letters* 12 (14): 356-357.

[40] Faria, J. A. B. (2009). A novel approach to ring resonator theory involving even and odd mode analysis. *IEEE Transactions on Microwave Theory and Techniques* 57 (4): 856-862.

[41] Hopkins, R. and Free, C. E. (2008). Ultra-wideband slotline dispersion measurements using ring resonator. *Electronics Letters* 44 (21): 1262-1264.

[42] Benarabi, B., Bayard, B., Kahlouche, F. et al. (2017). Asymmetric coplanar ring resonator (ACPW) for microwave characterization of silver composite conductors. *IEEE Transactions on Microwave Theory and Techniques* 65 (6): 2139-2144.

[43] Ghione, G. and Goano, M. (1997). The influence of ground plane width on the ohmic losses of coplanar waveguides with finite lateral ground planes. *IEEE Transactions on Microwave Theory and Techniques* 45 (9): 1640-1642.

# 第 4 章　平面电路设计II——对基本设计的改进

## 4.1 引　　言

在射频和微波频率下，许多电路元件和互连表现出显著的非理想电气性能。特别是，导电线路的不连续性会引起辐射和不必要的电抗。同样地，有源和无源元件的封装通常会在高频下引入不必要的电阻和电抗。电路设计人员必须了解高频效应如何影响电路设计的性能，以及如何改进这些设计才能产生良好的性能。虽然现在有大量的 CAD 软件，包括电磁仿真，可以帮助高频电路设计人员，但是对于设计人员来说，能够在原型设计阶段识别非理想性能的可能来源是很有用的。因此，本章的目的是介绍一些出现非理想性能的关键领域，并在可能的情况下通过使用实际范例来量化其对性能的影响。

本章首先讨论一些常见微带不连续性发生及其在射频下所产生的后果，并介绍典型的补偿技术。由于大多数实用的射频电路都封装在某种形式的防护壳中，因此本章将讨论金属外壳对电路性能的影响，并就应该使用的最佳外壳尺寸给出建议。本章最后讨论了一些常见的无源元件在射频和微波频率下的非理想性能。

## 4.2 微带的不连续性

每当微带线的几何形状发生突变时，就会产生影响电路性能的边缘电场和磁场。微带不连续性一直是广泛研究的课题，有大量文献提供相关设计方程，并针对这些方程在不同频率范围内的使用和准确性提供指导。大多数射频和微波 CAD 软件都包含一个典型的微带不连续性库，可以应用于实际设计，但电路设计人员了解不连续性的重要性是很有用的，因此我们将讨论一些重要的不连续性并提供相应的性能和尺寸数据。对于需要更多信息的读者，有两本优秀的专业教科书[1,2]对微带不连续性的理论分析进行了深入讨论，并详细介绍了常用设计方程的准确性。

### 4.2.1 开端效应

最常见的不连续性之一是微带开端，图 4.1 描绘了开路微带线末端周围的典型电场分布。

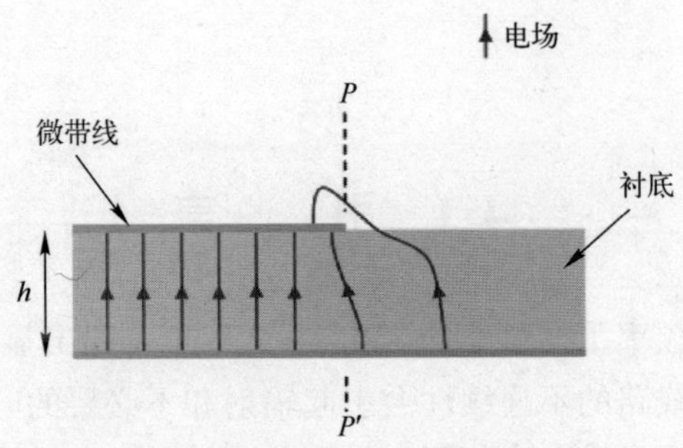


图 4.1 微带开端不连续处周围的电场分布

微带线开端处的边缘场可以表示为连接在线路和接地层之间的电容 $C_f$，开端微带线的传输线模型如图 4.2（a）所示。

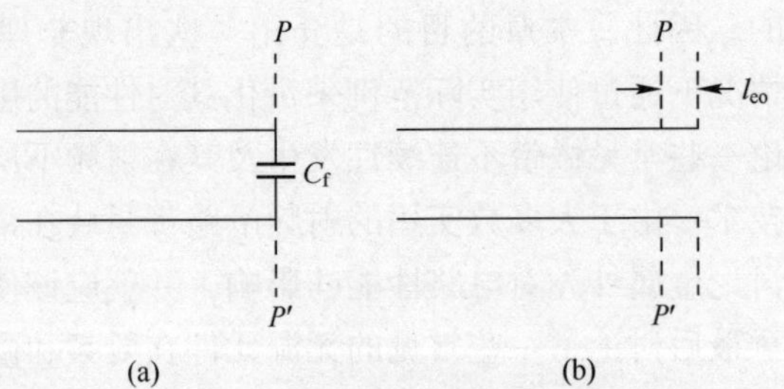


图 4.2 开端效应的传输线表示

该电容会使线路的电长度看起来比物理长度长，并且可以用额外的长度 $l_{eo}$表示，如图 4.2（b）所示。这个额外的长度通常很小，大约为几百微米，但在某些情况下会产生非常显著的影响，例如匹配网络中的开端短截线。文献中最常用的计算 $l_{eo}$的表达式为

$$l_{eo}=0.412h\,\frac{\varepsilon_{r,eff}^{MSTRIP}+0.3}{\varepsilon_{r,eff}^{MSTRIP}-0.258}\left[\frac{w/h+0.262}{w/h+0.813}\right] \tag{4.1}$$

其中

$\varepsilon_{r,eff}^{MSTRIP}$——宽度为 $w$ 的微带线的有效相对介电常数；

$h$——衬底的厚度。

式（4.1）最初是由 Hammerstad 和 Bekkadal[3]提出的，并且已被证实可以准确表示频率高达 20GHz 的微带开端效应。因此，在实际的微带线设计中，任何具有开端的线路，例如短截线或谐振贴片，都应缩短 $l_{eo}$ 的长度，以补偿边缘效应。在谐振贴片的情况下，如第 12 章所述，有两个开端，因此贴片长度应缩短 $2\times l_{eo}$。

**例 4.1**　设计一个 8GHz 开路微带短截线，以提供 -j16Ω 的输入电抗。短截线的特征阻抗为 50Ω，并在相对介电常数为 9.8 且厚度为 0.6mm 的衬底上制造。求解所需的短截线长度，对开放效应进行必要的补偿。

**解：** 开端短截线的输入电抗由式（1.34）给出

$$Z_{in}=-jZ_0\cot\beta l$$

其中

$Z_0$——短截线的特征阻抗；

$l$——短截线的长度；

$\beta=2\pi/\lambda_S$，$\lambda_S$为衬底波长。

使用 CAD 或第 2 章中给出的微带设计图：

$$Z_0=50\Omega\Rightarrow\frac{w}{h}=0.9\Rightarrow\varepsilon_{r,eff}=6.6$$

现有

$$f=8GHz\Rightarrow\lambda_0=37.5mm$$

因此

$$\lambda_3=\frac{37.5}{\sqrt{6.6}}mm=14.60mm$$

将数据代入短截线输入电抗的表达式，得到

$$-j16=-j50\cot\left(\frac{2\pi}{14.60}\times l\right)$$

从而有

$$l=2.93mm$$

我们必须缩短短截线以补偿开端效应，利用式（4.1）得到

$$\begin{aligned}l_{eo}&=0.412\times0.6\times\frac{6.6+0.3}{6.6-0.258}\times\frac{0.9+0.262}{0.9+0.813}mm\\&=0.182mm\end{aligned}$$

因此，所需短截线长度为$(2.93-0.182)mm=2.748mm$。

**例 4.2** 对于例 4.1 中设计的短截线，如果不对开端效应进行补偿，求解输入电抗幅度的百分比误差，并对结果进行评论。

**解**：如果不对开端效应进行补偿，短截线的有效长度为(2.930+0.182) mm = 3.112mm。此时输入电抗为

$$Z_{in} = -j50\cot\left(\frac{2\pi}{14.597}\times 3.112\right)\Omega$$
$$= -j50\cot(76.75°)\Omega$$
$$= -j11.773\Omega$$

因此，输入电抗幅度的百分比误差为

$$\%\text{error} = \left|\frac{-16-(-11.773)}{-16}\right| \times 100\% = 26.42\%$$

评论：虽然 $l_{eo}$ 值很小（0.182mm），但如果短截线的标称长度接近 $\lambda/4$，则 $l_{eo}$ 会对短截线的输入电抗产生重大影响，因为余切的自变量将接近 90°，导致自变量的微小变化对函数的值有重大影响。

### 4.2.2 步宽

在实际设计中，尤其是在滤波器和四分之一波长变换器中，微带中经常出现对称阶跃。典型的对称微带阶跃如图 4.3 所示，位于低阻抗线（$Z_{01}$）与高阻抗线（$Z_{02}$）的交界处。

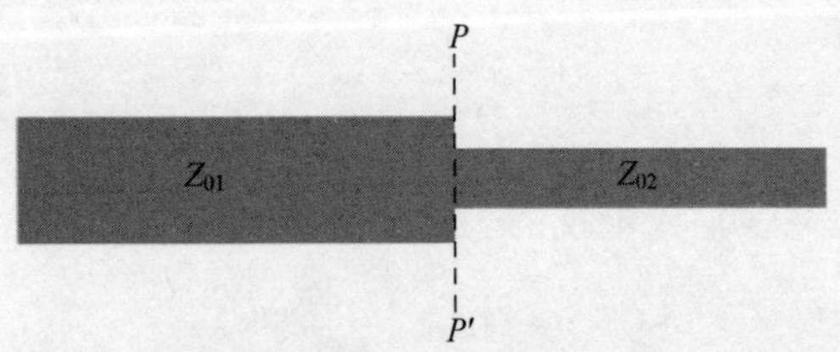


图 4.3 微带中的对称阶跃

许多学者研究了阶跃附近电磁场的特性，Fooks 和 Zakarevicius 在文献 [4] 中给出了很好的讨论。代表阶跃特性的电路模型的开发基于以下物理论点，即在阶跃附近导体变窄会导致串联电感过剩，而在阶跃不连续处的边缘会引入并联电容。基于这些论点，通常采用如图 4.4 所示的由两个串联电感和一个并联电容组成的 T 型网络来表示阶跃不连续性，其中 $C_f$ 表示边缘电容，$L_S$ 表示过剩电感。

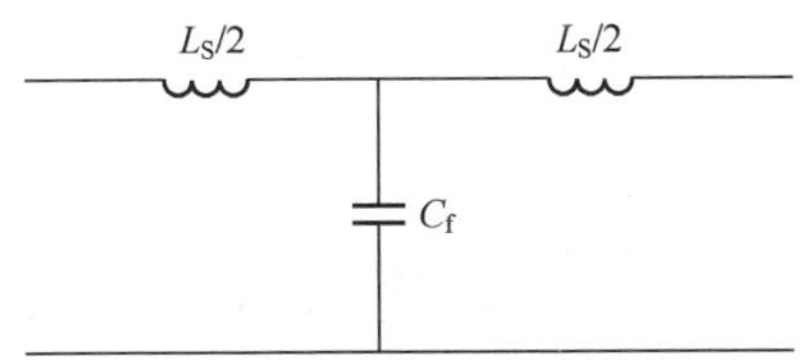


图 4.4　表示微带阶跃不连续性的 T 型网络

为了补偿边缘电容，Hammerstad 和 Bekkadal[3] 提出宽线应缩短 $\delta l_C$，长度 $\delta l_C$ 由式（4.2）定义

$$\delta l_C = \left(1 - \frac{w_2}{w_1}\right) l_{eo} \tag{4.2}$$

其中

$w_2$——窄线的宽度；

$w_1$——宽线的宽度；

$l_{eo}$——宽线的开端效应。

这是一个合理的假设，因为当 $w_2$ 接近零时，$\delta l_C$ 将接近开路线路的值，而当 $w_2$ 接近 $w_1$ 时，边缘电容将变得微不足道，而 $\delta l_C$ 将趋近于零。Grag 等人[2] 研发了以下表达式来表示不连续处的过剩电感 $L_S$：

$$\frac{L_S}{h} = 40.5\left(\frac{w_1}{w_2} - 1\right) - 75\log\left(\frac{w_1}{w_2}\right) + 0.2\left(\frac{w_1}{w_2} - 1\right)^2 \text{ nH/m} \tag{4.3}$$

其中，$h$ 是衬底的厚度，单位为 m。

通常的做法是将窄线的长度缩短 $\delta l_L$ 以补偿串联电感，长度 $\delta l_L$ 与过剩电感的关系为

$$L_S = \delta l_L \times L \tag{4.4}$$

其中，$L$ 是窄线每单位长度的电感，单位为 nH/m。

$L$ 的值可以根据窄微带线的特性，用式（1.27）和式（1.29）确定。重写式（1.27）可得

$$Z_{02} = \sqrt{\frac{L}{C}} \tag{4.5}$$

其中

$Z_{02}$——宽度为 $w_2$ 的窄微带线的特征阻抗；

$L$ 和 $C$——线每单位长度的电感和电容。

利用式（1.29）可得

$$\beta = \frac{2\pi}{\lambda_{S2}} = \frac{2\pi f}{v_{p2}} = 2\pi f\sqrt{LC} \tag{4.6}$$

其中，$\lambda_{S2}$和$v_{p2}$分别为窄线上的波长和传播速度。

式（4.6）可以重写为

$$v_{p2}=\frac{c}{\sqrt{\varepsilon_{r,eff2}^{MSTRIP}}}=\frac{1}{\sqrt{LC}} \tag{4.7}$$

其中，$\varepsilon_{r,eff2}^{MSTRIP}$为窄线的有效相对介电常数。

结合式（4.5）和式（4.7）可得

$$L=\frac{Z_{02}\sqrt{\varepsilon_{r,eff2}^{MSTRIP}}}{c} \tag{4.8}$$

将式（4.8）代入到式（4.4）中可得

$$\delta l_L=\frac{cL_S}{Z_{02}\sqrt{\varepsilon_{r,eff2}^{MSTRIP}}} \tag{4.9}$$

值得注意的是，对于实际设计中遇到的大多数微带阶跃，与阶跃不连续性相关的电感在很大程度上是二阶效应，$\delta l_L \ll \delta l_C$，因此阶跃不连续性通常仅由边缘电容就能充分表示。

**例 4.3** 在相对介电常数为 9.8 且厚度为 0.8mm 的衬底上制造 50Ω 微带线和 70Ω 微带线，求解考虑到两微带线连接处不连续性所需要的补偿（假设连接处是对称的）。

**解**：使用第 2 章给出的微带设计图（或者使用 CAD）：

50Ω 线：

$$\frac{w_1}{h}=0.9 \Rightarrow w_1=0.9\times 0.8\text{mm}=0.72\text{mm}$$

$$\frac{w_1}{h}=0.9 \Rightarrow \varepsilon_{r,eff1}=6.6$$

70Ω 线：

$$\frac{w_2}{h}=0.35 \Rightarrow w_2=0.35\times 0.8\text{mm}=0.280\text{mm}$$

$$\frac{w_2}{h}=0.35 \Rightarrow \varepsilon_{r,eff1}=6.25$$

（1）边缘电容补偿。

利用式（4.2）和式（4.1）可得

$$\delta l_C=\left(1-\frac{w_2}{w_1}\right)0.412h\,\frac{\varepsilon_{r,eff1}+0.3}{\varepsilon_{r,eff1}-0.258}\left[\frac{w_1/h+0.262}{w_1/h+0.813}\right]$$

$$=\left(1-\frac{0.280}{0.720}\right)\times 0.412\times 0.8\times 10^{-3}\times\frac{6.6+0.3}{66-0.258}\times\frac{0.9+0.262}{0.9+0.813}\text{m}$$

$$=1.487\times 10^{-4}\text{m}=148.70\mu\text{m}$$

（2）串联电感补偿。

利用式（4.3）可得

$$\frac{L_S}{h}=40.5\left(\frac{w_1}{w_2}-1.0\right)-75\log\left(\frac{w_1}{w_2}\right)+0.2\left(\frac{w_1}{w_2}-1.0\right)^2\text{nH/m}$$

$$=40.5\times\left(\frac{0.720}{0.280}-1\right)-75\log\left(\frac{0.720}{0.280}\right)+0.2\times\left(\frac{0.720}{0.280}-1\right)^2\text{nH/m}$$

$$=33.374\text{nH/m}$$

即

$$L_S=33.374h\text{nH}=33.374\times 0.8\times 10^{-3}\text{nH}=0.027\text{nH}$$

利用式（4.9）可得

$$\delta l_L=\frac{cL_S}{Z_{02}\sqrt{\varepsilon_{r,\text{eff2}}}}=\frac{3\times 10^8\times 0.027\times 10^{-9}}{70\times\sqrt{6.35}}\text{m}=45.92\mu\text{m}$$

**例 4.4**　对例 2.5 中设计的三阶跃 $\lambda/4$ 变换器进行微带阶跃补偿。

**解：**图 4.5 展示了例 2.5 中的设计，其中标出了三个不连续处。注意，在第一阶和 50Ω 馈线之间包含了一个阶跃不连续处，因为这会影响第一阶的长度。

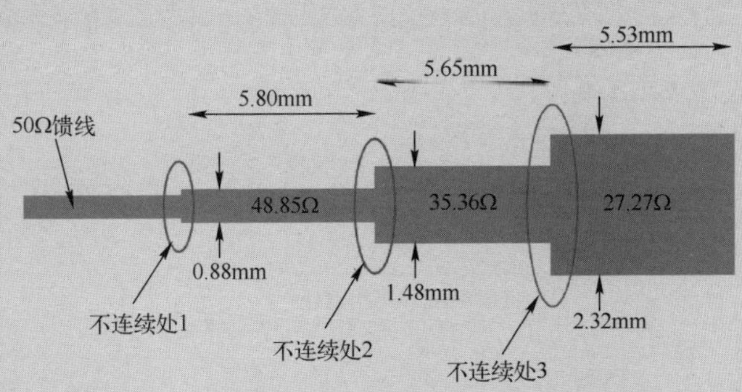


图 4.5　例 2.5 中的设计

例 2.5 中的线路数据如下：

| $Z_n/\Omega$ | $w/h$ | $w$/mm | $\varepsilon_{r,eff}^{MSIRIP}$ | $\lambda_s$/mm | $\lambda_s/4$/mm |
|---|---|---|---|---|---|
| 45.85 | 1.10 | 0.88 | 6.70 | 23.18 | 5.80 |
| 35.36 | 1.85 | 1.48 | 7.04 | 22.61 | 5.65 |
| 27.27 | 2.90 | 2.32 | 7.37 | 22.10 | 5.53 |

为确定第一个不连续处的补偿，我们还需要 50Ω 馈线的宽度：

$$Z_0=50\Omega\Rightarrow\frac{w}{h}=0.9\Rightarrow w=0.9h=0.9\times0.8\text{mm}=0.72\text{mm}$$

**不连续处 1：**

利用式（4.2）和式（4.1）可得

$$\delta l_{c1}=\left(1-\frac{0.72}{0.88}\right)\times0.412\times0.8\times\left(\frac{6.70+0.3}{6.70-0.258}\right)\times\left(\frac{1.10+0.262}{1.10+0.813}\right)\text{mm}$$
$$=0.046\text{mm}\approx0.05\text{mm}$$

注意，我们不需要计算不连续处 1 的串联电感，因为其将被并入到 50Ω 馈线中。

**不连续处 2：**

利用式（4.2）和式（4.1）可得

$$\delta l_{c2}=\left(1-\frac{0.88}{1.48}\right)\times0.412\times0.8\times\left(\frac{7.04+0.3}{7.04-0.258}\right)\times\left(\frac{1.85+0.262}{1.85+0.813}\right)\text{mm}$$
$$=0.115\text{mm}\approx0.12\text{mm}$$

利用式（4.3）可得

$$\frac{L_{S2}}{h}=40.5\times\left(\frac{1.48}{0.88}-1.0\right)-75\log\left(\frac{1.48}{0.88}\right)+0.2\times\left(\frac{1.48}{0.88}-1.0\right)^2\text{nH/m}$$
$$=10.77\text{nH/m}$$

即

$$L_{S2}=10.77h\text{nH/m}=10.77\times0.8\times10^{-3}\text{nH}=0.0086\text{nH}$$

利用式（4.9）可得

$$\delta l_{L2}=\frac{3\times10^8\times0.0086\times10^{-9}}{35.36\times\sqrt{7.04}}\text{m}=27.50\mu\text{m}$$

**不连续处 3：**

利用式（4.2）和式（4.1）可得

$$\delta l_{C3}=\left(1-\frac{1.48}{2.32}\right)\times0.412\times0.8\times\left(\frac{7.37+0.3}{7.37-0.258}\right)\times\left(\frac{2.90+0.262}{2.90+0.813}\right)\text{mm}$$
$$=0.110\text{mm}$$

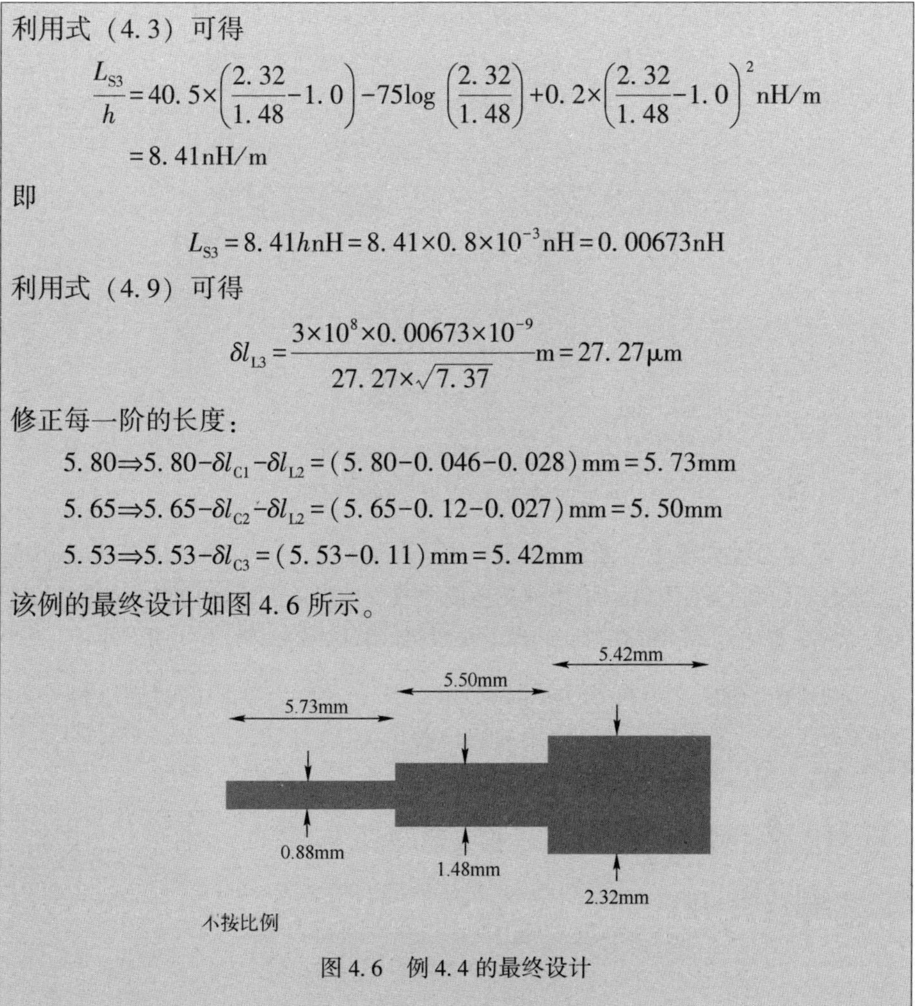

利用式（4.3）可得

$$\frac{L_{S3}}{h}=40.5\times\left(\frac{2.32}{1.48}-1.0\right)-75\log\left(\frac{2.32}{1.48}\right)+0.2\times\left(\frac{2.32}{1.48}-1.0\right)^2 \text{nH/m}$$
$$=8.41\text{nH/m}$$

即

$$L_{S3}=8.41h\text{nH}=8.41\times0.8\times10^{-3}\text{nH}=0.00673\text{nH}$$

利用式（4.9）可得

$$\delta l_{L3}=\frac{3\times10^8\times0.00673\times10^{-9}}{27.27\times\sqrt{7.37}}\text{m}=27.27\mu\text{m}$$

修正每一阶的长度：

$$5.80\Rightarrow5.80-\delta l_{C1}-\delta l_{L2}=(5.80-0.046-0.028)\text{mm}=5.73\text{mm}$$

$$5.65\Rightarrow5.65-\delta l_{C2}-\delta l_{L2}=(5.65-0.12-0.027)\text{mm}=5.50\text{mm}$$

$$5.53\Rightarrow5.53-\delta l_{C3}=(5.53-0.11)\text{mm}=5.42\text{mm}$$

该例的最终设计如图 4.6 所示。



图 4.6　例 4.4 的最终设计

### 4.2.3　拐角

在大多数实际的微带电路设计中都会出现拐角。微带中的直角弯曲会引起电磁场的显著边缘化，从而导致拐角处的并联电容过剩。在微带线中逐渐弯曲形成拐角可以避免边缘化，但会占用大量的衬底空间。对于紧凑型设计，最好使用直角拐角，并进行适当的补偿。

研究人员已经研究了各种方法来补偿微带拐角处的过剩电容。最简单和最流行的方法是切角，如图 4.7 所示。切角的作用是减低过剩的并联电容并增加串联电感，以保持所需的 $L/C$ 比，从而在拐角处保持匹配。切角的量一直是

许多研究人员研究的主题，Easter 及其同事[5]建议最佳切角量为

$$1-\frac{b}{\sqrt{2}w}=0.6 \tag{4.10}$$

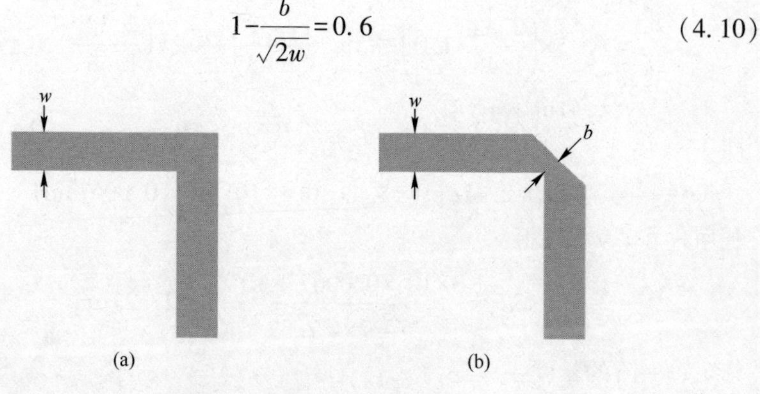


图 4.7　微带中的直角弯曲

（a）90°拐角；（b）补偿的 90°拐角。

其中，尺寸参数如图 4.7 所示。

Edwards 和 Steer[1]展示了几种支持使用式（4.10）的电磁仿真的结果，尽管他们提醒，该表达式应仅在衬底的介电常数接近氧化铝的情况下使用，即 $\varepsilon_r \approx 9.8$。

**例 4.5**　确定在厚度为 0.8mm、相对介电常数为 9.8 的衬底上制造的 50Ω 微带线的直角弯曲处应使用的切角量。

**解**：使用微带设计图（或 CAD）可得

$$50\Omega \Rightarrow \frac{w}{h}=0.9 \Rightarrow w=0.9h=0.9\times 0.8\text{mm}=0.72\text{mm}$$

利用式（4.10）可得

$$1-\frac{b}{\sqrt{2}w}=0.6 \Rightarrow b=0.41\text{mm}$$

该例最终的设计如图 4.8 所示。

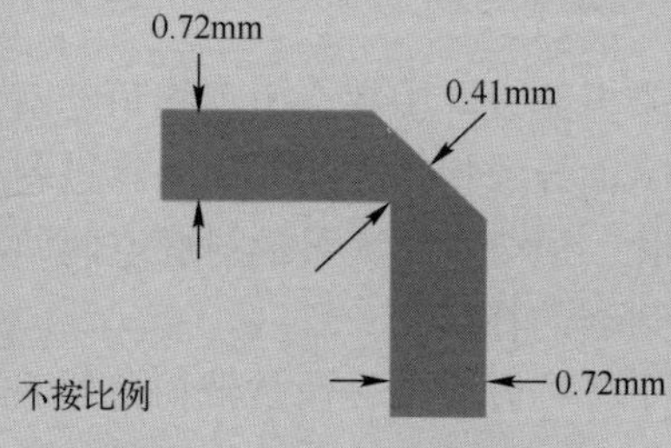


图 4.8　例 4.5 的最终设计

### 4.2.4　间隙

高频有源和无源芯片组件很容易跨微带线的间隙安装。然而，重要的是要了解间隙的特性，以免它们对表面安装组件的性能产生不利影响。微带间隙也很重要，因为它们为谐振结构提供耦合，例如第 3 章中讨论过的谐振环。

微带间隙通常被建模为由三个电容器组成的 $\pi$ 网络，如图 4.9 所示。

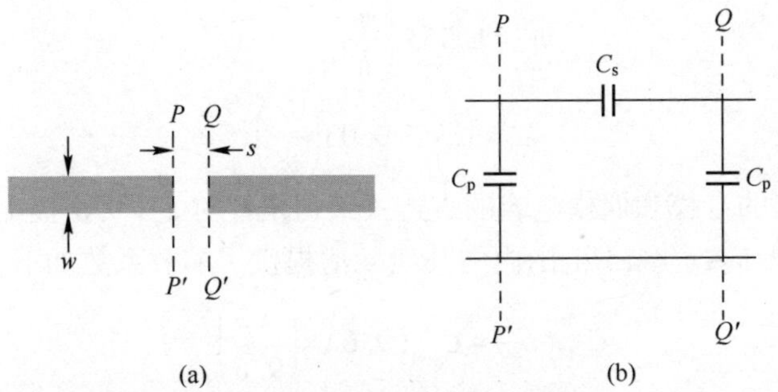


图 4.9　微带间隙及其等效电路
(a) 微带间隙；(b) 等效电路。

电容器的值可以用奇模和偶模电容 $C_{odd}$ 和 $C_{even}$ 来表示，如下

$$C_{odd}=2C_s+C_p \tag{4.11}$$

和

$$C_{even}=2C_p \tag{4.12}$$

Garg 和 Bahl [6] 提出了近似的闭合形式表达式，用于计算在厚度为 $h$ 的衬底上宽度为 $w$ 的微带线中间隙间距为 $s$ 时 $C_{odd}$ 和 $C_{even}$ 的值，如下：

$$\frac{C_{odd}}{w}=\left[\frac{s}{w}\right]^{m_0}e^{k_0}\text{pF/m} \tag{4.13}$$

$$\frac{C_{even}}{w}=12\left[\frac{s}{w}\right]^{m_e}e^{k_e}\text{pF/m} \tag{4.14}$$

其中，奇模和偶模的 $k$ 和 $m$ 由下式给出。

当 $0.1\leqslant\frac{s}{w}\leqslant1.0$ 时

$$m_0=\frac{w}{h}\left[0.619\log\left(\frac{w}{h}\right)-0.3853\right]$$

$$k_0=4.26-1.453\log\left(\frac{w}{h}\right) \tag{4.15}$$

当 $0.1 \leqslant \frac{s}{w} \leqslant 0.3$ 时

$$m_e = 0.8675$$

$$k_0 = 2.043\left(\frac{w}{h}\right)^{0.12} \tag{4.16}$$

当 $0.3 \leqslant \frac{s}{w} \leqslant 1.0$ 时

$$m_e = 1.565\left(\frac{w}{h}\right)^{-0.16} - 1$$

$$k_0 = 1.97 - 0.03\left(\frac{h}{w}\right) \tag{4.17}$$

上面给出的奇模和偶模电容的表达式最初是针对 $\varepsilon_r = 9.6$ 提出的，但 Garg 和 Bahl[6] 为 $2.5 \leqslant \varepsilon_r \leqslant 15$ 范围内的其他 $\varepsilon_r$ 值提供了缩放系数如下：

$$C_{odd}(\varepsilon_r) = C_{odd}(9.6) \times \left(\frac{\varepsilon_r}{9.6}\right)^{0.8} \tag{4.18}$$

$$C_{even}(\varepsilon_r) = C_{even}(9.6) \times \left(\frac{\varepsilon_r}{9.6}\right)^{0.9} \tag{4.19}$$

一旦找到了特定间隙的奇模和偶模电容，间隙的插入损耗 $IL_{dB}$ 就可以利用简单的网络分析来确定，如附录 4. A 所示，$IL_{dB}$ 由下式给出：

$$IL_{dB} = 20\log|0.5(a + jb)| \tag{4.20}$$

其中

$$a = 2 + \frac{2C_p}{C_s} \tag{4.21}$$

$$b = 4\pi f C_p Z_0 + \frac{2\pi f C_p^2 Z_0}{C_s} - \frac{1}{2\pi f C_s Z_0} \tag{4.22}$$

$Z_0$——微带线的特征阻抗，

$f$——工作频率。

**例 4.6** （1）确定在相对介电常数为 9.8、厚度为 0.8mm 的衬底上制造的 50Ω 微带线中 600μm 宽间隙的奇模和偶模电容。

（2）计算该间隙在 10GHz 下的插入损耗。

**解**：（1）使用微带设计图（或 CAD）可得

$$50\Omega \Rightarrow \frac{w}{h} = 0.9 \Rightarrow w = 0.9h = 0.9 \times 0.8\text{mm} = 0.72\text{mm}$$

$$\frac{s}{w} = \frac{0.6}{0.72} = 0.833$$

利用式（4.15）可得

$m_0 = 0.9\times(0.619\times\log(0.9)-0.3853) = -0.372$

$k_0 = 4.26-1.453\times\log(0.9) = 4.326$

利用式（4.17）（注意 $s/w$ 在 0.3~1.0 范围内）可得

$$m_e = 1.565\times(0.9)^{-0.16}-1 = 0.592$$

$$k_e = 1.97-0.03\times(0.9)^{-1} = 1.937$$

将 $m_e$ 和 $k_e$ 的值代入式（4.13）和式（4.14）计算奇偶电容：

$$\frac{C_{odd}}{w} = (0.833)^{-0.372}e^{4.326}\text{pF/m} = 80.96\text{pF/m}$$

$$C_{odd} = 80.96\times0.72\times10^{-3}\text{pF} = 58.29\text{fF}$$

$$\frac{C_{even}}{w} = 12\times(0.833)^{0.592}e^{1.937}\text{pF/m} = 74.719\text{pF/m}$$

$$C_{even} = 74.719\times0.72\times10^{-3}\text{pF} = 53.798\text{fF}$$

我们现在必须根据问题中给定的衬底相对介电常数修正奇、偶模电容值，利用式（4.18）和式（4.19）可得

$$C_{odd}(9.8) = C_{odd}(9.6)\times\left(\frac{9.8}{9.6}\right)^{0.8} = 58.29\times\left(\frac{9.8}{9.6}\right)^{0.8}\text{fF} = 59.26\text{fF}$$

$$C_{even}(9.8) = C_{even}(9.6)\times\left(\frac{9.8}{9.6}\right)^{0.9} = 53.798\times\left(\frac{9.8}{9.6}\right)^{0.9}\text{fF} = 54.806\text{fF}$$

（2）我们可以用式（4.20）求出插入损耗，但我们必须先求出 $C_p$ 和 $C_s$ 的值。利用式（4.12）可得

$$C_p = \frac{C_{even}}{2} = \frac{54.81}{2}\text{fF} = 27.41\text{fF}$$

利用式（4.11）可得

$$C_s = \frac{C_{odd}-C_p}{2} = \frac{59.26-27.41}{2}\text{fF} = 15.93\text{fF}$$

利用式（4.21）可得

$$a = 2+\frac{2\times27.41}{15.93} = 5.44$$

利用式（4.22）可得

$$b=2\times2\pi\times10^{10}\times27.41\times10^{-15}\times50+\frac{2\pi\times10^{10}\times(27.41\times10^{-15})^{2}\times50}{15.93\times10^{-15}}-\frac{1}{2\pi\times10^{10}\times15.93\times10^{-15}\times50}=-19.66$$

将上式代入式（4.20）可得

$$(IL)_{\mathrm{dB}}=20\log|0.5(5.44-\mathrm{j}19.66)|\mathrm{dB}=20.17\mathrm{dB}$$

使用与例 4.6 中相同的步骤，计算了不同间隙尺寸的插入损耗，结果绘制在图 4.10 中。

正如预期的那样，图 4.10 显示插入损耗随着间隙尺寸的增加而增加。然而，值得注意的是，当间隙为 300μm 时，插入损耗仅为 15dB 量级，300μm 是表面贴装波束引线 PIN 二极管常用的间隙大小的量级。15dB 的插入损耗表明，在这种情况下，很大一部分射频能量将绕过二极管。对于开关二极管来说，这可能非常严重，因为在关闭状态下会出现大量泄漏。其后果将在第 10 章中进行更详细地讨论，该章涉及在微带移相器中使用开关二极管。

使用三电容器模型来表示微带间隙在文献中得到了很好的证实，并提供了相当准确的设计数据。然而，Alexopoulos 和 Wu[7]最近的工作表明，与包含电阻来表示表面和辐射损耗的更复杂的模型相比，该模型低估了 X 波段典型间隙的插入损耗约 2dB。

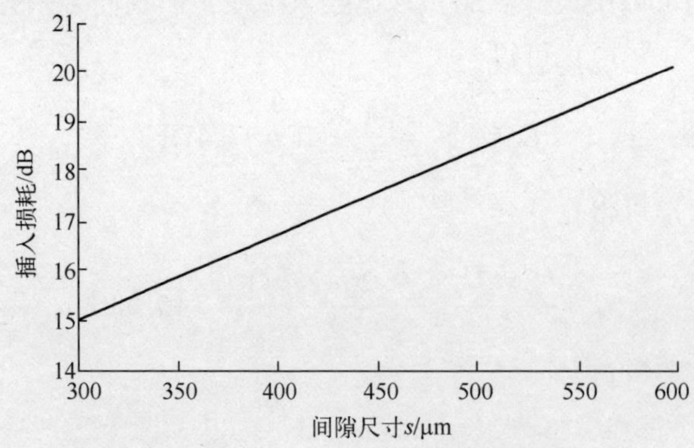


图 4.10　50Ω 微带线中间隙插入损耗随间隙尺寸 $s$（$\varepsilon_r=9.8$，$h=0.8$mm）的函数变化

### 4.2.5　T 型接头

对称 T 型接头出现在许多实际的微带电路中，例如，在合并功率分配器和合成器中、在连接分支线耦合器中，以及在短截线滤波器中。对称微带 T 型接头的一般形式如图 4.11（a）所示，其集总元件微波等效电路如图 4.11（b）所示。

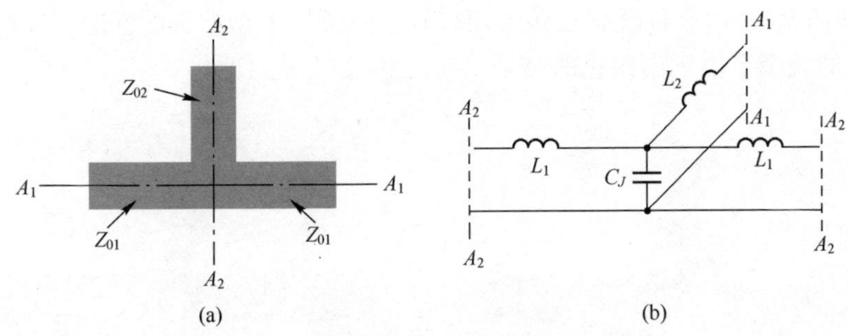


图 4.11　对称微带 T 型接头及其等效电路
（a）微带 T 型接头；（b）等效电路。

对于相对介电常数为 9.9 的衬底上的 50Ω 阻抗主线（$Z_{01}=50\Omega$）的特殊情况，Garg 及其同事[2]引用了以下闭合形式的近似表达式，以计算 $w_1/h$ 和 $w_2/h$ 在 0.5~2.0 范围内时，等效电路中的电抗：

$$\frac{C_j}{w_1}=\frac{100}{\tanh(0.0072Z_{02})}+0.64Z_{02}-261\,\text{pF/m} \tag{4.23}$$

$$\frac{L_1}{h}=-\frac{w_2}{h}\left(\frac{w_2}{h}\left[-0.016\frac{w_1}{h}+0.064\right]+\frac{0.016h}{w_1}\right)L_{w_1}\,\text{nH/m} \tag{4.24}$$

$$\frac{L_2}{h}=\left(\frac{xw_2}{h}+\frac{0.195w_1}{h}-0.357+0.0283y\right)L_{w_2}\,\text{nH/m} \tag{4.25}$$

其中

$$x=\frac{0.12w_1}{h}-0.47$$

$$y=\sin\left(\frac{\pi w_1}{h}-0.75\pi\right)$$

$L_{w_1}$——$Z_{01}$ 微带线单位长度的电感量；

$L_{w_2}$——$Z_{02}$ 微带线单位长度的电感量。

式（4.23）~式（4.25）给出的不连续电抗可以转换为等效的线长度，结果用于补偿 T 型接头，但这是一个有点复杂的过程。Dydyk[8]提出了一种相对简单的微带 T 型接头补偿方案，该方案使用传输线的短匹配部分来实现接头处的最小失配，最终接头的一般形状如图 4.12（a）所示。然而，Dydyk 技术会导致补偿的 T 型接头中出现额外的阶跃不连续性，可能会降低电路的性能。Chadha 和 Gupta [9] 提出了一种简单的补偿技术，如图 4.12（b）所示，即在连接处去除微带线的三角形部分。该技术没有给出通用的设计公式，但公布的数据表明它在高达 8GHz 左右的频率下实现了良好的结果。最近，Rastogi 及其同事[10] 使用 Sonnet® 软件优化三角形切口补偿的微带 T 型接头的性能，并在高达 10GHz 的频率下表现出出色的结果。

图 4.12　补偿后的微带 T 型接头

（a）Dydyk 技术；（b）Notch 补偿。

## 4.3　微带外壳

微带线的开放特性使得表面贴装有源和无源元件变得非常容易。但是，在将微带电路封装在金属封装中时需要注意，避免微带与封装金属壁的边缘场产生耦合。图 4.13 展示了被金属外壳包围的微带线的横截面，金属外壳为微带线提供屏蔽。

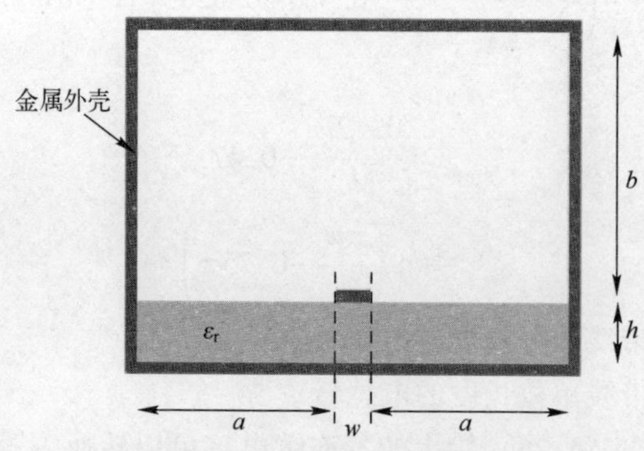


图 4.13　被金属外壳包围的微带线的横截面

通常假设如果 $a>5w$ 且 $b>5h$，外壳对微带线周围的电磁场几乎没有影响。如果不满足这些条件，则外壳的存在将影响微带线的特征阻抗（$Z_0$）和有效介电常数 $\varepsilon_{r,eff}^{MSTRIP}$。March[11]提供了设计方程，可以针对给定尺寸的外壳计算 $Z_0$和 $\varepsilon_{r,eff}$的修正值。

除了改变微带线的传输特性之外，金属外壳的存在还会导致不必要的腔模。这些模式是指外壳内的电磁场模式，其特性与谐振腔中的模式相似。这些模式的出现是由于微带电路的杂散辐射，主要来自于电路的不连续性。可以通过在金属封装中包含一些吸收材料来抑制这些模式。Williams 和 Paananen[12]表明，通过在封装盖的底部引入涂有电阻膜的电介质衬底，可以非常有效地实现这种抑制。一般来说，在外壳中引入任何有损耗的材料都会抑制不必要的模式，但需要注意避免这些材料在微带电路中引起过多的损耗。

# 4.4　封装的集总无源元件

## 4.4.1　射频无源元件的典型封装

对于在射频和微波频率下使用的元件来说，元件封装是一个重要的问题，因为与封装相关的寄生电阻和电抗会对电气性能产生重大影响。图 4.14 展示了三种最常见的射频无源元件封装类型。

各种封装之间的主要区别之一是连接引线的配置。连接引线，即使是直线段也会有自感。这个电感很小，在低频时可以忽略不计，但在射频和微波频率下，这个小电感会产生很大的感抗。因此，作为一般原则，元件引线应随着操作频率的增加而尽可能地小。

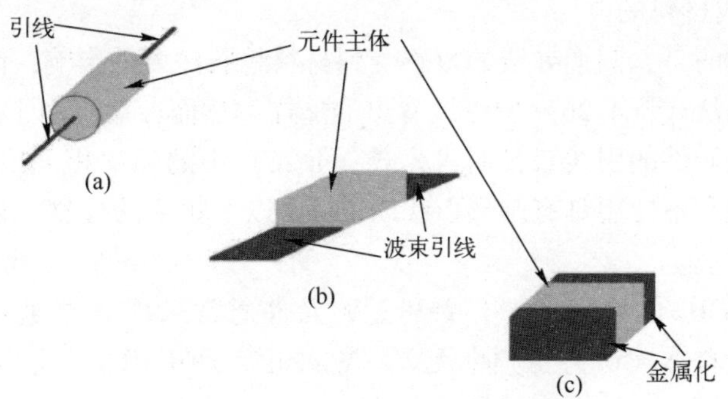


图 4.14　高频无源元件的典型封装

（a）线端；（b）波束引线；（c）芯片。

线端元件便于电路的手动组装，并且一直是超高频区域使用的传统元件类型。但是，正如本节稍后将展示的那样，这些元件上的引线在高频下会产生不可接受的电感。波束引线元件是一种改进，因为扁平引线的自感较小，如果元件正确连接到电路上，这种电感可以有效地并入到元件的馈线中。芯片元件为高频使用提供了最佳配置，因为其具有最小的引线电感。但芯片元件的小尺寸通常无法使用人工组装，芯片无源器件的精确定位和连接需要使用精密的表面贴装设备，尽管这种设备非常适合电路的自动组装。

通过比较圆形导线和扁平引线的自感来对比不同封装配置的高频性能是很有用的。Wadel [13] 引用了以下表达式来计算导电圆形导线的自感：

$$L=0.002l\left[\ln\left(\frac{4l}{d}\right)-1+\frac{d}{2l}+\frac{\mu_{\mathrm{r}}T(x)}{4}\right]\mu\mathrm{H} \tag{4.26}$$

其中

$l$——导线的长度，单位为 cm；

$d$——导线的直径，单位为 cm；

$\mu_{\mathrm{r}}$——导线材料的相对磁导率（通常为 1.0）；

$$T(x)=\frac{0.873+0.00186x}{1-0.278x+0.128\,x^2} \tag{4.27}$$

$$x=2\pi r\sqrt{\frac{2\mu f}{\sigma}} \tag{4.28}$$

其中

$r$——导线的半径，单位为 cm；

$\mu$——导线材料的磁导率（通常是 $\mu_0$）；

$f$——频率，单位为 Hz；

$\sigma$——导线材料的电导率。

值得注意的是，圆形导线的自感受到材料趋肤深度的影响，因此自感与频率有关，正如从式（4.26）中可以看出的那样。然而，对于用于高达 5GHz 左右频率的分立元件的引线直径而言，式（4.26）中的频率相关项 $T(x)$ 的影响相对较小。通常不使用具有圆形引线的 5GHz 以上频率的分立元件，以避免不必要的寄生效应。

在高于 5GHz 的频率下，有源和无源元件通常采用非常薄的波束引线封装，其中引线自感被认为与频率无关。Wadell[13] 还引用了扁平引线的自感的相应表达式，例如在波束引线组件中，有

$$L=0.002l\left[ln\left(\frac{2l}{w+t}\right)+0.5+0.2235\left(\frac{w+t}{l}\right)\right]\mu\mathrm{H} \tag{4.29}$$

其中

$l$——引线的长度，单位为 cm；

$w$——引线的宽度，单位为 cm；

$t$——引线的厚度，单位为 cm。

在下面的例 4.7 中，使用实际元件中常见的引线尺寸计算圆形导线和扁平引线的引线电感。

值得注意的是，虽然式（4.26）和（4.29）给出了规则形状引线的相当精确的自感值，但在实际电路中连接的引线具有非均匀形状，可能会显著影响它们的电感。Ndip 等人[14]解决了各种形状的非均匀连接结构的问题，并提出了解析模型，可以在理论和实际测量之间表现出良好的一致性。

**例 4.7**　比较以下每个元件上的引线（假设由铜制成）在 1GHz 时的自感：

（1）图 4.14（a）所示形式的线端元件，具有 5mm 长的圆形引线，引线直径均为 0.6mm；

（2）图 4.14（b）所示形式的波束引线元件，其中每根引线的长度为 210μm，宽度为 115μm，厚度为 10μm。

对结果进行评论。取铜的电阻率为 $1.56\times10^{-8}\Omega\text{m}$。

**解**：（1）利用式（4.28）可得

$$x=2\pi\times0.03\times\sqrt{\frac{2\times4\pi\times10^{-7}\times10^{9}}{(1.56\times10^{-8})^{-1}}}=1.18\times10^{-3}$$

将上式代入式（4.27）可得

$$T(x)=\frac{0.873+(0.00186\times1.18\times10^{-3})}{1-(0.278\times1.18\times10^{-3})+(0.128\times[1.18\times10^{-3}]^{2})}\approx0.873$$

将上式代入式（4.26）可得

$$L(\text{cir. wire})=0.002\times0.5\times\left[\ln\left(\frac{4\times0.5}{0.06}\right)-1+\frac{0.06}{2\times0.5}+\frac{1\times0.873}{4}\right]\mu\text{H}=2.78\text{nH}$$

（2）利用式（4.29）可得

$$\begin{aligned}&L(\text{beam lead})\\&=0.002\times0.021\times\left[\ln\left(\frac{2\times0.021}{0.0115+0.0010}\right)+0.5+0.2235\left(\frac{0.0115+0.0010}{0.021}\right)\right]\mu\text{H}\\&=0.078\text{nH}\end{aligned}$$

评论：扁平波束引线的自感明显低于圆形导线。此外，式（4.26）表明圆形导线的自感会随着频率的增加而增大，而式（4.29）表明扁平波束引线的电感不会随着频率增加而增大。

## 4.4.2 集总元件电阻

有许多方法可用于在高频电路中实现电阻。使用碳成分作为阻性成分的电阻可以形成图 4.14 所示的任意一种封装配置。然而，碳成分电阻器的颗粒状特性往往会降低高频性能。这种性能下降归因于组合物颗粒之间的寄生电容效应。绕线电阻不适合高频工作，因为绕线容易产生过大的电感。金属膜电阻是高频工作的最佳电阻类型，尽管在使用厚膜技术制造电路的情况下，印刷厚膜电阻是另一个很好的选择。当需要精确的电阻值时，厚膜电阻也可以在印刷后进行激光修整。

一般来说，所有集总元件射频电阻（除了印刷电阻）都会受到封装寄生效应的影响，随着频率的增加，这种寄生效应会变得更加显著。图 4.15 展示了通常用于表示标称值为 $R$ 的高频电阻的等效电路。

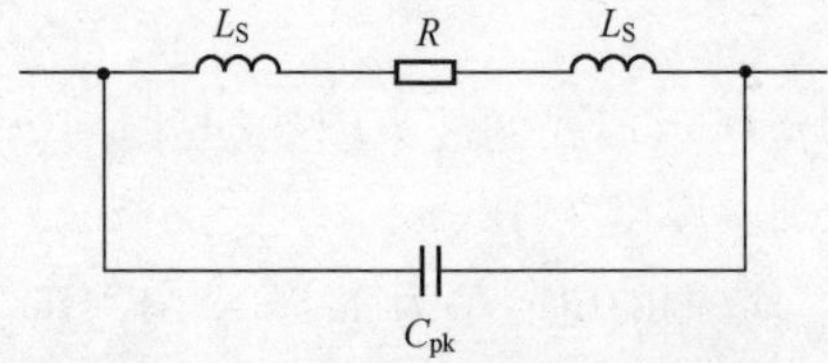


图 4.15　封装的高频电阻的等效电路

图 4.15 所示的电路包括两个串联电感，每个电感的值为 $L_S$，代表引线电感，以及一个电容 $C_{pk}$，代表结构两端之间的封装电容。等效电路中同时存在电感和电容意味着该结构将具有谐振频率。虽然谐振频率通常很高，但对于工作在微波频率范围内的电路来说，这可能成为一个重大问题。对于这些频率，必须仔细考虑使用的电阻类型，以尽量减少寄生效应。

**例 4.8**　封装的 5kΩ 电阻的等效电路如图 4.15 所示。每条引线的自感为 2.8nH，封装电容为 0.14pF。确定电阻在以下频率下的阻抗：5MHz、50MHz 和 500MHz。对结果进行评论。

**解：**由图 4.15 可知，总阻抗为

$$\frac{1}{Z_T}=\frac{1}{R+j2\omega L_S}+j\omega C_{pk}$$

整理可得

$$Z_T=\frac{R+j2\omega L_S}{1-2\omega^2 C_{pk}L_S+j\omega C_{pk}R}$$

在 5MHz：有

$$\omega L_S = 2\pi\times5\times10^6\times2.8\times10^{-9} = 0.088\Omega$$

$$\omega^2 C_{pk} L_S = (2\pi\times5\times10^6)^2\times0.14\times10^{-12}\times2.8\times10^{-9} \approx 0$$

$$\omega C_{pk} R = 0.022\Omega$$

$$Z_T = \frac{5000+j2\times0.088}{1+j0.022}\Omega = (4997.51-j109.77)\Omega$$

在 50MHz：有

$$\omega L_S = 0.088\times10\Omega = 0.88\Omega$$

$$\omega^2 C_{pk} L_S \approx 0$$

$$\omega C_{pk} R = 0.022\times10\Omega = 0.22\Omega$$

$$Z_T = \frac{5000+j2\times0.88}{1+j0.22}\Omega = (4771.36-j1047.94)\Omega$$

在 500MHz：有

$$\omega L_S = 0.088\times100\Omega = 8.8\Omega$$

$$\omega^2 C_{pk} L_S = 0.004$$

$$\omega C_{pk} R = 0.022\times100\Omega = 2.2\Omega$$

$$Z_T = \frac{5000+j2\times8.8}{1+j2.2}\Omega = (858.30-j1885.74)\Omega$$

本例的计算结果如下：

| 频率/MHz | $Z_T/\Omega$ |
|---|---|
| 5 | 4997.51−j109.77 |
| 50 | 4771.36−j1047.94 |
| 500 | 858.30−j1885.74 |

评论：在射频范围内的高频下，相对较小的容性和感性寄生开始对电阻的阻抗产生非常显著的影响。在 500MHz 时，阻抗的无功分量大于阻性分量。

### 4.4.3　集总元件电容器

射频集总元件电容器是平行板电容器的直接发展，其中电容来自由电介质隔开的两个带相反电荷的平行导电板。这种结构的电容为

$$C = \frac{\varepsilon A}{d} \tag{4.30}$$

其中

$\varepsilon$——电介质的介电常数；

$A$——板的面积；

$d$——板之间的距离。

射频和微波电容器有多种配置，尽管一些传统的构造方法（如使用缠绕的箔条和电介质的构造方法）不适合，因为它们具有过剩的电感。通常，高频应用中的电容器具有平面或芯片形式，并根据电介质的射频和微波特性进行选择。合适的电介质具有低损耗、相当高的介电常数和良好的热性能，即低的温度系数。温度系数表示给定温度变化下电容值的变化，单位为$\times 10^{-6}$/℃。两种最流行的介电材料是陶瓷和云母。陶瓷是一个不错的选择，因为该材料通常损耗低，具有良好的热特性，并且由于陶瓷材料具有高介电常数，因此元件可以做得很小。此外，可以获得具有正温度系数或负温度系数的陶瓷材料。例如，钛酸镁是一种具有低介电常数和正温度系数的陶瓷材料，而钛酸钙具有负温度系数。通过混合这两种材料，可以获得具有高温稳定性的陶瓷电介质。混合电介质材料通常被称为 NPO（负-正-零）电介质，用于稳定性至关重要的电路，如谐振器和滤波器等电路。云母也是高频电容器的热门选择，因为它损耗低，温度系数非常低，通常用于薄膜电容器中，将银等导体沉积在云母薄膜上。与 NPO 介质电容器一样，镀银云母薄膜电容器也用于温度稳定性至关重要的情况。然而，使用云母电容器的一个小缺点是云母的介电常数相对较低，约为 6，因此电容器的物理尺寸往往会很大。

电容器的等效电路如图 4.16（a）所示，其中 $C$ 为标称电容值，$R_S$为每根引线的串联电阻，$R_d$为电介质的电阻，$L_S$为每根引线的电感，如果电容器是芯片式的，$L_S$为每根引线的金属化的等效电感。由于电介质的电阻通常非常高，因此可以将等效电路重新绘制为简单的串联谐振电路，如图 4.16（b）所示。

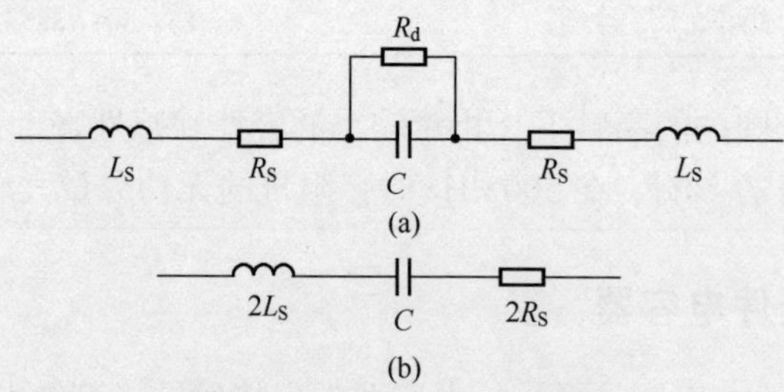


图 4.16　电容器的等效电路

引线电感和显著的电容的存在意味着电容器将具有谐振频率，必须注意确保其谐振频率不在元件的工作射频范围内。

**例 4.9**　一个 10pF 电容器，其中每个导电引线的有效电感为 0.7nH，该电容器的谐振频率是多少？对结果进行评论。

**解：**该电容器形成一个串联谐振电路，其中电容为 10pF，电感为 2 × 0.7nH。那么谐振频率为

$$f_0=\frac{1}{2\pi\sqrt{LC}}$$

$$=\frac{1}{2\pi\sqrt{1.4\times10^{-9}\times10\times10^{-2}}}\text{Hz}$$

$$=1.34\text{GHz}$$

评论：问题中给出了 $C$ 和 $L_S$ 的实际值，这些值使得谐振频率相对较低，表明在高频电路设计中选择和应用集总元件电容器时需要注意。

指定射频电容器性能的另一个有用的参数是品质因数，用 $Q$ 表示。包含电容器的串联谐振电路的品质因数 $Q$ 的常规定义为

$$Q=\frac{1/\omega C}{R}=\frac{1}{\omega CR} \tag{4.31}$$

其中

$C$——电容；

$R$——有效串联电阻（ESR）。

式（4.31）中 $Q$ 的表达式通常写成以下形式：

$$Q=\frac{1/\omega C}{\text{ESR}} \tag{4.32}$$

ESR 的值取决于电介质的电阻和电容器引线的电阻。

### 4.4.4　集总元件电感器

构造电感器的传统方法是将线圈缠绕在圆柱形线圈架上。电感值由众所周知的公式给出：

$$L=\frac{0.394r^2N^2}{9r+10l}\mu\text{H} \tag{4.33}$$

其中

$r$——线圈半径（cm）；

$N$——线圈匝数；

$l$——线圈长度（cm）。

据报道，当 $l>0.7r$ 时，式（4.33）中给出的电感表达式的准确性优于

1% 。式（4.33）表明存在一系列的电感几何形状（$r$ 和 $l$ 的组合）会产生特定的电感，但当 $l=2r$ 时会产生最佳的 $Q$① 值。

在射频范围，与简单线圈电感器相关的寄生效应可能非常显著。尤其是，线圈匝之间存在显著的电容，且由于形成线圈的导体长度相对较长，存在显著的串联电阻。由于趋肤效应，导体的电阻也会随着频率的增加而增大。电感器的等效电路如图 4.17 所示。

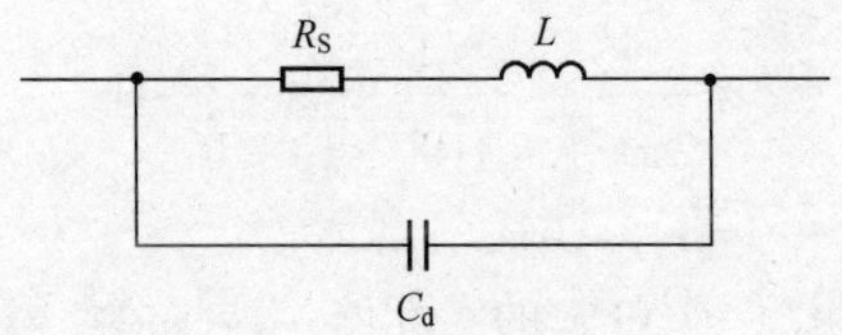


图 4.17　电感器的等效电路

显然，图 4.17 所示电路具有一个谐振频率。在谐振频率以下，该元件将主要是感性的，而在谐振频率以上，元件将看起来是容性的。

在电感器中使用铁氧体磁芯是提高性能的一种方法。铁氧体的存在意味着实现特定电感所需的匝数更少，这意味着欧姆损耗更小，因此 $Q$ 值更高。此外，使用铁氧体磁芯将减小元件的尺寸。但是，在使用铁氧体磁芯时需要注意，因为磁芯本身可能会引入额外的损耗。

为射频应用制造铁氧体电感器的一种流行方法是使用环形线圈，这是一种小直径的铁氧体环，线圈的匝缠绕在该环上。这样可以形成非常紧凑的高 $Q$ 值元件。Bowick [15] 对与环形电感器相关的实际设计问题进行了有用的深入讨论。

## 4.5　微型平面元件

4.4 节讨论了与射频和微波集总无源元件的封装及封装相关的不必要的寄生电抗。在混合射频和微波电路中实现无源元件的另一种方法是使用分布式平面元件，这种元件通常在 MMIC（单片微波集成电路）中使用。在本节中，我们将介绍一些主要类型的分布式无源元件，并讨论它们的主要高频特性。

### 4.5.1　螺旋电感

微带矩形螺旋电感的典型布局如图 4.18 所示。导电线路形成螺旋形，可

① 由于电感器具有串联的电抗元件和电阻元件，我们可以将电感器的 $Q$ 简单地表示为 $Q=\omega L/R$。

以是方形的、圆形的，或者有时是六边形的。介电桥用于连接螺旋的内端，使用厚膜技术，在线路的转弯处印刷一条电介质，可以很容易地形成桥，如图 4.18 所示，然后叠印一条导体以连接螺旋的内端。

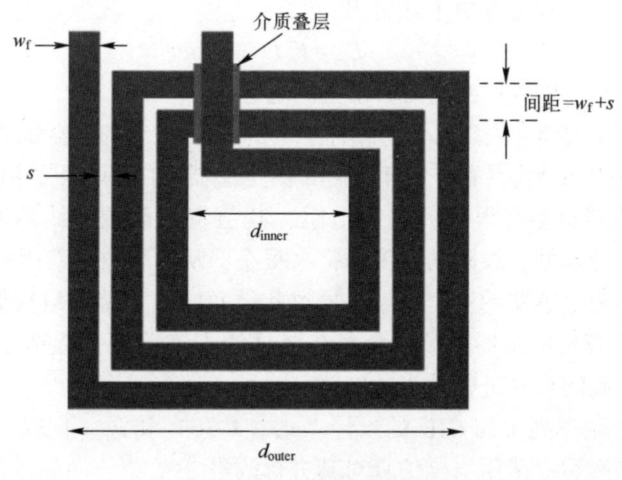


图 4.18　螺旋电感

注意事项如下。

（1）Mohan 等人提出了自由空间中方形螺旋电感的准确表达式[16]：

$$L=K_1\,\mu_0\frac{N^2 d_{avg}}{1+K_2\rho}\text{nH} \tag{4.34}$$

其中

$N$——螺旋的匝数；

$d_{avg}$——螺旋的平均边长，单位为 μm；

$\rho$ 为由下式定义的填充因子：

$$\rho=\frac{d_{outer}-d_{inner}}{d_{outer}+d_{inner}} \tag{4.35}$$

$K_1$ 和 $K_2$——由螺旋的几何形状决定的系数。

Mohan 及其同事[16]给出方形螺旋的值为 $K_1=2.34$ 和 $K_2=2.75$，而八角形螺旋的值为 $K_1=2.25$ 和 $K_2=3.55$。

（2）在微带线配置中，螺旋下方的接地层会降低电感，通常降低 10% 左右。Gupta 及其同事[2]引用了一个校正因子 $K_g$ 的表达式，将接地层的影响表示为

$$K_g=0.57-0.145\ln\left(\frac{w_f}{h}\right) \tag{4.36}$$

其中

$w_f$——螺旋线路的宽度；

$h$——衬底的厚度；

微带螺旋的有效电感由下式给出：

$$L_{eff}=K_g L \tag{4.37}$$

其中，$L$ 是由式（4.34）给出的自由空间电感。

（3）螺旋电感器会表现出一些自电容，由相邻匝之间的电容和对地电容组成。

（4）螺旋电感器将具有一个自谐振频率–电感器应在此谐振频率以下工作。

（5）电感器也会有很大的串联电阻，其值将由匝数和线路的宽度决定。为了制造紧凑的元件，线路的宽度通常会很小，从而导致高欧姆损耗。这种高损耗是许多螺旋电感器的一个特点，导致此类元件的 $Q$ 值相对较低。

（6）矩形螺旋电感器的形状会存在明显的不连续性，特别是在线路拐角处，需要对螺旋的尺寸进行适当的补偿。

（7）对于频率高于几 GHz 的设计，式（4.36）和式（4.37）只能用于给出原型设计，然后应使用电磁仿真对其进行改进。

（8）螺旋电感器也可以用圆形形式实现。这将减少不连续性，但代价是设计复杂性略有增加。

（9）螺旋电感器的杂散辐射也可能是实际电路中的一个问题，导致元件和封装谐振之间出现不必要的耦合。Caratelli 及其同事[17]使用全波时域有限差分（FDTD）分析的工作，展示了辐射水平是如何受到螺旋的几何形状及其制造材料的影响的。

## 4.5.2 环路电感

在只需要少量电感的电路中，电感可以由一个简单的单回路构成，如图 4.19 所示。单回路提供了一个紧凑的元件，几乎没有不连续性，但在设计中需要注意避免在回路入口处产生过剩的电容。

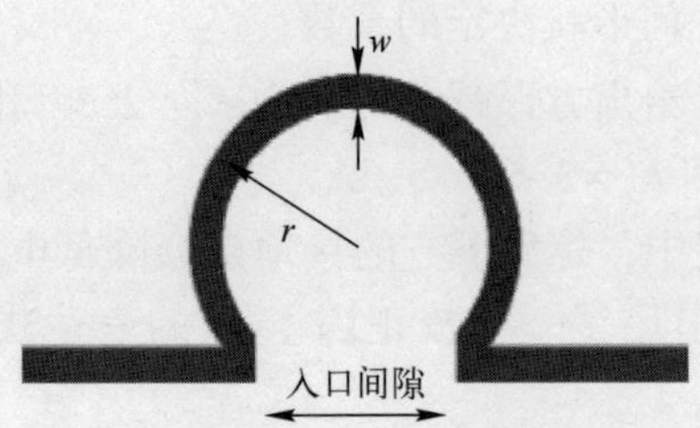


图 4.19　环路电感

注意事项如下。

（1）对于单回路电感器，自由空间电感近似为

$$L=12.57r\left(\ln\left[\frac{8\pi r}{w}\right]-2\right)\text{nH} \tag{4.38}$$

其中

$L$——电感；

$r$——环的平均半径，单位为 cm；

$w$——形成环的线路宽度，单位为 cm。

虽然，在文献中经常引用环路电感的这个表达式，但它没有考虑回路入口处间隙的尺寸。因此，这个公式是非常近似的，并用于在实际设计中建立一个初始值，然后应该使用电磁仿真对其进行优化。

（2）为了避免穿过回路入口的不必要的电容，间隙的尺寸通常约为 $5w$，其中 $w$ 是线路的间距。

（3）环路电感的自电容往往小于螺旋电感，该电容主要是由于导体每单位长度的电容。因此，环路的自谐振频率高于螺旋电感器。

**例 4.10**　确定以下每个结构提供的电感，并对结果进行评论。每个结构都由宽度为 0.8mm、厚度可忽略不计的扁平（带状）导体形成。

（1）间距为 1.4mm，内部尺寸为 4mm 的三匝矩形平面螺旋电感器；

（2）半径为 5mm 的单回路电感器（忽略入口间隙的影响）；

（3）一根 12mm 长的直线导体。

**解：**（1）间距 $=w+s=0.8+s=1.4 \Rightarrow s=0.6\text{mm}$

由图 4.18 可知

$$d_{\text{outer}}=d_{\text{inner}}+6w+4s=(4+6\times0.8+4\times0.6)\text{mm}=11.2\text{mm}$$

$$d_{\text{avg}}=0.5\times(11.2+4)\text{mm}=7.6\text{mm}$$

利用式（4.35）可以得到螺旋的填充因子：

$$\rho=\frac{11.2-4}{11.2+4}=0.474$$

将上式代入式（4.34），用方形螺旋的 $K$ 因子可得

$$L(\text{spiral})=2.34(4\pi\times10^{-7})\times\frac{3^2\times7.6}{1+(1.75\times0.474)}\text{H}=87.34\text{nH}$$

（2）利用式（4.38）可得

$$L(\text{loop}) = 12.57 \times 0.5 \times \left(\ln\left(\frac{8\pi \times 0.5}{0.08}\right) - 2\right)\text{nH}$$

$$= 19.21\text{nH}$$

（3）利用式（4.26）可得

$$L(\text{straight ribbon}) = 0.002 \times 1.2 \times \left[\ln\left(\frac{2 \times 1.2}{0.08}\right) + 0.5 + 0.2235 \times \left(\frac{0.08}{1.2}\right)\right]\mu\text{H}$$

$$= 9.40\text{nH}$$

本例中三种结构的电容如下：

| 结　构 | 电容/nH |
| --- | --- |
| Spiral | 87.34 |
| Loop | 19.21 |
| Straight ribbon | 9.40 |

评论：本例中指定的螺旋和环路电感器将占据大致相同的衬底面积，但螺旋结构提供了更高的电感。所使用的理论没有考虑环路的入口间隙，如果考虑实际间隙，则环路的电感将远小于计算的 19.21nH。正如所料，直导线的自感小于其他结构的自感，但仍约为环路自感的 50%。这表明使用直线来提供较小的电感值可能比使用环路更可取，环路在实践中会具有更大的自电容，因此会产生更麻烦的自谐振频率。

### 4.5.3　叉指式电容器

图 4.20 展示了形成叉指式电容器的传统导体结构。该结构采用多个手指耦合两个金属导体。手指的使用有效地在两个导体之间产生了长的耦合间隙。通常，手指的宽度和间距是相同的，即 $w_f = s$。这种类型的电容器最初是为 MMIC 而研发的，但它也可以通过在微带导体中形成耦合手指，从而方便地在

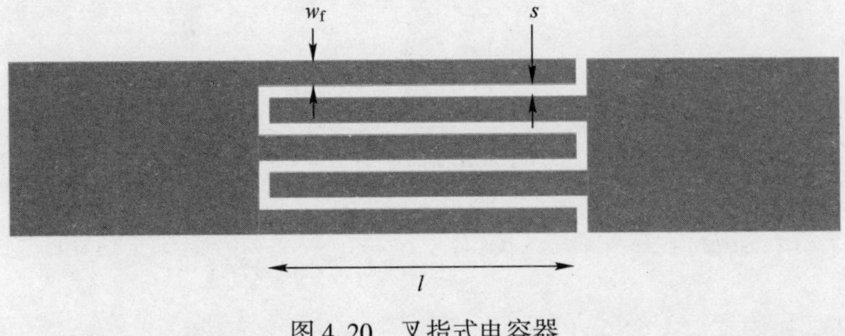


图 4.20　叉指式电容器

混合电路中实现。

Alley[18]发表了对叉指式电容器的综合分析，他提出了该结构的总电容的近似表达式如下：

$$C=(\varepsilon_r-1)l[(N-3)A_1+A_2]\text{pF} \tag{4.39}$$

其中

$\varepsilon_r$——衬底的介电常数；

$l$——重叠手指的长度，单位为 μm；

$N$——手指的数量；

$A_1$和$A_2$——校正因子，它们是$\dfrac{h}{w_f}$的函数，其中 $h$ 是衬底的厚度，$w_f$是每个手指的宽度。

Alley[18]提供了曲线，对于给定的$\dfrac{h}{w_f}$比率，可以从中获得 $A_1$和 $A_2$。随后，Bahl [19]使用曲线拟合技术获得了以下封闭形式的公式，从中可以计算 $A_1$和 $A_2$的值：

$$A_1=4.409\tanh\left[0.55\left(\frac{h}{w_f}\right)^{0.45}\right]\times10^{-6}\text{pF/m} \tag{4.40}$$

$$A_2=9.92\tanh\left[0.52\left(\frac{h}{w_f}\right)^{0.5}\right]\times10^{-6}\text{pF/m} \tag{4.41}$$

叉指式电容器的注意事项如下。

（1）它们通常用于提供高达 1pF 左右的电容值。对于超过 1pF 的值，元件的尺寸会变得相当大。

（2）整体尺寸通常小于 λ/4，因此它们在电学上可被视为集总元件。

（3）它们有许多不连续处，因此式（4.39）中给出的总电容的表达式应视为一个近似值。

（4）在微带线中，叉指式电容器可以设计成良好的串联匹配。

（5）它们是精密元件，通常用于电容的精确值很重要的情况，例如滤波器和匹配网络。

（6）可以通过增加手指宽度（$w_f$）与间隙尺寸（$s$）的比率来增加叉指式电容器的 $Q$ 因子。

（7）文献中有各种包括损耗影响的叉指式电容器 CAD 模型，例如，Zhu 和 Wu 所著的文献［20］。这些模型允许精确设计微带形式的低损耗叉指式电容器。

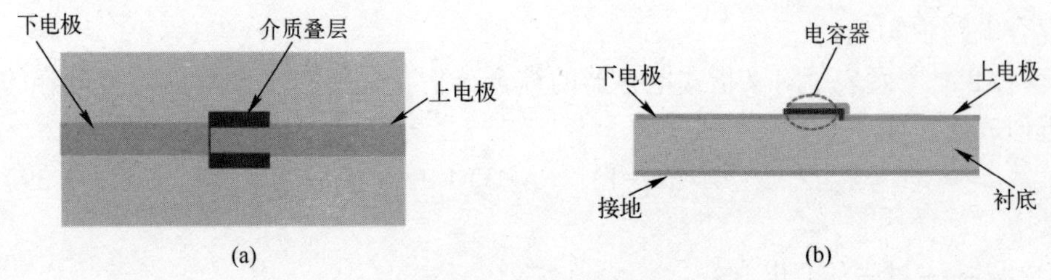


图 4.21　MIM 电容器

(a) 平面视图；(b) 侧视图。

## 4.5.4 金属-绝缘体-金属电容器

在所需电容大于叉指结构所能提供的电容的情况下，可以使用金属-绝缘体-金属（MIM）电容器。这种类型的电容器，有时称为叠层电容器，可以提供相对较高的电容，但精度低于叉指式电容器。MIM 电容器适用于单片或混合射频集成电路。厚膜微带中 MIM 电容器的结构如图 4.21 所示，为清楚起见，组件的平面图如图 4.21（a）所示，侧视图如图 4.21（b）所示。在这种结构中，电介质被印刷在形成电容器下电极的微带线的开口端，然后在电介质上印刷另一条微带线以形成上电极。通常连续印刷三层电介质以避免在电介质中形成针孔。如果电介质中存在针孔，则在印刷上电极时这些孔将被导体金属填充，从而将两个电极短接在一起。注意，选择上电极的宽度以保持与微带线的正确阻抗匹配。

可以使用简单的平行板电容器理论来近似 MIM 电容器的电容：

$$C=\frac{\varepsilon_{\mathrm{m}}\varepsilon_0 A}{d} \tag{4.42}$$

其中

$\varepsilon_{\mathrm{m}}$——电极之间印刷的电介质的介电常数；

$\varepsilon_0$——真空的介电常数；

$A$——电极的重叠面积；

$d$——印刷的电介质的厚度。

将 $\varepsilon_0=8.854\times10^{-12}$ F/m 代入式（4.42），得到 MIM 电容器的电容为

$$C=\frac{8.854\varepsilon_{\mathrm{m}}A}{d\times10^6}\mathrm{pF} \tag{4.43}$$

其中，$d$ 的单位为 μm；$A$ 的单位为（μm）$^2$。

MIM 电容器的注意事项如下。

（1）MIM 电容器可用作去耦电容器，去耦电容需要相对较高的电容值，

但精度不高。

（2）式（4.42）是一个近似值，因为它没有考虑电极边缘的边缘效应。

（3）虽然可以使用厚膜技术方便地制造 MIM 电容器，但由于需要将上电极印刷在电介质边缘上，因此可能存在可靠性问题，称为“印刷边缘效应”，与印刷在电介质边缘上的导体变薄有关。

（4）由于电极之间的介电层电阻非常高，MIM 电容器中欧姆损耗的唯一来源是电极的电阻，因此这种电容器的 $Q$ 值可能相对较高。

（5）如果采用厚膜技术制造 MIM 电容器，则可以对结构进行一些微调来控制电容值。但如果需要精确的电容值，更好的解决方案是使用叉指式结构。

**例 4.11**　计算以下每个结构的电容，并对结果进行评论。

（1）微带叉指式电容器，规格如下：

手指数量 = 4

手指宽度 = 50μm

手指间距 = 50μm

重叠手指长度 = 2mm

衬底厚度 = 250μm

衬底相对介电常数 = 9.8

（2）MIM 电容器，规格如下：

电极之间的电介质的相对介电常数 = 7.8

电极之间的电介质厚度 = 24μm

电极的面积 = 350 × 2000（μm）$^2$

**解**：（1）电容器的$\dfrac{h}{w}$：

$$\frac{h}{w_{\mathrm{f}}}=\frac{250}{50}=5$$

利用式（4.40）可得

$$\begin{aligned}A_1&=4.409\tanh[0.55\times(5)^{0.45}]\times10^{-6}\mathrm{pF/m}\\&=3.583\times10^{-6}\mathrm{pF/m}\end{aligned}$$

利用式（4.41）可得

$$\begin{aligned}A_2&=9.92\tanh[0.52\times(5)^{0.5}]\times10^{-6}\mathrm{pF/m}\\&=8.15\times10^{-6}\mathrm{pF/m}\end{aligned}$$

将 $A_1$ 与 $A_2$ 的数值代入式（4.39），得到叉指式电容器的总电容：

$$C=(9.8-1)\times 2000\times[(4-3)\times 3.586+8.15]\times 10^{-6}\text{pF}$$
$$=0.206\text{pF}$$

（2）将本例中的有关数据代入式（4.43），得到 MIM 电容器的总电容：

$$C=\frac{8.854\times 7.8\times(350\times 2000)}{24\times 10^{6}}\text{pF}$$
$$=2.018\text{pF}$$

注释：每个电容器结构占据大约相同的衬底面积，但 MIM 电容器的电容大约是叉指式电容器的 20 倍。然而，MIM 电容器通常不能制造出与叉指式电容器相同的精度。

## 附录 4.A 微带间隙引起的插入损耗

从第 4.2.5 节我们知道微带间隙可以建模为由三个电容器组成的 π 网络。然后可以使用第 5 章中定义的常规网络参数，根据简单的电路理论确定间隙的插入损耗。

图 4.22 展示了由三个导纳组成的 π 网络。

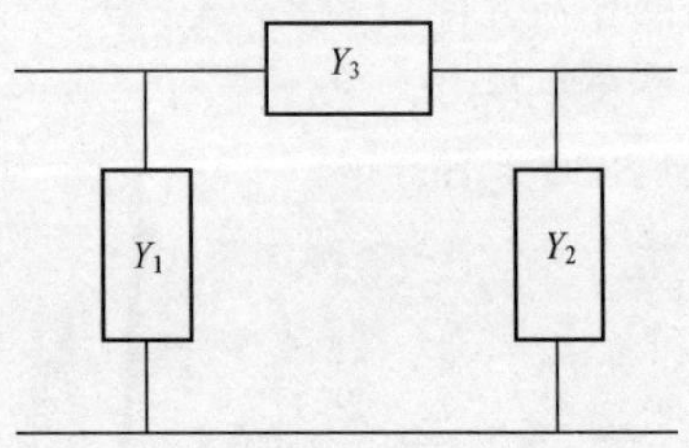


图 4.22 导纳组成的 π 网络

Pozar[21] 给出了该网络的 ***ABCD*** 矩阵，如下：

$$\begin{bmatrix}\boldsymbol{A} & \boldsymbol{B}\\ \boldsymbol{C} & \boldsymbol{D}\end{bmatrix}=\begin{bmatrix}1+\dfrac{Y_2}{Y_3} & \dfrac{1}{Y_3}\\ Y_1+Y_2+\dfrac{Y_1Y_2}{Y_3} & 1+\dfrac{Y_1}{Y_3}\end{bmatrix} \tag{4.44}$$

使用附录 5.A 中给出的转换，我们可以通过 π 网络的 $S$ 参数，$S_{21}$，确定

传输损耗，即

$$S_{21}=\frac{2}{A+BY_0+CZ_0+D}$$
$$=\frac{2}{\left(1+\frac{Y_2}{Y_3}\right)+\left(\frac{1}{Y_3}\right)Y_0+\left(Y_1+Y_2+\frac{Y_1Y_2}{Y_3}\right)Z_0+\left(1+\frac{Y_1}{Y_3}\right)} \tag{4.45}$$
$$=\frac{2Y_3Y_0}{Y_0^2(1+Y_3)+(Y_1+Y_2+Y_3)Y_0+Y_1Y_2+Y_2Y_3+Y_3Y_1}$$

其中，$Y_0=1/Z_0$，$Z_0$为连接网络输入和输出的阻抗。

对于电容器 π 网络，有 $Y_1=Y_2=\mathrm{j}\omega C_\mathrm{p}$ 和 $Y_3=\mathrm{j}\omega C_\mathrm{s}$。将 $Y_1$、$Y_2$、$Y_3$代入式（4.45）中，化简得到

$$S_{21}=\frac{2}{2+\frac{2C_\mathrm{p}}{C_\mathrm{s}}+\mathrm{j}\left(2\omega C_\mathrm{p}Z_0+\frac{\omega C_\mathrm{p}^2Z_0}{C_\mathrm{s}}-\frac{1}{\omega C_\mathrm{s}Z_0}\right)} \tag{4.46}$$

间隙的插入损耗以 dB 为单位表示为

$$(IL)_{\mathrm{dB}}=20\log|S_{21}|^{-1}$$
$$=20\log|0.5(a+\mathrm{j}b)| \tag{4.47}$$

$$a=2+\frac{2C_\mathrm{p}}{C_\mathrm{s}} \tag{4.48}$$

和

$$b=2\omega C_\mathrm{p}Z_0+\frac{\omega C_\mathrm{p}^2Z_0}{C_\mathrm{s}}-\frac{1}{\omega C_\mathrm{s}Z_0} \tag{4.49}$$

# 参考文献

[1] Edwards, T. C. and Steer, M. B. (2016). *Foundations for Microstrip Circuit Design*, 4e. Cichester, UK: Wiley.

[2] Gupta, K. C., Garg, R., Bahl, I., and Bhartia, P. (1996). *Microstrip Lines and Slotlines*. Norwood, MA: Artech House.

[3] Hammerstad, E. O. and Bekkadal, F. (1975). *A Microstrip Handbook*. Norway: University of Trondheim.

[4] Fooks, E. H. and Zakarevicius, R. A. (1990). *Microwave Engineering Using Microstrip*.

Australia: Prentice Hall.

[5] Easter, B., Gopinath, A., and Stephenson, I. M. (1978). Theoretical and experimental methods for evaluating discontinuities in microstrip. *Radio and Electronic Engineer* 48 (1/2): 73-84.

[6] Garg, R. and Bahl, I. J. (1978). Microstrip discontinuities. *International Journal of Electronics* 45.

[7] Alexopoulos, N. and Wu, S. -C. (1994). Frequency-independent equivalent circuit model for microstrip open-end and gap discontinuities. *IEEE Transactions on Microwave Theory and Techniques* 42 (7).

[8] Dydyk, K. M. (1972). Master the T-junction and sharpen your MIC designs. *IEEE Microwave Magazine* (May 1972).

[9] Chadha, R. and Gupta, K. C. (1982). Compensation of discontinuities in planar transmission lines. *IEEE Transactions on Microwave Theory and Techniques* 30 (12).

[10] Rastogi, A. K., Bano, M., and Sharma, S. (2014). Design and simulation model for compensated and optimized T-junctions in microstrip line. *International Journal of Advanced Research in Computer Engineering and Technology* 31 (12).

[11] March, S. L. (1981). Empirical formulas for the impedance and effective dielectric constant of covered microstrip for use in the computer-aided design of microwave integrated circuits. *Proceedings of 11th European Microwave Conference*, Amsterdam, Netherlands (7-11 September 1981), pp. 671-676.

[12] Williams, D. F. and Paananen, D. W. (1989). Suppression of resonant modes in microwave packages. *MTT-S Microwave Symposium Digest*, Long Beach, CA (13-15 June 1989), pp. 1263-1265.

[13] Wadell, B. (1998). Modelling circuit parasitics - part 2. *IEEE Instrumentation and Measurement Magazine* 1 (2).

[14] Ndip, I., Oz, A., Reichl, H. et al. (2015). Analytical models for calculating the inductances of bond wires in dependence on their shapes, bonding parameters, and materials. *IEEE Transactions on Electromagnetic Compatibility* 57 (2): 241-249.

[15] Bowick, C. (1982). *RF Circuit Design*. Newton, MA: Butterworth-Heinemann.

[16] Mohan, S. S., Hershenson, M., Boyd, S. P., and Lee, T. H. (1999). Simple accurate expressions for planar spiral inductances. *IEEE Journal of Solid-State Circuits* 34 (10).

[17] Caratelli, D., Cicchetti, R., and Faraone, A. (2006). Circuital and electromagnetic performances of planar microstrip inductors for wireless applications. *Proceedings of IEEE Antennas and Propagation Symposium*, Albuquerque (July 2006).

[18] Alley, G. D. (1970). Interdigital capacitors and their application to lumped-element mi-

crowave integrated circuits. *IEEE Transactions on Microwave Theory and Techniques* MTT-18 (12).

[19] Bahl, I. (2003). *Lumped Elements for RF and Microwave Circuits*. Artech House.

[20] Zhu, L. and Wu, K. (1998). A general-purpose circuit model of interdigital capacitor for accurate design of low-loss microstrip circuits. *Proceedings of IEEE MTT-Symposium*, Baltimore, pp. 1755-1758.

[21] Pozar, D. M. (2001). *Microwave and RF Design of Wireless Systems*. New York: Wiley.

# 第 5 章　S 参数

## 5.1 引　　言

散射参数，通常缩写为 S 参数，是用于指定线性网络和设备在微波频率下的性能的网络参数。

在低频（即低于微波）下，多端口线性网络的特性通常用 *Z* 参数、*Y* 参数或 ABCD 参数表示。本章附录中定义的这些参数需要标准端接阻抗，如短路和开路，这些阻抗在实际中很容易在低频下提供。在较高（微波）频率下，提供短路或开路并不容易。在高频下，短路往往具有残余电感，开路则具有残余电容，因此，将它们用作参考终端需要通过辅助实验确定这些杂散电抗。

此外，在低频（低于微波）下，与线性网络表征相关的电流和电压的测量相对简单，因此 *Z* 参数、*Y* 参数和 *ABCD* 参数的测量相对容易。但在微波频率下，电流和电压较难测量，因此准确确定 *Z* 参数、*Y* 参数和 *ABCD* 参数也相应地更困难。由于这些原因，在微波频率上采用了不同的方法，并且当微波功率入射到给定端口上时，根据从给定网络端口反射并传递到其他网络端口的微波功率来指定网络，因此，施加到给定端口的功率可以被认为是分散的，部分是反射功率，部分是传输到其他端口的功率，因此称为散射参数。

与 *Z* 参数、*Y* 参数和 *ABCD* 参数的情况一样，需要参考阻抗。在微波频率下很容易获得特定的电阻阻抗，通常使用 50Ω 参考阻抗。

## 5.2 S 参数定义

$n$ 端口线性网络的 $S$ 参数是根据第 $r$ 端口的入射波 $V_r^+$ 定义的，这通过表达式与归一化参数 $\alpha_r$ 有关，则

$$\alpha_r = \frac{V_r^+}{\sqrt{Z_0}} \tag{5.1}$$

其中，$Z_0$ 为终端阻抗（注意，波已经被归一化，这使得 $\alpha_r$ 参数的振幅表示波

功率的平方根)。

在第 $r$ 端口产生的归一化波可以表示为

$$b_r = \frac{V_r^-}{\sqrt{Z_0}} \tag{5.2}$$

第 $r$ 个端口的入射波也将会产生离开剩余端口的波，通常我们可以将离开任意第 $i$ 个端口的归一化波写成

$$b_i = \frac{V_i^-}{\sqrt{Z_0}} \tag{5.3}$$

其中，$Z_0$ 为端接第 $i$ 个端口的阻抗。

线性网络的 $S$ 参数定义为这些归一化参数的比率，我们可以通过考虑一个简单的双端口网络来证明这一点，如图 5.1 所示。假设两个端口都以匹配的负载 $Z_0$ 端接。

图 5.1　双端口网络的功率波电压命名法

双端口网络的电气性能完全由下式中所示的四个 $S$ 参数表示：

$$\begin{cases} S_{11} = \left.\dfrac{b_1}{a_1}\right|_{a_2=0} \\ S_{12} = \left.\dfrac{b_1}{a_2}\right|_{a_1=0} \\ S_{21} = \left.\dfrac{b_2}{a_1}\right|_{a_2=0} \\ S_{22} = \left.\dfrac{b_2}{a_2}\right|_{a_1=0} \end{cases} \tag{5.4}$$

通过等式 (5.4) 的检验，我们可以看到，当端口以匹配的负载端接时，$S_{11}$ 和 $S_{22}$ 分别是端口 1 和端口 2 处的反射系数。此外，$S_{21}$ 和 $S_{12}$ 分别是当端口在匹配负载中端接时的正向和反向电压增益。为了清楚起见，等式 (5.4) 总结了对于端口端接在匹配负载中的线性双端口网络四个 $S$ 参数的重要性。

$$\begin{cases} S_{11} = \text{端口 1 处的反射系数} \\ S_{12} = \text{反向电压增益} \\ S_{21} = \text{正向电压增益} \\ S_{22} = \text{端口 2 的反射系数} \end{cases} \tag{5.5}$$

$S$ 参数可以方便地以矩阵形式表示为

$$\boldsymbol{S} = \begin{bmatrix} S_{11} & S_{12} \\ S_{21} & S_{22} \end{bmatrix} \tag{5.6}$$

需要特别注意的是，写入单个 $S$ 参数的顺序约定标识了输入和输出的端口，因此对于以 $S_{mn}$ 形式写入的 $S$ 参数，m 表示输出端口，n 表示输入端口。

注意事项如下：

(1) $S$ 参数表示幅度和相位，因此是复数；

(2) $S$ 参数是通过网络或设备端口以特定阻抗端接来指定的，通常是 50Ω；

(3) $S$ 参数随频率变化；

(4) 当网络端口的端接阻抗不是 50Ω 时，我们必须使用修改的 $S$ 参数来计算网络端口处的反射系数（修改后的 $S$ 参数在 5.5 节中解释）。

**例 5.1**　写出 $\boldsymbol{S}$ 矩阵，表示输入和输出端口匹配，增益为 15dB 的理想放大器。

**解：**

由于输入和输出端口匹配，所以这些端口处的反射系数将为 0，即 $S_{11}=0$ 和 $S_{22}=0$。此外，如果放大器是理想的，则反向增益将为 0，因此 $S_{12}=0$，则

$$15 = 20\log|S_{21}| \Rightarrow |S_{21}| = 10^{15/20} \Rightarrow |S_{21}| = 5.62$$

因此 $\boldsymbol{S}$ 矩阵可表示为

$$\boldsymbol{S} = \begin{bmatrix} 0 & 0 \\ 5.62\angle 0^\circ & 0 \end{bmatrix}$$

注意事项如下：

(1) 我们假设在理想情况下，传输相位为 0（或 360°的倍数）；

(2) 当从 dB 转换为 $S$ 参数值时，我们使用 $20\log|S_{21}|$，因为 $S$ 参数是电压比，从式（5.1）中的定义可以看出。

**例 5.2**　确定代表 800MHz 匹配同轴电缆长度为 20cm 的 **S** 矩阵。电缆具有相对介电常数为 2.3 的无损电介质。

**解：**

$$S_{11}=S_{22}=0 \text{ 因为电缆是匹配的}$$

$$|S_{12}|=|S_{21}|=1 \text{ 因为电缆是无损的}$$

800MHz 时，电缆波长为

$$\lambda_C=\frac{c}{f\sqrt{\varepsilon_r}}=\frac{3\times10^8}{800\times10^6\times\sqrt{2.3}}\text{m}=0.247\text{m}$$

传输相位变化，$\phi$，由下式给出

$$\phi=\beta l=\frac{2\pi}{\lambda_C}l=\frac{2\pi}{0.247}\times0.2\text{rad}=5.088\text{rad}=291.50°$$

因此，指定电缆长度的 **S** 矩阵为

$$\boldsymbol{S}=\begin{bmatrix}0 & 1\angle-291.50° \\ 1\angle-291.50° & 0\end{bmatrix}$$

注意，由于信号通过电缆所引起的时间延迟，传输相位是负的。

S 参数的概念可以应用于具有两个以上端口的网络或设备。对于四端口网络，**S** 矩阵为

$$\boldsymbol{S}=\begin{bmatrix}S_{11} & S_{12} & S_{13} & S_{14} \\ S_{21} & S_{22} & S_{23} & S_{24} \\ S_{31} & S_{32} & S_{33} & S_{34} \\ S_{41} & S_{42} & S_{43} & S_{44}\end{bmatrix}$$

**例 5.3**　使用图 2.4 所示的端口配置，编写理想 3dB 支路耦合器的 **S** 矩阵。

**解：**

注意事项如下：

(1) 理想的耦合器将在四个端口处匹配，因此表示四个端口的反射系数的 **S** 矩阵的对角线元素 $S_{11}$ 至 $S_{44}$ 将为 0。

(2) 3dB 功率分配意味着每个臂的输入电压将降低 $1/\sqrt{2}$。

因此，我们有

$$
\boldsymbol{S}=\begin{bmatrix}
0 & 0 & \frac{1}{\sqrt{2}}\angle -180^\circ & \frac{1}{\sqrt{2}}\angle -90^\circ \\
0 & 0 & & \\
\frac{1}{\sqrt{2}}\angle -180^\circ & \frac{1}{\sqrt{2}}\angle -90^\circ & \frac{1}{\sqrt{2}}\angle -90^\circ & \frac{1}{\sqrt{2}}\angle -180^\circ \\
\frac{1}{\sqrt{2}}\angle -90^\circ & \frac{1}{\sqrt{2}}\angle -180^\circ & 0 & 0 \\
 & & 0 & 0
\end{bmatrix}
$$

即

$$
\boldsymbol{S}=-\frac{1}{\sqrt{2}}\begin{bmatrix}
0 & 0 & 1 & \mathrm{j} \\
0 & 0 & \mathrm{j} & 1 \\
1 & \mathrm{j} & 0 & 0 \\
\mathrm{j} & 1 & 0 & 0
\end{bmatrix}
$$

注意：在上式矩阵 $\boldsymbol{S}$ 中，我们使用简单的复数理论将 $\angle -90^\circ$ 替换为 $-\mathrm{j}$：$1\angle -90^\circ=\cos(-90^\circ)+\mathrm{j}\sin(-90^\circ)=0-\mathrm{j}=-\mathrm{j}$。

**例 5.4** 写出理想微带混合环的 $\boldsymbol{S}$ 矩阵，端口配置如图 2.23 所示。

**解：**

$\boldsymbol{S}$ 矩阵可示为

$$
\boldsymbol{S}=\begin{bmatrix}
0 & \frac{1}{\sqrt{2}}\angle -90^\circ & 0 & \frac{1}{\sqrt{2}}\angle -270^\circ \\
\frac{1}{\sqrt{2}}\angle -90^\circ & 0 & \frac{1}{\sqrt{2}}\angle -90^\circ & 0 \\
\frac{1}{\sqrt{2}}\angle -180^\circ & \frac{1}{\sqrt{2}}\angle -90^\circ & 0 & \frac{1}{\sqrt{2}}\angle -90^\circ \\
\frac{1}{\sqrt{2}}\angle -270^\circ & 0 & \frac{1}{\sqrt{2}}\angle -90^\circ & 0
\end{bmatrix}
$$

则

$$
\boldsymbol{S}=-\frac{1}{\sqrt{2}}\begin{bmatrix}
0 & -\mathrm{j} & 0 & \mathrm{j} \\
-\mathrm{j} & 0 & -\mathrm{j} & 0 \\
0 & -\mathrm{j} & 0 & -\mathrm{j} \\
\mathrm{j} & 0 & -\mathrm{j} & 0
\end{bmatrix}
$$

**例 5.5** 为具有图 2.16 所示端口配置的理想 15dB 微带定向耦合器编写 $\boldsymbol{S}$ 矩阵。

**解：**

第一步是求出耦合系数 $k$：

$$10\log\left(\frac{1}{k}\right)^2 = 15 \Rightarrow k = 0.178$$

$$\sqrt{1-k^2} = 0.984$$

使用等式（2.16），$\boldsymbol{S}$ 矩阵可以直接写为

$$\boldsymbol{S} = \begin{bmatrix} 0 & -j0.984 & 0 & 0.178 \\ -j0.984 & 0 & 0.178 & 0 \\ 0 & 0.178 & 0 & -j0.984 \\ 0.178 & 0 & -j0.984 & 0 \end{bmatrix} \tag{5.7}$$

## 5.3 信号流图

根据 $S$ 参数分析电路的一种方法是使用信号流图。通常，这种类型的图由多个节点组成，通过有向分支相互连接，并提供数学表达式的图形表示。在我们的例子中，节点表示 $S$ 参数表达式中的变量，分支表示 $S$ 参数的值。信号流图的生成可以通过推导流图来解释，以表示图 5.1 所示的简单双端口网络。这里我们有四个变量，即 $a_1$、$b_1$、$a_2$ 和 $b_2$，所以我们的流程图将有四个节点，代表这四个变量。从 5.2 节了解这些变量之间的 $S$ 参数关系，并使用这些关系形成节点之间的连接分支，如图 5.2 所示。分支上箭头的方向通过 $S$ 参数定义的逻辑推导获得。例如，我们知道 $S_{21}$ 是正向增益，因此该分支的箭头必须从输入节点 $a_1$ 指向输出节点 $b_2$。

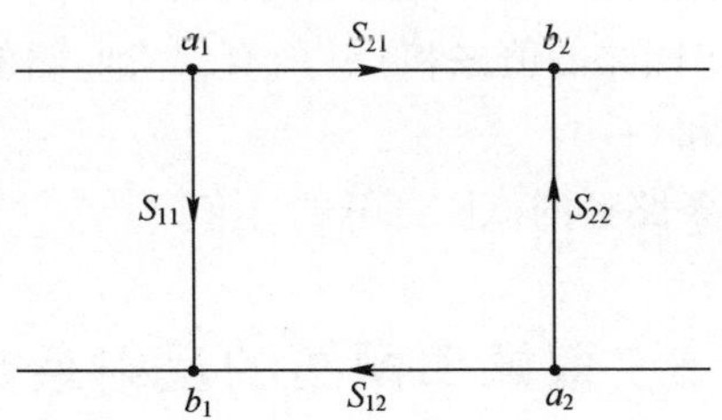


图 5.2　线性双端口网络的信号流图

我们可以使用箭头对进入给定节点的信号求和，从而生成以下 $S$ 参数方程：

$$\begin{cases} b_1 = S_{11}a_1 + S_{12}a_2 \\ b_2 = S_{22}a_2 + S_{21}a_1 \end{cases} \tag{5.8}$$

一旦网络由适当的信号流图表示，就可以使用梅森非接触环路规则[1]来分析它。

## 5.4 梅森非接触循环法则

梅森[1]基于信号流图中的闭合路径回路，开发了一个简单的规则，该规则能够确定网络的总体增益。

流程图可被视为由多个闭合路径回路组成，其定义如下：

（1）一阶循环是从给定节点返回到该给定节点而不经过该节点多次的闭合顺序路径，环路的增益等于环路周围 $S$ 参数的乘积；

（2）二阶回路是指两个一阶回路的组合，它们在任何点都不接触，二阶环路的增益等于两个一阶环路增益的乘积；

（3）三阶回路是指在任何点都不接触的三个一阶回路的组合，三阶环路的增益等于三个一阶环路增益的乘积。

梅森法为分析流程图提供了一种方便的方法；它给出了离开特定端口的波的振幅与进入该端口或任何其他端口的波振幅的比率 $T$，可以表示为[1]

$$T=\frac{\sum_{n=1}^{n}P_n\Delta_n}{\Delta} \tag{5.9}$$

其中

$n$——连接所考虑的两个端口（输入和输出端口）的正向路径数；

$P_n$——第 $n$ 条路径周围 $S$ 参数和反射系数乘积的值；

$\Delta$——1-(所有一阶回路的值之和)+(所有二阶回路的数值之和)-(所有三阶回路的总和)+…；

$\Delta_n$——未接触第 $n$ 条路径的流图部分的 $\Delta$ 值。

## 5.5 双端口网络的反射系数

梅森规则可用于计算以阻抗 $Z_L$ 端接的线性双端口网络的 $S_{11}$。网络如图 5.3 所示，相应的信号流图如图 5.4 所示。为了在流量图中保持一致的单位，负载阻抗由其反射系数 $\Gamma_L$ 表示。

通过图 5.4 的检查，可以看出只有一个一阶回路，由 $S_{22}\Gamma_L$ 表示，没有更高阶回路，因此有

$$\Delta = 1 - S_{22}\Gamma_{\mathrm{L}} \tag{5.10}$$

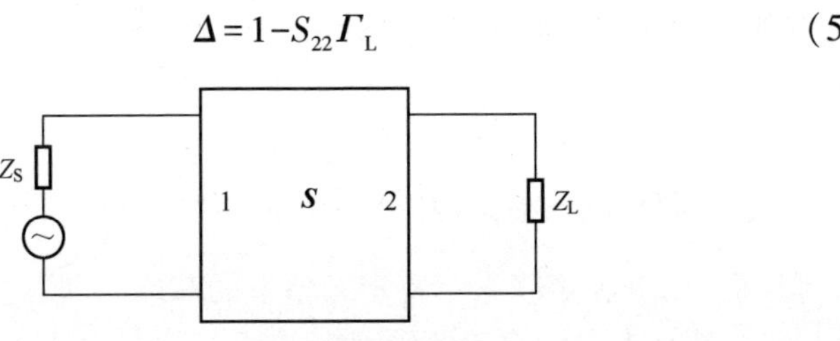


图 5.3　线性双端口网络

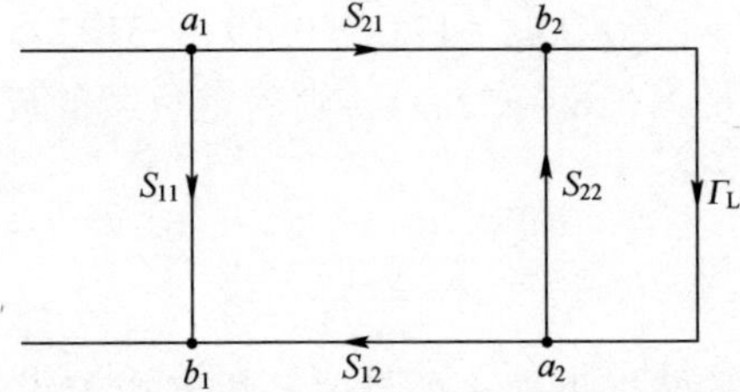


图 5.4　以具有反射系数 $\Gamma_{\mathrm{L}}$ 的负载端接的双端口网络的流程图

此外可以看出，从节点 $a_1$ 到节点 $b_1$ 有两条路径，即 $S_{11}$ 和 $S_{21}\Gamma_{\mathrm{L}}S_{12}$。图 5.5 以虚线显示了一阶回路和两条路径。

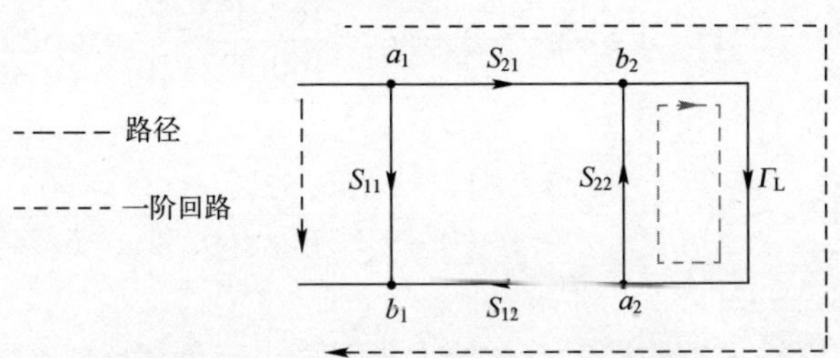


图 5.5　图 5.4 流程图的路径和一阶回路识别

应用梅森非接触回路法则求出输入反射系数（$S'_{11}$）：

$$S'_{11} = \frac{b_1}{a_1} = \frac{S_{11}(1 - S_{22}\Gamma_{\mathrm{L}}) + S_{21}\Gamma_{\mathrm{L}}S_{12}}{1 - S_{22}\Gamma_{\mathrm{L}}} \tag{5.11}$$

即

$$S'_{11} = S_{11} + \frac{S_{21}\Gamma_{\mathrm{L}}S_{12}}{1 - S_{22}\Gamma_{\mathrm{L}}} \tag{5.12}$$

$S'_{11}$通常称为修改的 $S$ 参数，并显示了如果 $S_{12}$不为 0 时，双端口网络的输入反射系数如何受到负载的影响（注意，我们遵循了用引数表示修改的 $S$ 参数的常规）。

按照类似的程序，修改后的输出反射系数可以表示如下：

$$S'_{22}=S_{22}+\frac{S_{12}\Gamma_S S_{21}}{1-S_{11}\Gamma_S} \tag{5.13}$$

其中，$\Gamma_S$ 为源阻抗的反射系数。

**例 5.6** 以下 $\boldsymbol{S}$ 矩阵表示特定频率下的双端口非互易网络的性能，即在两个方向上具有不同传输特性的网络：

$$\boldsymbol{S}=\begin{bmatrix}0.12\angle-24^\circ & 0.14\angle-98^\circ\\ 0.93\angle-171^\circ & 0.19\angle-31^\circ\end{bmatrix}$$

如果设备端接阻抗为(160−j22)Ω，则确定负载的反射系数以及设备输入端的反射系数

在答案中讨论。

**解：**

从第 1 章中，我们知道阻抗 $Z$ 的反射系数 $\Gamma$ 由下式给出：

$$\Gamma=\frac{Z-Z_0}{Z+Z_0}$$

对于负载阻抗，有

$$Z_L=(160-\mathrm{j}22\Omega)=0.52\angle-5.3^\circ\Rightarrow\Gamma_L=\frac{160-\mathrm{j}22-50}{160-\mathrm{j}22+50}\equiv0.52\angle-5.3^\circ$$

利用式（5.12）可得

$$S'_{11}=(0.12\angle-24^\circ)+\frac{(0.93\angle-171^\circ)\times(0.52\angle-5.3^\circ)\times(0.14\angle98^\circ)}{1-(0.19\angle31^\circ)\times(0.52\angle-5.3^\circ)}$$

$$=0.18\angle-43.4^\circ$$

说明：装置输入端的反射系数的大小明显小于负载反射系数，这是因为该装置具有隔离器的特性，其非互易行为的减少来自负载的反射。隔离器的特性在第 6 章中有更详细的介绍。

**例 5.7** RF FET（场效应晶体管）的性能由 $\boldsymbol{S}$ 矩阵表示：

$$\boldsymbol{S}=\begin{bmatrix}0.30\angle160^\circ & 0.30\angle62^\circ\\ 6.10\angle65^\circ & 0.40\angle-38^\circ\end{bmatrix}$$

假设一个两级放大器是通过级联连接两个 FET，用反射系数为 0.35 的负载∠24°，绘制电路的流程图，从而找到反射终止于指定负载的放大器输入端的系数。

**解：**

图5.6显示了两个FET的级联，其中第二个FET终止于具有反射系数$\Gamma_L$的负载。

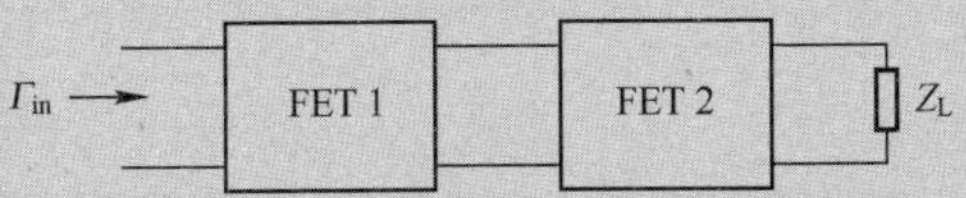


图5.6 级联中的两个FET终止于负载$Z_L$，具有反射系数$\Gamma_L$

流程图如图5.7所示。

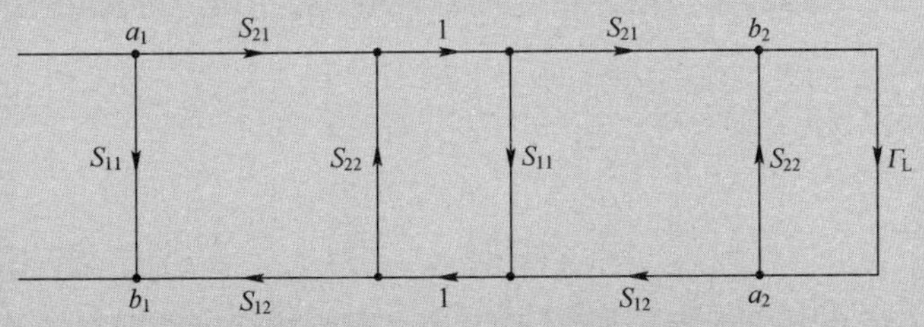


图5.7 级联两个FET的流程图，终止于$\Gamma_L$

图中，有三个一阶回路和从$a_1$到$b_1$的三条路径。如图5.8所示，由于两个一阶回路不接触，因此将有一个二阶回路。

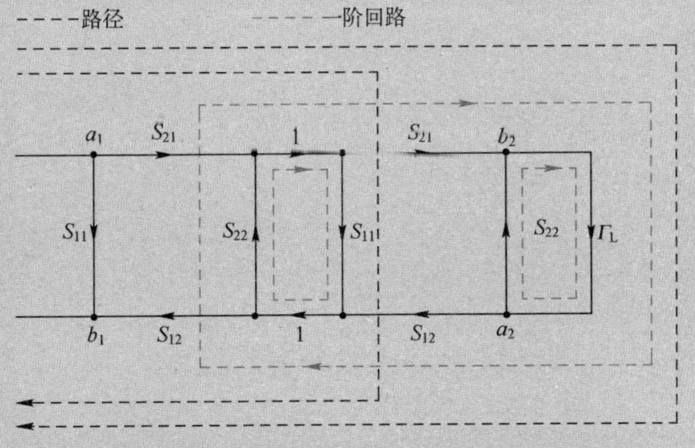


图5.8 图5.7所示流程图的路径和一阶回路识别

注意，在图5.8的信号流图中，我们已经显示了两个节点之间的直接路径连接路径的值为1。

路径1的值：$S_{11}$

路径 2 的值：$S_{21}S_{11}S_{12}$

路径 3 的值：$S_{21}S_{21}\Gamma_L S_{12}S_{12}$

一阶循环的值：$S_{22}S_{11}S_{22}\Gamma_L S_{21}\Gamma_L S_{12}S_{22}$

二阶循环的值：$S_{22}S_{11}\times S_{22}\Gamma_L$

应用 Mason 法则：

$$\Gamma_{in}=\frac{b_1}{a_1}=\frac{S_{11}\Delta+S_{21}S_{11}S_{12}(1-S_{22}\Gamma_L)+S_{21}S_{21}\Gamma_L S_{12}S_{12}}{\Delta}$$

其中

$$\Delta=1-(S_{22}S_{11}+S_{22}\Gamma_L+S_{21}\Gamma_L S_{12}S_{22})+(S_{22}S_{11}S_{22}\Gamma_L)$$

将 $\Gamma$ 与 $\Delta$ 的表达式代入数据，可得

$$\Delta=0.94\angle -4.7°$$

$$\Gamma_{in}=0.26\angle 170.3°$$

注意，通过修改输入反射来表示第二个 FET，可以简化流程图系数，如图 5.9 所示，其中，根据式（5.12），第二个 FET 修改的输入反射系数为

$$S'_{11}=S_{11}+\frac{S_{21}\Gamma_L S_{12}}{1-S_{22}\Gamma_L}$$

则

$$\Gamma_{in}=S_{11}+\frac{S_{21}S'_{11}S_{12}}{1-S_{22}S'_{11}}$$

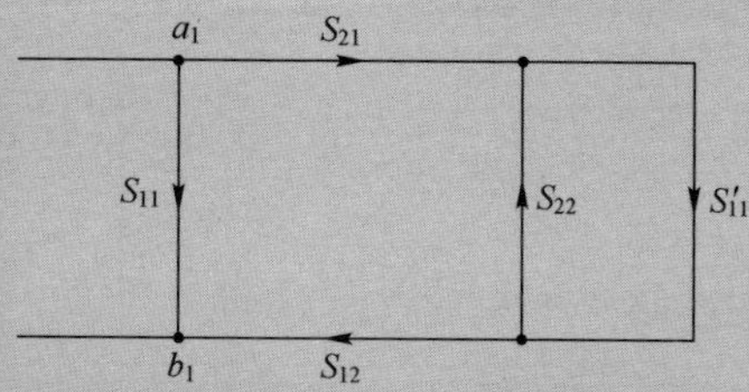


图 5.9　两个 FET 级联的简化流程图
（使用修正的反射系数 $S'_{11}$，用于第二个 FET）

## 5.6　双端口网络的功率增益

图 5.10 中显示了连接在具有阻抗 $Z_S$ 的源和具有阻抗 $Z_L$ 的负载之间的双

端口网络。

对于如图5.10所示的双端口网络，功率增益有三种定义：

(1) 工作功率增益 ($G_P$)：这是负载中耗散的功率 ($Z_L$) 与实际输入到网络的功率之比。

(2) 可用功率增益 ($G_A$)：这是网络输出的可用功率与电源的可用功率之比。该增益假定源与网络输入的共轭阻抗匹配，网络输出与负载的共轭阻抗匹配，即在完全匹配的条件下，它是可能的最大功率增益。

(3) 传感器功率增益 ($G_T$)：这是传递给负载的功率与源提供的功率的比率。

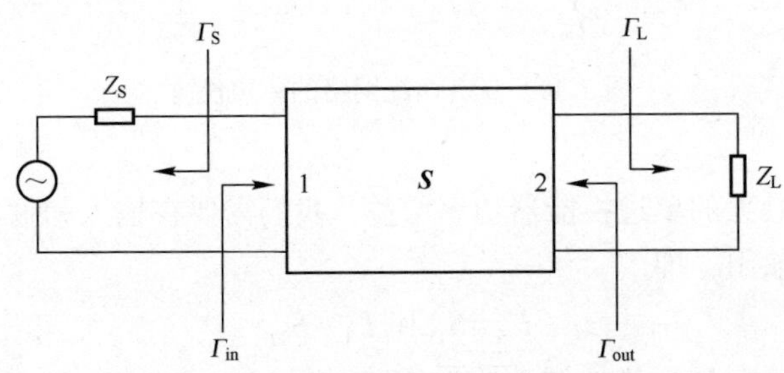


图5.10　连接在源极 $Z_S$ 和负载 $Z_L$ 之间的线性有源双端口器件

这三个增益可以用网络的 $S$ 参数表示，如式 (5.14) ~式 (5.16) 所示。许多教科书都给出了这些方程的推导，Pozar[2] 通过考虑网络输入和输出电压波推导出了表达式，Glover 等[3] 运用 Mason's rule 得到了相同的表达式，Mason's rule 在5.4节中讨论过。

$$G_P=\frac{P_L}{P_{in}}=\frac{|S_{21}|^2(1-|\Gamma_L|^2)}{(1-|\Gamma_{in}|^2)\times|1-S_{22}\Gamma_L|^2} \tag{5.14}$$

$$G_A=\frac{p_{avail,o/p}}{p_{avail,sourse}}=\frac{|S_{21}|^2(1-|\Gamma_S|^2)}{(1-|\Gamma_{out}|^2)\times|1-S_{11}\Gamma_S|^2} \tag{5.15}$$

$$G_T=\frac{p_L}{p_{avail,sourse}}=\frac{|S_{21}|^2(1-|\Gamma_S|^2)(1-|\Gamma_L|^2)}{|1-\Gamma_S S_{11}|^2\times|1-S_{22}\Gamma_L|^2} \tag{5.16}$$

如果双端口网络的反向增益小到可以忽略，即 $S_{21}\approx 0$，从式 (5.12) 知 $\Gamma_{in}=S_{11}$，且换能器功率增益可写成

$$G_{TU}=\frac{|S_{21}|^2(1-|\Gamma_S|^2)(1-|\Gamma_L|^2)}{|1-\Gamma_S S_{11}|^2\times|1-S_{22}\Gamma_L|^2} \tag{5.17}$$

其中，$G_{TU}$ 为单侧换能器功率增益。

一种非常常见的高频双端口网络是放大器，其中的放大有源器件如FET

在源阻抗和负载阻抗之间工作，每个阻抗的值为 $Z_0$，其中 $Z_0$ 的值通常为 50Ω。如图 5.11 所示，匹配网络通常插入设备的输入和输出端，以提供放大器的设计者控制 $\Gamma_S$ 和 $\Gamma_L$ 的值。

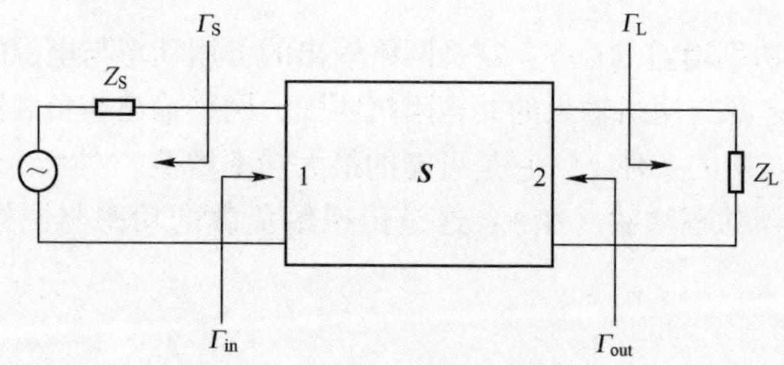


图 5.11　具有匹配网络的单边设备

为了获得最大的单边换能器功率增益，我们需要在输入和输出处的共轭匹配条件设备的输出，即

$$\Gamma_S = S_{11}^* \text{和} \Gamma_L = S_{22}^* \tag{5.18}$$

根据等式（5.18）中所述的匹配条件，有

$$|\Gamma_S| = |S_{11}| \text{和} |\Gamma_L| = |S_{22}| \tag{5.19}$$

$$S_{11}\Gamma_S = |S_{11}|^2 \text{ 和 } S_{22}\Gamma_L = |S_{22}|^2 \tag{5.20}$$

将匹配条件代入式（5.17），得到最大单边换能器功率增益如下：

$$G_{TU,\max} = \frac{|S_{21}|^2(1-|S_{22}|^2)(1-|S_{11}|^2)}{|(1-|S_{11}|^2)(1-|S_{22}|^2)|^2} \tag{5.21}$$

其可以重新排列为

$$G_{TU,\max} = \frac{1}{1-|S_{11}|^2}|S_{21}|^2\frac{1}{1-|S_{22}|^2} \tag{5.22}$$

将式（5.22）写成以下形式：

$$G_{TU,\max} = G_S \times G_0 \times G_L \tag{5.23}$$

其中，$G_0$ 是设备的固有增，设备的固有增益是直接具有端口的设备的功率增益终止于 50Ω，这是测量 $S$ 参数的条件，因此 $G_0 = |S_{21}|^2$；

$G_S$ 是源匹配网络的有效增益；

$G_L$ 是负载匹配网络的有效增益。

指定源和负载匹配网络的有效增益非常重要，因为这些网络通常由无源元件构成，它们只有在允许更多信号功率流动的意义上才有增益进出设备。

**例 5.8**　双端口放大设备的性能由以下 **S** 矩阵表示：

$$\boldsymbol{S}=\begin{bmatrix} 0.69\angle -34° & 0.01\angle -27.8° \\ 3.12\angle 132° & 0.71\angle 57° \end{bmatrix}$$

假设装置表现出单边行为，确定：

（1）设备的固有功率增益，单位为 dB；

（2）源和负载匹配网络的有效功率增益，假设源阻抗和负载阻抗为 50Ω；

（3）当源阻抗和负载阻抗为 50Ω 时，具有匹配网络的设备的总增益；

对第（2）和（3）部分的结果进行评论。

**解：**

（1）$G_T = 10\log(3.12)^2 \text{dB} = 9.88\text{dB}$

（2）$G_S = 10\log\left(\dfrac{1}{1-(0.69)^2}\right)\text{dB} = 2.81\text{dB}$

$G_L = 10\log\left(\dfrac{1}{1-(0.71)^2}\right)\text{dB} = 3.05\text{dB}$

（3）$G_{UP,\max} = (9.88+2.81+3.05)\text{dB} = 15.74\text{dB}$

说明：整体收益的很大一部分来自匹配网络，表明了包括在实际设计中匹配网络。

## 5.7　稳　定　性

根据先前关于修正反射系数的讨论，例如式（5.12）和式（5.13）。如果 $S'_{11}=1$ 或 $S'_{22}=1$，网络将会变得不稳定。因为反射电压将大于入射电压。用于放大器电路的晶体管的潜在不稳定性可由晶体管使用压路机稳定性系数（$K$）的 $S$ 参数确定。该系数由下式计算得出[4]

$$K=\frac{1+|D|^2-|S_{11}|^2-|S_{22}|^2}{2|S_{12}S_{21}|} \tag{5.24}$$

其中

$$D=S_{11}S_{22}-S_{12}S_{21}$$

如果 $K>1$，且 $|D|<1$，则晶体管对于源阻抗和负载阻抗的任何组合都是无条件稳定的。这个第二个要求，即 $|D|<1$，对于高频晶体管几乎总是正确的，并且经常从稳定性中忽略规格。

如果 $K<1$，则晶体管可能不稳定，并将以源阻抗和负载阻抗的特定组合振

荡。通常，如果 $K<1$，将为特定应用选择不同的晶体管；如果这不可能，则需要仔细检查整个预期工作频率范围内的可能不稳定性。

处理 $K<1$ 的情况的最简单方法是使用稳定圈。这些圆圈是画在史密斯圆图上，表示引起不稳定性的源阻抗或负载阻抗值之间的边界，导致稳定的运行。第 9 章将更详细地考虑稳定圈，其中讨论了小信号放大器。

## 5.8 补充习题

5.1 写出代表增益为 22dB 的理想放大器的 **S** 矩阵。

5.2 确定代表 1GHz 下 25mm 长 50Ω 微带线的 **S** 矩阵。线路已制作完成在相对介电常数为 9.8 的衬底上。可以假设该线是无损的。

5.3 以下 **S** 矩阵表示 RF 放大器：

$$\boldsymbol{S}=\begin{bmatrix} 0.12\angle 24^\circ & 0.08\angle -42^\circ \\ 8.17\angle 130^\circ & 0.21\angle 53^\circ \end{bmatrix}$$

如果输出终止，确定放大器的输入反射系数：

① 50Ω；

② 负载阻抗(74−j14)Ω。

5.4 由以下 **S** 矩阵表示的放大装置连接在 50Ω 电源和 50Ω 负载之间。

$$\boldsymbol{S}=\begin{bmatrix} 0.71\angle -35^\circ & 0.01\angle 77^\circ \\ 4.52\angle -130^\circ & 0.83\angle 91^\circ \end{bmatrix}$$

做出任何合理的假设，以确定通过使用源将获得多少额外收益以及负载匹配网络。

5.5 特定 RF 设备具有由以下 **S** 矩阵表示的两个状态：

$$\text{状态 1}:\boldsymbol{S}=\begin{bmatrix} 0.08\angle 17^\circ & 0.95\angle -62^\circ & 0.01\angle 154^\circ \\ 0.94\angle -63^\circ & 0.03\angle -53^\circ & 0.01\angle 75^\circ \\ 0.01\angle 152^\circ & 0.01\angle 76^\circ & 0.05\angle 91^\circ \end{bmatrix}$$

$$\text{状态 2}:\boldsymbol{S}=\begin{bmatrix} 0.07\angle 19^\circ & 0.01\angle 72^\circ & 0.97\angle -64^\circ \\ 0.01\angle 73^\circ & 0.04\angle -51^\circ & 0.01\angle 75^\circ \\ 0.96\angle -65^\circ & 0.01\angle 76^\circ & 0.06\angle 87^\circ \end{bmatrix}$$

通过检查 **S** 参数矩阵来推断装置的功能。

5.6 特定 FET 的性能由 **S** 矩阵表示：

$$\boldsymbol{S}=\begin{bmatrix} 0.71\angle -35^\circ & 0.01\angle 77^\circ \\ 4.52\angle -130^\circ & 0.83\angle 91^\circ \end{bmatrix}$$

确定级联连接的两个指定 FET 的总体 $S_{21}$。

5.7 确定级联连接的两个指定 FET 的总体 $S_{21}$，级联连接具有 $\boldsymbol{S}$ 矩阵 $\boldsymbol{S}^{\mathrm{A}}$、$\boldsymbol{S}^{\mathrm{B}}$ 和 $\boldsymbol{S}^{\mathrm{C}}$ 的三个双端口网络。显示整体 $\boldsymbol{S}_{21}$ 由下式给出：

$$S_{21}=\frac{S_{21}^{\mathrm{A}}S_{21}^{\mathrm{B}}S_{21}^{\mathrm{C}}}{1-(S_{22}^{\mathrm{A}}\times S_{11}^{\mathrm{B}})-(S_{22}^{\mathrm{B}}\times S_{11}^{\mathrm{C}})-(S_{21}^{\mathrm{B}}\times S_{11}^{\mathrm{C}}\times S_{12}^{\mathrm{B}}\times S_{22}^{\mathrm{A}})+(S_{22}^{\mathrm{A}}\times S_{11}^{\mathrm{B}}\times S_{22}^{\mathrm{B}}\times S_{11}^{\mathrm{C}})}$$

5.8 以下 $\boldsymbol{S}$ 矩阵适用于通用微波 FET，连接在电源之间的阻抗为 30Ω，负载阻抗为 75Ω，$\boldsymbol{S}$ 矩阵表示如下：

$$\boldsymbol{S}=\begin{bmatrix}0.77\angle 47^\circ & 0.18\angle -52^\circ\\ 1.41\angle -66^\circ & 0.46\angle 38^\circ\end{bmatrix}$$

试计算：

（1）工作功率增益（dB）；

（2）可用功率增益（dB）；

（3）传感器功率增益（dB）；

（4）单边换能器功率增益（dB）。

5.9 假设习题 5.8 中规定的 FET 连接在 50Ω 电源和 50Ω 负载之间，该电源和负载匹配网络用于在 FET 的输入和输出处提供共轭阻抗匹配。计算最大单边换能器功率增益。

## 附录 5.A 网络参数之间的关系

$S$ 参数是迄今为止 RF 和微波工作最方便和有用的网络参数。然而，了解如何从 $S$ 参数转换为其他公共网络参数以及反之也是有用的。在这个 $S$ 参数与其他三个参数集，即 $ABCD$ 参数、$Y$ 参数，以及 $Z$ 参数。在所有情况下，假设输入和输出阻抗 $Z_0$ 相等且是实数。各种关系的推导很简单，但有些冗长，可以在文献［5-6］中这里不再重复。

Frickey[7] 给出了参数关系的更广泛的表格，他还考虑了不相等复数的情况输入和输出阻抗。然而，Frickley 的论文应该结合 Marks 和 Williams 的评论[8]，他们对 Frickley 微波定义系统提供了有益的澄清。

### 5.A.1 传输参数（ *ABCD* 参数 ）

双端口网络的常规电压和电流方向如图 5.12 所示。参考图 5.12，传输参数定义为

$$\begin{bmatrix}V_1\\ I_1\end{bmatrix}=\begin{bmatrix}A & B\\ C & D\end{bmatrix}\begin{bmatrix}V_2\\ -I_2\end{bmatrix}$$

其中

$$A=\left.\frac{V_1}{V_2}\right|_{I_2=0}\quad B=\left.\frac{V_1}{-I_2}\right|_{V_2=0}$$

$$C=\left.\frac{I_1}{V_2}\right|_{I_2=0}\quad D=\left.\frac{I_1}{-I_2}\right|_{V_2=0}$$

与 $Y$ 参数的关系如下：

$$S_{11}=\frac{A+BY_0-CZ_0-D}{A+BY_0+CZ_0+D}B=\frac{(1+S_{11})(1+S_{22})Z_0-S_{12}S_{21}Z_0}{2S_{21}}$$

$$C=\frac{(1-S_{11})(1-S_{22})Y_0-S_{12}S_{21}Y_0}{2S_{21}}D=\frac{(1-S_{11})(1+S_{22})+S_{12}S_{21}}{2S_{21}}$$

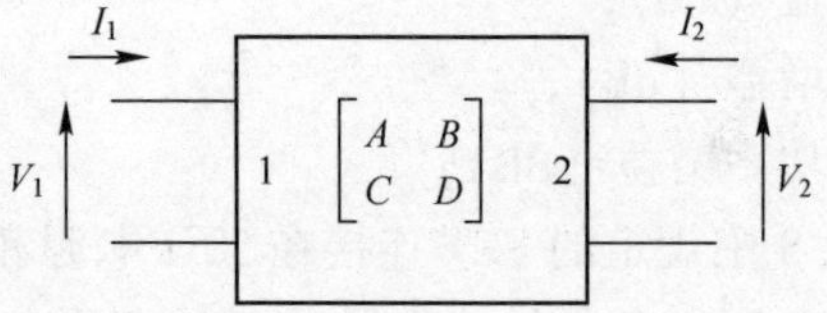

图 5.12　双端口网络的电压和电流方向

## 5.A.2　导纳参数（$Y$ 参数）

参考图 5.12 中规定的电压和电流方向，导纳参数定义如下：

$$\begin{bmatrix} I_1 \\ I_2 \end{bmatrix}=\begin{bmatrix} Y_{11} & Y_{12} \\ Y_{21} & Y_{22} \end{bmatrix}\begin{bmatrix} V_1 \\ V_2 \end{bmatrix}$$

其中

$$Y_{11}=\left(\frac{I_1}{V_1}\right)_{V_2=0}\quad Y_{12}=\left(\frac{I_1}{V_2}\right)_{V_1=0}$$

$$Y_{21}=\left(\frac{I_2}{V_1}\right)_{V_2=0}\quad Y_{22}=\left(\frac{I_2}{V_2}\right)_{V_1=0}$$

与 $S$ 参数的关系如下：

$$S_{11}=\frac{(1-Y_{11}Z_0)(1+Y_{22}Z_0)+Y_{12}Y_{21}Z_0^2}{(1+Y_{11}Z_0)(1+Y_{22}Z_0)-Y_{12}Y_{21}Z_0^2}S_{12}=\frac{-2Y_{12}Z_0}{(1+Y_{11}Z_0)(1+Y_{22}Z_0)-Y_{12}Y_{21}Z_0^2}$$

$$S_{21}=\frac{-2Y_{21}Z_0}{(1+Y_{11}Z_0)(1+Y_{22}Z_0)-Y_{12}Y_{21}Z_0^2}S_{22}=\frac{(1+Y_{11}Z_0)(1-Y_{22}Z_0)+Y_{12}Y_{21}Z_0^2}{(1+Y_{11}Z_0)(1+Y_{22}Z_0)-Y_{12}Y_{21}Z_0^2}$$

$$Y_{11}=\frac{(1-S_{11})(1+S_{22})+S_{12}S_{21}}{(1+S_{11})(1+S_{22})-S_{12}S_{21}}\times\frac{1}{Z_0}Y_{12}=\frac{-2S_{12}}{(1+S_{11})(1+S_{22})-S_{12}S_{21}}\times\frac{1}{Z_0}$$

$$Y_{21}=\frac{-2S_{21}}{(1+S_{11})(1+S_{22})-S_{12}S_{21}}\times\frac{1}{Z_0} Y_{22}=\frac{(1+S_{11})(1-S_{22})+S_{12}S_{21}}{(1+S_{11})(1+S_{22})-S_{12}S_{21}}\times\frac{1}{Z_0}$$

### 5.A.3　阻抗参数（Z 参数）

参考图 5.12 中规定的电压和电流方向，阻抗参数定义为

$$\begin{bmatrix} V_1 \\ V_2 \end{bmatrix}=\begin{bmatrix} Z_{11} & Z_{12} \\ Z_{21} & Z_{22} \end{bmatrix}\begin{bmatrix} I_1 \\ I_2 \end{bmatrix}$$

其中

$$Z_{11}=\left(\frac{V_1}{I_1}\right)_{I_2=0} \quad Z_{12}=\left(\frac{V_1}{I_2}\right)_{I_1=0}$$

$$Z_{21}=\left(\frac{V_2}{I_1}\right)_{I_2=0} \quad Z_{22}=\left(\frac{V_2}{I_2}\right)_{I_1=0}$$

阻抗参数 $Z$ 与 $S$ 参数的关系如下：

$$S_{11}=\frac{(Z_{11}-Z_0)(Z_{22}+Z_0)-Z_{12}Z_{21}}{(Z_{11}+Z_0)(Z_{22}+Z_0)-Z_{12}Z_{21}} S_{12}=\frac{2Z_{12}Z_0}{(Z_{11}+Z_0)(Z_{22}+Z_0)-Z_{12}Z_{21}}$$

$$S_{21}=\frac{2Z_{21}Z_0}{(Z_{11}+Z_0)(Z_{22}+Z_0)-Z_{12}Z_{21}} S_{12}=\frac{(Z_{11}+Z_0)(Z_{22}-Z_0)-Z_{12}Z_{21}}{(Z_{11}+Z_0)(Z_{22}+Z_0)-Z_{12}Z_{21}}$$

$$Z_{11}=\frac{(1+S_{11})(1-S_{22})Z_0+S_{12}S_{21}Z_0}{(1-S_{11})(1-S_{22})-S_{12}S_{21}} Z_{12}=\frac{2S_{12}Z_0}{(1-S_{11})(1-S_{22})-S_{12}S_{21}}$$

$$Z_{21}=\frac{2S_{21}Z_0}{(1-S_{11})(1-S_{22})-S_{12}S_{21}} Z_{11}=\frac{(1-S_{11})(1+S_{22})Z_0+S_{12}S_{21}Z_0}{(1-S_{11})(1-S_{22})-S_{12}S_{21}}$$

## 参 考 文 献


[1] Mason, S. I. (1953). Feedback theory- some properties of signal flow graphs. Proceedings of the Institute of Radio Engineers41: 1144-1156.

[2] Pozar, D. M. (2012). Microwave Engineering, 4e. New York: Wiley.

[3] Glover, I. A., Pennock, S. R., and Shepherd, P. R. (2005). Microwave Devices, Circuits and Subsystems. Chichester, UK: Wiley.

[4] Rollett, J. (1962). Stability and power - gain invariants of linear two ports. IRE Transactions on Circuit Theory 9 (1): 29-32.

[5] Matthai, G., Young, L., and Jones, E. M. T. (1980). Microwave Filters, Impedance-Matching Networks, and Coupling Structures. Norwood, MA: Artech House.

[6] Collin, R. E. (1992). Foundations for Microwave Engineering, 2e. New York: McGraw-

Hill.

[7] Frickey, D. A. (1994). Conversions between S, Z, Y, h, ABCD, and T parameters which are valid for complex source andload impedances. IEEE Transactions on Microwave Theory and Techniques 42 (2): 205-2011.

[8] Marks, R. B. and Williams, D. F. (1995). Comments on "conversions between S, Z, Y, h, ABCD, and T parameters which arevalid for complex source and load impedances". IEEE Transactions on Microwave Theory and Techniques 43 (4): 914-915.

# 第6章　微波铁氧体

## 6.1　引　　言

铁氧体材料是许多微波电路的重要组成部分，主要是因为当与外部直流磁场磁化时，铁氧体材料具有提供无源非互易传输的潜力。非互易传输是隔离器和环行器这两种重要无源微波器件性能的基础。传统的制作铁氧体基微波器件的方法是将铁氧体材料安装在金属波导中，并使用永磁体提供所需的直流磁场。铁氧体光子晶体同样使用永磁体来提供磁化场，也被用于平面微带和带状线电路中。然而，使用永磁体使得平面电路体积庞大，成本高昂。最近，通过在多层封装中加入磁化绕组，已经克服了对永久磁铁的需求。这使得铁氧体器件在平面电路中的集成更加实用，是系统级封装（System-In-Package，SIP）器件发展的一个重要方面。此外，可以丝网印刷或沉积为薄膜的铁氧体材料的发展使得在混合微波集成电路中包含非互易元件变得更加可行。在相关的工作中，铁氧体 LTCC 磁带已被开发出来，允许在低成本、高度集成的多层封装中包含非互易组件。用于射频和微波器件的铁氧体材料的研究仍然是一个非常活跃的领域，在最近的进展中，自偏置铁氧体的发展省去了外部磁场的需要。

本章首先回顾铁氧体的主要特性，这足以了解铁氧体在重要的射频和微波器件中的应用。铁氧体的化学成分和相关制造技术的详细描述超出了本书的范围，对这些方面感兴趣的读者建议查阅 Harris[1] 的扩展评论论文，该文有着丰富文献支持，优秀并深入地描述了现代微波铁氧体。本章最后介绍了波导与平面电路中铁氧体器件的一些具体实例。

## 6.2　铁氧体材料的基本性质

### 6.2.1　铁氧体材料

铁氧体是指一类具有强磁效应的绝缘材料，这些材料在微波频率下的行为可以通过考虑自旋电子的性质来理解。

所有材料原子中的电子都在绕着自旋轴旋转。自旋运动的电荷旋转产生了磁矩，使自旋电子等效于一个小的磁偶极子，偶极子的方向与自旋轴一致，如图 6.1 所示。

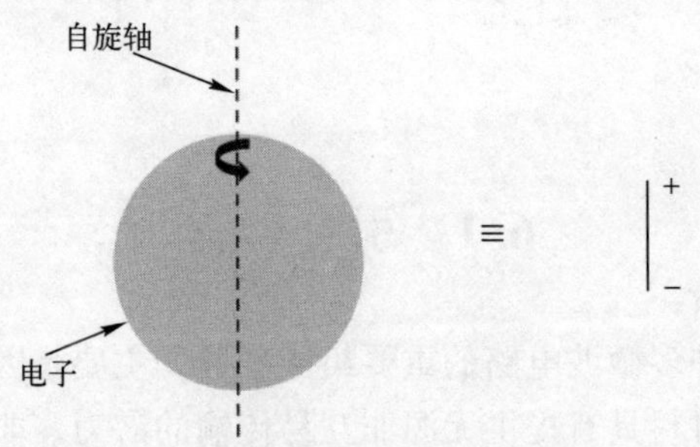


图 6.1　自旋电子和等效磁偶极子

大多数材料中，电子的自旋轴是对齐的，并以反平行对的形式出现，因此没有净磁效应。然而，在磁性材料中，原子中有一些未配对的电子自旋，因此这些材料表现出一些磁性。

铁氧体材料可大致分为以下三类。

(1) 铁磁性材料：这些材料的原子之间存在强耦合，这导致了未成对的电子的自旋轴对齐，而且等效磁偶极子以相同的方向作用，因此这种材料具有很强的磁性，其中，铁磁性材料的一个例子就是常见的铁。

(2) 亚铁磁性材料：这些材料的原子之间的耦合作用是将电子自旋分成两组方向相反的自旋，但每组中电子自旋的数量并不相等，因此这种材料仍然显示出一定的磁性。

(3) 反铁磁性材料：在这些材料中，每组反向自旋的电子自旋数相等，没有净磁场，因此这些材料是非磁性的。

铁氧体是低损耗铁磁性材料的例子，大多数具有多晶结构，具有非常高的电阻。高电阻率意味着与涡流相关的损耗非常小，它们具有非线性 $B$-$H$ 特性，如图 6.2 所示，铁氧体在约 0.5Wb/$m^2$ 时饱和。

铁氧体材料有多种形式。制造铁氧体的传统方法一般是将 $Fe_2O_3$、MO 等氧化物作为合成原料，混合均匀后充分研磨、烘干，再进行成型工艺，成型后在一定温度下烧结得到铁氧体，这个过程中所得的混合物用化学通式 $MOFe_2O_3$ 表示。这种制造技术生产用于一系列无源微波器件（如金属波导隔离器）的块状铁氧体材料以及生产用于混合微波集成电路中的表面安装的铁氧体圆盘。随着制造技术的进步，铁氧体现在可用于平面电路应用的各种形

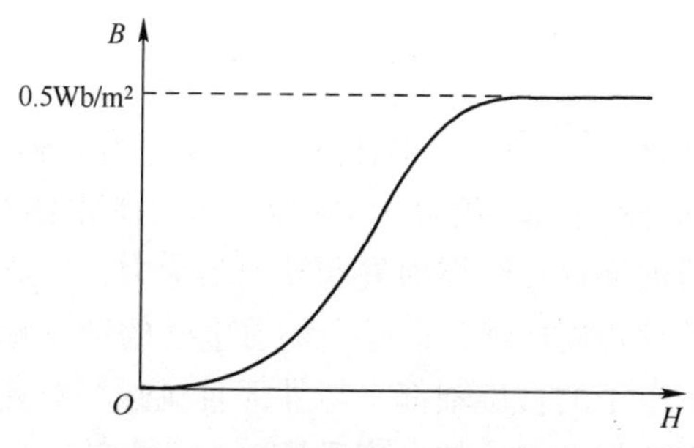

图 6.2　铁氧体的非线性 B-H 特性

式，包括薄膜沉积和用于厚膜印刷的浆料。现在可以用非常低的表面粗糙度来生产低损耗铁氧体衬底。最近，铁氧体带已被生产用于多层 LTCC 结构。

## 6.2.2　铁氧体材料的进动

如果铁氧体材料放置在直流磁场 $H_0$ 中，磁偶极子（即自旋轴）将尝试自己对齐直流电场。然而，旋转轴最初不会直接移动到与外部场对齐，因为电子的旋转运动产生了一个力矩，这使各个旋转轴以陀螺的方式绕着直流磁场的方向，如图 6.3 所示。它们最终与直流磁场对齐。

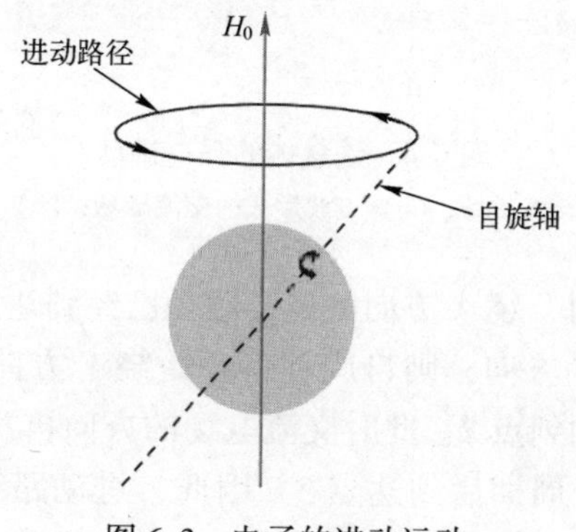

图 6.3　电子的进动运动

任何外部交流磁场作用时的角进动频率，被称为拉莫角频率 $\omega_0$，计算公式为

$$\omega_0 = 2\pi\gamma H_0 \tag{6.1}$$

其中

$\gamma$——回旋磁比率；

$H_0$——直流磁场强度。

回旋磁比率是指电子的磁矩 $m$ 与它的角动量 $P$ 的比值，即

$$\gamma=\frac{m}{P} \tag{6.2}$$

对于大多数磁性材料，$\gamma=35.18\text{kHz}\cdot\text{m/A}$（注意，$\gamma$ 的值通常用单位 Oe 表示，其中 1 Oe=79.58 A/m。换算为 Oe 时，$\gamma=2.8\text{MHz/Oe}$）。

由于铁氧体材料内部存在摩擦损失和其他阻尼力，因此进动运动将不会像图 6.3 所示的那样继续圆周运动，而是会随着电子的动能转化为热能而螺旋向中心运动，最终每个电子的自旋轴都将与外部直流磁场对齐。

如果在铁氧体上施加一个小的交流磁场 $H_{AC}$（其方向垂直于 $H_0$，角频率等于 $\omega_0$）就会出现一个有趣并且能够利用的情况。如图 6.4 所示，如果交流磁场为方波，则合成磁场 $H_R$ 将周期性地在 $X$ 和 $Y$ 两个方向之间切换。

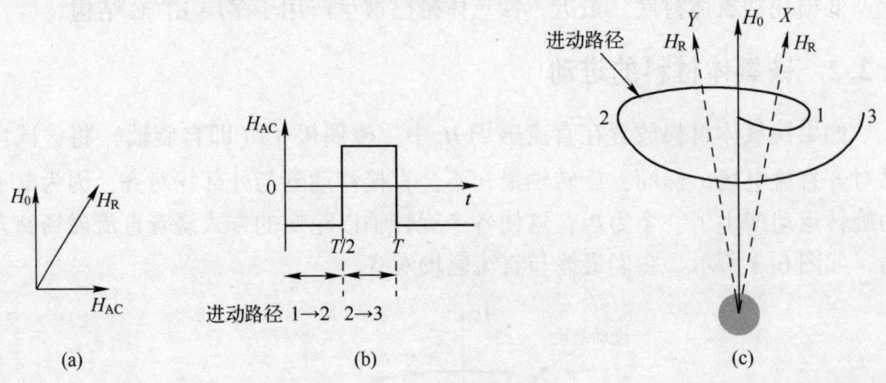


图 6.4 铁氧体的强迫进动

（a）加到磁场 $H_0$ 上的正交交流磁场；（b）方波形式的交流磁场；（c）干扰交流场下的进动路径。

假设在时间 $t=0$ 时，绕 $X$ 方向的进动路径已经到达点 1，并且方波信号被切换，使合成方向为 $Y$ 方向，则自旋轴将开始绕 $Y$ 方向进动，位移增加。半个周期后，自旋轴进动到点 2，此时交流电场的方向再次切换，自旋轴开始绕 $X$ 方向进动，再过半个周期后到达点 3。因此，进动路径的振幅将逐渐增加，直到达到一种平衡状态，即材料内部的摩擦和阻尼能量损失等于从进动电子接收到的能量。

图 6.4 展示了绕 $X$ 和 $Y$ 两个方向的圆形式的进动路径。然而，随着平衡位置的接近，进动路径呈螺旋形式，因为路径的位移逐渐减小，直到交流磁场所耗散的能量与所提供的能量达到平衡。当干扰交流场的频率等于自然进动频率时，则

$$T=\frac{2\pi}{\omega_0} \tag{6.3}$$

交流场有效地诱导铁氧体内部共振，能量从扰动的交流场中产生，并在铁氧体内部以热的形式耗散，这就是共振吸收，它是波导谐振隔离器的理论基础，将在本章后面介绍。

### 6.2.3　磁导率张量

铁氧体材料的高电阻率意味着它们本质上是绝缘体，因此电磁波可以穿透这种材料。电子自旋与所施加的高频波之间会有相互作用。

对于完美的均匀无磁绝缘体，磁通量密度 $\boldsymbol{B}$ 与外加磁场 $\boldsymbol{H}$ 之间的关系是很简单的，它们之间的关系为

$$\boldsymbol{B}=\mu_0\mu_r\boldsymbol{H} \tag{6.4}$$

其中

$\mu_0$——自由空间的磁导率；

$r$——绝缘子材料的相对磁导率。

值得注意的是，$\boldsymbol{B}$ 和 $\boldsymbol{H}$ 以粗体显示，表示它们是矢量，这意味着它们既有大小，也有方向。

这可以表明[2]，如果高频平面波以与直流磁场相同的方向通过铁氧体材料，自旋电子与波之间的相互作用使一个横向方向上的射频场分量产生额外的正交分量，这些分量的相位差为 90°。例如，如果微波平面波在 $z$ 方向（与 $H_0$ 方向相同）传播，则

$$B_x=\mu H_x-\mathrm{j}kH_y \tag{6.5}$$

$$B_y=\mathrm{j}kH_x+\mu H_y \tag{6.6}$$

$$B_z=\mu_0H_z \tag{6.7}$$

其中

$$\mu=\mu_0\left(1+\frac{\omega_0\omega_\mathrm{m}}{\omega_0^2-\omega^2}\right) \tag{6.8}$$

$$k=\mu_0\frac{\omega_\mathrm{m}\omega}{\omega_0^2-\omega^2} \tag{6.9}$$

$$\omega_\mathrm{m}=\frac{2\pi\gamma M_0}{\mu_0} \tag{6.10}$$

$\omega_0$——拉莫频率；

$\omega$——微波信号的角频率；

$M_0$——铁氧体内部的饱和磁化强度，磁化强度是指磁场的密度，单位用韦伯每平方米（Wb/m$^2$）表示（有时磁化强度用特斯拉（T）表示：1T≡1 Wb/m$^2$）。

式（6.5）~式（6.7）可合并为

$$B=\boldsymbol{\mu}\boldsymbol{H} \tag{6.11}$$

其中，$\boldsymbol{\mu}$ 为磁导率张量，并由矩阵表示

$$\boldsymbol{\mu}=\begin{bmatrix}\mu & -\mathrm{j}k & 0\\ \mathrm{j}k & \mu & 0\\ 0 & 0 & \mu_0\end{bmatrix} \tag{6.12}$$

**例 6.1** 以下数据适用于直流磁场强度为 80 kA/m 的铁氧体：$\gamma=35.18\mathrm{kHz}\cdot\mathrm{m/A}$；$\omega_m=2\pi\times2\mathrm{GHz}$。

试求：

（1）拉莫尔角频率 $\omega_0$；

（2）当 1.5GHz 微波信号作用于铁氧体时，磁导率张量元素的值。

**解：**

（1）计算 $\omega_0$：

$$\begin{aligned}\omega_0&=2\pi\times35.18\times10^3\times80\times10^3\,\mathrm{rad/s}\\&=17.69\times10^9\,\mathrm{rad/s}\end{aligned}$$

（2）计算磁导率张量元素：

$$\begin{aligned}&\omega_0^2-\omega^2\\&=[(17.69\times10^9)^2-(2\pi\times1.5\times10^9)^2]\,\mathrm{rad^2/s^2}\\&=2.24\times10^{20}\,\mathrm{rad^2/s^2}\end{aligned}$$

$$\begin{aligned}\mu&=\mu_0\left(1+\frac{17.69\times10^9\times2\pi\times2\times10^9}{2.24\times10^{20}}\right)\\&=\mu_0(1+0.99)=1.99\mu_0\end{aligned}$$

$$\begin{aligned}k&=\mu_0\left(\frac{2\pi\times2\times10^9\times2\pi\times1.5\times10^9}{2.24\times10^{20}}\right)\\&=\mu_0\left(\frac{1.18\times10^{20}}{2.24\times10^{20}}\right)=0.53\mu_0\end{aligned}$$

$$\begin{aligned}\boldsymbol{\mu}&=\begin{bmatrix}1.99\mu_0 & -\mathrm{j}0.53\mu_0 & 0\\ \mathrm{j}0.53\mu_0 & 1.99\mu_0 & 0\\ 0 & 0 & \mu_0\end{bmatrix}\\&=\mu_0\begin{bmatrix}1.99 & -\mathrm{j}0.53 & 0\\ \mathrm{j}0.53 & 1.99 & 0\\ 0 & 0 & 1\end{bmatrix}\end{aligned}$$

### 6.2.4　法拉第旋转

当线极化（linearly polarized，LP）波在铁氧体中的传播方向与外加直流磁场的方向相同时，波的极化面将发生旋转。这种现象称为法拉第旋转，可以通过考虑材料内圆极化（circularly polarized，CP）波的行为来解释。

如图 6.5 所示，任意 LP 波都可以分解为两个反向旋转的 CP 波的和。考虑一个应用于铁氧体材料圆柱体和轴向直流磁场的 LP 波，磁场强度为 $H_0$，如图 6.6 所示。

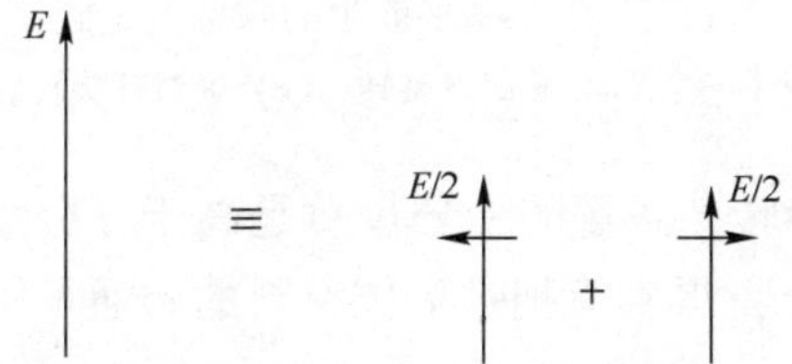


图 6.5　将线极化波分解为两个圆极化波的和

铁氧体内的自旋电子将沿着直流电磁场的方向进动。电子将按照图 6.6 所示的 $H_0$ 方向沿顺时针方向进动。此外，我们知道 LP 波可以分解为两个反向旋转的 CP 波。因此，在铁氧体中，顺时针旋转的 CP 波将与电子的进动运动紧密耦合，而逆时针旋转的 CP 波基本上不受电子的进动运动的影响。

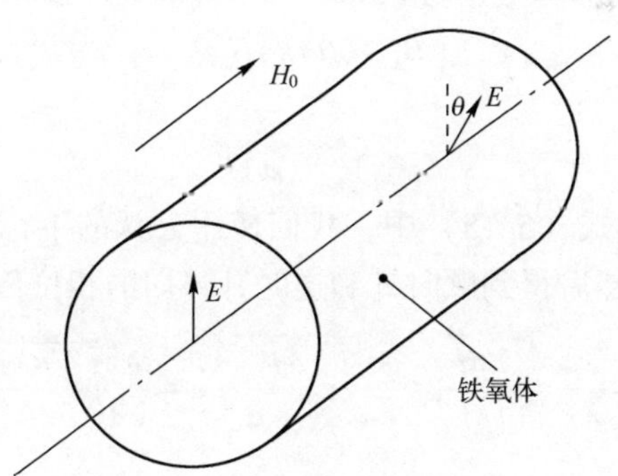


图 6.6　线极化波在铁氧体中的应用

旋转基本上不受电子进动的影响，这意味着每个 CP 波在铁氧体内的传播速度不同，那么传输相位也不同。因此，当两个 CP 波在铁氧体的输出处重新结合时，产生的 LP 波将看起来已旋转一定角度，如图 6.6 所示。$\theta$ 的值将取决于铁氧体材料的性质、轴向磁场的强度以及铁氧体圆柱体的长度（这种旋转称为法拉第旋转，以迈克尔 · 法拉第命名，他首先通过光学实验观察到这种现象)。

首先通过将式（6.5）与 CP 波的磁场关系进行比较，我们可以得到 $\theta$ 的磁导率张量元素的表达式。图 6.7 显示了磁场矢量 $\boldsymbol{H}$ 在 $z$ 方向上的传播，并在 $x$–$y$ 平面上的旋转。

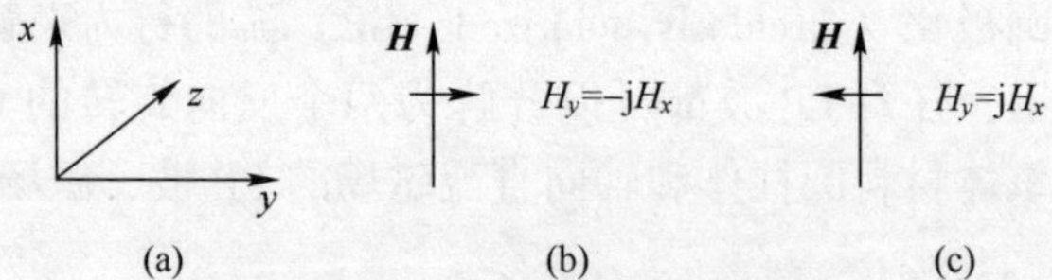


图 6.7　在 $x$–$y$ 平面中的磁场矢量旋

（a）坐标系；（b）顺时针旋转；（c）逆时针旋转旋转。

对于顺时针或正旋转，磁场的 $y$ 分量总是高于 $x$ 分量 90°，所以 $H_y=\mathrm{j}H_x$。将此关系代入式（6.5），得到无损铁氧体材料的磁通量密度为

$$\begin{aligned}B_x&=\mu H_x-\mathrm{j}kH_y\\&=\mu H_x-kH_x\\&=(\mu-k)H_x\end{aligned}\tag{6.13}$$

顺时针旋转 CP 波的有效磁导率为

$$(\mu_{\mathrm{eff}})_+=\mu-k\tag{6.14}$$

同理，将 $H_y=-\mathrm{j}H_x$ 代入式（6.5），表示逆时针旋转的 CP 波：

$$B_x=(\mu+k)H_x\tag{6.15}$$

并且

$$(\mu_{\mathrm{eff}})_+=(\mu+k)\tag{6.16}$$

在式（6.13）和式（6.15）中，我们使用公认的下标+和−分别表示顺时针和逆时针 CP 波。然后得到顺时针和逆时针方向的相位传播常数：

$$\beta_+=\frac{2\pi}{\lambda_+}=\frac{2\pi f}{(v_{\mathrm{p}})_+}=\frac{\omega}{c}\sqrt{\varepsilon_{\mathrm{r}}\frac{(\mu_{\mathrm{eff}})_+}{\mu_0}}=\frac{\omega}{c}\sqrt{\varepsilon_{\mathrm{r}}\frac{\mu-k}{\mu_0}},$$

相当于

$$\beta_+=\omega\sqrt{\varepsilon}\sqrt{\mu-k}\tag{6.17}$$

同理，有

$$\beta_-=\omega\sqrt{\varepsilon}\sqrt{\mu+k}\tag{6.18}$$

其中，$\varepsilon$ 和 $\varepsilon_{\mathrm{r}}$ 分别为铁氧体材料的介电常数和相对介电常数，其他符号有其通常的含义。

因此，经过长度为 $l$ 的铁氧体，顺时针和逆时针 CP 波的相位将分别发生

$\beta_+ l$ 和 $\beta_- l$ 的变化。当两种 CP 波通过铁氧体后重新组合时，LP 波的极化面将出现旋转：

$$\theta=\frac{\beta_+ l-\beta_- l}{2}=\frac{\omega\sqrt{\varepsilon}}{2}(\sqrt{\mu-k}-\sqrt{\mu+k})l \tag{6.19}$$

其中，$\theta$ 的符号即极化面向左旋转还是向右旋转，取决于 $k$ 的取值，$k$ 是正是负取决于工作频率低于还是高于铁氧体材料的谐振频率，即拉莫频率，拉莫频率在 6.2.2 节中定义。

穿过铁氧体圆柱的传输相变由下式给出：

$$\phi=\frac{\beta_+ l+\beta_- l}{2}=\frac{\omega\sqrt{\varepsilon}}{2}(\sqrt{\mu-k}+\sqrt{\mu+k})l \tag{6.20}$$

即

$$\phi=\frac{\omega\sqrt{\varepsilon}}{2}[(\mu_{\text{eff}})_+ +(\mu_{\text{eff}})_-]l \tag{6.21}$$

有效磁导率 $(\mu_{\text{eff}})_+$ 和 $(\mu_{\text{eff}})_-$ 的值取决于工作频率、直流磁场的值和铁氧体材料的参数。作为示例，图 6.8 显示了在共振区域中，这些磁导率随高于饱和的磁化磁场强度的变化。可以看出，顺时针旋转的 CP 波的有效磁导率基本保

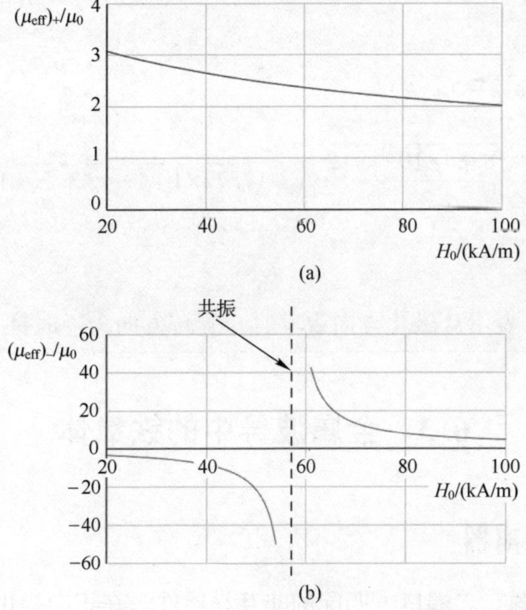


图 6.8　2GHz 时铁氧体中 CP 波的有效磁导率随磁化场的变化
（铁氧体沿传播方向磁化（$\gamma=35\text{kHz}\cdot\text{m/A}$，$\omega_m=2\pi\times5.6\times109\text{rad/s}$）

持不变，但逆时针旋转的那些波的磁导率在共振位置的任一侧都经历了显著变化。特别地，可以看到在共振的逆时针旋转波的有效磁导率的符号发生了变化。

**例 6.2** 在轴向（$z$ 方向）磁化的铁氧体圆柱体在 6GHz 下的磁导率张量由下式给出：

$$\boldsymbol{\mu}=\mu_0\begin{bmatrix}2.43 & -\mathrm{j}1.02 & 0\\ \mathrm{j}1.02 & 2.43 & 0\\ 0 & 0 & 1\end{bmatrix}$$

假设铁氧体的介电常数为 12，则在 6GHz 下，计算 1 cm 长圆柱体中的法拉第旋转。

**解：**

将给定的渗透率张量与式（6.12）进行比较，可得

$$\mu=2.43\mu_0=2.43\times4\pi\times10^{-7}\mathrm{H/m}=30.54\times10^{-7}\mathrm{H/m}$$

$$k=1.02\mu_0=1.02\times4\pi\times10^{-7}\mathrm{H/m}=12.82\times10^{-7}\mathrm{H/m}$$

$$\mu-k=(30.54-12.82)\times10^{-7}\mathrm{H/m}=17.72\times10^{-7}\mathrm{H/m}$$

$$\mu+k=(30.54+12.82)\times10^{-7}\mathrm{H/m}=43.36\times10^{-7}\mathrm{H/m}$$

利用式（6.19）可得

$$\theta=\frac{\omega\sqrt{\varepsilon_0\varepsilon}}{2}(\sqrt{\mu-k}-\sqrt{\mu+k})l$$

$$=\frac{2\pi\times6\times10^{9}\times\sqrt{8.84\times10^{-12}\times12}}{2}\times(\sqrt{17.72\times10^{-7}}-\sqrt{43.36\times10^{-7}})\times0.01\mathrm{rad}$$

$$=-1.46\mathrm{rad}$$

$$=-83.64°$$

注释：负号表示从磁化方向观察时，旋转方向为逆时针。

## 6.3 金属波导中的铁氧体

### 6.3.1 谐振隔离器

隔离器是无源、二端口、匹配的非互易器件，在正向提供低衰减，在反向提供非常高的匹配衰减。它们广泛用于微波电路和子系统中，主要是为了减少来自其他不匹配组件的反射的不利影响。例如，可以在频率源和无功负载之间

插入隔离器，以防止负载的电抗拉偏源的频率。隔离器使用的另一个好例子是在高功率放大器的输出和失配负载之间插入隔离器，以防止来自负载的高功率反射对放大器的输出级造成损坏。

理想的隔离器可以用图 6.9 所示的 **S** 参数矩阵来表示，从端口 1 到端口 2，正向传输损耗为 0，反向传输损耗为无限，隔离器的两个端口是匹配的。

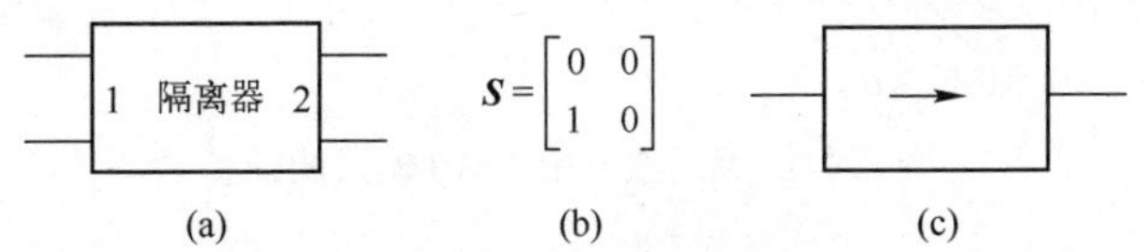


图 6.9　二端口隔离器

（a）二端口隔离器；（b）理想 s 矩阵；（c）电路符号。

如图 6.10 所示，在矩形金属波导的宽壁之间放置一块离心的铁氧体薄板，可以制作出非常有效的隔离器。图 6.10 还显示了施加在铁氧体板上的直流磁场的方向，其大小为 $H_0$。在实际装置中，磁场是由一个组装在波导周围的永磁体提供的。

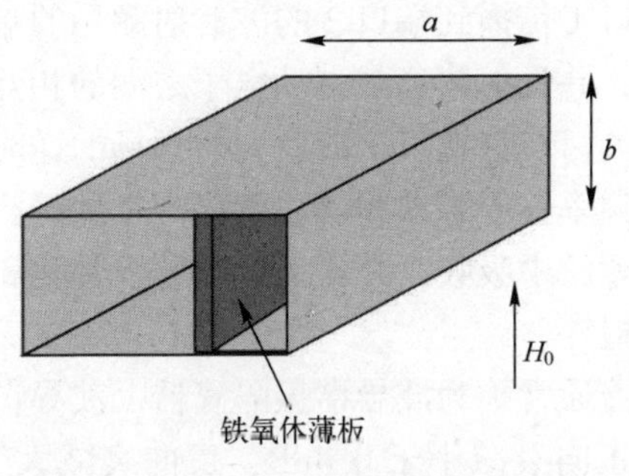


图 6.10　波导隔离器

通过考虑 TE10 模式在波导内传播所引起的磁场变化，可以理解波导隔离器的工作。如第 1 章所述，主导模的磁场在横平面上呈闭合环的形式，这些磁场回路如图 6.11 所示。图 6.11 中还显示了直流磁场 $H_0$，它垂直于射频磁场环的平面，并指向纸的平面外。因此，铁氧体中电子的自由进动将是逆时针的。

图 6.11 显示了在波导中偏离中心的点 $P$ 和它位于铁氧体板的位置。如果我们考虑在 $P$ 处的射频磁场的旋转，那么对于一个从端口 1 到端口 2 向前传播的波，磁场环从左到右移动，在 $P$ 处的磁场实际上是圆极化的，顺时针方向旋转。类似地，对于从端口 2 传播到端口 1 的波，$P$ 处的磁场似乎是逆时针方向旋转的。

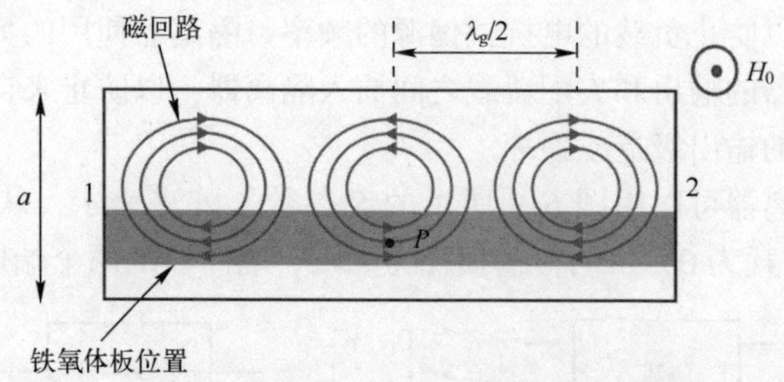


图 6.11　矩形波导中 TE10 模式的磁场

为清晰起见，旋转的细节如图 6.12 所示，其中时间 $t=0$ 对应于如图 6.11 所示的磁场分布。

| | $t=0$ | $t=T/4$ | $t=T/2$ | $t=3T/4$ |
|---|---|---|---|---|
| 1→2 | → | ↓ | ← | ↑ |
| 2→1 | → | ↑ | ← | ↓ |

图 6.12　射频磁场在点 $P$ 处的圆极化随时间的函数

因此，对于从端口 1 传播到端口 2 的波，射频场的顺时针旋转与铁氧体中电子的进动旋转相反，并且射频场与进动电子之间的相互作用很小，因此传输损耗很小。但对于从端口 2 到端口 1 的波，射频场的逆时针旋转加强了电子的进动，如果射频波的频率等于进动频率，就会产生共振，如 6.2.2 节所述。在共振时，能量将从射频波中吸收，并作为热在铁氧体内部消散，从而从端口 2 到端口 1 提供高传输损耗。

这种类型的隔离器通常称为波导谐振隔离器。波导谐振隔离器是非常有效的非互易器件，通常正向衰减小于 0.4dB，反向衰减大于 25dB，匹配良好且易于在覆盖微波和毫米波频率范围的不同波导尺寸中制造。在实际元件中，铁氧体板的端部通常是锥形的，以最小化输入和输出端口处的反射，通常波导隔离器的电压驻波比小于 1.3。

**例 6.3**　输出阻抗为 50Ω 的信号源连接到输入阻抗为(75－j47)Ω 的天线。

（1）确定信号源输出处的驻波比。

（2）如果信号源与天线之间连接一个匹配好的下列规格的隔离器，前向路径为信号源到天线的路径，则确定信号源输出端的驻波比：

前向路径：损耗＝0.27dB，传输相位＝－34°；

反向路径：损耗＝26.12dB，传输相位＝－57°。

并对求出的结果进行评价。

**解：**

（1）计算驻波比 VSWR：

$$\Gamma_{天线}=\frac{Z_{天线}-Z_0}{Z_{天线}+Z_0}=\frac{75-j47-50}{75-j47+50}$$

$$=\frac{25-j47}{125-j47}=\frac{53.24\angle-62°}{133.54\angle-20.61°}=0.40\angle-41.39°$$

$$\text{VSWR}=\frac{1+|\rho_{天线}|}{1-|\rho_{天线}|}=\frac{1+0.4}{1-0.4}=2.33$$

（2）将隔离器规范写成 $S$ 参数形式：

$$S_{21}=10^{-0.27/20}\angle-34°=0.97\angle-34°$$

$$S_{12}=10^{-26.12/20}\angle-57°=0.05\angle-57°$$

$$S_{11}=S_{22}=0(\text{隔离器已匹配})$$

利用式（5.9）求隔离器输入处的反射系数：

$$\Gamma_{输入}=\frac{S_{11}(1-S_{22\rho_{天线}})+S_{21\rho_{天线}}S_{12}}{1-S_{22\rho_{天线}}}$$

将上式代入数据可得

$$\Gamma_{输入}=0.97\angle-34°\times0.40\angle-41.39°\times0.05\angle-57°$$

$$=0.0194\angle-132.39°,$$

$$\text{VSWR}=\frac{1+0.0194}{1-0.0194}=1.04$$

评价：隔离器的存在大大减少了信号源输出的不匹配。

## 6.3.2　场位移隔离器

场位移隔离器在结构上与 6.2.2 节中讨论的谐振隔离器类似，它采用了一段位于矩形波导中偏离中心的铁氧体。不同的是，在场位移装置中，直流磁场使铁氧体偏差到低于共振的某个点。铁氧体的作用就是简单地改变波导内的场分布，使前向波时铁氧体附近的场浓度低，反向波时铁氧体周围的场浓度高。电阻片通常由带有电阻涂层的聚酯薄膜制成，放置在铁氧体旁边，以吸收反向传播波的能量，从而提供非互易操作。场位移隔离器的截面如图 6.13 所示。

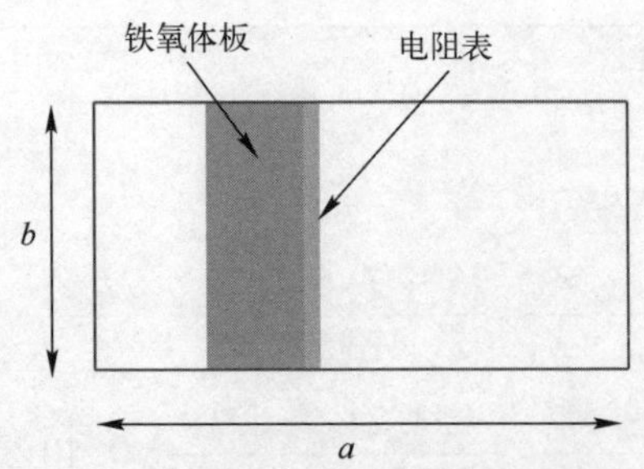


图 6.13　矩形波导中场位移隔离器的截面图

由于场位移隔离器不依赖于铁氧体材料内的共振，它具有更宽的带宽。

### 6.3.3　波导环行器

基本微波环行器是一种匹配的三端口设备，其中应用于一个端口的信号在周围循环，并且仅从两个相邻端口中的一个发出。在图 6.14（a）所示的环行器中，由于循环方向为顺时针，因此端口 1 的信号出现在端口 2，端口 2 的信号出现在端口 3，端口 3 的信号出现在端口 1。这种行为导致了三端口环行器的理想 **S** 矩阵，如图 6.14（b）所示。环行器在微波通信系统中有很多用途，其中一种常见的布置是利用环行器使发射机和接收机共用一个天线，如图 6.14（c）所示。

在图 6.14（c）所示的布局中，发射机的输出功率供给天线，而环行器的非互易特性意味着发射机的输出级受到保护，免受天线失配引起的反射。此外，接收机的敏感输入不受发射器的相对高功率输出的影响，因为从端口 1 到端口 3 没有传输。天线接收到的信号围绕环行器旋转，并出现在接收机的输入端。

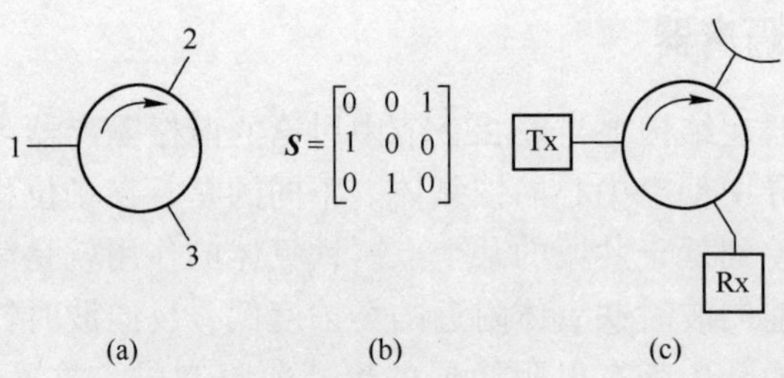


图 6.14　三端口环行器

（a）三端口环行器；（b）理想 **S** 矩阵；（c）典型使用。

**例 6.4**　三端口环行器的对称性能数据如下：

插入损耗=0.34dB

隔离度=24.6dB

$VSWR=1.23$

确定环行器的 **S** 矩阵。

**解**：求解时考虑环行器具有如图 6.14（a）所示的端口名称和环行方向。

插入损耗：

$$-0.34=20\log|S_{21}|$$

$$\log|S_{21}|=-0.017$$

$$|S_{21}|=10^{-0.017}=0.962$$

根据圆的对称性，有

$$|S_{21}|=|S_{32}|=|S_{13}|=0.962$$

隔离度：

$$-24.6=20\log|S_{12}|$$

$$\log|S_{12}|=-1.23$$

$$|S_{12}|=10^{-1.23}=0.059$$

根据圆的对称性，有

$$|S_{12}|=|S_{23}|=|S_{31}|=0.059$$

匹配：

$$\text{VSWR}=1.23=\frac{1+|S_{11}|}{1-|S_{11}|}$$

$$|S_{11}|=0.103$$

根据圆的对称性，有

$$|S_{11}|=|S_{22}|=|S_{33}|=0.103$$

最终的 **S** 矩阵：

$$\boldsymbol{S}=\begin{bmatrix}0.103 & 0.059 & 0.962\\ 0.962 & 0.103 & 0.059\\ 0.059 & 0.962 & 0.103\end{bmatrix}$$

注释：为方便起见，我们仅根据它们的幅度写出了环行器 **S** 矩阵的元素，但必须认识到，一个真正的隔离器的 **S** 参数将是复杂的，用角度表示各种端口之间的传输相位。

波导环行器的一种常见结构是 $y$ 结环行器，如图 6.15 所示，它是由角间距为 120°的三个矩形波导的 $h$ 面结构成的。铁氧体位于结的内部中心，通常采用圆柱体的形式，占据波导的整个高度。铁氧体在直流磁场 $H_0$的作用下被磁化而非共振，该磁场平行于铁氧体圆柱体的轴线。有时铁氧体是碟形的，它粘在接合点中心的一个宽壁面上，但并不占据波导的全部高度。

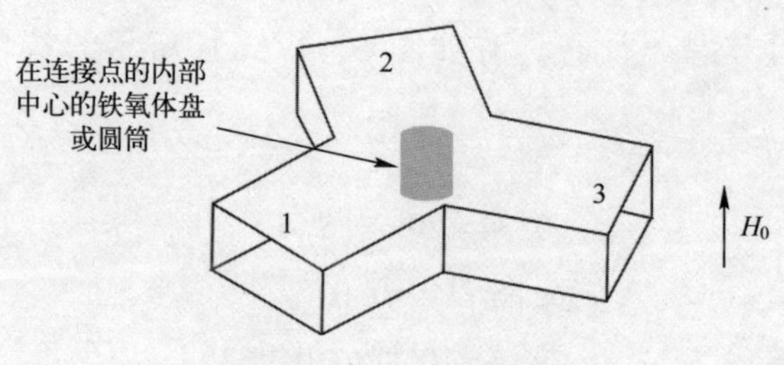


图 6.15　Y 结波导环行器

当主 TE10 模式从其中一个波导端口进入结时，铁氧体柱体内产生两个反向旋转模式。这两种模式相互干扰产生驻波图案，在铁氧体圆盘周围不同角度位置产生最大和最小场强，铁氧体圆盘可以被认为是介质谐振器。图 6.16（a）显示了圆盘未磁化时，在端口 1 处施加信号时圆柱体横平面内的驻波图。图中所示的场型对应于最低的谐振频率，因此是主要的谐振模式。在这种情况下，从端口 1 进入的信号在端口 2 和端口 3 产生等幅输出信号，因为铁氧体中的谐振场的幅值在这些端口附近是相同的。当施加直流电磁场时，电子的自旋轴围绕直流电磁场的方向进动，如 6.2.2 节所述。其中一种旋转模式与进动紧密耦合，而另一种则不是。这意味着铁氧体中的两种旋转模式以不同的角速度运动，从而导致驻波模式的角位移。通过调整磁场的强度，驻波方向图可以旋

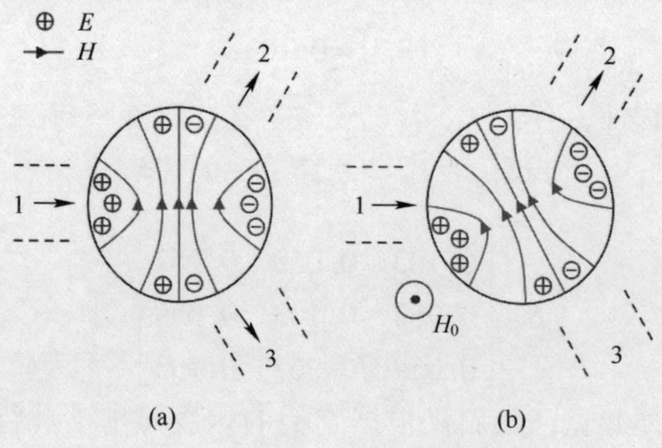


图 6.16　铁氧体磁盘的驻波模式

（a）非磁化；（b）直流电场磁化。

转，直到方向图的最小值与其中一个端口相对，然后将其隔离。如图 6 - 16（b）所示，铁氧体中与端口 3 相邻的合成场为 0。然后端口 1 的信号将耦合到端口 2，端口 3 被隔离。由于器件是围绕铁氧体圆盘的轴线对称的，当信号应用于三个端口中的任何一个时，都将观察到相同的行为，即信号只耦合到相邻的端口。

*Y* 结波导环行器的工作原理是铁氧体内的电磁场与矩形波导内的输入和输出场强耦合。这意味着设备具有低 *Q*，因此带宽很宽。*Y* 结环行器也可以作为一个非常有效的两端口隔离器，与第三端口终止与匹配的负载。

Y 结波导环行器的主要设计参数与铁氧体盘的侧面有关。Helszajn 和 Tan [3] 研究了采用部分高度铁氧体谐振器的这种环行器的性能。他们得出结论，当铁氧体盘作为支持主要 TM11 模式的 $\lambda/4$ 介质谐振器时，具有最佳性能，其中铁氧体尺寸与下式相关：

$$\beta_0 R = \frac{1}{\sqrt{\varepsilon_r}}\left[\left(\frac{\pi R}{2t}\right)^2 + (1.84)^2\right]^{0.5} \tag{6.22}$$

其中

$$\beta_0 = \frac{2\pi}{\lambda_0} \tag{6.23}$$

$R$——铁氧体圆盘半径；

$t$——铁氧体盘的厚度；

$\varepsilon_r$——铁氧体材料的相对介电常数。

**例 6.5**　一个 10GHz 的铁氧体圆盘谐振器由厚度为 2.5mm，介电常数为 13 的铁氧体圆形圆盘制成。如果这个圆盘支持 TM11 工作模式，请确定它所需的直径。

**解：**

10GHz$\Rightarrow \lambda_0 = 30$mm

变换式（6.22）可得

$$(\beta_0 R)^2 = \frac{1}{\varepsilon_r}\left[\left(\frac{\pi R}{2t}\right)^2 + (1.84)^2\right]$$

$$R^2 = \left(\beta_0^2 - \frac{\pi^2}{4\varepsilon_r t^2}\right) = \frac{(1.84)^2}{\varepsilon_r}$$

$$R = \frac{1.84}{\sqrt{\varepsilon_r}}\left(\beta_0^2 - \frac{\pi^2}{4\varepsilon_r t^2}\right)^{-0.5}$$

代入数据可得

$$R=\frac{1.84}{\sqrt{13}}\left(\left(\frac{2\pi}{30}\right)^2-\frac{\pi^2}{4\times13\times(2.5)^2}\right)^{-0.5}\text{mm}=4.40\text{mm}$$

$$直径=2\times4.40\text{mm}=8.80\text{mm}$$

上述对 Y 结环行器的讨论是基于圆形铁氧体圆柱体的使用。然而，使用铁氧体圆柱体导致环行器的三个端口处的电压驻波比的值相对较高，这是由于波进入结时圆柱体表面的反射。在许多实际设备中，铁氧体圆柱体被三角形铁氧体代替，如图 6.17 所示。通过这种排列，铁氧体在波导端口上出现一个锥形的不连续，这减少了反射，从而降低了三个端口的驻波比。

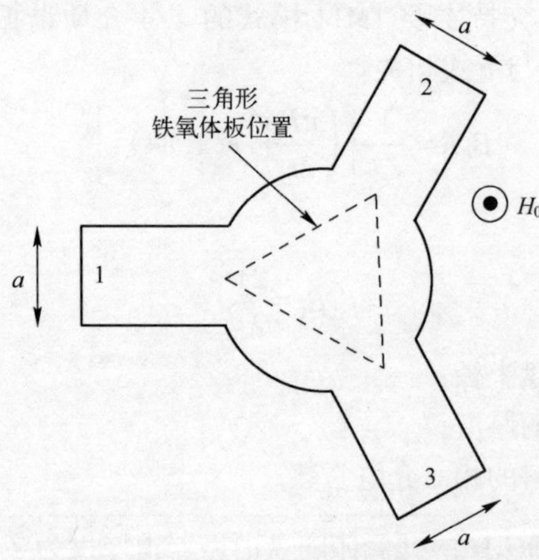


图 6.17　Y 结环行器中的三角形铁氧体

三角形铁氧体的行为方式与圆柱形铁氧体相似，即反向旋转模式导致共振驻波模式。Linkhart[4] 对三角形铁氧体的使用进行了更广泛的讨论，他还提供了关于铁氧体尺寸的实用设计信息。三角形的使用有一个额外的优势，能够防止耦合到宽带操作中的高阶模式。

关于波导环行器还有两点需要注意。

（1）6.3.3 节重点介绍了三端口波导环行器，因为它是最常见的环形器类型，但是四端口循环器也可以使用各种技术设计和制造。Collin[2] 描述了两种类型的四端口环行器，一种使用矩形波导结和回旋器的组合，另一种使用圆形波导。

（2）三端口环行器，其中一个端口端接在匹配的负载上，相当于一个隔离器。

# 6.4　平面电路中的铁氧体

## 6.4.1　平面环行器

磁化铁氧体圆盘三端口波导环行器的原理可直接应用于微带电路中。构造微带 Y 结环行器的一般方法如图 6.18 所示。

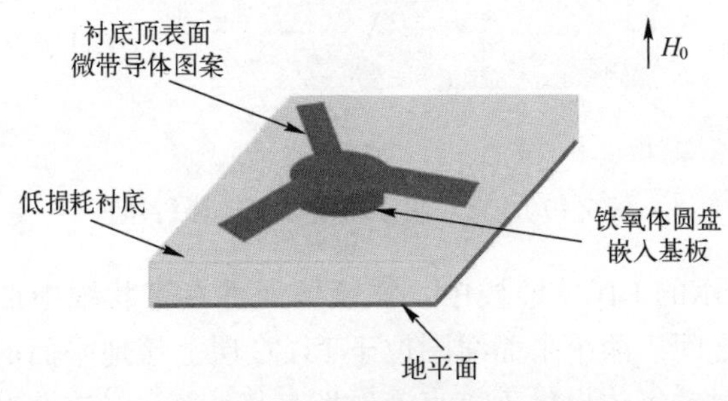


图 6.18　微带 Y 结环行器

在这种布置中，一个铁氧体圆盘被嵌入在一个圆形的腔中，该腔被激光切割在一个低损耗的陶瓷基板表面。圆盘的顶表面镀有金属，并与基片的顶表面一同冲洗。金属化层与微带轨道结合，形成图 6.18 所示的连续微带层，3 个端口的相互角度间距为 120°。在垂直于衬底平面的方向施加直流磁场 $H_0$，使铁氧体盘磁化。这种磁场通常是从附着在衬底上的一个小永磁体获得的。

平面电路的最新发展是在 LTCC 结构中集成铁氧体 Y 结环行器，作为 SiP 收发器的一部分。Van Dijk 和同事[5]将预烧结铁氧体圆盘嵌入多层 LTCC 结构的空腔中。

在他们的工作中，LTCC 的收缩和铁氧体盘的尺寸相匹配，从而在烧结后铁氧体和 LTCC 腔之间实现紧密配合，而不会在成品封装中引入应力。在使用集成铁氧体制造 LTCC 堆栈后，将磁铁安装在结构表面以提供所需的直流磁场[5]。文献［5］中展示了 C 波段和 Ku 波段环行器的 $S$ 参数数据。数据显示，C 波段的典型插入损耗和隔离度分别约为 0.5dB 和 22dB。Ku 波段的相似数据显示，中频带插入损耗和隔离度分别为 1dB 和 24dB。这些数据证明了在 LTCC 封装中集成铁氧体元件的可行性，并显著提高了 LTCC SiP 结构的能力。

在平面封装内集成铁氧体的缺点之一是需要磁铁来提供直流磁场。这些磁铁相对较重且体积较大，与使用 LTCC 和多层厚膜技术可能实现的轻质、紧凑结构相背离。Yang 及其同事[6]开发了一种创新结构，将平面绕组结合在 LTCC

封装内，以此来提供直流磁场，从而克服对磁铁的需求，新结构的基本概念如图 6.19 所示。

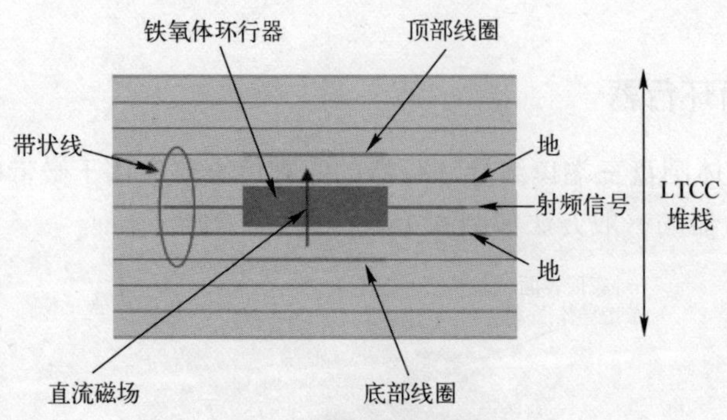


图 6.19　LTCC 集成绕组铁氧体环行器

在图 6.19 所示的 LTCC 堆栈中，铁氧体元件在带状线中形成，铁氧体材料在两个接地面之间。两个平面线圈位于 LTCC 层上接地平面的正上方和正下方，这些线圈通过铁氧体提供垂直直流磁场。将线圈定位在带状线外可确保形成线圈的导体与通过铁氧体部件传播的射频信号之间没有相互作用。[6] 文献［6］中给出的数据表明，用新结构制造的环行器在 14GHz 时的插入损耗为 3dB、隔离度为 8dB，回波损耗优于 20dB。虽然，这一性能数据不如使用磁体的更传统的平面结构所能达到的那样好，但它确实显示了铁氧体平面器件的重大潜在进步。

然而，使用嵌入式绕组提供直流磁化存在一个问题，即线圈产生的热量。热量降低了铁氧体的饱和磁化强度，这将影响射频器件的性能。Arabi 和 Shamim[7] 研究了这种热量对具有嵌入式绕组的可调谐铁氧体 LTCC 滤波器性能的影响。他们使用模拟和测量相结合的方法，表明绕组的加热效应会导致温度在 25~190℃之间变化，从而导致滤波器的中心频率下降约 10%。然而，他们的工作确实表明，通过模拟，这种影响是可预测的，因此内部发热的后果可以包含进 LTCC 封装设计中。

## 6.4.2　边导模传播

当一条宽微带线（$w/h \gg 1$）位于磁化铁氧体衬底上时，射频信号的能量倾向于集中在线路的一侧，如图 6.20 所示。这是由于主导微带模式的磁场和铁氧体中的进动电子之间的相互作用。

由于大部分传播能量集中在微带的一个边缘，因此通常称为边缘引导模式。随着 $z$ 方向的传播，以及图 6.20 所示的直流磁化场方向，能量集中在微带的左侧边缘。如果传播方向相反，场将沿着微带的右边缘集中。

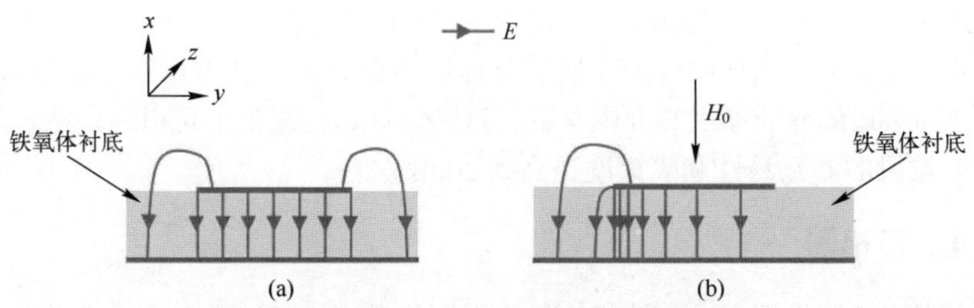


图 6.20　铁氧体衬底上宽微带线上的电场分布
（a）未磁化；（b）磁化。

Hines[8] 分析了宽微带线在铁氧体上的传播，指出在弱磁场下，边导模的相位传播常数为

$$\beta_z = 2\pi f\sqrt{\mu_0\varepsilon_0\varepsilon_r} \tag{6.24}$$

其中，$f$ 为操作的频率，其他符号有其通常的含义。该表达式的意义在于，它表明边缘模式的传播是无色散的，因为传播速度是恒定的，即

$$v_p = \frac{\omega}{\beta_z} = \frac{2\pi f}{2\pi f\sqrt{\mu_0\varepsilon_0\varepsilon_r}} = \frac{1}{\sqrt{\mu_0\varepsilon_0\varepsilon_r}} \tag{6.25}$$

### 6.4.3　边导模隔离器

沿微带线边缘沉积一层电阻（有损）薄膜，可以利用边导模制作平面场位移隔离器，如图 6.21 所示。

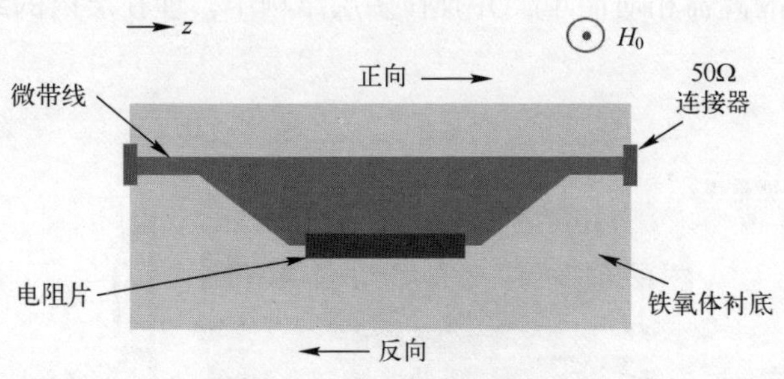


图 6.21　边导模微带隔离器

在图 6.21 中，微带线的宽度在电阻层附近增加，以强调场位移效应。在这种结构下，电阻条下方的电场正向传播较弱，因此正向衰减相对较低。但在反向传播时，损耗带下方的高强度电场会导致高衰减。边导模隔离器具有非常

宽的带宽性能，尽管插入损耗相对较高，通常为1dB，因为当正向传播时，并非所有的射频场都能从电阻层下消除。在一篇有趣的论文中，Elshafiey 和他的同事[9]对铁氧体衬底上的边缘模式微带隔离器进行了全波分析，并考虑了在铁氧体上方或下方添加额外的介质层以形成多层结构的特殊情况。结果表明，通过选择合适的介质厚度和介电常数，这种多层结构理论上可以使边缘模隔离器在 X 波段的非互易性和隔离度提高到 20dB 左右。

## 6.4.4 移相器

在直流磁场作用下，在铁氧体衬底上制作微带线可以实现连续或离散移相器。如前几节所述，改变提供磁场的电磁铁中的电流将改变衬底的有效磁导率，这反过来将改变沿微带线的传输相位。

一条简单、笔直的微带线能提供一个互易移相器，通过适当控制磁场强度，可以实现有效的低损耗数字移相器。

在铁氧体上生产非互易微带移相器也有许多成熟的技术。这些是二端口移相器，通过移相器后，传输相位在正向和反向上是不同的。最常用的两种技术是：①边缘模式传播；②弯折线。非互易边缘模式移相器的使用与第 6.4.3 节中讨论的边缘模式隔离器的原理类似，如图 6.22 所示，电阻带被低损耗、高介电常数的介电介质所取代，插入到宽微带线的边缘下方。如第 6.2.2 节所述，射频场被限制在宽微带线的边缘。在前向方向上，这些场将主要在铁氧体衬底中传播，一些场的边缘进入空气。在反向方向上，电场将穿过宽截面的相反边缘和具有高介电常数的电介质插件。因此，两个方向上的传输相位将是不同的，从而使移相器具有非互易性。铁氧体和电介质都可以丝网印刷，所以制造这种类型的隔离器相对简单，并且在多层结构中，埋在层内的绕组可以产生磁场。

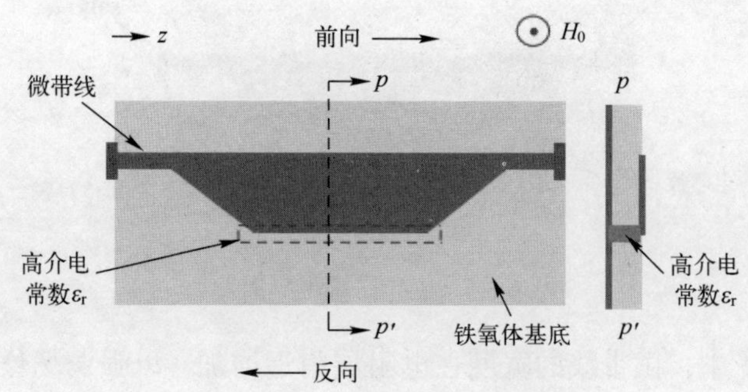


图 6.22　非互易边缘模式移相器

在铁氧体衬底上使用微带弯折线也可以提供有效的非互易移相器。图 6.23 显示了一种典型的排列方式，在弯折部分有间隔紧密的微带线，直流磁场 $H_0$ 纵向施加，并平行于弯折线的长边。

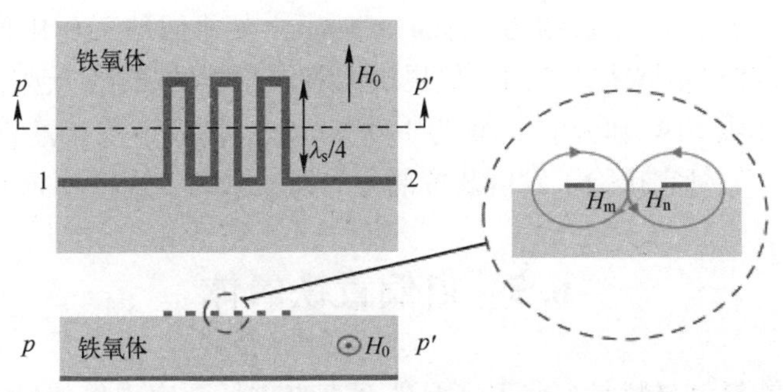


图 6.23　在铁氧体上使用弯折线的非互易移相器

形成弯折的线长 $\lambda_s/4$，其中 $\lambda_s$ 是铁氧体衬底上的微带线的波长。弯折线的中心间距 $s$ 应足够小，以此来确保相邻线路之间存在合理的强耦合。这种类型的结构最初由 Roome 和 Hair[10] 研究，他们从耦合线产生的 CP 场和直流磁场之间的相互作用推断出结构的传输相位特性。图 6.23 所示的是一个弯折处的两条线之间的磁场放大图，展示了弯折线截面中心的情况，如截面 pp′处的情况。因为弯折部分的长度有 $\lambda_s/4$ 长，所以相邻线路中心的电流之间有 90°的延迟，而且使得产生的微波磁场变成 CP 场。图 6.23 中的放大图展示了由于弯折处的相邻线产生的磁场 $H_m$ 和 $H_n$。值得注意的是，圆极化仅在结构的中心产生，而在偏离中心的位置，相位差要么大于要么小于 90°（路径差大于或小于 $\lambda_s/4$），极化将是椭圆的。如果波从端口 1 传播到端口 2，极化波的旋转方向将是顺时针。这将与电子的进动方向与图 6.23 所示的直流磁化场方向相同。如果波从端口 2 传播到端口 1，极化射频波的旋转将是逆时针的，从而阻碍电子的进动。因此，由于铁氧体的有效磁导率对于相反方向的射频波来说是不同的，因此器件将表现出非互易的传输相变。

利用较新的制造技术如 LTCC 和 SIW 来实现微波移相器，是近年来广泛研究的主题。Bray 和 Roy[11] 首次证明了铁氧体填充移相器可以成功地嵌入到 LTCC 多层结构中。他们在报告指出，在 36GHz 时，可切换的非互易相移为 52.8°，总插入损耗为 3.6dB，而原型多层结构的尺寸为 35mm（长）× 5mm（宽）× 1mm（高）。这相当于约 15°/dB 的性能值（figure of merit，FoM）（注意，用来表示移相器性能的优势的一个数字是相位变化（°）与插入损耗（dB）的比率）。这些结果证明了封装技术的可行性，并显示了铁氧体器件与

LTCC SiP 结构中其他组件紧密集成的潜力。LTCC 材料技术和 SIW 设计技术的这些初步进展，使铁氧体基移相器能够以更小的封装实现，并具有更好的性能。最近，Kagita 和他的同事[12]报告了一种集成在 LTCC 封装中的铁氧体基 SIW 移相器，其衬底面积约为 11mm × 5mm。在他们的工作中使用了 10 层 LTCC 堆栈，并包括嵌入式绕组，以提供铁氧体所需的磁化。他们报告了 X 波段非互易移相器 SIW 部分的 FoM 为 100°/dB。这代表了该装置的一个非常好的性能指标，尽管它排除了发射装置部分的损失影响，这将倾向于降低 FoM。

## 6.5 自偏置铁氧体

自偏置铁氧体材料是那些不需要外部直流磁场而表现出偏磁极化的材料。由于不需要外部磁场，质量和成本显著降低，这对集成电路器件特别有利。具有自偏压特性的铁氧体材料的开发已经成为广泛研究的主题，用于高频应用的典型材料是六铁酸钡（barium hexaferrite，BaM）和六铁酸锶（Sr $Fe_{12}O_{19}$）。对这些材料制备过程中涉及的化学过程及其高频行为的详细讨论超出了本书的范围，但是可在参考文献［13］中找到信息的有关内容。可以这样说，这些材料与传统的外部磁化铁氧体具有本质上相同的特性，可以用于制造一系列微波器件，包括隔离器和环行器。对于射频和微波 SiP 设计特别感兴趣的是丝网印刷自偏铁氧体材料的机会，这可以减小质量，紧凑的部件高功能。厚膜铁氧体 BaM 涂层是使用基本的丝网印刷技术制备的，但在印刷和烧结阶段之间包括直流磁场，以使涂层内部磁化。

相关文献中报道了许多自偏铁氧体器件的例子，其性能接近使用外部磁化的更传统的结构。Wang 和他的同事[14]描述了一种自偏置铁氧体环行器，其隔离度为 21dB，插入损耗为 1.52dB，在 13.6GHz；O'Neil 和 Young[15]报告了一种微带环行器，工作范围为 21～23GHz，隔离度优于 15dB，插入损耗为 1.5dB。

## 6.6 补充习题

6.1 某铁氧体样品的回旋磁比为 35kHz · m/A。如果在材料上施加 87.6kA/m 的直流偏置，进动频率是多少？

6.2 对于特定的铁氧体材料 $\gamma$ 的值为 2.8MHz/Oe。需要多大的直流磁场才能产生 2.6GHz 的进动频率？

6.3　铁氧体材料的特性如下：$\gamma=35\text{kHz}\cdot\text{m/A}$；$\omega_m=4\pi\times10^9\text{rad/s}$。在此材料上施加一个与直流磁场方向相同的 LP 射频平面波，$H_0=80\text{kA/m}$。绘制出此材料在 0~5GHz 射频频率下的有效磁导率$(\mu_{\text{eff}})_+$和$(\mu_{\text{eff}})_-$的图像。

6.4　将 2GHz 的 LP 平面波应用到具有以下特性的铁氧体材料上：$\gamma=35\text{kHz}\cdot\text{m/A}$，$\omega_m=11.2\pi\times10^9\text{rad/s}$，$\varepsilon_r=12$；如果用与传播波方向相同的 $H_0=80\text{kA/m}$ 的直流磁场对材料进行磁化，试确定：

（1）材料内圆极化的两个指针的波长；

（2）2GHz 波的极化平面每单位长度的旋转；

（3）在 10mm 长度的铁氧体中，2GHz 波的极化平面的旋转角度和方向。

6.5　已知输出阻抗为 50Ω 的信号发生器连接了阻抗为(142+j76)Ω 的负载。

试确定：

（1）信号发生器输出端的电压驻波比；

（2）如果以下 $\boldsymbol{S}$ 矩阵表示的隔离器连接在发电机和负载之间：则信号发生器输出端的电压驻波比。

$$\boldsymbol{S}=\begin{bmatrix}0.09\angle 51^\circ & 0.07\angle -124^\circ\\ 0.93\angle -77^\circ & 0.11\angle -72^\circ\end{bmatrix}$$

6.6　图 6.24 显示了连接了微波电源的输出、天线和匹配负载 $Z_0$ 的环行器。

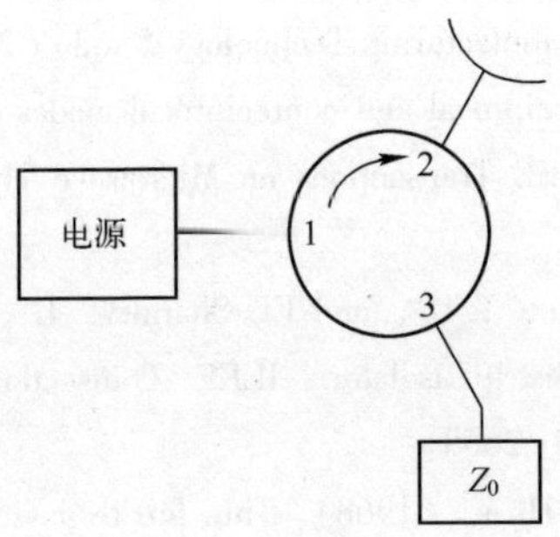


图 6.24　6.6 的电路

电源的输出阻抗为 50Ω，天线的阻抗为(77−j54)Ω。环行器的性能由 $\boldsymbol{S}$ 矩阵表示：

$$\boldsymbol{S}=\begin{bmatrix}0.07\angle 27^\circ & 0.04\angle -61^\circ & 0.91\angle -55^\circ\\ 0.93\angle -44^\circ & 0.05\angle 33^\circ & 0.05\angle -78^\circ\\ 0.06\angle -54^\circ & 0.92\angle -58^\circ & 0.06\angle 84^\circ\end{bmatrix}$$

确定电源输出处的电压驻波比。

## 参考文献


[1] Harris, V. G. (2012). Modern microwave ferrites. IEEE Transactions on Magnetics 48 (3): 1075-1104.

[2] Collin, R. E. (1992). Foundations for Microwave Engineering, 2e. McGraw Hill: New York.

[3] Helszajn, J. and Tan, F. C. (1975). Design data for radial-waveguide circulators using partial-height ferrite resonators. IEEE Transactions on Microwave Theory and Techniques 23 (3): 288-298.

[4] Linkhart, D. K. (1989). Microwave Circulator Design. Norwood, MA: Artech House.

[5] Van Dijk, R., van der Bent, G., Ashari, M., and McKay, M. (2014). Circulator integrated in low temperature co-fired ceramics technology. Proceedings of 44th European Microwave Conference, Rome, Italy (6-9 October 2014), pp. 1544-1547.

[6] Yang, S., Vincent, D., Bray, J., and Roy, L. (2015). Study of a ferrite LTCC multifunctional circulator with integrated winding. IEEE Transactions on Components, Packaging and Manufacturing Technology 5 (7): 879-886.

[7] Arabi, E. and Shamim, A. (2015). The effect of self-heating on the performance of a tuneable filter with embedded windings in a ferrite LTCC package. IEEE Transactions on Components, Packaging and Manufacturing Technology 5 (3): 365-371.

[8] Hines, M. E. (1971). Reciprocal and nonreciprocal modes of propagation in ferrite stripline and microstrip devices. IEEE Transactions on Microwave Theory and Techniques 19 (5): 442-451.

[9] Elshafiey, T. M. F., Aberle, T. L., and El-Sharawy, E. (1996). Full wave analysis of edge-guided mode microstrip isolator. IEEE Transactions on Microwave Theory and Techniques 44 (12): 2661-2668.

[10] Roome, G. T. and Hair, H. A. (1968). Thin ferrite devices for microwave integrated circuits. IEEE Transactions on Electron Devices ED-15 (7): 473-482.

[11] Bray, J. R. and Roy, L. (2004). Development of a millimeter-wave ferrite-filled antisymmetrically biased rectangular waveguide phase shifter embedded in low-temperature cofired ceramic. IEEE Transactions on Microwave Theory and Techniques 52 (7): 1732-1739.

[12] Kagita, S., Basu, A., and Koul, S. K. (2017). Characterization of LTCC-based ferrite tape in X-band and its application to electrically tuneable phase shifter and notch filter. IEEE Transactions on Magnetics 53 (1).

[13] Harris, V. G. (2010). The role of magnetic materials in RF, microwave, and mm-wave

devices: the quest for self-biased materials. Proceedings of IEEE 2010 National Aerospace and Electronics Conference, Fairborn, OH (14-16 July 2010).

[14] Wang, J., Yang, A., Chen, Y. et al. (2011). Self biased Y-junction circulator at Ku band. IEEE Microwave and Wireless Components Letters 21 (6): 292-294.

[15] O'Neil, B. K. and Young, J. L. (2009). Experimental investigation of a self-biased microstrip circulator. IEEE Transactions on Microwave Theory and Techniques 57 (7): 1669-1674.

# 第7章 测 量

## 7.1 引 言

随着电子电路工作频率的提高，射频和微波领域的测量技术变得更加复杂，在正确使用测量程序和测量仪器方面都需额外注意。虽然有大量的专业高频测试仪器可用于测量特定参数（如频率和功率），但所有射频或微波实验室的核心测量系统都是网络分析仪。网络分析仪的主要功能是测量和显示无源或有源电路的 $S$ 参数。大多数网络分析仪是双端口仪器，用于测量被测双端口设备的性能，而多端口分析仪可用于特殊应用。一般而言，网络分析仪可分为两种类型，即标量仪器和矢量仪器。顾名思义，标量网络分析仪只能测量被测设备 $S$ 参数的大小，而矢量仪器可以测量大小和相位。设计开发实验室里一般都配备矢量网络分析仪（VNA），因为大多数设计任务都需要幅值和相位信息。为了使用矢量网络分析仪进行精确的高频测量，需用校准程序消除系统误差，本章将讨论这些误差的来源以及可用的校准技术。

本章讨论射频和微波连接器。任何高频测量都需要某种形式的连接器，主要用于将被测设备连接到测量仪器。但测量系统中连接器的影响往往没有得到足够的重视，选择适当的连接器和对连接器的维护均可对测量性能产生重大影响。本章介绍一些常见的连接器，并讨论确保良好的连接器性能应遵循的最佳实践过程。

## 7.2 射频和微波连接器

高频应用中使用的连接器通常具有同轴结构，大多数连接器具有传统的引脚（公）和插座（母）格式。用于指定高频连接器性能的两个关键参数是特性阻抗和最大可用频率。这些参数的值是由连接器的尺寸和介质填充的介电常数决定的，可以使用第 1 章附录 1. A 中给出的公式来评估。

高频连接器的选择如图 7. 1 所示，相关数据见表 7. 1 所列。

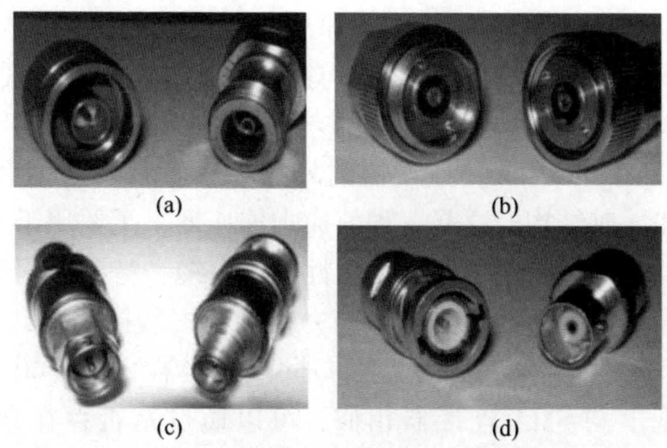

图7.1　常见射频/微波连接器
(a) N型；(b) APC-7；(c) SMA；(d) BNC。

表7.1　常见射频/微波连接器的数据

| 类　型 | 外径/mm | 最大频率/GHz |
|---|---|---|
| APC-7 | 7 | 20 |
| Type-*N*（普通型） | 7 | 12 |
| Type-*N*（精确型） | 7 | 18 |
| SMA | 3.5 | 20 |
| 2.4mm 同轴（K） | 2.4 | 50 |
| 1mm 同轴 | 1 | 110 |
| BNC | | ~1.5 |

N型连接器广泛应用于射频和微波仪器，并作为低损耗互连电缆的终端，它们有普通版本和精密版本，精密版本的性能高达18GHz。连接器的外径为7mm，具有用于公连接器的中心引脚，以及用于接收中心引脚的母连接器中的空心圆柱体。母连接器的空心圆柱通常有4个或6个弹簧加压触点，用于承受公中心引脚的公差。虽然连接器主体上没有平面，这意味着连接器的松紧只取决于用户，而不是通过使用扭矩扳手来精确确定。但通过正确的维护，这种类型的连接器能够为多个连接提供良好的重复性。

APC-7（Amphenol Precision Connector-7mm）连接器（高频阻抗测量仪）是7mm精度、中性的连接器，连接器中心触点和外部触点简单对接，而不是引脚和插座结构。为了改善连通性，中心导体的连接面具有多个弹簧加压触点，两个配对连接器通过螺纹套筒的排列拧紧。这种方式的好处是，当两个连接器连接时，不会弯曲中心引脚。这种构造方法有助于使APC-7连接器具有所有20GHz连接器中最低的反射系数和最高的可重复性能。两个正确连接的连接器的回波损耗通常为30dB量级。这种类型的连接器常见于旧型微波仪器，但由于其较高的成本和笨拙的紧固方式，因此不再广泛使用。

SMA（Sub-Miniature A）连接器的外径为3.5mm，公型和母型连接器具有传统的引脚和插座结构。这是一种低成本连接器，主要用于一次性连接，因此连接的可重复性较差，通常用于半刚性同轴电缆，特别是用于互连微波子组件。此外，在连接到平面电路（如微带）的面板安装格式中具有广泛的应用。

K连接器是高性能2.92mm中空接口同轴连接器，可在40GHz下实现自适应操作，在外观上与SMA连接器相似，可以通过是否存在介电接口来区分它们。

BNC（Bayonet Navy Connector）连接器是广泛用于低射频应用的低成本通用同轴连接器，此类连接器的重复性较差，通常建议不应在1GHz以上使用。

### 7.2.1 连接器的维护

对高频连接器正确维护的重要性经常被忽视。维护不当的连接器可能导致连接器接口处的电压驻波比变高，以及过度损耗，这些因素可能影响高频测量。测量实验室推荐最佳实践要求为如下。

（1）连接器的导电部分，特别是中心引脚，应干净、无损坏且无腐蚀。

（2）应始终使用具有正确扭矩设置的扭矩扳手，以正确的扭矩（紧密度）连接接头。

（3）每次测量前，应始终清洁连接器。重要的是，清洁过程和材料（化学品）不得损坏接头。金属灰尘等污垢会积聚在连接器上，特别是介电插件的表面。首先，应使用压缩空气清洁连接器的螺纹和介电面。如有必要，应使用浸在适当溶剂（如异丙醇（IPA））中的棉签或无绒布去除电介质表面上的颗粒。每次测量前应遵循此清洁过程。

### 7.2.2 连接到平面电路

可使用图7.2所示类型的通用测试夹具在两端口微带或共面电路上进行测量。

在图7.2中，被测电路夹在测试夹具的两个夹爪之间。一个钳口是固定的，另一个可在侧向和横向上移动。每个钳口都有一个K型连接器，用于通过高频同轴电缆将测试夹具连接到测量仪器。K型连接器端接在与被测电路端接触的小金属接线片上。使用K型连接器，这种类型的夹具可提供40GHz的重复测量。

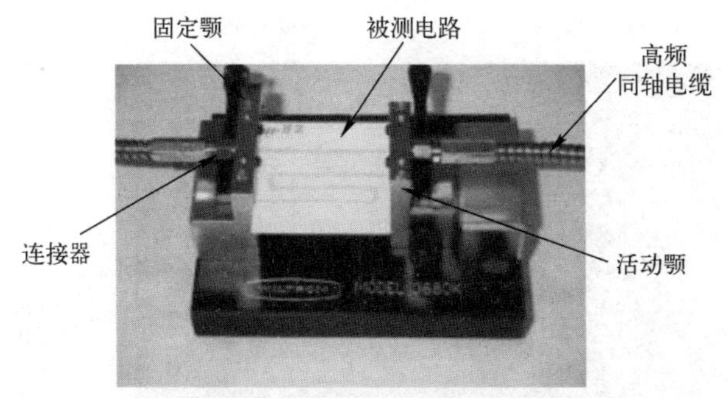


图7.2　双端口通用测试夹具

对于毫米波区域平面电路的测量，通常使用安装在探针台中的共面探针，典型的共面探针如图7.3所示。

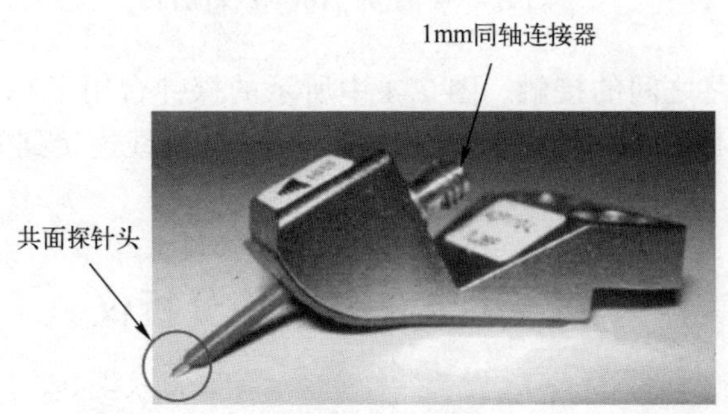


图7.3　100 GSG共面探针

图7.3中所示探针的常规描述为100GSG：100表示共面探针中相邻尖端中心到中心的间距（以μm为单位），GSG表示接地信号接地，中心触点承载信号，外部触点接地。在所示示例中，共面探针由1mm同轴连接器供电，这使得探针的使用频率能够高达110GHz。探针通常安装在探针台上，如图7.4所示。

图7.4所示的探针台采用真空卡盘将被测电路保持在固定位置。这两个探针安装在微操作平台上，为用户提供$X-Y$（水平）平面上探针位置的精确控制。使用垂直螺钉驱动装置手动将探针降低到位。显微镜可以在探针接触点上移动，以确保相对于电路上的共面线的正确定位。为了方便操作，显微镜通常连接到视频屏幕，使得用户更易定位探针。

确保三个探针尖端与电路接触非常重要，通过观察三个探针在电路中导体上的滑动来实现。一部分探针台采用附加的正交定位显微镜，使得用户能目视

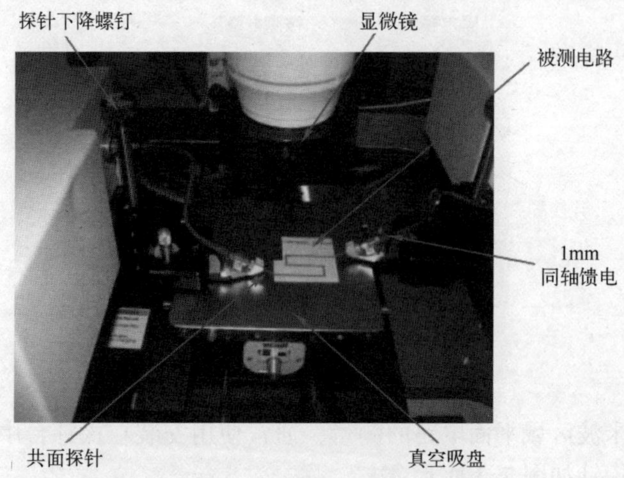


图 7.4 典型的 110GHz 探测台

检查探针和电路之间的接触。图 7.4 中所示的探针台用于高达 110GHz 的频率，因此使用 1mm 同轴电缆为探针供电。这些同轴线连接到矢量网络分析仪的两个端口。

## 7.3 微波矢量网络分析仪

### 7.3.1 说明和配置

在绝大部分射频和微波实验室中，传统矢量网络分析仪都是一种双端口仪器，能够测量和显示宽频率范围内的 $S$ 参数数据。是德科技制造的现代高性能矢量网络分析仪示例如图 7.5 所示。

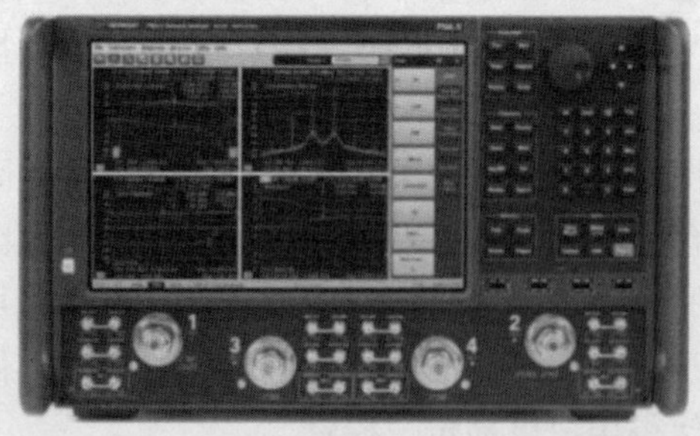

图 7.5 现代矢量网络分析仪©是德科技公司（资料来源：是德科技公司）

仪器的正面有两个同轴测试端口。使用矢量网络分析仪进行测量有两个阶段：首先，将已知的阻抗标准连接到同轴端口来校准仪器（校准在 7.3.3 节中有更详细的介绍）；其次，将两端口待测器件（DUT）连接在同轴器之间，待测器件的复杂 $S$ 参数显示为频率的函数。频率范围和显示格式可以通过前面板上的按钮设置。显示格式包括史密斯圆图表表示，为了方便起见，所有四个 $S$ 参数通常可以同时显示。在正常使用时，分析仪还连接到计算机，可以记录和进一步处理测量的 $S$ 参数数据。

虽然现代矢量网络分析仪是高度复杂的仪器，但可以通过参考图 7.6 所示的简单功能图来了解其基本操作。

如图 7.6 所示，矢量网络分析仪的 6 个基本内部部件如下。

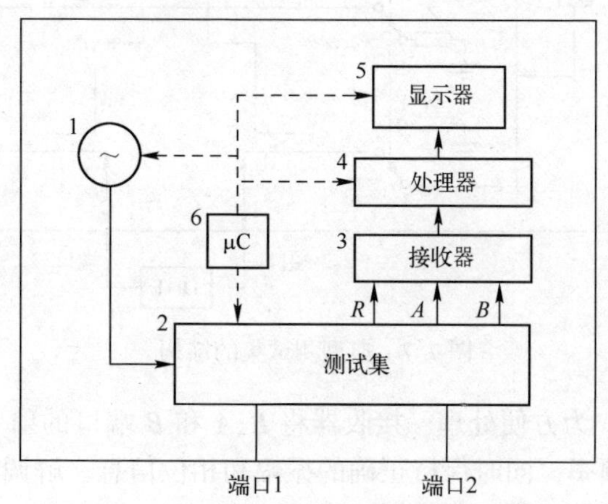


图 7.6　典型矢量网络分析仪功能示意图

（1）合成信号源。可在扫频模式下精确选择低噪声、单个频率或系列频率。（综合信号源的结构和性能将在第 11 章详细讨论）信号源还可以在输出中加入隔离器，以防止负载阻抗变化导致信号源的频率偏离调谐。

（2）测试装置。这是矢量网络分析仪中的关键高频单元，是矢量网络分析仪和待测设备之间的接口，它包含决定信号通过待测器件传播方向的开关，以及测量来自待测器件两个端口的反射的方向耦合器。典型测试装置的内部配置如图 7.7 所示。在所示的布置中，从合成源进入测试装置的射频信号通过功率分配器进行划分，其中大部分信号指向待测器件的端口 1，其余的信号形成一个参考信号 $R$，供接收机使用。两个开关决定了测试集内信号的方向，并通过待测器件。开关通常是组合在一起的，它们的位置由用户选择，可以从矢量网络分析仪的前面板或通过计算机控制。如图 7.7 中 $X$ 位置的两个开关，射频信号通过待测器件从端口 1 到端口 2，输出端口终止于内部匹配负载 $Z_0$。在此条件下，$B$ 端口和 $R$ 端口的电压信号比($B/R$)与 $S_{21}$ 成正比，$A$ 端口和 $R$ 端口的信号比率($A/R$)与 $S_{11}$ 成正比。同样，当开关在 $Y$ 位置时，射频信号通过待测器件从端口 2 到端口 1，$A/R$ 与 $S_{12}$ 成正比，$B/R$ 与 $S_{22}$ 成正比。因此，通过对测试装置中已知的损失进行适当的补偿，就可以确定表示待测设备的 $S$ 参数矩阵。

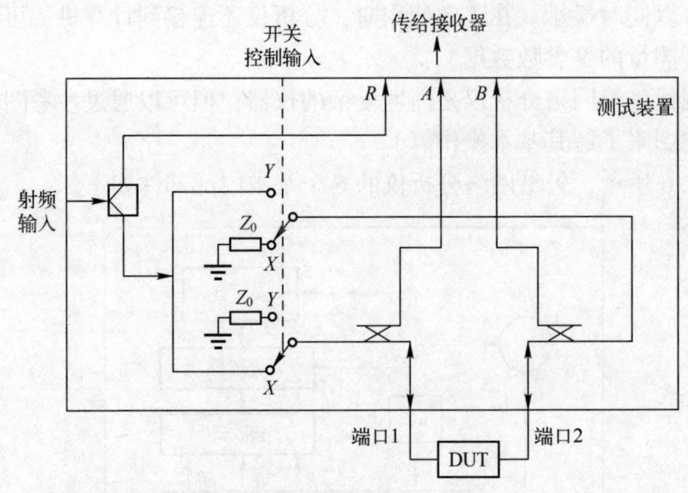


图 7.7　典型测试集的结构

(3) 接收器。为方便处理，接收器将 $R$、$A$ 和 $B$ 端口的射频或微波信号向下转换为较低的频率，同时保持正确的振幅和相位信息。解调器包含在接收机中以基带格式恢复振幅和相位数据。

(4) 处理器。处理器存储来自校准的数据，并将其与来自 DUT 的测量数据结合起来，以确定所需的复杂 $S$ 参数信息。

(5) 显示器。VNA 通常能够以极坐标（史密斯圆图）或直角笛卡儿格式显示信息。4 个 $S$ 参数可以单独显示，也可以同时显示。在许多情况下，例如放大器的设计，能够很方便地观察放大器的增益响应如何随着设备两个端口的匹配同时变化。

(6) 微控制器。微控制器本质上是一个小型计算机，用来控制 VNA 的功能。为了说明 VNA 的基本功能，将微控制器作为一个单独的单元来显示是很方便的，但在现代仪器中，控制器和处理器的功能通常是由有效的内部 PC 和处理器来执行的。

## 7.3.2　表示 VNA 的误差模型

在实际测量系统中，不可避免地会存在影响测量精度的误差。这些误差大致可以分为可重复的误差和随机的误差。随机误差不可量化，只能通过仔细的测量管理来最小化，例如那些由糟糕或磨损的连接器造成的误差。

然而，由于在 VNA 系统中使用可重复和可量化的非理想组件和连接器，会产生一些误差（系统误差）。为了说明系统误差的来源和影响，需考虑两种情况，这两种情况都与 VNA 测试集中功率分离器的非理想性质有关，并使用 VNA 系统内多重反射[1]的概念来量化误差。

情况 1：功率分离器端口 2 的不匹配效应（见图 7.8），所有其他组件都被认为是理想的。

这种不匹配将导致信号在功率分离器的端口 2 和 DUT 之间多次反射。因此，从 DUT 测得的反射将是所有这些反射的累积结果。通过考虑 VNA 中测量 DUT 输入反射系数的部分，可以看到这将如何影响测量数据；VNA 这部分的基本特性如图 7.8 所示，这种布置通常称为反射计，显示了应用于 3dB 功率分配器的射频输入，它将功率分割为 1/2，但将电压分割为 $1/\sqrt{2}$，因为功率与电压的平方成比例。因此，如果功率分配器的输入电压幅值为 $V$，则输出电压幅值为 $0.71V$。来自 DUT 的反射通过一个后向波耦合器耦合，并应用于 A 端口。在图 7.8 所示的图中，$L_T$ 是代表方向耦合器通过损耗的电压系数，$L_C$ 是代表耦合损耗的电压系数（例 7.1）。补偿端口 $R$ 处的电压后，通过反向波耦合器的已知耦合损耗和耦合器的已知通过损耗，DUT 的反射系数由 $A$ 和 $R$ 处的电压之比给出，即 $V_A/V_R$。

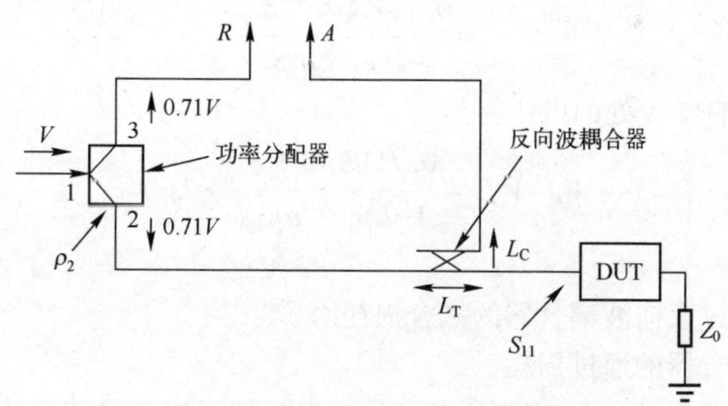


图 7.8　VNA 的基本反射计电路

为清晰起见，图 7.9 显示了 DUT 和功率分配器失配端口之间发生的多次反射[1]。DUT 输入端电压反射的总和（$V_r$）为

$$\begin{aligned} V_r &= 0.71VL_T e^{-j\beta d} S_{11} + 0.71VL_T^3 e^{-j3\beta d}\rho_2 S_{11}^2 + 0.71VL_T^5 e^{-j5\beta d}\rho_2^2 S_{11}^3 + \cdots \\ &= 0.71VL_T e^{-j\beta d} S_{11}(1 + L_T^2 e^{-j2\beta d}\rho_2 S_{11} + L_T^4 e^{-j4\beta d}\rho_2^2 S_{11}^2 + \cdots) \end{aligned}$$

即

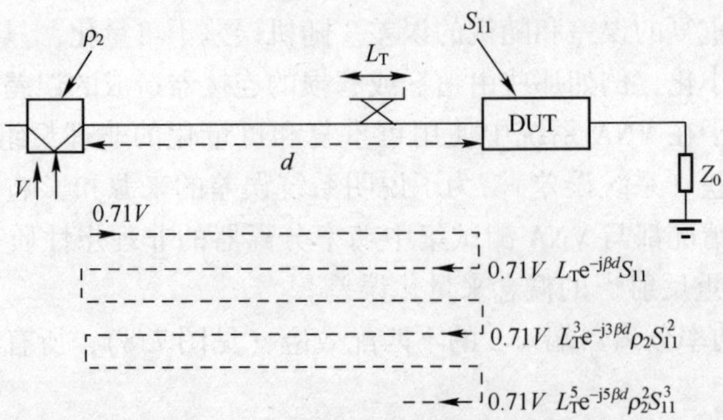


图 7.9 VNA 测试集中的多次反射

$$V_r = 0.71 V L_T e^{-j\beta d} S_{11} \sum_{n=0}^{n=\infty} \left( L_T^2 e^{-j2\beta d} \rho_2 S_{11} \right)^n \tag{7.1}$$

其中

$\beta$——将功率分配器连接到 DUT 线路的相位传播系数；

$\rho_2$——功率分配器端口 2 的反射系数。

由于$|\rho_2|<1$和$|S_{11}|<1$，式（7.1）表示收敛的幂级数，其中

$$\sum_{n=0}^{n=\infty} x^n = \frac{1}{1-x} \tag{7.2}$$

因此，可以将式（7.1）改写为

$$V_r = \frac{0.71 V L_T e^{-j2\beta d} S_{11}}{1 - L_T^2 e^{-j2\beta d} \rho_2 S_{11}} \tag{7.3}$$

参考图 7.8，端口 A 处的电压将为

$$V_A = V_r L_C = \frac{0.71 V L_T e^{-j2\beta d} S_{11}}{1 - L_T^2 e^{-j2\beta d} \rho_2 S_{11}} \cdot L_C \tag{7.4}$$

其中

$L_C$——通过反向波耦合器的耦合损耗因子；

$L_T$——耦合器的通过损耗。

我们必须补偿端口 $R$ 处的参考信号，以补偿反射信号路径中的已知损耗 $L_C$ 和 $L_T$，以及功率分配器和 DUT 之间的距离 $d$ 引起的相位变化，因此，端口 $R$ 处补偿的电压将为

$$V_R = 0.71 \times L_C \times L_T \times e^{-j\beta d} \tag{7.5}$$

测得的反射系数将由下式给出：

$$
(S_{11})_{测量}=\frac{V_A}{V_R}=\frac{\dfrac{0.71VL_T e^{-j\beta d}S_{11}}{1-L_T^2 e^{-j2\beta d}\rho_2 S_{11}}\cdot L_C}{0.71\times L_C\cdot L_T\cdot e^{-j\beta d}}\cdot L_C
$$

$$
=\frac{1}{1-L_T^2 e^{-j2\beta d}\rho_2 S_{11}}\cdot S_{11} \tag{7.6}
$$

$$
=\varepsilon\cdot S_{11}
$$

其中，$\varepsilon$ 为误差比，由下式给出

$$
\varepsilon=\frac{1}{1-L_T^2 e^{-j2\beta d}\rho_2 S_{11}} \tag{7.7}
$$

误差比是由于系统缺陷导致测量中不确定的度量。对于理想情况，当 $\rho_2=0$，$\varepsilon=1$，有

$$
(S_{11})_{测量}=S_{11} \tag{7.8}
$$

情况 2：功率分配器中泄漏和循迹误差的附加影响。

功率分配器内的三个潜在误差源如图 7.10 所示，它们是：①在端口 2 的非零反射系数 $\rho_2$；②端口 2 和端口 3 处的不相等电压；③从端口 2 到端口 3 的泄漏量 $L_L$。

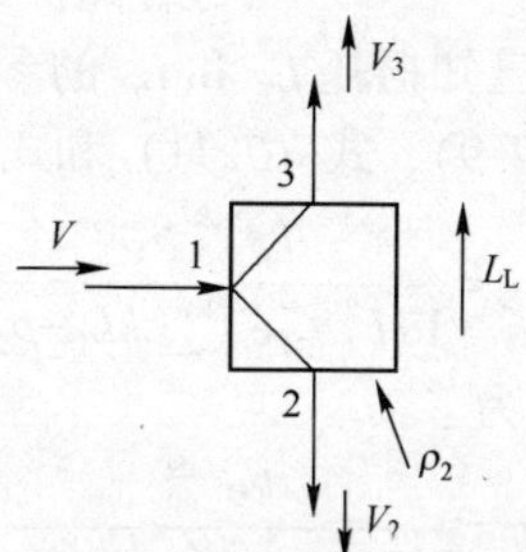


图 7.10　额外的功率分配器缺陷

端口 2 失配的影响已经讨论过。循迹误差产生自功率分配器输出端口之间的功率分配不相等，任何给定频率下的循迹比误差为

$$
k=\frac{V_2}{V_3} \tag{7.9}
$$

其中，$V_2$ 和 $V_3$ 分别为由于端口 1 上的电压 $V$ 而在端口 2 和端口 3 处出现的电压。

如果从分路器的端口 2 到端口 3 存在任何泄漏，即如果 $L_L$ 不为零，则 DUT 和分路器端口 2 之间的多次反射将产生从分路器端口 3 到参考端口 R 的

附加电压分量。

根据 $V_2$ 重写式（7.4），我们得到

$$V_A = \frac{V_2 L_T e^{-j2\beta d} S_{11}}{1 - L_T^2 e^{-j2\beta d} \rho_2 S_{11}} \cdot L_C \tag{7.10}$$

考虑到从端口 2 到端口 3 的泄漏，现在参考端口处的电压为

$$V_R = V_3 + V_2 L_T^2 e^{-j2\beta d} S_{11} L_L + V_2 L_T^4 e^{-j4\beta d} \rho_2 S_{11}^2 L_L + V_2 L_T^6 e^{-j6\beta d} \rho_2^2 S_{11}^3 L_L + \cdots \tag{7.11}$$

应注意的是，如果参考端口正确匹配，则不会有来自该端口的反射，因此功率分配器端口 3 处的任何失配都不会产生影响。

重新排列等式（7.11），有

$$\begin{aligned} V_R &= V_3 + V_2 L_T^2 e^{-j2\beta d} S_{11} L_L (1 + L_T^2 e^{-j2\beta d} \rho_2 S_{11} + L_T^4 e^{-j4\beta d} \rho_2^2 S_{11}^3 + \cdots) \\ &= V_3 + V_2 L_T^2 e^{-j2\beta d} S_{11} L_L \sum_{n=0}^{n=\infty} (L_T^2 e^{-j2\beta d} \rho_2 S_{11})^n \\ &= V_3 + \frac{V_2 L_T^2 e^{-j2\beta d} S_{11} L_L}{1 - L_T^2 e^{-j2\beta d} \rho_2 S_{11}} \end{aligned} \tag{7.12}$$

测得的反射系数为

$$(S_{11})_{测量} = \frac{V_A}{V_R L_T L_C e^{-j\beta d}} \tag{7.13}$$

其中，我们补偿了测量臂中已知损耗 $L_T$ 和 $L_C$ 的参考电压，以及功率分配器和 DUT 之间的距离。结合式（7.9）、式（7.11）和式（7.13）以及重新排列给出：

$$(S_{11})_{测量} = \frac{k e^{-j\beta d} S_{11}}{1 + L_T^2 S_{11} e^{-j2\beta d} (k L_L - \rho_2)} = \varepsilon S_{11} \tag{7.14}$$

在这种情况下，错误率为

$$\varepsilon = \frac{k e^{-j\beta d}}{1 + L_T^2 S_{11} e^{-j2\beta d} (k L_L - \rho_2)} \tag{7.15}$$

**例 7.1**　非理想功率分配器的性能由以下 $S$ 矩阵表示：

$$S = \begin{bmatrix} 0.05\angle 10^\circ & 0.70\angle 52^\circ & 0.78\angle 50^\circ \\ 0.70\angle 52^\circ & 0.08\angle -20^\circ & 0.10\angle -130^\circ \\ 0.78\angle 50^\circ & 0.10\angle -130^\circ & 0.09\angle -28^\circ \end{bmatrix}$$

该功率分配器用于图 7.8 所示的反射计电路，测量 $S_{11}$ 值为 0.73∠140° 的 DUT 的输入反射系数。如果反射计中使用 20dB 微带定向耦合器，则需确定误差比。在测量频率下，功率分配器端口 2 和 DUT 输入端之间的无损线路的电气距离为 0.10λ。反射计电路中除功率分配器外的所有部件都可以认为是理想的。

**解**：使用式（7.15）找到我们需要评估的错误率 $\varepsilon$。

（1）如图 7.11 所示，找到定向耦合器的 $L_T$：

$$P_1=P_2+P_3$$

$$1=\frac{P_2}{P_1}+\frac{P_3}{P_1}\Rightarrow\frac{P_2}{P_1}=1-\frac{P_3}{P_1}$$

$$20\text{dB}\Rightarrow\frac{P_3}{P_1}=\frac{1}{100}=0.01$$

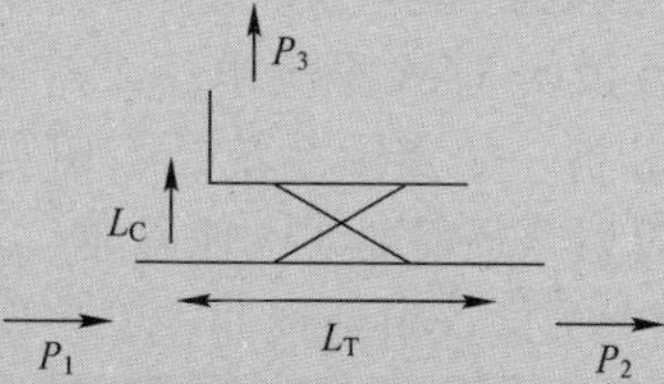


图 7.11　定向耦合器损耗

$$\frac{P_2}{P_1}=1-0.01=0.99$$

$$|L_T|=\sqrt{\frac{P_2}{P_1}}=\sqrt{0.99}=0.99$$

从第 2 章我们知道，定向耦合器耦合端口的电压比输入端口的电压慢 90°，可得

$$L_T=0.99\angle-90°$$

（2）求功率分配器与 DUT 之间的传输相位变化：

$$d=0.10\lambda\Rightarrow\beta d=\frac{2\pi}{\lambda}\times0.10\lambda\ \text{rad}=0.20\pi\ \text{rad}\equiv36°$$

（3）从给的散射矩阵中推导出 $L_L$ 和 $\rho_2$：

$$L_L=S_{32}=0.10\angle-130°$$

$$\rho_2=S_{22}=0.08\angle-20°$$

从式（7.9）可得

$$k=\frac{V_2}{V_3}=\frac{S_{21}}{S_{31}}=\frac{0.70\angle52°}{0.78\angle50°}=0.90\angle2°$$

将数据代入式（7.15）可得

$$kL_{\mathrm{L}}-\rho_2=(0.90\angle 2°\times 0.10\angle -130°)-(0.08\angle -20°)=0.14\angle -161.30°$$

$$\varepsilon=\frac{0.90\angle 2°\times 1\angle -36°}{1+[(0.99\angle -90°)^2\times(0.73\angle 140°)\times(1\angle -72°)\times(0.14\angle -161.30°)]}$$

$$=\frac{0.90\angle -34°}{1+[0.10\angle -27.33°]}=\frac{0.90\angle -34°}{1.09\angle -2.63°}$$

$$=0.83\angle -31.37°$$

注释：结果表明，测量系统内的系统误差（多重反射）的影响对结果有显著的影响。这强调了校准的必要性，以消除这些系统误差。

虽然多重反射的累加在说明 VNA 系统中的误差是如何发生的方面是非常有用的，但用这种方式来分析一个实际系统是不切实际的，因为有许多误差源，因此，有太多的多重反射路径需要实际地累加。

处理 VNA 误差的一般方法是认识到仪器中许多误差的总体影响是在系统中产生有限数量的误差路径。这些路径通常用著名的 12-term 误差模型[2]表示。这个误差模型如图 7.12 所示，本质上是一个增强的信号流图，它显示了系统误差产生的所有附加信号路径。

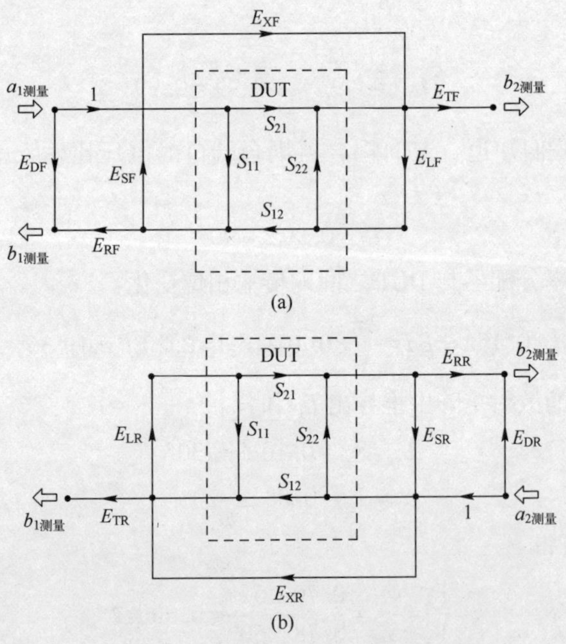


图 7.12　VNA 的 12-term 误差模型

（a）正向误差；（b）反向误差。

将误差模型分为两个流图：一个表示通过 DUT 的正向传输，另一个表示反向传输。每个图显示了三个测量参数，以及由系统误差引起的 6 条误差路径。总共有 12 条错误路径，因此称为 12-term 误差模型。对于正向传输每个错误路径对应的 12 个系统错误如下。

| | |
|---|---|
| $E_{DF}$ | 正向方向性。这种误差是由于连接到 DUT 端口 1 的定向耦合器的方向性有限（图 7.8），并导致来自源的一些功率直接耦合到测量端口 A。这意味着在 B 测量的信号不仅依赖于来自 DUT 端口 1 的反射。 |
| $E_{RF}$ | 正向反射跟踪。该误差与测量 $R$ 和 $A$ 信号的接收机的频率响应有关。由于 VNA 正在测量比值 $A/R$，测量单个 $R$ 和 $A$ 信号的两个接收机的性能随频率的任何变化都将导致误差。作为频率函数的两个接收机的相对性能称为跟踪。 |
| $E_{SF}$ | 正向源匹配。该误差是由于源阻抗和 DUT 输入阻抗之间的相互作用造成的，这导致源和 DUT 之间的多次反射，如图 7.9 所示。 |
| $E_{XF}$ | 正向串扰。这是由于 DUT 的端口 1 和端口 2 之间的不希望的耦合和泄漏。这通常是由于 VNA 内电缆和电路之间的接近耦合。 |
| $E_{LF}$ | 正向加载匹配。该误差是由于 VNA 内的负载阻抗（$Z_0$）与 DUT 的输出阻抗之间的相互作用造成的，这会导致多次反射。 |
| $E_{TF}$ | 正向传输跟踪。该误差的原因与前向反射跟踪的原因类似，并与测量 $B/R$ 比的接收器的相对频率响应有关。 |

类似的定义适用于反向传输：

| | |
|---|---|
| $E_{DR}$ | 反向方向性 |
| $E_{RR}$ | 反向反射跟踪 |
| $E_{SR}$ | 反向源匹配 |
| $E_{XR}$ | 反向串扰 |
| $E_{LR}$ | 反向负载匹配 |
| $E_{TR}$ | 反向传输跟踪 |

对 12-term 误差模型的分析给出了 DUT 的实际（$S_{ijA}$）和测量（$S_{ijM}$）$S$ 参数之间的关系[3]如下：

$$S_{11A}=\frac{A(1+BE_{SR})-CDE_{LF}}{(1+AE_{SF})(1+BE_{SR})-CDE_{LF}E_{LR}} \tag{7.16}$$

$$S_{21A}=\frac{C+CB(E_{SR}-E_{LF})}{(1+AE_{SF})(1+BE_{SR})-CDE_{LF}E_{LR}} \tag{7.17}$$

$$S_{12A}=\frac{D+DA(E_{SF}-E_{LR})}{(1+AE_{SF})(1+BE_{SR})-CDE_{LF}E_{LR}} \tag{7.18}$$

$$S_{22A}=\frac{B(1+AE_{SF})-CDE_{LR}}{(1+AE_{SF})(1+BE_{SR})-CDE_{LF}E_{LR}} \tag{7.19}$$

$$A=\frac{S_{11M}-E_{DF}}{E_{RF}} \tag{7.20}$$

$$B=\frac{S_{22M}-E_{DR}}{E_{RR}} \tag{7.21}$$

$$C=\frac{S_{21M}-E_{XF}}{E_{TF}} \tag{7.22}$$

$$D=\frac{S_{12M}-E_{XR}}{E_{TR}} \tag{7.23}$$

$$S_{11M}=\frac{b_{1测量}}{a_{1测量}} \tag{7.24}$$

$$S_{21M}=\frac{b_{2测量}}{a_{1测量}} \tag{7.25}$$

$$S_{12M}=\frac{b_{1测量}}{a_{2测量}} \tag{7.26}$$

$$S_{22M}=\frac{b_{2测量}}{a_{2测量}} \tag{7.27}$$

通过用已知的阻抗标准（如短路和开路）替换 DUT，可以计算误差路径的值，并将适当的校正应用于 DUT 的测量。此过程称为校正，7.3.3 节将详细介绍。

### 7.3.3 VNA 的校正

校正是使用 VNA 进行测量的重要部分，它涉及以非常高质量的已知阻抗终止分析仪。由于分析仪知道这些阻抗的预期值，因此，可以计算存储的误差模型中的误差路径值，并随后对 DUT 的测量值进行校正。许多系统误差与频率相关，因此在建议测量范围内执行校准过程至关重要。

VNA 制造商提供校准套件（简称校准套件），由一组精确定义的标准件组成，包括短路、开路、匹配负载和直通线路。这些阻抗标准有多种连接格式，最常见的是同轴、波导和晶片上。当使用 VNA 前面板上的触敏按钮调用校准模式时，仪器内的算法将提示用户按特定顺序将标准连接到分析仪的端口。有多种校准算法可用，最常见的算法如下。

（1）SOLT（短路开路负载通过）。

四个标准以预设顺序连接到分析仪，并存储校准数据，以便随后与 DUT

上的测量一起使用。通常，VNA 的端口将连接高质量同轴电缆，阻抗标准连接到这些电缆的端部。因此，电缆实际上是 VNA 的一部分，参考平面（测量平面）建立在电缆的末端。该校准技术通常适用于所有商用 VNA，要求具有非常高的质量标准，并且还要求 VNA 具有各种阻抗标准的精确模型。例如，VNA 必须具有关于开路标准的边缘电容的精确信息，以及关于短路电感的信息。标准的精确建模对于微波和毫米波测量尤为重要。

（2）TRL。

该技术要求使用恒定特性阻抗、非零长度的标准贯穿线和一种反射标准，它可以是短路或开路，优点是非理想组件也可。TRL 技术的缺点是，直通线必须足够长，以包含传输相位的多个周期，这意味着射频频谱低端的测量频率可能会很长。由于特性阻抗随距离的变化，长的参考线也可能产生问题。

仔细、精确校准的必要性再怎么强调也不为过，特别是在微波和毫米波频率下的测量。与 VNA 相关的系统误差可能随时间和物理条件而变化，虽然校准数据可以存储在仪器中，但在每个测量序列开始时校准 VNA 是一种良好的测量实践。校准技术不断发展，Rumiansev 和 Ridler[4] 提供了各种校准程序的开发和应用的有用概述。

## 7.4　片上测试

高频测量的一个重要方面是表征嵌入平面集成电路中的器件。典型的电路有混合电路和单片电路，所研究的器件安装在共面线上，这些情况下的测量通常称为片上测试。

校准是片上测试的重要部分，以平面格式提供测量标准。如果空间允许，标准应包括在被测量的实际晶片或平面电路上。图 7.13 显示了晶片上校准标准的正常足迹。探针制造商，如 FormFactoryRTM（前身为 Cascade Microtech）也提供小型校准片（~15×15mm）正方形的高质量氧化铝基材，其中包含大量校准标准；有关标准尺寸及其电气特性的详细信息，请参见制造商网站①。

短路由导电垫提供，导电垫将三个探针尖端短路在一起，而开路则通过将三个探针悬浮在空气中获得。与同轴开路标准一样，必须应用适当的补偿来解释探针端部的电容性边缘。通过将探针定位在每平方单位具有适当电阻的电阻焊盘上，可以获得标称负载。最后，通过一条短的、匹配的（通常为 50Ω）共面线提供直通线。通常，在一组典型的片上校准标准中提供不同长度的贯

① www.formfactor.com

通线。

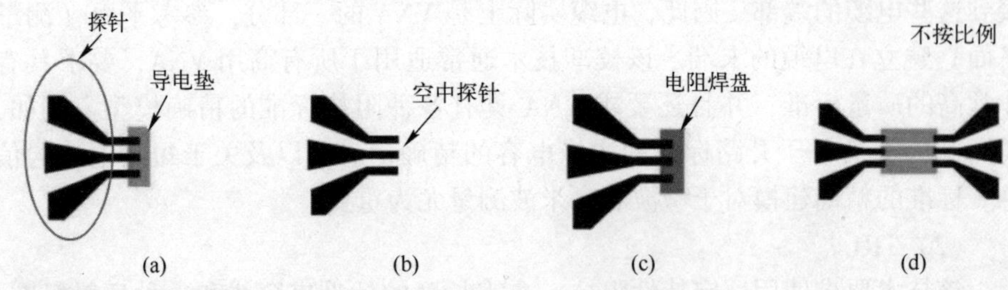


图 7.13　片上校准标准的足迹

（a）短路；（b）开路；（c）负载；（d）贯通线。

在进行片上测试时，特别是在毫米波频率下，需要注意以下一些注意事项。

（1）探针必须相对于共面线小心定位（居中），以便进行实际测量和接触校准标准。

（2）所有三个探针指必须接触电路——正常技术是在探针与导电垫接触时观察（通过显微镜）所有三个指端在导体上滑动。有时，晶片探测站配备有一个额外的显微镜，提供“侧面”视图，以便观察实际接触。

（3）如前所述，校准标准应包括在被测量的实际晶片/电路上，以获得更精确的校准。

（4）在毫米波频率下，TRL 校准技术是最合适的，部分原因是难以制作 SOLT 方法所需的精确开放和短标准，还因为高频意味着宽带校准只需要相对较短的通线。

（5）通常情况下，被测器件已被导线或带状接合到位，必须进行适当的补偿，以补偿与接合相关的寄生效应。

（6）晶片上电路应始终在感兴趣的整个频率范围内进行校准，因为损耗和色散在毫米波区域随频率变化非常显著。

（7）消失模很重要，它围绕不连续性的局部场，如探针尖端。这些场不是问题，除非消失模由于不连续性的紧密间隔而耦合，从而引起共振。这表明在不连续性或组件附近放置探针时应小心，同时也表明电路设计者应小心“紧密间隔”设计的布局。

（8）如果探针与晶片/电路接触的点存在失配，则需意识到多次反射的可能性。在这些情况下，来自被测器件的反射将导致探针和 DUT 之间的多次反射，因此，测得的反射系数将是所有这些反射的总和，即测得的反射率将是探针失配的函数。

（9）探针尖端的精确定位对于毫米波测量也是至关重要的。例如，在100GHz下，自由空间波长仅为3mm，如果衬底波长为1.2mm，探针位置的50μm误差将导致15°。

图7.14显示了嵌入共面线内的设备的理想视图，两个共面探针连接到线的末端。

假设图7.14所示的布置用于测量嵌入式设备的输入反射系数$S_{11}$，通过适当的晶片探测台将探针连接到VNA。我们可以使用7.3.2节中讨论的多次反射的概念来显示探针和共面线之间失配的影响。为了清晰起见，图7.15中给出了显示与反射系数测量相关的基本特征的简化图。

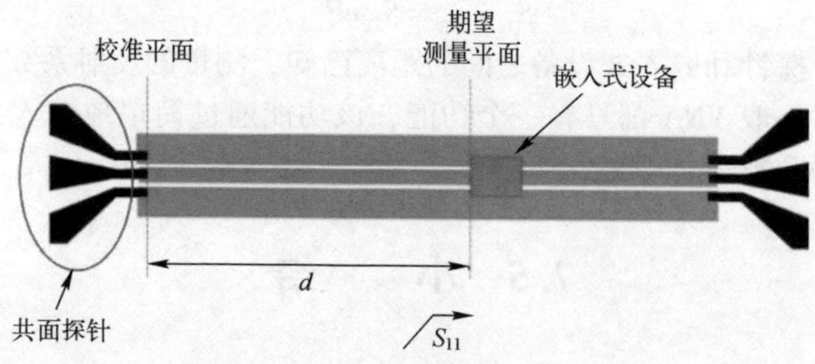


图7.14　嵌入共面线内的装置

在图7.15所示的布置中，我们假设嵌入式设备由匹配负载$Z_0$正确端接。反射系数$\rho_p$表示由于探针和共面线之间接触不良而导致的失配，$T$表示通过探针接触的传输损耗。VNA的输入电压为$V$，电路的测量反射电压为$V_{测量}$。使用失配探针和嵌入式设备之间的多次反射的概念，并假设共面线是无损的，反射电压可以写为

$$\begin{aligned}
V_{测量} &= \rho_p V + S_{11}e^{-j2\beta d}TV + S_{11}^2\rho_p e^{-j4\beta d}TV + S_{11}^3\rho_p^2 e^{-j6\beta d}TV + \cdots \\
&= \rho_p V + S_{11}e^{-j2\beta d}TV(1 + S_{11}\rho_p e^{-j2\beta d} + S_{11}^2\rho_p^2 e^{-j4\beta d} + \cdots) \\
&= \rho_p V + S_{11}e^{-j2\beta d}TV\sum_{n=0}^{n=\infty}(S_{11}\rho_p e^{-j2\beta d})^n \qquad (7.28) \\
&= \rho_p V + \frac{S_{11}e^{-j2\beta d}TV}{1 - S_{11}\rho_p e^{-j2\beta d}}
\end{aligned}$$

测量的反射系数为

$$(S_{11})_{测量} = \frac{V_{测量}}{V} = \rho_p + \frac{S_{11}e^{-j2\beta d}T}{1 - S_{11}\rho_p e^{-j2\beta d}} \qquad (7.29)$$

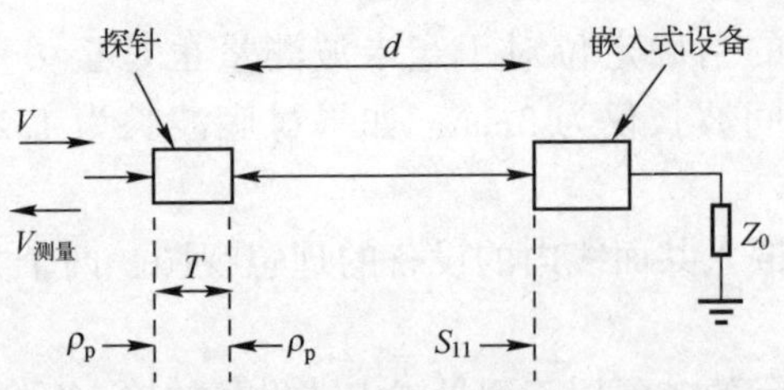


图 7.15　带有不匹配输入探针的嵌入式设备

从式（7.29）可以看出，如果探针与共面线理想接触，即 $\rho_p=0$ 且 $T=1$，则

$$(S_{11})_{测量}=S_{11}e^{-j2\beta d} \tag{7.30}$$

并且由于探针和嵌入式设备之间的距离已知，测量的反射系数必须简单补偿相位变化。一般 VNA 都具有一个功能，该功能通过简单地输入共面线的距离和相位传播系数来自动完成补偿。

## 7.5　小　　结

本章简要介绍了使用 VNA 的射频和微波测量，强调了校准在进行可靠、精确测量中的重要性。各种制造商提供大量的综合 VNA，尤其是 Keysight Technologies（前身为安捷伦和惠普）、Anritsu、Rohde 和 Schwarz，涵盖从射频到亚毫米波段的频率。这些仪器通常是宽带的，并包含一系列的设施。VNA 是任何射频/微波测量实验室的核心，但其多功能性和复杂性也意味着较高的成本。较低频率下的一项较新创新是引入了低成本分析仪，来自 LA Technologies 等公司，其包含所有高频仪器，主要是信号源和测试装置，但可连接到标准 PC，以执行数据处理和显示功能。

## 参 考 文 献


[1] Bryant, G. F. (1988). *Principles of Microwave Measurements*. London: Peter Peregrinus Ltd.

[2] Dunsmore, J. P. (2012). *Handbook of Microwave Component Measurements: With Advanced VNA Techniques*. Sussex, UK: Wiley.

[3] Glover, I. A., Pennock, S. R., and Shepherd, P. R. (2005). *Microwave Devices, Circuits and Subsystems*. Sussex, UK: Wiley.

[4] Rumiantsev, A. and Ridler, N. (2008). VNA calibration. *IEEE Microwave Magazine* 9 (3): 86-99.

# 第 8 章　射频滤波器

## 8.1　引　　言

滤波器是所有射频和微波系统中必不可少的电路，它们的主要功能是控制哪些频率可以通过系统的特定部分进行传播。信号应在滤波器的所需通带内以最小损耗传输，并且通过滤波器的频率分量之间的相位关系变化最小。虽然滤波器是相对简单的电路，但它们相当重要，设计要正确，以避免不必要的传输损伤失。

本章将首先介绍使用集总元件设计的射频滤波器，然后介绍集总设计如何扩展到分布式格式，以及如何使用现代制造工艺设计出紧凑、高质量的平面滤波器。

## 8.2　滤波器响应

有四种常见的滤波器类型，如图 8.1 所示为理想的幅频响应，图中显示的单位为 dB 的插入损耗（$L$）是关于频率（$f$）的函数。这 4 种类型称为低通、高通、带通和带阻滤波器。

在实际中选择和设计滤波器时，必须考虑滤波器响应的 6 个关键问题如下：

（1）通带内幅频响应的形状；

（2）低通滤波器和带通滤波器在其通带内的低插入损耗；

（3）带阻滤波器和高通滤波器在其阻带内的高插入损耗；

（4）通带内的相频响应；

（5）滤波器在通带边缘产生衰减的速率；

（6）滤波器在通带内的回波损耗（或 VSWR）。

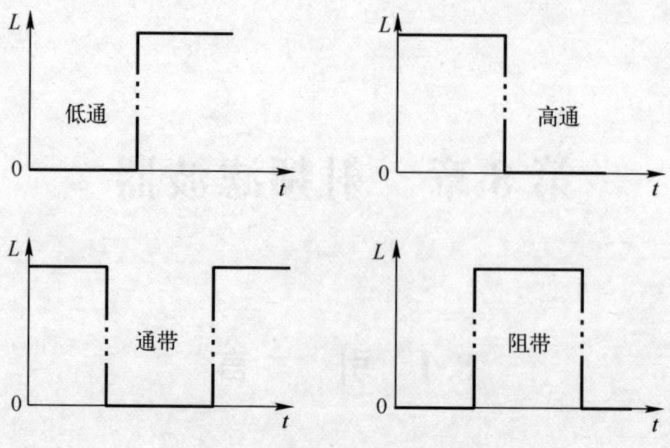


图 8.1　理想化的滤波器响应

## 8.3　滤波器参数

在图 8.2 中，滤波器是一个双端口网络，一端接源阻抗 $Z_s$，另一端接负载阻抗 $Z_L$，还显示了来自电源的有效功率 $P_{in}$、反射功率 $P_r$ 和来自滤波器输出的有效功率 $P_{out}$。

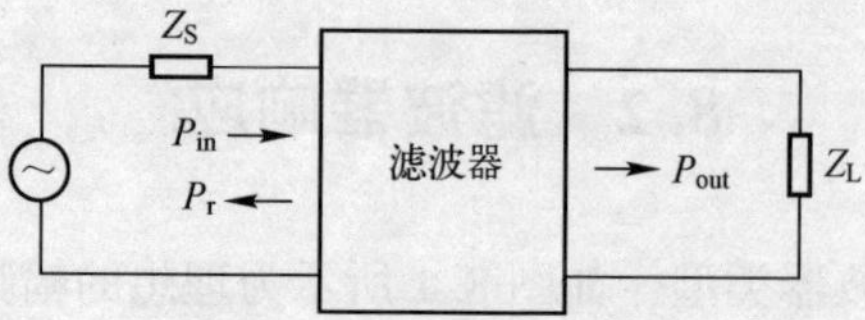


图 8.2　二端口滤波器

在特定频率下，有 6 个主要参数决定滤波器的性能。

（1）插入损耗（IL）：在系统中插入滤波器时所产生的损耗和反射损耗的总和：

$$\mathrm{IL}=10\log\left(\frac{P_{out}}{P_{in}}\right)\mathrm{dB} \tag{8.1}$$

（2）回波损耗（RL）：由于在滤波器的指定端口反射造成的损耗：

$$\mathrm{RL}=10\log\left(\frac{P_{in}}{P_r}\right) \tag{8.2}$$

（3）带宽（$B$）：频率之间的带宽，在该频率下，滤波器损耗处于比通带标称电平高的指定电平（通常为 3dB）：

$$B=\Delta f_{3\mathrm{dB}} \tag{8.3}$$

其中，$\Delta f$ 为 3dB 位置之间的频率跨度。

(4) 相位响应 $\phi$：通过滤波器的传输相位，可以根据输入和输出电压指定为

$$\phi = \mathrm{Arg}\left(\frac{V_{\mathrm{out}}}{V_{\mathrm{in}}}\right) \tag{8.4}$$

(5) 群延迟 $\tau$：群延迟的重要性已在 1.2.2 节中解释，以秒为单位，由下式表示：

$$\tau = \frac{\mathrm{d}\phi}{\mathrm{d}\omega} \tag{8.5}$$

(6) 滚降：滤波器在通带和阻带之间产生衰减的速度的度量，单位为 dB/Hz，通常为 dB/octave。

插入损耗和回波损耗也可以用 $S$ 参数表示如下：

$$\mathrm{IL} = 10\log\left|\frac{1}{S_{21}}\right|^2 = 10\log\left|\frac{1}{S_{12}}\right|^2 \tag{8.6}$$

$$\mathrm{RL(port\ 1)} = 10\log\left|\frac{1}{S_{11}}\right|^2 \tag{8.7}$$

$$\mathrm{RL(port\ 2)} = 10\log\left|\frac{1}{S_{22}}\right|^2 \tag{8.8}$$

## 8.4 射频和微波滤波器的设计策略

射频滤波器的设计的基本步骤如下：

(1) 设计具有所需响应的低通原型；

(2) 将低通原型转换为所需的滤波器类型，具有适当的中心频率和截止频率；

(3) 以集总或分布式格式实现滤波器。

## 8.5 多元件低通滤波器

低通滤波器的基本集总元件结构是由串联电感和并联电容组成的，如图 8.3 所示。

随着频率的增加，电感的电抗增大，电容的电抗减小，由于两个电抗在输入端形成一个简单的分压器，输出电压将减小，从而产生低通响应。输出电压由下式给出：

$$V_{\text{out}}=\frac{1/\text{j}\omega C}{\text{j}\omega L+1/\text{j}\omega C}V_{\text{in}}=\frac{1}{1-\omega^2 LC}V_{\text{in}} \tag{8.9}$$

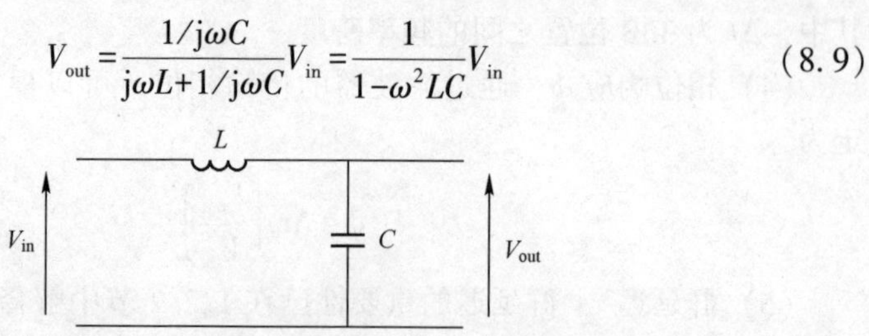


图 8.3　低通电路基本配置

通常更方便的做法是将图 8.3 所示的电路转换为对称 π 型网络，通过添加一个额外的相同的并联电容，如图 8.4 所示。由于附加电容与原始电路并联，其基本的低通特性仍然存在。π 型网络具有输入输出阻抗相同的优点。(需要注意的是，图 8.3 所示的电路可以通过添加串联电感转换为对称 T 型网络，这也将产生相同的输入和输出阻抗，而不改变基本的低通特性)。

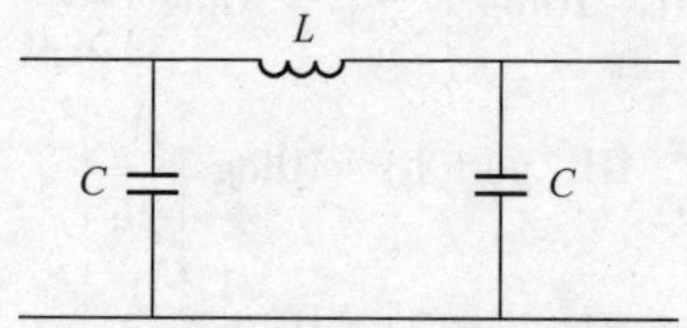


图 8.4　使用 π 型网络的低通电路基本配置

通过添加额外的低通段，可以更好地控制滤波器响应的形状，如图 8.5 所示。多元件配置中电感和电容的相对值决定了滤波器的精确频率响应，这将在后面展示。

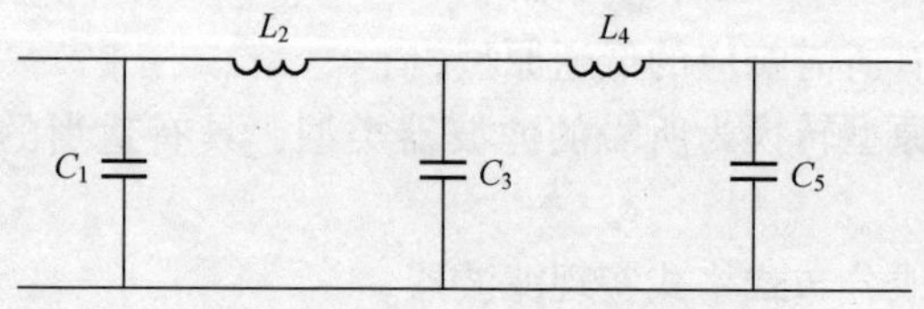


图 8.5　集总元件低通滤波器

## 8.6　实际的滤波器响应

图 8.1 所示的理想频率响应，通带损耗为零，滚降速度无限快，是实际电路元件无法实现的，在实际中通常会遇到 4 种类型的滤波器响应。

(1) 巴特沃斯型：有时称为最大平坦滤波器，这种响应在通带内提供最大的振幅平坦度，但滚降相对较差。

（2）切比雪夫型：这种响应在通带内的振幅波动很小，但与巴特沃斯滤波器相比，滚降效果更好。

（3）椭圆型：这在通带和阻带之间提供了一个非常尖锐的过渡，但在通带与阻带内都表现出较小的振幅波动。

（4）贝塞尔型：这种类型的响应在通带具有最大的平坦相位响应，但振幅响应很差，是这里提到的四个滤波器响应中滚降最慢的。

在特定情况下选择哪种类型的滤波器响应取决于通过滤波器的频率分量的幅值和相位特性，以及相关的系统要求。例如，巴特沃斯响应对模拟调制的信号很好，但是在滤波器内的振幅变化会导致失真，数字信号在传输过程中更能容忍振幅变化，因此，在这些情况下，切比雪夫或椭圆响应是更好的选择，因为它们提供了更好的滚降。对于通信系统中用于信道分离的滤波器来说，拥有良好的滚降尤为重要，因为在通信系统中需要最小化相邻信道之间的串扰。

巴特沃斯滤波器和切比雪夫滤波器是非常常见的，这些将在后面的章节中详细讨论，以说明滤波器的设计原则。

## 8.7　巴特沃斯（或最大平坦）响应

### 8.7.1　巴特沃斯低通滤波器

RF 滤波器的特性通常用其幅频传递函数来描述，用 $|H(\mathrm{j}\omega)|$ 表示，即

$$|H(\mathrm{j}\omega)| = \left|\frac{V_{\mathrm{out}}(\mathrm{j}\omega)}{V_{\mathrm{in}}(\mathrm{j}\omega)}\right| \tag{8.10}$$

其中

$V_{\mathrm{in}}(\mathrm{j}\omega)$ 和 $V_{\mathrm{out}}(\mathrm{j}\omega)$——滤波器输入端和输出端的复电压；

$\omega$——角频率。

在对数表示法中，传递函数为

$$|H(\mathrm{j}\omega)|_{\mathrm{dB}} = 20\log|H(\mathrm{j}\omega)| \tag{8.11}$$

从数学上讲，巴特沃斯滤波器的幅频传递函数由式（8.12）[1] 给出：

$$|H(\mathrm{j}\omega)| = \frac{1}{\sqrt{1+\varepsilon^2\left(\dfrac{\omega}{\omega_{\mathrm{p}}}\right)^{2n}}} \tag{8.12}$$

其中

$\omega_{\mathrm{p}}$——通带限制；

$n$——滤波器的阶数（实际上是滤波器中的段数）；

$\varepsilon$——一个决定通带边缘衰减的因子。

由式（8.12）可以看出，当 $\omega=\omega_{\mathrm{p}}$ 时，$\omega_{\mathrm{p}}$ 对应滤波器的 3dB 通带限制：

$$|H(\mathrm{j}\omega)|=\frac{1}{\sqrt{2}} \text{或者} |H(\mathrm{j}\omega)|^2=\frac{1}{2}$$

通过式（8.12），以 dB 为单位的滤波器插入损耗 $L_{\mathrm{dB}}$ 可以写为

$$L_{\mathrm{dB}}=10\log\left(1+\varepsilon^2\left(\frac{\omega}{\omega_{\mathrm{p}}}\right)^{2n}\right)\mathrm{dB}=10\log\left(1+\varepsilon^2\left(\frac{f}{f_{\mathrm{p}}}\right)^{2n}\right)\mathrm{dB}$$

巴特沃斯低通滤波器的插入损耗与频率的关系如图 8.6 所示。

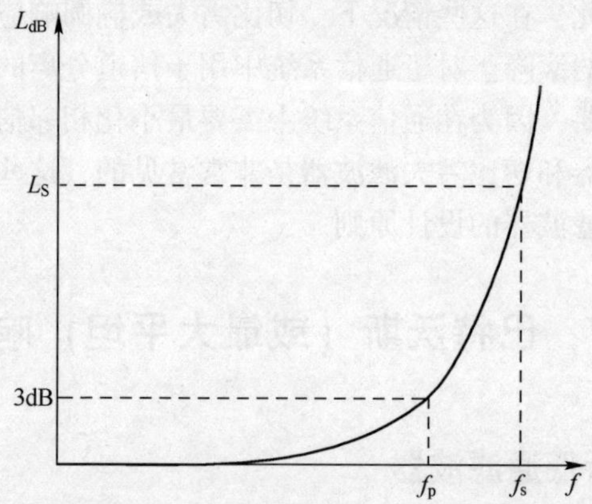


图 8.6　巴特沃斯低通频率响应示意图

当 $f=f_{\mathrm{p}}$ 时，通带的最大损耗为

$$L_{\max}=10\log(1+\varepsilon^2)$$

即

$$\frac{L_{\max}}{10}=\log(1+\varepsilon^2)\Rightarrow\varepsilon=\sqrt{10^{L_{\max}/10}-1}$$

如果我们指定阻带内的一个特定频率 $f_{\mathrm{S}}$ 的损耗 $L_{\mathrm{S}}$，则

$$L_{\mathrm{S}}=10\log\left(1+\varepsilon^2\left(\frac{\omega_{\mathrm{S}}}{\omega_{\mathrm{p}}}\right)^{2n}\right)$$

把上式中的 $\varepsilon$ 替换掉，有

$$L_{\mathrm{S}}=10\log\left[1+(10^{L_{\max}/10}-1)\left(\frac{\omega_{\mathrm{S}}}{\omega_{\mathrm{p}}}\right)^{2n}\right]$$

转换形式为

$$n=\frac{\log\left(\frac{10^{L_S/10}-1}{10^{L_{max}/10}-1}\right)}{2\log\left(\frac{\omega_S}{\omega_p}\right)} \tag{8.13}$$

式（8.13）给出了通带边缘的损耗与阻带中特定频率的损耗之间的关系，并可用于确定在通带和阻带之间提供特定滚降所需的滤波器阶数。

通常将低通滤波器的工作通带取为插入损耗等于 3dB 时的频率，即 $f=f_c$ 时，$L_{max}=3$，然后由于 $L_S \gg L_{max}$，可以将式（8.13）改写为一个近似表达式：

$$n\approx\frac{L_S}{20\log\left(\frac{\omega_S}{\omega_p}\right)} \tag{8.14}$$

虽然式（8.14）是一个近似值，但对于大多数实际情况，它能得到令人满意的数据。式（8.14）通常以图片形式表示，示例可以在[1]中找到。显然，通过使用高阶滤波器，我们可以在高于截止点的特定频率上实现更快的滚降和更大的衰减。

**例 8.1**　一个具有巴特沃斯响应的低通滤波器被设计为 80MHz 的 3dB 截止频率。滤波器在 105MHz 时衰减最小为 16dB，这需要什么样的滤波器？

**解：**

利用式（8.14）可得

$$n=\frac{16}{20\log(105/80)}=6.774$$

因为滤波器的阶数必须是一个整数（即这是滤波器中必须是整数的部分），所以我们需要一个七阶滤波器。

**例 8.2**　参考例 8.1 中定义的滤波器，找出如果使用 11 阶滤波器，在 105MHz 处的衰减会增加多少？

**解：**

利用式（8.14）可得

$$n=\frac{L_{dB}}{20\log(105/80)}\Rightarrow L_{dB}=25.98\text{dB}$$

$$衰减增加=(25.98-16)\text{dB}=9.98\text{dB}$$

滤波器中电抗的值决定了频率响应的精确形状。低通滤波器的这些值通常以归一化的滤波器规格表示，终端阻抗为 1Ω，截止角频率为 1rad/s。

归一化参数的值可以通过将传递函数 $H(\mathrm{j}\omega)$ 表示为 $L$ 和 $C$ 参数，并与式（8.12）中传递函数的值相等得到。巴特沃斯响应的归一化参数值（$g_k$）可以由下式计算：

$$g_k = 2\sin\left[\frac{(2k-1)\pi}{2n}\right] \quad k = 1, 2, \cdots, n$$

其中

$k$——滤波器元件的位置；

$n$——元件总数。

为了方便起见，给出巴特沃斯响应的 $g_k$ 值如表 8.1 所列。

表 8.1　巴特沃斯归一化参数

| 序　号 | $n=2$ | $n=3$ | $n=4$ | $n=5$ | $n=6$ | $n=7$ |
|---|---|---|---|---|---|---|
| $k=1$ | 1.4142 | 1.0000 | 0.7654 | 0.6180 | 0.5176 | 0.4550 |
| $k=2$ | 1.4142 | 2.0000 | 1.8478 | 1.6180 | 1.4142 | 1.2470 |
| $k=3$ | | 1.0000 | 1.8478 | 2.0000 | 1.9319 | 1.8019 |
| $k=4$ | | | 0.7654 | 1.6180 | 1.9319 | 2.0000 |
| $k=5$ | | | | 0.6180 | 1.4142 | 1.8019 |
| $k=6$ | | | | | 0.5176 | 1.2470 |
| $k=7$ | | | | | | 0.4450 |

五阶滤波器如图 8.7 所示。

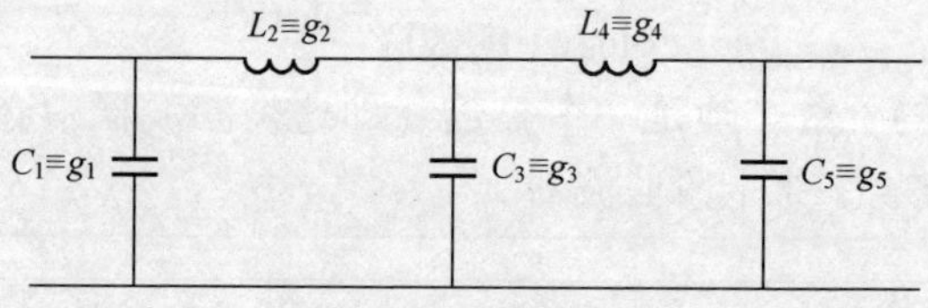


图 8.7　归一化低通滤波器（$C_1 \equiv g_1$，$L_2 \equiv g_2$，…）

对于 $\omega_\mathrm{p} = 1\mathrm{rad/s}$ 和 $Z_0 = 1\Omega$ 的归一化滤波器规格，其电抗值如下（使用表 8.1 中的数据）：

$$C_1 = g_1 = 0.6180\mathrm{F}$$

$$L_2 = g_2 = 1.6180\mathrm{H}$$

$$C_3 = g_3 = 2.0000\mathrm{F}$$

$$L_4 = g_4 = 1.6180\mathrm{H}$$

$$C_5 = g_5 = 0.6180\mathrm{F}$$

显然，得到的值是不真实的，因为我们使用的是归一化（不真实）的滤波器规范，为了获得一个真实的五阶滤波器的值，我们需要根据所需的滤波器规格来缩放数据。

为了找到具有终端阻抗 $Z_0$ 和截止频率 $f_p$ 的滤波器的分量值，利用以下缩放：

$$C_k \Rightarrow C_k \cdot \frac{1}{2\pi f_p} \cdot \frac{1}{Z_0}$$

$$L_k \Rightarrow L_k \cdot \frac{1}{2\pi f_p} \cdot Z_0 \tag{8.15}$$

注意，在式（8.15）中，我们将原型（归一化）值除以 $\omega_p$ 来缩放频率，并有效地将原型电抗乘以 $Z_0$ 来缩放阻抗。

**例 8.3**　设计一个在 950MHz 下具有 3dB 点的五段集总元件低通滤波器，该滤波器具有巴特沃斯响应，并在 50Ω 的终止阻抗之间工作。

**解：**

考虑如图 8.7 所示的五阶滤波器配置，有

$$C_1 = C_5 = 0.6180 \times \frac{1}{50 \times 2\pi \times 950 \times 10^6}\text{F} = 2.07\text{pF}$$

$$L_2 = L_4 = 1.618 \times \frac{50}{2\pi \times 950 \times 10^6}\text{H} = 13.55\text{nH}$$

$$C_3 = 2.000 \times \frac{1}{50 \times 2\pi \times 950 \times 10^6}\text{F} = 6.70\text{pF}$$

最后的电路如图 8.8 所示。

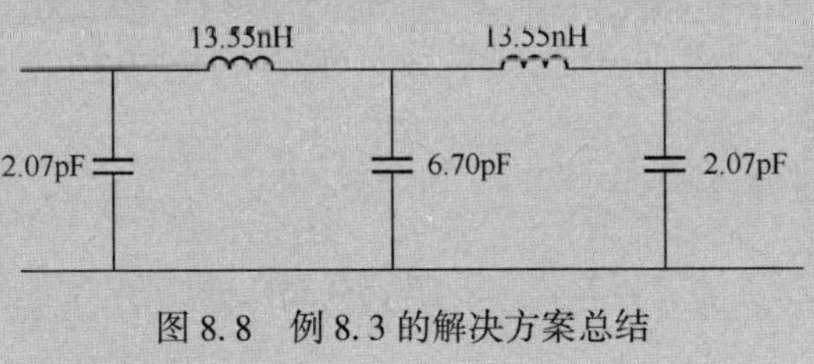


图 8.8　例 8.3 的解决方案总结

## 8.7.2　巴特沃斯高通滤波器

高通滤波器的基本集总元件结构由串联电容器和并联电感组成，如图 8.9 所示。

图 8.9 所示的高通配置的输出电压由式（8.16）给出：

$$V_{out}=\frac{j\omega L}{j\omega L+1/j\omega C}V_{in}=\frac{\omega^2 LC}{\omega^2 LC-1}V_{in} \tag{8.16}$$

通过对式（8.16）的检验可以清楚地看出，由于 $V_{out}$ 随着频率的增加而趋近 $V_{in}$，而 $V_{out}$ 随着频率趋近于零而趋近于零，因此具有高通特性。通过交换低通滤波器中的电容和电感元件，形成如图 8.10 所示的电路，从而得到多元件高通滤波器。然后使用与低通滤波器相同的通用过程来找到元件值，但是使用对应的归一化系数表中值的倒数。

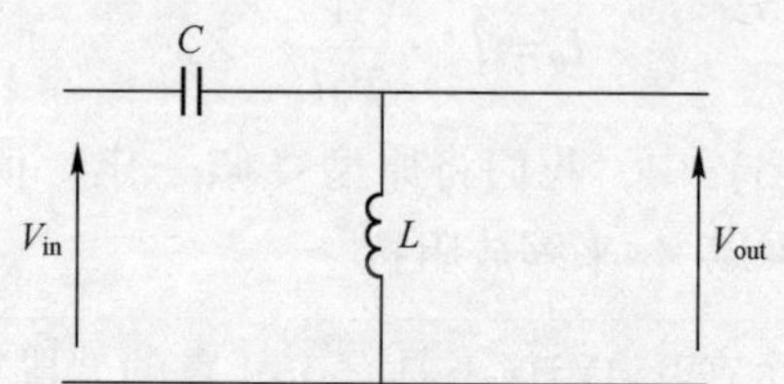


图 8.9　基本元件的高通电路结构图

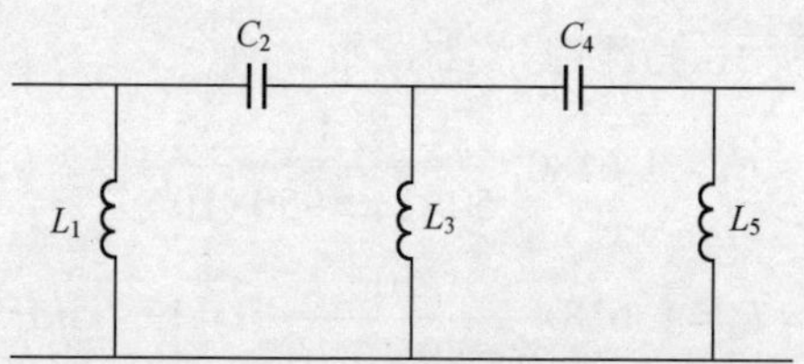


图 8.10　五元件的高通滤波器结构图

**例 8.4**　设计一个截止频率为 450MHz 的五阶高通滤波器。该滤波器具有巴特沃斯响应，工作在 50Ω 的源阻抗和负载阻抗之间。

**解：**

参考图 8.10 所示电路：

$$L_1=\frac{1}{0.618}\times\frac{50}{2\pi\times450\times10^6}\text{H}=28.61\text{nH}$$

$$C_2=\frac{1}{1.618}\times\frac{1}{50\times2\pi\times450\times10^6}\text{F}=4.37\text{pF}$$

$$L_3=\frac{1}{2.000}\times\frac{50}{2\pi\times450\times10^6}\text{H}=8.84\text{nH}$$

$$C_3 = C_2 = 4.37\text{pF}$$

$$L_5 = L_1 = 28.61\text{nH}$$

最后的电路如图 8.11 所示。

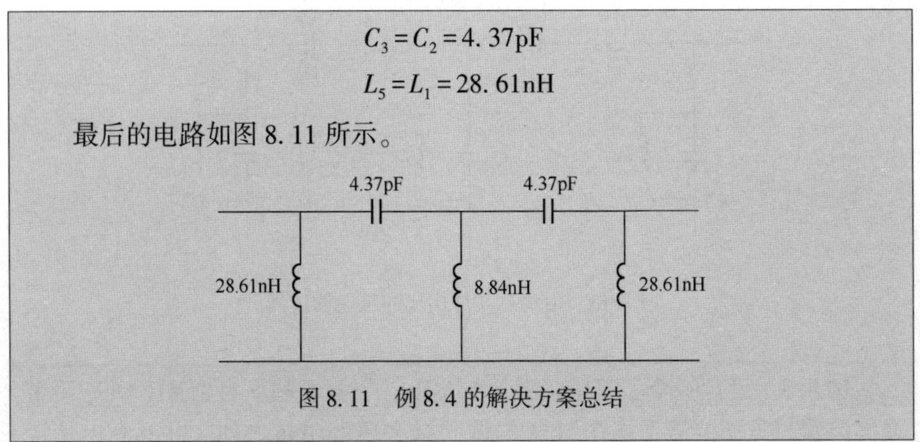


图 8.11　例 8.4 的解决方案总结

## 8.7.3　巴特沃斯带通滤波器

具有巴特沃斯响应的带通滤波器的响应如图 8.12 所示，分别显示了中心频率 $f_0$，以及上截止频率 $f_2$ 和下截止频率 $f_1$。两个截止频率定义了滤波器的 3dB 带宽，即插入损耗小于 3dB 的通带频率范围，在图 8.12 中也显示了带宽 $\Delta f$。

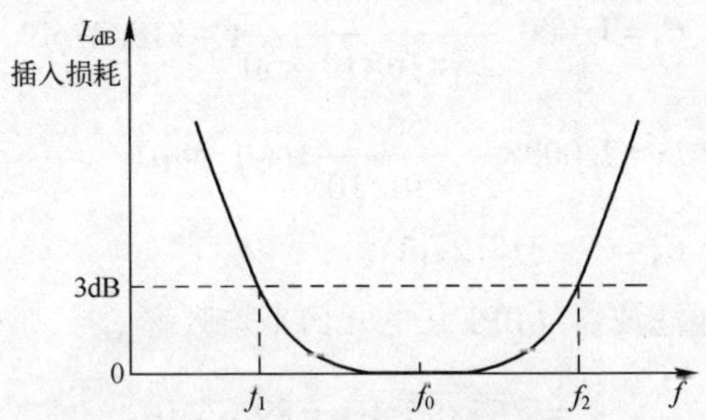


图 8.12　带通滤波器巴特沃斯响应示意图

从等效低通滤波器响应的频率变换获得带通响应，这是通过向低通滤波器添加串联和并联元件来实现的[2]。将电感和电容串联以形成串联谐振电路，谐振频率为 $f_0$。将电感和电容并联以形成并联谐振电路，也具有谐振频率 $f_0$。所得带通滤波器如图 8.13 所示。

带通滤波器的 3dB 带宽等于低通原型的带宽，带通滤波器的中心频率等于两个截止频率的几何平均值，即

$$B = f_{\text{p}} = f_2 - f_1 \tag{8.17}$$

$$f_0 = \sqrt{f_1 f_2} \tag{8.18}$$

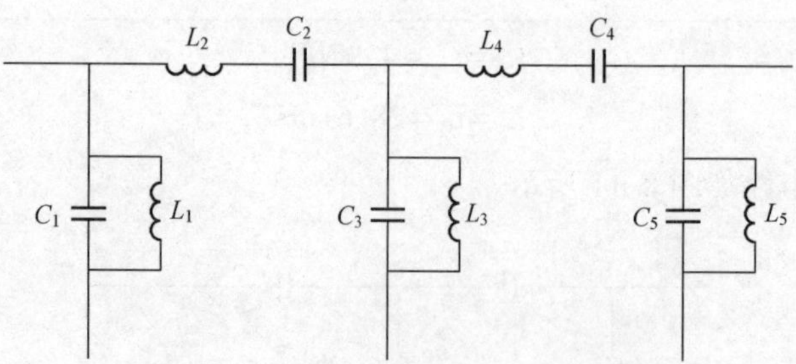


图 8.13　由集总元件构成的带通滤波器

**例 8.5**　设计一个上截止频率为 95MHz、下截止频率为 85MHz 的三阶带通滤波器。该滤波器工作在 50Ω 的源阻抗和负载阻抗之间，并具有巴特沃斯响应。

**解：**

（1）第一步是设计低通样机：

$$f_p = (95-85)\,\text{MHz} = 10\text{MHz}$$

参照图 8.4 中的低通配置：

$$C_1 = 1.000\times\frac{1}{2\pi\times10\times10^6\times50}\text{F} = 318.27\text{pF}$$

$$L_2 = 2.000\times\frac{50}{2\pi\times10\times10^6}\text{H} = 1.59\mu\text{H}$$

$$C_3 = C_1 = 318.27\text{pF}$$

（2）计算带通滤波器（BPF）的几何平均频率：

$$f_0 = \sqrt{85\times95}\,\text{MHz} = 89.86\text{MHz}$$

（3）计算 BPF 第一并联谐振电路中的 $L_1$ 值：

$$89.86\times10^6 = \frac{1}{2\pi\sqrt{L_1\times318.27\times10^{-12}}}\Rightarrow L_1 = 9.85\text{nH}$$

计算带通滤波器串联谐振电路中的 $C_2$：

$$89.86\times10^6 = \frac{1}{2\pi\sqrt{1.59\times10^{-6}\times C_2}}\Rightarrow C_2 = 1.97\text{pF}$$

计算带通滤波器第二并联谐振电路的 $L_3$：

$$L_3 = L_1 = 9.85\text{nH}$$

完成的设计如图 8.14 所示。

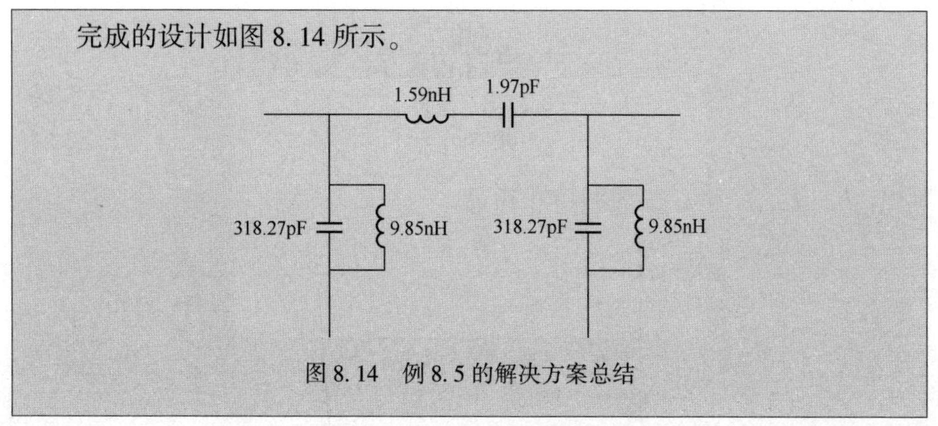


图 8.14　例 8.5 的解决方案总结

## 8.8　切比雪夫响应

下面的公式给出了切比雪夫（等波纹）滤波器的幅频响应：

$$H(\mathrm{j}\omega)=\frac{1}{\sqrt{1+\varepsilon^2 C_n^2(x)}} \tag{8.19}$$

其中

$$\varepsilon^2=10^{L_{\mathrm{r}}/10}-1$$

$L_{\mathrm{r}}$——dB 的通带波纹；

$C_n(x)$——$n$ 阶切比雪夫多项式。

参数 $x$ 由下式给出：

$$x=\frac{f}{f_{\mathrm{c}}}$$

其中

$f$——关注频率；

$f_{\mathrm{c}}$——截止频率。

注意，对于切比雪夫滤波器，截止频率定义为衰减对应波纹值的带边（图 8.15）。还应该注意的是，滤波器阶数越高，通带内的波纹就越多，这意味着在通带边缘处响应的斜率增大，因此滤波器在阻带开始处衰减更快。

使用与巴特沃斯滤波器类似的方法，可以证明切比雪夫滤波器的阶数可以表示为

$$n=\frac{\operatorname{arcosh}\left(\frac{10^{L_S/10}-1}{10^{L_r/10}-1}\right)^{\frac{1}{2}}}{\operatorname{arcosh}\left(\frac{f_S}{f_p}\right)} \tag{8.20}$$

其中，$L_S$、$L_r$、$f_S$ 和 $f_p$ 在图 8.15 中指定。

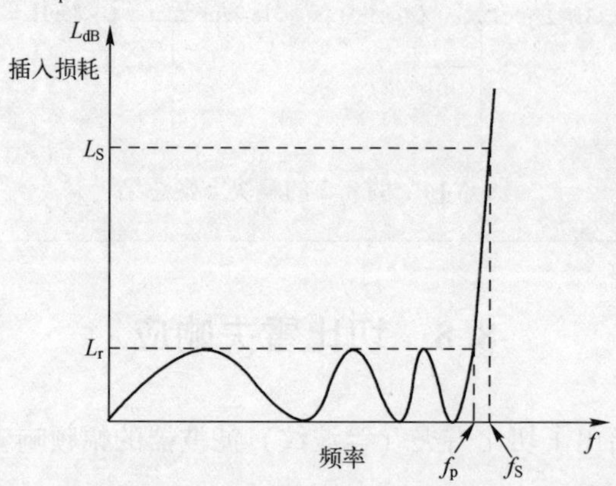


图 8.15　切比雪夫低通滤波器响应示意图

**例 8.6**　射频低通滤波器需要满足以下规格：

低通带<0.8dB 在 80MHz

低阻带>20dB（在 95MHz 处）

（1）满足规格要求的切比雪夫滤波器的阶数是多少？

（2）满足相同规格的巴特沃斯滤波器的阶数是多少？对结果发表评论。

**解：**

（1）利用式（8.20）有

$$n=\frac{\operatorname{arcosh}^{-1}\left(\frac{10^{20/10}-1}{10^{0.8/10}-1}\right)^{\frac{1}{2}}}{\operatorname{arcosh}^{-1}\left(\frac{95}{80}\right)}=n=\frac{\operatorname{arcosh}^{-1}(22.13)}{\operatorname{arcosh}^{-1}(1.1875)}=6.29$$

即需要一个七阶切比雪夫滤波器。

（2）利用式（8.13）有

$$n=\frac{\lg\left(\frac{10^{20/10}-1}{10^{0.8/10}-1}\right)}{2\lg\left(\frac{95}{80}\right)}=\frac{2.689}{0.149}=18.05$$

即需要一个 19 阶最大平坦滤波器。

注释：需要一个更高阶的最大平坦滤波器来实现与切比雪夫滤波器相同的滚降程度。实际上，在本例中，最大平面滤波器所需的节数高得不切实际，这表明最大平坦滤波器不是满足规格的实际选择。

对于带内波纹为 0.01dB 的响应，给出切比雪夫响应的归一化滤波器参数见表 8.2。使用表 8.2 中的数据的滤波器设计过程与在 8.7.1 节中描述的巴特沃斯滤波器相同，并在示例 8.7 中演示。

表 8.2　切比雪夫归一化参数（波纹 0.01dB）

| 序　号 | $n=2$ | $n=3$ | $n=4$ | $n=5$ | $n=6$ | $n=7$ |
|---|---|---|---|---|---|---|
| $k=1$ | 0.4489 | 0.6292 | 0.7129 | 0.7563 | 0.7814 | 0.7969 |
| $k=2$ | 0.4078 | 0.9703 | 1.2004 | 1.3049 | 1.3600 | 1.3924 |
| $k=3$ | | 0.6292 | 1.3213 | 1.5773 | 1.6897 | 1.7481 |
| $k=4$ | | | 0.6476 | 1.3049 | 1.5350 | 1.6331 |
| $k=5$ | | | | 0.7563 | 1.4970 | 17481 |
| $k=6$ | | | | | 0.7098 | 1.3924 |
| $k=7$ | | | | | | 0.7969 |

**例 8.7**　设计一个五阶带通滤波器，上截止频率为 75MHz，下截止频率为 69MHz。该滤波器工作在 75Ω 的源阻抗和负载阻抗之间，并具有 0.01dB 波纹的切比雪夫响应。

**解：**

（1）参考图 8.7，计算低通原型滤波器的值：

$$f_p=(75-69)\,\text{MHz}=6\text{MHz}$$

$$C_1=0.7563\times\frac{1}{2\pi\times6\times10^6\times75}\text{F}=267.45\text{pF}$$

$$L_2=1.3049\times\frac{75}{2\pi\times6\times10^6}\text{H}=2.60\mu\text{H}$$

$$C_3=1.5773\times\frac{1}{2\pi\times6\times10^6\times75}\text{F}=557.78\text{pF}$$

$$L_4=L_2=2.60\mu\text{H}$$

$$C_5=C_1=267.45\text{pF}$$

（2）参考图 8.13，将低通原型转换为带通：

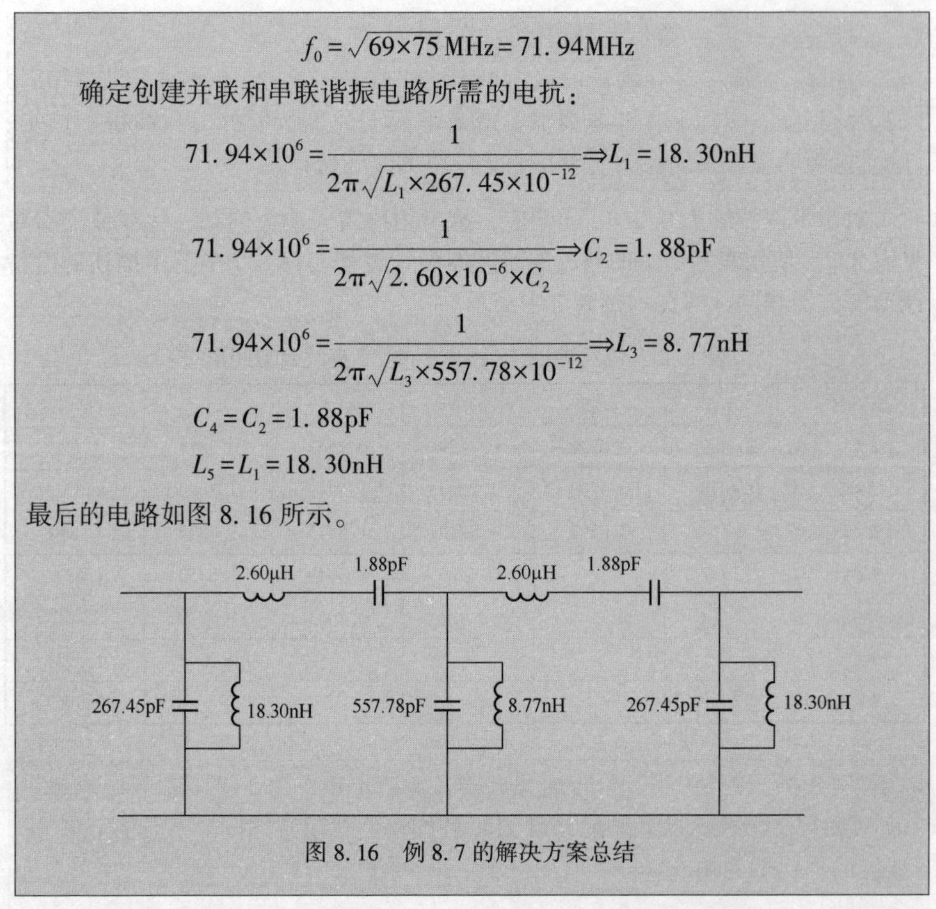

$$f_0=\sqrt{69\times75}\,\text{MHz}=71.94\text{MHz}$$

确定创建并联和串联谐振电路所需的电抗：

$$71.94\times10^6=\frac{1}{2\pi\sqrt{L_1\times267.45\times10^{-12}}}\Rightarrow L_1=18.30\text{nH}$$

$$71.94\times10^6=\frac{1}{2\pi\sqrt{2.60\times10^{-6}\times C_2}}\Rightarrow C_2=1.88\text{pF}$$

$$71.94\times10^6=\frac{1}{2\pi\sqrt{L_3\times557.78\times10^{-12}}}\Rightarrow L_3=8.77\text{nH}$$

$$C_4=C_2=1.88\text{pF}$$

$$L_5=L_1=18.30\text{nH}$$

最后的电路如图 8.16 所示。



图 8.16　例 8.7 的解决方案总结

## 8.9　使用阶梯阻抗的微带低通滤波器

如图 8.17 所示，通过级联短长度微带线可以轻松有效地实现低通滤波器。直观地说，集总元件设计的并联电容可以用矩形微带“垫片”来表示，它们与地平面形成有效的平行平板电容器。类似地，缩小微带轨道的宽度以形成狭窄的互连部分将会引入串联电感，就像交流导线的横截面减小时发生的那样。

我们可以将微带滤波器的尺寸与所需的 $L$ 和 $C$ 联系起来，通过返回到第 1 章的附录 1.E 中讨论的传输线的等效电路。

微带的每个窄线段都具有一个高的特性阻抗，并可以建模为 π 型网络，如附录 1.E 所讨论的。代表这些截面的 π 型网络如图 8.18 所示。

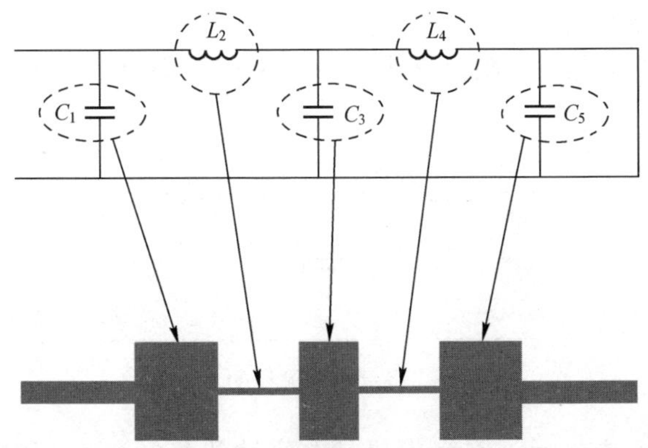


图 8.17　微带低通滤波器

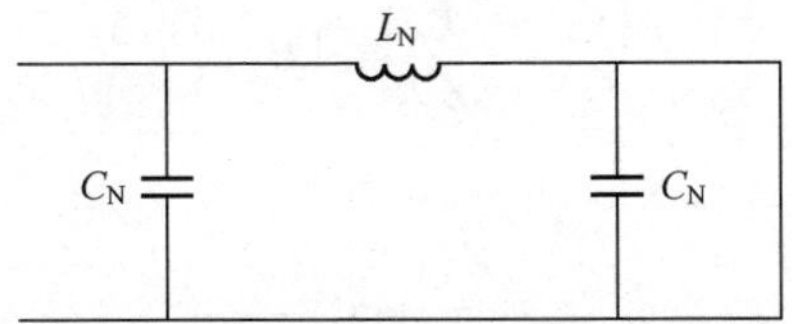


图 8.18　π 型网络表示狭窄的传输

$L_N$ 和 $C_N$ 的值在附录 1. E 中得出

$$L_N = \frac{Z_{0N}}{\omega}\sin\beta_N l_N$$

$$C_N = \frac{1}{\omega Z_{0N}}\tan\left(\frac{\beta_N l_N}{2}\right) \tag{8.21}$$

其中，我们使用后缀 N 来表示窄微带线，其他参数在附录 1. E 中定义。

当 $l_N$ 值较小时，式（8.21）中 $L_N$ 和 $C_N$ 的值可以近似为

$$L_N = \frac{Z_{0N}\beta_N l_N}{\omega}$$

$$C_N = \frac{\beta_N l_N}{2\omega Z_{0N}} \tag{8.22}$$

从式（8.21）和式（8.22）可以知道，对于较短的线路长度和较大的 $Z_{0N}$ 值，等效电路将以电感为主，因此，微带线的窄段将表示所需的串联电感，有网络的电容元件被忽略。我们可以称这些电容为边缘电容。由式（8.21）可得微带窄段所需的长度为

$$l_N = \frac{1}{\beta_N}\arcsin\left(\frac{\omega L_N}{Z_{0N}}\right) \tag{8.23}$$

其中，$L_N$ 为所需电感。

执行同样的流程，低阻抗微带的每个宽截面都可以建模为 T 型网络，如图 8.19 所示。

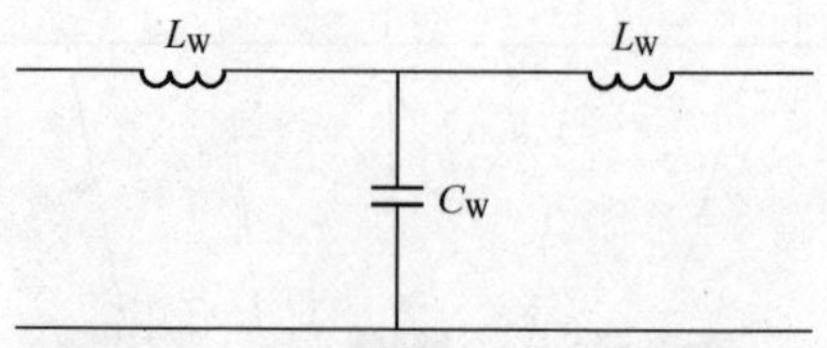


图 8.19　表示宽传输线的 T 型网络

在附录 8.A 中显示，网络主要是电容性的，电容 $C_W$ 和电感 $L_W$ 由下式计算：

$$C_W = \frac{1}{\omega Z_{0W}}\sin(\beta_W l_W) \tag{8.24}$$

和

$$L_W = \frac{Z_{0W}}{\omega}\tan\left(\frac{\beta_W l_W}{2}\right) \tag{8.25}$$

其中，下标 W 用来表示直线的宽截面，其余参数在附录 8.A 中定义。

与窄截面的设计方法类似，我们可以用第一近似忽略电感元件的影响，即那些产生边缘电感的电感。由式（8.24）可知，提供给定电容值 $C_W$ 所需的微带宽截面的长度为

$$l_W = \frac{1}{\beta_W}\arcsin(\omega C_W Z_{0W}) \tag{8.26}$$

采用阶梯阻抗的微带低通滤波器的设计过程本质上是一个迭代过程[2]，首先使用选定的线阻抗值计算微带窄段和宽段的长度 $l_N$ 和 $l_W$，并且在必要时进行调整，以补偿 $C_N$ 和 $L_W$ 被忽略的值。下面列出了设计过程中的实际步骤，随后通过实例 8.8 进行说明。

低通微带滤波器设计流程如下。

（1）设计低通样机。

（2）选择滤波器窄段阻抗：通常的做法是选择制造工艺允许的最高可行阻抗，即不需要太窄的线，这种线很难在没有断裂的情况下制造，因此，使用微带设计图或计算机辅助设计计算高阻抗截面的宽度。

（3）选择滤波器宽段阻抗：通常的做法是选择制造过程允许的最低可行阻抗，即不需要过宽的微带线，这可能会导致横模（参见第 2 章）。因此，使用微带设计图或 CAD 计算低阻抗截面的宽度。

（4）使用式（8.23）和式（8.26）计算滤波器窄段和宽段的长度。

（5）使用式（8.21）和式（8.25）计算边缘电容和电感的值。

（6）如果边缘电抗的值与原型中的值相比有显著差异，则必须补偿原型值并重复步骤（4）。

**例 8.8**　设计了一个截止频率为 1GHz 的 3dB 五阶微带（阶梯阻抗）低通滤波器。该滤波器应具有最大平坦响应，工作在 50Ω 的源阻抗和负载阻抗之间。滤光片在相对介电常数为 9.8，厚度为 1.0mm 的基底上制作。

**解：**

（1）原型设计：

$$C_1 = 0.618 \times \frac{1}{2\pi \times 10^9 \times 50}\text{F} = 1.97\text{pF}$$

$$L_2 = 1.618 \times \frac{50}{2\pi \times 10^9}\text{H} = 12.87\text{nH}$$

$$C_3 = 2.000 \times \frac{1}{2\pi \times 10^9 \times 50}\text{F} = 6.37\text{pF}$$

$$L_4 = L_2 = 12.87\text{nH}$$

$$C_5 = C_1 = 1.97\text{pF}$$

（2）选择 $Z_{0W} = 24\Omega$。

使用微带设计图：

$$24\Omega \Rightarrow \frac{w}{h} = 3.5 \Rightarrow w = 3.5 \times 1.0\text{mm} = 3.5\text{mm}$$

$$\frac{w}{h} = 3.5 \Rightarrow \varepsilon_{r,\text{eff}} = 7.52$$

$$\lambda_W = \frac{\lambda_0}{\sqrt{7.52}} = \frac{3 \times 10^8 / 10^9}{\sqrt{7.52}}\text{m} = 109.40\text{mm}$$

（3）选择 $Z_{0W} = 100\Omega$。

利用微带设计图：

$$100\Omega \Rightarrow \frac{w}{h} = 0.10 \Rightarrow w = 0.10 \times 1.0\text{mm} = 100\mu\text{m}$$

$$\frac{w}{h} = 0.10 \Rightarrow \varepsilon_{r,\text{eff}} = 5.98$$

$$\lambda_N = \frac{\lambda_0}{\sqrt{5.98}} = \frac{0.300}{\sqrt{5.98}}\text{m} = 122.68\text{mm}$$

（4）利用式（8.23）可得

$$l_1=\frac{109.40}{2\pi}\arcsin(2\pi\times10^9\times1.97\times10^{-12}\times24)\,\text{mm}=5.25\text{mm}$$

利用式（8.21）可得

$$l_2=\frac{122.68}{2\pi}\arcsin\left(\frac{2\pi\times10^9\times12.84\times10^{-9}}{100}\right)\text{mm}=18.39\text{mm}$$

利用式（8.23）可得

$$l_3=\frac{109.40}{2\pi}\arcsin(2\pi\times10^9\times6.37\times10^{-12}\times24)\,\text{mm}=22.45\text{mm}$$

（5）利用式（8.21）和式（8.25）评估边缘电容和边缘电感的值：

$$L_{1,边缘}=\frac{24}{2\pi\times10^9}\tan\left(\frac{2\pi\times5.25}{2\times109.40}\right)\text{H}=0.58\text{nH}$$

$$C_{2,边缘}=\frac{1}{2\pi\times10^9\times100}\tan\left(\frac{2\pi\times18.39}{2\times122.68}\right)\text{F}=0.81\text{pF}$$

$$L_{3,边缘}=\frac{24}{2\pi\times10^9}\tan\left(\frac{2\pi\times22.45}{2\times109.40}\right)\text{H}=2.87\text{nH}$$

（6）由于“边缘”电抗的值与原型值相比是有显著差异的，因此应该进行补偿。补偿后的原型值为

$$C_{1,补偿}=C_1-C_{2,边缘}=(1.97-0.81)\,\text{pF}=1.16\text{pF}$$

$$L_{2,补偿}=L_2-L_{1,边缘}-L_{3,边缘}=(12.87-0.58-2.87)\,\text{nH}=9.42\text{nH}$$

$$C_{3,补偿}=C_3-2C_{2,边缘}=(6.37-2\times0.81)\,\text{pF}=4.75\text{pF}$$

利用式（8.26）求出补偿后第一段的长度：

$$l_{1,补偿}=\frac{109.40}{2\pi}\arcsin(2\pi\times10^9\times1.16\times10^{-12}\times24)\,\text{mm}=3.06\text{mm}$$

利用式（8.23）求出补偿后第二段的长度：

$$l_{2,补偿}=\frac{122.68}{2\pi}\arcsin\left(\frac{2\pi\times10^9\times9.42\times10^{-12}}{100}\right)\text{mm}=12.37\text{mm}$$

利用式（8.26）求出补偿后第三段的长度：

$$l_{3,补偿}=\frac{109.40}{2\pi}\arcsin(2\pi\times10^9\times4.75\times10^{-12}\times24)\,\text{mm}=13.90\text{mm}$$

考虑对称：

$$l_{4,补偿}=l_{2,补偿}=12.37\text{mm}$$

$$l_{5,补偿}=l_{1,补偿}=3.06\text{mm}$$

完成的设计如图 8.20 所示。

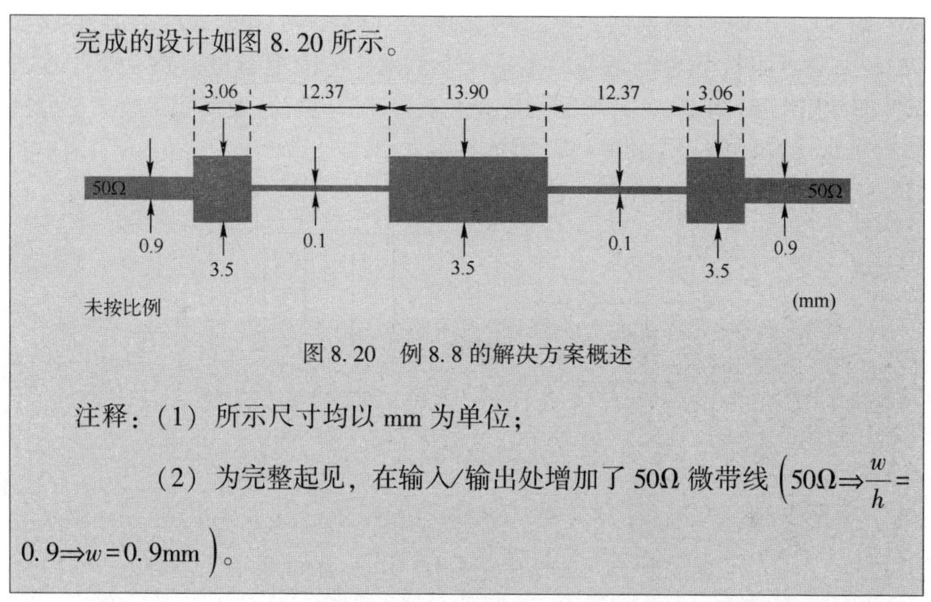


图 8.20　例 8.8 的解决方案概述

注释：(1) 所示尺寸均以 mm 为单位；

(2) 为完整起见，在输入/输出处增加了 50Ω 微带线 $\left(50\Omega \Rightarrow \frac{w}{h} = 0.9 \Rightarrow w = 0.9\text{mm}\right)$。

虽然微带阶跃阻抗低通滤波器可以提供非常好的微波响应，但它在宽度上有显著的阶跃变化。在设计中必须使用第 4 章中的理论，对宽度的阶跃变化进行适当的补偿。

## 8.10　使用短截线的微带低通滤波器

虽然使用阶梯阻抗来创建微带低通滤波器提供了一个简单的设计方法，但是这种滤波器有时会占用衬底大量面积，特别是在低频率下。通过使用短截线来产生原型电路所需的电感电抗和电容电抗，可以获得更紧凑的设计。基于理查德变换[3]和黑田恒等式[4]的应用，已有一个完善的微带短截线滤波器设计程序。

在第 1 章中已经说明了短截线可以用来取代电感电抗或电容电抗。理查德将电抗转换成短截线的过程形式化；其结果被称为理查德变换，如图 8.21 所示。

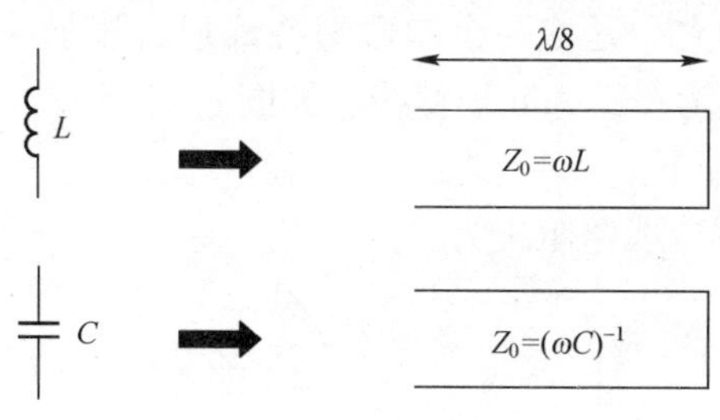


图 8.21　理查德变换

图 8.21 中的转换表明，可以用长度为 $\lambda/8$ 的短路短截线替换电感器 ($L$)，其特征阻抗等于电感器的电抗。类似地，一个电容可以被一个长度为 $\lambda/8$ 的开路短截线取代，其特征阻抗等于电容器的电抗。理查德变换在 T 型网络低通滤波器上的应用如图 8.22 所示。

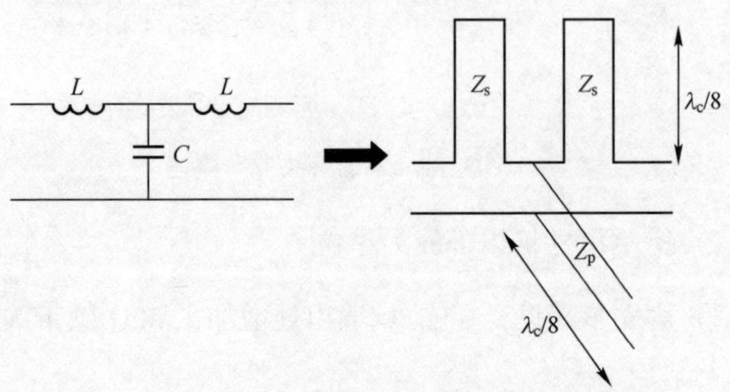


图 8.22　T 型网络低通滤波器及其短截线等效物

由图 8.22 可以看出，串联电感变成了串联的短路短截线，并联电容变成了并联的开路短截线。短截线的长度是 $\lambda_c/8$，其中 $\lambda_c$ 是滤波器截止频率的波长。应该注意的是，滤波器的短截线表示只在一个频率上是正确的。虽然短截线电路给出了滤波器在通带中的良好表示，但在阻带中可能存在显著差异，特别是在明显高于截止频率的频率上。例如，在较高的频率下，使短路短截线长度为 $\lambda/2$，开路短截线与主传输线形成并联开路，短路短截线与主传输线形成串联短路，通过该结构实现完美的传输。因此，对于短截线型滤波器，很有必要检查阻带的性能；这可以通过 CAD 软件在阻带的大范围内进行扫频来方便地完成。

在微带中直接实现图 8.22 所示的短截线滤波器存在一个明显的问题，即在微带中进行串行短截线连接在物理上是不可能的，这就是设计师需要利用黑田恒等式的地方。黑田开发了一系列等效输电线路结构，使串联和并联的组件可以互换。这些规则之一是使一个串联短截线通过添加一个 $\lambda/8$ 长度的适当阻抗的传输线来转换为一个并联短截线，如图 8.23 所示。

图 8.23 的注释如下。

(1) 所要求的输电线路阻抗为

$$Z_2 = Z_0 + \frac{Z_0^2}{Z_1}$$

$$Z_3 = Z_0 + Z_1$$

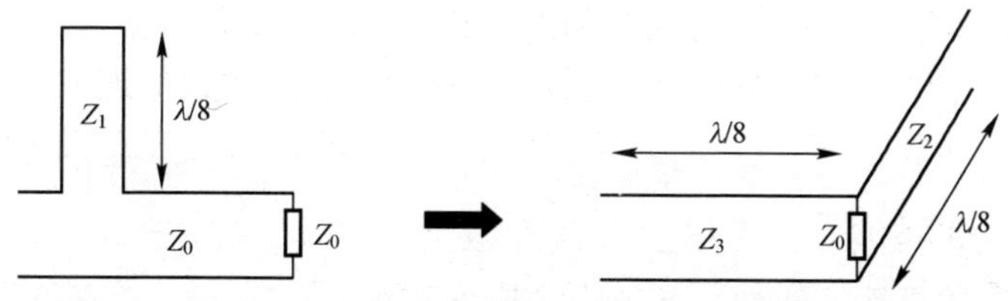


图 8.23　将串联的短路短截线转换为并联的开路短截线的黑田恒等式

（2）串联短截线连接到特性阻抗为 50Ω 的匹配传输线，由于它是匹配的，它的长度无关紧要。

因此，使用理查德变换和黑田恒等式的组合低通滤波器可以表示为开路的布置，λ/8 短截线如图 8.24 所示。

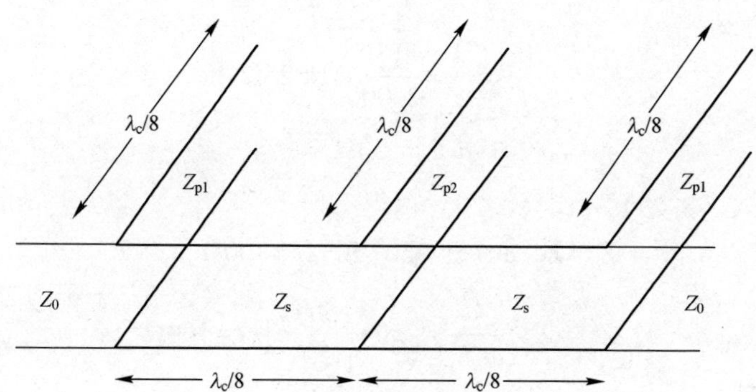


图 8.24　使用并联以及开路短截线的低通滤波器

图 8.24 所示 $\lambda_c/8$ 传输线元件电路设计数据汇总：

$$Z_s = Z_0 + \omega_c L \tag{8.27}$$

$$Z_{p1} = Z_0 + \frac{Z_0^2}{\omega_c L} \tag{8.28}$$

$$Z_{p2} = (\omega_c C)^{-1} \tag{8.29}$$

其中

$Z_0$——与滤波器相连的传输线的特性阻抗；

$Z_s$——短截线之间传输线的特性阻抗；

$Z_{p1}$ 和 $Z_{p2}$——短截线的特征阻抗；

$L$ 和 $C$——原型集中元素设计的值；

$f_c$——滤波器截止频率。

$$\omega_c = 2\pi f_c$$

为了完成设计，短截线信息必须使用适当的微带设计数据转换为微带尺寸。例 8.9 给出了微带短截线滤波器设计的所有步骤的数值细节

**例 8.9**　设计一个截止频率为 1GHz 的三阶微带低通滤波器。该滤波器具有最大的平坦响应，工作在 50Ω 源阻抗和负载阻抗之间。滤光片是在相对介电常数为 9.8，厚度为 50 mil 的基底上制作的。

注释：50 mil≡1.27mm。

**解：**

表 8.1 中的规范化参数：

$$g_1=1.000,\quad g_2=2.000,\quad g_3=1.000$$

T 型网络样机的电抗值（图 8.22）如下：

$$\omega_c L_1=\omega_c\times 1.000\times\frac{50}{\omega}\Omega=50\Omega$$

$$\frac{1}{\omega_c C_2}=\frac{1}{\omega_c}\times\frac{\omega_c\times 50}{2.000}\Omega=25\Omega$$

$$\omega_c L_2\equiv\omega_c L_1=50\Omega$$

利用式（8.27）~式（8.29）可得

$$Z_s=Z_0+\omega_c L_1=(50+50)\Omega=100\Omega$$

$$Z_{p1}=Z_0+\frac{Z_0^2}{\omega_c L_1}=\left(50+\frac{(50)^2}{50}\right)\Omega=100\Omega$$

$$Z_{p2}=(\omega_c C_2)^{-1}=25\Omega$$

将阻抗数据转换为微带尺寸：

$$25\Omega\Rightarrow\frac{w}{h}=3.3\Rightarrow w=3.3\times 1.27\text{mm}=4.19\text{mm}$$

$$\frac{w}{h}=3.3\Rightarrow\varepsilon_{r,\text{eff}}=7.48\Rightarrow\lambda_S=\frac{\lambda_0}{\sqrt{7.48}}=\frac{300}{\sqrt{7.48}}\text{mm}=109.69\text{mm}$$

$$\frac{\lambda_S}{8}=\frac{109.69}{8}\text{mm}=13.71\text{mm}$$

$$100\Omega\Rightarrow\frac{w}{h}=0.10\Rightarrow w=0.10\times 1.27\text{mm}=127.0\mu\text{m}$$

$$\frac{w}{h}=0.10\Rightarrow\varepsilon_{r,\text{eff}}=5.98\Rightarrow\lambda_S=\frac{\lambda_0}{\sqrt{5.98}}=\frac{300}{\sqrt{5.98}}\text{mm}=122.68\text{nm}$$

$$\frac{\lambda_S}{8}=\frac{122.68}{8}\text{mm}=15.34\text{mm}$$

$$50\Omega\Rightarrow\frac{w}{h}=0.9\Rightarrow w=0.9\times1.27\text{mm}=1.14\text{mm}$$

完成的微带设计如图 8.25 所示。

注释：

(1) 在实际设计中涉及微带结时，长度尺寸应始终按结的几何中心指定；

(2) 在图 8.25 中，50Ω 微带线在滤波器入口处被倒角，在实践中，这样做是为了尽量减少在两个宽度明显不同的微带线之间的交界处的反射。

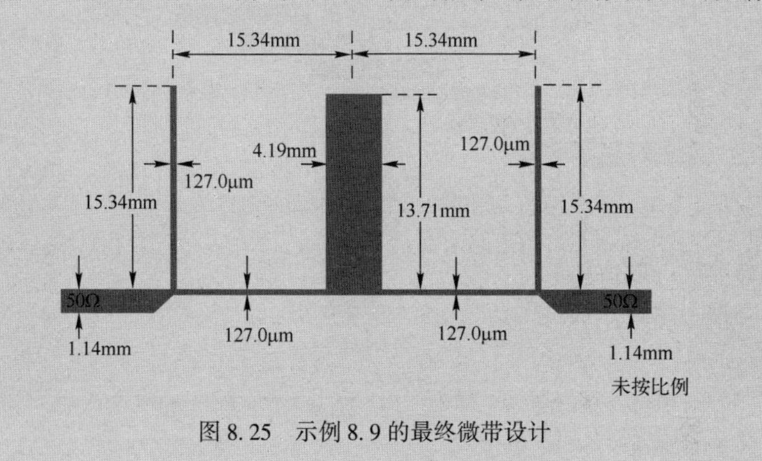


图 8.25　示例 8.9 的最终微带设计

## 8.11　微带边耦带通滤波器

微带带通滤波器可以建模为一系列耦合谐振电路，其中谐振电路采用 $\lambda_s/2$ 段开放式微带线的形式。图 8.26 描述了微带带通滤波器，其中每个谐振部分与相邻部分边耦。

微带带通滤波器的设计在文献中得到了广泛的认可，Matthai 等人对其进行了非常全面的阐述，Edwards 和 Steer 对其进行了非常详实的总结。因此，这里将只陈述设计的要点，以展示如何从给定的规格来实现一个实用的微带带通滤波器。

图 8.26 所示滤波器中的每一个半波长部分都可以看作是并联谐振电路。但是我们知道带通滤波器可以被建模为一系列交替的并联和串联谐振电路。因

此，半波长谐振器必须与导通逆变器相连①，后者将并联谐振电路转换为串联谐振电路，反之亦然。最简单类型的导通逆变器是传输线的 $\lambda/4$，如第 1 章所示，它将阻抗转换为导纳（反之亦然）。在图 8.26 所示的微带滤波器中，可以看到相邻谐振器在 $\lambda_s/2$ 长度上进行边耦，正是这些耦合部分具有所需的导通逆变器特性。这些逆变器的值取决于 $g_k$ 系数，如表 8.1 和表 8.2 中分别给出的巴特沃斯和切比雪夫响应。因此，导通逆变器决定了微带带通滤波器响应的形状。导通逆变器用 $J_{nm}$ 表示，下标 $n$ 和 $m$ 表示滤波器中特定的耦合部分，其值决定了应用于耦合部分的奇模和偶模阻抗。

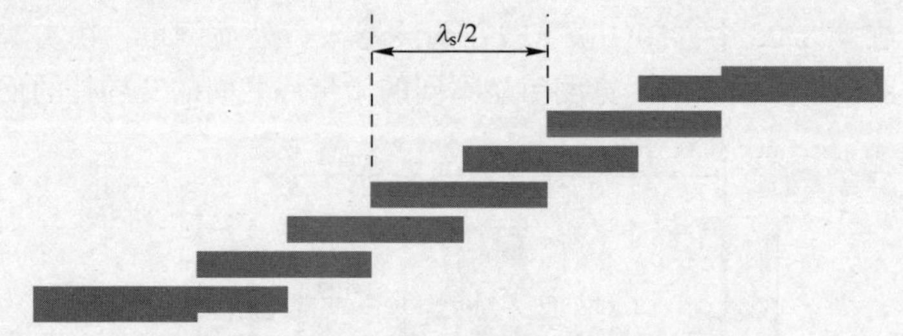


图 8.26 微带边耦带通滤波器的总体结构

导通参数[1]取值如下。

第一耦合部分：

$$J_{01}=Y_0\sqrt{\frac{\pi\delta}{2g_0g_1}} \tag{8.30}$$

中间耦合部分：

$$J_{k,k+1}=\frac{Y_0\pi\delta}{2\sqrt{g_kg_{k+1}}} \tag{8.31}$$

最后耦合部分：

$$J_{n.n+1}=Y_0\sqrt{\frac{\pi\delta}{2g_ng_{n+1}}} \tag{8.32}$$

其中

$Y_0$——滤波器各端口的导纳；

$\delta$——分数带宽；

$n$——谐振器节数。

结构的几何形状取决于所需的奇模和偶模阻抗的值如下：

① 导通逆变器是一个术语，用来表示一个复杂的量，可以是阻抗或导纳。

$$(Z_{00})_{k,k+1}=Z_0(1-J_{k,k+1}Z_0+(J_{k,k+1}Z_0)^2) \tag{8.33}$$

$$(Z_{0e})_{k,k+1}=Z_0(1+J_{k,k+1}Z_0+(J_{k,k+1}Z_0)^2) \tag{8.34}$$

其中，$Z_0$ 为滤波器各端口的阻抗。

微带带通滤波器的设计步骤如下：

（1）根据规格来决定滤波器的阶数，即所需谐振器的数量；

（2）使用式（8.30）~式（8.32）计算导通参数；

（3）使用式（8.33）和式（8.34）计算每个耦合部分的奇偶模阻抗；

（4）根据奇偶模阻抗确定每个耦合部分的宽度和间距。注释：在这个阶段使用适当的 CAD 软件是必要的；

（5）确定谐振器各部分的长度，每个谐振器的长度将是相邻 $\lambda/4$ 耦合部分的长度之和，如第 2 章所述，当考虑耦合微带线时，我们必须用平均波长来指定耦合区域的长度，其中平均波长指的是奇偶模波长的平均值；

（6）在每个谐振器的两端会存在场的边缘，因此必须对每个谐振器的长度进行修正，以补偿开端效应。

例 8.10 说明微带带通滤波器的实际设计步骤。

**例 8.10**　设计一个微带带通滤波器，满足以下规格：

中心频率＝10GHz

带宽＝1.2GHz

具有 0.01dB 波纹的切比雪夫响应

衰减在 11.2GHz > 20dB

该滤波器工作在 50Ω 源阻抗和负载阻抗之间，并被制作在 0.635mm 厚，相对介电常数为 9.8 的基片上。

**解：**

（1）低通原型：

$$L_r=0.01\text{dB}(\text{在 }0.6\text{GHz 基片上})$$

$$L_s>20\text{dB}(\text{在 }1.2\text{GHz 基片上})$$

使用式（8.20）求滤波器所需阶数：

$$n=\frac{\operatorname{arcosh}\left(\dfrac{10^{20/10}-1}{10^{20/10}-1}\right)^{\frac{1}{2}}}{\operatorname{arcosh}\left(\dfrac{1.2}{0.6}\right)}=\frac{\operatorname{arcosh}(207.23)}{\operatorname{arcosh}(2)}=\frac{6.03}{1.316}=4.58$$

也就是说，我们需要一个五阶滤波器。

（2）从表 8.2 中读取规范化参数：

$g_1=0.7563$， $g_2=1.3049$， $g_3=1.5773$， $g_4=1.3049$， $g_5=0.7563$

注：$g_0=g_6=1$

分数带宽：$\delta=\frac{12}{10}=0.12$

终止阻抗：$Z_0=50\Omega$

使用式（8.30）~式（8.32）有

$$J_{01}=\frac{1}{50}\sqrt{\frac{\pi\times0.12}{2\times1\times0.7563}}\text{S}=9.99\text{mS}$$

$$J_{12}=\frac{1}{50}\times\frac{\pi\times0.12}{2\sqrt{0.7563\times1.3049}}\text{S}=3.80\text{mS}$$

$$J_{23}=\frac{1}{50}\times\frac{\pi\times0.12}{2\sqrt{1.3049\times1.5773}}\text{S}=2.63\text{mS}$$

$$J_{34}=\frac{1}{50}\times\frac{\pi\times0.12}{2\sqrt{1.5773\times1.3049}}\text{S}=2.63\text{mS}$$

$$J_{45}=\frac{1}{50}\times\frac{\pi\times0.12}{2\sqrt{1.3049\times1.5773}}\text{S}=3.80\text{mS}$$

$$J_{56}=\frac{1}{50}\sqrt{\frac{\pi\times0.12}{2\times0.7563\times1}}\text{S}=9.99\text{mS}$$

（3）使用式（8.33）和式（8.34）有

第一耦合部分：

$$Z_{00}=50(1-(9.99\times10^{-3}\times50)+(9.99\times10^{-3}\times50)^2)\Omega=37.50\Omega$$

$$Z_{0e}=50(1+(9.99\times0.001\times50)+(9.99\times0.001\times50)^2)\Omega=87.45\Omega$$

第二耦合部分：

$$Z_{00}=50(1-(3.80\times10^{-3}\times50)+(3.80\times10^{-3}\times50)^2)\Omega=42.31\Omega$$

$$Z_{0e}=50(1+(3.80\times0.001\times50)+(3.80\times0.001\times50)^2)\Omega=61.31\Omega$$

第三耦合部分：

$$Z_{00}=50(1-(2.63\times10^{-3}\times50)+(2.63\times10^{-3}\times50)^2)\Omega=44.29\Omega$$

$$Z_{0e}=50(1+(2.63\times0.001\times50)+(2.63\times0.001\times50)^2)\Omega=57.44\Omega$$

第四耦合部分≡第三耦合部分

第五耦合部分≡第二耦合部分

第六耦合部分≡第一耦合部分

(4) 希望检查本节数据的读者需要访问适当的 CAD 软件包。

| 耦合部分 | $w$/μm | $s$/μm | $\lambda_{even}$/mm | $\lambda_{odd}$/mm | $\lambda_{av}$/mm | $\lambda_{av}$/4/mm |
|---|---|---|---|---|---|---|
| 第一 | 358 | 90 | 12. 32 | 14. 24 | 13. 28 | 3. 32 |
| 第二 | 580 | 290 | 11. 42 | 14. 34 | 12. 88 | 3. 22 |
| 第三 | 615 | 385 | 11. 26 | 14. 44 | 12. 85 | 3. 22 |
| 第四 | 615 | 385 | 11. 26 | 14. 44 | 12. 85 | 3. 22 |
| 第五 | 580 | 290 | 11. 42 | 14. 34 | 12. 88 | 3. 22 |
| 第六 | 358 | 90 | 12. 32 | 14. 24 | 13. 28 | 3. 32 |

(5) 谐振器长度：

$$l_1=(3.32+3.22)\text{mm}=6.54\text{mm}$$

$$l_2=(3.22+3.22)\text{mm}=6.44\text{mm}$$

$$l_3=(3.22+3.22)\text{mm}=6.44\text{mm}$$

$$l_4=(3.22+3.22)\text{mm}=6.44\text{mm}$$

$$l_5=(3.32+3.22)\text{mm}=6.54\text{mm}$$

(6) 如第 3 章所述，使用下面公式缩短每个谐振腔的长度，以补偿开端效应：

$$\Delta l=0.412h\times\frac{\varepsilon_{r,eff}+0.3}{\varepsilon_{r,eff}-0.258}\times\frac{w/h+0.262}{w/h+0.813}$$

我们可以在每个谐振器的末端找到线的延伸如下：

| $w$/μm | $\Delta l$/μm |
|---|---|
| 358 | 171 |
| 580 | 194 |
| 615 | 197 |

补偿谐振器长度：

$$l_1=(6.54-0.171-0.194)\text{mm}=6.175\text{mm}$$

$$l_2=(6.44-0.194-0.197)\text{mm}=6.049\text{mm}$$

$$l_3=(6.44-0.197-0.197)\text{mm}=6.046\text{mm}$$

$$l_4=l_2=6.049\text{mm}$$

$$l_5=l_1=6.175\text{mm}$$

为了制造的目的，我们需要指定每个连接段的长度如下：

| 耦合部分 | 长度/mm |
| --- | --- |
| 第一 | 3.22−0.171=3.049≈3.05 |
| 第二 | 3.22−0.194=3.026≈3.03 |
| 第三 | 3.22−0.197=3.023≈3.03 |
| 第四 | 3.023≈3.03 |
| 第五 | 3.026≈3.03 |
| 第六 | 3.049≈3.05 |

最终完成的设计如图 8.27 所示。

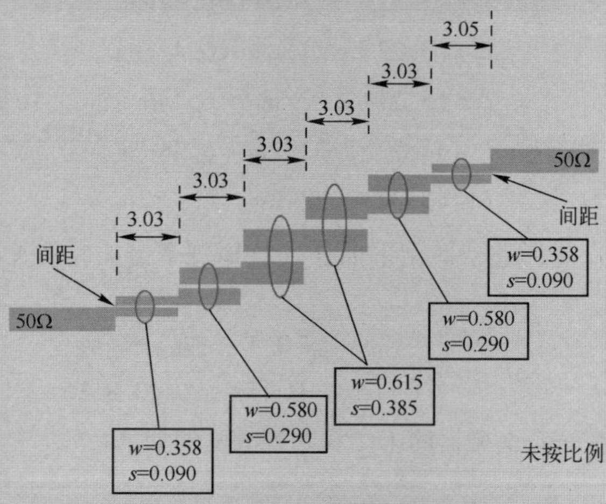

图 8.27　例 8.10 的最终完成的设计

## 8.12　微带端耦带通滤波器

边耦带通滤波器的另一种选择是图 8.28 所示的端耦排列。

图 8.28 所示的滤波器由许多直连的 $\lambda/2$ 谐振器组成，相邻谐振器之间具有电容耦合。耦合穿过谐振器之间的端隙，这些间隙起着导压逆变器的作用，因此，这种类型的滤波器可以用与 8.1 节描述的边耦滤波器相似的方式建模。端耦滤波器通常不像边耦滤波器那么受欢迎，原因有以下两点。

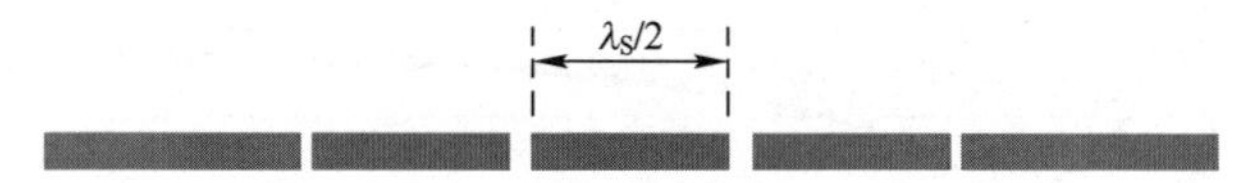


图 8.28　端耦微带带通滤波器的布局

（1）由于谐振腔是端到端耦的，端耦滤波器占用更多的衬底面积。

（2）端耦滤波器需要非常小的谐振腔之间的间隙，以提供足够的耦合。不能实现紧密耦合的滤波器的端部限制了滤波器的带宽（在氧化铝上制造的典型微带滤波器所需的端部间隙通常为 10μm 或更少）。

上面提到的第二个限制，即需要非常小的耦合间隙，可以通过使用多层技术制造滤波器在很大程度上克服。图 8.29 显示了单层和多层格式的两个谐振器之间的端隙。

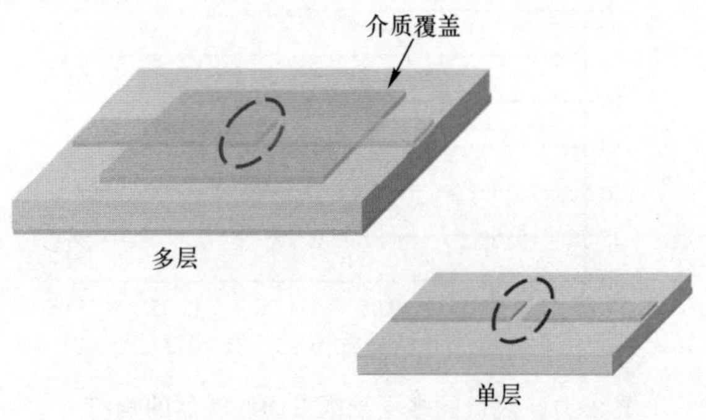


图 8.29　单层和多层格式的端耦微带间隙

产生多层耦合间隙的实践很简单：将一个导体直接沉积在基板上，然后在端部叠印一层或多层电介质，最后将第二导体以所需的层叠量印刷在电介质的顶部。原来的物理间隙被层叠取代，提供少量的宽壁耦合。图 8.30 显示了对于 10GHz 的 50Ω 微带线，与这种类型的多层结构的耦合如何随层叠厚度而变化。

从图 8.30 可以清楚地看出，相对较小的层叠会导致非常强的耦合，即非常低的传输损耗。还可以看出，选择合适的层叠量使传输相位为零；特别的，如果传输相位不是零，那么在设计时必须考虑到这一点。还应注意的是，介电介质的存在将改变导体的特性阻抗，为了保持电介质附近导电带的正确特性阻抗，线宽的一些小变化是必需的。

图 8.31 显示了使用多层技术制作的微带端耦滤波器的测量响应。重叠部分产生的紧密耦合导致了非常宽的带宽响应，在 1.5GHz 时，3dB 带宽接近 45%，并在通带和阻带之间产生了良好的滚降特性。

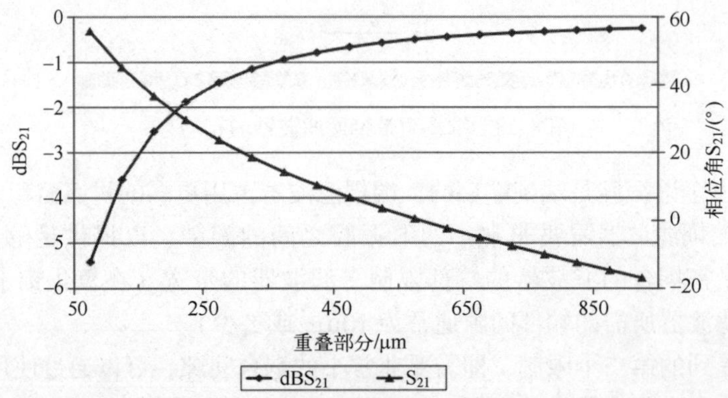


图 8.30　两个重叠导体间的端耦（用在 635μm 厚氧化铝上的 10GHz 的 50Ω 传输线上）

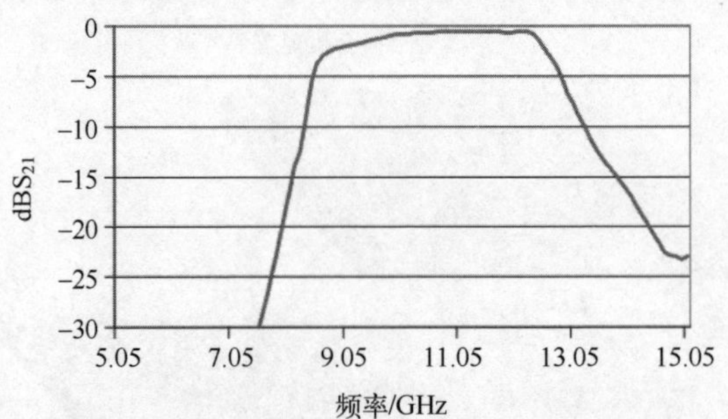


图 8.31　测量的多层端耦带通滤波器的响应

虽然多层技术的使用是一种强大且行之有效的方法，但应该认识到的是，在单层构件中制造小间隙的问题已经被在多层结构中实现层间精确配准的问题所取代。然而，后一个问题实际上是设备精度的问题，而现代掩模对准器可以很容易地提供射频和微波组件所需的位置分辨率。

## 8.13　与滤波器设计相关的实用要点

（1）在射频处制作集总元件滤波器时，必须考虑元件寄生。例如，在设计阶段，引线电感和封装电容必须包括在电路模型中，与趋肤效应相关的附加电阻也必须包括在内。

（2）在射频设计中使用平面元件如螺旋电感和分布式电容器（叠加或互错）考虑作为集总元件是有用的。

（3）在设计射频滤波器时，应始终考虑传输线谐振器，因为一般来说，传输线谐振器的寄生率更低，可以设计得更精确。

(4) 当使用平面元件时，特别是在较高的射频频率下，必须考虑设计中的不连续性。我们在阶梯微带低通滤波器中见过这样的例子，它总是包含显著的阶跃不连续。

(5) 许多现代制造技术，如那些使用陶瓷和聚合物的技术，允许制造简单和廉价的多层组件，这些都是可以被利用的优势。

## 8.14 小　结

介绍了射频滤波器设计的基本概念，从集总元件设计开始，延伸到使用微带的平面设计。讨论了多层技术在生产微波频率高性能滤波器中的作用。同时有大量的公开信息，包括设计方程，集中元件和单层微带滤波器，使用多层技术需要一个三维方法来设计滤波器，使用基于场理论的 CAD 建模和细化多层结构是必不可少的。

## 8.15 补充习题

8.1　具有最大平坦响应的集总元件低通滤波器被设计为带宽为 500MHz，并在 650MHz 提供 20dB 衰减。过滤器的要求阶数是多少？

8.2 设计一个 5 元件低通滤波器，3dB 点在 600MHz。该滤波器具有巴特沃斯响应，并在 50Ω 的终端阻抗之间工作。

8.3　低通无源滤波器需要满足以下规格：

通带损耗<0.08dB 在 13MHz 以下

阻带损耗>40dB 在 30MHz 以上

(1) 证明使用五阶切比雪大滤波器可以满足此响应；

(2) 确定符合规格的巴特沃斯过滤器的阶数。

8.4　设计一个 5 元件高通滤波器，3dB 点在 600MHz。该滤波器具有巴特沃斯响应，并在 75Ω 的终端阻抗之间工作。

8.5　具有最大平坦响应的集总元件低通滤波器被设计为具有 450MHz 的 3dB 带宽，并在 650MHz 提供 20dB 衰减。过滤器的要求阶数是多少？

8.6　一个三阶带通集总元件滤波器将被设计用于 50Ω 系统。该滤波器具有切比雪夫频率响应（0.01dB 波纹），上截止频率为 75MHz，下截止频率为 69MHz。确定滤波器元件的值。

8.7　一个七阶最大平坦带通滤波器被设计用于 50Ω 系统。滤波器的上 3dB 截止频率为 725MHz，下 3dB 截止频率为 670MHz。确定滤波器元件的值。

8.8　习题 8.7 中设计的滤波器在 790MHz 频率下的衰减是多少？

8.9　在厚度为 0.8mm、相对介电常数为 9.8 的基片上制备一个五阶微带阶梯阻抗低通滤波器，该滤波器具有最大平坦响应和 3dB 的截止频率为 2GHz。该过滤器的端口阻抗为 50Ω。选择 24Ω 作为滤波器宽截面的特性阻抗，100Ω 作为滤波器窄截面的特性阻抗，从而确定微带滤波器的物理尺寸。

8.10　设计一个三阶集总元件低通滤波器，具有 0.01dB 波纹的切比雪夫响应，带宽为 4GHz。过滤器工作在 50Ω 的源阻抗和负载阻抗之间。

8.11　使用阶梯阻抗微带技术将习题 8.10 中设计的滤波器转换为分布式设计，其中衬底的相对介电常数为 9.8，厚度为 2mm。选择 22Ω 作为滤波器宽段的特性阻抗，96Ω 作为滤波器窄段的特性阻抗。

8.12　使用式（8.27）~式（8.29），即使用并联 $\lambda/8$ 短截线的三阶微带低通滤波器的设计方程可以写为

$$Z_{\mathrm{s}}=Z_0(1+g_2)$$

$$Z_{\mathrm{p1}}=Z_0\left(1+\frac{1}{g_2}\right)$$

$$Z_{\mathrm{p2}}=\frac{Z_0}{g_2}$$

其中，$g_1$、$g_2$ 和 $g_3$ 为所需滤波器响应的归一化系数。

因此，使用并联的 $\lambda/8$ 短截线设计一个三阶微带滤波器，以满足以下规格：

端口阻抗 = 40Ω

截止频率 = 6GHz

具有 0.01dB 波纹的切比雪夫响应

该滤波器将被制作在 1mm 厚、相对介电常数为 9.8 的基片上。

## 附录 8.A　传输线的等效集总 T 型网络表示

图 8.32 所示为由 3 个阻抗 $Z_1$、$Z_2$ 和 $Z_3$ 组成的 T 型网络。

图 8.32 中表示网络的 ***ABCD*** 矩阵为[6]

$$\begin{bmatrix}\boldsymbol{A} & \boldsymbol{B}\\ \boldsymbol{C} & \boldsymbol{D}\end{bmatrix}=\begin{bmatrix}1+\dfrac{Z_1}{Z_3} & Z_1+Z_2+\dfrac{Z_1Z_2}{Z_3}\\ \dfrac{1}{Z_3} & 1+\dfrac{Z_2}{Z_3}\end{bmatrix} \tag{8.35}$$

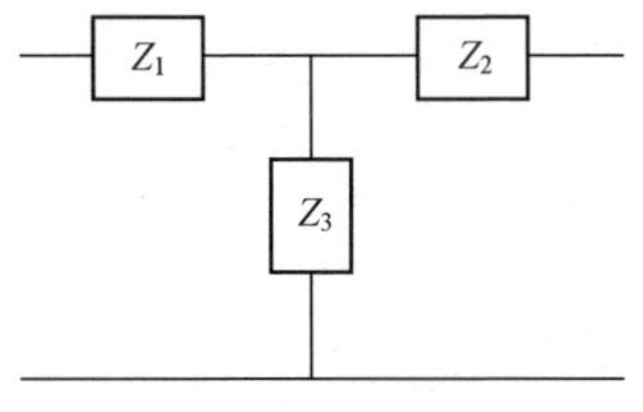


图 8.32　T 型阻抗网络

对于对称网络，我们可以写成 $Z_1=Z_2=Z_3$，为了方便起见，可以写成 $Z_3=Z_p$，则式（8.35）变为

$$\begin{bmatrix} \boldsymbol{A} & \boldsymbol{B} \\ \boldsymbol{C} & \boldsymbol{D} \end{bmatrix}=\begin{bmatrix} 1+\dfrac{Z_s}{Z_p} & 2Z_s+\dfrac{Z_s^2}{Z_p} \\ \dfrac{1}{Z_p} & 1+\dfrac{Z_s}{Z_p} \end{bmatrix} \tag{8.36}$$

长度为 $l$，特征阻抗为 $Z_0$ 的无损传输线的 ***ABCD*** 矩阵为[6]

$$\begin{bmatrix} \boldsymbol{A} & \boldsymbol{B} \\ \boldsymbol{C} & \boldsymbol{D} \end{bmatrix}=\begin{bmatrix} \cos\beta l & \mathrm{j}Z_0\sin\beta l \\ \mathrm{j}Y_0\sin\beta l & \cos\beta l \end{bmatrix} \tag{8.37}$$

如果用 T 型网络要表示无损传输线，则式（8.36）和式（8.37）中的 ***ABCD*** 矩阵必须相等，从而得到

$$Z_p=(\mathrm{j}Y_0\sin\beta l)^{-1} \tag{8.38}$$

$$Z_s=\mathrm{j}Z_0\tan\left(\frac{\beta l}{2}\right) \tag{8.39}$$

对于宽截面线，有

$$Z_s=\mathrm{j}\omega L_W \quad Z_p=\frac{1}{\mathrm{j}\omega C_W} \quad Z_0=Z_{0W} \quad \beta=\beta_W \quad l=l_W$$

将这些参数代入式（8.38）和式（8.39），可得

$$C_W=\frac{1}{\omega Z_{0W}}\sin(\beta_W l_W) \tag{8.40}$$

$$L_W=\frac{Z_{0W}}{\omega}\tan\left(\frac{\beta_W l_W}{2}\right) \tag{8.41}$$

## 参 考 文 献

[1] Matthai, G. L., Young, L., and Jones, E. M. T. (1980). *Microwave Filters, Impedance Matching Networks, and Coupling Structures*. Dedham, MA: Artech House.

[2] Fooks, E. H. and Zakarevicius, R. A. (1990). *Microwave Engineering Using Microstrip Circuits*. Australia: Prentice Hall.

[3] BRichards, P. I. (1948). Resistor-transmission-line circuits. *Proceedings of the IRE* 36: 217-220.

[4] Ozaki, N. and Ishii, J. (1958). Synthesis of a class of strip-line filters. *IRE Transactions on Circuit Theory* CT-5: 104.

[5] Edwards, T. C. and Steer, B. (2000). *Foundations of Interconnect and Microstrip Design*, 3e. Chichester: Wiley.

[6] Pozar, D. M. (2012). *Microwave Engineering*, 4e. Wiley.

# 第 9 章　微波小信号放大器

## 9.1 引　　言

通常由制造商提供用于微波频率小信号放大的晶体管，采用束引线封装，晶体管性能数据采用 $S$ 参数格式。最为常见的晶体管是 GaAs MESFET（砷化镓金属半导体场效应晶体管），因为与硅双极器件相比，这些晶体管在微波频率下提供更好的噪声性能。

微波小信号放大器的设计过程主要是设计合适的输入和输出的匹配网络，以使晶体管在连接到指定的源阻抗和负载阻抗之间时能够提供所需的性能。如果源阻抗和负载阻抗分别与放大器的输入和输出共轭匹配，则从第 5 章的式（5.22）可以得出放大器的最大单边换能器功率增益为

$$G_{\mathrm{TU,max}}=\frac{1}{1-|S_{11}|^2}|S_{21}|^2\frac{1}{1-|S_{22}|^2} \tag{9.1}$$

其中，$S$ 参数是晶体管的参数。

除了增益要求外，所需的性能通常还包括噪声规格，这些也会影响匹配网络的设计。本章中主要考虑的是怎样设计合适的匹配网络，由于频率在微波区域，主要关注点将放在分布式网络上。

设计微波频率放大器时，可能出现的主要问题之一是不需要的振荡，并且还要建立稳定放大的条件。

## 9.2 匹 配 条 件

小信号微波放大器的匹配是通过在放大器件的两端添加输入和输出匹配网络来实现的，例如一个 MESFET，如图 9.1 所示。

在第 5 章中，最大单向转换功率增益显示发生在

$$\Gamma_{\mathrm{S}}=\Gamma_{\mathrm{IN}}^{*}\text{和 }\Gamma_{\mathrm{L}}=\Gamma_{\mathrm{OUT}}^{*}$$

即

$$\Gamma_{\mathrm{S}}=S_{11}^{*}\text{和 }\Gamma_{\mathrm{L}}=S_{22}^{*} \tag{9.2}$$

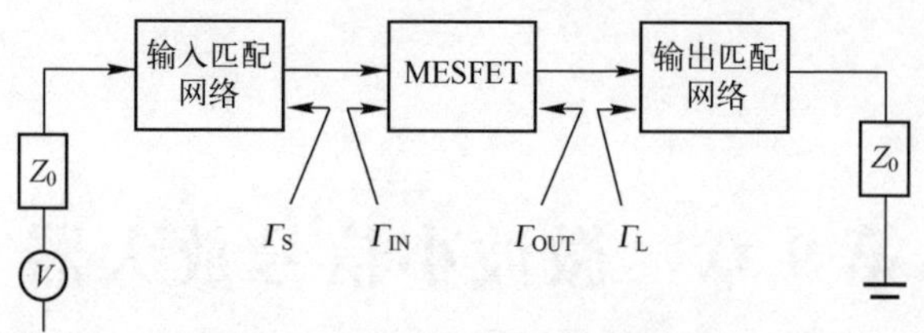


图 9.1　放大器的小信号匹配

除了提供 $S$ 参数数据外，微波 MESFET 的制造商还需提供实现最小噪声性能所需条件的相关信息，即最小噪声系数①。这通常需要设备输入有一定程度的失配，制造商将具体说明 $\Gamma_{opt}$，即最小噪声性能的 $\Gamma_S$ 值。所以低噪声放大器的匹配条件是

$$\Gamma_S = \Gamma_{opt} \text{ 和 } \Gamma_L = S_{22}^* \tag{9.3}$$

需要强调的是 $\Gamma_{opt}$ 总是从 MESFET 的输入端向外方向的。此外，$\Gamma_{opt}$ 和 $S_{11}^*$ 的值通常不相同，因此输入匹配网络必须设计为在最大带宽下提供最大增益或最佳噪声性能。一般来说，为了获得最佳噪声性能而设计源匹配网络会牺牲一些增益和带宽，常见做法是使用级联放大器来获得低噪声和高增益的组合。

**例 9.1**　以下数据属于一个微波 FET，该微波 FET 被用作为工作在 50Ω 的源阻抗和 50Ω 的负载阻抗之间的放大器：

$$\boldsymbol{S} = \begin{bmatrix} 0.77\angle -11° & 0.01\angle 26° \\ 3.67\angle -108° & 0.83\angle 47° \end{bmatrix}$$

$$\Gamma_{opt} = 0.53\angle 57°$$

求解：

如果场效应晶体管直接连接在源和负载之间，则插入增益（单位为 dB）。

(1) 引入源和负载匹配网络时的最大转换功率增益；

(2) 放大器被设计为低噪声性能时降低的最大转换功率增益；

(3) 在计算中做出适当的简化假设。

**解：**

(1) 根据 $S$ 参数的定义，插入增益直接给出为

$$G = 10\log(3.67)^2 \text{dB} = 11.29\text{dB}$$

(2) 由于 $|S_{12}|$ 很小，我们可以假设 FET 的性能是单向的，并使用式 (5.22) 为了获得最大的单向转换功率增益：

① 噪声系数在第 14 章中定义。

$$G_{\mathrm{TU,max}}=\frac{1}{1-(0.77)^2}\times(3.67)^2\times\frac{1}{1-(0.83)^2}=106.35\equiv 20.27\mathrm{dB}$$

（3）使用单向转换功率增益的一般表达式（5.17）与 $\Gamma_{\mathrm{S}}=\Gamma_{\mathrm{opt}}$：

$$G_{\mathrm{TU}}=\frac{(3.67)^2\times(1-(0.83)^2)\times(1-(0.53)^2)}{|(1-0.77\angle-11)(0.53\angle 57)(1-0.83\angle 47)(0.83\angle-47)|}$$

$$=51.95\equiv 17.16\mathrm{dB}$$

降低的转换功率增益 = (20.27 − 17.16) dB = 3.11dB。

## 9.3　分布式（微带）匹配网络

最紧凑的微带匹配网络由一个开路短截线和一个 $\lambda/4$ 变换器组成并代表负载匹配网络，如图 9.2 所示。

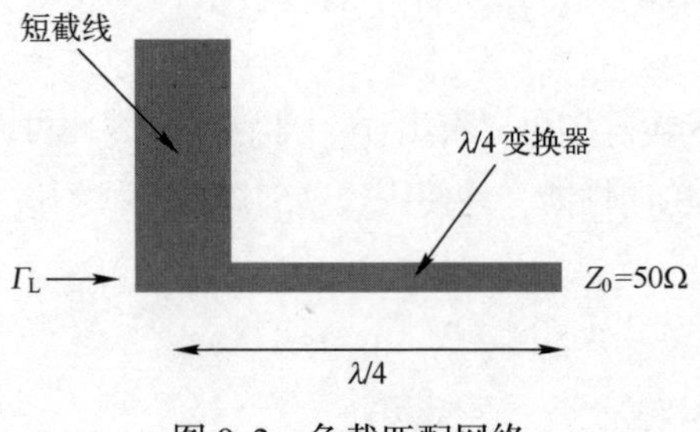


图 9.2　负载匹配网络

负载匹配网络的功能是在 FET 的输出端产生所需的 $\Gamma_{\mathrm{L}}$ 值。$\Gamma_{\mathrm{L}}$ 的实部由 $\lambda/4$ 变换器产生，虚部则由短截线产生，在导纳平面上设计匹配网络很方便，因为正在处理微带线且微带短截线必须与主线平行。因此，如果 $\Gamma_{\mathrm{L}}$ 指定为导纳 $Y_{\mathrm{L}}$，其中 $Y_{\mathrm{L}}=G_{\mathrm{L}}\pm \mathrm{j}B_{\mathrm{L}}$，则匹配网络有两个要求：

（1）该短截线必须具有 $\pm \mathrm{j}B_{\mathrm{L}}$ 的输入导纳；

（2）$\lambda/4$ 变换器的特性阻抗必须为 $\sqrt{Z_0(G_{\mathrm{L}})^{-1}}$，如第 1 章所述。

史密斯圆图上的步骤为

（1）绘制放大器频率下所需的 $\Gamma_{\mathrm{L}}$ 值；

（2）通过旋转 180°将 $\Gamma_{\mathrm{L}}$ 转换为 $y_{\mathrm{L}}$（回忆第 1 章内容，反射系数点也对应于该点的阻抗，从阻抗转换为导纳需要在史密斯圆图上旋转 180°）；

（3）记录 $y_{\mathrm{L}}$ 的值（$y_{\mathrm{L}}=g_{\mathrm{L}}\pm \mathrm{j}b_{\mathrm{L}}$）；

（4）绘制 $0\pm \mathrm{j}b_{\mathrm{L}}$，并围绕零电导圆逆时针移动到 $y_{\mathrm{O/C}}$。移动的距离等于短截线的长度（请注意，已假定短截线是开路的，这是微带线设计的通常情况）；

（5）计算 $\lambda/4$ 变换器的阻抗，由

$$Z_{0T}=\sqrt{Z_0\frac{50}{g_L}}=\sqrt{50\times\frac{50}{g_L}}=50\sqrt{\frac{1}{g_L}}$$

（6）使用微带线设计图（或 CAD 包）将数值转换为物理尺寸。

源匹配网络的设计技术遵循与负载相同的一般程序，但将 $\Gamma_L$ 替换为 $\Gamma_S$。

**例 9.2** 以下数据属于一个 8GHz 的微波 FET，该微波 FET 被用作为一个在阻抗均为 50Ω 的源和负载之间工作的放大器。

$$\boldsymbol{S}=\begin{bmatrix}0.69\angle-82^\circ & 0.01\angle-174^\circ\\ 4.22\angle-220^\circ & 0.36\angle73^\circ\end{bmatrix}$$

$$\Gamma_{opt}=0.56\angle-51^\circ$$

（1）设计源和负载匹配网络，使放大器能够提供最大的增益；

（2）设计源和负载匹配网络，使放大器能够提供获得最小噪声性能的最佳增益，匹配网络制作在 0.5mm 厚的基板上，其相对介电常数为 9.8。

**解：**

（1）从给定的 $\boldsymbol{S}$ 矩阵中可以看出 $|S_{12}|$ 非常小，因此可以忽略。所以，我们可以认为放大器具有单向性能，并使用式（5.18）来找到最大增益的条件，即

$$\Gamma_S=S_{11}^*=0.69\angle82^\circ$$

$$\Gamma_L=S_{22}^*=0.36\angle-73^\circ$$

源匹配如图 9.3 所示。

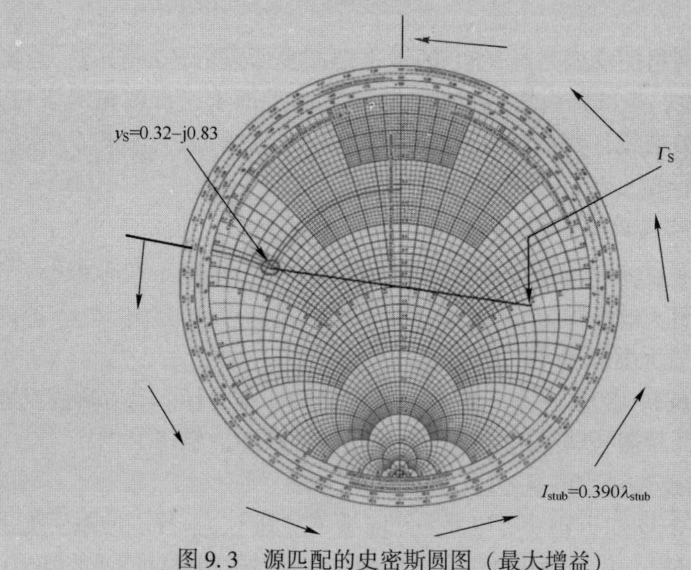


图 9.3　源匹配的史密斯圆图（最大增益）

根据史密斯圆图：

$$\Gamma_S = 0.69\angle 82° \Rightarrow y_S = 0.32 - j0.83$$

$$g = 0.32$$

$$l_{stub} = 0.390\lambda_{stub}$$

$$\lambda/4\ \text{变换器}: Z_{0T} = \sqrt{50 \times \frac{50}{0.32}}\,\Omega = 88.39\Omega$$

使用微带线设计数据：

$$88.39\Omega \Rightarrow \frac{w}{h} = 0.16 \Rightarrow w = 0.08\text{mm}\quad \varepsilon_{r,eff} = 6.05$$

$$\lambda_{s,transformer} = \frac{\lambda_0}{\sqrt{6.05}} = \frac{3\times10^8/8\times10^9}{\sqrt{6.05}}\text{m} = 15.25\text{mm}$$

$$l_{transformer} = \frac{15.25}{4}\text{mm} = 3.81\text{mm}$$

短截线：短截线的特性阻抗的选择是任意的；通常选择一个值，使宽度不会在短截线和主线之间的连接处造成明显的不连续。为方便起见，我们将选择特征阻抗为 50Ω。

$$Z_{0,stub} = 50\Omega \Rightarrow \frac{w}{h} = 0.9 \Rightarrow w = 0.45\text{mm}\quad \varepsilon_{r,eff} = 6.6$$

$$\lambda_{s,transformer} = \frac{\lambda_0}{\sqrt{6.6}} = \frac{3\times10^8/8\times10^9}{\sqrt{6.6}} = 14.60\text{mm}$$

$$l_{stub} = 0.390 \times 14.60\text{mm} = 5.69\text{mm}$$

源匹配网络的最终设计如图 9.4 所示。

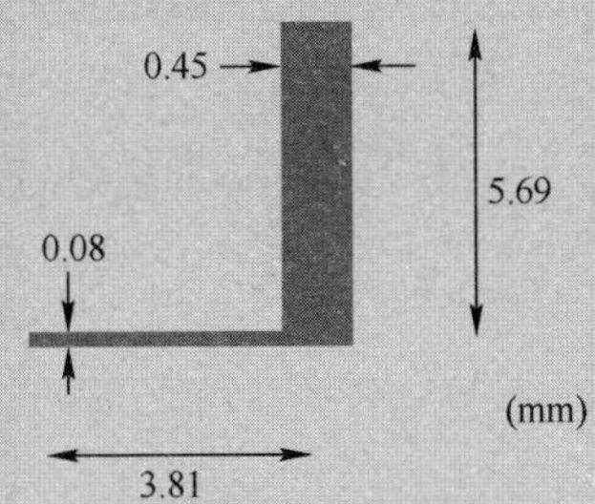


图 9.4　获得最大增益的源匹配网络（未按比例）

负载匹配如图 9.5 所示。

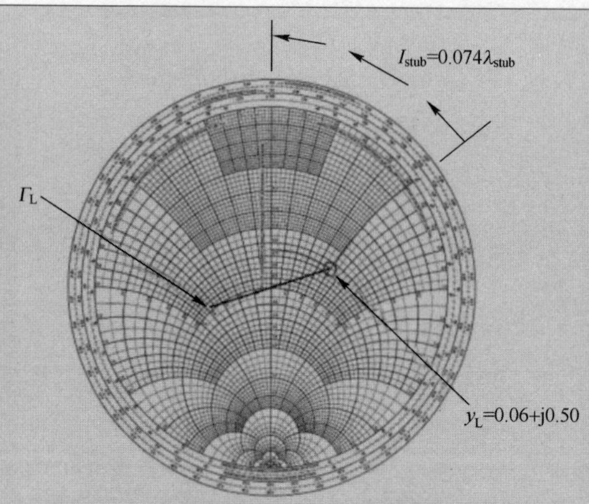


图 9.5　负载匹配的史密斯圆图（最大增益）

根据史密斯圆图：

$$\Gamma_L=0.36\angle-73°\Rightarrow y_S=0.65-j0.50$$

$$g=0.65$$

$$l_{stub}=0.074\lambda_{stub}$$

$$\lambda/4\ \text{变换器}:Z_{0T}=\sqrt{50\times\frac{50}{0.65}}\Omega=62.02\Omega$$

使用微带线设计数据：

$$62.02\Omega\Rightarrow\frac{w}{h}=0.52\Rightarrow w=0.26\text{mm}\ \ \varepsilon_{r,eff}=6.37$$

$$\lambda_{s,transformer}=\frac{\lambda_0}{\sqrt{6.37}}=\frac{3\times10^8/8\times10^9}{\sqrt{6.37}}=14.86\text{mm}$$

$$l_{transformer}=\frac{14.86}{4}\text{mm}=3.72\text{mm}$$

$$\text{短截线}:Z_{0,stub}=50\Omega\Rightarrow w=0.45\text{mm}\ \Rightarrow\lambda_{s,stub}=14.60\text{mm}$$

$$l_{stub}=0.074\times14.60=1.08\text{mm}$$

负荷匹配网络的最终设计如图 9.6 所示。

（2）为了实现最小噪声，由式（9.3），$\Gamma_S=\Gamma_{opt}=0.56\angle-51°$和 $\Gamma_L=S_{22}^*$。所以负载匹配网络的设计与（1）中没有变化，只需要重新设计源匹配网络。

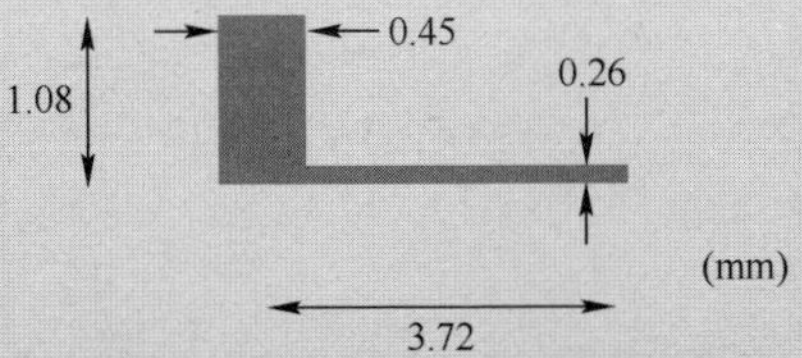


图 9.6　获得最大增益的负载匹配网络（未按比例）

参考图 9.7 所示的史密斯圆图有

$$\Gamma_S = 0.56\angle -51° \Rightarrow y_S = 0.34 + j0.42$$

$$g = 0.34$$

$$l_{stub} = 0.063\lambda_{stub}$$

$$\lambda/4 \text{ 变换器}: Z_{0T} = \sqrt{50 \times \frac{50}{0.34}}\Omega = 85.75\Omega$$

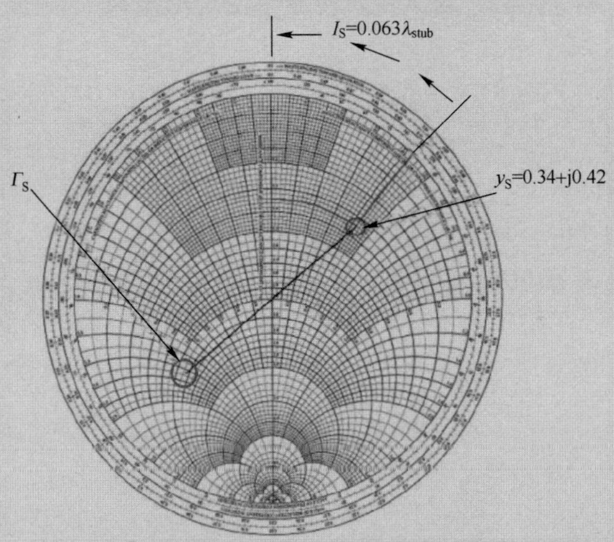


图 9.7　源匹配的史密斯圆图（最小噪声）

使用微带线设计数据：

$$85.75\Omega \Rightarrow \frac{w}{h} = 0.18 \Rightarrow w = 0.09\text{mm} \quad \varepsilon_{r,eff} = 6.08$$

$$\lambda_{s,transformer} = \frac{\lambda_0}{\sqrt{6.08}} = \frac{3\times10^8/8\times10^9}{\sqrt{6.08}} = 15.21\text{mm}$$

$$l_{transformer} = \frac{15.21}{4}\text{mm} = 3.80\text{mm}$$

$$短截线：Z_{0,\text{stub}}=50\Omega\Rightarrow w=0.45\text{mm}\Rightarrow\lambda_{s,\text{stub}}=14.60\text{mm}$$

$$l_{\text{stub}}=0.063\times14.60=0.92\text{mm}$$

最终的设计如图 9.8 所示。

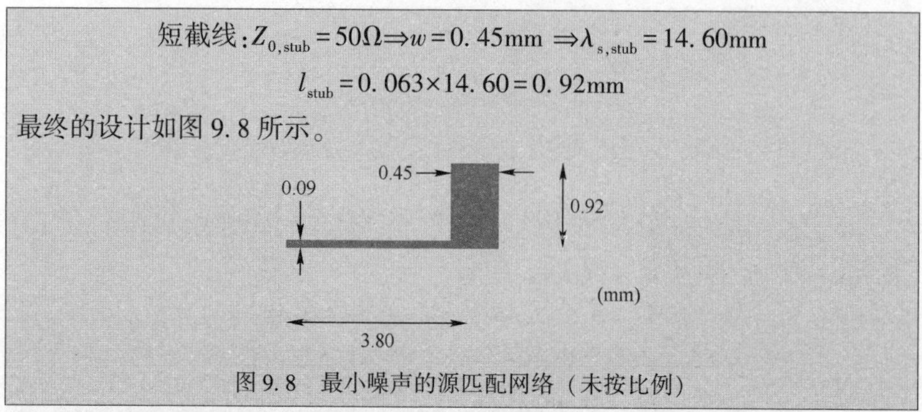


图 9.8　最小噪声的源匹配网络（未按比例）

**例 9.3**　假设例 9.2 中设计的针对最大单向转换功率增益的放大器在 9GHz 下使用，具有相同的匹配网络。假设以下 **S** 矩阵适用于 9GHz 的 FET，计算在 9GHz 下放大器新的单向转换功率增益。

$$\boldsymbol{S}=\begin{bmatrix}0.67\angle-84° & 0.01\angle-168° \\ 4.10\angle-230° & 0.38\angle82°\end{bmatrix}$$

**解：**

第一步是找到例 9.2 中设计的匹配电路在 9GHz 下的 $\Gamma_S$ 和 $\Gamma_L$ 的值。图 9.9 显示了 8GHz 下设计的源匹配电路（未按比例），图中 $y_1$ 和 $y_2$ 分别是变换器和短截线在 9GHz 处的归一化导纳。

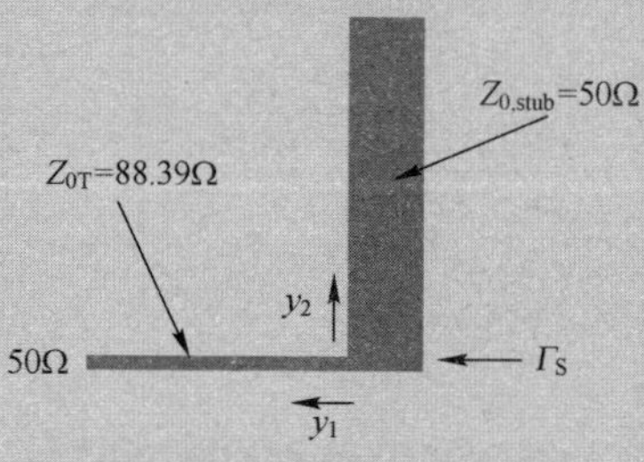


图 9.9　获得最大增益的源匹配网络（未按比例）

$$变换器新的电气长度=\frac{9}{8}\times\frac{\lambda_{s,\text{transformer}}}{4}=0.281\lambda_{s,\text{transformer}}$$

为了确定 $y_1$ 的值，我们简单地将变换器视为一条特征阻抗为 88.39Ω，长度为 $0.281\lambda_{s,\text{transformer}}$，终止于阻抗 50Ω 的传输线的长度。因此，我们将 50Ω 对 88.39Ω 进行归一化，转换到导纳平面，绕电压驻波比圆移动 $0.281\lambda_{s,\text{transformer}}$ 的距离，如图 9.10 中的史密斯圆图所示。

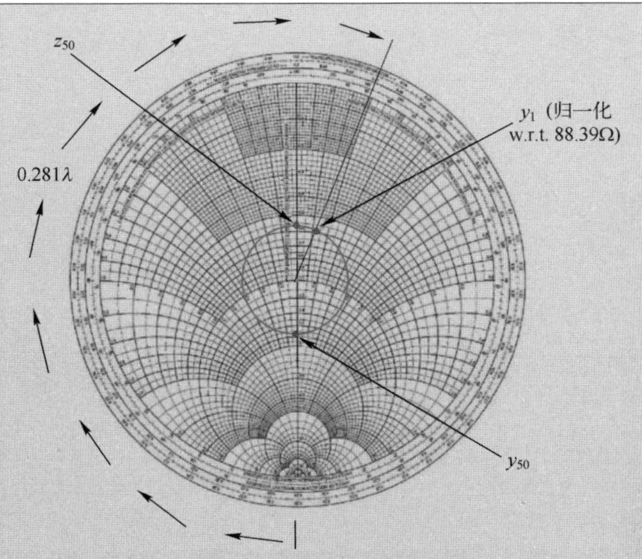


图 9.10　在 9GHz 下的源网络数据

将 50Ω 对 88.39Ω 进行归一化⇒$z_{50}=\dfrac{50}{88.39}=0.57$

转换到导纳平面⇒$y_{50}=1.75$

$y_1$(相对于 88.39Ω 进行归一化)= 0.58+j0.13

$y_1$(相对于 50Ω 进行归一化)= $(0.58+j0.13)\times\dfrac{50}{88.39}=0.33+j0.07$

在 9GHz 下新的短截线电气长度$=\dfrac{9}{8}\times 0.390\lambda_{s,stub}=0.439\lambda_{s,stub}$

继而我们可以通过围绕史密斯圆图的外圆从开路位置顺时针移动 $0.439\lambda_{s,stub}$ 的距离来找到短截线的新归一化输入导纳 $y_2$，如图 9.11 所示。

由图 9.11 有

$$y_2=0-j0.40$$

在 9GHz 下源网络的归一化输入导纳 $y_{in}$ 则为

$$y_{in}=y_1+y_2=0.33+j0.07-j0.40=0.33-j0.33$$

使用式（1.43）可得：

$$\Gamma_S=\frac{z_{in}-1}{z_{in}+1}=\frac{1/y_{in}-1}{1/y_{in}+1}=\frac{1-y_{in}}{1+y_{in}}==\frac{1-(0.33-j0.33)}{1+(0.33-j0.33)}$$

$$=\frac{0.67+j0.33}{1.33-j0.33}=\frac{0.75\angle 26.22^\circ}{1.37\angle -13.93^\circ}=0.55\angle 40.15^\circ$$

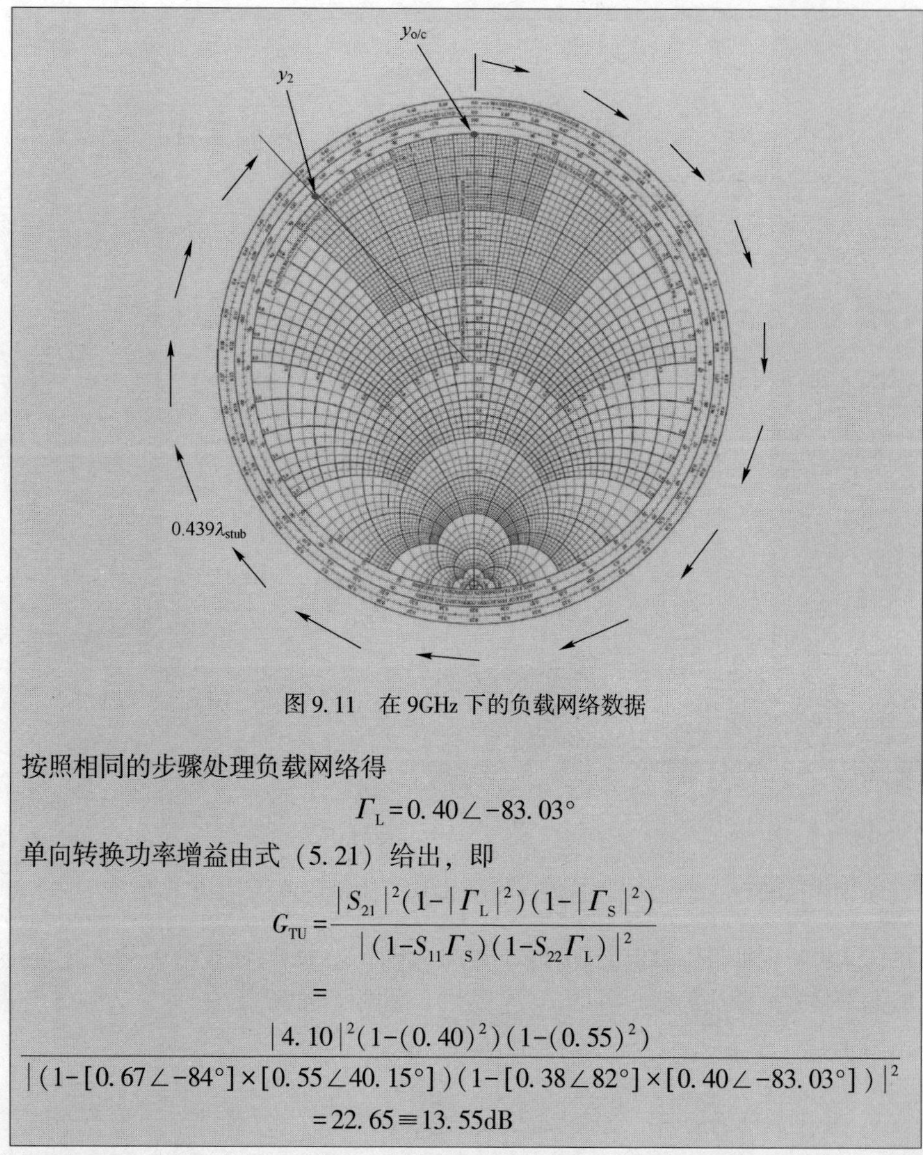


图 9.11　在 9GHz 下的负载网络数据

按照相同的步骤处理负载网络得

$$\Gamma_L = 0.40\angle -83.03°$$

单向转换功率增益由式（5.21）给出，即

$$G_{TU} = \frac{|S_{21}|^2(1-|\Gamma_L|^2)(1-|\Gamma_S|^2)}{|(1-S_{11}\Gamma_S)(1-S_{22}\Gamma_L)|^2}$$

$$= \frac{|4.10|^2(1-(0.40)^2)(1-(0.55)^2)}{|(1-[0.67\angle -84°]\times[0.55\angle 40.15°])(1-[0.38\angle 82°]\times[0.40\angle -83.03°])|^2}$$

$$= 22.65 \equiv 13.55\text{dB}$$

## 9.4　直流偏置电路

在实际的微波场效应晶体管放大器中，需要提供直流连接来偏置场效应晶体管的栅极和漏极端。这些连接必须允许直流电流流入场效应晶体管，而不显著影响射频信号。一种常见的偏置网络形式如图 9.12 所示。

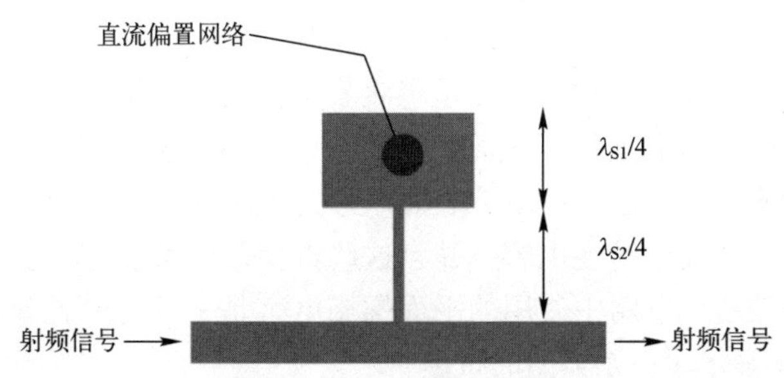


图9.12　直流偏置连接

图9.12所示电路的逻辑是，宽焊盘顶部的开路将反应为在与主线连接处的开路，因为它由λ/2线组成，从而阻止了射频信号通过偏置连接传播。构成偏置网络的线宽并不重要，宽截面的宽度应该只满足为键合提供合适的焊盘，而窄截面的宽度应尽可能小，以尽量减少与主线连接处的物理不连续性。在经典的氧化铝基板微带电路中，宽截面的宽度约为3~5mm，窄截面的宽度约为50μm。在选择窄截面的宽度时，必须保证该部分具有足够的横截面以承载所需的直流电流。图9.12所示的电路必然包含明显的微带不连续性，这是由于宽焊盘的边缘与宽窄截面连接处的宽度变化很大，在实际设计中需要对此进行补偿。此外，焊盘上键合线的存在会轻微改变其行为，并且通常会有两个偏置网络被有效地级联连接，以进一步的隔离键合连接，如图9.13所示。

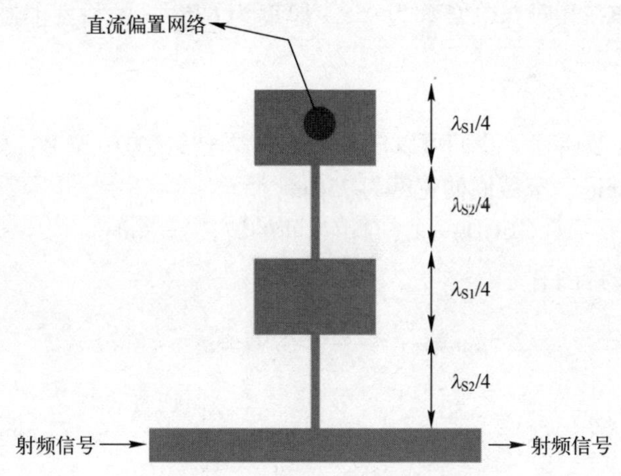


图9.13　增强的直流偏置连接

虽然图9.12和图9.13所示的偏置网络简单而有效，但它们也确实有两个缺点：

(1) 因为其性能依赖于λ/4的长度，它们往往适用于较窄的频带；

(2) 它们占据了相当大的衬底面积，特别是图 9.13 中的网络。

这些缺点可以通过使用大串联电感将直流偏置连接到射频电路来克服。大电感将提供较大的串联电抗，从而阻止微波信号。电感形式可以为表面贴片元件或者平面螺旋。在微波频率下，表面贴片封装中的集总电感会带来大量不必要的寄生效应，尤其是封装电容，并且这些寄生效应可能是不必要的谐振的来源。在单片微波集成电路中使用的平面螺旋电感是一种简单且紧凑的偏置解决方案。图 9.14 显示了一个典型的布置。

在图 9.14 中，部分螺旋电感的上方放置一个介电条带区域使螺旋电感的中心能够向外进行连接。

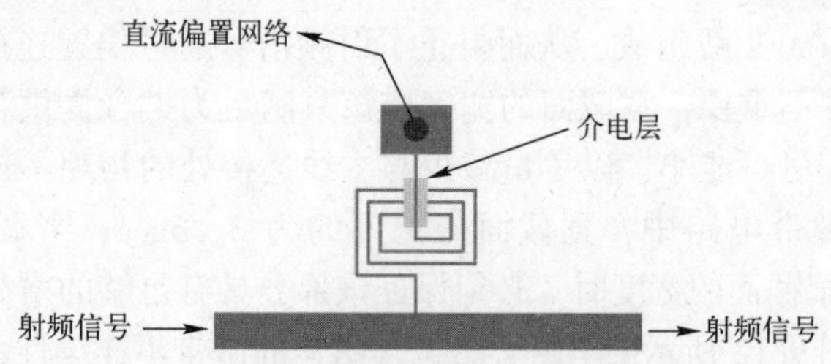


图 9.14　使用电感扼流圈的直流偏置连接

**例 9.4**　设计一个具有图 9.13 所示几何形状的 10GHz 直流偏置连接。该偏置连接将和在相对介电常数为 9.8、厚度为 635μm 的衬底上制造的 50Ω 微带线进行连接。

**解:**

如第 9.4 节所述，我们可以任意选择偏置连接的宽、窄截面的宽度，焊盘的宽度为 2.5mm，窄截面的宽度为 75μm。

$$10\text{GHz} \Rightarrow \lambda_0(\text{自由空间的波长}) = 30\text{mm}$$

使用微带线设计图有

$$2.5\text{mm} \Rightarrow \frac{w}{h} = \frac{2500}{635} = 3.94 \Rightarrow \varepsilon_{\text{r,eff}} = 7.62$$

$$\lambda_s(\text{焊盘}) = \frac{30}{\sqrt{7.62}}\text{mm} = 10.87\text{mm} \Rightarrow \frac{\lambda_s(\text{焊盘})}{4} = 2.72\text{mm}$$

$$75\mu\text{m} \Rightarrow \frac{w}{h} = \frac{75}{635} = 0.12 \Rightarrow \varepsilon_{\text{r,eff}} = 6.0$$

$$\lambda_s(\text{窄}) = \frac{30}{\sqrt{6.0}} = 12.25\text{mm} \Rightarrow \frac{\lambda_s(\text{窄})}{4} = 3.06\text{mm}$$

开端式补偿效果（见第 4 章）：

$$l_{eo}=0.412h\left(\frac{\varepsilon_{r,eff}+0.3}{\varepsilon_{r,eff}-0.258}\right)\left(\frac{\frac{w}{h}+0.262}{\frac{w}{h}+0.813}\right)=249\mu m$$

对称阶跃补偿（见第 4 章）：

$$l_{es}\approx l_{eo}(1-w_1/w_2)=249\times(1-75/2500)\mu m=242\mu m$$

顶端焊盘的补偿长度=(2720−249−242)μm=2229μm

中间焊盘的补偿长度=(2720−242−242)μm=2236μm

最终的设计如图 9.15 所示。

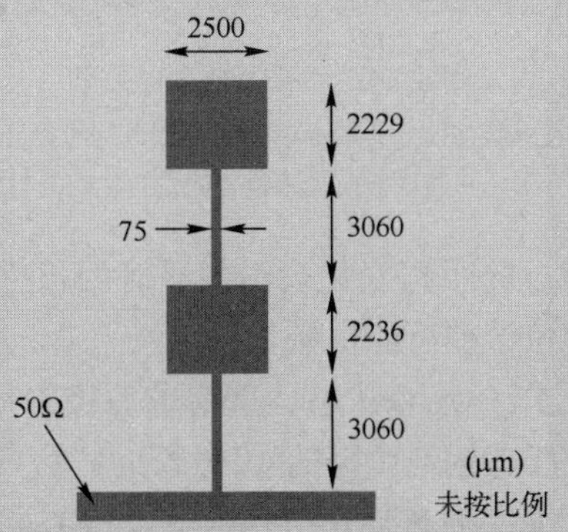

图 9.15　例 9.4 设计完成的结果（未按比例）

## 9.5　微波晶体管封装

用于混合微带放大器的微波 FET 的常规封装如图 9.16 所示，该封装连接有 4 个梁式引线，一个用于栅极和一个用于漏极，两个用于源极。这些引线被设计成从表面连接在微带电路上，为源极提供两个引线以保持封装内的场对称并提高高频性能。

值得注意的是，FET 制造商将提供晶体管的 $S$ 参数数据，该数据会规定梁式引线接入主封装的位置。因此，微带连接应尽可能靠近封装主体。在实际上，这可能涉及一些微带线的末端形状以避免不必要的耦合。为了方便起见，建立一个距离 FET 超过 $\lambda_s/2$ 的参考平面是有用的，如图 9.16 所示。由于传输线上的参数每隔半波长重复一次，因此，制造商的 $S$ 参数数据将应用于该平面。在非常接近 FET 处连接如短截线的匹配电路可能是不切实际的，通过参考平面则可以避免这种问题。

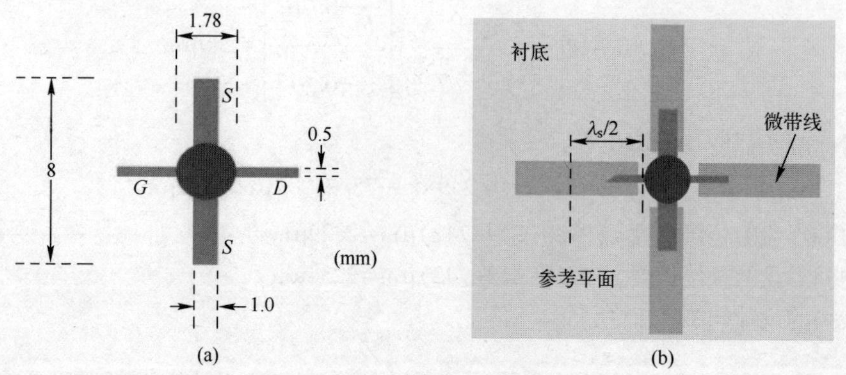


图 9.16　微带电路中的安装

（a）封装微波场效应晶体管，展示 10GHz 下器件的经典尺寸（未按比例）；

（b）封装场效应晶体管表面安装在微带上。

在微波频率下，很短的距离变化会引起显著的相位变化，关于匹配电路相对于 $S$ 参数基准线的定位误差可能很显著。

通常微波放大器工作在共源状态，这要求源极引线接地。在微带电路中，接地可以通过使用微带线连接到源极的 $\lambda_s/2$ 长处，然后使用垂直互联将源极连接到地平面来实现。然而，通过使用共面波导，FET 可以更有效地安装（并且使源极接地），其中地平面与信号通道位于衬底的同一侧，从而消除了穿过衬底所需要的垂直互联。

## 9.6　经典混合放大器

图 9.17 展示了在微带线上混合微波放大器的经典布局，并确定了一些关键特征。

图 9.17 中包含的组件（目前尚未讨论）为直流击穿。这个组件是必要的，用于防止直流偏置到 FET 的栅极和漏极影响连接到放大器输入和输出的其他器件。多级放大器的各级之间也需要它们。在微带线中通过合适缝隙连接的表面贴片电容可提供直流击穿功能。但是在微波频率下，表面贴片电容可能会由于电抗和电阻寄生效应而引入不必要的影响，并且直流手指击穿具有更可靠的宽带性能。

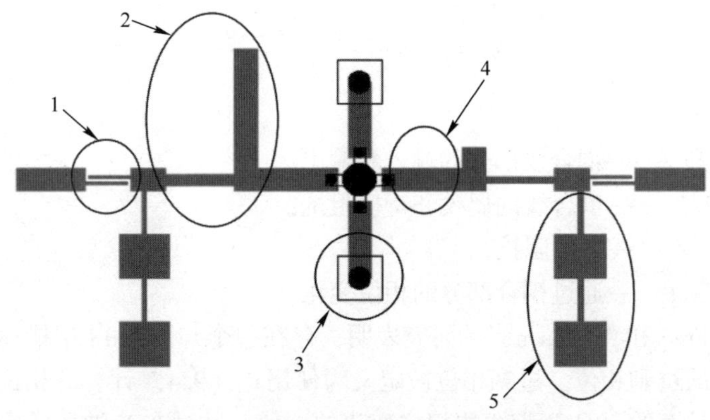


图 9.17　混合微带放大器的典型布局

1—直流手指击穿；2—输入匹配网络（短截线+变换器）；3—通过衬底导通的垂直互联；4—$\lambda_s/2$ 参考平面；5—直流偏置网络。

## 9.7　直流手指击穿

直流断路器的基本要求是具有低插入损耗、可预测的传输相位和宽带性能。微带线中的直流手指击穿最初是由 Lacombe 和 Cohen[1] 提出的，在图 9.18 中更详细地对其进行了展示，该结构的形状是由提供宽带匹配的需要决定的，表明它超过了一个倍频程。

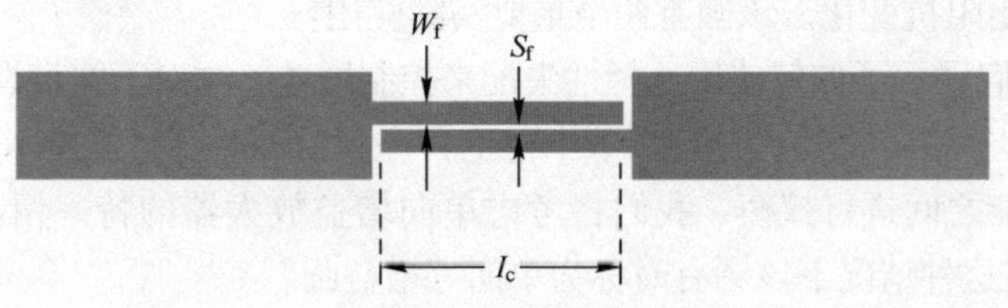


图 9.18　微带手指击穿

能够预测通过直流击穿的相位变化十分重要，它能确保其插入电路不会引入不必要的相位相关效应。通过图 9.18 所示的耦合段计算相位变化是直接来自耦合线的理论并由 ∠S21 给出[1]，其中

$$S_{21}=\frac{2Z_{21}}{(Z_{11}+1)(Z_{22}+1)-Z_{12}Z_{21}} \tag{9.4}$$

且

$$Z_{11}=Z_{22}=-\mathrm{j}\,\frac{Z_{0e}+Z_{00}}{2}\,\frac{\cot\theta}{Z_0} \tag{9.5}$$

$$Z_{12}=Z_{21}=-\mathrm{j}\,\frac{Z_{0e}-Z_{00}}{2}\frac{\csc\theta}{Z_0} \tag{9.6}$$

其中

下标 1 和 2——耦合线部分的输入和输出；

$Z_{0e}$和 $Z_{00}$——耦合线的偶模和奇模阻抗；

$Z_0$——主线阻抗；

$\theta$——通过耦合部分的相位变化。

此外，Free 和 Aitchison[2]的研究表明，存在一个与图 9.18 中描述的手指击穿类型相关的过剩相位。过剩相位被定义为使用式（9.4）计算的相位变化和通过相同物理长度的 50Ω 微带线的相位变化的差值。通过在 X 波段的实物和理论研究发现这种过剩相位非常显著，并在文章中建立了一个理论模型来解释额外相位。

实际测量表明，对于在氧化铝上制备的 10GHz 微带直流击穿，过剩相位在 3GHz 带宽上表现出从 0~25°的准线性变化。

## 9.8 等增益圆

等增益圆是史密斯圆图上的等高线，显示了放大器的增益如何随源和负载阻抗而变化。画出两组圆，一组表示增益如何随输入阻抗变化，另一组表示增益如何随输出阻抗变化。该圆有两个重要实际应用：

（1）它们展示了如何使用选择性失配来控制增益，这对于宽带设计很重要；

（2）当与等噪声圆（在 9.10 节中讨论）一起绘制时，它们展示了如何在增益和噪声性能之间进行权衡。我们将考虑单向增益放大器的特殊情况（这是常见情况），在这种情况下该圆有时称为单向等增益圆。

第 5 章的式（5.17）给出了放大器的单向转换功率增益为

$$G_{\mathrm{TU}}=\frac{|S_{21}|^2(1-|\Gamma_{\mathrm{L}}|^2)(1-|\Gamma_{\mathrm{S}}|^2)}{|(1-S_{11}\Gamma_{\mathrm{S}})(1-S_{22}\Gamma_{\mathrm{L}})|^2} \tag{9.7}$$

式（9.7）可以写为

$$G_{\mathrm{TU}}=\frac{(1-|\Gamma_{\mathrm{S}}|^2)}{|(1-S_{11}\Gamma_{\mathrm{S}})|^2}\times|S_{21}|^2\times\frac{(1-|\Gamma_{\mathrm{L}}|^2)}{|(1-S_{22}\Gamma_{\mathrm{L}})|^2} \tag{9.8}$$

即

$$G_{\mathrm{TU}}=G_{\mathrm{S}}\times G_{\mathrm{D}}\times G_{\mathrm{L}} \tag{9.9}$$

其中，$G_{\mathrm{S}}$ 和 $G_{\mathrm{L}}$ 分别为源匹配网络和负载匹配网络提供的有效功率增益因子。

关于 $G_S$ 和 $G_L$，应注意以下两点。

（1）由于匹配网络是无源的，因此，它们不能单独贡献功率增益并被描述为有效功率增益因子，然而由于它们允许更多的功率流入和流出有源器件，因此可以有效地增加 $G_{TU}$ 的值。

（2）一般情况下，$G_S$ 和 $G_L$ 的值会大于 1，因为它们减少了有源器件输入和输出端的失配损耗。

由式（9.8）和式（9.9）得

$$G_S=\frac{(1-|\Gamma_S|^2)}{|(1-S_{11}\Gamma_S)|^2} \tag{9.10}$$

和

$$G_L=\frac{(1-|\Gamma_L|^2)}{|(1-S_{22}\Gamma_L)|^2} \tag{9.11}$$

可知当 $\Gamma_S=S_{11}^*$ 和 $\Gamma_L=S_{22}^*$ 时，分别得到有效增益 $G_S$ 和 $G_L$ 的最大值为

$$G_{S,\max}=\frac{1}{1-|S_{11}|^2} \tag{9.12}$$

和

$$G_{L,\max}=\frac{1}{1-|S_{22}|^2} \tag{9.13}$$

考虑到在源匹配网络中，归一化增益因子 $g_S$ 可以定义为

$$g_S=\frac{G_S}{G_{S,\max}} \tag{9.14}$$

替换 $G_S$ 和 $G_{S,\max}$ 得

$$g_S=\frac{(1-|\Gamma_S|^2)(1-|S_{11}|^2)}{|(1-S_{11}\Gamma_S)|^2} \tag{9.15}$$

式（9.15）可以重新编写为圆①的方程的形式[3]，圆心 $c_{g_S}$ 在通过 $S_{11}^*$ 的向量上且为

$$c_{g_S}=\frac{g_S|S_{11}|}{1-|S_{11}|^2(1-g_S)} \tag{9.16}$$

其半径 $r_{g_S}$ 为

① 在 $x$-$y$ 坐标平面上一个圆的一般方程是 $(x-a)^2+(y-b)^2=c^2$，其中 $a$ 和 $b$ 是圆心的坐标，c 是圆的半径。

$$r_{g_S} = \frac{(1-|S_{11}|^2)\sqrt{1-g_S}}{1-|S_{11}|^2(1-g_S)} \tag{9.17}$$

由于式（9.16）和式（9.17）是在反射系数平面上推导出的，因此，等增益圆的圆心和半径值可以直接取自史密斯圆图上的反射系数标度。在输入平面绘制等增益圆如图 9.19 所示。

按照类似的方法，放大器输出端的等增益圆的圆心和半径为

$$c_{g_L} = \frac{g_L|S_{22}|}{1-|S_{22}|^2(1-g_L)} \tag{9.18}$$

$$r_{g_L} = \frac{(1-|S_{22}|^2)\sqrt{1-g_L}}{1-|S_{22}|^2(1-g_L)} \tag{9.19}$$

其中，圆的中心位于通过 $S_{22}^*$ 的向量上。

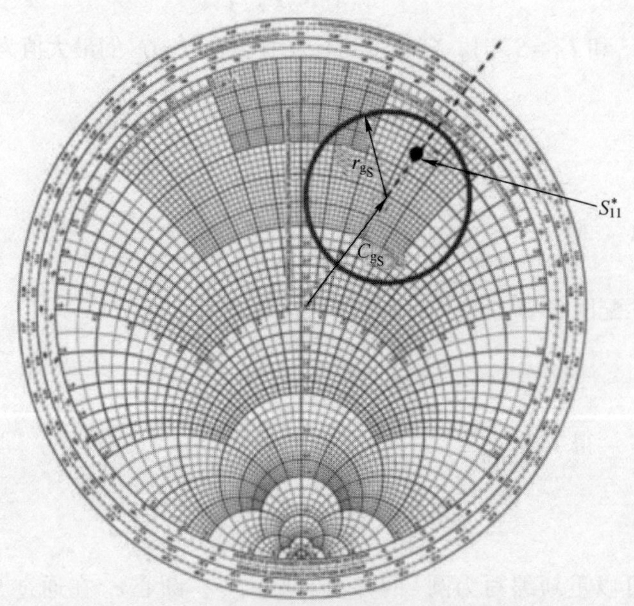


图 9.19　在输入平面上绘制一个等增益圆

**例 9.5**　在特定频率下的封装 FET 的 $S_{11}$ 值为 $0.72\angle 112°$。假设 FET 表现出单向性能，请绘制 2dB、1dB 和 0dB 下源的单向等增益圆。

**解：**

$$G_{S,\max} = \frac{1}{1-(0.72)^2} = 2.08 \equiv 3.18\text{dB}$$

| $G_S$ | $g_S$ | $c_{g_S}$ | $r_{g_S}$ |
|---|---|---|---|
| 2dB≡1.58 | $\frac{1.58}{2.08}=0.76$ | 0.62 | 0.27 |
| 1dB≡1.26 | $\frac{1.26}{2.08}=0.61$ | 0.55 | 0.38 |
| 0dB≡1.00 | $\frac{1.00}{2.08}=0.48$ | 0.47 | 0.48 |

图 9.20 中绘制了所需的 3 个等增益圆。

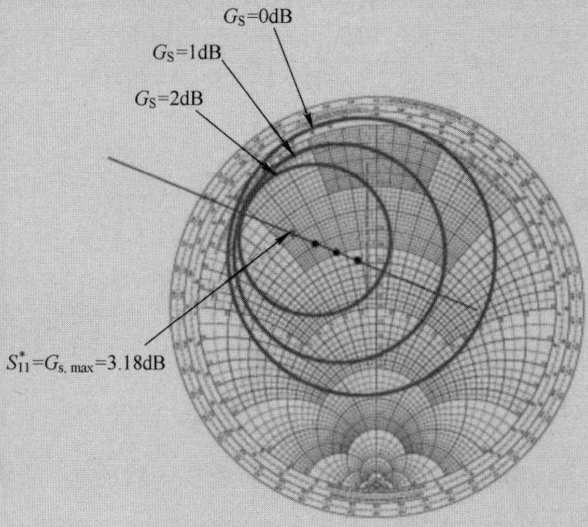

图 9.20　例 9.5 的等增益

## 9.9　稳　定　圆

在 9.8 节中，我们学习了如何通过对源匹配网络和负载匹配网络的选择性不匹配来控制晶体管放大器的增益。但在任何实际设计中，确保预期的放大器不会因特定的源和负载阻抗值而振荡是至关重要的。因此，一旦设计出匹配网络，就应检查放大器的稳定性。

在第 5 章中介绍的 Rollett 稳定性因子（$K$）是一种利用 $S$ 参数数据来确定晶体管等器件在任意源阻抗和负载阻抗值下是否稳定的方法。如果 $K$ 的值小于 1，晶体管仅在条件下稳定，并且对于源阻抗和负载阻抗的某些组合可能振荡。

处理 $K$ 小于 1 的情况最简单的方法是使用稳定圆，它们是绘制在史密斯圆图上的圆圈，表示那些导致不稳定的源或负载阻抗值与那些代表稳定运行的值之间的边界。可以绘制两组稳定圆，一组在 $\Gamma_L$ 平面上，另一组在 $\Gamma_S$ 平面上。

输出稳定圆是使得修正后的输入反射系数的幅值一致的 $\Gamma_L$ 的轨迹；如果 $|S'_{11}| \geqslant 1$，则输入反射的能量大于入射的能量，因此电路振荡。使用式（5.12）可得

$$S'_{11}=1=S_{11}+\frac{S_{21}\Gamma_L S_{12}}{1-S_{22}\Gamma_L} \tag{9.20}$$

式（9.20）可以重新编写得到

$$\left|\Gamma_L-\frac{(S_{22}-[S_{11}S_{22}-S_{12}S_{21}]S_{11}^*)^*}{|S_{22}|^2-|S_{11}S_{22}-S_{12}S_{21}|^2}\right|=\frac{|S_{12}S_{21}|}{|S_{22}|^2-|S_{11}S_{22}-S_{12}S_{21}|^2} \tag{9.21}$$

为了简便，式（9.21）可以写为

$$\left|\Gamma_L-\frac{(S_{22}-DS_{11}^*)^*}{|S_{22}|^2-|D|^2}\right|=\frac{|S_{12}S_{21}|}{|S_{22}|^2-|D|^2} \tag{9.22}$$

其中

$$D=S_{11}S_{22}-S_{12}S_{21} \tag{9.23}$$

式（9.22）是圆心为 $c_{sL}$ 半径为 $r_{sL}$ 的方程的形式，其中

$$c_{sL}=\frac{(S_{22}-DS_{11}^*)^*}{|S_{22}|^2-|D|^2} \tag{9.24}$$

和

$$r_{sL}=\frac{|S_{12}S_{21}|}{|S_{22}|^2-|D|^2} \tag{9.25}$$

同理，输入稳定圆是使修正的输出反射系数一致的 $\Gamma_S$ 的轨迹，由此得出一个中心为 $c_{sS}$ 和半径为 $r_{sS}$ 的圆，其中

$$c_{sS}=\frac{(S_{11}-DS_{22}^*)^*}{|S_{22}|^2-|D|^2} \tag{9.26}$$

和

$$r_{sS}=\frac{|S_{12}S_{21}|}{|S_{11}|^2-|D|^2} \tag{9.27}$$

画出稳定圆后，需要判断圆的哪一边代表稳定运行，哪一边代表不稳定区域。我们考虑式（5.12）：如果 $\Gamma_L=0$，则 $|S'_{11}|=|S_{11}|$，此时如果 $|S_{11}|<1$，则输入反射系数必然也小于 1 且放大器稳定。因为 $\Gamma_L=0$ 是史密斯圆图的中心，包含该点的区域一定为稳定区域。如果 $\Gamma_L=0$ 时 $|S_{11}|>1$，则输入反射系数大于 1 且圆图的中心代表不稳定点，而包含该点的区域为不稳定区域。稳定和不稳定区域的示例如图 9.21 所示，其中稳定区域为阴影部分。注意，稳定圆的中心可以在史密斯圆图的工作区域①之外，即 $|c_{sL}|$ 可能大于 1。

① 史密斯圆图上的工作区域指 $r=0$ 圆以内的区域，因为阻抗小于零的值没有物理意义。

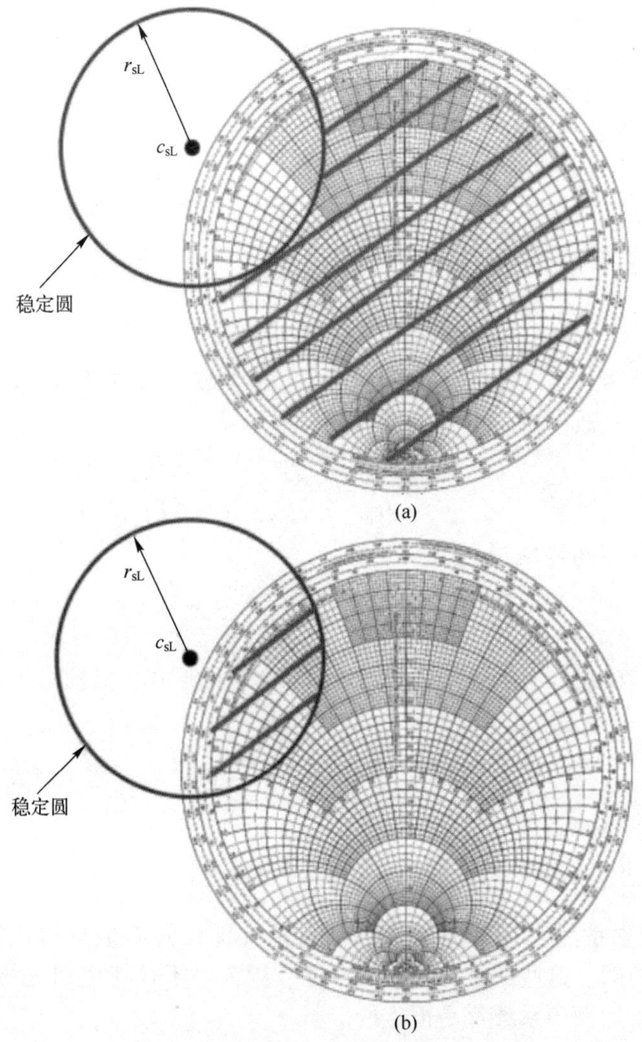


图 9.21　输出稳定圆的例子，展示了稳定区域（阴影部分）
（a）$|S_{11}|<1$；（b）$|S_{11}|>1$。

## 9.10　噪　声　圆

图 9.1 所示的电路中 FET 的噪声性能由以下表达式给出[3]。

$$F=F_{\min}+\frac{4r_{\mathrm{n}}|\Gamma_{\mathrm{S}}-\Gamma_{\mathrm{opt}}|^{2}}{(1-|\Gamma_{\mathrm{S}}|^{2})(|1+\Gamma_{\mathrm{opt}}|^{2})} \tag{9.28}$$

其中

$F$——在特定数值的 $\Gamma_S$ 下的噪声系数；

$r_n$——场效应晶体管的等效噪声阻抗，相对于 $Z_0$ 归一化；

$Z_0$——参考特性阻抗，通常为 50Ω；

$F_{min}$——最小噪声系数（即当 $\Gamma_S=\Gamma_{opt}$时）；

其他参数的定义如上文（噪声系数和等效噪声阻抗的意义详见第 14 章）。

式（9.28）可以重新编写，从而得到

$$\frac{(F-F_{min})(|1+\Gamma_{opt}|^2)}{4r_n}=\frac{|\Gamma_S-\Gamma_{opt}|^2}{(1-|\Gamma_S|^2)} \tag{9.29}$$

式（9.29）涉及与场效应晶体管密切相关的参数，而不是与外部匹配网络，这被称为噪声系数参数 $N_i$，因此，得到

$$N_i=\frac{(F-F_{min})(|1+\Gamma_{opt}|^2)}{4r_n}=\frac{|\Gamma_S-\Gamma_{opt}|^2}{(1-|\Gamma_S|^2)} \tag{9.30}$$

式（9.30）可以重新编写得到[3]

$$\left|\Gamma_S-\frac{\Gamma_{opt}}{1+N_i}\right|^2=\frac{N_i^2+N_i(1-|\Gamma_{opt}|^2)}{(1+N_i)^2} \tag{9.31}$$

可以看出式（9.31）是一个有关 $\Gamma_S$ 的圆的方程的形式，其圆心为 $c_{ni}$为

$$c_{ni}=\frac{\Gamma_{opt}}{1+N_i} \tag{9.32}$$

而半径 $r_{ni}$为

$$r_{ni}=\frac{\sqrt{N_i^2+N_i(1-|\Gamma_{opt}|^2)}}{1+N_i} \tag{9.33}$$

因为 $\Gamma_S$ 是反射系数，对于任何给定的 $N_i$ 值（即任何 $F$ 值）可以在史密斯圆图上绘制噪声圆。这些圆被称为等噪声圆，因为对于在特定圆上的任何 $\Gamma_S$ 值场效应晶体管的噪声系数都是恒定的。

对于高频放大器设计者来说，噪声圆的价值是它们可以与恒定增益圆一起查看，因此设计者可以看到，随着 $\Gamma_S$ 的变化，噪声系数如何与放大器增益相互影响。

**例 9.6** 以下数据适用于特定频率的微波 FET：

$$\Gamma_{opt}=0.32\angle 82°$$

$$F_{min}=0.7\text{dB}$$

$$r_n=0.34$$

在史密斯圆图上绘制 1.5dB 和 3dB 的等噪声圆。

**解：**

$$F_{\min}=0.7\text{dB}\equiv 10^{0.07}=1.17$$

1.5dB 噪声圆的计算值：

$$F=1.5\text{dB}\equiv 10^{0.15}=1.41$$

$$N_{\mathrm{i}}=\frac{(F-F_{\min})(|1+\Gamma_{\mathrm{opt}}|^2)}{4r_{\mathrm{n}}}=\frac{(1.41-1.17)(|1+0.32\angle 82^\circ|^2)}{4\times 0.34}=0.21$$

$$c_{\mathrm{ni}}=\frac{0.32\angle 82^\circ}{1+0.21}=0.26\angle 82^\circ$$

$$r_{\mathrm{ni}}=\frac{\sqrt{(0.21)^2+0.21(1-(0.32)^2)}}{1+0.21}=0.40$$

3dB 噪声圆的计算值：

$$F=3\text{dB}\equiv 10^{0.3}=2.00$$

$$N_{\mathrm{i}}=\frac{(2.00-1.17)(|1+0.32\angle 82^\circ|^2)}{4\times 0.34}=0.73$$

$$c_{\mathrm{ni}}=\frac{0.32\angle 82^\circ}{1+0.73}=0.18\angle 82^\circ$$

$$r_{\mathrm{ni}}=\frac{\sqrt{(0.73)^2+0.73(1-(0.32)^2)}}{1+0.73}=0.63$$

1.5dB 和 3.0dB 的等噪声圆如图 9.22 所示。

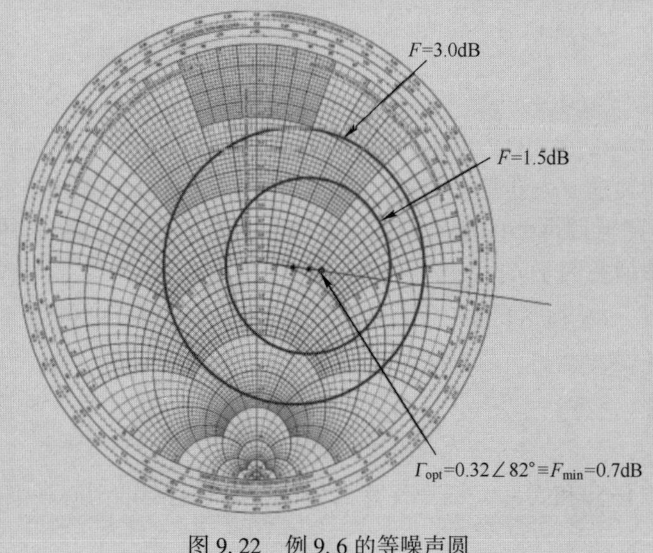


图 9.22　例 9.6 的等噪声圆

## 9.11 低噪声放大器设计

许多微波小信号放大器的首要要求是低噪声性能，特别是接收机的前置放大器。正如第9.2节所指出的，场效应晶体管放大器的最小噪声性能要求设计源匹配网络，使$\Gamma_S$等于$\Gamma_{opt}$，而不是$S_{11}^*$，这是获得最大增益的条件。通常情况下$\Gamma_{opt}$和$S_{11}^*$是不同的，因此，源匹配网络设计是在提供高增益和低噪声间的折中。通过将等增益圆和等噪声圆叠加在同一个史密斯圆图上，可以很容易地在这两个参数之间权衡。后续的设计过程将通过例9.7进行说明。

**例9.7** 以下数据适用于封装的场效应晶体管在8GHz下：

$$\boldsymbol{S}=\begin{bmatrix} 0.798\angle-110° & 0.006\angle 10° \\ 2.482\angle 70° & 0.618\angle-87° \end{bmatrix}$$

$$F_{min}=0.8\text{dB}$$

$$\Gamma_{opt}=0.55\angle 165°$$

$$r_n=0.2$$

利用以上数据求出设计低噪声12dB放大器所需的$\Gamma_S$值，并确定该放大器的噪声系数。

**解：**

由于$|S_{12}|$非常小，因此我们可以认为该放大器具有单向性能。使用式（5.22）可以确定最大单向增益为

$$G_{TU,max}=\frac{1}{1-(0.798)^2}\times(2.482)^2\times\frac{1}{1-(0.618)^2}=2.753\times6.160\times1.618$$

$$\equiv4.398\text{dB}+7.895\text{dB}+2.089\text{dB}$$

设计指标中要求放大器具有12dB增益，这可以通过降低源网络的增益来实现。(通过降低源网络的增益，能够提高放大器的噪声性能。）因此源网络所需的有效增益因子$G_S$为

$$G_S=4.398\text{dB}-(14.382-12)\text{dB}=2.016\text{dB}\equiv1.591$$

计算归一化增益：

$$g_S=\frac{G_S}{G_{S,max}}=\frac{1.591}{2.753}=0.578$$

使用式（9.16）和式（9.17）计算2.016dB等增益圆的圆心和半径：

$$c_{g_S}=\frac{0.578\times0.798}{1-(0.798)^2(1-0.578)}=0.631$$

$$r_{g_S}=\frac{(1-(0.798)^2)\sqrt{1-0.578}}{1-(0.798)^2(1-0.578)}=0.323$$

现在可以在史密斯圆图上绘制等增益圆（见图 9.23）。位于这个圆上的任何 $\Gamma_S$ 值都会给出所需的增益，但我们现在需要绘制噪声圆来建立产生最小噪声的 $\Gamma_S$ 值。

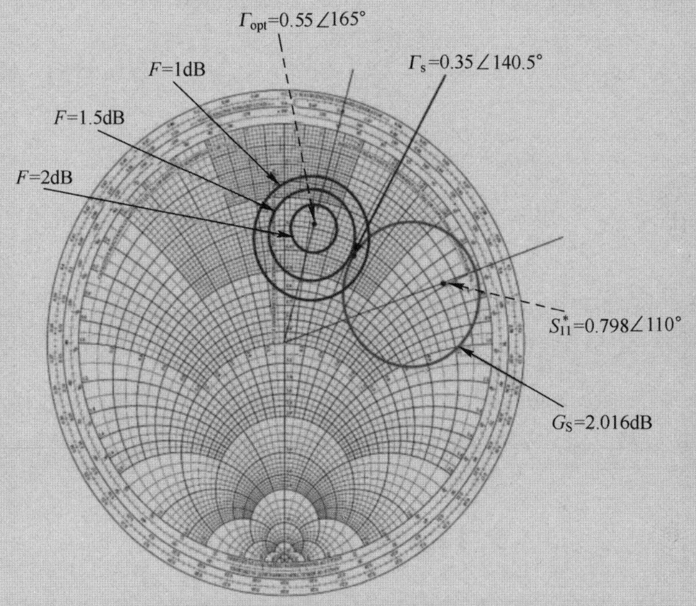


图 9.23　例 9.7 的史密斯圆图

我们将开始绘制对应 1dB、1.5dB 和 2dB 噪声系数的圆，使用式（9.29）~式（9.33）。

1dB 噪声圆：$F=1\text{dB}\equiv1.259$ 且 $F_{\min}=0.8\text{dB}\equiv1.202$

$$N_i=\frac{(1.259-1.202)\times(|1+0.55\angle165^\circ|^2)}{4\times0.2}=0.017$$

$$c_{ni}=\frac{0.55\angle165^\circ}{1+0.017}=0.541\angle165^\circ$$

$$r_{ni}=\frac{\sqrt{(0.017)^2+0.017\times(1-(0.55)^2)}}{1+0.017}=0.108$$

1.5dB 噪声圆：$F=1.5\text{dB}\equiv 1.413$ 且 $F_{min}=0.8\text{dB}\equiv 1.202$

$$N_i=\frac{(1.413-1.202)\times(|1+0.55\angle 165°|^2)}{4\times 0.2}=0.063$$

$$c_{ni}=\frac{0.55\angle 165°}{1+0.063}=0.517\angle 165°$$

$$r_{ni}=\frac{\sqrt{(0.063)^2+0.063\times(1-(0.55)^2)}}{1+0.063}=0.206$$

2dB 噪声圆：$F=2\text{dB}\equiv 1.585$ 且 $F_{min}=0.8\text{dB}\equiv 1.202$

$$N_i=\frac{(1.585-1.202)\times(|1+0.55\angle 165°|^2)}{4\times 0.2}=0.115$$

$$c_{ni}=\frac{0.55\angle 165°}{1+0.115}=0.490\angle 165°$$

$$r_{ni}=\frac{\sqrt{(0.115)^2+0.115\times(1-(0.55)^2)}}{1+0.115}=0.274$$

这3个噪声圆均绘制在图9.23所示的史密斯圆图上。

为了找到 $\Gamma_S$ 的最优值，我们寻找增益圆与噪声系数最低的噪声圆相切的点。可以看出，增益圆上存在一个与1.5dB噪声圆非常接近的点①，得出所需的 $\Gamma_S$ 值，即 $\Gamma_S=0.35\angle 140.5°$。

## 9.12 同步共轭匹配

在第9.2节中，我们考虑了输入和输出匹配网络可以独立设计的单向设备的特殊情况。然而，在更普遍的情况下，当 $S_{12}\neq 0$ 时，输入网络的设计将受到输出的影响，反之亦然，因此我们需要使用第5章中推导的修正反射系数，如式（5.12）和式（5.13）所示。因此对共轭阻抗匹配的要求是

$$\Gamma_S=\left(S_{11}+\frac{S_{12}S_{21}\Gamma_L}{1-S_{22}\Gamma_L}\right)^* \tag{9.34}$$

和

$$\Gamma_L=\left(S_{22}+\frac{S_{12}S_{21}\Gamma_S}{1-S_{11}\Gamma_S}\right)^* \tag{9.35}$$

① 备注：我们选择了增益圆和1.5dB噪声圆非常接近的匹配点。通过绘制更多的噪声圆，我们可以得到一个增益圆与噪声圆接触的点，但是这个精细的最优解是使用CAD软件得到的。

式（9.34）和式（9.35）必须作为一对联立方程来求解，从而得到结果

$$\Gamma_S=\frac{B_1\pm\sqrt{B_1^2-4|C_1|^2}}{2C_1} \tag{9.36}$$

和

$$\Gamma_L=\frac{B_2\pm\sqrt{B_2^2-4|C_2|^2}}{2C_2} \tag{9.37}$$

其中

$$\begin{aligned}D&=S_{11}S_{22}-S_{12}S_{21}\\B_1&=1+|S_{11}|^2-|S_{22}|^2-|D|^2\\C_1&=S_{11}-DS_{22}^*\\B_2&=1+|S_{22}|^2-|S_{11}|^2-|D|^2\\C_2&=S_{22}-DS_{11}^*\end{aligned} \tag{9.38}$$

注意在式（9.36）和式（9.37）的平方根前面使用负号会得到适用于 $\Gamma_S<1$ 和 $\Gamma_L<1$ 的无源匹配网络的解。

此外，可以证明，对于同时共轭匹配且 $K>1$ 的器件，其最大可用转换功率增益为

$$G_{MAG}=\frac{|S_{21}|}{|S_{12}|}(K-\sqrt{K^2-1}) \tag{9.39}$$

其中，$K$ 为稳定因子，定义见第 5 章。

另一个经常被引用的品质因数是最大稳定转换功率增益，定义为当 $K=1$ 时最大可用增益的极限情况，即

$$G_{MSG}=\frac{|S_{21}|}{|S_{12}|} \tag{9.40}$$

**例 9.8**　以下数据适用于封装的场效应晶体管在 15GHz 下：

$$\boldsymbol{S}=\begin{bmatrix}0.586\angle 138^\circ & 0.076\angle -46^\circ\\1.418\angle -45^\circ & 0.664\angle 169^\circ\end{bmatrix}$$

计算：

（1）Rollett 稳定性因子，并说明场效应晶体管是否稳定；

（2）同步共轭匹配的 $\Gamma_S$ 和 $\Gamma_L$ 的值；

（3）最大可用增益；

（4）最大单向增益。

**解：**

(1)

$$D=(0.586\angle 138°\times 0.664\angle 169°)-(0.076\angle -46°\times 1.418\angle -45°)=0.311\angle -41°$$

$$|D|=0.311$$

使用式（5.24）得

$$K=\frac{1-(0.586)^2-(0.664)^2+(0.311)^2}{2\times 0.076\times 1.418}=1.45$$

因为 $K>1$ 且 $|D|<1$ 所以晶体管无条件稳定。

(2) 由式（9.36）有

$$\Gamma_S=\frac{B_1\pm\sqrt{B_1^2-4|C_1|^2}}{2C_1}$$

计算式（9.38）中的系数：

$$B_1=1+(0.586)^2-(0.664)^2-(0.311)^2=0.806$$

$$C_1=0.586\angle 138°-[(0.311\angle -41°)\times(0.664\angle -169°)]=0.385\angle -48.37°$$

然后

$$\Gamma_S=\frac{0.806-\sqrt{(0.806)^2-4\times(0.385)^2}}{2\times 0.385\angle -48.37°}=0.738\angle 48.37°$$

同理，为了找到负载反射系数，我们使用了式（9.37），即

$$\Gamma_L=\frac{B_2\pm\sqrt{B_2^2-4|C_2|^2}}{2C_2}$$

其中

$$B_2=1+(0.664)^2-(0.586)^2-(0.311)^2=1.000$$

$$C_2=0.664\angle 169°-[(0.311\angle -41°)\times(0.586\angle -138°)]=0.489\angle 164.54°$$

得

$$\Gamma_L=\frac{1.000-\sqrt{1.000-4\times(0.489)^2}}{2\times 0.489\angle 164.54°}=0.809\angle -164.54°$$

(3) 使用式（9.39）得

$$G_{MAG}=\frac{1.418}{0.076}\times(1.45-\sqrt{(1.45)^2-1})=7.46\equiv 8.73\text{dB}$$

(4) 使用式（5.22）得

$$G_{TU,max}=\frac{1}{1-(0.586)^2}\times(1.418)^2\times\frac{1}{1-(0.664)^2}=5.48\equiv 7.39\text{dB}$$

## 9.13　宽带匹配

设计微波宽带放大器的方法是利用选择性失配来控制放大器的整体增益，通过讨论一个实际的例子来演示该方法。表 9.1 给出了一个封装微波场效应晶体管的 $S$ 参数数据。

表 9.1　封装场效应晶体管在各频率的 $S$ 参数数据

| 频率/GHz | $S_{11}$ | $S_{21}$ | $S_{12}$ | $S_{22}$ |
|---|---|---|---|---|
| 6 | $0.81\angle-112°$ | $2.14\angle85°$ | $0.01\angle37°$ | $0.71\angle-53°$ |
| 8 | $0.76\angle-150°$ | $1.94\angle55°$ | $0.01\angle37°$ | $0.69\angle-70°$ |
| 10 | $0.72\angle-178°$ | $1.77\angle30°$ | $0.01\angle46°$ | $0.70\angle-84°$ |

由于 $S_{12}$ 较小，我们可以认为场效应晶体管表现出单向性能，并假设场效应晶体管具有如图 9.1 所示的输入和输出匹配网络，如表 9.2 所示可以计算出各级转换功率增益。

表 9.2　网络增益

| 频率/GHz | $G_{S,max}$/dB | $G_D$/dB | $G_{L,max}$/dB | $G_{TU,max}$/dB |
|---|---|---|---|---|
| 6 | 4.64 | 6.61 | 3.05 | 14.30 |
| 8 | 3.74 | 5.76 | 2.81 | 12.31 |
| 10 | 3.17 | 4.96 | 2.92 | 11.05 |

如果要求放大器在 6~10GHz 的频带的增益恒定为 9dB，可以通过选择性失配一个或两个匹配网络来实现。如果我们假设输出网络必须被设计为在所需的频带上提供最大增益，那么表 9.3 中给出了输入网络的所需增益和绘制等增益圆的数据。

表 9.3　源增益的需求

| 频率/GHz | $G_S$/dB | $g_S$ | $c_{g_S}$ | $r_{g_S}$ |
|---|---|---|---|---|
| 6 | 4.64−5.30=−0.66 | 0.30 | 0.45 | 0.53 |
| 8 | 3.74−3.31=0.43 | 0.46 | 0.51 | 0.45 |
| 10 | 3.17−2.05=1.12 | 0.62 | 0.56 | 0.37 |

使用表 9.3 中的数据，可以绘制 3 个等增益圆，对应于 3 个频点所需的增益，这些等增益圆如图 9.24 所示。

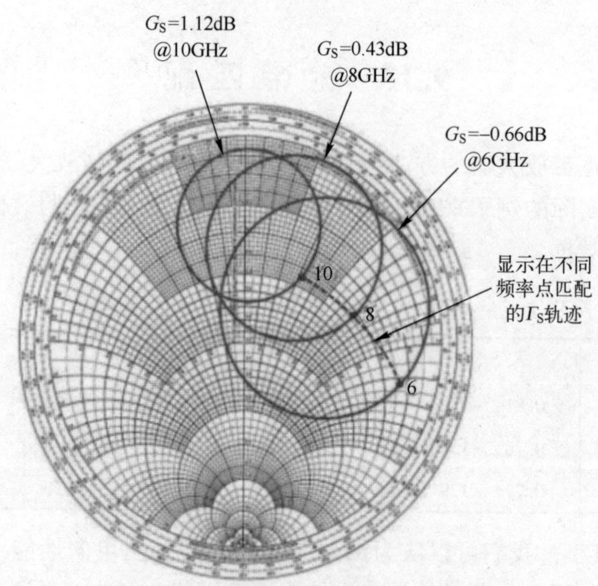


图 9.24　宽带匹配所需的源等增益圆

源网络的设计必须使 $\Gamma_S$ 的轨迹在期望的频率下与适当的等增益圆相交。该网络可以是串联和并联集总无源元件的组合，也可以是 λ/4 变换器和并联短截线的分布式组合。图 9.24 给出了 $\Gamma_S$ 变化情况的一个典型例子，它显示了在所需的频率点处 $\Gamma_S$ 与等增益圆相交。对于宽带匹配，仅由两个频率相关元件组成的网络通常不能提供足够的设计自由度来设计 $\Gamma_S$ 的正确轨迹，需要 3 个或更多元件。在这种情况下，使用史密斯圆图表手动设计一个合适的网络是不切实际的，适当的使用 CAD 软件是必不可少的。使用 CAD 技术的另一个好处是，设计人员可以轻松地查看噪声性能和稳定性的要求。

## 9.14　小　　结

在本章介绍了混合微波放大器设计的基本概念。强调了稳定性问题，稳定性圆的构建应该是任何实际设计的第一步。引入了等增益和等噪声圆，并说明了在史密斯圆图上绘制这些圆的步骤。虽然增益和噪声圆有着各自的作用，但它们的真正优点在于同样的史密斯圆图上可以叠加，所以电路设计师可以直观看到特定设计的增益和噪声性能之间的权衡。

在设计微波小信号放大器时，手动利用史密斯圆图提供了一个初始解决方案，随后可再使用适当的软件进行改进。CAD 软件在放大器设计中的作用非常显著。软件能够同时显示增益和噪声圆，并显示它们在指定带宽内的变化，这为有效设计提供了非常宝贵的帮助。正如 9.13 节中提到的，在没有适当软件的帮助下设计宽带放大器是不实际的。

## 9.15　补 充 习 题

9.1　以下数据适用于微波晶体管在 2GHz 下

$$\boldsymbol{S}=\begin{bmatrix}0.18\angle 135^\circ & 0.02\angle 60^\circ\\ 4.7\angle 50^\circ & 0.41\angle -47^\circ\end{bmatrix}$$

(1) 计算 $K$ 的值（Rollett 稳定性因子），确定晶体管是否稳定；

(2) 计算晶体管的单向转换最大功率增益，单位为 dB。

9.2　设计一个 14GHz 直流偏置连接，其几何结构如图 9.12 所示。该偏置连接制作在相对介电常数为 9.9 且厚度为 0.5mm 的基板上的微带结构。该偏置连接被做成一个 50Ω 的微带线。

9.3　假设 9.2 中设计的偏置连接在 15GHz 时使用。计算 50Ω 微带线上的电压驻波比，假设该线以匹配的阻抗终止。

9.4　一种 15GHz 下的场效应晶体管放大器是一种混合微波集成电路。场效应晶体管在 15GHz 时的 $S_{11}$ 值为 0.83∠132°。假设晶体管具有单向性能，设计一个由 50Ω 开路短截线和 λ/4 变换器组成的匹配电路，将场效应晶体管的输入连接到 50Ω 的源。匹配电路的配置如图 9.4 所示。（微带衬底信息：$\varepsilon_r=9.8$，$h=250\mu m$.）

9.5　利用习题 9.4 中计算出的匹配电路的尺寸，假设源阻抗仍为 50Ω，确定在 17GHz 下匹配电路输出处的反射系数的值。

9.6　以下数据适用于微波晶体管在 18GHz 下：

$$\boldsymbol{S}=\begin{bmatrix}0.44\angle 94^\circ & 0.08\angle -72^\circ\\ 1.34\angle 72^\circ & 0.67\angle 140^\circ\end{bmatrix}$$

确定同步共轭匹配所需的 $\Gamma_S$ 和 $\Gamma_L$ 的值。

9.7　在具有以下 $S$ 参数的晶体管的史密斯圆图上绘制输入和输出稳定圈，并指出与对应于稳定的区域：

$$\boldsymbol{S}=\begin{bmatrix}0.865\angle -78^\circ & 0.04\angle 43^\circ\\ 2.37\angle 112^\circ & 0.74\angle -35^\circ\end{bmatrix}$$

9.8　以下数据适用于封装的场效应晶体管在 4GHz 下：

$$\boldsymbol{S}=\begin{bmatrix}0.48\angle 79^\circ & 0.01\angle 35^\circ\\ 2.85\angle 107^\circ & 0.61\angle -58^\circ\end{bmatrix}$$

$$F_{min}=0.6\text{dB}$$
$$\Gamma_{opt}=0.45\angle-165°$$
$$r_n=0.4$$

（1）假设场效应晶体管具有单向性能，当源和负载阻抗均为 50Ω 时，设计分布式源和负载匹配网络，以获得最大转换功率增益，源和负载匹配电路分别具有图 9.4 和图 9.6 所示的配置，短截线的特征阻抗应为 50Ω（分布电路为制作在相对介电常数为 9.8、厚度为 1mm 的衬底上的微带线）；

（2）确定（1）部分设计的放大器的噪声系数；

（3）使用集总电感，再次设计以获得最大单向转换功率增益。

9.9　使用史密斯圆图、等噪声圆和等增益圆的概念，如果放大器的最大噪声系数为 2.2dB，则确定使用习题 9.8 中指定的场效应晶体管在 4GHz 下可以获得的最大单边转换功率增益。

9.10　采用图 9.17 所示的布局设计 6GHz 微带放大器。场效应晶体管在 6GHz 下的 $S$ 参数为

$$\boldsymbol{S}=\begin{bmatrix}0.56\angle23° & 0.01\angle-179° \\ 7.12\angle-84° & 0.44\angle93°\end{bmatrix}$$

假设放大器被设计为提供最大的单向转换功率增益，如果电路是在 $\varepsilon_r=9.8$ 和 $h=1\text{mm}$ 的基板上制造的，则确定图 9.17 中所有微带线的尺寸。

# 参 考 文 献

[1] Lacombe, D. and Cohen, J. (1972). Octave-band microstrip DC blocks. *IEEE Transactions on MTT*-20 20: 555-556.

[2] Free, C. E. and Aitchison, C. S. (1984). Excess phase in microstrip DC blocks. *Electronics Letters* 20 (21): 222-223.

[3] Gonzalez, G. (1984). *Microwave Transistor Amplifiers, Analysis and Design*. Englewood Cliffs, NJ: Prentice Hall.

# 第 10 章　开关和移相器

## 10.1　引　　言

移相器本质上是一个双端口网络，通过移相器传输相位可以连续或分步改变，但传输损耗或网络匹配没有显著变化。移相器传输相位可以连续改变的被称为模拟移相器，而那些相位可以分步改变的移相器称为数字移相器。

移相器在现代射频和微波通信系统中有许多重要应用，特别是用于在相位调制电路和相控阵天线中。数字移相器比模拟移相器有更广泛的应用，本章的主要重点是数字移相器。

数字移相器需要使用高频控制组件，这些元件可以偏置以提供开和关状态，这两个状态理想地对应于零阻抗和无限阻抗。在实际电路中将控制组件连接起来以提供高频开关的功能。图 10.1 描绘了单刀单掷（SPST）开关及其在微带中的实现。

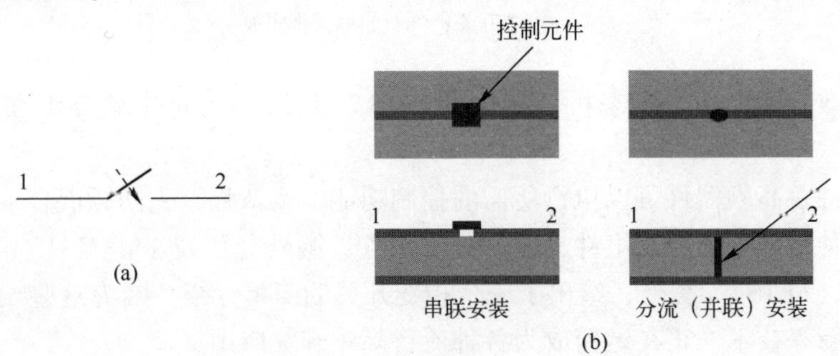


图 10.1　微带 SPST 开关

（a）SPST 开关；（b）它的微带实现。

对于 SPST 开关，从端口 1 到端口 2 的传输是通过打开和关闭开关来控制的。在微带线中，这个功能是通过在微带线的间隙上安装一个控制组件来实现的，这样就可以切换控制组件 ON 对应于闭合开关，如果控制组件 OFF，端口 1 和 2 之间理想情况下没有传输，开关是打开的。控制组件也可以分流（并联）安装在微带线和地平面之间。在此配置中，打开控制组件对应于开关断开，因为从端口 1 到端口 2 的任何功率都将被完全反射，转动控制组件 OFF 将允许传输，这对应于闭合开关。串联安装的控制组件倾向于在 ON 状态下提供低插入损耗，但隔离度较差，因为在控制元件关闭的情况下，一些功率仍然可以跨间隙或通过特定控制组件的封装传播。相反的情况存在于并联安装的控制组件，因为大部分功率在控制组件开启时被反射，导致到高隔离度。但是对于分流安装的控制元件，即使当它处于关闭状态时，组件的存在也趋向于吸收或反射功率，导致插入损耗较低。然而，在实践中，串联和并联安装技术之间并没有真正的选择，因为在物理上很难使分流连接具有足够的高频性能，特别是在硬陶瓷基板中，因此大多数控制组件都是串联安装的。

对于许多高频移相器设计，使用单刀双掷（SPDT）开关很方便。这个如图 10.2 所示，这种类型的开关允许高频功率沿着不同的路径传送。

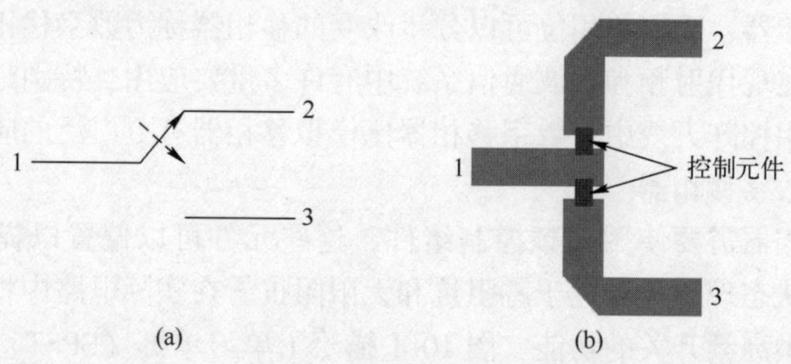


图 10.2　微带 SPDT 开关

（a）SPDT 开关；（b）它的微带实现。

更改控制元件的状态可以使能量在端口 1 和 2 之间或端口 1 和 3 之间传递。

有许多高频器件可以执行所需的控制功能，本章将首先回顾混合电路中使用的三种最常见的控制组件，即 PIN 二极管、微机电开关（MEMS）和场效应晶体管（FETS）。另外，给出了一个相变开关的简单介绍，因为这些设备代表了一种新兴技术，正在迅速成为各种流行高频开关应用。

本章最后讨论了数字移相器中使用的各种电路配置。

## 10.2　开　关

### 10.2.1　PIN 二极管

首字母缩略词 PIN 源自此类二极管的半导体结构，如图 10.3 所示。

二极管有两个重掺杂半导体区域：$P^+$和 $N^+$，被一个非常轻掺杂的高电阻率本征区域隔开，在图 10.3 中用 $i$ 表示（请注意，上标+已用于表示半导体的重掺杂区域）。如果本征区具有轻度 P 型掺杂，则二极管称为 p-$\pi$-n，如果轻度 N 掺杂，则称为 p-v-n。两种类型的理想化掺杂分布如图 10.4 所示。

图 10.3　PIN 二极管的结构

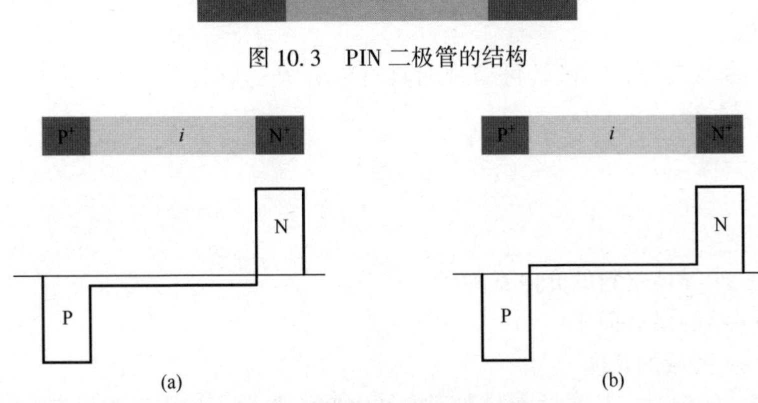


图 10.4　PIN 二极管类型的理想掺杂分布
（a）p-π-n；（b）p-v-n。

然而，这两种类型的二极管都表现出相同的微波特性，并且通常使用通用术语 PIN 来表示这两种情况。

如果在 PIN 二极管上施加低频交流电压，它的特性将与传统 PN 结相同。在正半周期内（P 区相对于 N 区为正），电子将从 $N^+$区注入 $i$ 层，空穴从 $P^+$区注入 $i$ 层。$i$ 层的电阻率将降低，并且由于 $i$ 层载流子浓度的增加，随着正向偏压值的增加，这种降低将继续。在负半周期中，载流子被清出 $i$ 层，形成电阻率非常高的区域。然而，在大于 0.1GHz 的频率下，交流信号的周期与电介质的弛豫时间①相比变短，并且在负半周期期间载流子没有足够的时间被清出 $i$ 层。在这些情况下，载流子等离子体被困在 $i$ 层中，其电阻取决于载流子浓度。然后可以通过向二极管施加直流偏压来控制 $i$ 层的电阻。然后二极管将用作可变电阻器，电阻值由直流偏置的大小控制。这在某些需要压控衰减器的微波电路中具有有用的应用。然而，出于转换目的，应设置直流偏置值，使二极管在导通状态下具有低正向电阻，在关断状态下具有非常高的反向电阻，对应

① 当电介质受到外部电场时，材料会发生极化，弛豫时间是去除电场后材料恢复到平衡状态所花费的时间。

于 $i$ 层中没有载流子。当二极管反向偏置时会有一个耗尽层，偏置值应该被设定为扩展 $i$ 层的宽度以最小化电容的值；耗尽层也会渗透到 $P^+$ 和 $N^+$ 区，但由于载流子浓度非常高，渗透到这些层的深度非常小。

指定用于转换目的的 PIN 二极管性能的参数之一是“转换比（SR）”，定义为 $i$ 层电阻率在正向和反向偏置状态之间的最大比率。对于 PIN 二极管，该比率通常超过 5000。必须强调的是，SR 的实际意义还受到二极管周围电路条件的影响。

在关断状态下，二极管可被视为具有电容 $C_j$，其计算方法与平行板电容器类似，即

$$C_j=\frac{\varepsilon A}{L} \tag{10.1}$$

其中

$\varepsilon$——半导体材料的介电常数；

$A$——结的横截面积；

$L$——$i$ 区域的长度。

如果 $i$ 区相对较长，关断状态下的结电容将非常小。由于二极管在正向和反向偏置条件下的特性非常不同，因此，有必要使用不同的等效电路来表示每种状态。在正向偏置条件下，PIN 二极管可以用图 10.5 中所示的等效电路表示。

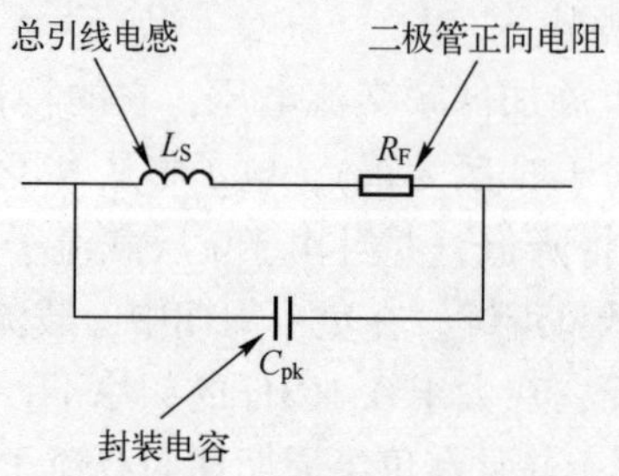


图 10.5　PIN 二极管导通时的等效电路

由于在正向偏置下没有结电容，二极管的半导体部分可以简单地用一个电阻器表示，其值是重掺杂区域的体电阻加上低电阻率 $i$ 区域的体电阻之和。除了这个电阻之外，还会有一些引线电感，以及一些与二极管封装相关的电容。引线电感与二极管电阻串联，封装电容通常指作用在引线末端之间的并联电容。从图 10.5 可以看出，PIN 二极管在正向偏压下的阻抗为

$$(Z_D)_{ON}=\frac{R_F+j\omega L_S}{(1-\omega^2 C_{PK}L_S)+j\omega C_{PK}R_F} \tag{10.2}$$

当二极管反向偏置时，等效电路必须包括 $i$ 区的电容，如图 10.6 所示。

在图 10.6 中，$R_j$表示电荷耗尽时 $i$ 区的电阻。与 $i$ 区的低容抗相比，$R_j$ 的值会非常大，因此在关断状态等效电路中经常省略 $R_j$。可以使用简单的电路分析从图 10.6 中找到关断状态下的二极管阻抗

$$(Z_D)_{OFF}=\frac{R_S+j(\omega L_S-[\omega C_j]^{-1})}{1-\omega^2 C_{PK}L_S+C_{PK}C_i^{-1}+j\omega C_{PK}R_F} \tag{10.3}$$

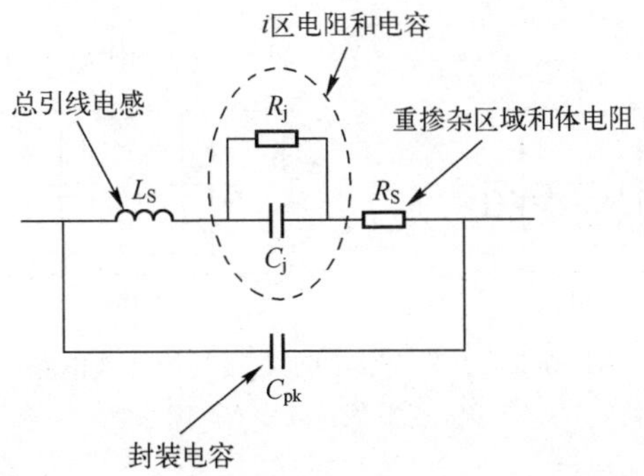


图 10.6　PIN 二极管在 OFF 状态下的等效电路

实际上，用于混合电路的 PIN 二极管采用封装形式提供，可最大限度地减少电路寄生效应，即引线电感和封装电容。第 4 章介绍的梁式引线封装通常用于安装在微带电路中的 PIN 二极管。这种类型的封装如图 10.7 所示，由封装半导体的塑料体和两条扁平引线组成。这些引线被称为梁式引线，封装因此得名，并具有将引线电感和封装电容降至非常低水平的特殊优势。

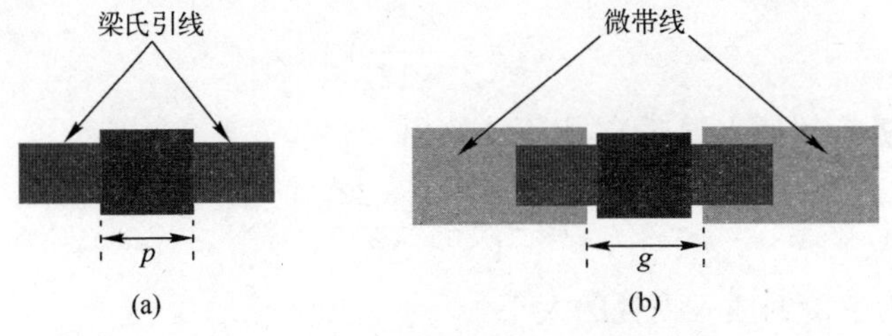


图 10.7　梁式引线 PIN 二极管的安装

（a）梁式引线 PIN 二极管；（b）安装在微带间隙上的二极管。

梁式引线封装设计用于跨平面线路的间隙中安装，如图 10.7（b）所示的

微带线。通常，微带线中的间隙（$g$）略大于二极管的主体（$p$）。微波二极管的典型 $p$ 值在 250~500μm 范围内。二极管的引线通常由金制成，可以楔形键合到微带金线上或用导电环氧树脂连接到铜线上。需要注意的是，这种类型的封装可以安装在微带电路中，安装技术引入的失配可以忽略不计。

用于指定 PIN 二极管开关性能的三个关键参数是插入损耗、隔离度和失配。插入损耗简单说就是开关在 ON 状态下引入的损耗，而隔离度就是 OFF 状态下的插入损耗。通过对图 10.8 所示的等效电路进行简单分析，可以找到插入损耗的表达式。失配是衡量所安装 PIN 二极管输入和输出反射的指标。

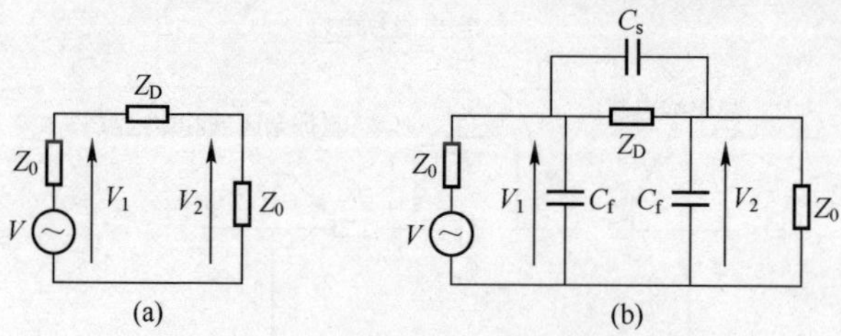


图 10.8　串联安装 PIN 二极管的等效电路

（a）无间隙补偿；（b）有间隙补偿。

在图 10.8 中，PIN 二极管的阻抗用 $Z_D$ 表示，微带线的特性阻抗用 $Z_0$ 表示。图 10.8（b）包括微带间隙的等效电路，它由传统的 π 电容器网络表示（见第 4 章）。

参考图 10.8（a），我们有，当没有 PIN 二极管时：

$$V_1=\frac{V}{2} \tag{10.4}$$

和有 PIN 二极管时（图 10.8（b））：

$$V_2=\frac{Z_0}{Z_D+2Z_0}V \tag{10.5}$$

PIN 二极管的插入损耗 IL 由下式给出

$$\mathrm{IL}=\frac{V_1}{V_2}=\frac{Z_D+2Z_0}{2Z_0} \tag{10.6}$$

以 dB 为单位的插入损耗的大小为

$$(\mathrm{IL})_{\mathrm{dB}}=20\log\left|\frac{Z_D+2Z_0}{2Z_0}\right| \tag{10.7}$$

因此，在 ON 状态下，我们有

$$\text{Insertion loss}=20\log\left|\frac{(Z_D)_{ON}+2Z_0}{2Z_0}\right|\text{dB}$$

在 OFF 状态下，我们有

$$\text{Isolation}=20\log\left|\frac{(Z_D)_{OFF}+2Z_0}{2Z_0}\right|\text{dB}$$

**例 10.1**　以下数据适用于偏置为 SPST 开关的 5GHz PIN 二极管：

$L_S=0.4\text{nH}$　　$C_{PK}=0.03\text{pF}$　　$C_j=0.04\text{pF}$

$R_j=14\text{k}\Omega$　　$R_S=0.3\Omega$　　$R_F=1.1\Omega$

PIN 二极管安装在 50Ω 微带线的间隙中。忽略微带间隙的电容效应可确定：

（1）ON 状态下的插入损耗；

（2）OFF 状态下的隔离度。

**解：**

（1）将给定数据代入方程式（10.2），求 ON 状态下的二极管阻抗，给出：

$$(Z_D)_{ON}=\frac{1.1+j12.57}{(1-0.012)+j0.001}\Omega=\frac{1.1+j12.57}{0.988}\Omega=(1.11+j12.72)\Omega$$

插入损耗由式（10.7）给出：

$$(\text{IL})_{dB}=20\log\left|\frac{1.11+j12.72+100}{100}\right|\text{dB}=0.164$$

（2）将给定数据代入式（10.3），求 OFF 状态下的二极管阻抗，给出：

$$(Z_D)_{OFF}=\frac{0.3+j(12.57-795.67)}{1-0.016+0.75+j0.0003}\Omega=\frac{0.3-j783.1}{1.73+j0.0003}\Omega$$
$$=(0.17-j452.66)\Omega$$

由式（10.7）给出隔离度：

$$\text{Isolation}=20\log\left|\frac{0.17-452.66+100}{100}\right|\text{dB}=13.32\text{dB}$$

在例 10.1 中，我们忽略了微带间隙的电容效应，但在实践中需要谨慎以确保通过间隙的传输不会产生不良影响。在二极管导通状态下，间隙的影响很小，因为它被二极管有效地短路了。但在关断状态下，重要的是通过间隙的传输损耗与通过二极管的传输损耗相比要大。参考图 4.10，对于典型的微带线，间隙宽度小于 300μm 导致插入损耗小于 15dB，这与处于 OFF 状态的 PIN 二极管的隔离度相当。

PIN 二极管开关的其他方面如下。

（1）切换速度。切换速度定义为从新传输状态的 10% 移动到 90% 所花费的时间。这个时间间隔取决于许多不同的因素，并且没有简单的数学表达式来计算切换速度。从 ON 状态切换到 OFF 状态时要考虑的主要因素之一是从 $i$ 区移除存储的电荷所需的时间，这将主要取决于载流子的迁移率和 $i$ 区的宽度。显然，宽度越大，切换速度越慢，但更宽的区域意味着关断状态下的结电容（$C_j$）更低，因此区域阻抗更高，隔离效果更好。偏置电路也是决定切换速度的主要因素，该电路必须能够提供从通常为 10~20mA 的高正向偏置电流（$I_{bias}$）到通常在 10~20V 范围内的反向偏置电压（$V_R$）的快速转换。

（2）自谐振频率。由于 PIN 二极管的等效电路包括电容和电感元件，因此二极管将呈现谐振频率，重要的是要确保这些频率在开关的工作范围之外。在正向偏置条件下，自谐振频率近似为

$$(f_r)_{ON} = \frac{1}{2\pi\sqrt{L_S C_{pk}}} \tag{10.8}$$

并在关闭状态下

$$(f_r)_{OFF} = \frac{1}{2\pi\sqrt{L_S(C_j + C_{pk})}} \tag{10.9}$$

（3）偏置条件。PIN 二极管的理想 $V$–$I$ 特性如图 10.9 所示，其中标明了正向和反向偏置点。

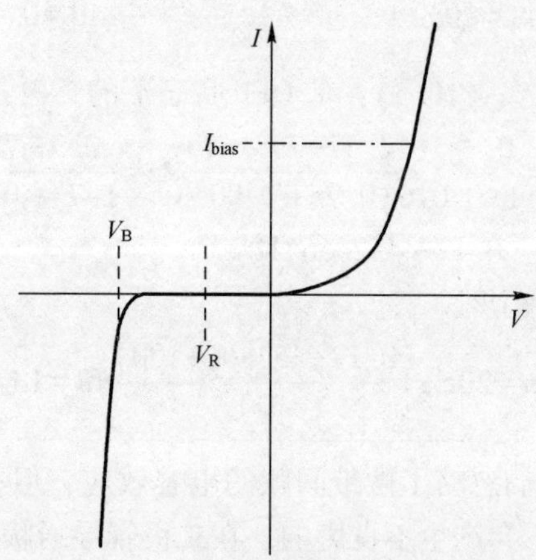


图 10.9　PIN 二极管的典型 $V$–$I$ 特性

在 ON 状态下，二极管应正向偏置到特性的准线性区域，以最小化二极管电阻，从而最小化正向插入损耗。在 OFF 状态下，二极管应偏置到 0V 和击穿电压 $V_B$ 之间的高电阻区域。

选择较大的 $V_R$ 值，以便耗尽区恰好延伸穿过 $i$ 层，但不会大到当交流电

压（RF 电压）叠加在 AC 信号的 $V_R$ 峰值偏移上时，驱动净电压进入击穿区。对于交流电压的幅度远小于反向偏置值的射频和微波电路应用，这通常不是问题。然而，当 PIN 二极管开关用于收发器的“发射”阶段时，这可能会成为一个严重的问题，例如，将相对高功率的信号切换到不同的天线元件。

（4）额定功率。在反向偏置条件下，最大允许功率主要取决于避免 RF 信号的峰值电压偏移导致击穿的需要，如（3）中所述。这表明反向偏置的直流偏置值应设置为 $V_B/2$，并且射频信号的峰值限制在 $V_B/2$。但是，可以通过使用略小于 $V_B/2$ 的反向偏 置来允许更大幅度的 RF 信号。这将在达到击穿之前允许更大的 RF 峰值振幅，但这意味着在标称 OFF 状态下，二极管电压将在 RF 周期的一部分进入正向偏置区域。这是允许的，前提是正向偏置区域中的时间不足以允许大量载流子注入 $i$ 区域，随后可以穿过 $i$ 层。一个相关的考虑是，如果 $V_R<V_B/2$ 那么在峰值 RF 电压条件下，二极管工作在 $V-I$ 特性的非线性部分，这可能意味着产生不需要的谐波。

在正向偏置条件下，二极管功率受到直接的热因素的限制。在正向偏置条件下，二极管中消耗的平均功率将为 $I_{bias}^2 \times R_F$，其中 $R_F$ 是所选偏置点处二极管的正向电阻（这由 $I_{bias}$ 处的 $V-I$ 特性斜率给出）。PIN 二极管的额定功率耗散通常以热阻表示，它给出了每瓦外加 RF 功率时二极管的温升。

（5）品质因数（FoM）。用于开关用途的 PIN 二极管的质量通常用 FoM 表示，定义为

$$\text{FoM}=\frac{1}{2\pi\times r_{i,\text{forward}}\times c_{i,\text{reverse}}} \tag{10.10}$$

其中

$r_{i,\text{forward}}$——正向偏置下 $i$ 层的电阻；

$c_{i,\text{reverse}}$——反向偏置下 $i$ 层的电容。

我们从前面的讨论中知道 $r_{i,\text{forward}}$ 应该小，以在 ON 状态下提供低插入损耗，$c_{i,\text{reverse}}$ 应该低以在 OFF 状态下提供良好的隔离度，因此，FoM 值高表示二极管良好的切换用途。实际二极管的 $r_{i,\text{forward}}$ 和 $c_{i,\text{reverse}}$ 的典型值变化很大，取决于偏置电流和预期应用。对于用于微波开关的梁式引线封装中的 PIN 二极管，典型值为 $r_{i,\text{forward}}=4\Omega$ 和 $c_{i,\text{reverse}}=0.03\text{pF}$，给出 1326GHz 的 FoM。用于指定开关二极管性能的替代术语是 SR，定义为

$$\text{SR}=\frac{\rho_{i,\text{reverse}}}{\rho_{i,\text{forward}}} \tag{10.11}$$

其中，$\rho_{i,\text{reverse}}$ 和 $\rho_{i,\text{forward}}$ 分别代表反向和正向偏置条件下 $i$ 区域的电阻率。

PIN 二极管的典型 SR 值约为几千。

## 10.2.2 场效应晶体管

虽然 PIN 二极管提供了一种简单、相对便宜的控制元件，可以轻松安装在微带线或共面线中，但 FET 在用作开关元件时具有许多优势：

(1) 快速（亚纳秒）切换速度；

(2) 非常低的直流功耗；

(3) 双向性能；

(4) 宽带宽性能。

FET 可以采用多种不同的结构来实现，射频和微波波段下的常见类型是 MESFET（金属半导体场效应晶体管），之所以这样命名是因为它结合了金属-半导体结。用于射频和微波应用的 MESFET 中通常使用的半导体是砷化镓（GaAs），因为这种材料具有高电子迁移率，因此具有快速运行的潜力。GaAs MESFET 的基本结构如图 10.10 所示。

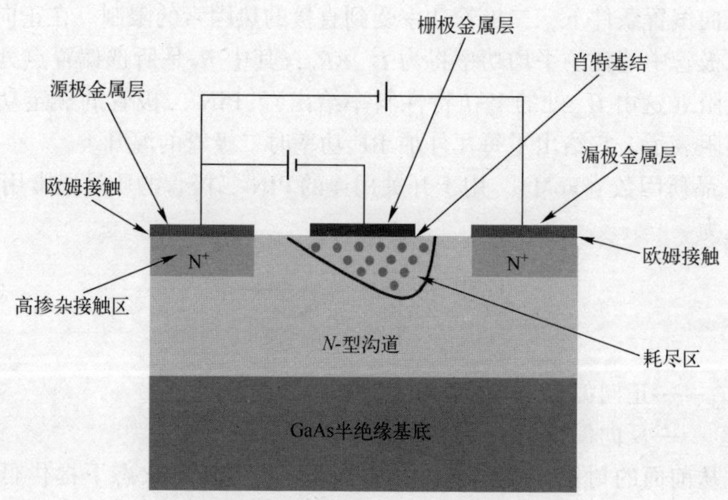


图 10.10 GaAs MESFET 的构造

与 MESFET 的构建和操作相关的要点如下。

(1) 在半绝缘衬底上增加一层轻掺杂的 N 型 GaAs。该轻掺杂层是载流子（电子）通过器件的主要传输通道。

(2) MESFET 具有三个金属-半导体结，为源极、栅极和漏极提供接触垫。金属-半导体结可以是欧姆结或整流结，这取决于金属和半导体的相对功函数。对金属-半导体结物理的深入讨论超出了本书的范围，如果金属是铝并沉积在高掺杂（$N^+$）GaAs 上，就会形成欧姆接触，如果沉积在轻掺杂的 GaAs

上形成一个整流结，称为肖特基结。因此，在 MESFET 的制造过程中，在源极和漏极金属化层下方提供了两个 $N^+$ 区域。这些提供了具有低损耗的线性 $V$–$I$ 关系的欧姆接触。栅极的金属化层直接沉积在轻掺杂的 N 型 GaAs 上，这形成了一个与 PN 结具有相似特性的整流结。与 PN 结一样，肖特基结在反向偏置时将具有电压控制的耗尽层。肖特基结和 PN 结的主要区别在于，肖特基结在反向偏置时具有更高的漏电流，更低的内置电位，这意味着在正向偏置下更低的导通电压，以及更小的雪崩击穿电压。图 10.11 给出了肖特基结和 PN 结的 $V$–$I$ 特性比较；在图 10.11 中，PN 和肖特基二极管的击穿电压分别显示为 $V_{B,PN}$ 和 $V_{B,Schottky}$。

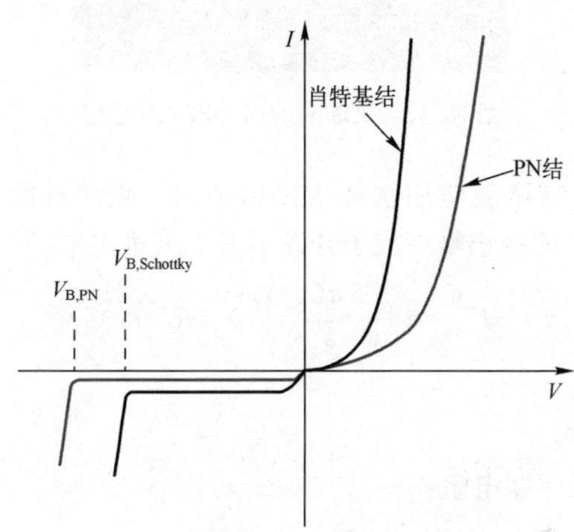


图 10.11　肖特基结和 PN 结的 $V$–$I$ 特性比较

（3）MESFET 的漏极相对于源极具有正直流偏置电压，如图 10.10 所示。这导致电子流过 N 型沟道。如果栅极相对于源极具有负偏置，则栅极下方的沟道中将存在耗尽区。耗尽区的存在将抑制电子从源极流向漏极，栅极电压将作为有效的控制电压。由于电流沿导电沟道从漏极流向源极，因此，沿沟道会出现相应的电压降，这会导致栅极从源极向漏极移动时反向偏置越来越大。这导致栅极处靠近漏极一端的耗尽层变宽，如图 10.10 所示（由于耗尽区的不对称性，栅极和漏极之间的电极间距通常大于栅极和源极之间的间距）。随着栅极偏置电压变得更负，耗尽层的厚度将增加，直到它占据整个沟道宽度，并阻止电子从源极流向漏极。发生这种情况的栅极电压称为夹断电压 $V_{po}$。夹断处的耗尽层如图 10.12 所示。

当用作开关时，MESFET 的栅极电压必须从低电阻正向偏置条件切换到大于 $V_{po}$ 的反向偏置电压。

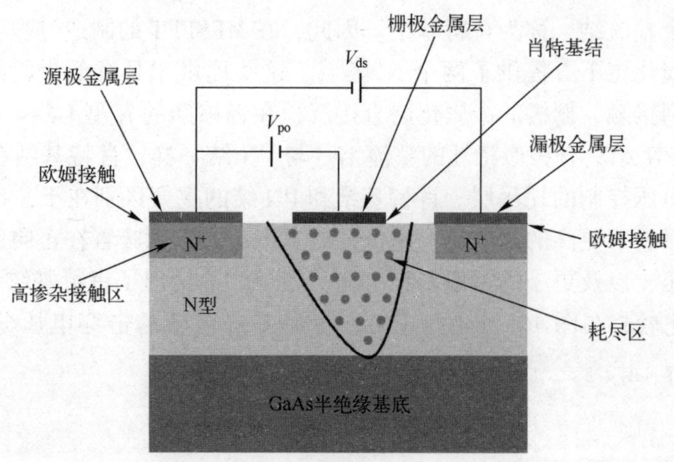


图 10.12　夹断时的 MESFET 耗尽层

（4）在为射频或微波应用选择 MESFET 时，噪声性能是一个重要问题。Fukui[1] 为 MESFET 的最小噪声因子开发了一个表达式

$$F_{\min}=1+\left(\frac{5\pi C_{gs}f}{g_m}\right)\sqrt{g_m(R_g+R_s)} \tag{10.12}$$

其中

$f$——工作频率；

$R_g$——交流栅极串联电阻；

$R_s$——源电阻；

$g_m$——跨导；

$C_{gs}$——栅源电容。

可以通过降低源电阻 $R_s$ 来降低 $F_{\min}$ 的值。这可以通过使用如图 10.13 所示的凹陷栅极结构来实现。大多数用于高频应用的 MESFET 都采用凹入式栅极技术。这种类型的结构通常是通过首先在半绝缘衬底上增加 N 型平面层，然后在为三个接触焊盘沉积金属之前蚀刻凹槽来制造的。

式（10.12）表明 MESFET 的（$F_{\min}-1$）随频率线性增加，双极结型晶体管（BJT）的相应表达式为[1]

$$F_{\min}-1\approx bf^2\left(1+\sqrt{1+\frac{2}{bf^2}}\right) \tag{10.13}$$

其中，$b$ 是一个取决于 BJT 参数的因素。这表明 BJT 的（$F_{\min}-1$）随频率的平方而增加，因此与 MESFET 在高频下相比噪声性能明显更差。

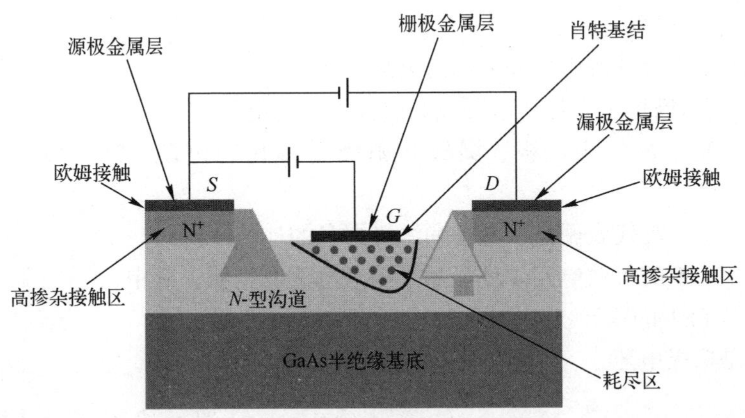


图 10.13　凹栅 MESFET

当 MESFET 用于射频和微波开关时，它们可以以无源或有源模式连接。无源 MESFET 开关仅将 N 型沟道用作源极和漏极之间的传输线，通过向栅极施加控制电压来打开或关闭。有源 MESFET 开关在传统放大配置中使用晶体管，RF 输入信号施加到栅极，输出 RF 信号取自漏极。有源开关通过向栅极施加适当的直流偏置电压来打开或关闭，并且具有在开关导通时提供增益的优点。

无源 MESFET 开关直接等效于 PIN 二极管开关，可以串联或并联安装，如图 10.14 所示。

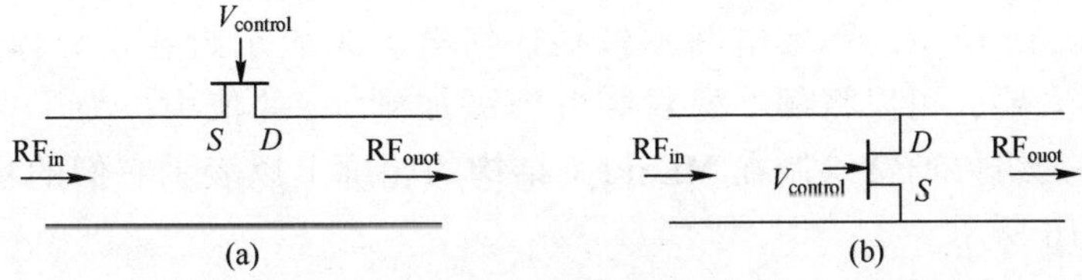


图 10.14　无源 MESFET 开关的安装
(a) 串联；(b) 并联。

为了找到 MESFET 开关的插入损耗和隔离度，有必要确定 MESFET 等效电路的哪些参数在正向和反向栅极偏置下最重要。图 10.15 显示了文献中广泛使用的 MESFET 的小信号等效电路。

等效电路中元件的意义如下：

$R_{DS}$代表漏极和源极之间沟道的电阻；

$C_{DS}$表示漏极和源极之间的边缘电容；

$C_{GS}$代表栅源电容；

$C_{GD}$表示栅漏电容；

$R_i$表示栅极和源极之间的沟道电阻；

$C_{DC}$表示栅极下方耗尽区形成的偶极子层的电容；

$R_G$、$R_D$、$R_S$代表栅极、漏极和源极金属化的电阻，加上键合线/引线电阻；

$L_G$、$L_D$、$L_S$代表栅极、漏极和源极焊盘的连接电感。

图 10.15 的等效电路中还显示了一个电流发生器，其中

$g_m$是 FET 的跨导；

$V_G$是栅极电压。

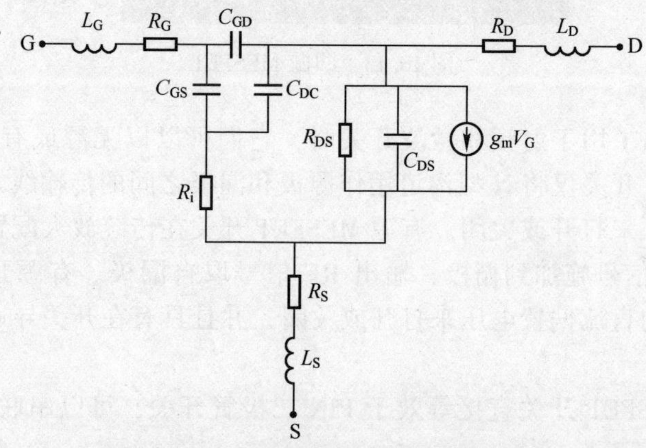


图 10.15　MESFET 的小信号等效电路

图 10.15 所示的等效电路不包括任何电容来表示封装半导体结构的效果。如有必要，可以将额外的封装电容添加到 $C_{DS}$的值中。为了更加清晰，等效电路的组件通常绘制在 MESFET 结构的轮廓上以表示它们的物理来源，如图 10.16 所示。

表 10.1 给出了低噪声 GaAs MESFET 等效电路参数的典型数据。表 10.1 中给出的数据显示了等效电路参数的相对大小，它们可用于预测 MESFET 开关在 ON 和 OFF 条件下的等效电路。

表 10.1　GaAs MESFET 的典型等效电路数据

| | |
|---|---|
| $R_{DS}=2.8\text{k}\Omega$ | $R_D=0.9\Omega$ |
| $C_{DS}=0.10\text{pF}$ | $R_S=0.9\Omega$ |
| $C_{GS}=0.25\text{pF}$ | $L_G=0.1\text{nH}$ |
| $C_{GD}=0.25\text{pF}$ | $L_D=0.1\text{nH}$ |

（续）

| $R_i=2.8\Omega$ | $L_S=0.1\text{nH}$ |
| --- | --- |
| $C_{DC}=0.02\text{pF}$ | $g_m=45\text{mS}$ |
| $R_G=1.4\Omega$ | |

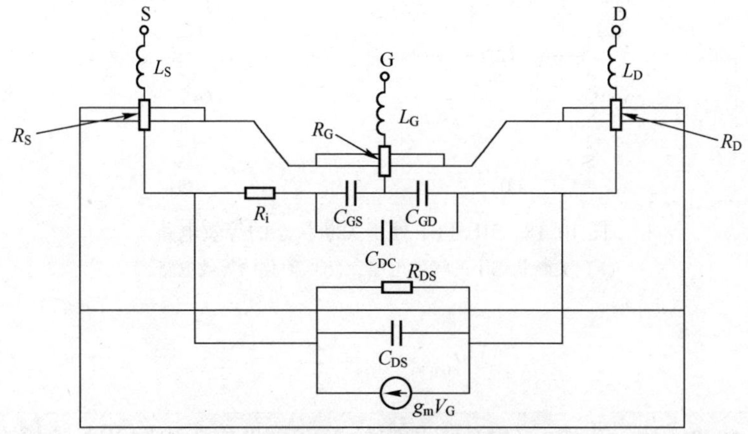


图 10.16　MESFET 等效电路的组件位置

在 ON 状态下，通过源极和漏极之间的 N 型沟道存在低阻抗路径，并且 MESFET 可以简单地建模为电阻器 $R_{ON}$，由于引线电感和封装电容的存在而具有适当的寄生效应，如图 10.17 所示。$R_{ON}$的值由下式给出

$$R_{ON}=R_S+R_d+R_D \tag{10.14}$$

其中，$R_d$ 为 MESFET 正向偏置到低阻抗状态时的通道电阻。通常，对于表 10.1 中指定的 MESFET，$R_d\cong 1\Omega$，使得 $R_{ON}\cong 2.8\Omega$。

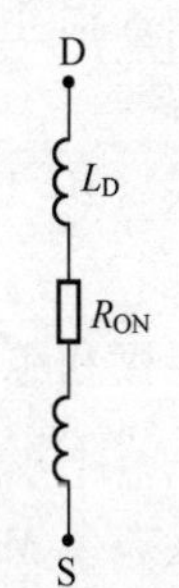


图 10.17　MESFET 在 ON 状态下的等效电路

在 N 型通道呈现高阻抗的 OFF 状态下情况稍微复杂一些，我们必须考虑分流该通道的元件，包括栅极的 RF 阻抗。然而，在实际的开关电路中，与栅极的外部连接通常设计为呈现标称 RF 开路，因此可以忽略栅极阻抗的影响。关断状态的等效电路如图 10.18（a）所示。

该电路可以简化为图 10.18（b）所示的简化形式，其中[2]

$$R_{OFF}=\frac{2R_{DS}}{2+R_{DS}\omega^2C_{GD}^2R_G} \tag{10.15}$$

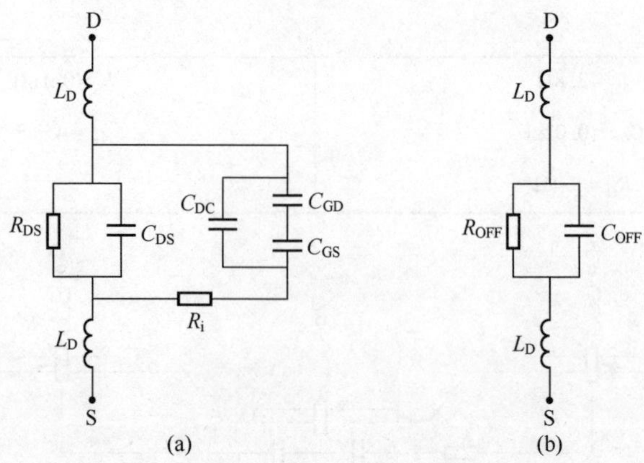


图 10.18　MESFET 处于关断状态的等效电路

（a）关断状态下的等效电路；（b）简化的等效电路。

$$C_{OFF}=C_{DS}+\frac{C_{GS}}{2} \tag{10.16}$$

**例 10.2**　假设表 10.1 中数据指定的 MESFET 作为串联开关连接在 50Ω 微带线中。假设 $R_d=1\Omega$，并忽略与开关安装相关的寄生效应，确定 5GHz 时的插入损耗和隔离度。

**解：**

使用式（10.14）：

$$R_{ON}=(0.9+1.0+0.9)\Omega=2.8\Omega$$

计算漏极和源极电感的电抗：

$$X_L(\text{drain})=X_L(\text{source})=\omega L=2\times\pi\times5\times109\times0.1\times10^{-9}\Omega=3.14\Omega$$

导通状态下 MESFET 的阻抗为

$$(Z_{FET})_{ON}=(2.8+j6.28)\Omega$$

插入损耗由式（10.7）给出：

$$|IL|_{dB}=20\log\left|\frac{2.8+j6.28+100}{100}\right|dB=20.\log(1.03)dB=0.26dB$$

使用式（10.15）和式（10.16）计算 MESFET 在 OFF 状态下的阻抗：

$$R_{OFF}=\frac{2\times2.8\times10^3}{2+2.8\times10^3\times(2\pi\times5\times10^9)^2\times(0.25\times10^{-12})^2\times1.4}\Omega=2.50\times10^3\Omega$$

$$C_{OFF}=\left(0.1+\frac{0.25}{2}\right)pF=0.225pF$$

然后

$$\frac{1}{Z_{OFF}}=\frac{1}{R_{OFF}}+j\omega C_{OFF}\Rightarrow Z_{OFF}=\frac{R_{OFF}(1-j\omega C_{OFF}R_{OFF})}{1+(\omega C_{OFF}R_{OFF})^2}$$

代入数据

$$Z_{OFF}=\frac{2.5\times10^3\times(1-j2\pi\times5\times10^9\times0.225\times10^{-12}\times2.50\times10^3)}{1+(2\pi\times5\times10^9\times0.225\times10^{-12}\times2.50\times10^3)^2}\Omega$$
$$=(7.98-j141.03)\Omega$$

MESFET 在关断状态下的总阻抗（包括接触电感的影响）则为

$$(Z_{FET})_{OFF}=(7.98-j141.03+j6.28)\Omega=(7.98-j134.75)\Omega$$

使用式（10.7）：

$$\text{Isolation}=20\log\left|\frac{7.98-j134.75+100}{100}\right|\text{dB}=4.74\text{dB}$$

例 10.2 的结果表明，开关 MESFET 在导通状态下提供低插入损耗，但在关断状态下提供较差的隔离度。通过在漏极和源极之间连接一个电感器以提供与 $C_{OFF}$ 的并联谐振，可以提高隔离度。这通过使（$Z_{FET}$）$_{OFF}$ 的值接近 $R_{OFF}$ 来改善隔离度，对于典型的 MESFETS，$R_{OFF}$ 通常约为 2～3kΩ。虽然使用并联电感器可以显著改善隔离度（参见例 10.3），但它往往会降低带宽，从而损害作为 MESFET 开关主要优势之一的宽带性能。

**例 10.3**

1. 确定与示例 10.2 中的 $C_{OFF}$ 谐振所需的漏极和源极之间的电感值；
2. 找出由于使用电感器而提升的隔离度；
3. 确定电感器的存在是否对导通状态下的插入损耗有任何不利影响。

**解：**

（1）谐振条件

$$f=\frac{1}{2\pi\sqrt{LC_{OFF}}}$$

$$5\times10^9=\frac{1}{2\pi\sqrt{L\times0.225\times10^{-12}}}\Rightarrow L=4.50\text{nH}$$

（2）有了电感器，我们就有了

$$(Z_{FET})_{OFF}=R_{OFF}+j6.28=(2500+j6.28)\Omega$$

代入式（10.7），得出

$$\text{Isolation}=20\log\left|\frac{2500+\text{j}6.28+100}{100}\right|\text{dB}=28.30\text{dB}$$

因此，隔离度提高了(28. 30−4. 74) dB=23. 56dB。

(3) 要找出电感器对插入损耗的影响，我们必须考虑 $L=4.50\text{nH}$ 和 $R_d=1\Omega$ 的并联组合的阻抗。

在 5GHz 时，电感器的电抗将为

$$\omega L=(2\pi\times5\times10^9\times4.50\times10^{-9})\Omega=141.39\Omega$$

由于 $|\omega L|\gg R_d$ 并联组合的阻抗将近似等于 $R_d$，这意味着电感器的存在不会对插入损耗产生任何显著影响。

### 10. 2. 3 微电子机械系统

微电子机械系统（MEMS）开关可以替代 PIN 二极管和场效应管等半导体开关，这些开关是用微加工技术制造的。微电子机械系统开关提供与 PIN 二极管和场效应管相同的基本开关功能，较低的插入损耗是其主要优势，特别是在 8~100GHz 范围内的较高微波频率下，优势更加明显。微电子机械系统开关具有与 PIN 二极管类似的封装，可用于混合电路，它们也可以轻松地在微波集成电路（MMIC）器件中以单片的形式实现。微电子机械系统开关有两种常见的配置，即悬臂式开关和电容式开关。

悬臂式微电子机械系统单刀单掷（SPST）开关的示意图如图 10. 19 所示，图中显示了金属悬臂梁固定在基板左端金属垫上。梁的另一端形成一个接触点，该接触点悬浮在基体右端金属垫上方的空气中。射频连接器连接到衬底上的两个金属垫上，当悬臂梁关闭时，射频信号沿悬臂梁流动。在图 10. 19 所示的情况下，开关是打开的，并且名义上在两个触点之间的间隙没有传输。如果在制动器衬垫和梁之间施加直流电压，则在两者之间产生静电场，由此产生的静电吸引力使悬臂梁向下偏转并关闭开关。当直流电压被移除时，梁就像弹簧一样，回到原来的打开位置。在混合封装中，与衬底末端的接触垫连接到外部引线，并且该设备可以方便地安装在微带线的间隙上，用来作为串联的 ON-OFF 开关。

生产微电子机械系统悬臂开关的基本阶段如图 10. 20 所示。与 PIN 二极管一样，悬臂开关的品质可以用关闭（OFF）状态电容 $C_t$ 表示（即悬臂梁向上时的电容）和开启（ON）态电阻 $R_c$（即触点闭合时的串联电阻），这两个参数可以表示为[3]。

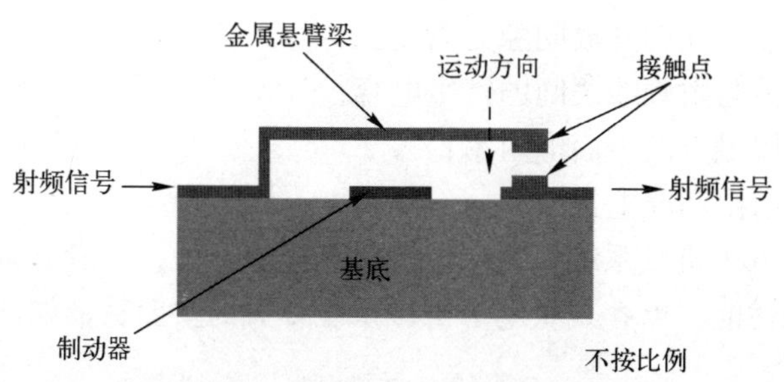


图 10.19　悬臂梁微电子机械系统开关

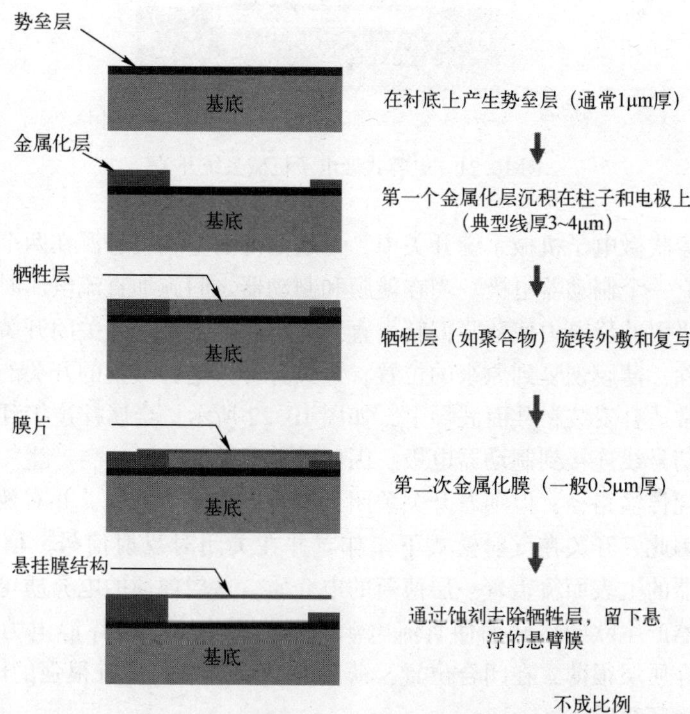


图 10.20　悬臂式微电子机械系统开关的生产阶段

$$C_t = C_p + \frac{\varepsilon_0 A_c}{g_c} \tag{10.17}$$

和

$$R_c = \frac{\rho_c}{A_c} \tag{10.18}$$

其中

$A_c$——接触对的公共接触面积；

$g_c$——触点之间的开放间隙分离度；

$C_p$——开关与射频线之间的寄生电容；

$\rho_c$——金属触点的表面电阻率；

$\varepsilon_0$——自由空间介电常数。

电容式微电子机械系统开关可以替代悬臂式开关，前者通常在高微波频率下有着更好的性能。电容式微电子机械系统开关的主要特征如图 10.21 所示。

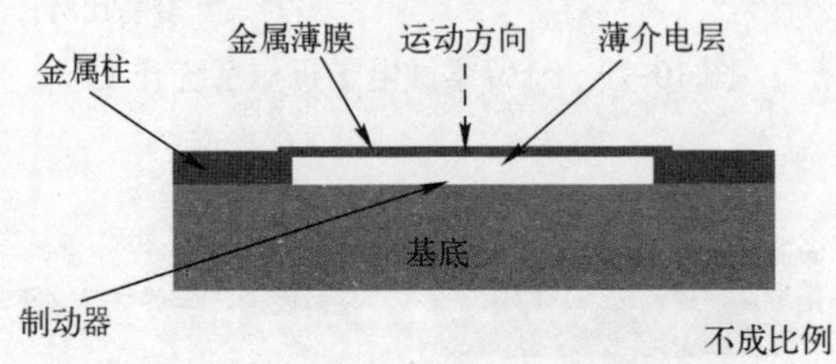


图 10.21　电容式微电子机械系统开关

在电容式微电子机械系统开关中，一层薄薄的金属膜悬浮在两个金属柱之间，膜下有一个制动器电极。当在薄膜和制动器之间施加直流电压时，会产生一种相互吸引的静电力使薄膜偏转，直到它与制动器接触并关闭开关。当直流电压被移除，薄膜恢复到原来的位置，开关打开。这种类型的开关的几何形状使得它非常适合安装在共面波导上，如图 10.22 所示。金属柱连接到外部接地线，中心信号线连接到制动器电极。因此随着开关的打开，会产生一个通过开关的低损耗传输路径，但随着开关关闭，偏转膜接触信号线，并有效地将其连接到地。因此，开关在反射模式下工作，并在关闭时反射信号。值得注意的是，制动器的上表面覆盖着一层薄薄的电介质，这层薄薄的电介质可以防止薄膜与制动器产生欧姆接触而使直流电源短路，因为这会破坏静电力并打开开关。由于介质层很薄，在闭合位置，薄膜与制动器之间会有很强的电容耦合，从而形成射频短路。

无论是微电子机械系统的悬臂式开关还是电容式的开关，接通状态下的通路实际上是一条连续的金属传输线，这就是微电子机械系统开关会有其主要优势的原因之一，即接通状态下的极低损耗。微电子机械系统开关的上状态（OFF 状态）电容值可以低 1-3fF，从而提供非常高的隔离度。此外，在开关的下状态（ON 状态）下，低接触电阻有可能显著小于 1Ω，这意味着低插入损耗。微电子机械系统开关的性能通常用品质因数（FoM）来表示。然而，使用与 PIN 二极管相同的定义，式（10.10），会得出一个不合理的大数值，因为 OFF 状态的电容值非常小，只有几个 fF 的量级，这是微电子机械系统结构

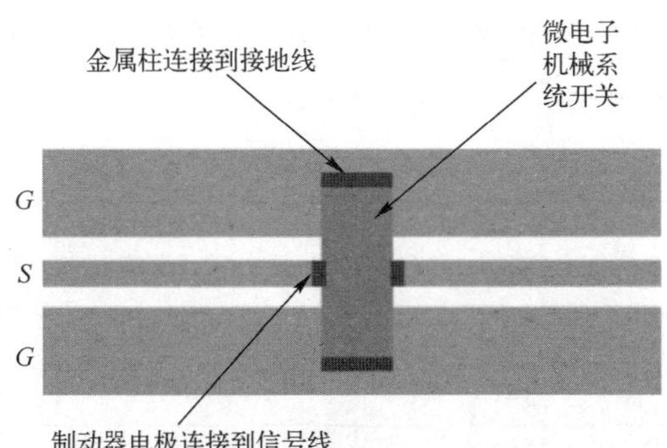


图 10.22　电容式微电子机械系统开关安装在共面波导线上

的典型特征。Hoivik 和 Ramadoss 在文献［3］中写道，对于微电子机械系统开关来说，更实用的品质因数为

$$\text{FoM}=\text{带宽}\times\text{隔离度}_{\text{关闭状态}}/\text{插入损耗}_{\text{开启状态}} \tag{10.19}$$

具有连续金属膜的微电子机械系统开关的物理结构会表现出一定的串联电感的特性，该电感值通常远小于 100pH 值，因此在分析微电子机械系统开关性能时通常忽略这种串联电感。然而，串联电感的显著水平会影响器件的匹配，文献［3］中的模拟结果表明，当电感从 30pH 增加到 80pH 时，1Ω 接触电阻微电子机械系统开关的($S_{11}$) dB 值下降约 7dB。

例 10.4 微电子机械系统开关的数据如下：关闭状态电容＝3fF；串联电阻在开启状态＝0.85Ω。如果它是串联安装在 50Ω 平面传输线的合适间隙上，确定微电子机械系统开关工作在 5GHz 时的插入损耗和隔离度（忽略间隙电抗的影响，也忽略开关电感）。

**例 10.4**　微电子机械系统开关的数据如下：关闭状态电容＝3fF；串联电阻在开启状态＝0.85Ω。如果它是串联安装在 50Ω 平面传输线的合适间隙上，确定微电子机械系统开关工作在 5GHz 时的插入损耗和隔离度（忽略间隙电抗的影响，也忽略开关电感）。

**解：**

利用式（10.17）有

$$\text{Insertion loss}=20\log\left|\frac{0.85+100}{100}\right|\text{dB}=0.074\text{dB}$$

$$X_c=\frac{1}{2\pi\times5\times10^9\times3\times10^{-15}}\Omega=10608.95\Omega$$

$$\text{Isolation}=20\log\left|\frac{100-\text{j}10608.95}{100}\right|\text{dB}=40.51\text{dB}$$

表 10.2 给出了 PIN 二极管、金属半导体场效应管和微电子机械系统开关的典型性能数据的比较。

表 10.2　射频开关的典型性能数据

| 参　数 | PIN 二极管 | 金属半导体场效应管 | 微电子机械系统 |
|---|---|---|---|
| 插入损耗/dB | 0.3~1.0 | 0.4~2 | 0.05~2 |
| 隔离度/dB | >25 | >25 | >40 |
| 电 压/V | 5~10 | 5~30 | 20~80 |
| 电流（mA） | 3-20 | 0 | 0 |
| 切换时间/s | 1~100ns | 1~20ns | 1~40μs |
| 电源处理频率范围/W | →40GHz→200 | →40GHz<br>→10 | →100GHz<br>→1 |

从表 10.2 可以看出，虽然微电子机械系统开关与半导体开关比，插入损耗更低、隔离效果更好，但切换速度较低。开关的选择在很大程度上取决于应用。例如，通过移相器的传输路径可能包含大量串联的开关（这些开关用在多位数字移相器中），因此，降低插入损耗是最应该先解决的问题。但是现在的应用需要快速切换的系统，例如一些现代雷达系统的电路。微秒级的微电子机械系统切换速度太慢了。

微电子机械系统开关越来越受欢迎，主要用于数字移相器，这反映在最近关于这一主题的丰富技术文献中。关于射频微电子机械系统性能的特别有用的讨论可以在参考文献［4-10］中找到。

## 10.2.4　内联相变开关器件

内联相变开关（IPCS）器件是利用某些相变材料受到局部加热时发生的电阻变化所做成的。相变材料是具有两个相位，即结晶相和非晶相的材料，并且材料可以通过加热在两个相位之间切换。这两种相位具有非常不同的电学性质，特别是在电阻方面。碲化锗（GeTe）是最近在射频开关应用领域进行大量研究的相变材料。当这种材料与集成的加热器线封装时，它形成了一个简单、小、高效的开关。

IPCS 技术的特别优点如下：

（1）小尺寸，这意味着低射频寄生；

（2）非常高的 FoM；

（3）低插入损耗；

（4）高的隔离度；

（5）良好的线性度；

（6）相对较好的开关速度；

（7）在微电子机械系统开关中有低开关电压。

在最近的一项工作中，Borodulin 和同事[10]公布了一个 IPCS 单刀双掷开关在 10GHz 时的插入损耗为 0.55dB 和隔离度为 53dB 的测量数据。由于开关速度通常为 1μs，这种损耗性能使得 IPCS 技术对于一系列射频/微波开关应用非常有吸引力，其中一个应用是可重构滤波器，Wang 和同事[11]提供了该应用的有用概述，其中包括对 GeTe 射频开关制造过程的详细描述。

## 10.3　数字移相器

### 10.3.1　开关路径移相器

这是最简单的数字移相器的可视化类型，如图 10.23 所示。电路由两条不等长的传输路径组成，四个串联单刀单掷开关 $D_1$ 到 $D_4$，用于传输信号。$D_1$ 和 $D_2$ 关闭，$D_3$ 和 $D_4$ 打开，信号通过传输线的长度为 $L_1$，传输相位为

$$\phi_1 = \beta L_1 \tag{10.20}$$

其中，$\beta$ 为直线的相位传播常数。相反，当 $D_1$ 和 $D_2$ 打开，$D_3$ 和 $D_4$ 关闭时，信号通过传输线的长度为 $L_1$，传输相位为

$$\phi_2 = \beta L_2 \tag{10.21}$$

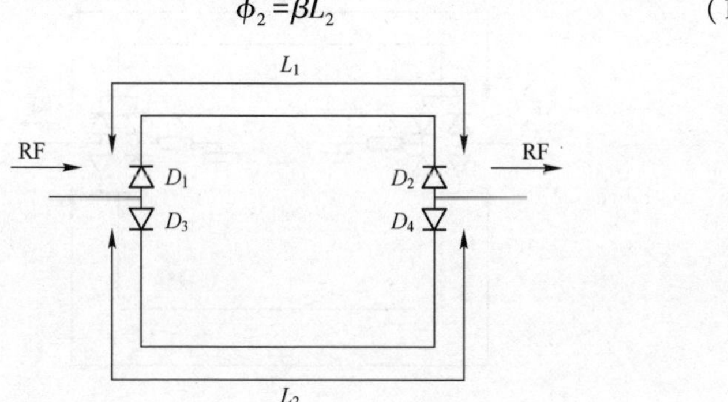


图 10.23　基本开关移相器

图 10.23 所示开关是二极管，但它们同样可以是金属半导体场效应管或微电子机械系统器件。图 10.23 所示的移相器类型可以很容易地在许多传输线类型中实现，例如同轴电缆、微带或共面波导。举个例子，基本开关线移相器的典型微带实现如图 10.24 所示，图中还包括必要的直流偏置连接，在前面关于

小信号放大器中的偏置晶体管的章节中讨论过。

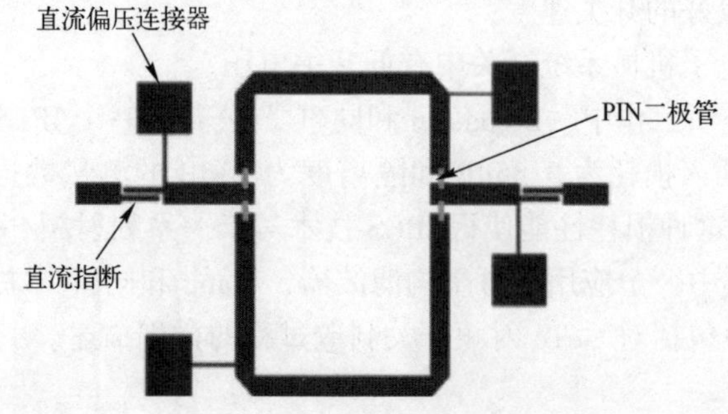


图 10.24　微带开关线移相器

虽然开关线移相器的概念非常简单，但由于开关在断开状态下只有有限的隔离度，可能会出现问题。因为开关倾向选择一个传输路径，名义上，一些信号有可能通过关闭开关耦合到隔离的路径。由于隔离路径在两端有效开路，因此会有频率使其表现出共振。因此，如果信号通过关闭状态的开关泄漏出去，隔离路径表现为与直通（ON）路径松散耦合的谐振电路。故此，小谐振峰出现在传输响应的闭合路径。这可以通过使用单刀双掷开关来避免，该开关在匹配的负载中终止隔离路径，而不是让两端打开。这种排列如图 10.25 所示，其中还显示了两种不同的线长 $L_1$ 和 $L_2$，并给出了两种不同的相位状态。

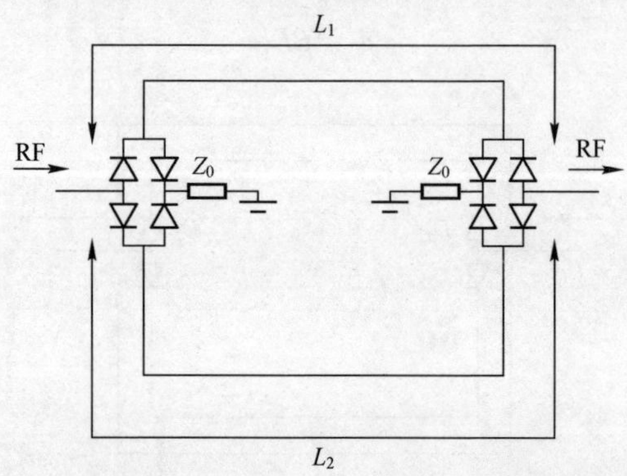


图 10.25　带终止 OFF 线的开关移相器

图 10.25 所示的移相器两端的四个 PIN 二极管的排列使两种可能的相位状态（路径）之一被选择，同时用匹配阻抗终止每一个未使用路径的末端。如图 10.26 所示，偏置的极性指的是，如通过 $L_2$ 路径选择相变；在这个图中开启二极管被短路取代，关闭二极管被开路取代。

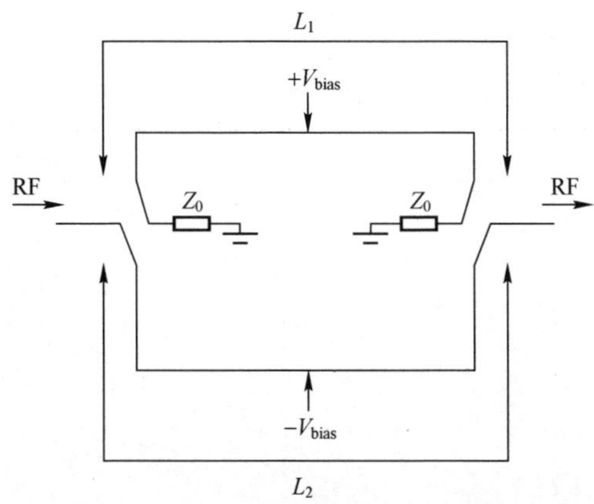


图 10.26　带终止 OFF 线的开关移相器，并通过路径 $L_2$ 选择

图 10.23~图 10.26 所示的数字移相器可以被视为单比特移相器，因为它们提供两种相状态。通过级联这些部分，可以产生一个多位数字移相器。三位微带开关线移相器的布局如图 10.27 所示，各段的长度用 $L_n$ 表示。为了清晰起见，省略了直流偏压连接和直流指断结构。有了这种类型的安排，有必要在每个部分之间有直流断路，以便每个部分的开关可以独立偏压。

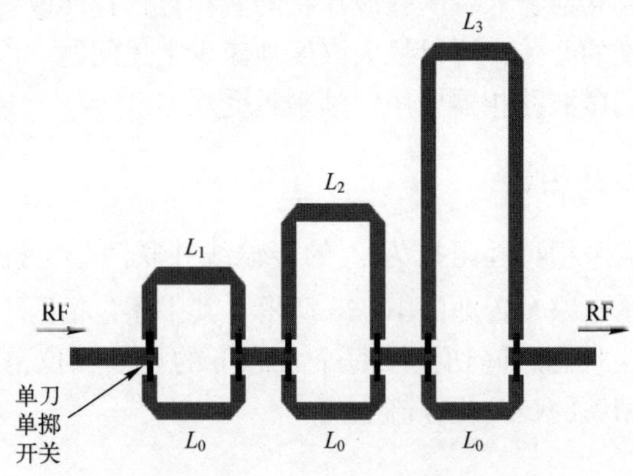


图 10.27　微带三位移相器

总共有 12 个单刀单掷开关用于将信号传递到电路（或者，这些可以用 6 个单刀双掷开关代替）。假设薄膜各部分的电长度为

$$L_0=360°;L_1=360°+x°;L_1=360°+y°;L_1=360°+z°$$

通过选择适当的 $x$、$y$ 和 $z$ 值，我们可以产生任何所需的相移模式。例如，如果 $x=10$，$y=20$，$z=40$，那么通过激活开关使信号传递到表 10.3 所列的路

径上，我们就可以得到10°的传输相位间隔。

表10.3　传输相位通过一个三位移相器

| 路　径 | 传输相位/(°) |
|---|---|
| $L_0L_0L_0$ | 0 |
| $L_1L_0L_0$ | 10 |
| $L_0L_2L_0$ | 20 |
| $L_1L_2L_0$ | 30 |
| $L_0L_0L_3$ | 40 |
| $L_1L_0L_3$ | 50 |
| $L_1L_2L_3$ | 60 |

多位开关线移相器的问题之一是需要相对大量的开关，而且移相器的损耗是各个开关插入损耗的总和。由于射频信号在移相器的所有状态下通过相同数量的开关，如果单个开关损耗很小，这可能不是一个严重的问题。一个更重要的问题是移相器的输入不匹配。由于开关之间的电气距离随相位选择而变化，当在移相器的输入端求和时，来自各个开关的反射将是所选相位状态（路径）的函数。因此，移相器输入端的驻波比将随着相位选择而改变。通过使用低插入损耗和高隔离度的开关，可以最大限度地减少上述问题。因此，微电子机械系统开关在射频和微波移相器应用中越来越受欢迎。

## 10.3.2　负载线移相器

负载线移相器采用特性阻抗为$Z_0$的传输线并联两个电抗。两个电抗之间的传输相位为基本电路布置如图10.28所示，其中还包括两个开关，使电路能够在两个传输相位状态之间切换。每个状态下的传输相位是$b_i$、$\theta$和$Z_T$的函数，其中$b_i$表示相关的归一化分流电抗。

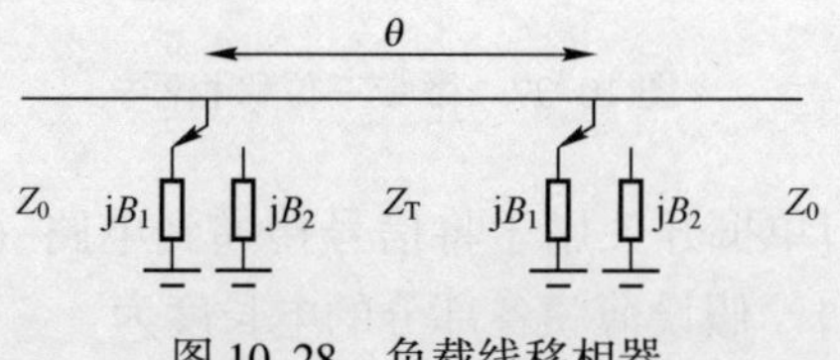


图10.28　负载线移相器

Bahl和Gupta[12]发展了以下负载线移相器的闭式设计公式：

$$Y_T = Y_0 \sec\left(\frac{\Delta\phi}{2}\right)\sin\theta \tag{10.22}$$

$$B_1 = Y_0\left[\sec\left(\frac{\Delta\phi}{2}\right)\cos\theta + \tan\left(\frac{\Delta\phi}{2}\right)\right] \tag{10.23}$$

$$B_2 = Y_0\left[\sec\left(\frac{\Delta\phi}{2}\right)\cos\theta - \tan\left(\frac{\Delta\phi}{2}\right)\right] \tag{10.24}$$

其中，$\Delta\Phi$ 为两种状态之间的传输相位差，其他符号有其通常的含义。支撑等式（10.22）~式（10.24）的电路分析的全部细节由阿特沃特[13]给出。

两个电抗之间的间距通常等于 $\lambda_T/4$，其中 $\lambda_T$是传输线上的波长，因此，来自两个电抗的反射将在输入处抵消。通过这种分离，设计式（10.22）~式（10.24）变为

$$Y_T = Y_0 \sec\left(\frac{\Delta\phi}{2}\right) \tag{10.25}$$

$$B_1 = Y_0 \tan\left(\frac{\Delta\phi}{2}\right) \tag{10.26}$$

$$B_2 = -Y_0 \tan\left(\frac{\Delta\phi}{2}\right) \tag{10.27}$$

由式（10.26）和式（10.27）可知，两种状态下的电抗大小相等，但符号相反，即

$$\mathrm{j}B_1 = -\mathrm{j}B_2 \tag{10.28}$$

这一结果得到 Garver[14] 的工作的支持，他在一篇关于移相器的经典论文中，使用计算机模拟的结果表明，当每种状态下的电抗大小相等时，这种类型的移相器的带宽最宽，所给出的方程是基于不考虑开关在开和关状态下的阻抗的理想开关的，这些方程是从适当的开关等效电路获得的阻抗，将修改$B_1$和$B_2$的值，并提供更精确的设计。Koul 和 Bhat[15] 已经详细讨论了这一点，他们全面讨论了开关电阻和电抗对负载线移相器性能的影响。

如图 10.28 所示，开关负载线移相器也可以在微带中实现，其中所需的分流（并联）电抗由如图 10.29 所示的 Stub 线提供，每个 Stub 线远端的开关允许它在开路或短路时关闭。

Stub 线之间的间距为 $\lambda/4$，以造成 90°的相位差，从而最大限度地减少在输入处的反射。直接长度为 $\lambda_{ss}/8$（$\lambda_{ss}/8$ 是 Stub 线上的波长）以满足式（10.28）。请注意，Stub 线可能与主线的特性阻抗不同，因此，Stub 线上的基片波长可能与主线上的基片波长不相同，即 $\lambda_s \neq \lambda_{ss}$。

开路短 Stub 线的输入阻抗由第一章式（1.34）表示为

$$(Z_{in})_{O/C} = -jZ_{os}\cot\beta l \tag{10.28}$$

其中，$Z_{os}$ 为 Stub 线的特性阻抗。

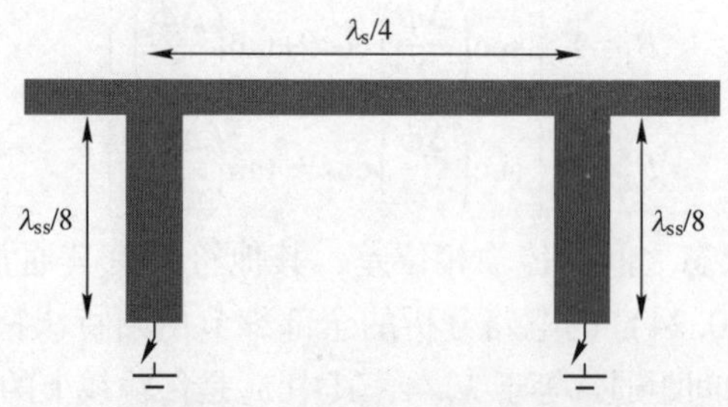


图 10.29　微带线负载移相器

由此可知，输入导纳为

$$(Y_{in})_{O/C} = -jY_{os}\tan\beta l \tag{10.29}$$

如果 Stub 线长度 $l$ 等于 $\lambda/8$，那么

$$\beta l = \frac{\pi}{4}$$

输入导纳变为

$$(Y_{in})_{O/C} = -jY_{os} \tag{10.30}$$

同理，利用第 1 章的式（1.33），$\lambda/8$ 短路 Stub 线的输入导纳为

$$(Y_{in})_{O/C} = jY_{os} \tag{10.31}$$

因此，由式（10.29）和式（10.30）可知，在开路和短路之间切换 Stub 线端满足式（10.28）的要求，并且通过为 Stub 线选择正确的特性阻抗，可以得到特定的相位变化。微带负载线移相器的设计过程如例 10.5 所示。

**例 10.5**　设计一个单位微带负载线移相器，在 10GHz 下造成 60°的相位变化。移相器的特性阻抗为 50Ω，并在相对介电常数为 9.8，厚度为 0.8mm 的衬底上制造。

**解：**

（1）求两个 Stub 线之间传输线的阻抗。

使用式（10.25）有：

$$Y_T = Y_0\sec\left(\frac{\Delta\phi}{2}\right)$$

$$= \frac{1}{50}\sec\left(\frac{60^\circ}{2}\right)S = \frac{1}{50}\times\frac{1}{0.866}S = \frac{1}{43.30}S$$

$$Z_T = 43.30\Omega$$

(2) 找到所需的阻抗的 Stub 线。

由式 (10.26) 和式 (10.30) 有

$$\mathrm{j}Y_{\mathrm{os}}=\mathrm{j}B_1$$

$$Y_{\mathrm{os}}=Y_0\tan\left(\frac{\Delta\phi}{2}\right)$$

$$Y_{\mathrm{os}}=\frac{1}{50}\tan\left(\frac{60^\circ}{2}\right)$$

$$Y_{\mathrm{os}}=11.55\mathrm{mS}$$

$$Z_{\mathrm{os}}=86.58\Omega$$

(3) 利用微带设计图形 (或 CAD) 求出微带尺寸。

Stub 线之间的传输线为:

$$Z_{\mathrm{T}}=43.30\Omega\Rightarrow\frac{w}{h}=1.25\Rightarrow w=1.25\times0.8\mathrm{mm}=100\mathrm{mm}$$

$$\frac{w}{h}=1.25\Rightarrow\varepsilon_{\mathrm{r,eff}}=6.78\Rightarrow\lambda_{\mathrm{s}}=\frac{\lambda_0}{\sqrt{6.78}}$$

$$\lambda_{\mathrm{s}}=\frac{30}{\sqrt{6.78}}\mathrm{mm}\Rightarrow11.52\mathrm{mm}\quad l_{\mathrm{T}}=\frac{\lambda_0}{4}=11.52\mathrm{mm}=2.88\mathrm{mm}$$

Stub 线尺寸为

$$Z_{\mathrm{os}}=86.58\Omega\Rightarrow\frac{w}{h}=0.18\Rightarrow w=0.18\times0.8\mathrm{mm}=144\mu\mathrm{m}$$

$$\frac{w}{h}=0.18\Rightarrow\varepsilon_{\mathrm{r,eff}}=6.08\Rightarrow\lambda_{\mathrm{s}}=\frac{\lambda_0}{\sqrt{6.08}}$$

$$\lambda_{\mathrm{s}}=\frac{30}{\sqrt{6.08}}\mathrm{mm}\Rightarrow12.17\mathrm{mm}\quad l_{\mathrm{STUB}}=\frac{\lambda_{\mathrm{ss}}}{8}=\frac{12.17}{8}\mathrm{mm}=1$$

50Ω 馈线为

$$Z_{\mathrm{os}}=50\Omega\Rightarrow\frac{w}{h}=0.9\Rightarrow w=0.9\times0.8\mathrm{mm}=0.72\mathrm{mm}$$

最终设计如图 10.30 所示。

总结：在这个设计中，我们只考虑了一个理想的情况。为了获得精确的 60° 相位变化，微带的设计必须加以改进，以包括表示不连续（开口+$t$ 形结+阶宽）的影响，并修改分流电抗量从而可以包括开关阻抗在开和关状态下的影响。还请注意，为了清晰起见，两个开关的偏置电路已从图 10.30 中省略。

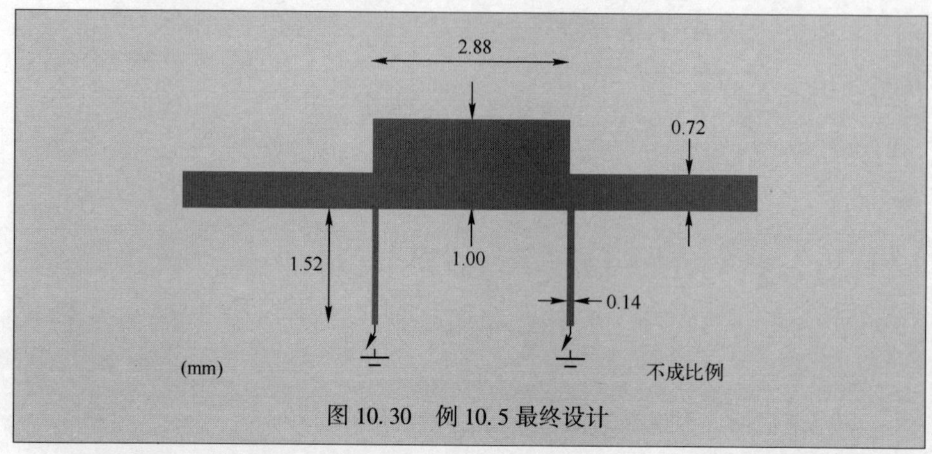

图 10.30　例 10.5 最终设计

虽然微带开关负载线电路让数字相移变得相对简单，但它在实际中所能实现的相移范围有所限制。一旦设置了 Stub 线间距为 $\lambda_s/4$，Stub 线长度为 $\lambda_{ss}/8$，就只剩下两个设计变量，即 Stub 线间传输线的特性阻抗和 Stub 线本身的特性阻抗。从第 2 章我们知道，微带线的特性阻抗的实际范围大约是 25~90Ω，以避免难以处理的线宽，这意味着微带负载线移相器通常只能在 0~90°的范围内提供相位变化。当需要较大的相位变化时，负载线移相器通常与适当的开关线电路级联。

## 10.3.3　反射式移相器

最常见的开关式反射移相器是在两个输出端口上分别连接有并联式开关的 90°3dB 混合系统，并将分流式开关连接到两个输出端口，如图 10.31 所示。

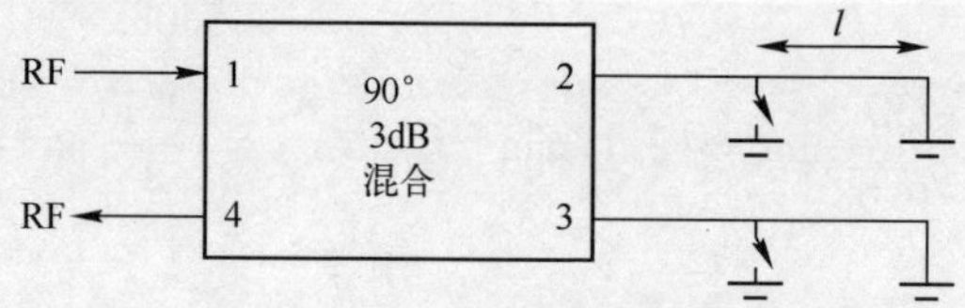

图 10.31　开关反射移相器原理图

施加在端口 1 上的信号会分裂，并在端口 2 和端口 3 上出现，并产生 90°的相位差。如果两个开关是开着的，信号将从连接端口 2 和端口 3 的传输线末端的短路处反射出来；这些反射信号将在混合器中重新组合并出现在端口 4。在这种情况下，传输相位 $\phi$ 将取决于连接到端口 2 和端口 3 的传输线的长度。当开关关闭时，它们将在传输线的较早位置反射信号，因此减少传输相位。如果开关关闭时的传输相位为 $\Phi_0$，开关打开时的传输相位为 $\phi$，将有下列式子给出：

$$\phi=\phi_0+2\beta l \tag{10.32}$$

其中，$\beta$ 为连接端口 2 和端口 3 的传输线上的相位传播常数。

如果我们希望设计一个移相器来给出一个特定的相位变化，$\Delta\phi$，那么我们需要做出

$$l=\frac{\Delta\phi}{2\beta} \tag{10.33}$$

通过在固定短路的不同距离上连接多个开关，可以实现数字移相器。分支线路耦合器（在第 2 章中讨论）经常被用作四端口混合电路，尽管它有一个轻微的缺点，即带宽被限制在大约 5%~10%。后向波混合耦合器也可以用作分支线路耦合器的替代方案。后向波耦合器可以由两条边缘耦合的微带线组成，如第 2 章关于定向耦合器的讨论所述。图 10.32 为使用后向波平面结构的反射移相器的示意图。

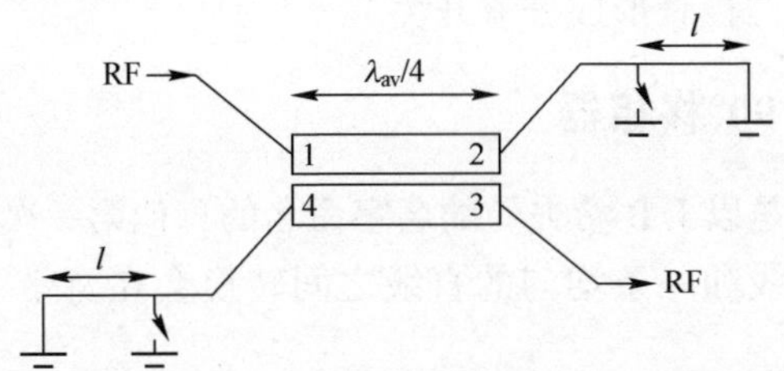


图 10.32　使用 3dB 后向波耦合器的反射移相器

如第 2 章所述，耦合区域的长度为 $\lambda_{av}/4$，其中 $\lambda_{av}$ 为奇偶模波长的平均值。在端口 1 上施加的信号会分裂，并在端口 2 和端口 4 上出现，并产生 90° 的相位差。这两个信号将在端口 3 被反射并重组。当开关关闭时，端口 1 和端口 3 之间的传输相位将减少 $2\beta l$。与其他 3dB 耦合器相比，后向波耦合器的优势在于它提供了较宽的工作带宽，因为只有 3dB 功率分流与频率相关，而其他参数理论上与频率无关。

上面描述的反射移相器需要两个开关来设置每个相位状态。只需要一个开关就能改变相位状态的电路利用了环行器的特性（在第 6 章中讨论）。其结构如图 10.33 所示。

在这种安排中，应用于环行器端口 1 的射频信号将在端口 2 出现，然后将从短路终端线路反射到端口 2，或从连接到端口 2 的线路上处于闭合位置的任何开关反射。反射信号在 2 号端口进入循环器，然后在 3 号端口出现。通过环行器的传输路径是从端口 1 到端口 3，传输取决于哪个开关处于关闭位置。这

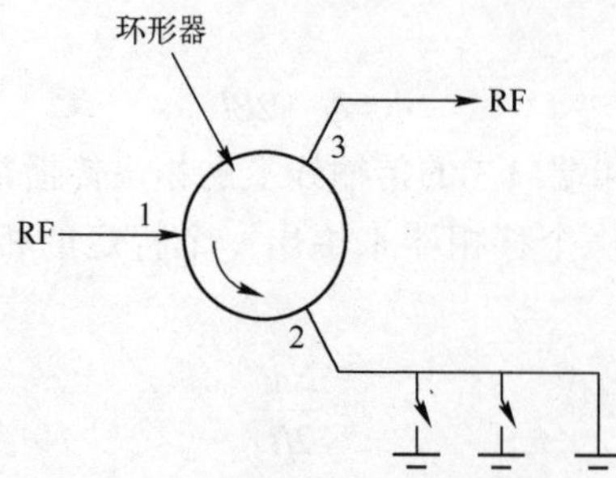


图 10.33　使用环形器的反射移相器

种数字移相器的优点是每次相位变化只需要一个开关。然而，这种优点通常被需要直流磁场的循环器的额外复杂性所抵消。此外，电路趋向于窄带，因为环行器的端口 1 和端口 3 之间的隔离度是频率相关的。因此，采用循环器的数字移相器的使用往往仅限于大功率应用，其中循环器和传输线元件形成在金属波导中，大功率 PIN 二极管形成分流开关。

## 10.3.4　希夫曼 90°移相器

希夫曼移相器是以 J. B 希夫曼的名字命名的，他第一次观察到在一段有合适终端的耦合传输线和一条均匀的直线之间转换会在宽带上产生几乎恒定的 90°的相位变化。

希夫曼所使用的耦合线段以微带形式显示在图 10.34 中。这表现为一个全通网络，端口 1 和端口 2 之间的传输相移是耦合长度 $\theta$ 的函数。

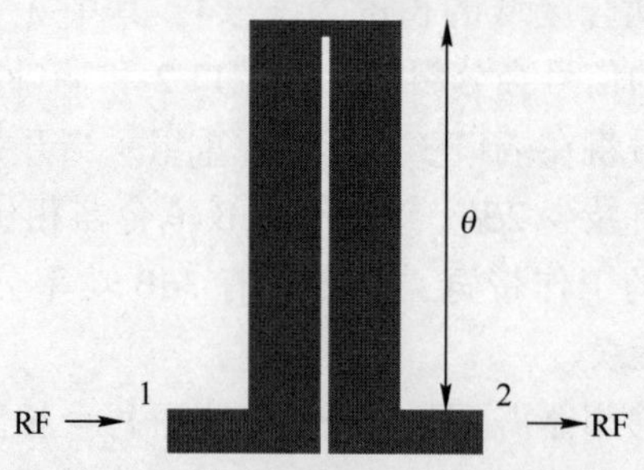


图 10.34　微带耦合线移相器

当主线以匹配阻抗 $Z_0$终止时，端口 1 的输入阻抗为

$$Z_0=\sqrt{Z_{oe}Z_{oo}} \tag{10.34}$$

带有的透射相位通过耦合截面所给出：

$$\phi=\arccos\left(\frac{Z_{oe}/Z_{oo}-\tan^2\theta}{Z_{oe}/Z_{oo}+\tan^2\theta}\right) \tag{10.35}$$

其中，$Z_{oo}$和 $Z_{oo}$为 $Z_{oo}$耦合部分的偶模阻抗和奇模阻抗，如第 2 章所述。方程式的发展。式（10.34）和式（10.35）假设偶数模和奇数模的传播速度相同。在希夫曼的原始工作中，使用了带状线，这些速度确实是相同的。然而，对于微带就不是这样了，正如在第 2 章中指出的那样，常用的方法是将两种模式的速度平均起来进行计算。因此，在通过耦合段计算传输相位时，$\theta$ 的值从下列式子给出：

$$\theta=\beta_{av}l=\frac{2\pi}{\lambda_{av}}l \tag{10.36}$$

其中，$\beta_{av}$和 $\lambda_{av}$为两种模式的相位传播常数和波长的平均值，并且

$$\lambda_{av}=\frac{v_{odd}+v_{even}}{2f}, \tag{10.37}$$

其中，$v_{odd}$和 $v_{even}$分别为奇模和偶模的速度。

Free 和 Aitchison[17] 对耦合线移相器在两种模式下的个别速度进行了更精确的分析，发现传输相位可以用下列式子精确表示出：

$$\phi=\frac{\pi}{2}+\arctan\left(\frac{Z_0(Z_{oe}\cot\theta_e-Z_{oo}\tan\theta_0)}{2Z_{oe}Z_{oo}\tan\theta_0\cot\theta_e}\right), \tag{10.38}$$

其中符号的含义就是这些符号通常的含义。

通过对文献［17］的实测数据和理论数据进行比较，可以看出，当用式（10.38）通过改变耦合微带线的长度来预测传输相位时，在 $x$ 波段具有很好的一致性。

如果两种模式没有相同的速度，则式（10.34）中给出的输入阻抗表达式也是近似值。耦合线的输入阻抗的一个更精确的表达式为[17]

$$Z_{in}=\frac{Z_{oe}Z_{oo}\cot\theta_e\tan\theta_0-jZ_0(Z_{oe}\cot\theta_e-Z_{oo}\tan\theta_0))}{2Z_0-j(Z_{oe}\cot\theta_e-Z_{oo}\tan\theta_0)}, \tag{10.39}$$

其中，$Z_0$是终止耦合部分的阻抗。

**例 10.6**　以下数据适用于具有如图 10.32 所示几何形状的 2.5 毫米长的微带耦合线。

奇模：　$Z_{oe}=35.7\Omega$　　$\lambda_{s,odd}=\frac{141}{f}\text{mm}$　　$f\Rightarrow\text{GHz}$

　　　　$Z_{oo}=77.4\Omega$　　$\lambda_{s,odd}=\frac{119}{f}\text{mm}$　　$f\Rightarrow\text{GHz}$

**解：**

$$\lambda_{s,odd}=\frac{141}{f}\text{mm}=14.1\text{mm}$$

$$\lambda_{s,even}=\frac{119}{f}\text{mm}=11.9\text{mm}$$

$$\theta_o=\beta_o l=\frac{2\pi}{\lambda_{s,odd}}l=\frac{2\pi}{14.1}\times 2.5\text{rad}=1.114\text{rad}\equiv 63.82°$$

$$\theta_e=\beta_e l=\frac{2\pi}{\lambda_{s,even}}l=\frac{2\pi}{11.9}\times 2.5\text{rad}=1.320\text{rad}\equiv 75.62°$$

$$\theta_{av}==\frac{63.82+75.62°}{2}=69.72°$$

代入式（10.34）：

$$\phi=\arccos\left(\frac{77.4/35.7-\tan^2 69.72°}{77.4/35.7+\tan^2 69.72°}\right)=\arccos\left(\frac{-5.16}{9.49}\right)=122.94°.$$

代入式（10.37）：

$$\begin{aligned}\phi&=\frac{\pi}{2}+\arctan^{-1}\left(\frac{Z_0(Z_{oo}\tan\theta_0-Z_{oe}\cot\theta_e)}{Z_{oo}Z_{oe}\tan\theta_0\cot\theta_e}\right)\\&=90°+\arctan\left(\frac{50\times(35.7\times\tan 63.82°-77.4\times\cot 75.62°)}{2\times 77.4\times 35.7\times\tan 63.82°\times\cot 75.62°}\right)\\&=90°+\arctan\left(\frac{50\times(77.62-19.84)}{2282.00}\right)\\&=90°+\arctan(0.92)\\&=-132.61°\end{aligned}$$

$$\text{Error}=\frac{132.61-122.94°}{132.61°}\times 100\%=7.29\%$$

开关微带希夫曼移相器的布局如图 10.35 所示，为方便起见，省略了开关的偏压布置和必要的直流断路。

开关希夫曼移相器有四个开关，因此射频信号可以通过连续（非色散）微带路径或包含耦合线段的（色散）路径传输。希夫曼注意到这些路径之间的相位差在相当宽的频率范围内几乎是恒定的。两种路径的典型理论相位响应如图 10.36 所示。

耦合线路径相位响应中心准线性区域的斜率和范围可以通过改变耦合线的 $\rho$ 值（$Z_{oe}$与 $Z_{oo}$的比值）来改变。通过改变路径的长度（$L$），可以改变通过路

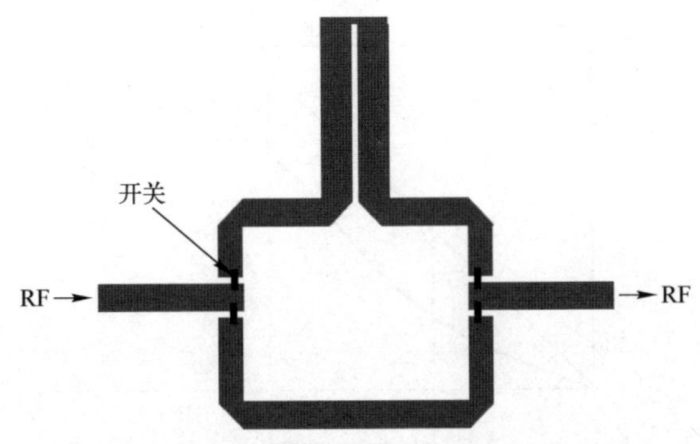


图 10.35　开关微带希夫曼移相器

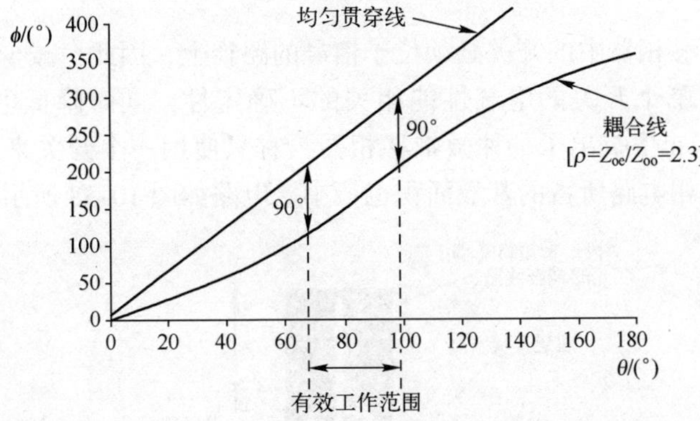


图 10.36　希夫曼移相器的理论相位响应（$\rho=2.3$）

径的相位响应的斜率。图 10.36 所示的有效工作范围是移相器带宽的有效表示，$\rho\propto$频率。通过增加 $\rho$ 的值并接受 $\phi$ 的一个小误差，带宽可以显著增加，尽管对于在微带中制作的耦合线来说，由于难以在线之间制造非常窄的间隙，$\rho$ 的最大值受到实际限制。图 10.37 显示，当 $\rho$ 的值从 2.3 增加到 3.3 时，90°的相位差的范围就会增大，但名义上耦合线响应的非线性在 90°的大小上造成了很小的误差。

虽然希夫曼技术已经发展了一段时间，但它仍然被广泛用于获取宽带相位响应。Wincza 和 Gruszczynski[18] 的工作就是一个很好的例子，他们将希夫曼耦合器集成到具有多波束能力的宽带微波天线中。

## 10.3.5　单开关移相器

到目前为止所讨论的所有平面移相器都需要一个以上的开关来实现每个位

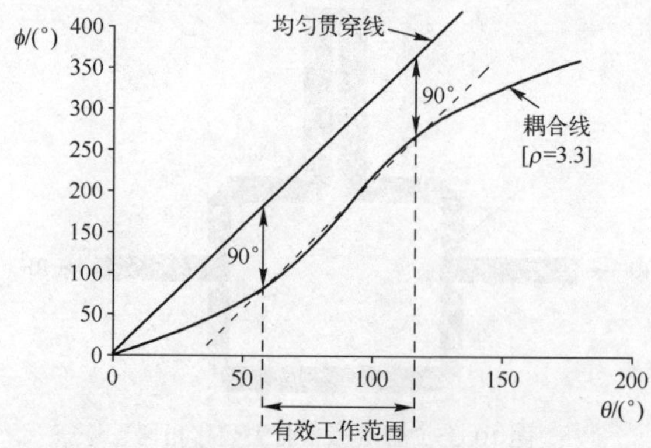


图 10.37 希夫曼移相器的理论相位响应（$\rho=3.3$）

相变化。由于移相器中的开关必须位于信号的路径上，因此，减少这些开关的数量将改善与单个开关的电气性能相关的不确定性，同时降低电路的成本。Free 和 Aitchison[19] 提出了一种微带移相器，它只使用一个开关来实现每一个相变，而且移相电路所占的基板面积也最小。电路如图 10.38 所示。

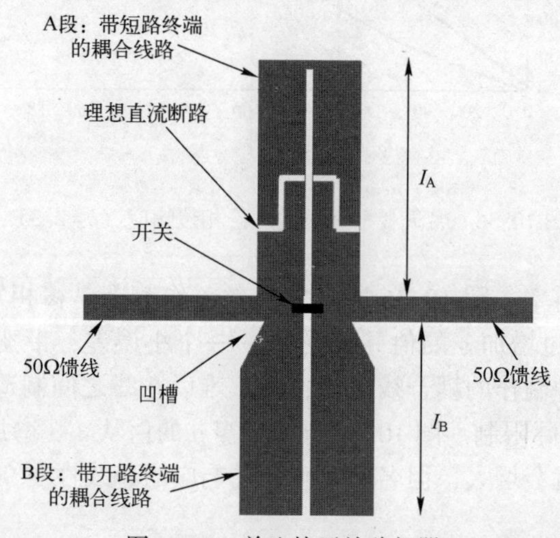


图 10.38 单比特开关移相器

单开关移相器由两个微带耦合线部分组成，并在它们与 50Ω 主馈线的交叉处安装一个开关。在 A 段中，线路在远端连接在一起形成短路，包含两个直流断路。这些是为了允许开关的直流偏置。为了满足以下章节中描述的设计要求，B 部分通常需要宽的 Stub 线。在宽 Stub 线和主线之间有两个凹槽，以尽量减少 Stub 线和馈线之间的不连续性。移相器的工作原理可以通过考虑电路在两种开关状态下的性能来解释。

**开关关闭**：在这种状态下，两个耦合的线段实际上是平行的。B 段的设计是为了给主线提供高阻抗，使大部分信号通过 $a$ 段传输，传输相位由 $l_A$ 决定。请注意，A 部分的设计也是为向主线提供匹配的阻抗，即 $Z_0=\sqrt{Z_{oe}Z_{oo}}$。通过 $A$ 段的传输相位可以从下式子获得：

$$\phi=\arccos\left(\frac{Z_{oe}/Z_{oo}-\tan^2\theta}{Z_{oe}/Z_{oo}+\tan^2\theta}\right)+\delta \tag{10.40}$$

其中，$\sigma$ 已添加到式（10.40）中，以表示直流断路引入的额外相变。因此，在关闭状态下，移相器可以用如图 10.39 所示的等效电路表示。

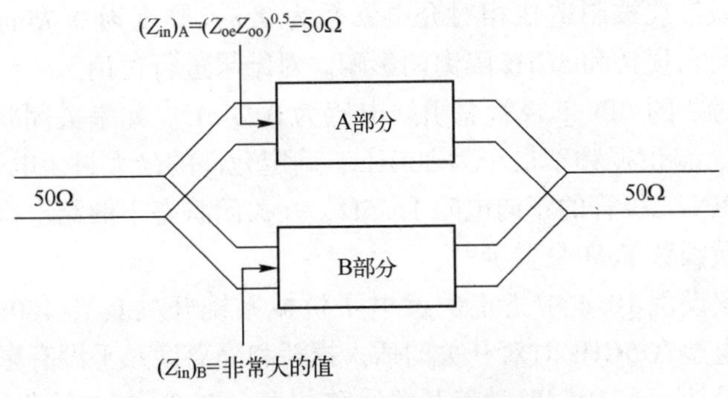


图 10.39　单位开关移相器关闭状态

通过 $|Z_{in}|_A \gg |Z_{in}|_B$，大部分信号将通过 A 段传输，并且在相移器的输入端保持良好的匹配。

**开关打开**：在此状态下，部分 A 段和 B 段作为 Stub 线出现，与 50Ω 馈线平行连接，如图 10.40 所示。

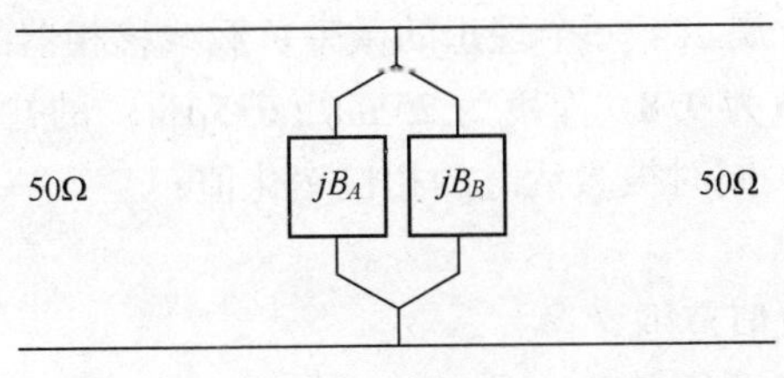


图 10.40　单比特开关移相器处于 ON 状态

应该注意的是，当开关打开时，在耦合器线的中心出现一个短路，奇数模式的形成被抑制，而 Stub 线只支持偶数模式。在图 10.40 中，BA 和 BB 表示只有偶模存在时两个耦合截面对主线的电纳大小。设计要求在 ON 状态下电纳应抵消，电路表现为 50Ω 通过连接，我们要求

$$\mathrm{j}B_A+\mathrm{j}B_B=0 \tag{10.41}$$

在开和关状态下满足电路要求的能力在很大程度上取决于存在两种模式和仅存在偶模的耦合线段之间的行为差异。使用简单的微带电路在[19]中仅展示了小的相移，但是使用多层技术制造电路将引入更多的设计自由度，并扩大可能相移的范围。

## 10.4 补充习题

10.1 假设示例 10.1 中指定的 PIN 二极管被安装在 50Ω 微带线的 300μm 间隙上，该微带线被制造在相对介电常数为 9.8，厚度为 0.75mm 的衬底上。确定间隙对插入损耗和 5GHz 隔离的影响。对结果进行讨论。

10.2 封装的 PIN 二极管总引线电感为 0.24nH。如果关闭状态下的结电容为 0.08pF，自谐振频率最小为 30GHz，确定允许的最大封装电容。

10.3 PIN 二极管的正向电阻 1.35Ω，在关闭状态下的结电容为 0.095pF。二极管的品质因数 FoM 是多少？

10.4 假设例 10.4 中指定的微电子机械系统开关具有 100pH 的串联电感。验证该电感在 5GHz 时对开关的插入损耗和隔离度几乎没有影响。

10.5 设计一个 10GHz 微带开关线移相器，在 0~360°的范围内提供 45°等值步骤。移相器将与 50Ω 匹配，并在相对介电常数为 9.8 和厚度为 0.5mm 的衬底上制造。包括开关偏置的规定，这是串联安装 PIN 二极管。假定在需要直流断路器的地方，这些将由表面安装的集总元件电容器提供。

10.6 设计集中元件负载线移相器在 1GHz 上造成 90°相位变化。确定分流（并联）电抗的要求值，并给出连接电抗的传输线的规格。

10.7 图 10.41 展示了一个理想的微带负载线移相器的布局，该移相器被制作在相对介电常数为 9.8，厚度为 25mil（635μm）的衬底上。推断：

（1）当两个开关同时被激活时的相位变化值；

（2）工作频率；

（3）$a$ 和 $b$ 的取值范围。

这些符号有着通常的意义。

10.8 （1）如图 10.34 所示，耦合线的长度可以用传输相位 $\phi$ 表示为

$$l=\frac{\lambda_{\mathrm{av}}}{2\pi}\arctan\left(\frac{\rho(1-\cos\phi)}{1+\cos\phi}\right)^{0.5}$$

其中的符号均为各自常见的含义。

（2）因此，根据下列耦合线的数据，求出在 12GHz 下发生 90°的相位变化所需的耦合线的长度：

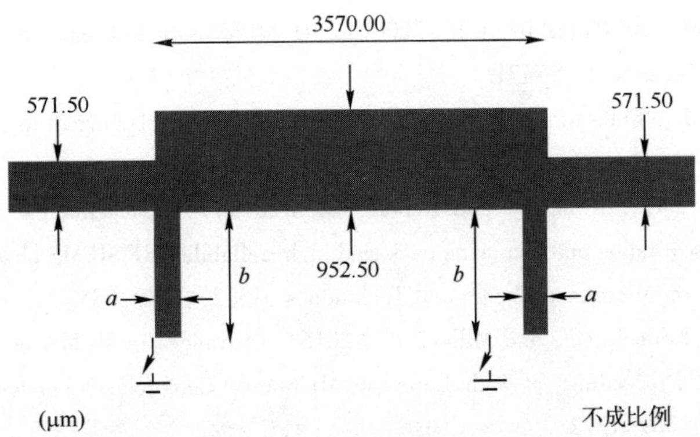


图 10.41　负载线微带移相器，习题 10.7

| | |
|---|---|
| 奇模： | $Z_{oo}=35.7\Omega$<br>$\lambda_{s,odd}=\frac{141}{f}$mm |
| | $f$ 的单位是 GHz |
| 偶模： | $Z_{oe}=77.4\Omega$<br>$\lambda_{s,even}=\frac{119}{f}$mm |
| | $f$ 的单位是 GHz |

（3）找出由于对奇模和偶模的波长进行平均而造成的 90°限值中的误差百分比；

（4）如果耦合部分连接在 50Ω 源和负载阻抗之间，则确定耦合部分输入端的驻波比。

## 参考文献

[1] Fukui, H. (1979). Optimal noise figure of microwave GaAs MESFETs. IEEE Transactions on Electron Devices ED-26 (7): 1032-1037.

[2] Chang, K., Bahl, I., and Nair, V. (2002). RF and Microwave Circuit and Component Design for Wireless Systems. New York: Wiley.

[3] Liu, D., Gaucher, B., Pfeiffer, U., and Grzyb, J. (2009). Advanced Millimeter-Wave Technologies. Chichester, UK: Wiley.

[4] Goldsmith, C. L., Yao, Z., Eshelmen, S., and Denniston, D. (1998). Performance of low-loss RF MEMS capacitive switches. IEEE Microwave and Guided Wave Letters 8 (8): 269-271.

[5] Rebeiz, G. M. and Muldavin, J. B. (2001). RF MEMS switches and switch circuits. IEEE Microwave Magazine 2: 59-71.

[6] Rebeiz, G. M., Entesari, K., Reines, I. C. et al. (2009). Tuning in to RF MEMS. IEEE Microwave Magazine 10: 55-72.

[7] Ko, C. -H., Ho, K. M. J., and Rebeiz, G. (2013). An electronically-scanned 1.8-2.1GHz Base-station antenna using packaged high-reliability RF MEMS phase shifters. IEEE Transactions on Microwave Theory and Techniques 61 (2): 979-985.

[8] Moran, T., Keimel, C., and Miller, T. (2016). Advances in MEMS switches for RF test applications. Proceedings of 46th European Microwave Conference, London, UK (October 2016), pp. 1369-1372.

[9] Koul, S. K., Dey, S., Poddar A. K., and Rohde, U. L. (2016). Micromachined switches and phase shifters for transmit/receive module applications. Proceedings of 46th European Microwave Conference, London, UK (October 2016), pp. 971-974.

[10] Borodulin, P., El-Hinnawy, N., Padilla, C. R., Ezis, A., King, M. R., Johnson, D. R., Nichols, D. T., and Young, R. M. (2017). Recent advances in fabrication and characterization of GeTe-based. Phase-change RF switches and MMICs. Proceedings of IEEE MTT-S International Microwave Symposium Digest, Honolulu (June 2017), pp. 285-288.

[11] Wang, M., Lin, F., and Rais-Zadeh, M. (2016). A reconfigurable filter using germanium telluride phase change RF switches. IEEE Microwave Magazine 17 (12): 70-79.

[12] Bahl, I. J. and Gupta, K. C. (1980). Design of loaded-line p-i-n diode phase shifter circuits. IEEE Transactions on Microwave Theory and Techniques 28 (3): 219-224.

[13] Atwater, H. A. (1985). Circuit design of the loaded-line phase shifter. IEEE Transactions on Microwave Theory and Tech-niques 33 (7): 626-634.

[14] Garver, R. V. (1972). Broad-band diode phase shifters. IEEE Transactions on Microwave Theory and Techniques 20 (5): 314-323.

[15] Koul, S. K. and Bhat, B. Microwave and Millimeter Wave Phase Shifters, vol. 2. Norwood, MA: Artech House.

[16] Schiffman, J. B. (1958). A new class of broadband microwave 90° phase shifters. IRE Transactions on Microwave Theory and Techniques 6: 232-237.

[17] Free, C. E. and Aitchison, C. S. (1995). Improved analysis and design of coupled-line phase shifters. IEEE Transactions on Microwave Theory and Techniques 43 (9): 2126-2131.

[18] Wincza, K. and Gruszczynski, S. (2016). Broadband integrated 8 × 8 Butler matrix utilizing quadrature couplers and Schiffman phase shifters for multibeam antennas with broadside beam. IEEE Transactions on Microwave Theory and Techniques 64 (8): 2596-2604.

[19] Free, C. E. and Aitchison, C. S. (1985). Single PIN diode X-band phase shifter. Electronics Letters 21 (4): 128-129.

# 第 11 章 振 荡 器

## 11.1 引 言

用于发电的振荡器是微波与射频收发器的基础元件。现代高频系统中最常用的半导体振荡器类型是使用晶体管的正反馈电路，这种类型的振荡器是本章的重点。其他类型的振荡器通常仅限于相对特殊的应用，如使用微波二极管的振荡器。为了完整起见，简要介绍两种最常见的微波二极管振荡器：耿式二极管振荡器和雪崩二极管振荡器。

本章从讨论反馈电路起振的基本条件开始，特别强调了射频和低频微波应用中最常见的科尔皮兹（Colpitts）振荡器。本章还讨论了与振荡器的稳定性和调谐特别相关的晶体和变容二极管。除了介绍使用离散元件的振荡器外，还将讨论反馈在分布式电路中的应用，如混合微波电路中经常使用的介质谐振振荡器（DRO）。

由于许多通信电路和高频仪器通过使用频率合成器从稳定的低频（LF）源中获得所需的振荡频率，因此，本章还对基本合成器技术进行了回顾。

振荡器噪声是系统设计中的一个重要问题，尤其在接收机中。本章给出了振荡器噪声特性的一些基本信息，并简要介绍了利用延迟线和调谐电路测量振荡器噪声的技术。

## 11.2 反馈电路中的振荡标准

具有外部反馈的放大器可以用图 11.1 所示的模型表示，其中 $G(\omega)$ 为放大器开环增益，$\beta(\omega)$ 为反馈回路的增益。

输出电压 $V_o$ 可用输入电压 $V_i$ 表示为

$$V_o = G(\omega)V_i + \beta(\omega)G(\omega)V_o \tag{11.1}$$

式（11.1）可写为

$$\frac{V_o}{V_i} = \frac{G(\omega)}{1+\beta(\omega)G(\omega)} \tag{11.2}$$

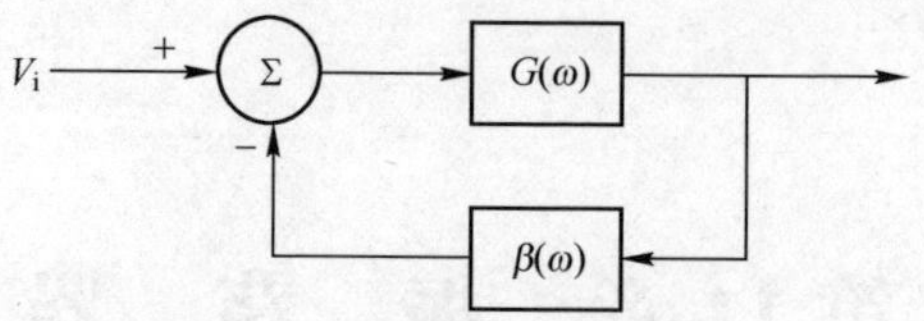


图 11.1　反馈放大器的模型

由式（11.2）可知，放大器的起振频率满足

$$\beta(\omega)G(\omega)=-1 \tag{11.3}$$

该条件意味着放大器将产生零输入条件下的输出。

式（11.3）定义的振荡条件可以写为

$$|\beta(\omega)G(\omega)|=-1$$
$$\angle(\beta(\omega)G(\omega))=n\pi \tag{11.4}$$

其中，$n$ 为奇数。

式（11.4）所述的条件称为振荡的奈奎斯特（Nyquist）准则。

## 11.3　射频（晶体管）振荡器

### 11.3.1　Colpitts 振荡器

图 11.2 描述了射频振荡器中具有典型反馈网络配置的共发射极晶体管放大器，为了清晰起见，图中省略了直流偏置分量。反馈网络由三个阻抗组成：$Z_1$、$Z_2$和 $Z_3$。$Z_1$和 $Z_3$形成一个分压器，允许部分输出信号反馈到晶体管的输入端（基极），$Z_2$与 $Z_1$、$Z_3$共同决定了反馈网络的传递函数，尤其是谐振频率。

将晶体管用其小信号等效电路代替，通过简单的电路分析[1]可知，当满足振荡的奈奎斯特条件时有

$$Z_1+Z_2+Z_3=0 \tag{11.5}$$

以及

$$\beta=\frac{Z_1}{Z_2} \tag{11.6}$$

其中，$\beta$ 为晶体管的基极-集电极电流增益。

反馈网络中的分量通常是纯电抗，所以式（11.5）和式（11.6）可以改写为

$$X_1+X_2+X_3=0 \tag{11.7}$$

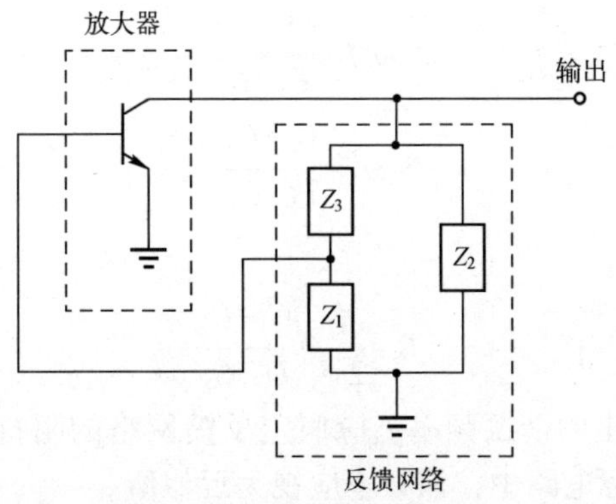


图 11.2　基本晶体管振荡器

和

$$\beta=\frac{X_1}{X_2} \tag{11.8}$$

由于$\beta$总是正的，从式（11.8）中可以推出，$X_1$和$X_2$必须具有相同的符号，即电抗必须都是容性的或者都是感性的。由式（11.7）可知，$X_3$必须具有与$X_1$和$X_2$相反的符号。如果$X_1$和$X_2$代表电容，$X_3$代表电感，则该电路称为Colpitts 振荡器，其基本布局如图 11.3 所示，其中为了清晰起见，图中省略了直流偏置元件。

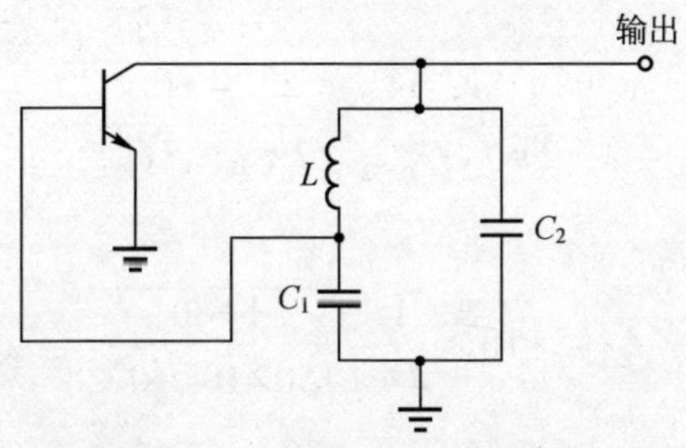


图 11.3　基本 Colpitts 振荡器

电路在反馈网络的谐振频率$f_0$处开始振荡，根据式（11.7）很容易推导出

$$X_1+X_2+X_3=0$$

$$-\mathrm{j}\frac{1}{\omega C_1}-\mathrm{j}\frac{1}{\omega C_2}+\mathrm{j}\omega L=0$$

$$\omega L=\frac{1}{\omega C_1}+\frac{1}{\omega C_2}$$

$$\omega^2 L=\frac{1}{C_1}+\frac{1}{C_2}$$

$$\omega^2=\frac{C_1+C_2}{LC_1C_2}$$

即

$$f_0=\frac{1}{2\pi}\sqrt{\frac{C_1+C_2}{LC_1C_2}} \tag{11.9}$$

式（11.9）给出的谐振频率$f_0$应假定反馈网络的阻抗不受其他无功源的影响，因此，在实际电路中，该频率应视为近似值。

**例 11.1** 用 NPN 晶体管设计一个 45MHz 的 Colpitts 振荡器，其基极-集电极电流增益为 80，反馈配置如图 11.3 所示。若电感值为 150nH，求 $C_1$和$C_2$的值。

**解：**

由式（11.8）可得

$$\beta=80=\frac{\dfrac{1}{\omega C_1}}{\dfrac{1}{\omega C_2}}=\frac{C_2}{C_1}$$

由式（11.9）可得

$$f_0=\frac{1}{2\pi}\sqrt{\frac{C_1+C_2}{LC_1C_2}}=\frac{1}{2\pi}\sqrt{\frac{1+C_2/C_1}{LC_2}}$$

即

$$45\times10^6=\frac{1}{2\pi}\sqrt{\frac{1+80}{150\times10^{-9}\times C_2}}$$

$$C_2=6.75\text{nF}$$

$$80=\frac{6.75\times10^{-9}}{C_1}$$

$$C_1=84.38\text{pF}$$

实际的 Colpitts 振荡器电路如图 11.4 所示，从图中可以清楚地看到电路中还有其他无功源，包括晶体管内部的无功源。

图 11.4 所示电路元器件的功能如下。

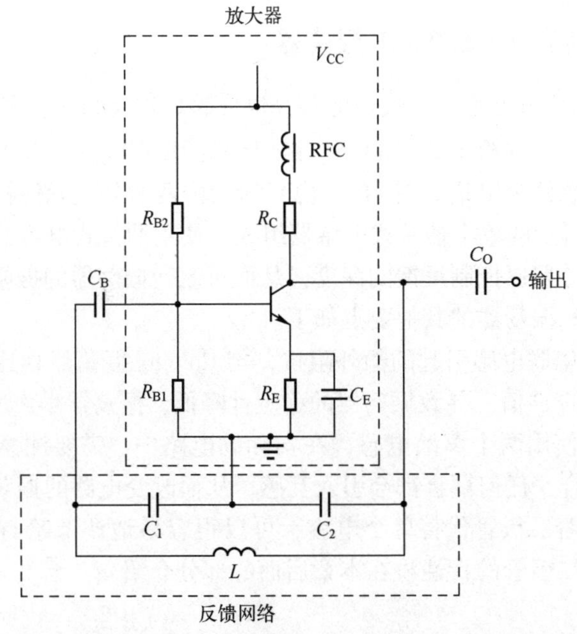


图 11.4　实际 Colpitts 振荡器

(1) 放大器。

$R_{B1}$和$R_{B2}$在直流电源电压$V_{cc}$上形成分压器，设置晶体管的直流基极偏压。

$R_E$和$R_C$分别为发射极和集电极电阻，起到设置直流工作点的作用。

RFC 是一种射频扼流圈，它具有低直流电阻和高射频电阻，可以阻止放大后的射频信号进入供电线路。

$C_E$是较大的旁路电容；对于射频信号来说，发射极接地，但允许在发射极上设置直流电压。

(2) 反馈网络。

由式（11.7）~式（11.9）所定义的振荡条件可知，$C_1$、$C_2$和$L$决定了电路是否会振荡。

(3) 隔直流电容器。

这些通常是几微法的大电容，功能如下。

① $C_B$：由于电感的直流阻抗较低，为了防止集电极上的直流电压通过电感$L$耦合到晶体管的基极，设置$C_B$是必要的。

② $C_O$：阻止集电极的直流电压出现在振荡器的输出端，从而保证输出信号为所需频率的正弦信号。

## 11.3.2　哈特利（Hartley）振荡器

令 $X_1$ 和 $X_2$ 代表电感，$X_3$ 代表电容，也可满足式（11.7）和式（11.8）所定义的振荡条件。这给出如图 11.5（a）所示的反馈配置，该振荡器称为哈特利振荡器。电感器可以是如图 11.5（a）所示的两个分立元件构成，也可以由图 11.5（b）所示的单个抽头式电感器组成。使用抽头式电容器的优点是，通过改变抽头的位置以控制反馈的深度，从而可改变振荡器的振幅。

关于哈特利振荡器的其他要点如下。

（1）由于串联电感引起的额外阻抗，与 Colpitts 振荡器相比，反馈网络通常有一个较低的 $Q$ 值，导致振荡器的稳定性降低，振荡器噪声增大。

（2）如果使用两个离散电感，在实际的电路中，需要注意两个电感元件之间的电磁耦合，任何耦合都会引入互感，从而改变电路的振荡条件。

（3）用变容二极管代替单个电容，可以很容易地调节哈特利振荡器的谐振频率（变容二极管的特性将在本章后面的部分介绍）。

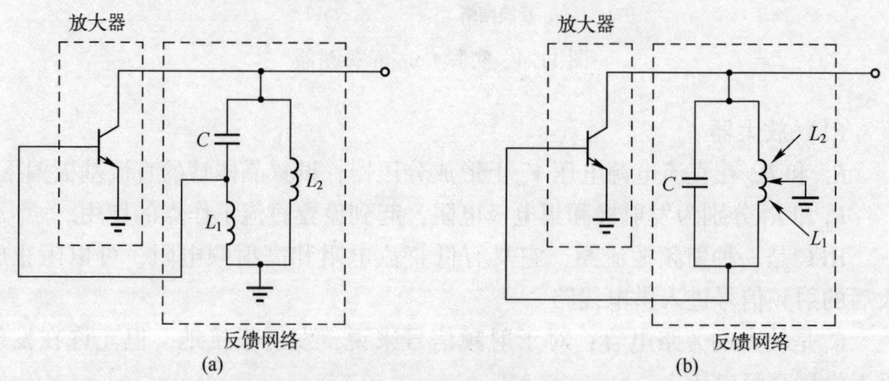


图 11.5　哈特利振荡器的反馈配置

（a）使用两个分立的电感；（b）使用一个抽头式电容器。

## 11.3.3　克拉普-古瑞特（Clapp-Gouriet）振荡器

对如图 11.4 所示的 Colpitts 振荡器进行简单修改，如图 11.6 所示，在反馈电感 $L$ 处串联一个小电容 $C_3$，即可形成克拉普-古瑞特振荡器。

克拉普-古瑞特振荡器的振荡频率由下式所得

$$f_0 = \frac{1}{2\pi\sqrt{LC_T}} \tag{11.10}$$

其中

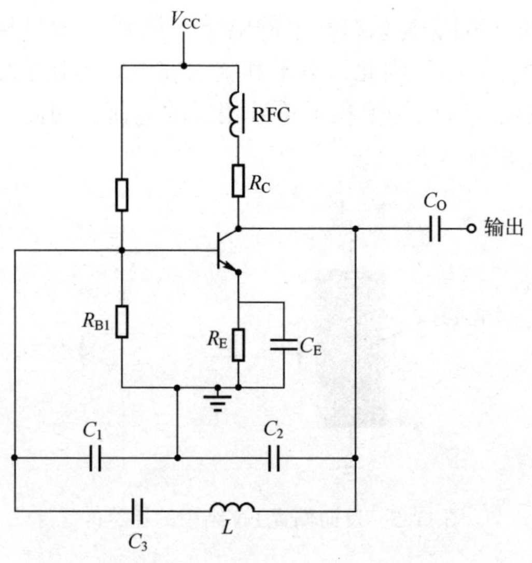


图 11.6 克拉普-古瑞特振荡器

$$C_T=\left(\frac{1}{C_1}+\frac{1}{C_2}+\frac{1}{C_3}\right)^{-1} \tag{11.11}$$

通常 $C_3$远小于 $C_1$和 $C_2$，因此

$$C_T \approx C_3 \tag{11.12}$$

并且

$$f_0 \approx \frac{1}{2\pi\sqrt{LC_3}} \tag{11.13}$$

克拉普-古瑞特振荡器中使用的反馈网络的优点是：保持 $C_1$和 $C_2$的值不变，用可变电容二极管代替 $C_3$对电路进行调谐（见第 11.4 节），从而实现最佳的反馈比。

可以看出，克拉普-古瑞特振荡器的反馈网络的 $Q$ 值比 Colpitts 振荡器更高，从而提高了振荡器的频率稳定性，降低了噪声。

## 11.4 压控振荡器

在反馈网络中使用压控电抗（如变容二极管）可控制具有 11.3 节所述反馈网络的晶体管振荡器的频率。变容二极管，也称调谐二极管，利用了反向偏置 PN 结的结电容因其偏置电压变化而变化的特性。变容二极管与简易信号二极管的唯一区别是：变容二极管的微电子结构经过修饰，以增强其结电容的变化。当PN结反向偏置时，N型材料中的电子扩散到P型材料，P型材料中的空穴则扩散到N型材料中。因此，电子和空穴在PN结附近发生复合，从而形成电荷耗尽区。在耗尽区两侧聚积了符号相反的电荷，因此可将其类似于一个平行板电容器，如图11.7所示。

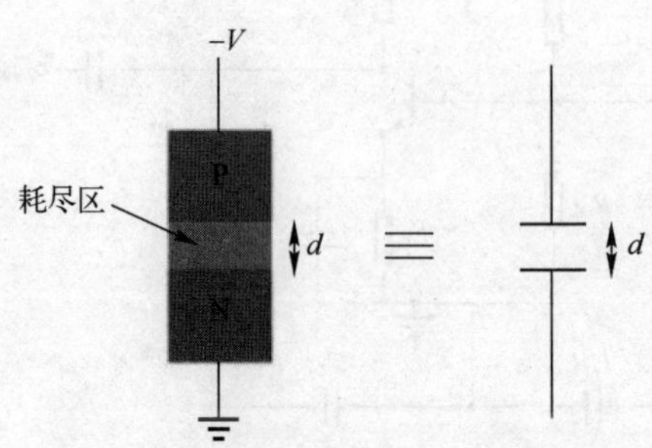


图11.7　反向偏置PN结中的耗尽区

因此，二极管的电容可简单等效为一个平行板电容器，即

$$C_{\mathrm{j}}=\frac{\varepsilon A}{d} \tag{11.14}$$

其中

$C_{\mathrm{j}}$——二极管电容；

$\varepsilon$——二极管半导体材料的介电常数；

$A$——PN结的截面积；

$d$——耗尽区的宽度。

由于$d$随反向偏置电压的大小而变化，因此结表现为压控电容。

二极管电容变化量随偏压变化的关系由下式[2]给出

$$C_{\mathrm{j}}(V_{\mathrm{R}})=\frac{C_0}{\left(1-\dfrac{V_{\mathrm{R}}}{\phi}\right)^{\gamma}} \tag{11.15}$$

其中

$C_{\mathrm{j}}(V_{\mathrm{R}})$——反向偏压为$V_{\mathrm{R}}$时的二极管电容；

$C_0$——零偏时的二极管电容；

$\phi$——结的扩散势，取决于结的材料，砷化镓（GaAs）：$\phi=1.3\mathrm{V}$，硅（Si）：$\phi=0.7\mathrm{V}$；

$\gamma$——一个依赖PN结类型的参数，突变结（P区和N区杂质密度恒定时形成突变结）：$\gamma=0.5$，梯度结（当杂质密度随离结距离线性减小时形成梯度结）：$\gamma=0.33$，超突变结（当杂质密度随离结距离线性增加时形成超突变结)：$\gamma \geqslant 1$。

具有超突变结的变容器对调谐压控振荡器（VCO）特别有用，因为与其他结相比，他们的电容随偏置电压的变化率更大，这意味着获得给定电容变化所需的电压变化会更少。

**例 11.2**　假设零偏电压下的结电容为 25pF，假设 $\phi = 0.7\text{V}$，求硅梯度结 PN 二极管结电容为 15pF 时所需要的反向偏压。

**解：**

硅二极管的 $\phi = 0.7\text{V}$，PN 结为梯度结，则 $\gamma = 0.33$，因此，利用式（11.15）可得

$$15 = \frac{25}{\left(1 - \frac{V_R}{0.7}\right)^{0.33}}$$

$$1 - \frac{V_R}{0.7} = \left(\frac{25}{15}\right)^{\frac{1}{0.33}} = 4.70$$

$$V_R = -2.59\text{V}$$

典型的超突变结变容二极管的电容-电压变化关系如图 11.8 所示，其中 $C_j$ 为结电容，$V_R$ 为反向偏压的幅值，图中还显示了零偏压下的结电容的值 $C_0$。

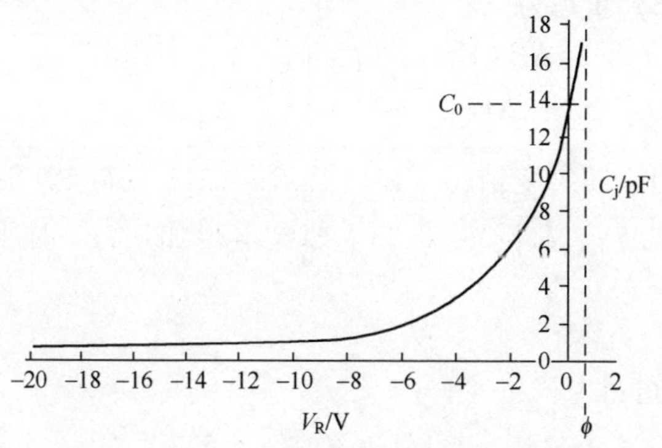


图 11.8　典型的超突变结变压二极管的电容-电压变化图

为了电路调谐的目的，图 11.8 所示特性的有效区域是 $V_R = 0\text{V}$ 和 $V_R = -6\text{V}$ 之间，因为在这个区域内，偏压的微小变化会产生显著的结电容变化。该区域在图 11.9 中进行了扩展，图中展示了在直流偏置电压 $V_b$ 上施加一微小变化对结电容的影响。

由于反向偏置的变化所引起的结电容的变化可由式（11.15）推出，即

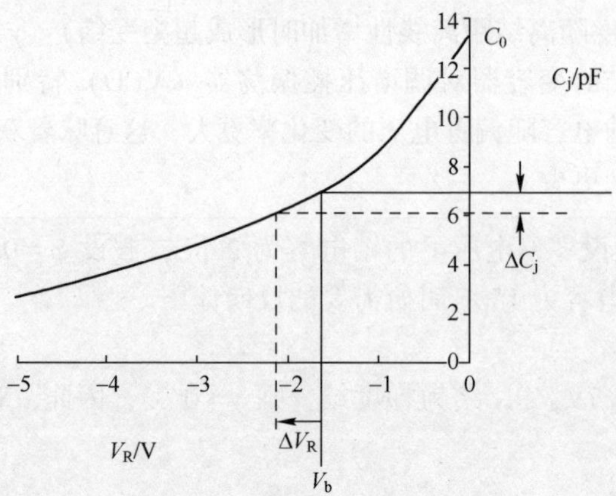


图 11.9　超突变结变容二极管的电容变化图（图 11.8 中的有效区域）

$$\frac{\mathrm{d}}{\mathrm{d}V_{\mathrm{R}}}\{C_{\mathrm{j}}(V_{\mathrm{R}})\}=C_{\mathrm{O}}(-\gamma)\left\{1-\frac{V_{\mathrm{R}}}{\phi}\right\}^{-\gamma-1}\left\{-\frac{1}{\phi}\right\}$$

$$=C_0\left\{\frac{\gamma}{\phi}\right\}\left\{1-\frac{V_{\mathrm{R}}}{\phi}\right\}^{-(\gamma+1)} \tag{11.16}$$

为了保持偏压变化与电容变化之间的准线性关系，变容二极管通常用于仅需微小电容变化的情况。对于在给定偏置电压 $V_b$ 下产生的微小变化量，我们可以将式（11.16）重写为

$$\frac{\Delta C_{\mathrm{j}}(V_{\mathrm{R}})}{\Delta V_{\mathrm{R}}}=C_0\left\{\frac{\gamma}{\phi}\right\}\left\{1-\frac{V_{\mathrm{R}}}{\phi}\right\}^{-(\gamma+1)} \tag{11.17}$$

**例 11.3**　具有超突变结（$\gamma=1.1$）且 $C_0=22$pF 的硅 PN 变容二极管的直流反向偏置为−4.5V，假设 $\phi=0.7$V，求电容增加 0.2pF 时所需的反向偏压的变化。

**解：**

由式（11.17）可得

$$\frac{0.2}{\Delta V_{\mathrm{R}}}=22\times\left(\frac{1.1}{0.7}\right)\times\left(1-\frac{(-4.5)}{0.7}\right)^{-(1.1+1)}$$

$$\Delta V_{\mathrm{R}}=0.39\mathrm{V}$$

变容二极管通常包含在反馈晶体管振荡器的谐振电路中，以便调谐振荡器的频率。下式给出了 LC 谐振电路的谐振频率

$$f_0=\frac{1}{2\pi\sqrt{LC}} \tag{11.18}$$

通过对式（11.18）进行微分，可确定谐振频率变化与电容变化之间的关系，以更方便的形式写出式（11.18），得出

$$f_0=\frac{1}{2\pi\sqrt{L}}C^{-0.5} \tag{11.19}$$

因此

$$\frac{\mathrm{d}f_0}{\mathrm{d}C}=-0.5\frac{1}{2\pi\sqrt{L}}C^{-1.5}=-0.5\frac{1}{2\pi\sqrt{LC}}C^{-1} \tag{11.20}$$

即

$$\frac{\mathrm{d}f_0}{\mathrm{d}C}=-0.5f_0C^{-1} \tag{11.21}$$

对于微小的电容变化量，可将式（11.21）重写为

$$\frac{\Delta f_0}{\Delta C}=-0.5\frac{f_0}{C} \tag{11.22}$$

式（11.22）又可整理为

$$\frac{|\Delta f_0|}{f_0}=\frac{|\Delta C|}{2C} \tag{11.23}$$

**例 11.4**　一谐振电路由 50μH 的电感和一个电容并联组成。

（1）谐振频率为 2MHz 时，电容的值为多少？

（2）考虑一带梯度结的硅变容二极管，$C_0=18\mathrm{pF}$，与电容器并联。要使谐振频率降低 3%，求所需直流偏压的大小。

**解：**

（1）由式（11.18）可知

$$f_0=\frac{1}{2\pi\sqrt{LC}}\Rightarrow 2\times10^6=\frac{1}{2\pi\sqrt{50\times10^{-6}\times C}}\Rightarrow C=126.62\mathrm{pF}$$

（2）新的谐振频率$(f_0)_{\mathrm{new}}$为

$$(f_0)_{\mathrm{new}}=2(1-0.03)\mathrm{MHz}=1.94\mathrm{MHz}$$

计算谐振频率为 1.94MHz 时所需的总电容 $C_{\mathrm{new}}$ 为

$$1.94\times10^6=\frac{1}{2\pi\sqrt{50\times10^{-6}\times C_{\mathrm{new}}}}\Rightarrow C_{\mathrm{new}}=134.57\mathrm{pF}$$

由于电容器和变容二极管并联，因此

$$134.57=126.62+C_{\mathrm{j}}\Rightarrow C_{\mathrm{j}}=7.95\mathrm{pF}$$

即求变容二极管的结电容为 7.95pF 时所对应的偏置电压：
由式（11.15）可得（其中 $\phi=0.7$，$\gamma=0.33$）：

$$7.95=\frac{18}{\left(1-\dfrac{V_{\mathrm{R}}}{0.7}\right)^{0.33}}$$

$$1-\frac{V_{\mathrm{R}}}{0.7}=\left(\frac{18}{7.95}\right)^{\frac{1}{0.33}}=11.90$$

$$V_{\mathrm{R}}=-7.63\mathrm{V}$$

图 11.10 显示了作为调谐元件的变容二极管在实际的 LC 谐振电路中的布局。图 11.10（a）中使用了单个反向偏置变容二极管，由于变容器的电容很小，因此，为了避免所需电感的值过大，还需一个填充电容 $C$。图 11.10（a）的电路中还包括一个隔直电容 $C_1$，以避免电感的直流电阻过低导致偏压电路短路。一般来说，$C_1 \gg C$，因此，$C_1$不会影响电路的谐振频率。通过在电路中使用两个背靠背连接的变容二极管，则无需隔直电容，如图 11.10（b）所示。注意到图 11.10（b）中的电路，由于电感的直流电阻较低，这意味着两个变容二极管有相同的直流反向偏置。

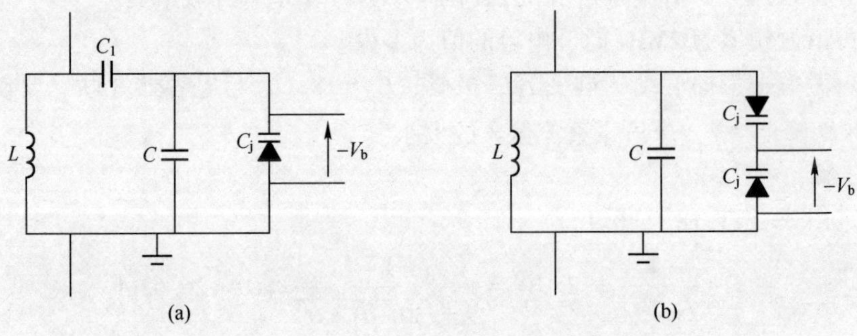


图 11.10　用于调谐谐振电路的可变电容二极管

（a）使用单个可变电容二极管；（b）使用两个背靠背的可变电容二极管。

如图 11.10 所示，使用两个背靠背二极管显然是有利的，并且能避免在电路中使用容抗相对较大的隔直电容器（$C_1$）。为了方便起见，变容二极管通常以背靠背的形式封装。图 11.10 展示了常规惯例中二极管阳极接地的电路，因此，正的 $V_{\mathrm{bias}}$电压可使二极管反向偏置。

图 11.10 所示的电路通常用于产生调频（FM）信号，其振荡（载波）频率周期性地偏离其标称值。可通过下式所示的偏压形式来实现：

$$V_{bias}=V_b+V_m\cos\omega_m t \tag{11.24}$$

直流电压 $V_b$用于设置载波频率，$V_m$用于设置频率偏差量。设计过程如例 11.5 所示。

**例 11.5**　如图 11.11 所示的谐振电路是振荡器的一部分，以产生载波频率为 5MHz，RMS 频率偏差为 5kHz 的 FM 信号。

使用具有梯度结的硅变容二极管，$C_0=43$pF，确定所需的 $V_b$和 $V_m$的值。

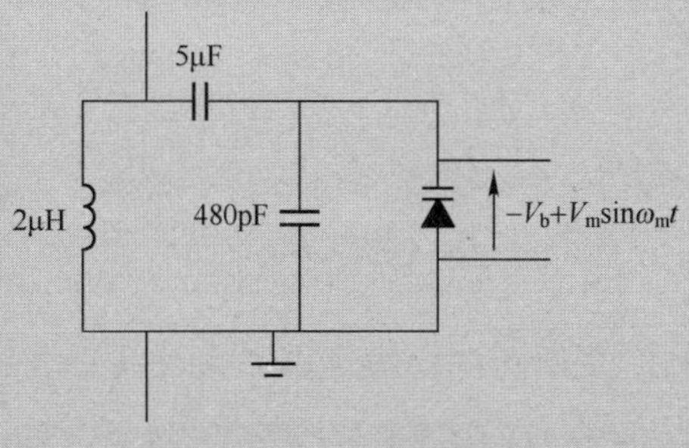


图 11.11　例 11.5 的电路

**解：**

注意到与填充电容和变容二极管电容相比，5μF 的隔直电容器容抗很大，因此可忽略不计。

**直流计算**

首先，找出谐振所需的总电容值：

$$f_0=\frac{1}{2\pi\sqrt{LC_T}}$$

即

$$5\times10^6=\frac{1}{2\pi\sqrt{2\times10^{-6}C_T}}\Rightarrow C_T=506.47\text{pF}$$

因此，为了达到谐振，变容二极管的电容必须为(506.47−480)pF=26.47pF。

由式（11.15）可得（其中二极管规格为 $\phi=0.7$，$\gamma=0.33$）：

$$26.47=\frac{43}{\left(1-\dfrac{V_R}{0.7}\right)^{0.33}}$$

$$V_R=-2.35\text{V}$$

**交流计算**

所要求的峰值频率偏差为

$$(\Delta f_0)_{pk}=\sqrt{2}\times5\times10^3\,\text{Hz}=7.07\times10^3\,\text{Hz}$$

利用式（11.23）可计算出峰值电容偏差：

$$\frac{7.07\times10^3}{5\times10^6}=\frac{(\Delta C)_{pk}}{2\times506.47}$$

$$(\Delta C)_{pk}=1.43\text{pF}$$

$V_m$是产生峰值电容变化的峰值交流电压，且 $V_R=-V_b=-2.35\text{V}$，因此，将其代入式（11.17）可得

$$\frac{1.43}{V_m}=43\times\left(\frac{0.33}{0.7}\right)\times\left(1-\frac{(-2.35)}{0.7}\right)^{-(0.33+1)}$$

$$V_m=499.6\text{mV}$$

**例 11.6**　如图 11.12 所示的谐振电路被用作振荡器的一部分，以产生 FM 信号。

假设采用 GaAs 突变结变容二极管，$C_0=27\text{pF}$，确定调频信号的载频和均方根（RMS）频率偏差。

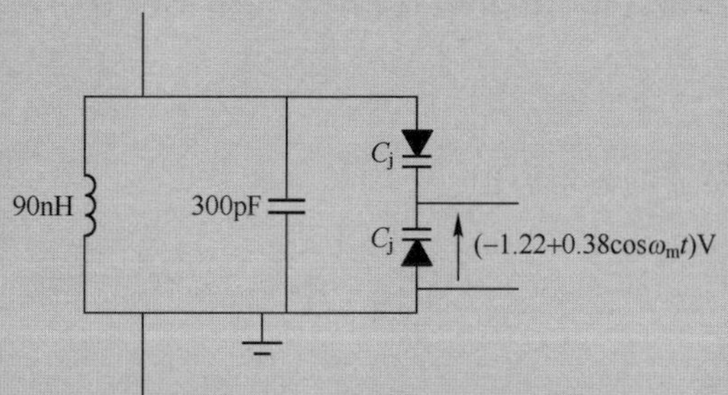


图 11.12　例 11.6 的电路

**解：**

**直流计算**

利用式（11.15）计算直流偏压为−1.22V 下的每个二极管的结电容（其中二极管规格为 $\phi=1.3$，$\gamma=0.5$）：

$$C_j=\frac{27}{\left(1-\frac{(-1.22)}{1.3}\right)^{0.5}}\text{pF}$$

$$=19.39\text{pF}$$

并联电路的总电容为

$$C_{\mathrm{T}}=\left(300+\frac{19.39}{2}\right)\mathrm{pF}=309.70\mathrm{pF}$$

谐振频率（载波频率）为

$$f_0=\frac{1}{2\pi\sqrt{LC_{\mathrm{T}}}}$$

$$=\frac{1}{2\pi\sqrt{90\times10^{-9}\times309.70\times10^{-12}}}\mathrm{Hz}=30.14\mathrm{MHz}$$

**交流计算**

利用式（11.17）求各二极管中交流电压峰值为 0.38 时的峰值电容变化：

$$\frac{(\Delta C_{\mathrm{j}})_{\mathrm{pk}}}{0.38}=27\times\left(\frac{0.5}{1.3}\right)\times\left(1-\frac{(-1.22)}{1.3}\right)^{-(0.5+1)}\mathrm{pF/V}$$

$$(\Delta C_{\mathrm{j}})_{\mathrm{pk}}=1.46\mathrm{pF}$$

每一个二极管的峰值电容变化为 1.46pF，由于两个二极管串联，因此总峰值电容变化为

$$(\Delta C_{\mathrm{T}})_{\mathrm{pk}}=\frac{1.46}{2}\mathrm{pF}=0.73\mathrm{pF}$$

利用式（11.23）求得峰值频率偏差：

$$\frac{(\Delta f_0)_{\mathrm{pk}}}{f_0}=\frac{(\Delta C_{\mathrm{T}})_{\mathrm{pk}}}{2C_{\mathrm{T}}}$$

$$\frac{(\Delta f_0)_{\mathrm{pk}}}{30.14\times10^6}=\frac{(1.46\times10^{-12})}{2\times309.70\times10^{-12}}$$

$$(\Delta f_0)_{\mathrm{pk}}=71.04\mathrm{kHz}$$

RMS 频率偏差为

$$(\Delta f_0)_{\mathrm{RMS}}=\frac{71.04}{\sqrt{2}}\mathrm{kHz}=50.23\mathrm{kHz}$$

由图 11.8 可知，变容二极管的电容与调谐电压之间存在非线性关系。为了实现谐振电路的准线性调谐，变容二极管通常采用较小的调制电压进行偏置。这表明具有变容频率控制的振荡器只能在有限的频率范围内调谐。频率合成器（在 11.6 节中描述）通常可用于为振荡器提供宽带频率性能。

到目前为止，我们认为变容二极管是理想的，在电路中只贡献其电容。实际上，对于给定的反向偏压，变容二极管可用如图 11.13 所示的等效电路

表示。

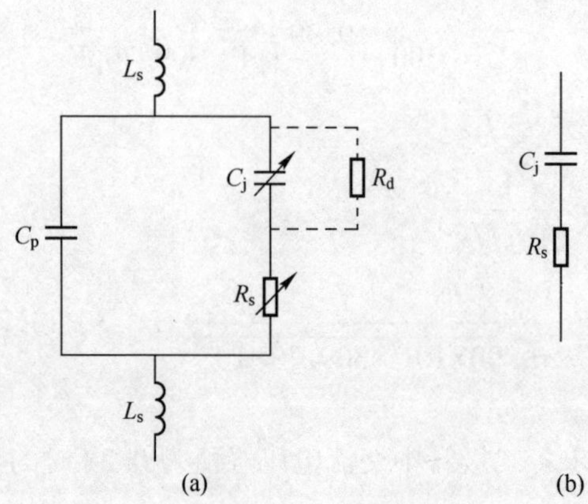


图 11.13　反向偏置变容二极管的等效电路
(a) 完整的等效电路；(b) 简化的等效电路。

如图 11.13 所示，由于耗尽层宽度的变化而产生的可变电容为 $C_j$，掺杂的 N 区和 P 区的电阻为 $R_S$。注意到当耗尽层宽度随反向偏压变化时，$C_j$ 会随之而变，且由于掺杂半导体的体积发生了变化，$R_S$ 也会随之而变。电路中包括与耗尽层相关的分流电阻 $R_d$，但因其阻值非常高，通常可以忽略，因此，在等效电路中用虚线连接。完整的等效电路中还用 $C_P$ 表示半导体的封装电容，$L_S$ 表示各引线的电感。忽略封装寄生效应，变容二极管可以用如图 11.13 (b) 所示的简化等效电路表示，在给定反向偏压时，变容二极管的质量因子 $Q$ 可以简单定义为 $X_C$

$$Q=\frac{X_C}{R_S}=\frac{1}{R_S\omega C_j} \tag{11.25}$$

# 11.5　晶控振荡器

## 11.5.1　晶振

在反馈网络中加入晶体可以极大地提高晶体管振荡器的频率稳定性。晶体像反馈路径中的谐振电路，晶体的特性赋予它非常高的 $Q$ 值因子，使振荡器具有非常高的频率稳定性和相应的低噪声。石英是最常用的晶振材料，尽管人工或合成石英已经在很大程度上取代了电子元件中的天然石英。

如图 11.14 (a) 所示，在一个纯晶体薄片的两个平面上金属化形成电极，构成类似电容器的结构，就构成了晶振。图 11.14（b）是晶振的标准电路符号。

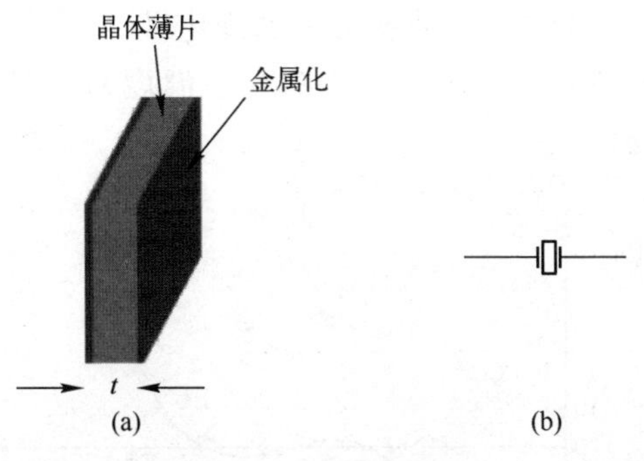


图 11.14　晶振元件
（a）基本结构；（b）电路符号。

决定晶振性质的关键是其晶片相对于晶体轴的方向，特别是其温度稳定性。石英具有六角立方结构，RF 石英晶振最常见的切割方式是 AT 切割，切割角度为偏离 $z$ 轴 35°15′（光轴），如图 11.15 所示。在切割方向上仅几分的弧度变化对晶体振荡器的温度稳定性有非常显著的影响。

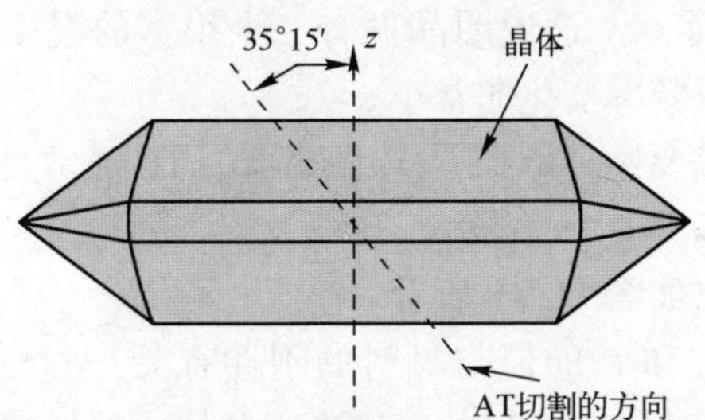


图 11.15　石英晶体的 AT 切割

石英是一种具有压电特性的材料，当电信号施加在材料上时会产生机械振动。对于电子晶体，其振动频率取决于切割的厚度 $t$、材料的刚性和切割的方向。虽然现代制造技术可以制造出谐振频率超过 200MHz 的晶振，但需要更薄的切片以确定晶振的最高频率。一些晶振利用泛音或谐波来实现更高的谐振频率，但通常这些晶振的性能不如使用基本振荡模式的晶振。

在电子设计中采用晶振作为谐振电路的主要原因之一是其振荡频率随温度的变化非常稳定。温度稳定性用温度系数 TC 表示，即

$$\mathrm{TC}=\frac{\Delta f_0}{f_0} \tag{11.26}$$

其中

$f_0$——谐振频率；

$\Delta f_0$——单位温度变化引起的谐振频率的变化量。

TC 通常以 ppm（百万分之一）为单位。温度系数是温度的三次函数关系，如图 11.16 所示。

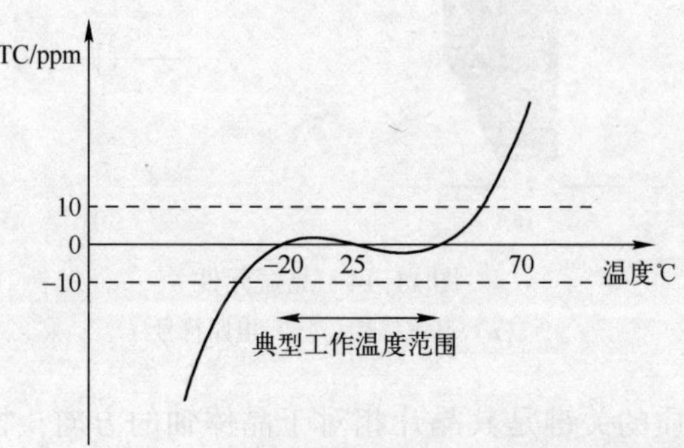


图 11.16 $\phi=35°15'$，AT 切割的石英晶体的 TC 随温度的典型变化

从图 11.16 可以看出，温度系数的响应在 25℃左右有一个拐点，在−20℃和 70℃左右有两个零点。这说明晶振有一个很宽的温度范围，大约为 90℃，晶体在该范围内谐振频率变化非常小。

为说明晶振的重要性，例如，LC 振荡器的 TC 通常是几百 ppm，而晶振的 TC 通常小于 10ppm。

晶振的等效电路如图 11.17 所示。

等效电路中的 $L$ 和 $C$ 的值与材料的刚性有关，$R_S$ 与机械阻尼有关。由于 $L$、$C$ 和 $R_S$ 的值取决于晶体内的机械运动，因此，它们也称为运动参数。$C_0$ 表示晶振结构的静电容，这种电容可以简单地看作是图 11.14（a）所示的由石英电介质与两个电极组成的电容。其他横跨结构的边缘电容也包括在 $C_0$ 中。通常 $C$ 的值很小，在 fF 量级，而 $L$ 很大，通常超过 1H。

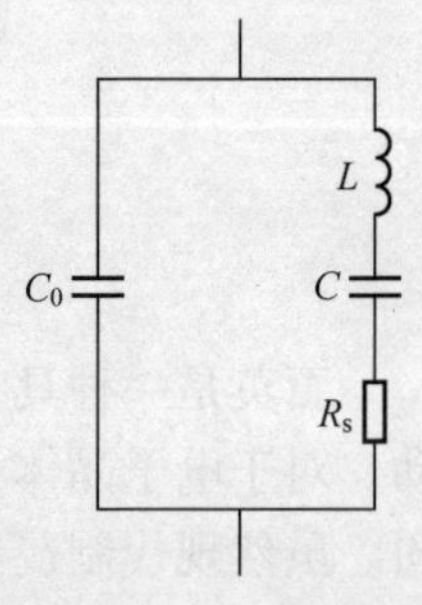


图 11.17 晶振的等效电路

一个晶振有两个基本谐振频率，即 $f_S$ 和 $f_P$，其中阻抗最小的串联谐振频率 $f_s$ 的表达式为

$$f_S=\frac{1}{2\pi\sqrt{LC}} \tag{11.27}$$

如图 11.17 所示，通过确定并联电路的阻抗可以得到阻抗最大时的并联谐振频率（反谐振频率）$f_P$，经过简单但有些冗长的电路分析可推出并行谐振频率表达式[1]

$$f_P=\frac{1}{2\pi\sqrt{L}C_T} \tag{11.28}$$

其中

$$C_T=\frac{CC_0}{C+C_0} \tag{11.29}$$

联立式（11.27）和式（11.28）可得

$$\begin{aligned}\frac{f_S}{f_P}&=\frac{1/\sqrt{C}}{1/\sqrt{C_T}}=\sqrt{\frac{C_T}{C}}\\&=\sqrt{\frac{CC_0}{C+C_0}\times\frac{1}{C}}=\sqrt{\frac{C_0}{C+C_0}}\end{aligned}$$

因此

$$\begin{aligned}f_P&=f_S\left(\frac{C_0}{C+C_0}\right)^{-0.5}=f_S\left(\frac{1}{1+C/C_0}\right)^{-0.5}\\&=f_S\left(\left[1+\frac{C}{C_0}\right]^{-1}\right)^{-0.5}=f_S\left(1+\frac{C}{C_0}\right)^{0.5}\end{aligned}$$

利用二项式展开，由于到 $C/C_0$ 非常小，因此

$$\left(1+\frac{C}{C_0}\right)^{0.5}=1+0.5\,\frac{C}{C_0}$$

则

$$f_P=f_S\left(1+\frac{0.5C}{C_0}\right) \tag{11.30}$$

由于 $C/C_0$ 很小，因此 $f_P$ 和 $f_S$ 近似相等。图 11.18 显示了 $R_S=0$ 时，在两个谐振频率附近，晶振的阻抗与频率的典型变化关系。阻抗-频率图的形状主要由串联谐振电路的电抗在串联谐振频率下为零，而在并联谐振频率下非常大（理论上无穷大）推断而来。

从图 11.18 可以看出，串联谐振频率和并联谐振频率之间的感抗变化非常剧烈，这是晶控振荡器中使用的晶体的正常工作频率范围。在例 11.7 中可知，通常情况下，$f_S$ 和 $f_P$ 的频率差相对于谐振频率而言是很小的，而在例 11.8 中可知，晶振的 $Q$ 值因子非常大。

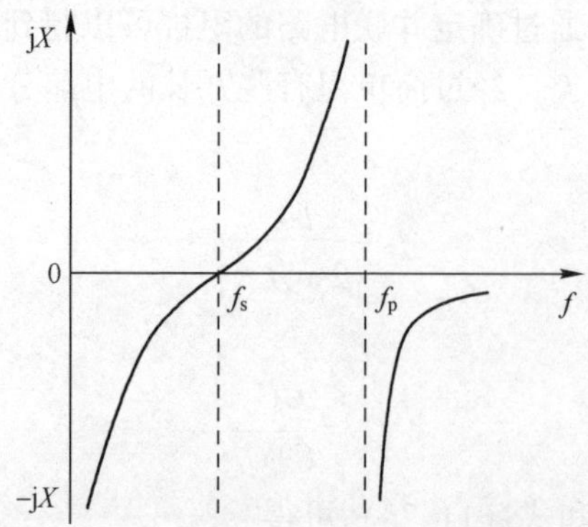


图 11.18　$R_S=0$ 时，晶体电抗在基本共振附近的变化

**例 11.7**　并联谐振频率为 8.8MHz 的石英晶振参数为：$C=26\text{fF}$，$C_0=9.6\text{pF}$。计算串联谐振频率和并联谐振频率之间的差。

**解：**

利用式（11.30）可计算串联和并联谐振频率

$$f_P=f_S\left(1+\frac{0.5C}{C_0}\right)$$

代入已知参数的值

$$8.8\times10^6=f_S\left(1+\frac{0.5\times0.026}{9.6}\right)$$

$$f_S=8.788\text{MHz}$$

因此，串联谐振频率与并联谐振频率之差为

$$\Delta f=f_P-f_S=(8.8-8.788)\text{MHz}=12\text{kHz}$$

**例 11.8**　某 18.6MHz 的晶振参数为：$R=8.2\Omega$，$C=29\text{fF}$，$C_0=7\text{pF}$，求该晶振的 $Q$ 值因子。

**解：**

由电容的标准 $Q$ 值定义可得

$$Q=\frac{1}{\omega C_T R}$$

由式（11.29）可得

$$C_T=\frac{CC_0}{C+C_0}$$

由于 $C \ll C_0$，因此可以令

$$C_T = C$$

则

$$Q = \frac{1}{\omega CR} = \frac{1}{2\pi \times 18.6 \times 10^6 \times 29 \times 10^{-15} \times 8.2} = 35,978.17$$

## 11.5.2　晶控振荡器

晶振的 $Q$ 值远高于 LC 谐振电路，因此，可将其集成到振荡器的反馈电路中，从而显著提高振荡器的频率稳定性，降低噪声。如图 11.19 所示，制作晶控振荡器的常用技术之一是用合适的晶振替换 Colpitts 振荡器反馈电路中的电感。

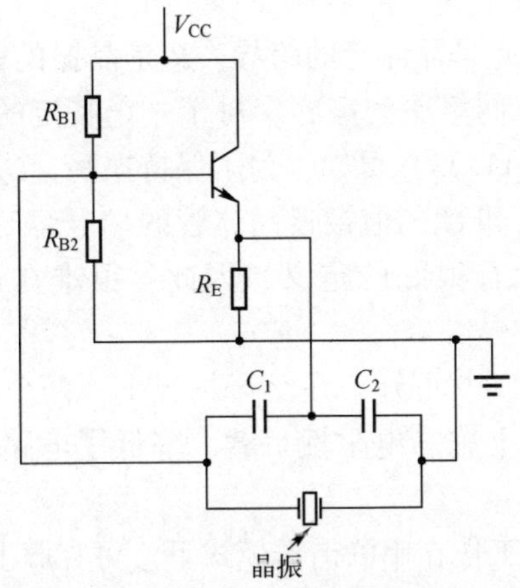


图 11.19　晶振控制振荡器

在图 11.19 所示的电路中，晶振工作在并联模式，表现为一个有效电感。重要的是理解晶振的谐振频率将受到电路其余部分所呈现的负载电容的影响。图 11.19 所示的电路中，负载电容 $C_L$ 的表达式为

$$C_L = \frac{C_1 C_2}{C_1 + C_2} \tag{11.31}$$

晶体制造商将晶体调整为在特定频率下工作时主要是为特定的负载电容所做的，因此，电路设计人员为特定应用订购晶振时，必须指定负载电容。进一步可知，$C_1$ 和 $C_2$ 的值不包括晶体管中的端电容，并且这些值可以显著地改变

RF 频谱中较高频率下的负载电容。

在一些设计中，可变电容与晶振串联使用，以将负载电容调节到正确的值，该电路类似于前面讨论过的 Clapp 振荡器。

晶控振荡器本质上是固定频率的器件，但是通过将可变电容（如变容二极管）并联到晶振上，可实现有限的频率调谐。这使得并联谐振频率被拉向串联谐振频率，如图 11.18 所示，$f_s$和$f_p$之差称为振荡器的牵引范围。由式（11.30）可得，振荡器的牵引范围$f_p-f_s$可以写成

$$f_p-f_s=\frac{0.5C}{C_0}f_s \tag{11.32}$$

由于 $C\ll C_0$，因此振荡器的牵引范围以及调谐范围通常都很小。

使用并联模式的晶控振荡器存在两个问题，如图 11.19 所示。

(1) 可以证明，对于工作在并联模式下的晶控振荡器，必须满足以下振荡条件：

$$g_m\geqslant 4C_1C_2\pi^2f^2R \tag{11.33}$$

如图 11.19 所示，$g_m$是晶体管的跨导，$R$ 是晶振的串联电阻，$f$ 是振荡器的频率，$C_1$和 $C_2$是反馈网络中的电容。对于一个特定的晶体管，其跨导的值是固定不变的，由式（11.33）可知，为了保持振荡，$C_1$和 $C_2$需随着频率的增加而降低。然而，当 $C_1$和 $C_2$的值接近晶体管的端电容时，振荡器的稳定性下降，因为这些端电容没有很好的定义，因此，很难在设计中确定一个具体的值。

(2) 通过检查图 11.19 可知，在交流情况下，两个偏置电阻 $R_{B1}$ 和 $R_{B2}$ 与晶振有效并联。在晶振上施加电阻性负载，降低了电路的 $Q$ 值，从而降低了振荡器的频率稳定性。

通过连接晶振使其工作在串联谐振模式下，可克服上述并联模式中晶控振荡器存在的两个问题。使用串联谐振晶体的振荡器被称为皮尔斯（Pierce）振荡器，大多数 RF 晶控振荡器都是这样设计的。Pierce 振荡器和 Colpitts 振荡器的电路相似，主要区别在于反馈网络中接地点的位置。为了阐明这一点，Pierce 和 Colpitts 晶控振荡器的例子如图 11.20 所示，其中虚线标识的是电路的反馈路径。

从图 11.20 可以看出，晶振直接位于 Pierce 振荡器的反馈路径上，因此，其工作在串联谐振模式。在 Colpitts 振荡器中，晶振并联在反馈支路上，因此，电路工作在并联或反谐振模式。然而，在串联谐振模式下使用晶振的振荡器，其电流消耗往往更高，在为振荡器电路选择特定的拓扑结构时必须考虑这一点。

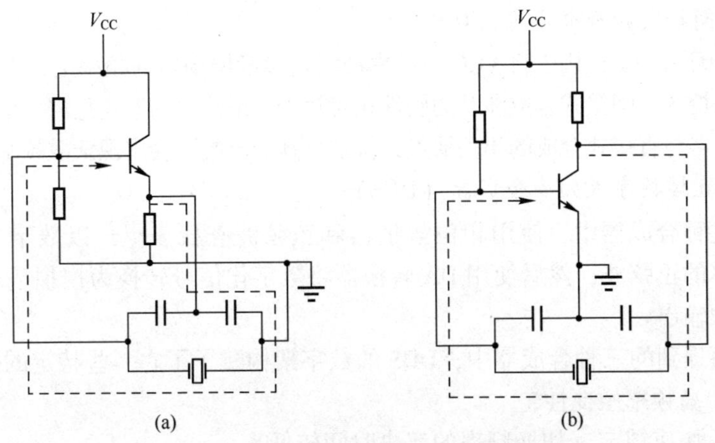


图 11.20　Pierce 振荡器和 Colpitts 振荡器

# 11.6　频率合成器

在 11.5 节中，我们看到了如何通过使用电子晶振来显著提高振荡器的频率稳定性。然而，晶振有严重的频率限制，晶振在基本模式下工作的上限频率约为 200MHz。因此，大多数 RF 和微波设备与仪器会使用频率合成器。频率合成器是一个电子子系统，它在输出端产生数字可控的频率。输出频率由一个非常稳定的低频源导出或合成，使输出频率具有与低频源相同的稳定特性。从本质上讲，现代频率合成器的设计有三种方法。

1）直接式频率合成器（DS）

通过使用乘法器、除法器和混频器直接对参考振荡器（通常是晶控低频源振荡器）的输出进行处理，以产生所需的射频频率。乘法器和除法器通常是数字控制器件，以提供可编程的输出频率。

直接式频率合成器的优点如下：

（1）快速频率切换；

（2）非常好的频率分辨率；

（3）低相位噪声。

直接式频率合成器的缺点如下：

（1）硬件电路复杂；

（2）成本高；

（3）输出端容易产生杂散频率。

2）间接式频率合成器（IDS）

锁相环（PLL）用于将 VCO 的频率锁定到参考振荡器的频率上，参考振荡器通常是晶控源。间接式合成涉及的硬件相对较少，最简单的形式只需一个环路，它克服了许多与直接式合成的相关缺点，特别是其输出端不会出现杂散频率。

3）直接数字式频率合成器（DDS）

在这种合成器中，使用相位累加器和正弦波查找表[3]，以数字方式构造所需频率的正弦波，然后使用 DA 转换器将数字化信号转换为模拟信号，从而提供射频输出。

上面提到的三种合成器中，DDS 的数字架构赋予了它一些特定的优势：

（1）高频率敏捷性；

（2）快速锁定（切换频率的解决时间较低）；

（3）精准调谐；

（4）非常精细的频率调谐，可到纳赫兹级别；

（5）低相位噪声（唯一明显的噪声是时钟抖动）；

（6）低功耗；

（7）有利于设计集成电路的紧凑型。

这些优点使得 DDS 器件在实际系统中越来越受欢迎。然而，DDS 设备的最高输出频率受到数字电路速度的限制，特别是最高可用时钟频率。目前，商用 DDS 集成电路的最高输出频率约为 500MHz。因此，射频和微波应用的主要合成器技术仍然是间接式频率合成器，这将是本节其余部分的主要重点。

## 11.6.1 锁相环

间接式频率合成器的基本原理与锁相环的相同，在考虑实际的 IDS 电路之前，将回顾锁相环电路的基本行为。

### 11.6.1.1 锁相环原理

锁相环的主要功能是将 VCO 的频率和相位锁定到一个非常稳定的参考振荡器上。为了解释基本操作，图 11.21 所示的电路表示最简单的锁相环。

在这个电路中，VCO 的输出连接到相位比较器的其中一个输入端，参考源的输出（通常是一个非常稳定的晶体振荡器）连接到相位比较器的另一个输入端。相位比较器的功能是提供与两个输入信号之间的相位差成比例的输出电压。频率是相位的变化率，相位比较器会输出与两个输入信号间的频率差成比例的电压。因此，该电路将产生一个输出电压 $V_C$，该电压与 VCO 和参考振荡器之间的频率差成正比。这个电压有时被称为误差电压。低通滤波器（LPF）可过滤相位比较器中任何不需要的频率。LPF 输出端输出所需的误差

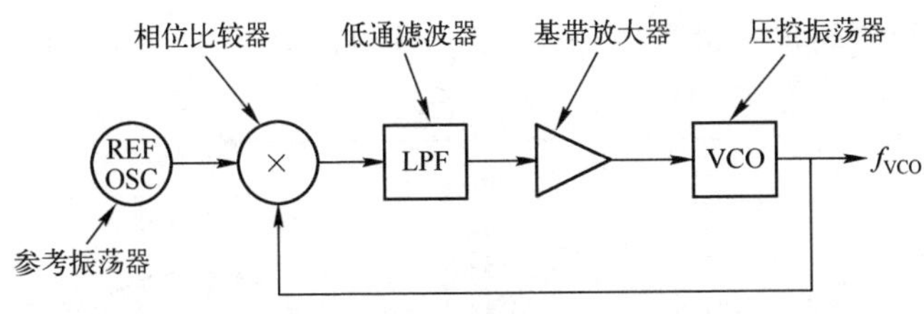


图 11.21　基本锁相环电路

电压，并将其连接到 VCO 的频率控制输入端。为了增加电路的灵敏度，通常在 LPF 和 VCO 之间加入一个放大器，以增大 $V_C$ 电平。选择 $V_C$ 的极性，使得 VCO 的频率总是更加接近参考源的频率。因此，VCO 频率的任何变化都将产生一个误差电压，该电压将驱动 VCO 频率接近参考振荡器的频率。当 VCO 的频率和相位与参考源的相同时，误差电压为零，称该电路处于锁定状态。

#### 11.6.1.2　锁相环的主要组成部分

(1) 相位比较器。

使用模拟或数字技术可实现鉴相器功能。虽然大多数现代 RF 鉴相器是由数字技术构建的，但是使用如图 11.22 所示的理想模拟鉴相器可以方便地解释其基本原理。

如图 11.22 所示的相位比较器包含一个理想的乘法器，它有两个输入电压 $v_i$ 和 $v_r$，输出端接到 LPF。乘法器的输出为

$$\begin{aligned} v_m &= \sin(\omega_i t+\phi_i)\cos(\omega_r t+\phi_r)\,\mathrm{V} \\ &= 0.5[\sin(\omega_i t+\phi_i+\omega_r t+\phi_r)+\sin(\omega_i t+\phi_i-\omega_r t-\phi_r)] \end{aligned}$$

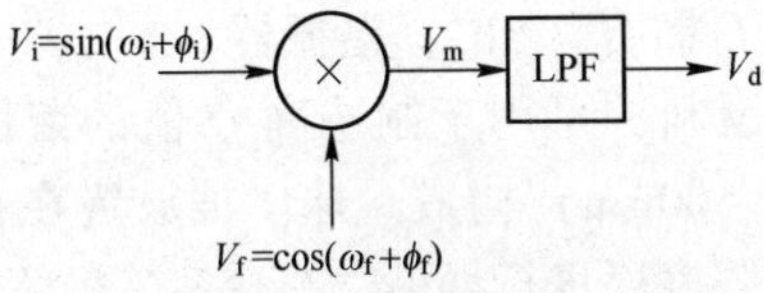


图 11.22　模拟相位比较器

当环路被锁住时，$\omega_i=\omega_r$，则

$$v_m=0.5[\sin(2\omega_i t+\phi_i+\phi_r)+\sin(\phi_i-\phi_r)] \tag{11.34}$$

LPF 将过滤高频项，剩下 $v_d$ 为

$$v_d=0.5\sin(\phi_i-\phi_r) \tag{11.35}$$

对于 $\phi_i$ 和 $\phi_r$ 之间的微小差异，有

$$v_d\approx 0.5(\phi_i-\phi_r)=0.5\theta_e \tag{11.36}$$

其中

$$\theta_e=\phi_i-\phi_r$$

相位比较器的响应如图 11.23 所示，其中 $v_d=0$ 附近为响应的准线性区域。

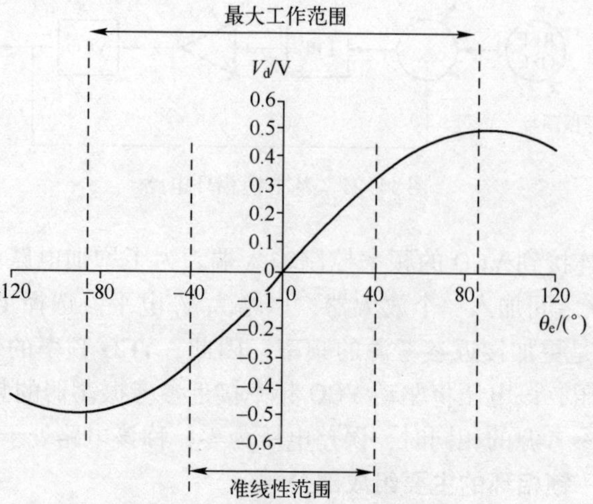

图 11.23　模拟相位比较器的响应

由于锁相环可提供正的或者负的控制电压，因此，最大工作范围等于鉴相器周期的一半。通常，鉴相器工作在线性或准线性范围，其中鉴相器的响应为

$$v_d = k_{PD}\theta_e \tag{11.37}$$

其中，$k_{PD}$ 为相位比较器的传递函数或者增益。

（2）压控振荡器。

VCO 是其输出频率取决于外部直流偏置电压大小的振荡器。现有各种电路技术可用于振荡器的电压调谐，但在 RF 和微波频段中最常用的两种方法是使用变容二极管或钇铁石榴石（YIG）谐振器。

YIG 是一种铁磁性材料，可用于制造高 $Q$ 值的谐振器。谐振器由单晶材料的小球体（直径约为 500μm）构成。球体被放置在直流磁场中，通过改变直流电流来调节磁场的强度以进行调谐。与变容二极管振荡器相比，虽然 YIG 调谐振荡器，可以在更大的频率范围内调谐但调谐速度不如变容二极管振荡器快，谐振腔的高 $Q$ 值也意味着 YIG 调谐振荡器表现出低相位噪声，这将在第 14 章中定义。低相位噪声和宽频带使 YIG 调谐振荡器对于高质量、宽频带乃至毫米波段的信号源非常有吸引力。Stein 等人[4] 和 van Delden 等人[5] 最近的两篇论文反映了基于 YIG 调谐的 VCOs 的优异性能。Stein 报告了一个 6-12 YIG 调谐振荡器的结果，该振荡器在载波 100kHz 处测量的相位噪声值小于 -130dBc/Hz。Stein 还展示了一个最新的比较，表明这比目前在测量频率范围内工作的其他 VCO 更好。van Delden 报告的工作表明，YIG 调谐振荡器可以在毫米波频率范围内提供非常好的宽带性能；测量结果显示：调谐范围为 32～

48GHz 时，测量到的相位噪声小于-119dBc/Hz，在载波 100kHz 处的频率测量，最高可达 42GHz。这项工作的另一个有趣的方面是，YIG 已经成功地在 SiGe MMIC 上的两个键垫之间耦合。

典型的、理想化的压控振荡器的电压-频率传递特性如图 11.24 所示。该特性显示了频率随电压的线性变化，VCO 设计中最困难的问题之一是实现所需的线性程度。

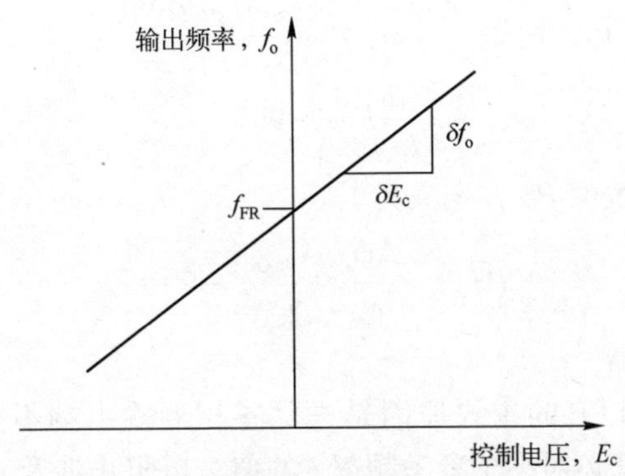


图 11.24　压控振荡器的理想电压-频率传递特性

对于具有频率偏置特性的振荡器，如图 11.24 所示，偏置电压的正增量导致振荡器频率的增加。当偏置电压为零时，振荡器产生其自由运行频率 $f_{FR}$。在本例中，传输特性为线性时，斜率 $k_{VCO}$ 为

$$k_{VCO}=\frac{\delta f_o}{\delta E_c} \tag{11.38}$$

其中

$k_{VCO}$——VCO 的输入输出传递函数，单位为 Hz/V；

$E_c$——控制电压。

因此，振荡器的频率通常可以写成

$$f_o=f_{FR}+k_{VCO}E_c \tag{11.39}$$

其中，$E_c$ 为偏置或控制电压的特定值。

相应的相位 $\phi_i(t)$ 为

$$\begin{aligned}\phi_i(t) &= 2\pi\int(f_o + k_{VCO}E_c)\,dt \\ &= 2\pi f_o t + 2\pi\phi k_{VCO}\int E_c\,dt + \theta_0\end{aligned} \tag{11.40}$$

其中，$\theta_0$ 为一个积分常数，其值对应 $t=0$ 时的相位。

不失一般性地，我们可以假设 $t=0$ 时相位为 0，因此，由控制电压 $E_c$ 引起

的相位偏差 $\Delta\phi_i$ 为

$$\Delta\phi_i = 2\pi k_{VCO} \int E_c \mathrm{d}t \tag{11.41}$$

如果控制电压为正弦函数，则 $E_c = E_{cm}\sin\omega_c t$，且有

$$\begin{aligned}\Delta\phi_i &= \frac{2\pi k_{VCO}}{\omega_c}(-E_{cm}\cos\omega_c t)\\ &= \frac{2\pi k_{VCO}}{\omega_c}E_{cm}\sin(\omega_c t-90°)\\ &= \frac{k_{VCO}}{f_c}E_c\angle-90°\end{aligned} \tag{11.42}$$

VCO 的相位灵敏度 $PS_{VCO}$定义为

$$PS_{VCO} = \frac{\Delta\phi_i}{e_c} = \frac{k_{VCO}}{f_c}\angle-90° \tag{11.43}$$

(3) 低通滤波器。

在 PLL 中包含 LPF 的主要原因是去除鉴相器输出端不需要的频率分量。因此，滤波器的带宽必须小于参考频率 $f_i$的值，以阻止涉及 $f_i$的所有互调和谐波产物。然而，滤波器的频率响应对于确定环路的动态响应及其稳定性也至关重要。滤波器的带宽太小将导致响应时间变差，如本章后面所示。

图 11.25 显示了锁相环系统中使用的典型二阶 LPF。从其传输相位特性的形状来看，这种类型的滤波器也称为滞后-前导滤波器。

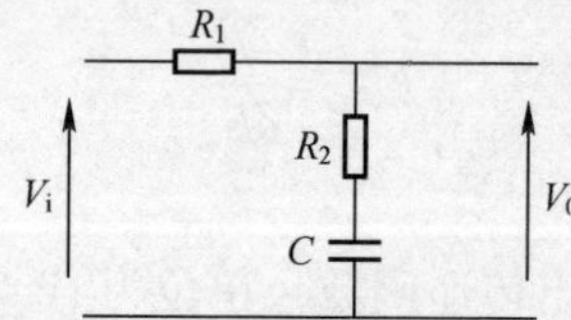


图 11.25　典型的低通环路滤波器

从一个简单的电位分压理论可得到滤波器的电压增益为

$$\begin{aligned}\frac{V_o}{V_i} &= \frac{R_2+\dfrac{1}{\mathrm{j}\omega C}}{R_1+R_2+\dfrac{1}{\mathrm{j}\omega C}}\\ &= \frac{1+\mathrm{j}\omega CR_2}{1+\mathrm{j}\omega C(R_1+R_2)}\\ &= \frac{1+\mathrm{j}\omega\tau_2}{1+\mathrm{j}\omega\tau_1}\end{aligned} \tag{11.44}$$

其中

$$\tau_1 = C(R_1 + R_2)$$

$$\tau_2 = CR_2$$

Smith 在文献［1］中全面讨论了滤波器的传输响应对锁相环性能的影响。

**11.6.1.3　锁相环增益**

图 11.26 显示了一个简易锁相环，其中确定了增益块，并与图 11.21 类似。在图 11.26 中，$k_A$为宽带放大器的电压增益；其余的增益因子已在文中定义。

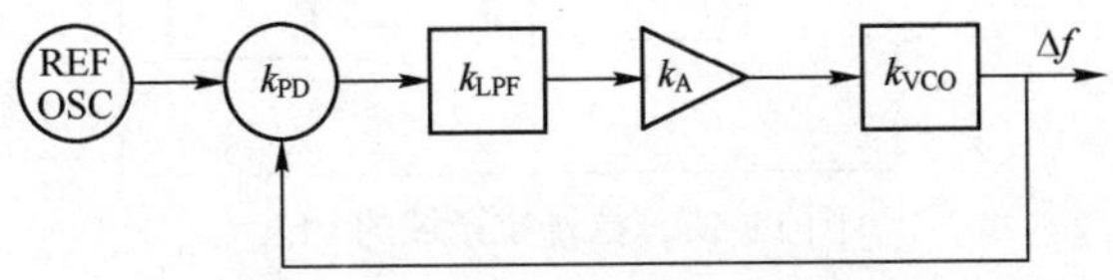


图 11.26　显示增益模块的锁相环

闭环增益 $k_L$通常定义为 VCO 输出频率的变化 $\Delta f$ 与鉴相器的输入相位差 $\Delta\theta$ 之间的比值，即

$$k_L \equiv \frac{\Delta f}{\Delta\theta} \tag{11.45}$$

现在

$$\Delta f = k_{VCO} v_C = k_{VCO} k_{LPF} k_A v_d \tag{11.46}$$

且

$$\Delta\theta = \frac{v_d}{k_{PD}} \tag{11.47}$$

因此

$$k_L = k_{PD} k_{LPF} k_A k_{VCO} \tag{11.48}$$

所以环路增益是环路各分量的增益因子的乘积，注意需谨慎考虑 $k_L$的单位。考虑到每个模块的单位，写出环路增益的方程为

$$k_L = k_{PD}[\mathrm{V/rad}] \times k_{LPF}[\mathrm{Hz/Hz}] \times k_A[\mathrm{V/V}] \times k_{VCO}[\mathrm{Hz/V}] \tag{11.49}$$

由此可知 $k_L$的单位为 Hz/rad。因此，环路增益通常定义为

$$k_L = 2\pi k_{PD} k_{LPF} k_A k_{VCO} \tag{11.50}$$

所以 $k_L$是无量纲的。

**11.6.1.4　锁相环的瞬态分析**

本章对锁相环的兴趣仅限于其在间接式频率合成器中的应用。由于这些合成器必然涉及频率和相位的阶跃变化，因此，锁相环内的瞬态效应具非常重要。

对这些瞬态效应的严格分析超出了本书的范围，故本节仅对其要点进行总结。通过考虑输入相位的阶跃变化对环路输出相位的影响，即对 VCO 输出信号相位的影响，可以方便地证明环路内的瞬态效应。在拉普拉斯域中进行分析是最方便的，图 11.27 显示了一个锁相环，其中各组成块的响应用拉普拉斯算子 $s$ 表示。

在图 11.27 中，LPF 的传递函数用 $F(s)$ 表示。此外，从 11.6.1.2 节中我们知道，VCO 有效地集成了信号在其输入处的相位，因此，我们可以将其传递函数写成 $K_{VCO}/s$。

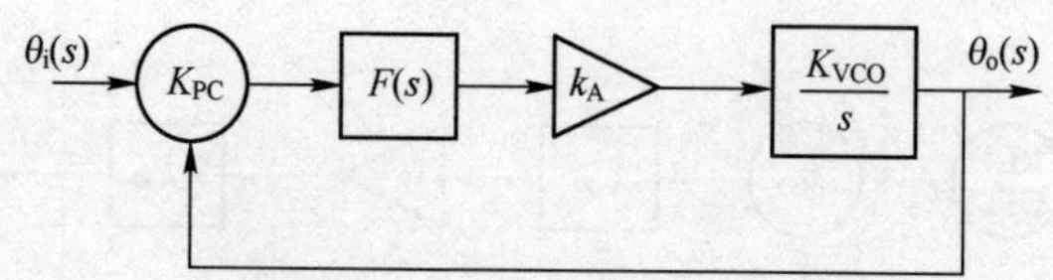


图 11.27　拉普拉斯域的 PLL

在开环条件下，输出端的相位为

$$\theta_o(s)=\theta_i(s)K_{PC}F(s)K_A\frac{K_{VCO}}{s} \tag{11.51}$$

闭环时，输出端的相位为

$$\theta_o(s)=\theta_i(s)K_{PC}F(s)K_A\frac{K_{VCO}}{s}-\theta_o(s)K_{PC}F(s)K_A\frac{K_{VCO}}{s} \tag{11.52}$$

整理式（11.52），可得

$$\theta_o(s)+\theta_o(s)K_{PC}F(s)K_A\frac{K_{VCO}}{s}=\theta_i(s)K_{PC}F(s)K_A\frac{K_{VCO}}{s} \tag{11.53}$$

即 PLL 系统的相位传递函数 $H_\theta(s)$ 为

$$H_\theta(s)=\frac{\theta_o(s)}{\theta_i(s)}=\frac{K_{PC}F(s)K_A\dfrac{K_{VCO}}{s}}{1+K_{PC}F(s)K_A\dfrac{K_{VCO}}{s}}=\frac{K_{PC}F(s)K_AK_{VCO}}{s+K_{PC}F(s)K_AK_{VCO}} \tag{11.54}$$

如果我们认为滤波器具有图 11.25 所示的形式，那么根据式（11.44），滤波器的传递函数可以写为

$$F(s)=\frac{1+\tau_2 s}{1+\tau_1 s} \tag{11.55}$$

将 $F(s)$ 代入式（11.54），结合增益因子得到

$$H_\theta(s)=\frac{K_T\dfrac{1+\tau_2 s}{1+\tau_1 s}}{s+K_T\dfrac{1+\tau_2 s}{1+\tau_1 s}} \tag{11.56}$$

即

$$H_{\theta}(s)=\frac{K_{\mathrm{T}}(1+\tau_2 s)}{s^2\tau_1+sc1+K_{\mathrm{T}}\tau_2)+K_{\mathrm{T}}} \tag{11.57}$$

其中

$$K_{\mathrm{T}}=K_{\mathrm{PD}}K_{\mathrm{LPF}}K_{\mathrm{A}}K_{\mathrm{VCD}} \tag{11.58}$$

根据式（11.58），上式可改写为[6]

$$H_{\theta}(s)=\frac{\theta_{\mathrm{o}}(s)}{\theta_{\mathrm{i}}(s)}=\frac{1+\frac{s}{\omega_{\mathrm{n}}}\left(2\xi-\frac{\omega_{\mathrm{n}}}{K_{\mathrm{T}}}\right)}{1+\frac{s}{\omega_{\mathrm{n}}}2\xi+\left(\frac{s}{\omega_{\mathrm{n}}}\right)^2} \tag{11.59}$$

其中

$$\omega_{\mathrm{n}}=\sqrt{\frac{K_T}{\tau_1}} \tag{11.60}$$

且

$$\xi=\frac{\omega_{\mathrm{n}}}{2}\left(\frac{1}{K_{\mathrm{T}}}+\tau_2\right) \tag{11.61}$$

参数 $\omega_{\mathrm{n}}$ 和 $\xi$ 分别定义为环路带宽和阻尼因子。

如果$\frac{1}{K_{\mathrm{r}}}\gg\tau_2$，则式（11.61）可写成

$$\xi=\frac{\omega_{\mathrm{n}}}{2K_{\mathrm{T}}}=\frac{1}{2\tau_1\omega_{\mathrm{n}}} \tag{11.62}$$

阻尼比和环路带宽决定了锁相环系统的瞬态响应。图 11.28 显示了一个二阶锁相环系统①在 $t=0$ 时刻对输入端施加一个相位阶跃变化时的规一化时域响应。在这种情况下，归一化意味着调整输出相位的值，以便最终的稳态输出相位具有一个单位。

瞬态响应具有衰减振荡函数的形式，这对于有反馈控制系统经验的读者来说是熟悉的。可以看出，阻尼因子值越小，超调越明显。如果 $\xi<1$，系统称为欠阻尼，而如果 $\xi>1$，系统称为过阻尼。过阻尼锁相环系统消除了超调效应，但需要很长的时间才能达到稳态输出条件。由式（11.62）可知，小的阻尼因子需要大的环路带宽。由于高频分辨率需要环路中的窄带 LPF，因此环路带宽较低，这在频率合成器中可能是一个问题。

① 二阶系统是指输入输出性能可以用二阶线性微分方程来表示的系统。

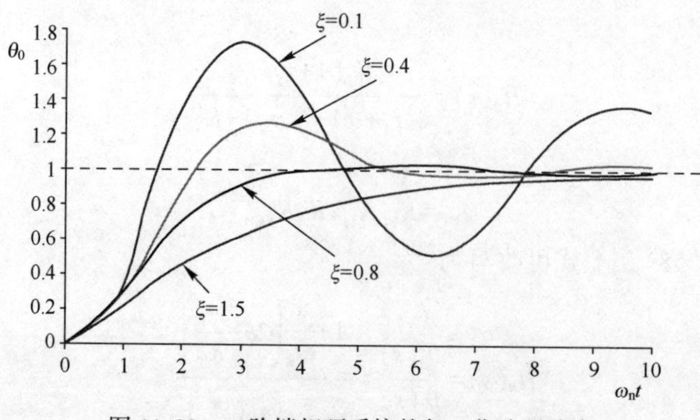


图 11.28　二阶锁相环系统的归一化阶跃响应

## 11.6.2　间接频率合成器电路

基本的间接频率合成器的布局如图 11.29 所示。该系统类似于图 11.21 所示的锁相电路，但在反馈路径中包含一个分频器，使得由 VCO 输出端反馈给鉴相器的频率除以一个因子 N。

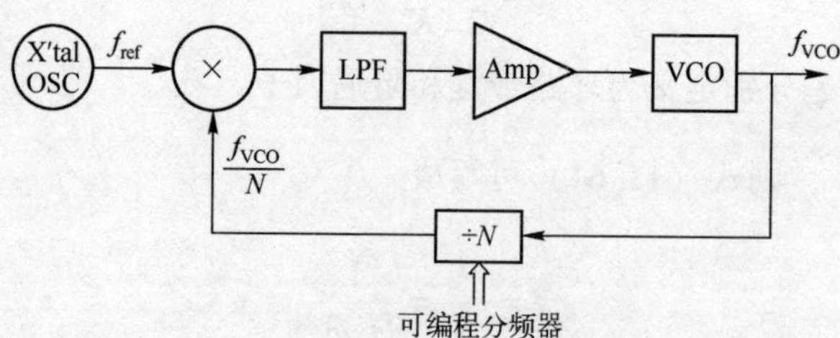


图 11.29　基本的间接式频率合成器

在这种类型的合成器中，PLL 用于将 RF 或微波 VCO 的输出频率锁定到非常稳定的 LF 参考源的频率，该参考源通常是晶体控制振荡器（XTCO）。操作非常简单：VCO 的输出频率 $f_{osc}$ 被分频为较低频率，然后在相敏检测器（PSD）中与参考频率 $f_{ref}$ 进行比较。PSD 的功能是提供与两个输入信号的相位差成正比的直流输出。如果两个输入信号之间存在任何频率差异，鉴相器也会提供直流输出。鉴相器的输出通过一个 LPF 以从 PSD 中去除任何不需要的产物，从而为 VCO 形成一个 DC 控制信号。

当鉴相器的反馈输入频率与参考频率相同时，合成器处于锁定状态，即

$$f_{ref}=\frac{f_{VCO}}{N} \tag{11.63}$$

如果 $N$ 的值改变，则反馈到鉴相器的频率将改变，并且将在鉴相器的输

出端产生误差电压。该误差电压会将 VCO 频率驱动到一个新的值，从而使反馈到鉴相器的频率保持为 $f_{ref}$。然后合成器将锁定在新的 VCO 频率。分频器通常是可编程的，因此，可以数字方式选择所需的 VCO 频率。

**例 11.9**　使用如图 11.29 所示的频率合成器电路，RF VCO 将在 1000 步内从 85MHz 调谐到 105MHz。确定晶体振荡器的频率和分频器中所要求的 N 的范围。

**解：**

频率步长为

$$\Delta f=\frac{105-85}{1000}\text{MHz}=20\text{kHz}$$

对于这种类型的合成器，晶体振荡器的频率必须等于所需的步长，即

$$f_{X'\text{tal osc}}=20\text{kHz}$$

$N$ 的最小值：

$$N_{\text{lower}}=\frac{85\text{MHz}}{20\text{kHz}}=\frac{85\times10^6}{20\times10^3}=4250$$

$N$ 的最大值：

$$N_{\text{upper}}=\frac{105\text{MHz}}{20\text{kHz}}=\frac{105\times10^6}{20\times10^3}=5250$$

如果要将 VCO 输出的 RF 频率要锁定到千赫兹范围的晶振参考频率（如例 11.9 所示），图 11.29 所示的简单频率合成器电路需要非常大的 $N$ 值。通常，对于 RF 应用，反馈路径中包含一个预标量，如图 11.30 所示。在这种情况下，预标量将 VCO 的输出频率除以固定因子 $M$，因此当电路处于锁定状态时，我们有

$$f_{\text{ref}}=\frac{f_{\text{VCO}}}{M\times N}\tag{11.64}$$

因此，预标量降低了可编程分频器的复杂性和成本。

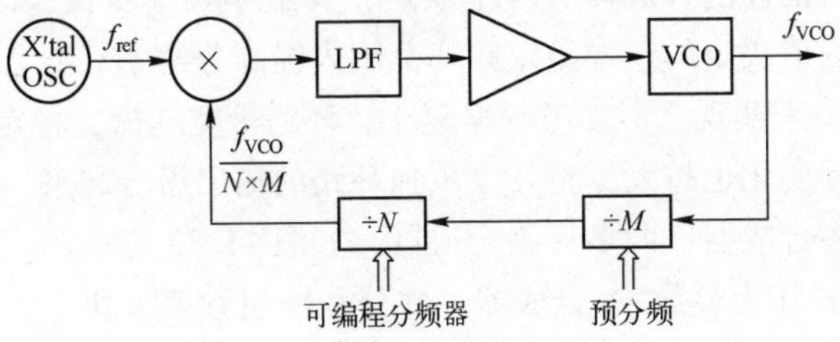


图 11.30　包含预分频的间接频率合成器

**例 11.10** 使用图 11.30 所示的电路结构重复例子 11.9，其中前置标量值为 10。

**解：**

晶振频率必须等于 VCO 的步长，因此保持在 20kHz。

$N$ 的值减少了 10 倍，因此 $N$ 的新范围是 425~525。

预标量合成器的一个替代方案是使用带有偏置振荡器反馈环路的电路，如图 11.31 所示。

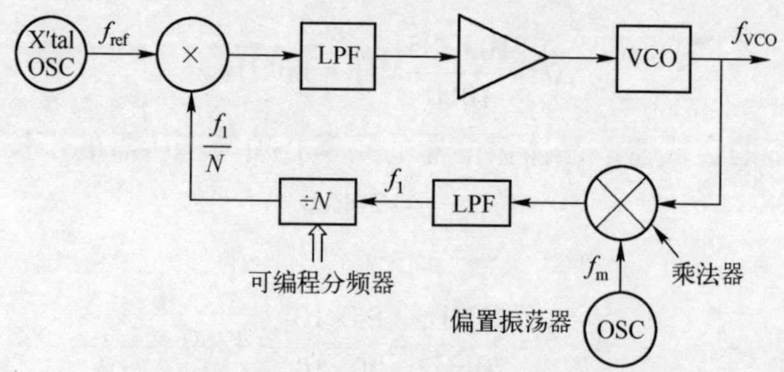


图 11.31 包含偏置振荡器的间接频率合成器

偏置振荡器将 VCO 的频率混频，以便可编程分频器可以在较低频率下运行。请注意，由于偏置振荡器包含在反馈环路中，因此，来自该振荡器级的任何噪声都会被反馈环路的作用自动抑制。如图 11.31 的电路所示，在偏置振荡器后接一个 LPF，用于去除混频器输出端不需要的频率产物。然后有

$$f_1 = f_{VCO} - f_m$$

且

$$f_{ref} = \frac{f_1}{N} \tag{11.65}$$

当 VCO 在微波频率下工作时，必须使用偏置振荡器，因为数字电路速度的限制导致了无法使用预标量。

目前为止所描述的合成器有一个缺点，其最小频率步长，即频率分辨率，是由参考频率的值决定的。在给定频率范围内提高分辨率只能通过降低参考频率值和增加 $N$ 值来实现。但参考频率越小，环路带宽越低，稳定时间越长；$N$ 越大，动态范围变化也越大。将几个单独环路的输出组合起来，就可以得到一个更通用的频率合成器，即多环路合成器，如图 11.32 所示。

环路 A 和 B 作为整数-$N$ 合成器，并分别输出频率 $f_1$ 和 $f_2$。这些频率与环路 C（有时称为平移环路）组合。如图 11.32 所示，$f_2$ 作用于混频器的一个输

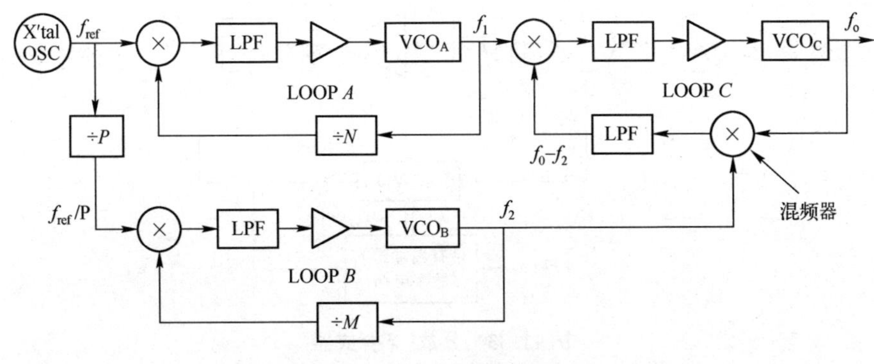


图 11.32　多环路合成器

入端，输出频率 $f_o$ 则作用于另一个输入端。混频器的输出将包含所有的频率 $mf_o \pm nf_2$，频率差 $f_o - f_2$ 由 LPF 选择。

当多环路合成器锁定时，我们有

环路 A：

$$f_1 = Nf_{ref}$$

环路 B：

$$f_2 = M\frac{f_{ref}}{P}$$

环路 C：

$$f_1 = f_o - f_2$$

得到

$$Nf_{ref} = f_o - \frac{Mf_{ref}}{P}$$

或者

$$f_o = \left(N + \frac{M}{P}\right)f_{ref} \tag{11.66}$$

与单个环路合成器相比，多环路合成器在选择步长方面具有更大的灵活性，但代价是电路更复杂，锁定时间相对较慢。

多环路合成器的另一种选择是分数-$N$ 合成器，如图 11.33 所示。该电路具有与单环路整数-$N$ 合成器相同的一般形式，但使用了一个除数，该除数可按照数字方式设置为两个值之一，即 $N$ 和 $N$+1。

其概念是周期性地将除数从 $N$ 变为 $N$+1，反之亦然，这样除数就会在 $N$ 到 $N$+1 之间产生一个有效的非整数（小数）值。这实际上是一个平均过程，在图 11.33 所示的电路中，这是通过对一定数量的 VCO 周期除以 $N$，然后对

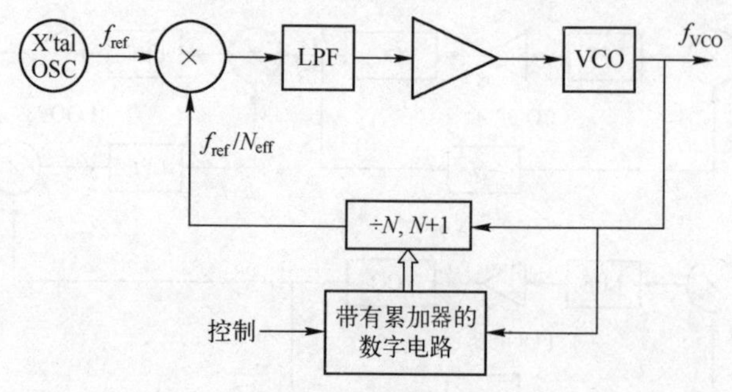


图 11.33　分数-$N$ 合成器

接下来的 VCO 周期除以 $N+1$ 来实现的。数字电路用于控制分频器的值，其中累加器用于记录所需的 VCO 周期数。控制输入可改变与两个分频器的状态相对应的周期数。因此，除数函数具有有效的非整数除数值 $N_{eff}$。假设对于 VCO 的 $p$ 个周期，除数值为 $N$，对于接下来的 $q$ 个周期，除数值为 $N+1$；那么有效的除数为

$$N_{eff}=\frac{p}{p+q}N+\frac{q}{p+q}(N+1)=N+\frac{q}{p+q} \tag{11.67}$$

下面的实例可以说明分数-$N$ 合成器的设计工作。

**例 11.11**　设计一个参考频率为 10MHz，输出频率为 51.1MHz 的分数-$N$ 合成器。

**解：**

显然，输出频率不是参考频率的整数倍，因此，设置有效除数为 5.11，利用式（11.66）可得

$$5.11=5+\frac{11}{100}=N+\frac{q}{p+q}$$

由此可见

$$N=5 \quad q=1 \quad p+q=100 \quad p=89$$

因此，要求该分数 $N$ 合成器满足下列条件：

$N=5/89$ 个 VCO 周期

$N=6/11$ 个 VCO 周期

小数分频合成器的主要优点是可以用较小的 $N$ 值实现高频分辨率，因此，它有非常快速的解决时间，但它有一个缺点，在 VCO 输出时，往往会产生高杂散电平。

# 11.7　微波振荡器

## 11.7.1　介质谐振器振荡器（DRO）

DRO 是在晶体管振荡器的谐振电路中加入介质谐振器而形成的。DRO 提供了一个简单、固定频率、低成本的振荡器，具有接近锁相振荡器的非常好的频率稳定性。

介质谐振器（有时称为介电片）是由低损耗、高介电常数的陶瓷材料制成的。一系列的陶瓷材料可以用来制造介质谐振器，介电常数从大约 30 到几千不等。微波电路中经常使用的材料是钛酸钡（$BaTiO_3$），其介电常数在 30~80之间，其精确值取决于晶粒尺寸和加工方法，它在 10GHz 时可提供约 9000 的 $Q$ 值，并且具有非常低的温度膨胀系数，约为±4ppm/℃。介质谐振器通常呈实心圆柱体，如图 11.34 所示。

通常谐振器使用主谐振模，表示为 $TE_{01\delta}$，其中前两个下标与第 1 章讨论的充气圆柱形波导具有相同的含义，$\delta$ 表示在轴向方向上的周期性变化小于半个周期。图 11.34 所示结构的谐振频率由 Larson [7] 近似给出

$$f_r(\text{GHz})=\frac{34}{a\varepsilon_r}\left[\frac{a}{h}+3.45\right] \qquad (11.68)$$

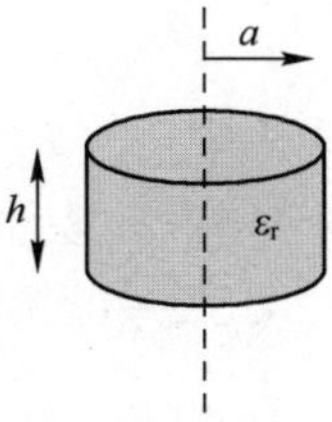

图 11.34　介质谐振器

其中，$a$ 和 $h$ 的单位都是 mm，而且

$$0.5\leqslant\frac{a}{h}\leqslant 2$$

且

$$30\leqslant\varepsilon_r\leqslant 50$$

由式（11.68）可知，陶瓷介电片的介电常数为 40，尺寸 $a=2.5$mm，$h=1$mm，其谐振频率为 2.02GHz，这表明在微波频率下将元件的尺寸做的很小是可能的。

在实际微波电路中，介质谐振器通常放置在靠近微带线的衬底上，因此，在谐振器和微带线之间存在电磁耦合，耦合机制主要是磁性的。有时在衬底和谐振器之间插入一个间隔器，该间隔器通常由石英制成（$\varepsilon_r=3.8$）。间隔层具有减小谐振器下接地面的感应电流的作用，从而提高其无载 $Q$ 因子。图 11.35 显示了 DR 与一段匹配微带线耦合的示意图。

介质谐振器通常被建模为并联 LCR 电路，通过变换器耦合到微带线，如

图 11.36 所示。

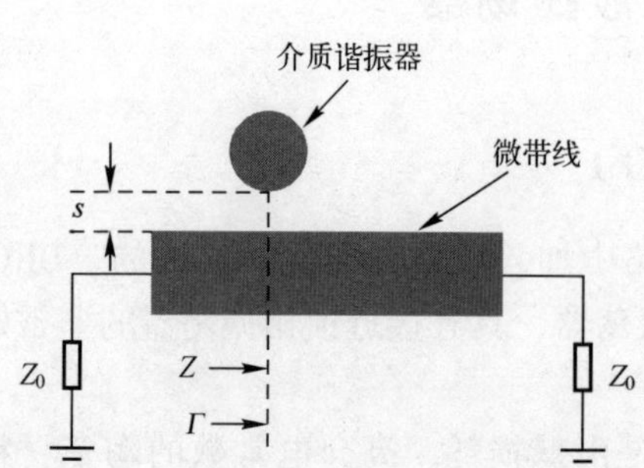

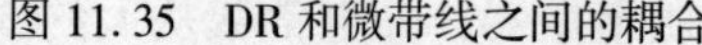
图 11.35　DR 和微带线之间的耦合

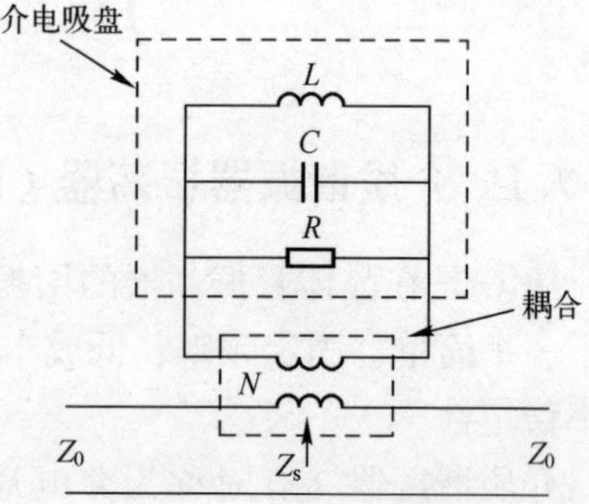

图 11.36　介质谐振器的等效电路

Komatsu 和 Murakami[8] 的研究表明，介质谐振器对微带线呈现串联阻抗，其阻抗由下式表示

$$Z_{s}=\frac{N^{2}R}{1+j2Q_{u}\delta_{\omega}}\tag{11.69}$$

其中

$N$——变换器的匝数比；

$Q_u$——谐振腔的无载 $Q$ 因子，且

$$\delta_{\omega}=\frac{\omega-\omega_{0}}{\omega_{0}}$$

其中，$\omega_0$为隔离状态下 DR 的谐振频率。

则谐振腔所在平面的线阻抗 $Z$（图 11.35）为

$$Z=Z_{0}+Z_{s}=Z_{0}\left(1+\frac{N^{2}R/Z_{0}}{1+j2Q_{u}\delta_{\omega}}\right)=Z_{0}\left(1+\frac{\beta}{1+j2Q_{u}\delta_{\omega}}\right)\tag{11.70}$$

其中，$\beta$ 为耦合因子，即

$$\beta=\frac{N^{2}R}{Z_{0}}$$

在共振时，式（11.70）可写为

$$Z=Z_{0}(1+\beta)\tag{11.71}$$

由图 11.35 可知，与 $Z$ 在同一平面的反射系数 $\Gamma$ 为

$$\begin{aligned}\Gamma&=\frac{Z-Z_{0}}{Z+Z_{0}}\\&=\frac{Z_{0}(1+\beta)-Z_{0}}{Z_{0}(1+\beta)+Z_{0}}\end{aligned}$$

$$=\frac{\beta}{2+\beta} \tag{11.72}$$

到目前为止，我们认为介质谐振器耦合到一个匹配的微带线。在一些实际电路中，谐振器位于开路微带线的 $\lambda_s/4$ 处，如图 11.37 所示；开路在微带线上产生驻波，在谐振器平面的磁场中形成峰值，从而使谐振器和线之间的磁耦合最大化。然而，使用开路微带线有一个较小的缺点，即在线的末端产生额外的不连续，并减小了电路的带宽。介质谐振器和开路之间的标称线长 $\lambda_s/4$ 可以稍微缩短，以补偿开路处的杂散和边缘电容。

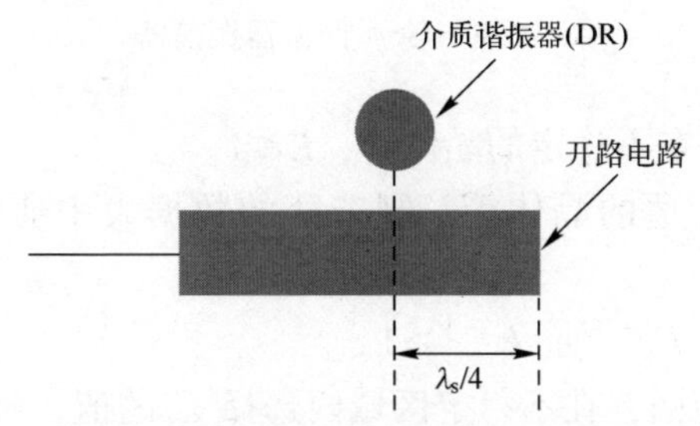


图 11.37　距离开路微带线末端 $\lambda_s/4$ 处的 DR 示意图

当用于晶体管振荡器时，介质谐振器可位于如图 11.38 所示的几个位置，为了清晰起见，图中省略了场效应管的偏置分量。

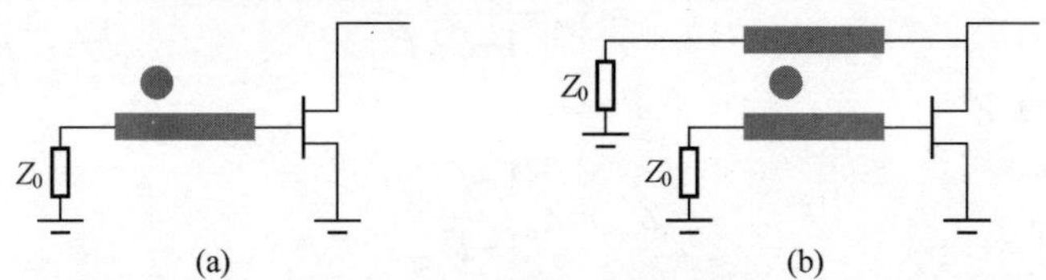


图 11.38　基本 DRO 电路

（a）串联反馈；（b）并联反馈。

在并联反馈的情况下，两条微带线通常是倾斜的，这使得介质谐振器的定位更加灵活，因此允许一定程度的电路调谐。

在晶体管网络中，振荡开始的一个基本要求是在晶体管的输入端和输出端应该有一个负电阻。由于许多教科书中已经证明过了，所以不再重复证明，但是我们会展示如何在 DRO 设计中实现这一点。

图 11.39 给出了串联反馈的总体电路布局，图中使用传统符号[9]来表示晶体管振荡器。

DRO 的设计遵循二端口晶体管振荡器的既定设计程序，包括 5 个步骤。

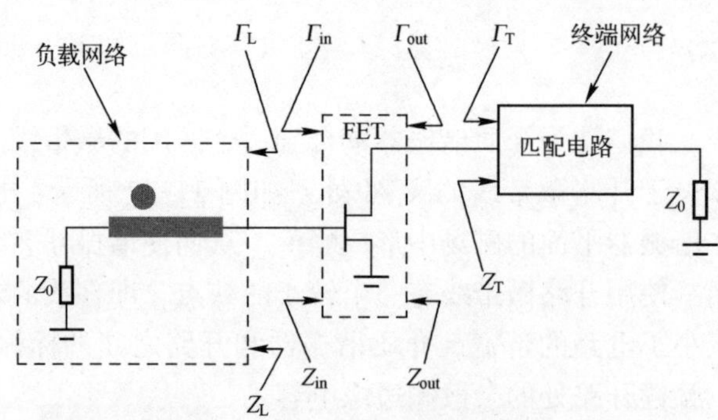


图 11.39　介质谐振器振荡器

(1) 选择一个潜在不稳定的晶体管，$K \leqslant 1$。

为了方便选择合适的晶体管，制造商的数据表中通常会给出 $K$ 值和 $S$ 参数。

(2) 选择合适的 $\Gamma_L$，使 $|\Gamma_{out}| \geqslant 1$。

① 绘制输入稳定圆，在不稳定区域内选择 $\Gamma_L$ 的值。最好不要选择幅值较大的 $\Gamma_L$，因为这要求介电片与晶体管栅极微带线之间有较大的耦合系数，而实际电路中很难实现较大的耦合系数。

② 计算 $\Gamma_L$（利用第 5 章中修改的 $S$ 参数方程（5.12））

$$\Gamma_{out} = S_{22} + \frac{S_{12}S_{21}\Gamma_L}{1-S_{11}\Gamma_L} \tag{11.73}$$

(3) 计算 $Z_{out}$。

$$\begin{aligned} Z_{out} &= Z_0 \frac{1+\Gamma_{out}}{1-\Gamma_{out}} \\ &= -R_{out} + jX_{out} \end{aligned} \tag{11.74}$$

(4) 设计终端网络使 $Z_{out}$ 与输出阻抗 $Z_0$ 相匹配。

为了匹配，终端网络的输入阻抗必须是 $Z_{out}$ 的复共轭。然而，到目前为止，我们在设计中使用了小信号 $S$ 参数，但是随着振荡振幅在电路中逐渐增加，我们必须考虑晶体管内部的大信号效应。电抗成分基本上不受信号幅度的影响，但电阻成分 $R_{in}$ 和 $R_{out}$ 的幅度会减小。这意味着随着振荡幅度的增加，$R_{out}$ 值将变得不那么负。重要的是要确保晶体管输出端的总电阻保持为负值，否则振荡将在某一点停止。为了保持振荡，通常的做法是降低 $Z_T$ 的电阻分量，即

$$R_T = n|R_{out}| \tag{11.75}$$

其中，$n$ 为一个分数。

在实际设计中通常令 $n=1/3$，因此，要求终端网络的输入阻抗为

$$Z_{\mathrm{T}}=\frac{R_{\mathrm{out}}}{3}-\mathrm{j}X_{\mathrm{out}} \tag{11.76}$$

终端网络现在可以使用前面章节中讨论的匹配技术来设计。

(5) 设计负载网络，给出所需的 $\Gamma_{\mathrm{L}}$。

在步骤（2）中，我们为 $\Gamma_{\mathrm{L}}$ 选择了一个值，为了完成设计，我们需要确定介质谐振器在负载网络中的位置，从而产生所需的 $\Gamma_{\mathrm{L}}$ 值。负载网络中有两个设计变量，分别是微带线与谐振器之间的耦合系数（$\beta$）和微带线末端与包含谐振器的平面之间的距离（$d_{\mathrm{R}}$），如图 11.40 所示。

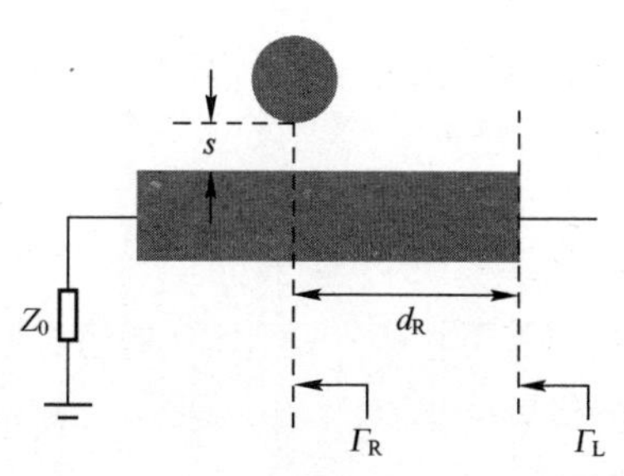


图 11.40　负载网络中 DR 的位置

由简单的传输线理论可知

$$\begin{aligned}\Gamma_{\mathrm{R}}&=\Gamma_{\mathrm{L}}\mathrm{e}^{\mathrm{j}2\beta_{\mathrm{S}}d_{\mathrm{R}}}\\&=|\Gamma_{\mathrm{L}}|\mathrm{e}^{\mathrm{j}\phi_{\mathrm{L}}}\mathrm{e}^{\mathrm{j}2\beta_{\mathrm{S}}d_{\mathrm{R}}}=|\Gamma_{\mathrm{L}}|\mathrm{e}^{\mathrm{j}(\phi_{\mathrm{L}}+2\beta_{\mathrm{S}}d_{\mathrm{R}})}\end{aligned} \tag{11.77}$$

其中，$\beta_{\mathrm{S}}$ 为微带线的相位传播常数。

由式（11.77）可知，$\Gamma_{\mathrm{R}}$ 是实数（因为 $Z$ 是实数），因此，必须满足

$$\phi_{\mathrm{L}}+2\beta_{\mathrm{S}}d_{\mathrm{R}}=2\pi$$

从而可以得到

$$d_{\mathrm{R}}=\frac{2\pi-\phi_{\mathrm{L}}}{2\beta_{\mathrm{S}}} \tag{11.78}$$

根据式（11.72）可得

$$|\Gamma_{\mathrm{L}}|=\frac{\beta}{2+\beta}$$

即

$$\beta=\frac{2|\Gamma_{\mathrm{L}}|}{1-|\Gamma_{\mathrm{L}}|} \tag{11.79}$$

在找到 $\beta$ 的值后，可以使用合适的 CAD 包或通过已发布的数据（例如参考文献[10]）找到微带片边缘和微带线边缘之间的间距 $s$。由于与片的尺寸及其介电常数相关的变量很多，因此没有与 $\beta$ 和 $S$ 相关的封闭形式的设计方程。

**例 11.12**　使用微波高电子迁移率晶体管（HEMT）设计一个 4GHz 的 DRO，具有以下 $S$ 参数和稳定性数据：

$$\boldsymbol{S}=\begin{bmatrix}0.88\angle-76.8^{\circ} & 0.081\angle46.7^{\circ}\\7.94\angle132.1^{\circ} & 0.46\angle-69.4^{\circ}\end{bmatrix},\quad K=0.13$$

DRO 是在厚度为 0.45mm，相对介电常数为 9.8 的氧化铝衬底上制造的。介电片参数为：直径= 14.5mm；高度= 0.79mm；$\varepsilon_r = 36.6$。

注释：对于该问题中给出的数据，耦合系数（$\beta$）为 6 对应片和微带之间的间隔为 1mm。

**解：**

我们将遵循上面讨论的 5 个步骤：

第一步：

由于给定的稳定系数小于 1，本例中使用的是潜在不稳定的晶体管。

第二步：

我们需要在 $\Gamma_L$ 平面上绘制稳定圆。利用第 9 章的公式，我们可以计算出圆的位置和半径。

圆心：

$$c = \frac{[S_{11} - DS_{22}^*]^*}{|S_{11}|^2 - |D|^2}$$

其中

$$D = S_{11}S_{22} - S_{12}S_{21}$$

$$\begin{aligned} D &= (0.88\angle -76.8° \times 0.46\angle -69.4°) - (0.081\angle 46.7° \times 7.94\angle 132.1°) \\ &= 0.405\angle -146.2° - 0.643\angle 178.8° \\ &= 0.306 - j0.238 \\ &\equiv 0.388\angle -37.875° \end{aligned}$$

代入数据：

$$\begin{aligned} c &= \frac{[(0.88\angle -76.8°) - (0.388\angle -37.825° 0.46\angle 69.4°)]^*}{(0.88)^2 - (0.388)^2} \\ &= 1.524\angle 87.029° \end{aligned}$$

圆的半径：

$$r = \frac{|S_{12}S_{21}|}{|S_{11}|^2 - |D|^2}$$

代入数据：

$$r = \frac{0.081 \times 7.94}{0.624} = 1.031$$

然后可以绘制输入稳定圆（即 $\Gamma_L$ 平面的稳定圆），如图 11.41 所示，并在第 9 章中进行了说明：

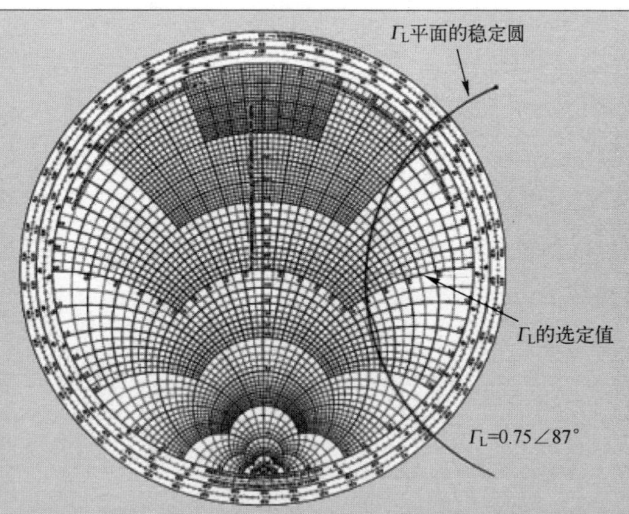


图 11.41　$\Gamma_L$平面的稳定圆

由于稳定圆不包围原点，因此不稳定区域在圆内。我们将为 $\Gamma_L$选择一个合适的点，它位于不稳定区域中心附近：

$$\Gamma_L = 0.75\angle 87°$$

将 $\Gamma_L$的值代入式（11.73）可得

$$\Gamma_{out} = S_{22} + \frac{S_{12}S_{21}\Gamma_L}{1-S_{11}\Gamma_L}$$

$$= 0.46\angle -69.4° + \frac{0.081\angle 46.7° \times 7.94\angle 132.1° \times 0.75\angle 87°}{1-(0.88\angle -76.8° \times 0.75\angle 87°)}$$

$$= 1.764\angle -74.010°$$

第三步：

我们计算得出 $\Gamma_{out} = 1.764\angle -74.010°$，那么，晶体管的输出端的阻抗为

$$Z_{out} = \frac{Z_0(1+\Gamma_{out})}{1-\Gamma_{out}}$$

$$= 50 \times \frac{1+(0.486-\mathrm{j}1.696)}{1-(0.486-\mathrm{j}1.696)}\Omega$$

$$= (-33.620-\mathrm{j}54.000)\Omega$$

第四步：

利用式（11.76）以及 $n=1/3$ 可得

$$Z_T = \frac{33.620}{3} + j54.000\Omega$$
$$= 11.207 + j54.000\Omega$$

对 $Z_T$ 进行 50Ω 归一化：

$$z_T = 0.224 + j1.08\Omega$$

所需的 $z_T$ 值可以通过连接 50Ω 负载的开路并联短截线和一段长度（$d$）的微带线的组合来获得，如图 11.42 所示。

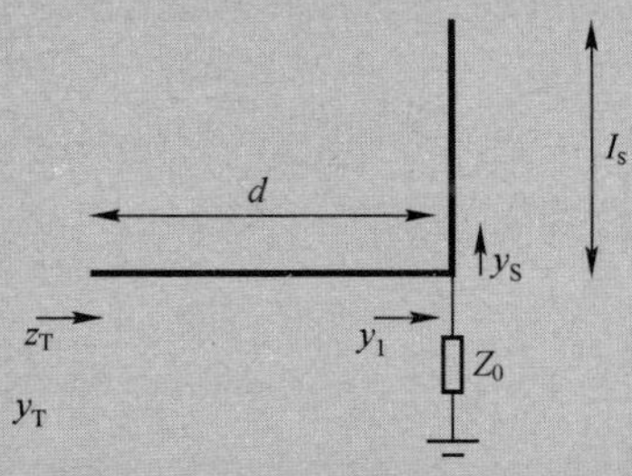


图 11.42　终端网络示意图

所需的 $l_s$ 和 $d_T$ 的值可以从 Smith 圆中找到，如图 11.43 所示。

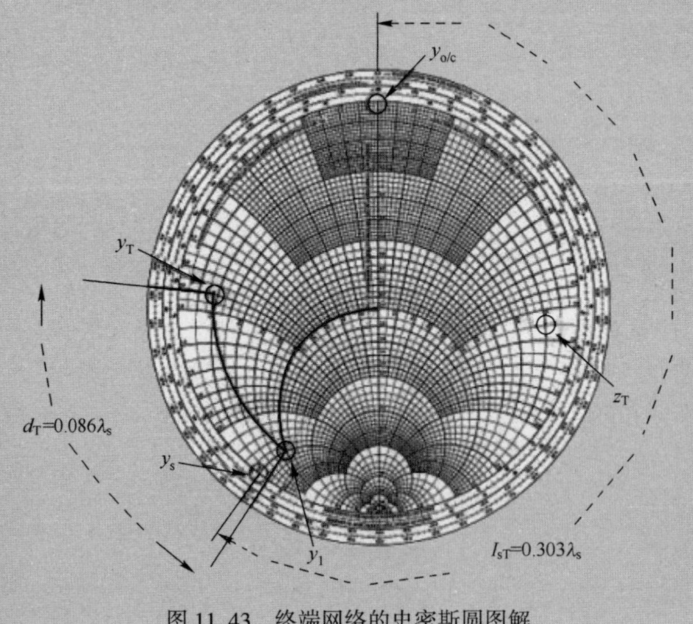


图 11.43　终端网络的史密斯圆图解

如果构成终端网络的每条微带线的特性阻抗为 50Ω，那么根据第 2 章的微带设计图可知

$$50\Omega\Rightarrow\frac{w}{h}=0.9\Rightarrow w=0.9h=0.9\times0.45\text{mm}=0.405\text{mm}$$

$$\frac{w}{h}=0.9\Rightarrow\varepsilon_{r,\text{eff}}=6.6\Rightarrow\lambda_s=\frac{\lambda_0}{\sqrt{6.6}}=\frac{75}{\sqrt{6.6}}\text{mm}=29.19\text{mm}$$

利用从图 11.43 中的史密斯圆中获得的电气长度，我们有

$$l_s=0.303\lambda_s=0.303\times29.19\text{mm}=8.84\text{mm}$$

$$d_T=0.086\lambda_s=0.086\times29.19\text{mm}=2.51\text{mm}$$

终端网络的最终电路图如图 11.44 所示。

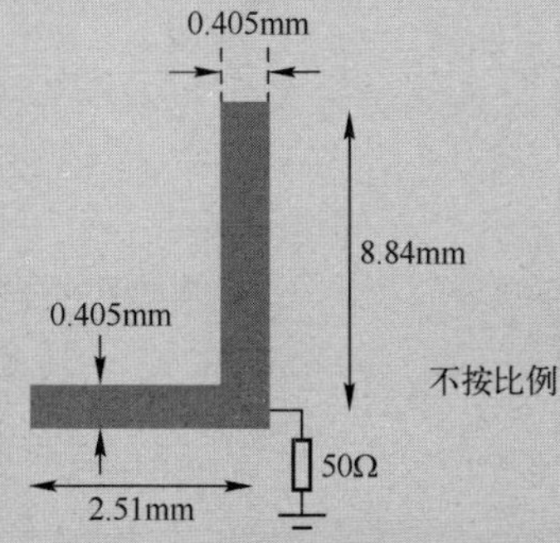


图 11.44　终端网络，标有设计尺寸

第五步

选择 $\Gamma_L=0.75\angle87°$，由式（11.78）可得

$$d_R=\frac{2\pi-87\pi/180}{2\times2\pi/\lambda_s}$$

即

$$\begin{aligned}d_R&=0.379\lambda_s\\&=0.379\times29.19\text{mm}\\&=11.06\text{mm}\end{aligned}$$

利用式（11.72）可以得出

$$0.75=\frac{\beta}{2+\beta}$$

$$\beta=6$$

由题目提供的数据可知：

$$\beta = 6 \Rightarrow s = 1\text{mm}$$

负载网络最终设计如图 11.45 所示。

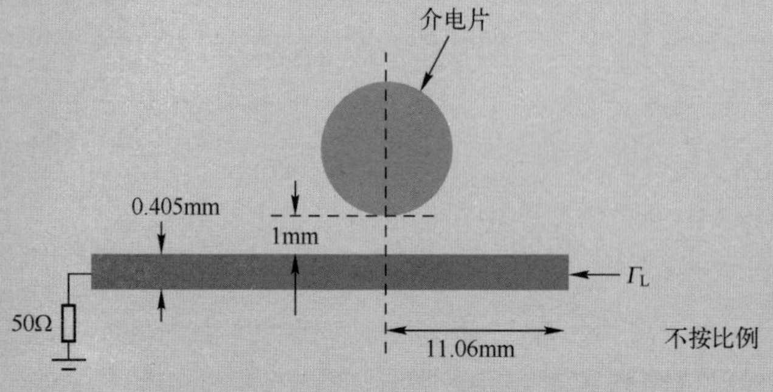

图 11.45　负载网络，标有设计尺寸

为了完整起见，整个振荡器的示意图（不包含 FET 的直流偏置连接）如图 11.46 所示。

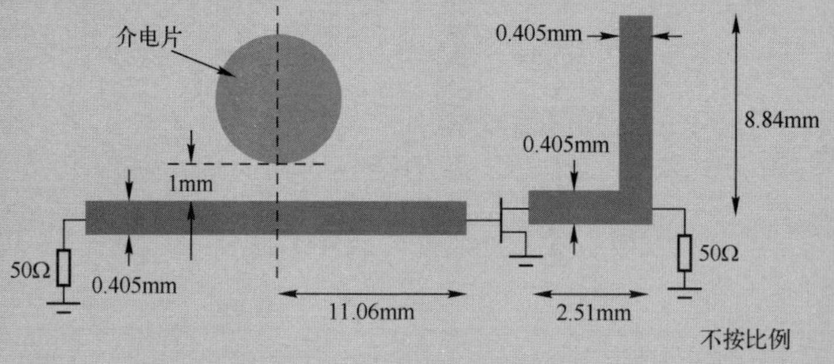

图 11.46　例 11.12 中设计的完整振荡器示意图

## 11.7.2　延迟线稳定微波振荡器

本章前面讨论的晶体管振荡器在振荡器的反馈路径中采用了谐振电路。构造振荡器的另一种方法是在反馈路径上使用延迟线，其延迟的大小可达到奈奎斯特振荡准则所要求的 360°环移相。延迟线振荡器的基本结构如图 11.47 所示，其中高增益放大器的输出通过延迟线反馈到其输入端。为了克服延迟线中的损耗，需要采用高增益放大器。

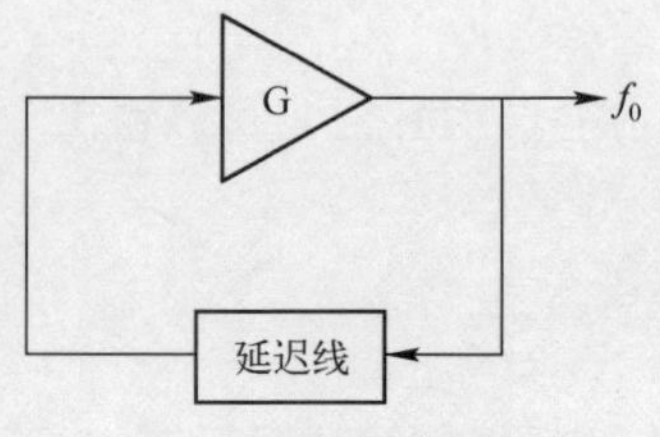

图 11.47　延迟线振荡器

在大多数实际振荡器中使用表面声波

(SAW) 延迟线，因为这提供了一个紧凑的高性能组件，具有与晶体控制振荡器相当的相位噪声和稳定性。此外，声表面波振荡器可以作为片上系统 (SoC) 解决方案的一部分以单片格式实现。

表面声波是在具有弹性的压电晶体结构表面传播的声波。波的振幅随进入材料的深度呈指数递减，用于射频和微波器件的典型衬底材料是 GaAs 和石英。

SAW 延迟线的典型布局如图 11.48 所示。

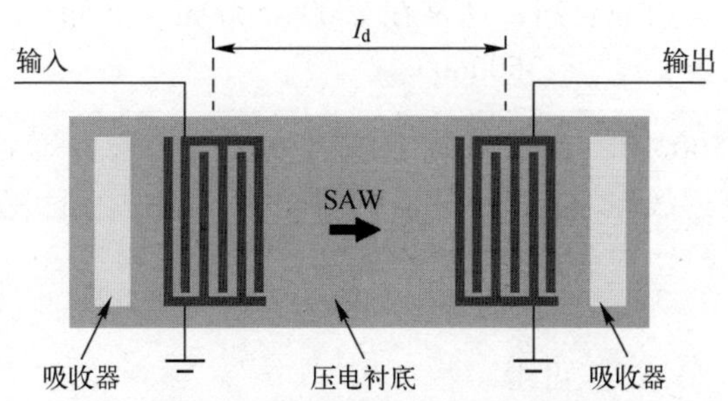


图 11.48　基本的 SAW 延迟线结构

图 11.48 所示的 SAW 延迟线由两个印在压电基板上的交叉指传感器 (IDT) 组成。当其中一个传感器受到射频或微波信号的激励时，就会产生 SAW，SAW 沿着衬底的表面传播到第二个 IDT，后者将声波转换回电信号。两个 IDT 之间的中心距离决定了延迟时间。由于 IDT 是双向的，因此在 IDT 和衬底端之间放置了两个吸收器，以防止声波从结构端反射，从而确保两个 IDT 之间的唯一传播路径。IDT 的详细结构如图 11.49 所示。

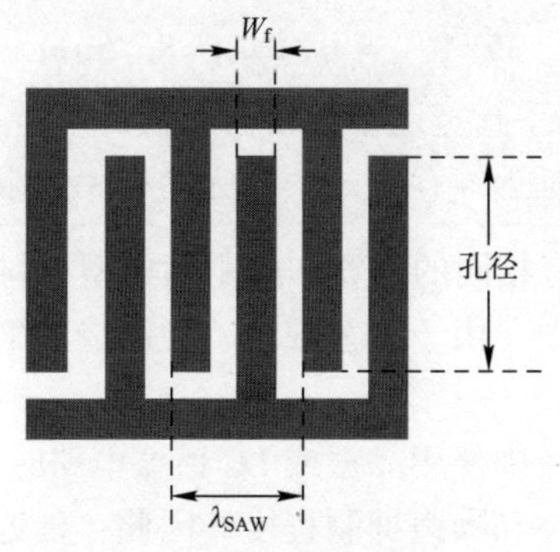


图 11.49　交叉指传感器结构 (IDT)

IDT 产生的声表面波的波长取决于结构的周期性。通常，手指电极的宽度

等于手指的间距，因此，声波波长为

$$\lambda_{SAW}=4w_f \tag{11.80}$$

其中，$w_f$为 IDT 的手指宽度。

下式给出了 SAW 延迟线结构的工作频率$f_0$的表达式：

$$f_0=\frac{v_{SAW}}{\lambda_{SAW}} \tag{11.81}$$

其中，$v_{SAW}$为声波的传播速度。

$v_{SAW}$的值取决于衬底材料，通常在 2000~5000m/s 之间。对于 GaAs，$v_{SAW}\approx$ 2700m/s，对于石英，$v_{SAW}\approx$3500m/s。

**例 11.13** 100MHz 的 SAW 延迟线将使用等手指宽度和间距的 IDT 制造。分别求当延迟线在 GaAs 和石英上制作时，IDT 中所需的指宽，并对结果进行评价。

**解：**

GaAs：利用式（11.81）可得

$$100\times10^6=\frac{2700}{\lambda_{SAW}}\Rightarrow\lambda_{SAW}=27\mu\text{m}$$

利用式（11.80）可得

$$27\times10^{-6}=4w_f\Rightarrow w_f=6.75\mu\text{m}$$

石英：利用式（11.81）可得

$$100\times10^6=\frac{3500}{\lambda_{SAW}}\Rightarrow\lambda_{SAW}=35\mu\text{m}$$

利用式（11.80）可得

$$35\times10^{-6}=4w_f\Rightarrow w_f=8.75\mu\text{m}$$

评价：两种材料所需的手指宽度都很小。所需的手指宽度将随着频率的增加而减少，这表明 SAW 延迟线存在一个实际的频率上限。

图 11.50 说明了拥有相同的指宽和间距的典型材料构成的 IDT 内，指宽 $w_f$ 如何随频率变化的示意图。由于工艺限制，在制造 IDT 的过程中，将会为其设定一个实际的频率上限。

当振荡器的反馈路径中使用晶振或 LC 谐振电路时，反馈路径的 $Q$ 因子决定了振荡器的频率稳定性和噪声抑制程度。因此，延迟线需要有一个有效的 $Q$ 值，这样它的性能就可以与谐振结构进行比较。Vollers 和 Claiborne[11] 通过比较延迟线的相位斜率和 LC 谐振电路在其谐振频率附近的相位斜率，建立了延迟线的有效 $Q$ 值。延迟线 $Q$ 的表达式为

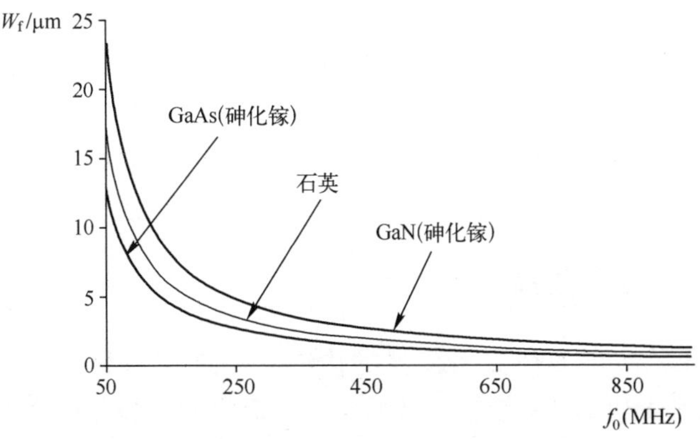


图 11.50　典型 IDT 的指宽随频率的函数图像

$$Q=\tau_d \pi f_0 \tag{11.82}$$

其中，$\tau_d$是在工作频率$f_0$处通过该延迟线的时间延迟。一般来说，典型延迟线的 $Q$ 值介于 LC 谐振电路和晶振的 $Q$ 值之间。

**例 11.14**　一个 300MHz 的单片 SAW 延迟线的参数如下：

$$\text{延迟线长度}=480\mu\text{m}$$

$$v_{SAW}(\text{硅})=4800\text{m/s}$$

假设指宽间距都相等，求 IDT 所需指宽。此外，计算延迟线的 $Q$ 值，并将其与 300MHz LC 谐振电路的 $Q$ 进行比较，该电路使用一个损耗电阻为 0.8Ω 的 10nH 电感。

**解：**

由式（11.81）可得

$$\text{SAW 的波长：}\lambda_{SAW}=\frac{4800}{300\times10^6}\text{m}=16\mu\text{m}$$

$$\text{指宽：}w_f=\frac{16}{4}\mu\text{m}=4\mu\text{m}$$

$$\text{延迟时间：}\tau_d=\frac{480\times10^{-6}}{4800}\text{s}=0.1\mu\text{s}$$

由式（11.82）可得

$$Q(\text{延迟线})=\tau_d\pi f_0=0.1\times10^{-6}\times3.142\times300\times10^6=94.26$$

$$Q(\text{LC 谐振器})=\frac{\omega L}{R}=\frac{2\pi\times300\times10^6\times10\times10^{-9}}{0.8}=23.57$$

微电子技术和材料的最新发展使 SAW 振荡器的放大器件和延迟线紧密集

成在一个封装内。例如，Lu 等人[12]报告了基于 GaN 的 252MHz 硅上单片 SAW/HEMT 振荡器的结果，显示出非常低的近载流子噪声和 1000 的 $Q$ 值。

一般来说，现代 SAW 振荡器具有优异的近载流子噪声性能，在空间和国防工业中广泛应用于低 GHz 区域。在这种类型的振荡器中，SAW 延迟线也可以与数字控制移相器相结合，以提供一个高质量的、可调谐的设备。

## 11.7.3 二极管振荡器

构造简单、经济的微波振荡器的传统方法之一是利用特殊二极管，如 Gunn 二极管和 IMPATT 二极管。虽然这些二极管的许多传统用途现在都是用场效应管器件来实现的，但在一些特殊的小众应用场合，微波二极管振荡器是特别适合的，因此，为了完整起见，本节将回顾主要类型的二极管振荡器的基本原理。

### 11.7.3.1 耿式二极管振荡器

耿式二极管振荡器是以 J. B Gunn 的名字命名的，他在 20 世纪 60 年代观察到了块状半导体的振荡[13]。虽然这种器件被称为二极管，但它不包含 PN 结，而是依赖于转移电子效应，之所以称为转移电子效应，是因为它涉及电子从低能带到高能带的跃迁。耿式二极管通常使用的半导体材料是砷化镓（GaAs）和磷化铟（InP）。这两种材料表现出相同的物理效应，然而使用 GaAs 的耿式二极管振荡器比使用 InP 的振荡器需要更少的直流偏置电流和电压。但是，基于 InP 的二极管振荡器比使用 GaAs 的二极管振荡器更有效，往往用于更高功率的应用。为了方便起见，我们将讨论限制在使用 GaAs 的耿式二极管振荡器，以说明所涉及的原理。

GaAs 的能带图如图 11.51 所示。

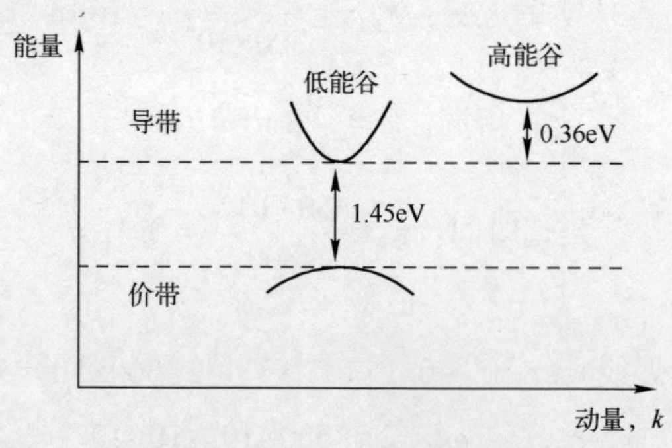


图 11.51 GaAs 的能带图

砷化镓中的电子位于一些能带中，室温下，导带低能谷中的电子对二极管电流做出主要贡献。如果电子的能量增加，它们将移动到导带的高能谷，在那里它们有较低的迁移率和较高的有效质量。从图 11.51 中可以看到 GaAs 中的电子从导带的低能谷移动到高能谷需要 0.36 eV 的能量。可以通过增加材料上的电场强度来增加电子的能量。使电子获得足够能量从导带的低能谷移动到高能谷的电场值定义为阈值电场强度 $E_{TH}$，相应地，穿过 GaAs 样品的电压为阈值电压 $V_{TH}$。

耿式二极管的基本结构如图 11.52 所示，由 N 型 GaAs 薄片组成，在样品的两端由金属涂层形成两个欧姆接触点；该图中还显示了当施加在二极管上的偏置电压 $V_b$小于阈值电压时，样品上各处的电压值分布。

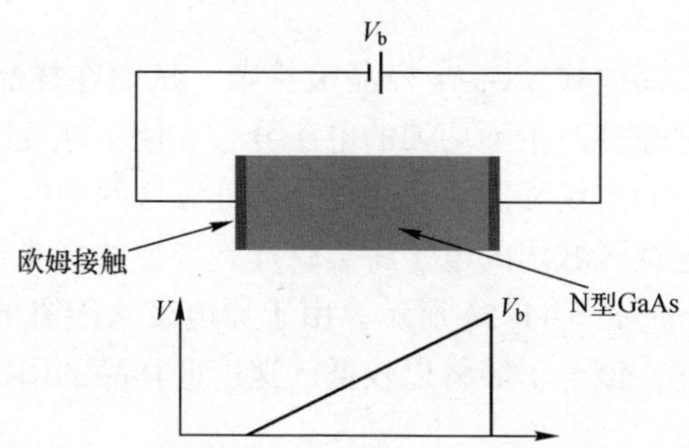


图 11.52　$E<E_{TH}$时，Gunn 二极管的电压分布

如果 GaAs 试样是均匀的，则样品上的电压分布将是均匀的，如图 11.52 所示，并且当 $V_b<V_{TH}$时，电子将驻留在导带的低能谷。如果 $V_b$大于阈值电压，电子将移动到导带的高能谷，这将导致样品中的电流发生变化，如图 11.53 所示。

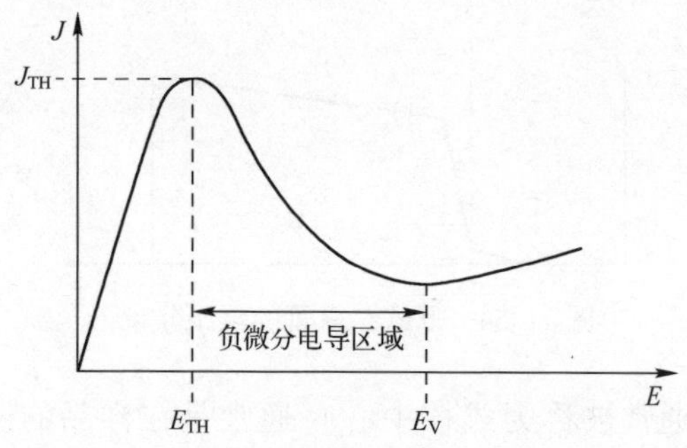


图 11.53　GaAs 的电流密度（$J$）随电场强度（$E$）变化的函数

当 $V_b<V_{TH}$时，GaAs 薄片表现为普通电阻材料，电流随电场值线性增加。当电场超过阈值电压时，由于电子进入迁移率较低的高能谷，电流开始下降。因此，存在一个区域，使材料表现出负微分电导，即电流随着外加电场的增加而下降。当电场增加到一定程度 $E_V$，所有的电子都进入高能谷后，电流再次开始线性增加。需要注意的是，电场大于 $E_v$时，其 $J-E$ 特性曲线的斜率比电场低于 $E_{TH}$时的斜率要小。这是因为当电场大于 $E_v$时，负责导电的电子的迁移率比电场低于 $E_{TH}$时的电子迁移率要低，即材料表现出更低的导电性，因此电阻更高。

耿式二极管有两种主要的振荡模式，传输时间模式和有限空间电荷积累（LSA）模式。本节将依次对两种振荡模式进行分析。

(1) 传输时间模式。

为了获得这种振荡模式，GaAs 样品被掺杂，从而在样品的阴极附近出现不连续。不连续的存在将产生不均匀的电压分布，使不连续区间内产生的电场强度比样品其余部分的电场强度要高。如果不连续区间内的电场强度超过了阈值电场强度，则不连续区域内的电子将会跃迁到导带的高能谷，形成低迁移率导电子的域（或层），如图 11.54 所示。由于导电带高能谷的电子比低能谷电子的迁移率低，因此，该电子域将以较低的速度向样品的阳极移动。

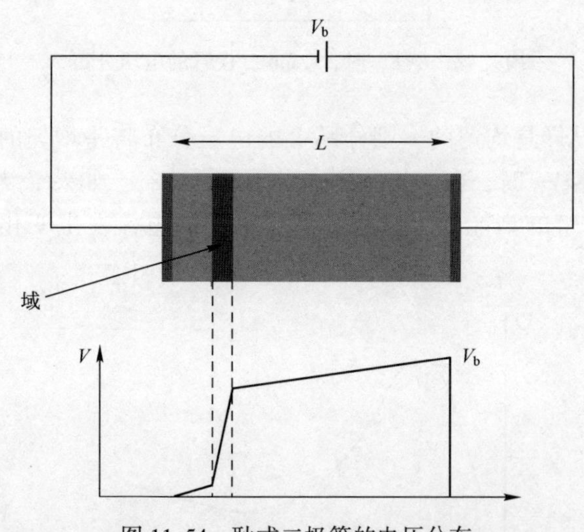


图 11.54　耿式二极管的电压分布

由于不连续（通常被称为成核中心）通常是在样品的阴极附近形成的，该域将会沿着样品的整个长度移动。一旦形成了一个域，外部电流就会下降，因为缓慢移动的域会阻挡高迁移率电子的流动。在到达样品的阳极端时，该域将消失，从而在外部电路产生脉冲电流。一旦一个域消失，一个新的域就会在成核中心形成。这样在外部电路中就能观察到电流脉冲，如图 11.55 所示。需要注意的是，一次只能形成一个域，因为域之外的电场强度不足以让其他电子从导带的低能谷移动到高能谷。

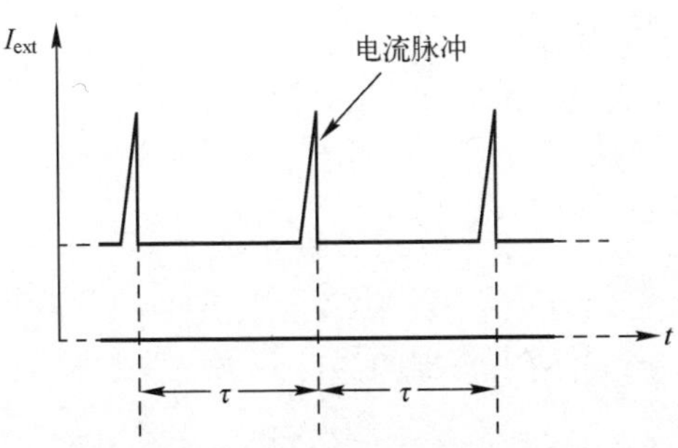


图 11.55　耿式二极管电路中的电流脉冲

如果成核中心位于砷化镓样品的阴极端，则计算脉冲频率的表达式为

$$f_o = \frac{1}{\tau} = \frac{v_{sat}}{L} \tag{11.83}$$

其中

$\tau$——通过样品的传输时间；

$v_{sat}$——电子的饱和速度；

$L$——样品的长度。

其他需要注意的事项如下。

① 耿式二极管通常安装在谐振电路中，因此，图 11.55 所示的电流脉冲刺激电路产生正弦振荡。电路的谐振频率应该等于 $f_o$，定义可见式（11.83）。

② 耿氏二极管的效率非常低，典型效率仅为百分之几，如果允许显著加热，热效应将取代电子偏置电压，使电子从导带的低能谷向高能谷移动。例如，如果典型效率为 5%的耿氏二极管振荡器产生 50mW 的 CW 功率，则必须以热量形式耗散 1W。

③ 通常偏置电压大约是 $3\times V_{TH}$，以确保在成核中心形成域。

备注：$V_{TH} = E_{TH} \times L$ 。

④ 偏置电流由 $I_{bias} = J \times A$ 给出，其中 $J$ 是二极管中的电流密度，$A$ 是二极管的截面积。电流密度由 $J = nev_{sat}$ 给出，其中 $n$ 为电子掺杂密度，$e$ 为单位电荷，$v_{sat}$ 为电子饱和速度。

**例 11.15** 在域模式下工作的耿式二极管用于制造一个输出功率为 50mW 的 12GHz 振荡器。假设耿式二极管由 GaAs 制成，效率为 5%，求：
（1）二极管传输域的长度；
（2）所需偏置电流；
（3）所需二极管的横截面积。
耿式二极管中使用的 GaAs 材料的数据：

$$v_{sat}=10^{7}\text{cm/s}$$

$$E_{TH}=3\text{kV/cm}$$

$$n=10^{15}\text{cm}^{-3}$$

对任何未指定的参数做出合理的假设。

**解：**

（1）传输时间必须等于 12GHz 信号的一个周期。

$$\tau=\frac{1}{12\times10^{9}}\text{s}=83.33\text{ps}$$

渡越域的长度 $L$ 为

$$L=v_{sat}\times\tau=10^{7}\times83.33\times10^{-12}\text{cm}=8.33\mu\text{m}$$

（2）对于 50mw 输出和 5%效率的直流电源必须为

$$P_{DC}=\frac{50}{0.05}\text{mW}=1000\text{mW}=1\text{W}$$

对于（1）中计算的样品长度，阈值电压为

$$V_{TH}=E\times L=3\times10^{5}\times8.33\times10^{-6}\text{V}=2.5\text{V}$$

假设偏置电压为 $3\times V_{TH}$

$$V_{bias}=3\times2.5\text{V}=7.5\text{V}$$

现在

$$P_{DC}=V_{bias}\times I_{bias}$$

因此

$$I_{bias}=\frac{P_{DC}}{V_{bias}}=\frac{1}{7.5}\text{A}=133.3\text{mA}$$

（3）

$$I_{bias}=J\times A=(nev_{sat})\times A$$

其中，$J$ 为电路密度，即

$$0.133=(10^{21}\times1.6\times10^{-19}\times10^{5})\times A$$

$$A=8.31\times10^{-9}\text{m}^{2}=8.31\times10^{-3}\text{mm}^{2}$$

耿式二极管通常安装在由矩形波导形成的谐振腔中，图 11.56 显示了一种典型的布局：二极管安装在窄尺寸的波导上。

所述腔体的一端由带有虹膜的横向薄板形成，以耦合出所述腔体的能量。空腔的另一端由金属塞形成，可以调整该柱塞以改变空腔的长度 L，从而改变谐振频率。(见第 3 章波导谐振腔的设计) 图 11.56 显示了将耿式二极管安装在金属螺柱上的正常做法，以确保良好的散热。

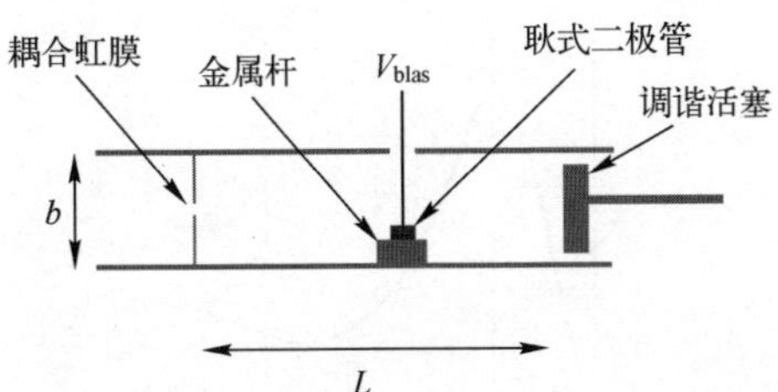


图 11.56　安装在波导腔体中的耿式二极管

(2) LSA 振荡模式。

LSA 振荡模式利用了耿式二极管的负电阻特性。与传输模式一样，二极管安装在谐振电路中，但不同的是，电路的谐振频率是传输时间的倒数的几倍。偏置电压选择在 $V_{TH}$ 和 $V_v$ 之间，其中 $V_v$ 是图 11.53 中 $E_v$ 对应的电压，因此，二极管完全表现为纯负电阻器件，可以简单地建模为图 11.57 所示的负电阻和电容并联的情形。负载，即谐振电路的阻抗，表现为传统的 $L$、$R$、$C$ 并联组合。

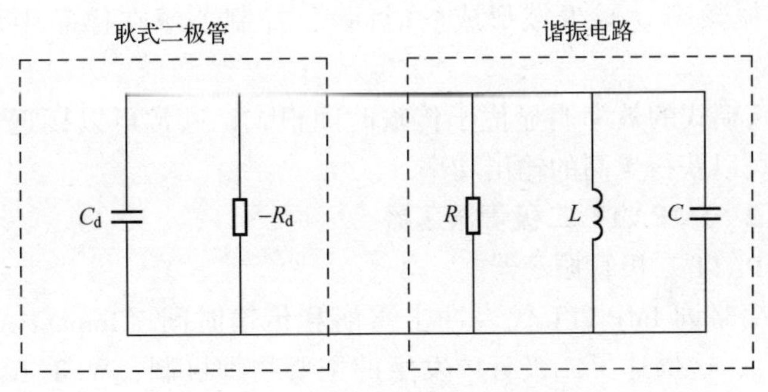


图 11.57　LSA 振荡器的等效电路

由图 11.57 可以看出，二极管的负电阻与谐振电路的电阻并联，因此总电阻 $R_T$ 为

$$R_T = -\frac{R_d R}{R - R_d} \tag{11.84}$$

负载电阻 $R$ 的值通常比二极管的负电阻大 10%左右，所以在 $t=0$ 时，为确保电路起振，总电阻是负的。图 11.58 显示了二极管的 $I$-$V$ 特性，并包括了一个典型的 RF 振荡周期。

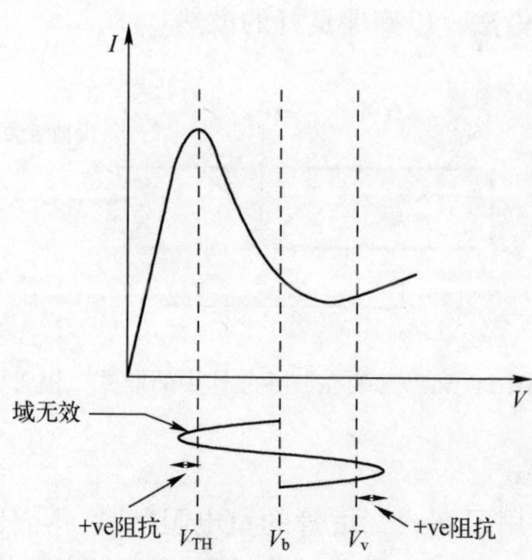


图 11.58　LSA 振荡模式的 I-V 特性曲线

随着振荡的建立，最大电压偏移将进入正电阻区域，因此，总电路电阻将变得不那么负。射频振荡的幅度将增加，直到二极管和谐振电路组合的总电阻为零，并出现稳态振荡。由于电压偏移进入 $V<V_{TH}$ 区域一部分周期，以及外部电路的高谐振频率（减少域形成的时间），抑制了域在样品中形成的任何趋势。

LSA 振荡模式的效率明显优于传输时间模式，通常可以接近 20%，因此使用该模式可以获得更高的输出功率。

#### 11.7.3.2　IMPATT 二极管振荡器

（1）IMPATT 二极管振荡器。

首字母缩略词 IMPATT 代表冲击雪崩和传输时间（Impact Avalancheand Transit Time），这描述了二极管内发生的主要物理机制，W. T. Read 在 20 世纪 50 年代首次提出了高频负电阻二极管，之后该二极管被称为 Read 二极管。

IMPATT 二极管的基本结构如图 11.59 所示。

二极管由两个重掺杂半导体区域组成，用 $P^+$ 和 $N^+$ 表示，由薄的 N 掺杂层和稍大的本征区域隔开。薄的 N 掺杂层的目的是创建一个 $P^+$-N 结。两端

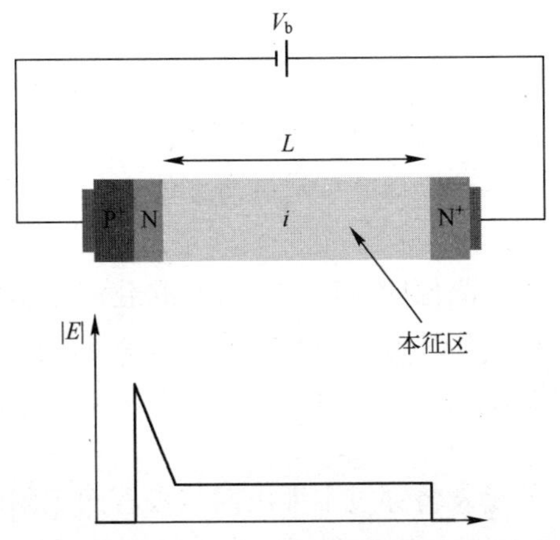


图 11.59　IMPATT 二极管结构和典型电场分布

触点用于将二极管连接到直流偏置电源。使用图 11.59 中所示的偏置极性，$P^+$-N 结将反偏。电场分布也如图 11.59 所示；重掺杂区域的电场可以忽略不计，这些区域是良导体，部分导电的 N 层呈线性减小，未掺杂本征层的电场恒定。

$P^+$-N 结的 $I$-$V$ 特性如图 11.60 所示，图中显示了雪崩击穿电压 $V_B$。

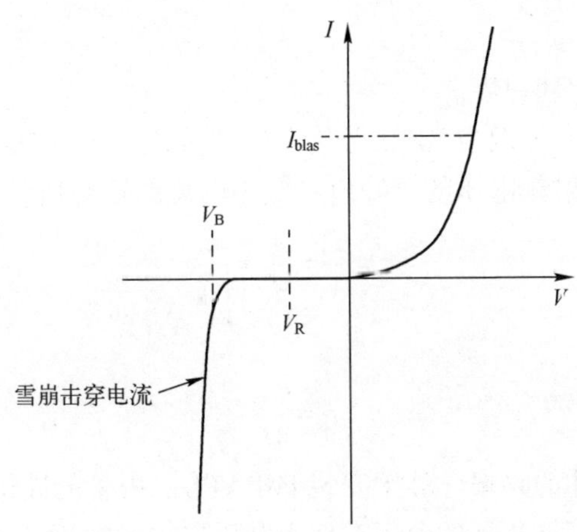


图 11.60　P-N 结的 $I$-$V$ 特性曲线

当 $P^+$-N 结两端的反向偏置电压超过雪崩击穿值时，将有一个显著的反向电流通过器件。$P^+$-N 结在击穿附近的行为是 IMPATT 二极管振荡器运行的关键。图 11.61 使用 RF 信号的一个周期来说明操作中的 3 个基本阶段。

① 阶段一。

二极管反向偏置电压等于或略低于击穿值 $V_{av}$，如果在击穿值上叠加射频电压，则 $P^+$-N 结将在半个周期内呈现雪崩效应（请注意，当器件首次接通时，是热噪声或开关噪声导致结电压超过击穿值）。

② 阶段二。

当反向偏置电压超过阈值时，$P^+$-N 结处的载流子呈指数级增长，因此，会产生大量载流子，其上升时间呈指数增长，当结电压低于阈值时，载流子会急剧下降，雪崩过程停止。

③ 阶段三。

载流子（电子）的爆发将穿过本征区向二极管的正阳极漂移，漂移时间 $\tau$ 将取决于 i 区的长度和电子的饱和速度。当脉冲到达阳极时，它会导致电流脉冲在外部电路中产生。电流脉冲的精确形状并不重要，其形状主要取决于电路的阻抗。如果二极管安装在谐振腔中，电流脉冲将刺激谐振腔进入谐振状态，从而产生正弦振荡。

漂移时间由下式给出

$$\tau = \frac{L}{v_{sat}} \tag{11.85}$$

其中

$L$——i 区的长度；

$v_{sat}$——电子的饱和速度。

在图 11.61 中，延迟为 RF 信号周期的四分之一。在这些情况下，二极管呈现负电阻，因为射频电压的负峰值对应于电流的正峰值，并且

$$\tau = \frac{T}{4} = \frac{1}{4f_o} = \frac{L}{v_{sat}} \tag{11.86}$$

或者

$$f_o = \frac{v_{sat}}{4L} \tag{11.87}$$

其中，$f_o$为电流脉冲的频率，等于安装 IMPATT 二极管的腔体的谐振频率。

IMPATT 二极管振荡器的效率类似于耿氏二极管的 LSA 模式，但功率要大得多。然而，由于雪崩过程产生的噪声，其噪声性能较差。因此，IMPATT 二极管振荡器用于噪声不如输出功率重要的情况，例如脉冲雷达系统，其中接收器主要关心接收信号的包络，而不是 CW 信号的质量。

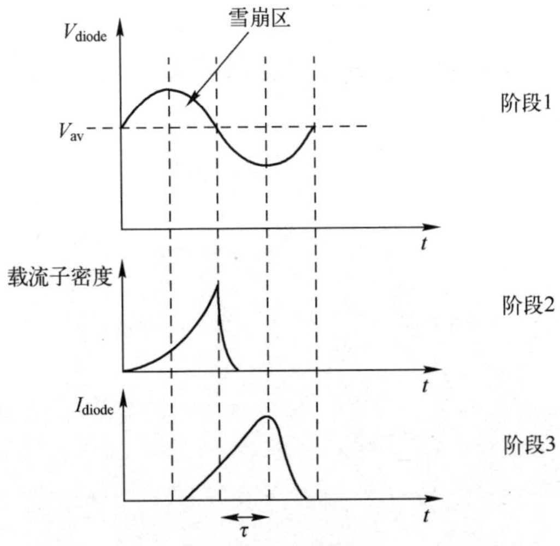


图 11.61　IMPATT 二极管的 3 个工作阶段

## 11.8　振荡器噪声

振荡器噪声是指振荡器输出端信号振幅和相位的随机变化。振荡器输出振幅的变化称为 AM 噪声，相位变化称为 PM 噪声。噪声将在振荡器的中心频率周围产生不需要的边带，并且振荡器输出端的一些功率 $P_o(f)$ 将分布在标称载波频率 $f_c$ 周围，如图 11.62 所示。

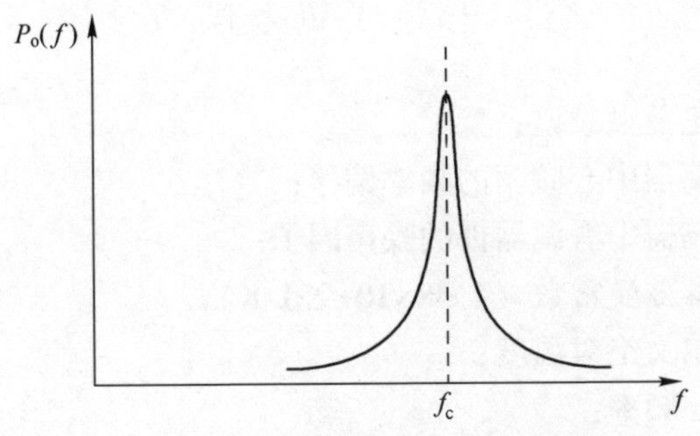


图 11.62　振荡器输出端的噪声功率谱密度

在通信系统中，噪声边带的存在可能产生严重后果，这些边带与系统中的其他频率分量混合，在系统的通带内产生不需要的互调产物。通常，来自振荡器的 AM 噪声明显小于 PM 噪声。振荡器 CW 输出相位的随机变化也可称为 FM 噪声，需要记住的是频率只是相位的变化率。PM 噪声和 FM 噪声的频谱非常相似。

可以通过考虑一个调制 CW 信号的噪声正弦波来可视化噪声对振荡器输出的影响，如图 11.63 中的矢量图所示。

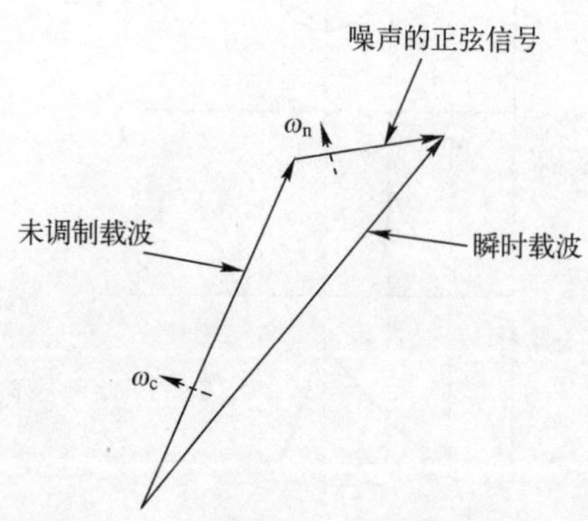


图 11.63　由单个噪声正弦波调制的载波

当图 11.63 所示的噪声正弦波围绕未调制的载波旋转时，载波的幅度会发生变化，导致 AM 噪声。同样，载波的相位也会发生变化，从而导致 FM 或 PM 噪声。

目前已经开发了各种模型来表示振荡器中相位噪声的影响。目前使用最广泛的模型是由 Leeson[14] 最初开发的模型，它由一个带有单谐振器反馈网络的放大器组成。根据该模型，振荡器的单边相位噪声频谱可由下式表示

$$L(f_n)=\frac{FkT}{2P_c}\left[1+\left(\frac{f_c}{2Qf_n}\right)^2\right]\left(1+\frac{f_1}{f_n}\right) \tag{11.88}$$

其中

$L(f_n)$——洛伦兹型频谱；

$f_n$——振荡器中心频率的频率偏移；

$F$——振荡器中有源器件的噪声因子；

$k$——玻耳兹曼常数（1.38×10−23J/K）；

$T$——开尔文绝对温度；

$f_c$——中心频率；

$P_c$——中心频率的输出功率；

$Q$——振荡器谐振器的有载 $Q$ 因子；

$f_1$——闪烁噪声的拐角频率①，如图 11.64 所示。

① 闪烁噪声将在第 14 章的“半导体噪声”部分讨论。

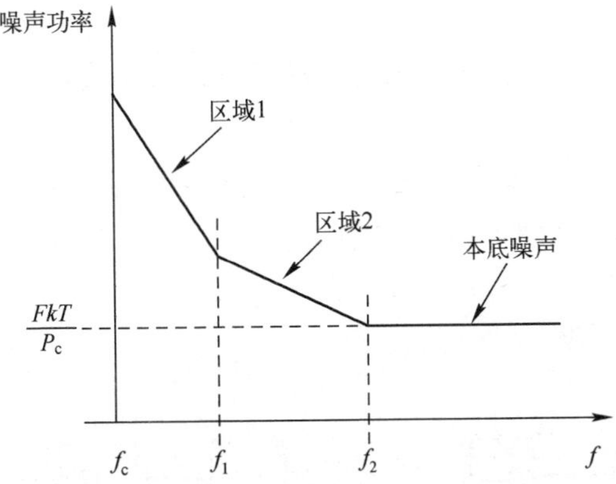


图 11.64　振荡器输出噪声功率的线性化表示

从式（11.88）可以得出几个明显的结论，这些结论说明了如何最小化振荡器的相位噪声：①应该使用高 $Q$ 谐振器；②有源器件应具有低噪声系数；③应使用显示出低闪烁噪声的有源器件。还可以看出，相位噪声随着载波功率的增加而降低。

式（11.88）可以展开为

$$L(f_n)=\frac{FkT}{P_c}\left[1+f_1\left(\frac{1}{f_n}\right)+\left(\frac{f_c}{2Q}\right)^2\left(\frac{1}{f_n^2}\right)+\left(\frac{f_c\sqrt{f_1}}{2Q}\right)^2\left(\frac{1}{f_n^3}\right)\right] \tag{11.89}$$

这种形式的 Leeson 方程非常有用，因为它显示了振荡器噪声的各种分量如何受 $f_n$（载波频率偏移）的影响。Leeson 模型的结果通常用振荡器噪声频谱的线性化视图来描述，如图 11.64 所示。

图 11.64 中显示了噪声特性的 3 个主要区域。

区域 1：有时称为 $1/f^3$ 区域，这表明由于 Leeson 方程中分母中有 $f^3$ 的项，这让近载波噪声在该区域内相对急剧下降。

区域 2：随着载波的频率偏移增加，分母为 $f^2$ 的项趋向于主导降噪，因此，区域 2 通常称为 $1/f^2$ 区域。然而，这仅适用于具有低 $Q$ 谐振器的振荡器，因为分母中带有 $f^2$ 的项在分母中也有一个因子 $Q^2$，这意味着对于高 $Q$ 谐振器，包含 $1/f$ 的项往往占主导地位，那么此时区域 2 则被称为 $1/f$ 区域。

噪声底：当载波的频率偏移较大时，所有涉及 $f$ 的项在其分母中都趋于零，相位噪声仅由振荡器的分量决定。

虽然 Leeson 模型仍然是分析振荡器相位噪声的重要基础，但最近的一些论文[15,16]建议对 Leeson 模型进行较大的改进，使其更广泛地适用于实际振荡器。Lee 和 Hajimiri[17]的一篇论文讨论了相位噪声对特定类型振荡器的影响。

## 11.9 振荡器噪声的测量

测量振荡器噪声的传统方法是在使用鉴频器的基础上进行的，使用延迟线鉴频器的典型测量系统如图 11.65 所示。

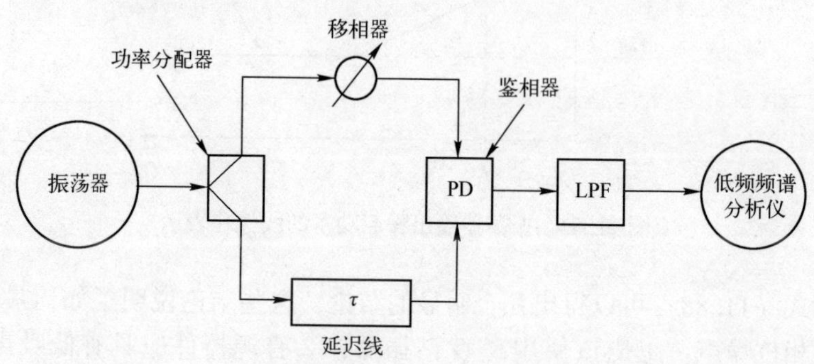


图 11.65　用于测量振荡器相位噪声的延迟线鉴频器技术

在图 11.65 所示的系统中，振荡器的输出被功率分配器（有时称为功率分离器）分成两条路径，其中一条路径包含引入相移的延迟线，并且，随着振荡器频率的增加，鉴相器的两个输入之间的相位差随频率线性增加。因此，鉴相器输出的电压随振荡器频率的变化而线性变化。移相器用于确保鉴相器的输入在载波频率处相位正交，从而确保鉴相器在准线性区域工作，并且在载波频率处输出为零。鉴相器的输出将被输入到 LPF 中以去除鉴相器所生成的不需要的调制产物，并将其应用于低频频谱分析仪，该分析仪将显示近载波相位噪声作为载波频率的频率偏移函数。但是，在解释频谱分析仪上的显示时需要谨慎。由于噪声是随机的并且具有连续的频谱，分析仪将显示噪声在分析仪带宽上的积分值，因此，分析仪上显示的噪声值必须除以分析仪的带宽才能获得在任何特定频率偏移值下的真实读数。为了方便实际测量，频谱分析仪通常被计算机的处理器所取代，以分析和存储噪声数据。图 11.65 中所示的测量系统的一个缺点是它对来自振荡器的幅度噪声很敏感，并且分析仪将显示相位和幅度噪声的总和。通常假设来自振荡器的 AM 噪声明显小于相位噪声，因此可以忽略。近年来，在使用延迟线鉴频器的相位噪声测量系统方面取得了如下两项重大进展。

（1）图 11.65 所示的测量系统的一个缺点是需要一个移相器，通常需要手动调谐。Gheidi 和 Banai [18] 开发了一种测量系统，该系统仍然使用延迟线鉴频器，但它克服了对移相器的需求。在他们提出的系统中，移相器被 90° 混合器取代，以便创建带有自己的鉴相器的第二个通道。这种技术有效地产生了一个同相/正交（$I/Q$）测量系统，它不需要手动调谐移相器，并且是自校准的。

（2）Barzegar 及其同事[19]对图 11.65 中所示的基本测量系统进行了另一种修改，他们在实施延迟线电路前将被测微波振荡器的输出变频为中频（IF）。这能够减少延迟线损耗，因为延迟线中的损耗往往会随着频率增加而增加，这种方式提高了测量系统的灵敏度。据报道，这种技术具有良好的性能，这对于测量毫米波振荡器的噪声特别有吸引力，因为在毫米波振荡器的高线路损耗中通常禁止在振荡器频率上使用延迟线。

使用基于延迟线的电路测量振荡器噪声的另一种方法是利用高 $Q$ 谐振电路的鉴频器特性，其中电压-频率 $Q$ 的每一侧都充当斜率检测器。使用调谐电路的典型测量系统如图 11.66 所示。

谐振电路的电压频率响应（$Q$ 曲线）如图 11.67 所示。

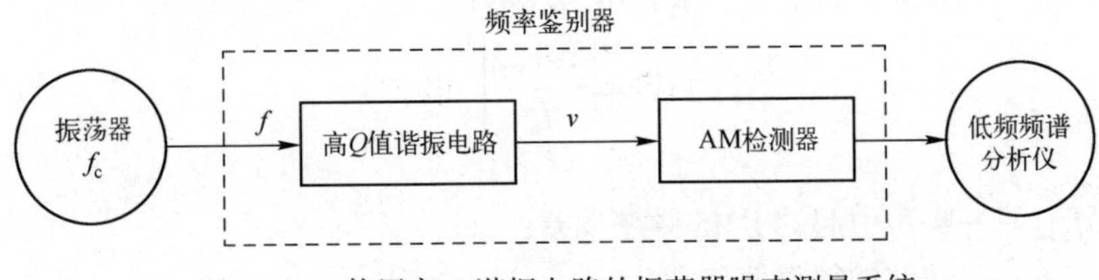


图 11.66　使用高 $Q$ 谐振电路的振荡器噪声测量系统

图 11.67 显示了具有谐振频率 $f_0$ 的谐振电路的 $Q$ 曲线。如果确定 $f_0$ 的值，使得振荡器的频率 $f_c$ 位于 $Q$ 曲线一侧的中点附近，则振荡器频率的任何偏差 $\Delta f$ 都将转换为在电路的输出端的电压偏差 $\Delta v$。对于高 $Q$ 谐振电路，电压-频率响应的两侧将非常陡峭，并且 $\Delta v$ 和 $\Delta f$ 之间将存在准线性关系，即

$$k=\frac{\Delta v}{\Delta f} \tag{11.90}$$

其中，$k$ 为 $Q$ 曲线在频率 $f_c$ 下的斜率，单位为 Hz/V。

因此，$Q$ 曲线的一侧充当斜率检测器；它也可以看作是 FM 到 AM 转换器。振荡器频率 $f_c$ 仍将出现在谐振电路的输出端，需要一个简单的 AM 检测器来恢复 $\Delta v$ 的值。因此，对于一个有噪声的固定频率振荡器，$\Delta v$ 的值将与 FM 噪声引起的振荡器频率中的频率偏差成正比。$\Delta v$ 的值可以在低频频谱分析仪上方便地查看，该分析仪将显示与振荡器的 FM 噪声成正比的电压，（电压）作为载波频率偏移的函数。

通常情况下，振荡器输出端噪声分量的幅值远小于载波功率，可用小信号调制原理分析，如图 11.63 所示。基于这种技术，Ondria[20]针对振荡器输出端

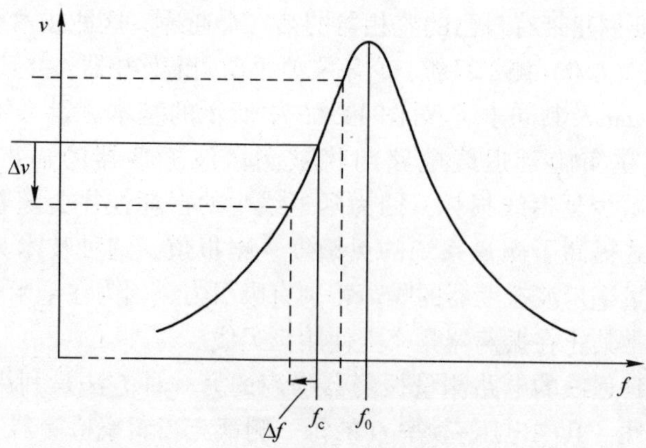


图 11.67 谐振电路的 Q 曲线

的 FM 噪声（NFM）提出了一个有用的表达式：

$$N_{FM} = 10\log\left[\frac{\Delta f_{RMS}}{f_n}\right]^2 \text{ dBc/Hz} \tag{11.91}$$

其中

$\Delta f_{RMS}$——噪声引起的 RMS 频率偏差；

$f_n$——载波的频率偏移。

重要的是要注意用于指定噪声的单位：dBc 表示相对于载波的分贝，并且由于随机噪声具有连续的频谱，$N_{FM}$的值按赫兹指定。

关于使用调谐电路测量技术的一些附加注意事项如下。

（1）必须使用高 Q 谐振电路来确保 FM-AM 转换过程中的线性度。在微波频率下，通常使用空腔谐振器，很容易实现几千的 Q 值。

（2）图 11.66 中所示的频谱分析仪显示了由于频率和振幅波动引起的总振荡器噪声。因为 AM 噪声能够不受影响地通过谐振电路，只需移除谐振电路即可独立测量 AM 噪声，然后可以使用以下公式即可计算出特定偏移频率下的 FM 噪声

$$\overline{\sigma_T^2} = \overline{\sigma_{AM}^2} + \overline{\sigma_{FM}^2} \tag{11.92}$$

其中

$\overline{\sigma_T^2}$——噪声电压的总均方值；

$\overline{\sigma_{AM}^2}$——AM 噪声电压的均方值；

$\overline{\sigma_{FM}^2}$——FM 噪声电压的均方值（请注意，在式（11.92）中，必须对均方值求和，因为处理的是具有随机概率分布且不相关的噪声量）。

（3）由于随机噪声具有连续的噪声频谱，因此，当噪声施加到频谱分析

仪的输入端时，仪器将显示在分析仪带宽内积分的噪声电压。所以，要获得特定频率下噪声电压的正确读数，必须将显示值除以仪器的带宽。

图 11.68 显示了从图 11.66 测量系统中所示的低频分析仪获取的典型响应；纵轴给出了 AM 检测器输出端的 RMS 电压，横轴显示了从 0~10kHz 的载波频率（振荡器的微波频率）。在这种情况下，频谱分析仪自动选择了仪器的带宽，即 95.485Hz。

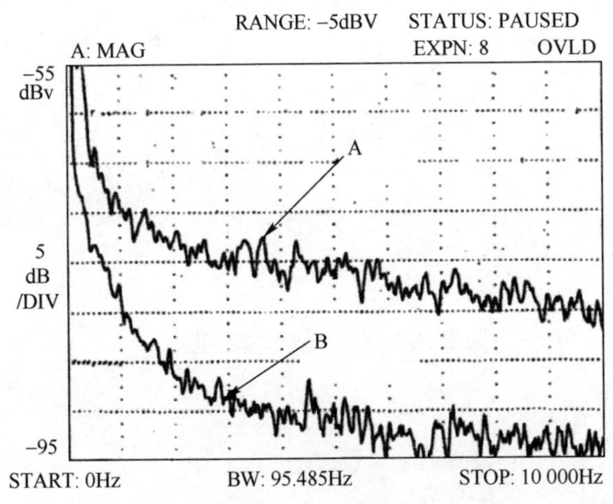


图 11.68　典型的低频网络分析仪响应

曲线 A 连接谐振电路（AM+FM 噪声），曲线 B 未连接谐振电路（仅 AM 噪声）

**例 11.16**　使用图 11.68 中所示的响应确定振荡器的 FM 噪声，载波偏离 5kHz，假定高 $Q$ 谐振器的 $k=220\text{mV/MHz}$，并且 AM 检测器的电压效率为 69%。

**解：**

如图 11.69 所示

$$\text{AM+FM 值} \approx -76\text{dBV} \equiv 1.585\times10^{-4}\text{V}$$

$$\text{AM 值} \approx -90\text{dBV} \equiv 3.162\times10^{-5}\text{V}$$

如前所述，我们必须将频谱分析仪上显示的电压值除以仪器的带宽，才能得到给定频率下噪声电压的真实读数，即

$$\sqrt{\sigma_{\text{T}}^2}=\frac{1.585\times10^{-4}}{95.485}\text{V}=1.660\mu\text{V}$$

$$\sqrt{\sigma_{\text{AM}}^2}=\frac{3.162\times10^{-5}}{95.485}\text{V}=0.331\mu\text{V}$$

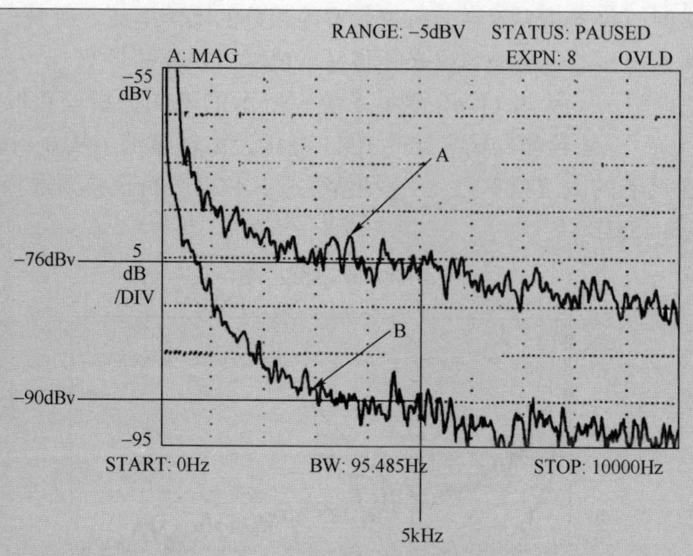


图 11.69 SA 读数偏离载波 5kHz

用式（11.92）有

$$(1.660\times10^{-6})^2=(0.331\times10^{-6})^2+\overline{\sigma_{\mathrm{FM}}^2}$$

$$\sqrt{\overline{\sigma_{\mathrm{FM}}^2}}=1.627\mu\mathrm{V}$$

AM 检波器输入端的 FM RMS 噪声电压为

$$(\sigma_{\mathrm{FM}})_{\mathrm{I/P}}=\frac{1.627}{0.69}\mu\mathrm{V}=2.358\mu\mathrm{V}$$

使用式（11.90）振荡器输出端的 RMS 频率偏差为

$$\Delta f=\frac{2.358\times10^{-6}}{0.22\times10^{-6}}\mathrm{Hz}=10.718\mathrm{Hz}$$

代入式（11.91）可以找到距离振荡器频率 5kHz 的 FM 噪声

$$N_{\mathrm{FM}}=10\log\left(\frac{10.718}{5000}\right)^2\mathrm{dBc/Hz}=-53.377\mathrm{dBc/Hz}$$

**例 11.17** 重新计算示例 11.16 中的 FM 噪声，忽略 AM 噪声，并对结果进行评估。

**解：**

忽略 AM 噪声我们有如下等式

$$\sigma_{\mathrm{FM}}=1.660\mu\mathrm{V}$$

$$(\sigma_{FM})_{I/P}=\frac{1.660}{0.69}\mu V=2.406\mu V$$

$$\Delta f_{RMS}=\frac{2.406}{0.22}Hz=10.936Hz$$

$$N_{FM}=10\log\left(\frac{10.936}{5000}\right)^2 dBc/Hz=-53.202dBc/Hz$$

评估：AM 噪声对 FM 噪声的计算值影响很小，可以合理地忽略。查看原始频谱，载波外 5kHz 处的 AM 值比组合的 AM+FM 值低大约 14dB；这种差异是微波振荡器的典型差异，并且在调谐电路和延迟线测量系统中可以合理地忽略 AM 噪声的影响。

## 11.10　补充习题

11.1　以下数据适用于 5GHz 耿氏二极管微波振荡器中使用的材料：

阈值电场 = 3000V/cm

饱和电子漂移速度 = $10^7$cm/s

掺杂密度 = $2\times10^{15}$cm$^3$

横截面积 = $1.18\times10^{-4}$cm$^2$

假设二极管效率为 7%，估计振荡器可用的最大微波功率。

11.2　估计可提供 20GHz 振荡的 GaAs Impatt 二极管漂移区的长度。将 Impatt 中漂移区的厚度与用于提供 20GHz 信号的 GaAs 耿氏二极管的漂移区厚度进行比较。

（GaAs 中的饱和电了漂移速度为 $10^7$cm/s）

11.3　那么以下数据适用于并联谐振频率为 20MHz 的晶体：$C_1=26$fF；$C_0=5.8$pF。晶振频率的牵引范围是多少？

11.4　以下数据适用于晶振：$R=25\Omega$，$C_0=6$pF（符号具有其通常的含义）。

如果反谐振频率为 5MHz，$Q$ 为 85 000，求：

（1）串联谐振频率；

（2）晶体的有效电感。

11.5　将图 11.4 中所示的 Colpitts 振荡器中的电感替换成晶振，需要 11pF 的负载电容。如果振荡器中的反馈条件要求 $C_1/C_2$ 等于 0.02，假定晶体的 $C_0$ 值为 4.3pF，则确定 $C_1$ 和 $C_2$ 的值。

11.6 硅（$\varepsilon_r = 11.68$）变容二极管的PN结的横截面积为0.36mm$^2$，二极管的串联电阻为3.8Ω。当施加产生55μm耗尽宽度的直流偏置时，估计二极管在98MHz时的$Q$值。

11.7 振荡器的谐振电路如图11.70所示，包括一个具有渐变结的硅变容二极管，$C_0 = 23.5$pF。如果要使用振荡器生成载波频率为10MHz、峰值频率偏差为5kHz的FM信号，请确定需要施加在变容二极管两端的直流偏置和交流信号的峰值。

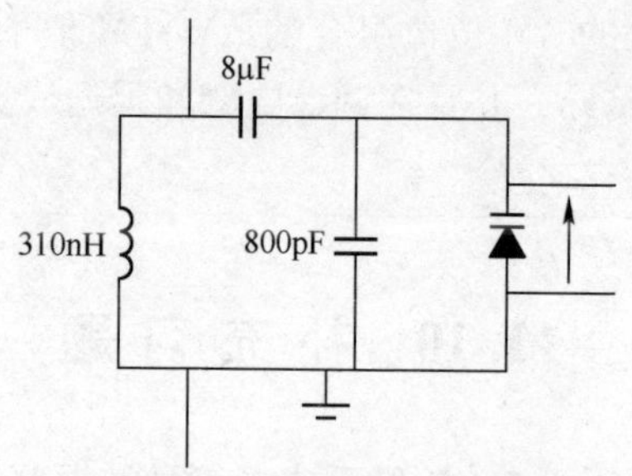


图11.70 习题11.7的电路图

11.8 振荡器的谐振电路如图11.71所示，包括两个相同的具有超突变结（$\gamma = 1.3$）和$C_0 = 27$pF的GaAs变容二极管。振荡器用于提供载波频率为15.85MHz、峰值频率偏差为25kHz的FM信号。确定所需的$V_b$和$V_m$值。两个变容二极管并联使用有什么好处？

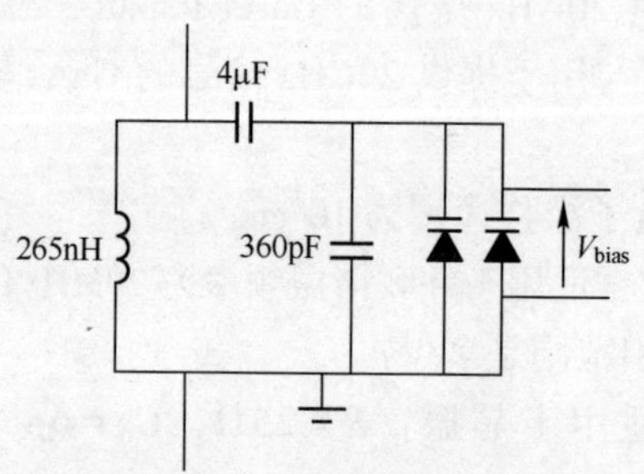


图11.71 习题11.8的电路图

11.9 图11.72显示了振荡器的谐振电路，其中使用了两个相同的具有超突变结（$\gamma = 1.25$）和$C_0 = 18.5$pF的GaAs二极管。

（1）确定使电路在45MHz谐振所需的直流偏置值；

（2）确定将谐振频率增加0.1%所需的直流偏置变化。

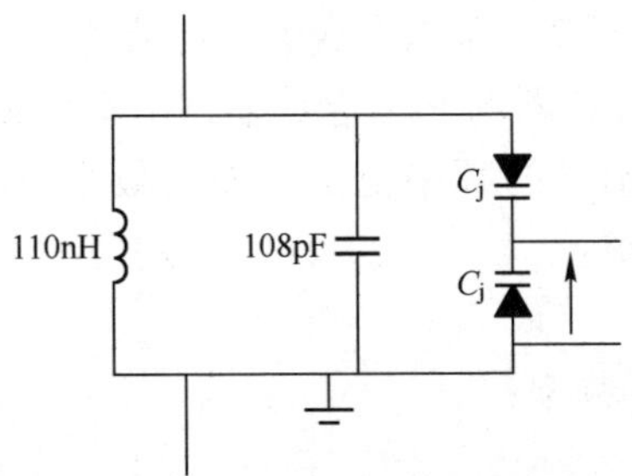


图 11.72　习题 11.9 的电路

11.10　假设 GaAs 二极管具有 $C_0=18.5\text{pF}$ 的梯度结，再次求习题 11.9。

11.11　图 11.73 显示了用于频率调制的 10MHz 振荡器的谐振电路，变容二极管是具有梯度的硅二极管，$C_0=28\text{pF}$。求产生调制指数为 0.3 的 FM 信号所需的 $V_b$ 和 $V_m$ 的值。

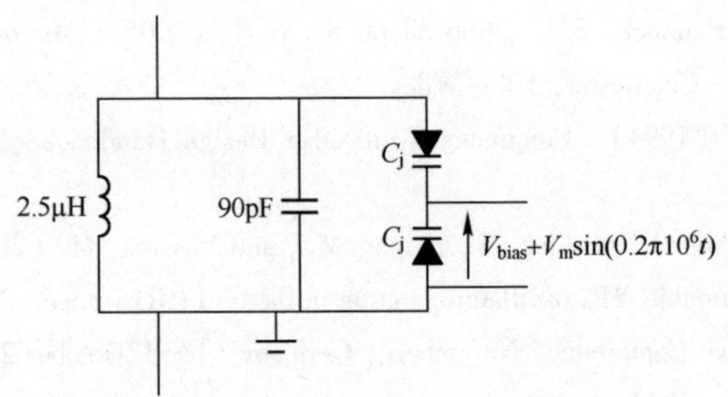


图 11.73　习题 11.11 的电路

11.12　图 11.66 中所示的电路可用于测量微波振荡器的噪声。以下数据适用于该电路：

频谱分析仪读数：10kHz 时为 −82dBV

频谱分析仪带宽：120Hz

振荡器频率下的鉴频器响应：450mV/MHz

AM 探测器效率：72%

从系统中移除鉴别器后，频谱分析仪读数在 10kHz 时降至 −105dBV。

确定来自振荡器的 FM 噪声，距载波 10kHz，以 dBc/Hz 为单位，说明所有假设。

11.13　使用偏移振荡器的 PLL 合成器（图 11.31）可用于为 IF 为 10.7MHz 的一次变频外差式接收器（参见第 14 章）提供本机振荡器。载波信号频带为 88～108MHz，调谐分辨率为 20kHz。如果偏移振荡器设为 80MHz，并且 LO 频率高于接收频率，那么合成器中要求的除数 $N$ 的范围是多少？

11.14 使用偏移振荡器的 PLL 合成器将用于生成本机振荡器，并以 5kHz 的步长覆盖 130~140MHz 的频率范围。如果最小分频比 $N$ 为 500，对应于 130MHz 的输出频率，求：

（1）参考频率；

（2）偏置振荡器的频率；

（3）$N$ 的最大值；

（4）输出频率为 137.02MHz 时 $N$ 的值为多少？

11.15 参考频率为 8MHz，设计输出频率为 114.8MHz 的分数-$N$ 合成器。

# 参考文献


[1] Smith, J. (1998). Modern Communication Circuits. Boston, MA: McGraw-Hill.

[2] Glover, I. A., Pennock, S. R., and Shepherd, P. R. (2005). Microwave Devices, Circuits and Subsystems. Chichester, UK: Wiley.

[3] Crawford, J. A. (1994). Frequency Synthesizer Design Handbook. Norwood, MA: Artech House.

[4] Stein, W., Huber, F., Bildek, S., Aigle, M., and Vossiek, M. (2017). An improved ultra-low-noise tunable YIG oscillatoroperating in the 6-12GHz range. Proceedings of 47th European Microwave Conference, Nuremberg, Germany (10-12October 2017), pp. 767-770.

[5] van Delden, M., Pohl, N., Aufinger, K., and Musch, T. (2019). A 32-48GHz differential YIG oscillator with low phasenoise based on a SiGe MMIC. Proceedings of IEEE Radio and Wireless Symposium, Orlando, FL (20-23 Januray 2019).

[6] Buchwald, A. W., Martin, K. W., Oki, A. K., and Kobayashi, K. W. (1992). A 6GHz integrated phase-locked loop usingAlGaAs/GaAs Heterojunction bipolar transistors. IEEE Journal of Solid-State Circuits 27 (12): 1752-1761.

[7] Larson, L. E. (ed.) (1996). RF and Microwave Circuit Design for Wireless Applications. Norwood, MA: Artech House.

[8] Komatsu, Y. and Murakami, Y. (1983). Coupling coefficient between microstrip line and dielectric resonator. IEEE Transactions on Microwave Theory and Techniques 31 (1): 34-40.

[9] Pozar, D. M. (2001). Microwave and RF Design of Wireless Systems. New York: Wiley.

[10] Chaimbault, D., Verdeyme, S., and Guillon, P. (1994). Rigorous design of the coupling between a dielectric resonator anda microstrip line. Proceedings of 24th European Microwave Conference, Cannes, pp. 1191-1196.

[11] Vollers, H. G. and Claiborne, L. T. (1974). RF oscillator control utilizing surface wave delay lines. Proceedings of 28th IEEEAnnual Symposium on Frequency Control, Fort Mon-

mouth, NJ, pp. 256-259.

[12] Lu, X., Ma, J., Zhu, X. L., Lee, C. M., Yue, C. P., and Lau, K. M. (2012). A novel GaN-based monolithic SAW/HEMT oscillator on silicon. Proceedings of the 2012 IEEE International Ultrasonics Symposium, Dresden, pp. 2206-2209.

[13] Gunn, J. B. (1976). The discovery of microwave oscillations in gallium arsenide. IEEE Transactions on Electron Devices 23 (7): 705-713.

[14] Leeson, D. B. (1966). A simple model of feedback oscillator noise spectrum. Proceedings of the IEEE 54: 329-330.

[15] Nallatamby, J. C., Prigent, M., Camiade, C., and Obregon, J. (2003). Phase noise in oscillators-Leeson formula revisited. IEEE Transactions on Microwave Theory and Techniques 51 (4): 1386-1394.

[16] Huang, X., Tan, F., Wei, W., and Fu, W. (2007). A revisit to phase noise model of Leeson. Proceedings of the 2007 IEEE Int Frequency Control Symposium, pp. 238-241.

[17] Lee, T. H. and Hajimiri, A. (2000). Oscillator phase noise: a tutorial. IEEE Journal of Solid-State Circuits 35 (3): 326-336.

[18] Gheidi, H. and Banai, A. (2010). Phase-noise measurement of microwave oscillators using phase-shifterless delay-line discriminator. IEEE Transactions on Microwave Theory and Techniques 58 (2): 468-477.

[19] Barzegar, A. S., Banai, A., andFarzaneh, F. (2016). Sensitivity improvement of phase-noise measurement of microwave oscillators using IF delay line based discriminator. IEEE Microwave and Wireless Components Letters 26 (7): 546-548.

[20] Ondria, J. (1968). A microwave system for measurements of AM and FM noise spectra. IEEE Transactions on Microwave Theory and Techniques 16 (9): 767-781.

# 第 12 章　射频和微波天线

## 12.1　引　　言

本章首先通过对简单导线辐射功率的初步讨论，介绍射频天线的基本性质，进而得到导体在长距离上的电场和磁场的理论表达式；然后讨论半波偶极子（各类天线中最基本也是最有用的一种）、在阵列中使用对线对偶极子元件、平面阵列设计；最后讨论使用孔径和波导槽孔的各种传统微波天线。在波导槽孔天线方面，本章将展示现代制造工艺如何使用厚膜光可成像和低温共烧陶瓷（LTCC）技术在多层平面基板上制造槽孔波导天线。

## 12.2　天 线 参 数

(1) 天线是一种无源无损耗结构，可以将其视为一种变换器，它将馈送它的传输线的电磁场场模式转换为自由空间中的场模式，或将自由空间中的场模式转换成传输线中的场模式。

(2) 一般地，天线的可用输出功率等比于可用输入功率，因此，可用增益为定值，就像变换器一样。

(3) 天线的辐射方向图显示了天线辐射的功率或电场随方向的变化。图 12.1 显示了典型的辐射图，包括主波束、旁瓣和后瓣。辐射方向图的重要特征之一是波束宽度，它有效地决定了天线的空间选择性。有两种描述波束宽度的常用方法：半功率波束宽度 $\theta_{3dB}$ 和辐射图案的第一零点之间的波束宽度 $\theta_{nulls}$。图 12.2 中给出了辐射图主波束的两种波束宽度示意，以及辐射图案的径向尺度与功率成比例。

(4) 无论能量是从传输线到自由空间，还是从自由空间流向传输线，辐射模式都是相同的。所以天线可以用来从自由空间接收功率，也可以向自由空间发射功率。

(5) 辐射方向图的形状取决于天线的几何形状。

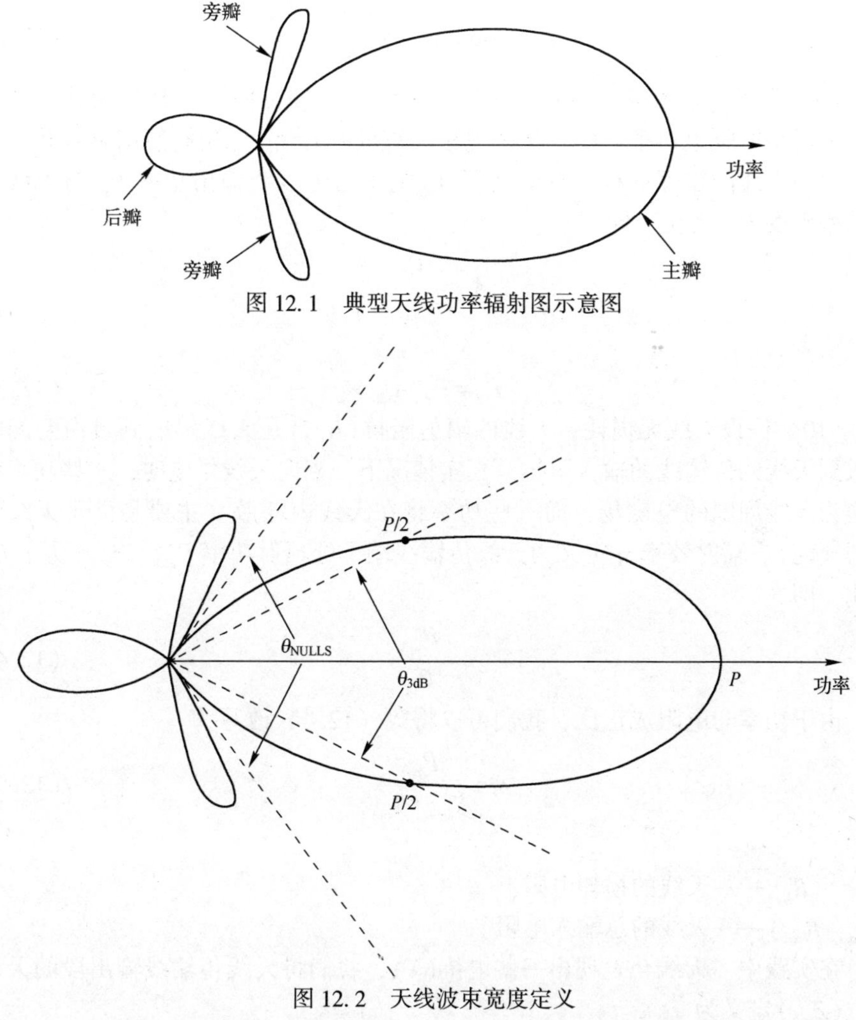


图 12.1　典型天线功率辐射图示意图

图 12.2　天线波束宽度定义

（6）由于通信系统的性能取决于接收功率，将距离天线某一点的功率密度定义为该点单位面积通过的功率，功率密度的单位为 $W/m^2$。

（7）天线增益 $G$ 是在输入功率相等的条件下，某一点的天线功率密度 $P_{den}$ 与该点基准天线功率密度 $P_{den}(\text{reference})$ 的比，即

$$G=\frac{P_{den}}{P_{den}(\text{reference})} \tag{12.1}$$

（8）基准天线通常指各向同性天线，是一种不存在的理想天线，该天线在各个方向上辐射均相等。各向同性天线在某一点的功率密度为天线的辐射功率与该点到天线距离 $r$ 处的球体表面积的比值，即

$$P_{den}(\text{isotropic})=\frac{P_T}{4\pi r^2} \tag{12.2}$$

(9) 天线将自由空间场方向图转换为传输线场方向图，其行为就像从自由空间场型中收集功率一样，其区域称为有效孔径 $A_{eff}$。我们使用有效孔径来区分它与天线的物理面积，有效孔径 $A_{eff}$ 定义为传输线输出功率 $P_R$ 与天线处的功率密度 $P_{den}$ 之比，即

$$A_{eff}=\frac{P_R}{P_{den}}$$

或者

$$P_R=P_{den}A_{eff} \tag{12.3}$$

(10) 假设天线无损耗，天线的辐射阻抗($R_{rad}$)是天线辐射到自由空间时输入到天线的传输线的输入阻抗。真实情况下，当向天线供电时，一些功率将转换为天线周围的电磁场，而一些功率将在天线内耗散（主要是由于天线的欧姆损耗)。辐射效率 $\eta$ 定义为天线传输线端子处辐射功率 $P_{rad}$ 与输入功率 $P_{in}$ 之比，即

$$\eta=\frac{P_{rad}}{P_{in}} \tag{12.4}$$

由于功率与电阻成正比，我们可以将式（12.4）改写为

$$\eta=\frac{P_{rad}}{R_{loss}+R_{rad}} \tag{12.5}$$

其中

$R_{loss}$——天线的损耗电阻；
$(R_{loss}+R_{rad})$——天线的总输入电阻。

在实践中，天线会表现出一些电抗($X$)，我们将天线传输线输出段的天线阻抗($Z_{ant}$)定义为

$$Z_{ant}=R_{loss}+R_{rad}\pm jX \tag{12.6}$$

(11) 为了计算距离为 $r$ 的两个天线之间的单向自由空间通信系统的性能，需要知道发射天线的增益($G_T$)和接收天线的有效孔径($A_{eff,R}$)。通过组合式(12.1)~式（12.3）可以获得接收功率 $P_R$ 的表达式。根据式（12.1)，可得

$$G_T=\frac{P_{den}}{P_T/4\pi r^2}=\frac{4\pi r^2 P_{den}}{P_T}$$

并且用式（12.3）代替 $P_{den}$，得

$$G_T=\frac{4\pi r^2 P_R}{P_T A_{eff,R}}$$

整理后得到

$$P_{\mathrm{R}}=\frac{P_{\mathrm{T}}G_{\mathrm{T}}}{4\pi r^{2}}A_{\mathrm{eff,R}} \tag{12.7}$$

注意式（12.7）也可以根据接收天线位置处的功率密度写为

$$P_{\mathrm{R}}=P_{\mathrm{den}}A_{\mathrm{eff,R}} \tag{12.8}$$

其中

$$P_{\mathrm{den}}=\frac{P_{\mathrm{T}}G_{\mathrm{T}}}{4\pi r^{2}} \tag{12.9}$$

从文献［1］可以看出，在给定频率 $f$ 下，任何天线的有效孔径都与该天线的增益相关，公式如下：

$$A_{\mathrm{eff}}=\frac{\lambda^{2}G}{4\pi} \tag{12.10}$$

其中，$\lambda=c/f$。

将式（12.10）代入式（12.7）中，得

$$P_{\mathrm{R}}=\frac{P_{\mathrm{T}}G_{\mathrm{T}}G_{\mathrm{R}}\lambda^{2}}{16\pi^{2}r^{2}} \tag{12.11}$$

式（12.11）给出了自由空间通信系统中发射功率和接收功率之间非常重要的关系，是所有实际无线通信系统中传播计算的基础，也称为弗里斯方程（或弗里斯传输公式）。

（12）天线可以细分为以下几类：相关尺寸比波长小的天线，相关尺寸与波长相似的天线，以及相关尺寸比波长大的天线。表 12.1 显示了每种类型天线示例的增益、有效孔径和辐射电阻。

表 12.1　典型天线的数据

| 参　数 | 尺寸≪$\lambda$ | 尺寸≈$\lambda$ | 尺寸≫$\lambda$ |
|---|---|---|---|
| 增益 $G$ | 赫兹偶极子<br>$G=1.5$ | 半波振子天线<br>$G=1.64$ | 抛物面直径为 2m，频率为 10GHz 时，$G=43864$ |
| 有效孔径 $A_{\mathrm{eff}}$ | $3\lambda^2/8\pi\ \mathrm{m}^2$ | $\lambda^2/8\ \mathrm{m}^2$ | $\varepsilon\times A_{\mathrm{phs}}$，$\varepsilon$ 是光圈效率，$A_{\mathrm{phs}}$ 是实际面积 |
| 辐射阻抗 $R_{\mathrm{rad}}$ | $80\pi^2\left(\frac{\delta l}{\lambda}\right)\Omega$，当$\frac{\delta l}{\lambda}$小时，该值非常小，例如$\frac{\delta l}{\lambda}=0.01$，$R_{\mathrm{rad}}=0.08\Omega$ | 73Ω | 等于馈送天线的传输线的阻抗 |

**例 12.1** 增益为 15dB 的天线在 5GHz 的频率下被提供 2W 的功率，求：

（1）在最大辐射方向上距离天线 8km 处的功率密度；

（2）当两个天线都朝向最大接收时，位于距离发射器 20km 处的同一天线接收的功率。

**解：**

$$G = 15\text{dB} \equiv 10^{1.5} = 31.62$$

$$f = 5\text{GHz} \Rightarrow \lambda = \frac{3\times10^8}{5\times10^9}\text{m} = 0.06\text{m}$$

（1）使用式（12.9）：$P_{\text{den}} = \dfrac{2\times31.62}{4\pi\times(8\times10^3)^2}\text{W/m}^2 = 78.62\text{nW/m}^2$

（2）使用式（12.8）：$P_{\text{R}} = 78.62\times10^{-9}\times\dfrac{(0.06)^2}{4\pi}\times31.62\text{W} = 113.94\text{pW}$

## 12.3 球坐标系

使用球面极坐标，空间中任意点 $P$ 的位置可以用 3 个坐标$(r,\theta,\phi)$如图 12.3 所示。在该坐标系中，$r$ 是从原点到点 $P$ 的径向距离，$\theta$ 是通过 $P$ 在垂直平面中测量的角度，$\phi$ 是在水平平面中测量的角度。在图 12.3 中，应注意点 $Q$ 是点 $P$ 在水平面上的投影，穿过点 $P$ 的垂直面由平面 $PQOR$ 定义，其中 $O$ 是原点。在三维中传播的电磁波可以用球面极坐标来描述传播波的分量。

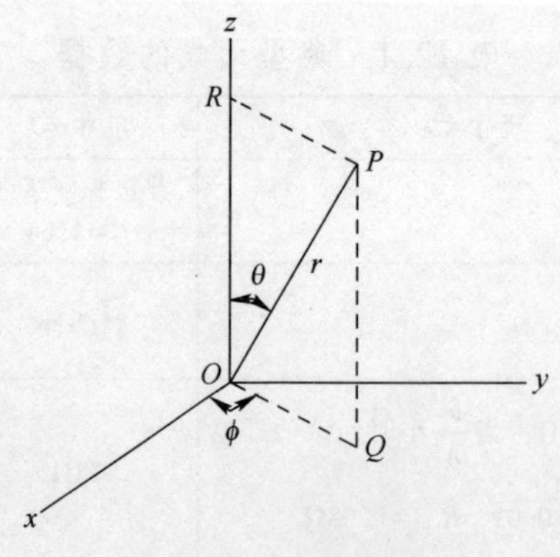


图 12.3 球面极坐标

# 12.4　赫兹偶极子辐射

## 12.4.1　基本原理

图 12.4 所示为赫兹偶极子，导体的两端在任意时刻都处于相反的电势，因此，称为偶极子，图中元件长度为 $\delta z$，载流导体 $I$ 为恒定值，其中：$\delta z \ll \lambda$。

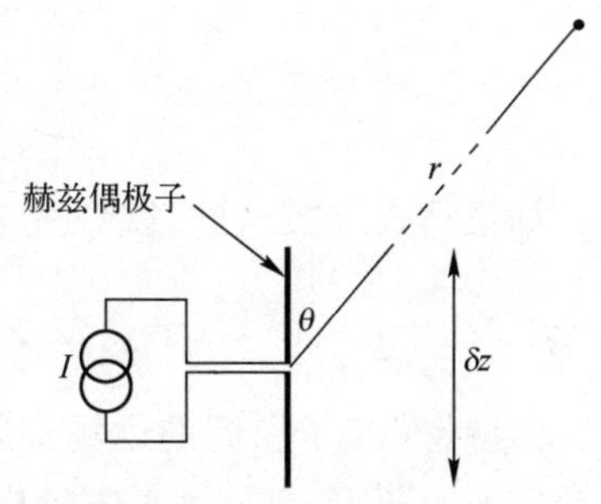

图 12.4　赫兹偶极子

赫兹偶极子并不代表一个真实的天线，但它在分析长度相当于一个波长的真实天线时是一个有用的数学工具。例如，电长尺寸的天线可被视为由大量端到端连接的赫兹偶极子组成。在第 12.5 节中，我们将利用此方法分析半波偶极子的性能。

根据经典场论文献［1，2］可以证明，对于承载峰值电流 $I_0$，长度为 $\delta z$ 的赫兹偶极子，距离 $r$ 处球坐标中的电场值和磁场值如下：

$$E_r = \frac{I_0 \delta z 120\pi \cos\theta e^{j\omega(t-r/c)}}{\lambda}\left(\frac{c}{\omega r^2} - j\frac{c^2}{\omega^2 r^3}\right)$$

$$E_\theta = \frac{I_0 \delta z 60\pi \sin\theta e^{j\omega(t-r/c)}}{\lambda} \times \left(j\frac{1}{r} + \frac{c}{\omega r^2} - j\frac{c^2}{\omega^2 r^3}\right)$$

$$E\phi = 0$$

$$H_r = 0$$

$$H_\theta = 0$$

$$H_\phi = \frac{I_0 \delta z \ \sin\theta e^{j\omega(t-r/c)}}{2\lambda}\left(j\frac{1}{r} + \frac{c}{\omega r^2}\right) \tag{12.12}$$

式（12.12）中，波传播到距离 $r$ 处所需时延为 $r/c$，因而在 $r$ 位置引入了相位延迟。

围绕任何辐射元件的区域可分为近场区域和远场区域。式（12.12）中的近场分量是分母为 $r^2$ 或 $r^3$ 的分量，这些电场分量和磁场分量分别称为静电分量和感应分量，这些分量与辐射元件中电荷分布和带电量相关，并且随着 $r$ 的增加幅值迅速衰减。分母为 $r$ 的场分量是远场分量，通常称为辐射分量，这些场是无线电通信的主要关注点。

式（12.12）中的远场辐射分量为

$$E_\theta = \mathrm{j}\frac{I_0\delta z 60\pi\sin\theta \mathrm{e}^{\mathrm{j}\omega(t-r/c)}}{\lambda r} \tag{12.13}$$

$$H_\phi = \mathrm{j}\frac{I_0\delta z\sin\theta \mathrm{e}^{\mathrm{j}\omega(t-r/c)}}{2\lambda r} \tag{12.14}$$

远场分量的峰值大小为

$$|E_\theta| = \frac{I_0\delta z 60\pi\sin\theta}{\lambda r} \tag{12.15}$$

$$|H_\phi| = \frac{I_0\delta z\sin\theta}{2\lambda r} \tag{12.16}$$

如果将式（12.15）除以式（12.16），我们得到自由空间的阻抗 $Z_0$，即

$$Z_0 = \frac{|E_\theta|}{|H_\phi|} = 120\pi \tag{12.17}$$

由赫兹偶极子引起的远场辐射模式的形式可以从式（12.15）和式（12.16）推导出来，图 12.5 显示了电场极坐标图模式。

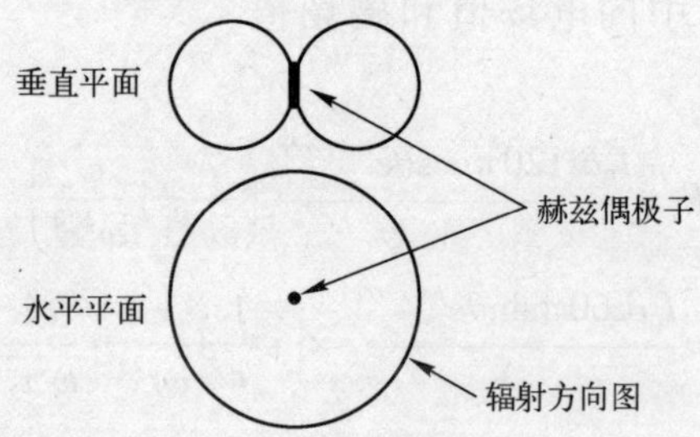


图 12.5　由赫兹偶极子引起的电场极坐标图

我们使用坡印亭（Poynting）矢量确定赫兹偶极子辐射的功率，该矢量由符号 $\boldsymbol{P}$ 表示，它表示辐射电磁场功率的方向以及功率的大小（注意，坡印亭矢量的符号以粗体显示，表示矢量）。若 $E_{\theta,\mathrm{rms}}$ 和 $H_{\phi,\mathrm{rms}}$ 分别表示电场和磁场的均方根值，则存在垂直于电场平面和磁场平面的功率流，其单位面积功率（$P_{\mathrm{den}}$）由下式给出：

$$P_{\mathrm{den}} = E_{\theta,\mathrm{rms}}H_{\phi,\mathrm{rms}}\sin\alpha \tag{12.18}$$

其中

$\alpha$——电场分量和磁场分量之间的角度；

$P_{\mathrm{den}}$——功率密度，单位为 W/m$^2$。

对于自由空间中的电磁场 $\alpha = 90°$，式（12.18）可简化为

$$P_{\text{den}} = E_{\theta,\text{rms}} H_{\phi,\text{rms}} \tag{12.19}$$

如图 12.6 所示，我们可以通过考虑偶极子位于半径为 $r$ 的球体的中心，求得赫兹偶极子的辐射功率。偶极子的总辐射功率可以通过确定流经球体表面上面积为 $\delta S$ 的环形元的功率，然后在总表面上进行积分以求出辐射的总功率。

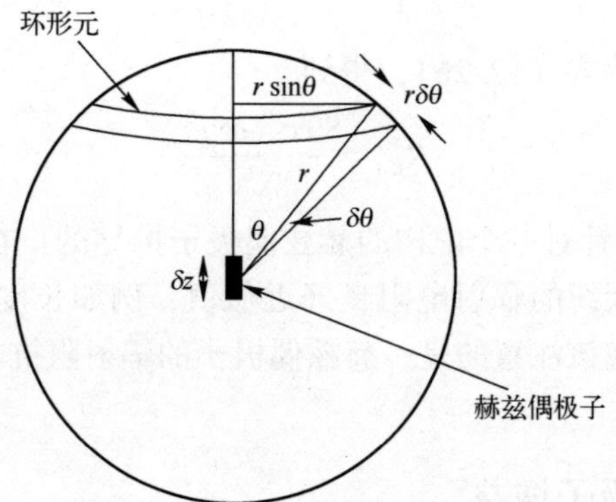


图 12.6　赫兹偶极子球面上的环形元

使用式（12.19），球体表面任何点的功率密度可表示为

$$P_{\text{den}} = \frac{|E_\theta|}{\sqrt{2}} \times \frac{|H_\phi|}{\sqrt{2}} \tag{12.20}$$

其中，$E_\theta$ 和 $H_\phi$ 在式（12.12）中给出。因此，流经环形元的功率为

$$P = \frac{|E_\theta|}{\sqrt{2}} \times \frac{|H_\phi|}{\sqrt{2}} \times \delta S = \frac{60\pi I_0^2 (\delta z)^2 \sin^2\theta}{4\lambda^2 r^2} \times \delta S \tag{12.21}$$

其中

$$\delta S = \pi \times 2r\sin\theta \times r\delta\theta = 2\pi r^2 \sin\theta\delta\theta \tag{12.22}$$

因此，通过球体辐射的总功率将为

$$P_{\text{rad}} = \int_0^\pi \frac{60\pi I_0^2 (\delta z)^2 \sin^2\theta}{4\lambda^2 r^2} \times 2\pi r^2 \sin\theta \mathrm{d}\theta = \frac{30\pi^2 I_0^2 (\delta z)^2}{\lambda^2} \int_0^\pi \sin^3\theta \mathrm{d}\theta \tag{12.23}$$

替换标准积分

$$\int_0^\pi \sin^3\theta \mathrm{d}\theta = \frac{4}{3}$$

式（12.23）变为

$$P_{\text{rad}} = \frac{40\pi^2 I_0^2 (\delta z)^2}{\lambda^2} \tag{12.24}$$

再考虑辐射阻抗：

$$P_{rad}=I_{rms}^{2}R_{rad} \tag{12.25}$$

将式（12.24）代入式（12.25），得到

$$\frac{40\pi^2 I_0^2(\delta z)^2}{\lambda^2}=\left(\frac{I_0}{\sqrt{2}}\right)^2 R_{rad} \tag{12.26}$$

通过重新整理等式（12.26），得到

$$R_{rad}=\frac{80\pi^2(\delta z)^2}{\lambda^2} \tag{12.27}$$

式（12.27）是针对一个虚构的赫兹偶极子推导的，在实践中可以作为长度远小于波长的线天线的辐射电阻良好近似值，例如长度显著小于波长 $\lambda/10$ 的线天线。然而，应该注意的是，赫兹偶极子的辐射阻抗非常小，这使它很难与发射机匹配。

### 12.4.2 赫兹偶极子增益

考虑为赫兹偶极子和各向同性天线分别输入相同的功率 $P$，然后计算距离两个天线给定距离 $r$ 处的电场强度比值，可得到赫兹偶极子相对于各向同性天线的增益。对于赫兹偶极子，它具有增益并将辐射能量集中在特定方向上，我们定义最大电场强度（$E_m$）方向上的增益为 $G$。

距离各向同性辐射距离 $r$ 处的功率密度由等式（12.2）给出，如下所示：

$$P_{den}=\frac{P}{4\pi r^2} \tag{12.28}$$

使用坡印亭矢量，可以将式（12.28）写为

$$\frac{P}{4\pi r^2}=\frac{\boldsymbol{E}}{\sqrt{2}}\times\frac{\boldsymbol{H}}{\sqrt{2}}=\frac{EH}{2} \tag{12.29}$$

对于自由空间的阻抗，式（12.29）可以写为

$$\frac{P}{4\pi r^2}=\frac{E^2}{240\pi}$$

即

$$E=\frac{\sqrt{60P}}{r} \tag{12.30}$$

我们可以通过式（12.15）和式（12.16）找到由赫兹偶极子引起的最大电场的表达式。

$$|E_\theta|=E_m\sin\theta \tag{12.31}$$

和

$$|H_{\phi}| = H_{\mathrm{m}} \sin\theta \tag{12.32}$$

其中，$E_{\mathrm{m}}$ 和 $H_{\mathrm{m}}$ 分别为电场和磁场的最大值。

将 $E_{\mathrm{m}}$ 和 $H_{\mathrm{m}}$ 代入等式（12.23），可得

$$P_{\mathrm{rad}} = \int_0^{\pi} \frac{E_{\mathrm{m}} H_{\mathrm{m}} \sin^2\theta}{2} \times 2\pi r^2 \sin\theta \mathrm{d}\theta = E_{\mathrm{m}} H_{\mathrm{m}} \pi r^2 \int_0^{\pi} \sin^3\theta \mathrm{d}\theta = \frac{E_{\mathrm{m}}^2}{120\pi} \pi r^2 \times \frac{4}{3} = \frac{E_{\mathrm{m}}^2 r^2}{90} \tag{12.33}$$

即

$$E_{\mathrm{m}} = \frac{\sqrt{90 P_{\mathrm{rad}}}}{r} \tag{12.34}$$

如果考虑了无损耗天线，天线辐射的功率等于提供的功率，即 $P_{\mathrm{rad}} = P$，因此，等式（12.34）可以写成：

$$E_{\mathrm{m}} = \frac{\sqrt{90 P}}{r} \tag{12.35}$$

故此，使用式（12.35）和式（12.30）可以得到赫兹偶极子的增益 $G$，如下所示：

$$G = \left(\frac{E_{\mathrm{m}}}{E}\right)^2 = \frac{90}{60} = 1.5 \tag{12.36}$$

也可以用 dB 表示增益：

$$G_{\mathrm{dB}} = 10\log 1.5\mathrm{dB} = 1.76\mathrm{dB} \tag{12.37}$$

请注意，由于电场单位为 V/m，因此，$E_{\mathrm{m}}/E$ 等于电压比，$(E_{\mathrm{m}}/E)^2$ 等于功率比。

**例 12.2**　假设偶极子的损耗电阻为 1.5Ω，确定频率为 100MHz 的 10cm 长偶极子的辐射电阻和辐射效率。

**解：**

$$100\mathrm{MHz} \Rightarrow \text{自由空间波长 } \lambda_0 = \frac{3 \times 10^8}{100 \times 10^6} \mathrm{m} = 3\mathrm{m}$$

由于偶极子的 10cm 长度远小于 λ，我们可以使用等式（12.27）得

$$R_{\mathrm{rad}} = \frac{80\pi^2 \times (0.1)^2}{(3)^2} \Omega = 0.88\Omega$$

使用等式（12.5）得

$$\eta = \frac{0.88}{0.88 + 1.5} = 0.37 \equiv 37\%$$

# 12.5 半波偶极子辐射

## 12.5.1 基本原理

顾名思义，半波偶极子长度为 $\lambda/2$，如图 12.7 所示，半波偶极子上的电流分布可以近似为正弦曲线，馈电点处的电流最大，两个导体端部的电流为零。距离馈电点 $z$ 处的电流大小由下式给出：

$$Iz = I_0\cos\beta z \tag{12.38}$$

其中

$I_0$——馈电点处的电流大小；

$\beta$——适用于沿天线传播的电流的相位传播常数。

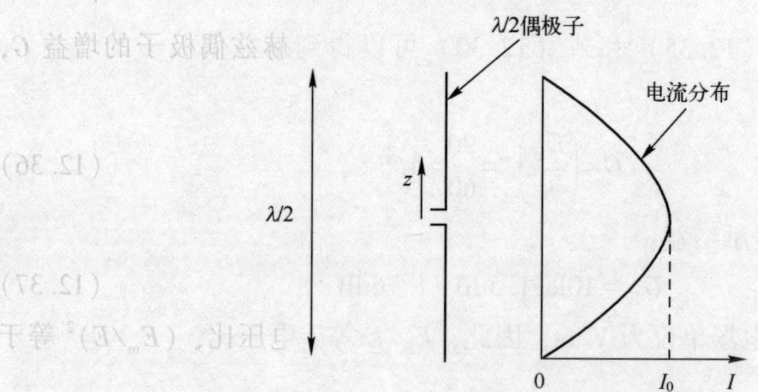


图 12.7 半波偶极子上的电流分布

电流分布形状的原因通常可以通过将偶极子视为两根并行的传输线最末端的 $\lambda/4$ 段折 90°来解释。偶极子上电流分布的形状将近似对应于传输线末端的电流驻波图案的形状。

偶极子大部分长度上的电流可以合理近似为正弦分布，但在馈电点附近的分布会出现一些偏差。为便于分析，$\lambda/2$ 偶极子可被视为由多个首尾相连的赫兹偶极子组成。图 12.8 显示了这样的任意赫兹偶极子在距离中心 $z$ 处的位置。如果流经该赫兹偶极子的电流为 $I_1$，则使用等式（12.12），由赫兹偶极子产生的 $P$ 点电场为

$$E_{\theta 1} = \mathrm{j}\frac{I_1\delta z 60\pi\sin\theta_1 \mathrm{e}^{\mathrm{j}\omega(t-r_1/c)}}{\lambda r_1} \tag{12.39}$$

其中

$$r_1 = r - z\cos\theta$$

$$\theta_1 \approx \theta \qquad (r \gg \lambda)$$

并且

$$I_1 = I_0 \cos\beta z$$

因此，由赫兹偶极子引起的点 $P$ 处的电场可以写成：

$$E_{\theta 1} = \mathrm{j}\frac{I_0\cos(\beta z)\delta z 60\pi\sin\theta \mathrm{e}^{\mathrm{j}\omega(t-(r-z\cos\theta)/c)}}{\lambda(r-z\cos\theta)} \tag{12.40}$$

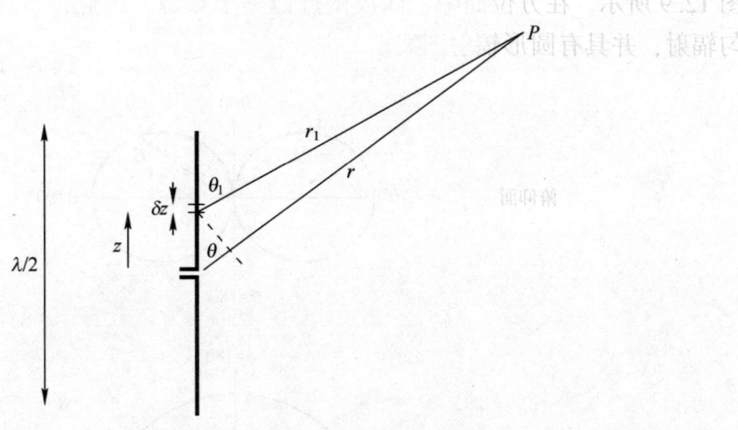


图 12.8　半波偶极子的电场辐射

如果 $r \gg \lambda$，$r$ 和 $r_1$ 之间的差异很小，且不会显著影响场的大小。但由于其与波长相当，对相位影响是显著的。因此，式（12.40）可以写为：

$$E_{\theta 1} = \mathrm{j}\frac{I_0\cos(\beta z)\delta z 60\pi\sin\theta \mathrm{e}^{\mathrm{j}\omega(t-(r-z\cos\theta)/c)}}{\lambda r} \tag{12.41}$$

点 $P$ 处的总电场现在可以通过由包括天线的所有赫兹偶极子引起的场累加得到（即通过从 $z=-\lambda/4$ 积分到 $z=+\lambda/4$）。

$$\begin{aligned} E_\theta &= \int_{-\lambda/4}^{\lambda/4} \mathrm{j}\frac{I_0\cos(\beta z)60\pi\sin\theta \mathrm{e}^{\mathrm{j}\omega(t-(r-z\cos\theta)/c)}}{\lambda r}\mathrm{d}z \\ &= \mathrm{j}\frac{I_0 60\pi\sin\theta \mathrm{e}^{\mathrm{j}\omega(t-r/c)}}{\lambda r}\int_{-\lambda/4}^{\lambda/4}\cos(\beta z)\mathrm{e}^{\mathrm{j}\omega z\cos\theta/c}\mathrm{d}z \end{aligned} \tag{12.42}$$

等式（12.42）中的积分为标准形式，其解在等式（12.43）中给出

$$\int \cos az \mathrm{e}^{bz}\mathrm{d}z = \frac{\mathrm{e}^{bz}}{a^2+b^2}(b\cos az + a\sin az) \tag{12.43}$$

将该标准解决方案应用于等式（12.42），最终得到

$$E_\theta = \mathrm{j}\,\frac{I_0 60 \mathrm{e}^{\mathrm{j}\omega(t-r/c)}}{r}\,\frac{\cos\left(\dfrac{\pi}{2}\cos\theta\right)}{\sin\theta} \tag{12.44}$$

或者

$$|E_\theta| = \frac{60 I_0}{r}\,\frac{\cos\left(\dfrac{\pi}{2}\cos\theta\right)}{\sin\theta} \tag{12.45}$$

使用式（12.45），可以绘制在俯仰面上的 $\lambda/2$ 偶极子的辐射方向图，如图 12.9 所示。在方位面中，偶极子近似一个点源，因此，将在所有方向上均匀辐射，并具有圆形辐射图案。

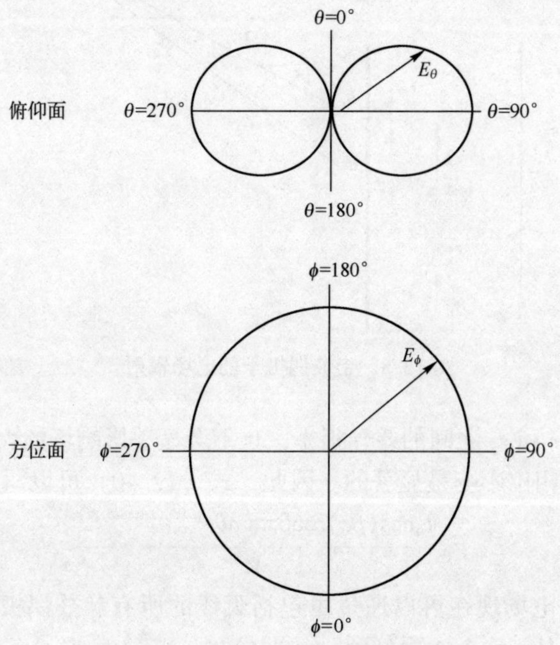


图 12.9　$\lambda/2$ 偶极子电场辐射方向图

半波偶极子的辐射电阻可以使用与赫兹偶极子相同的公式来求出。辐射功率为

$$P_{\mathrm{rad}} = \int_0^{\pi} \frac{|E_\theta|^2}{120\pi} 2\pi r^2 \sin\theta \mathrm{d}\theta \tag{12.46}$$

其中，$E_\theta$ 由式（12.45）给出，即

$$P_{\text{rad}} = \int_0^{\pi} \frac{\pi r^2}{120\pi}\left(\frac{60I_0}{r}\frac{\cos\left(\frac{\pi}{2}\cos\theta\right)}{\sin\theta}\right)^2 \sin\theta \mathrm{d}\theta \tag{12.47}$$

即

$$P_{\text{rad}} = 30I_0^2 \int_0^{\pi} \frac{\cos^2\left(\frac{\pi}{2}\cos\theta\right)}{\sin\theta}\mathrm{d}\theta \tag{12.48}$$

式（12.48）中的积分不能使用简单函数计算。数值积分结果表明

$$\int_0^{\pi} \frac{\cos^2\left(\frac{\pi}{2}\cos\theta\right)}{\sin\theta}\mathrm{d}\theta = 1.22 \tag{12.49}$$

式（12.48）中的该值给出了半波偶极子辐射的功率，如下所示：

$$P_{\text{rad}} = 36.6I_0^2 \tag{12.50}$$

因此，我们有（注意 $I_0$ 是峰值）

$$36.6I_0^2 = \left(\frac{I_0}{\sqrt{2}}\right)^2 R_{\text{rad}} \Rightarrow R_{\text{rad}} = 73.2\Omega \tag{12.51}$$

即

$$R_{\text{rad}}(\text{half-wave dipole}) = 73.2\Omega \approx 73\Omega \tag{12.52}$$

图 12.10 显示了谐振附近典型半波偶极子输入阻抗的变化，偶极子在设计频率下的标称共振长度为 0.5λ，从图 12.10 可以看出输入阻抗约为(73+j43)Ω。

当偶极子长度约为 0.47λ 时，输入电抗降至零，这是因为偶极子末端的电磁场散射使其在电学上表现为略长于物理长度。长度为 0.47λ 偶极子可以

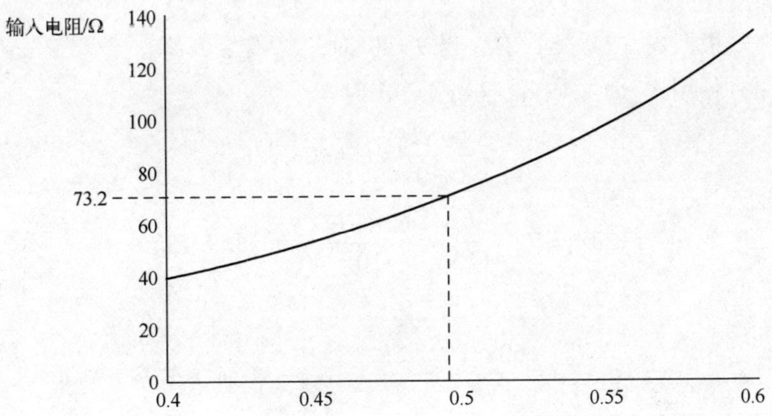

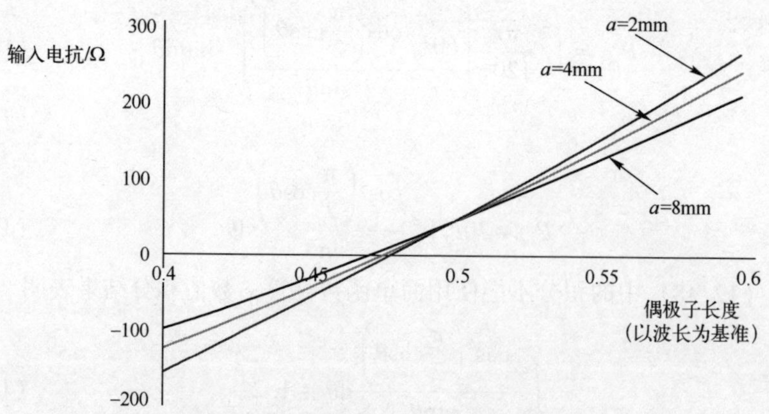


图 12.10 100MHz 半波偶极子的输入阻抗随偶极子电长度的变化
(图中显示了偶极子半径 $a$ 对偶极子输入电抗的影响)

方便地匹配到 75Ω 的馈线，因此，通常为实际设计选择，假设损耗电阻为 2Ω 量级，总输入电阻约为(73+2)Ω。偶极元件的半径对输入电阻没有显著影响，但从图 12.10 中也可以看出，输入电抗的变化率随着偶极元件半径的增加而减小。这表明偶极子的带宽随着元件直径的增加而增加，对于宽带应用，应始终选择大直径元件。

**例 12.3**

(1) 半波偶极子的最大辐射方向是什么?

(2) 如果向半波偶极子提供 2A 的均方根电流，求在最大辐射方向上距偶极子 2km 的电场和磁场强度。

(3) 第 (2) 部分给定位置的功率密度是多少?

**解:**

(1) 根据式 (12.45) 有，当 $\theta=90°$时，$E_\theta$ 有最大值。

(ii) 使用式 (12.45)，且当 $\theta=90°$时:

$$|E_\theta|=\frac{60\times2}{2\times10^3}\text{V/m}=60\text{mV/m}$$

$$\frac{E_\theta}{H_\phi}=120\pi\Rightarrow H_\phi=\frac{E_\theta}{120\pi}=\frac{60\times10^{-3}}{120\pi}\text{A/m}=159.13\text{uA/m}$$

(3)

$$P_{\text{den}}=\frac{|E_\theta|}{\sqrt{2}}\times\frac{|H_\phi|}{\sqrt{2}}=\frac{60\times10^{-3}\times159.13\times10^{-6}}{2}\text{W/m}^2=4.77\text{ uW/m}^2$$

**例 12.4**　假设半波偶极子的损耗电阻为 2Ω，确定辐射效率。

**解：**

$$\eta=\frac{R_{\text{rad}}}{R_{\text{loss}}+R_{\text{rad}}}=\frac{73}{2+73}=0.97\equiv 97\%$$

## 12.5.2　半波偶极子的增益

半波偶极子的增益可以使用与第 12.4.2 节中赫兹偶极子相同的方法求出。首先，我们将半波偶极子引起的电场和磁场的大小写为

$$|E_\theta|=E_{\text{m}}\frac{\cos\left(\dfrac{\pi}{2}\cos\theta\right)}{\sin\theta} \tag{12.53}$$

和

$$|H_\phi|=\frac{E_{\text{m}}}{120\pi}\frac{\cos\left(\dfrac{\pi}{2}\cos\theta\right)}{\sin\theta} \tag{12.54}$$

然后，辐射功率由下式给出：

$$\begin{aligned}P_{\text{rad}}&=\int_0^\pi\frac{|E_\theta||H_\phi|}{2}2\pi r^2\sin\theta\mathrm{d}\theta\\&=\frac{E_{\text{m}}^2r^2}{120}\int_0^\pi\frac{\cos^2\left(\dfrac{\pi}{2}\cos\theta\right)}{\sin\theta}\mathrm{d}\theta\end{aligned} \tag{12.55}$$

将数值积分中的积分值替换即

$$P_{\text{rad}}=\frac{E_{\text{m}}^2r^2}{120}\times 1.22 \tag{12.56}$$

即

$$E_{\text{m}}=\frac{\sqrt{98.36P}}{r} \tag{12.57}$$

使用式（12.36），半波偶极子的增益 $G$ 为

$$G=\frac{98.36}{60}=1.64\equiv 2.15\text{dB} \tag{12.58}$$

## 12.5.3　半波偶极子特性总结

（1）$\lambda/2$ 偶极子极为有效，辐射效率接近 100%。

（2）半波偶极子的增益为 2.15dB。

（3）在实际中，偶极子末端的电场存在一些散射，使其在电气上表现得比物理长度稍长。作为补偿，偶极子的实际长度通常略小于 $0.5\lambda$，约 $0.47\lambda$。

（4）在设计频率下，偶极子的终端阻抗为纯电阻。

（5）如果偶极子由导线元件构成，天线的带宽取决于元件的直径，直径越大的元件的带宽越大。

（6）$\lambda/2$ 偶极子天线的波束宽度相当大，如图 12.9 中的辐射图所示。3dB 波束宽度约为 78°。但是，如果需要，可以通过在阵列中连接多个偶极子来减小波束宽度，如本章后面所述。

（7）半波偶极子是平衡天线的一个例子，因为结构的每一半与对地阻抗相同。连接偶极子的常用方法是使用同轴电缆，如超高频（UHF）电视接收。但同轴电缆是一种不平衡结构，中心导体对地阻抗比电缆护套阻抗高得多。如果要保持半波偶极子的特性，重要的是使用平衡-不平衡变换器将其连接到电缆，平衡-不均衡变换器连接具有增加电缆护套对地阻抗的效果。

## 12.6 阵列天线

在射频和微波频率下，将多个辐射元件互连以形成阵列是一个很有用的设计概念。由于频率高，辐射单元的尺寸小，因此，可以使用阵列概念制造具有高功能的非常紧凑的天线。通过使用有源器件来控制阵列的各个元件中的电流相位，从而能够控制辐射束并控制其形状，可以进一步提高功能性。

图 12.11 显示了 3 个各向同性源的线性阵列，间距为 $d$。射线在远场中的某一点会聚。为便于分析，在远大于 $d$ 的距离处，我们可以认为射线是平行的。从图 12.11 可以看出，从相邻源发射的射线之间路径差等于 $d\cos\theta$，与到达远场的距离相比，这些路径差异将很小，因此对场的大小影响可忽略不计，但它们可能对场的相位产生显著影响。

在远场中，我们可以把合成场 $\boldsymbol{E}_{\mathrm{R}}$，写成 3 个独立源的场之和

$$\boldsymbol{E}_{\mathrm{R}}=\boldsymbol{E}_1+\boldsymbol{E}_2+\boldsymbol{E}_3 \tag{12.59}$$

如果向每个各向同性源馈送相同幅值和相位的电流，则 3 个场分量之间的唯一差异将是由路径差异引起的相位差异，因此可以写为

$$\boldsymbol{E}_{\mathrm{R}}=\boldsymbol{E}_1+\boldsymbol{E}_1\angle-\varphi+\boldsymbol{E}_1\angle-2\varphi \tag{12.60}$$

其中

$$\varphi=\beta d\cos\theta \tag{12.61}$$

式（12.60）中 3 个矢量求和的传统方法是利用矢量多边形，如图 12.12 所示，每个矢量都按相应的幅度和相位绘制，合成向量得到合成场 $\boldsymbol{E}_{\mathrm{R}}$ 的幅度

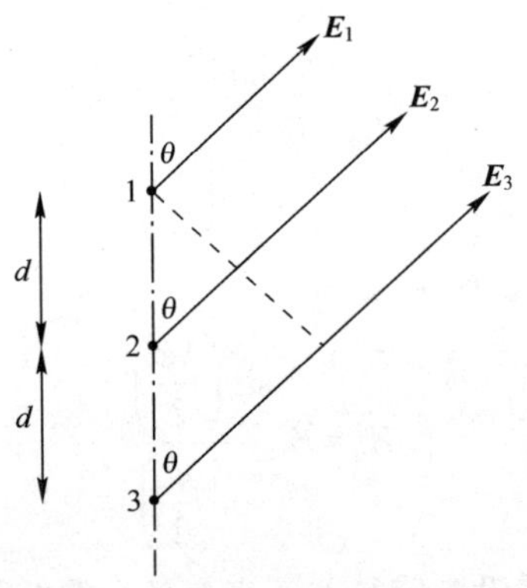


图 12.11　3 个各向同性源的线性阵列

和相位。图 12.12 包括一组虚线，这些虚线形成 3 个等腰三角形，每个等腰三角形具有一个夹角 $\varphi$，距离 $r$ 是由图的构造产生的，没有物理意义。

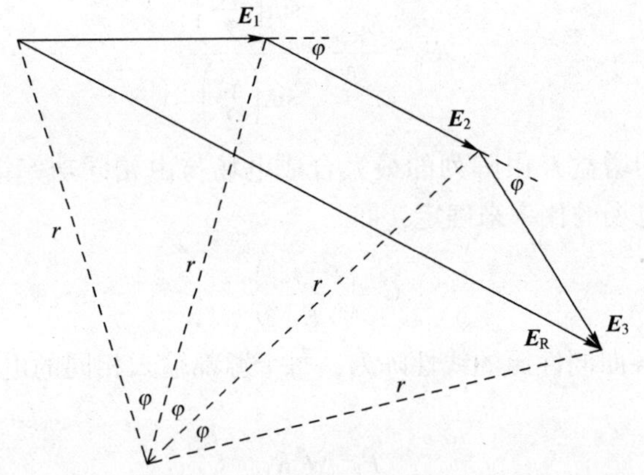


图 12.12　3 个等距各向同性辐射器的 3 个电场矢量相加

考虑具有夹角 $\varphi$ 的单个三角形：

$$\sin\left(\frac{\varphi}{2}\right)=\frac{\boldsymbol{E}_1/2}{r} \tag{12.62}$$

对于夹角为 $3\varphi$ 的三角形：

$$\sin\left(\frac{3\varphi}{2}\right)=\frac{\boldsymbol{E}_\mathrm{R}/2}{r} \tag{12.63}$$

结合式（12.62）和式（12.63）给出了

$$E_{\mathrm{R}}=E_1\frac{\sin\left(\frac{3\varphi}{2}\right)}{\sin\left(\frac{\varphi}{2}\right)} \tag{12.64}$$

对于 $N$ 个源，式（12.64）变为

$$E_{\mathrm{R}}=E_1\frac{\sin\left(\frac{N\varphi}{2}\right)}{\sin\left(\frac{\varphi}{2}\right)} \tag{12.65}$$

当 $\theta=90°$时，意味着没有路径差，来自各个源的矢量之间没有相位差。因此，最大合成场为

$$E_{\mathrm{R,max}}=NE_1 \tag{12.66}$$

式（12.65）可改写为

$$E_{\mathrm{R}}=\frac{E_{\mathrm{R,max}}}{N}\frac{\sin\left(\frac{N\varphi}{2}\right)}{\sin\left(\frac{\varphi}{2}\right)} \tag{12.67}$$

天线阵列的增益 $G$ 由阵列的最大合成电场与由相同功率馈电的阵列的单个元件产生的电场的比率来确定，即

$$G=\left(\frac{E_{\mathrm{R,max}}}{E_1}\right)^2 \tag{12.68}$$

对于 $N$ 个各向同性源的线性阵列，每个源都输入相同的电流 $I$，输入给阵列的功率 $P$ 为

$$P=NI^2R_1 \tag{12.69}$$

其中，$R_1$是单个源的输入电阻，我们假设源之间没有相互作用，则

$$I=\sqrt{\frac{P}{NR_1}}$$

并且

$$E_{\mathrm{R,max}}=Nk\sqrt{\frac{P}{NR_1}} \tag{12.70}$$

对于应用于单个电源的相同功率，我们有

$$E_1=k\sqrt{\frac{P}{R_1}} \tag{12.71}$$

因此，阵列的增益为

$$G=\left(\frac{Nk\sqrt{P/NR_1}}{k\sqrt{P/R_1}}\right)^2=\left(\frac{N}{\sqrt{N}}\right)^2=N \tag{12.72}$$

请注意，由于我们将增益定义为功率比，因此，可以以 dB 为单位表示增益

$$G_{\mathrm{dB}}=10\log G\mathrm{dB} \tag{12.73}$$

阵列的性能通常以阵列因子 $F$ 来指定，该因子定义为

$$F=\left|\frac{E_{\mathrm{R}}}{E_{\mathrm{R,max}}}\right| \tag{12.74}$$

并结合式（12.61）、式（12.67）和式（12.74）给出了

$$F=\left|\frac{1}{N}\frac{\sin\left(\frac{N\beta d\cos\theta}{2}\right)}{\sin\left(\frac{\beta d\cos\theta}{2}\right)}\right| \tag{12.75}$$

阵列因子的实用性在于，我们首先用各向同性源替换元件来找到阵列因子，然后将阵列因子乘以单个实际元件的辐射方向图来给出实际阵列辐射方向图，从而找到实际元件的线性阵列的辐射特性，这个过程称为方向图乘积法。为了找辐射方向图的最大值和最小值，我们可以用 $\theta$ 对 $F$ 求导，得

$$\frac{\partial F}{\partial \theta}=0 \tag{12.76}$$

到目前为止，我们认为馈送到每个电源的电流是同相的，但是如果在到相邻元件的馈电电流之间有一个相变 $\alpha$，那么

$$\varphi=\beta d\cos\theta+\alpha \tag{12.77}$$

如果图 12.11 所示的 3 个各向同性电源被同相电流供电，即：$a=0$ 时，因 3 个矢量在该方向上同相，主波束方向将由式 $\theta=90°$ 给出。因主波束位于侧射方向，具有此特性的阵列称为侧射阵列。

如果向 3 个各向同性源输入具有渐进相位差的电流 $\beta d$，即

$$I_1=I\angle 0°\quad I_2=I\angle\beta d\quad I_3=I\angle 2\beta d \tag{12.78}$$

然后我们可以将式（12.60）改写为

$$\boldsymbol{E}_{\mathrm{R}}=\boldsymbol{E}_1+\boldsymbol{E}_1\angle(-\beta d\cos\theta+\beta d)+\boldsymbol{E}_1\angle(-2\beta d\cos\theta+2\beta d) \tag{12.79}$$

显然，从式（12.79）可以看出，当 $\theta=0°$时，所有 3 个向量都处于同相位，这就是主波束方向。主波束是在相对于元件所在直线的末端方向上辐射的，因此，具有此特性的阵列称为端射阵列。

所以，馈送至阵列元件的电流相位可用于调整主波束的方向，如果我们使用适当的移相器改变 $\alpha$ 值，就可以控制辐射的主波束。这是相控阵系统的基础，相控阵系统具有在雷达和卫星等系统中的许多射频和微波应用。

**例 12.5** 4 个各向同性源的水平线如图 12.13 所示。这些源相距 0.2m，并提供同等大小的电流。

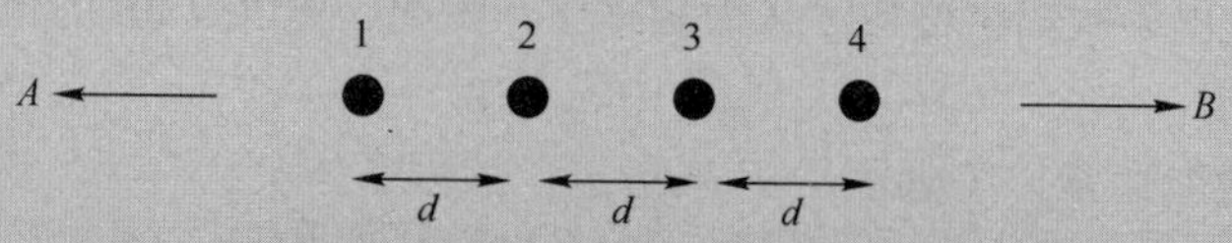

图 12.13 4 个各向同性源的线性阵列

频率为 600MHz，确定馈送至电源的电流之间所需的相位关系，如果主辐射波束为（a）在方向 $A$；（b）在方向 $B$。

**解：**

$$f = 600\text{MHz} \Rightarrow \lambda_0 = \frac{c}{f} = \frac{3\times10^8}{600\times10^6}\text{m} = 0.5\text{m}$$

$$\phi = \beta d = \frac{2\pi}{\lambda_0}d = \frac{2\pi}{0.5}\times 0.2\text{rad} = 0.8\pi\text{rad} \equiv 144^\circ$$

我们需要 144°的渐进相变，在所需方向上，这将抵消由于源的空间分离而产生的相位差。

（a）$I_1 = I\angle 0^\circ \quad I_2 = I\angle 144^\circ \quad I_3 = I\angle 288^\circ \quad I_4 = I\angle 432^\circ$

（b）$I_1 = I\angle 0^\circ \quad I_2 = I\angle -144^\circ \quad I_3 = I\angle -288^\circ \quad I_4 = I\angle -432^\circ$

## 12.7 互 阻 抗

到目前为止，我们忽略了天线阵列中元件之间的互耦效应。由于一个元件产生的电磁场会影响另一个元件中电流和电压的大小和相位，因此，通常在紧密间隔的辐射元件之间会存在相互作用。阵列中元件之间的耦合通常由互阻抗表征。考虑两个平行偶极子，如图 12.14 所示，具有适当的端电压和电流。

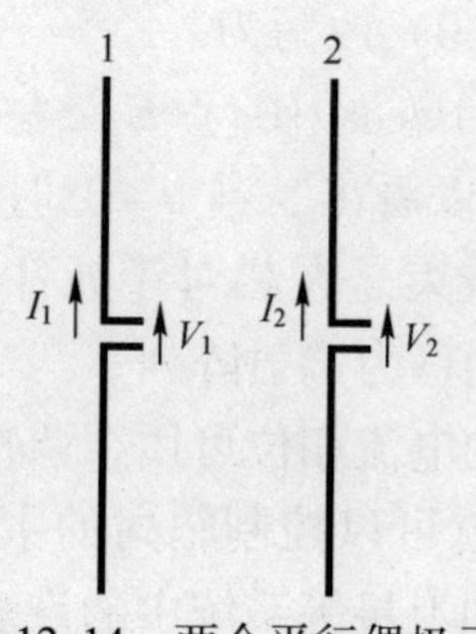


图 12.14 两个平行偶极子

复数电压和电流之间的关系可以写为

$$V_1 = I_1 Z_{11} + I_2 Z_{12} \tag{12.80}$$

$$V_2 = I_2 Z_{22} + I_1 Z_{21} \tag{12.81}$$

其中

$Z_{11}$——天线 1 的自阻抗；

$Z_{22}$——天线 2 的自阻抗；

$Z_{12}$——互阻抗（2→1）；

$Z_{21}$——互阻抗（1→2）。

互阻抗 $Z_{12}$是一个复数，表示元件 2 对元件 1 的影响，$Z_{21}$表示元件 1 对元件 2 的影响。根据互易原理，$Z_{12} = Z_{21}$。

我们可以将互阻抗简单地写成 $Z_m$，式（12.80）、式（12.81）写为

$$V_1 = I_1 Z_{11} + I_2 Z_m \tag{12.82}$$

$$V_2 = I_2 Z_{22} + I_1 Z_m \tag{12.83}$$

其中

$$Z_m = \pm R_m \pm jX_m \tag{12.84}$$

请注意，$Z_m$的实部可以为负，这表示一个元件中的电流对另一个元件电流大小的减小效果。图 12.15 显示了两条平行 $\lambda/2$ 偶极子之间 $Z_m$在偶极子不同间距下的典型变化。

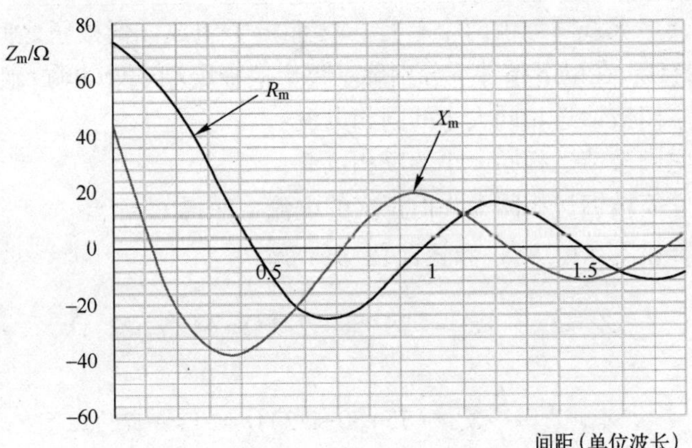


图 12.15　偶极子之间不同间距下两个平行半波偶极子之间互阻抗的实部（$R_m$）和虚部（$X_m$）图

使用式（12.82）和式（12.83）可以将每个天线端子处的阻抗写为

$$Z_1=\frac{V_1}{I_1}=Z_{11}+\frac{I_2}{I_1}Z_{\mathrm{m}} \tag{12.85}$$

$$Z_2=\frac{V_2}{I_2}=Z_{22}+\frac{I_1}{I_2}Z_{\mathrm{m}} \tag{12.86}$$

应注意的是，如果两个偶极子共线，如图 12.16 所示，因为每个偶极子处于另一个偶极子的辐射零点，偶极子之间的耦合非常小，所以共线偶极子的互阻抗为零。

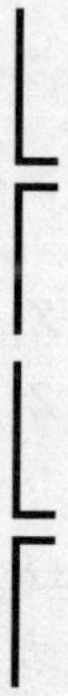

图 12.16　两个偶极子的共线阵列

**例 12.6**　天线阵列由两个平行 $\lambda/2$ 偶极子组成。偶极子之间的互阻抗为$(50-\mathrm{j}22)\,\Omega$。在以下条件下分别确定每个偶极子端子处的输入阻抗。

(1) 它们被馈送相同大小的同相电流；

(2) 它们被馈送相同大小的反相电流；

(3) 它们被馈送相同大小但正交的电流，使得 $I_2=\mathrm{j}I_1$。

**解**：参考式（12.85）和式（12.86）解决

(1)
$$Z_1=Z_{11}+\frac{I_2}{I_1}Z_{\mathrm{m}}=(75+50-\mathrm{j}22)\,\Omega=(125-\mathrm{j}22)\,\Omega$$

$$Z_2=Z_{22}+\frac{I_1}{I_2}Z_{\mathrm{m}}=(75+50-\mathrm{j}22)\,\Omega=(125-\mathrm{j}22)\,\Omega$$

(2)
$$Z_1=Z_{11}+\frac{I_2}{I_1}Z_{\mathrm{m}}=(75-50+\mathrm{j}22)\,\Omega=(25+\mathrm{j}22)\,\Omega$$

$$Z_2=Z_{22}+\frac{I_1}{I_2}Z_{\mathrm{m}}=(75-50+\mathrm{j}22)\,\Omega=(25+\mathrm{j}22)\,\Omega$$

(3)　　$Z_1=Z_{11}+\frac{I_2}{I_1}Z_m=(75+j[50-j22])\Omega=(97+j50)\Omega$

$$Z_2=Z_{22}+\frac{I_1}{I_2}Z_m=(75-j[50-j22])\Omega=(53-j50)\Omega$$

假设 $\lambda/2$ 偶极子为 $2\Omega$，因此，$\lambda/2$ 偶极子的总输入电阻为 $(73+2)\Omega=75\Omega$。

## 12.8　包含寄生元件的阵列

互阻抗的概念可以扩展到包括寄生元件：这些元件是非驱动偶极子，也就是说其中电流只由互耦产生，然后与驱动偶极子以相同的方式辐射。在第 12.5 节中，我们看到 $\lambda/2$ 偶极子在水平($\theta\pm90°$)方向产生最大辐射。寄生元件的目的是增强一个方向上的辐射，并产生具有单个主波束的辐射方向图，如图 12.1 所示。寄生元件在实现具有单个主波瓣的辐射方向图方面的有效性由前后比 $F/B$ 表示，其定义为主波束($E_F$)中的辐射电场幅值与后瓣($E_B$)中辐射电场幅值之比。

$$F/B=\left|\frac{E_F}{E_B}\right|\equiv 20\log\left|\frac{E_F}{E_B}\right|\text{dB} \tag{12.87}$$

图 12.17 为由一个驱动 $\lambda/2$ 偶极子和一个寄生元件组成简单的阵列。按照与驱动元件阵列使用的公式类似的过程，可以将图 12.17 的阵列的互阻抗公式表示如下：

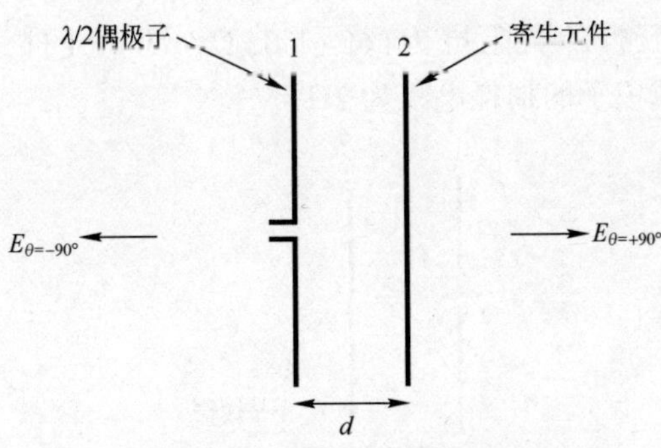


图 12.17　具有单个寄生元件的偶极子阵列

$$V_1=I_1Z_{11}+I_2Z_m \tag{12.88}$$

$$V_2=0=I_2Z_{22}+I_1Z_m \tag{12.89}$$

其中，对于没有终端的寄生元件 $V_2$ 为零。

式（12.89）可以改写为

$$I_2 = -\frac{Z_m}{Z_{22}} I_1 \tag{12.90}$$

从式（12.90）可以清楚地看出，寄生元件中感应的电流 $I_2$ 的大小和相位将取决于：

（1）驱动偶极子中电流的大小和相位；

（2）偶极子和寄生天线之间的距离，即影响 $Z_m$；

（3）寄生元件的自阻抗。

参考图 12.17，距离被驱动元件给定距离处的电场可以写为

$$E_{\theta=90^\circ} = kI_1 + kI_2 \angle +\beta d \tag{12.91}$$

$$E_{\theta=-90^\circ} = kI_1 + kI_2 \angle -\beta d \tag{12.92}$$

其中，$k$ 为与距阵列的距离和传播条件相关的常数。

替换式（12.91）和式（12.92），转化为式（12.87），即

$$F/B = \left| \frac{I_1 + I_2 \angle +\beta d}{I_1 + I_2 \angle -\beta d} \right| \tag{12.93}$$

然后从式（12.90）代入，得

$$F/B = \left| \frac{1 - \dfrac{Z_m}{Z_{22}} \angle +\beta d}{1 - \dfrac{Z_m}{Z_{22}} \angle -\beta d} \right| = \left| \frac{Z_{22} - Z_m \angle +\beta d}{Z_{22} - Z_m \angle -\beta d} \right| \tag{12.94}$$

**例 12.7** 100MHz 天线阵列如图 12.18 所示，由驱动半波偶极子和寄生元件组成。寄生元件的自阻抗为(60－j50)Ω，两个元件之间的互阻抗为 70Ω。假设 λ/2 偶极子的损耗电阻为 2Ω。

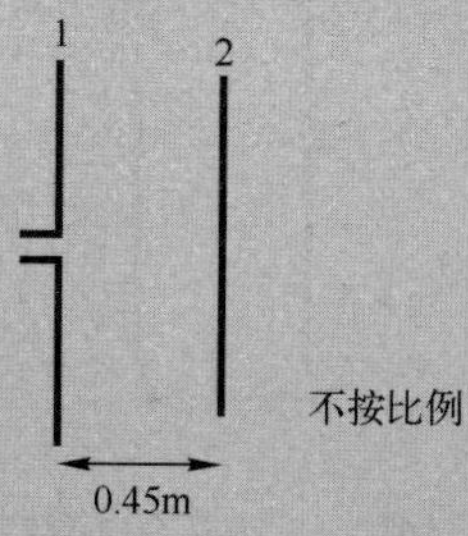


图 12.18 例 12.7 的天线阵列

（1）计算前后比，单位为 dB；

（2）确定最大辐射的方向；

（3）计算阵列的输入阻抗。

**解**：（1）

$$f=100\text{MHz}\Rightarrow\lambda=3\text{m}$$

$$\beta d=\frac{2\pi}{\lambda}d=\frac{2\pi}{3}\times 0.45\text{rad}=0.943\text{rad}\equiv 54°$$

通过在式（12.94）中替换直接找到前后比：

$$F/B=\left|\frac{(60-\text{j}50)-70\angle 54°}{(60-\text{j}50)-70\angle -54°}\right|$$

$$=\left|\frac{(60-\text{j}50)-(70\cos 54°+\text{j}70\sin 54°)}{(60-\text{j}50)-(70\cos 54°-\text{j}70\sin 54°)}\right|=\left|\frac{18.86-\text{j}106.63}{18.86+\text{j}6.63}\right|$$

$$F/B=\frac{108.29}{19.99}=5.42\equiv 20\log(5.42)\text{dB}=14.68\text{dB}$$

（2）我们将前后比定义为 $F/B=\left|\frac{E_{\theta=90°}}{E_{\theta=-90°}}\right|$，我们的结果为 5.42 意味着 $|E_{\theta=90°}|>|E_{\theta=-90°}|$，并且最大辐射在该区域中的 $\theta=90°$ 方向上。

（3）输入阻抗，$Z_{\text{in}}=\frac{V_1}{I_1}$

利用式（12.88）有

$$Z_{\text{in}}=\frac{V_1}{I_1}=Z_{11}+\frac{I_2}{I_1}Z_{\text{m}}=Z_{11}-\frac{Z_{\text{m}}^2}{Z_{22}}$$

$$=\left(75-\frac{(70)^2}{60-\text{j}50}\right)\Omega$$

$$=\left(75-\frac{4900\times(60+\text{j}50)}{(60)^2+(50)^2}\right)\Omega=(75-0.8\times(60+\text{j}50))\Omega$$

$$=(27-\text{j}40)\Omega$$

从式（12.90）可以看出，如果驱动元件和寄生元件之间的间距使得互阻抗完全为实数，则 $I_2$ 相对于 $I_1$ 的相位将仅由寄生元件的自电抗确定。图 12.15 中间距约为 0.15$\lambda$ 时互阻抗为实数。此外，我们知道偶极子的电抗随其长度而变化，如图 12.10 所示，因此，$I_2$的相位可以通过改变寄生电流的长度来控制。如果寄生天线的长度小于 $\lambda/2$，则它将具有负电抗，可以证明 $I_2$将滞后于 $I_1$。如果该相位滞后等于 $\beta d$，那么从式（12.91）可以看出，在 $\theta=90°$ 的方向，$I_2$的相位滞后将抵消由于元件的空间间距而发生的寄生射线的相位超前。类似地，长于 $\lambda/2$ 的寄生元件具有正的自电抗并将其用作反射器。图 12.19 给出了导向器和反射器。

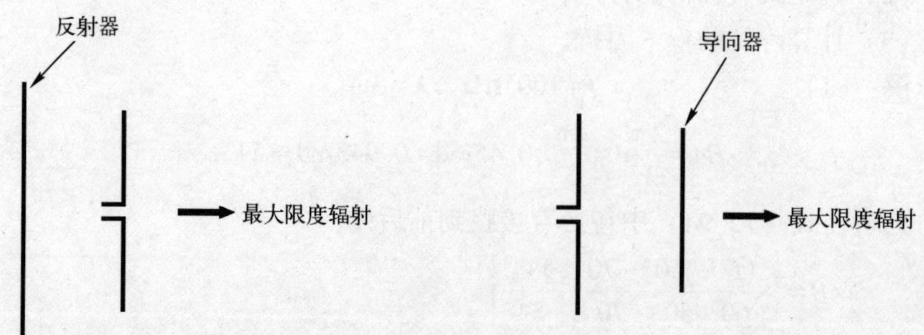


图 12.19　反射器和导向器

除了影响阵列的前后比外，寄生元件的使用还会影响阵列的增益。根据文献［1］中给出的方程，可以找到包含寄生元件的阵列增益表达式。增益可以根据辐射电场定义为

$$G=\left|\frac{E_{\max}}{E_{\mathrm{ref}}}\right|^2 \tag{12.95}$$

其中

$E_{\max}$——天线最大辐射方向上给定距离处的电场；

$E_{\mathrm{ref}}$——与参考天线相同距离处的电场。

在一个天线阵列由一个驱动 $\lambda/2$ 偶极子和一个或多个寄生元件组成的情况下，通常使用 $\lambda/2$ 偶极子作为参考天线，因为所得增益将是添加寄生元件的有效性的度量。

如果我们考虑图 12.17 所示的简单阵列，并假设 $\theta=90°$ 是最大辐射的方向，那么

$$E_{\max}=kI_1+kI_2\angle\beta d=kI_1-kI_1\frac{Z_{\mathrm{m}}}{Z_{22}}\angle\beta d=kI_1\left(1-\frac{Z_{\mathrm{m}}}{Z_{22}}\angle\beta d\right) \tag{12.96}$$

即

$$|E_{\max}|=k|I_1|\left|1-\frac{Z_{\mathrm{m}}}{Z_{22}}\angle\beta d\right| \tag{12.97}$$

如果令输入阵列的功率为 $P$，那么

$$P=|I_1|^2R_{\mathrm{in}} \tag{12.98}$$

其中，$R_{\mathrm{in}}$ 为阵列的驱动点阻抗（$Z_{\mathrm{in}}$）的实部，正如我们在示例 12.7 中发现的，驱动点阻抗由下式给出：

$$Z_{in}=Z_{11}-\frac{Z_m^2}{Z_{22}} \tag{12.99}$$

结合式（12.97）和式（12.98）给出了：

$$|E_{max}|=k\sqrt{\frac{P}{R_{in}}}\left|1-\frac{Z_m}{Z_{22}}\angle\beta d\right| \tag{12.100}$$

其中，$R_{in}$是 $Z_{in}$的实部。

考虑到应用于参考天线（半波偶极子）的相同功率 $P$，我们得到

$$|E_{ref}|=\sqrt{\frac{P}{73}} \tag{12.101}$$

因为半波偶极子的辐射电阻为 73Ω。

最后，将式（12.100）和式（12.101）代入式（12.95），给出了阵列增益的表达式：

$$G=\frac{73}{R_{in}}\left|1-\frac{Z_m}{Z_{22}}\angle\beta d\right|^2 \tag{12.102}$$

其中

$$R_{in}=\mathrm{Re}\left[Z_{11}-\frac{Z_m^2}{Z_{22}}\right] \tag{12.103}$$

**例 12.8**　800MHz 阵列，由驱动 λ/2 偶极子和寄生元件组成，它们以及相关阻抗数据如图 12.20 所示。

求：

（1）驱动点阻抗；

（2）前后比(dB)；

（3）相对于一个 λ/2 偶极子的增益(dB)；

（4）相对于各向同性辐射器的增益(dB)。

假设 λ/2 偶极子的损耗电阻为 2Ω。

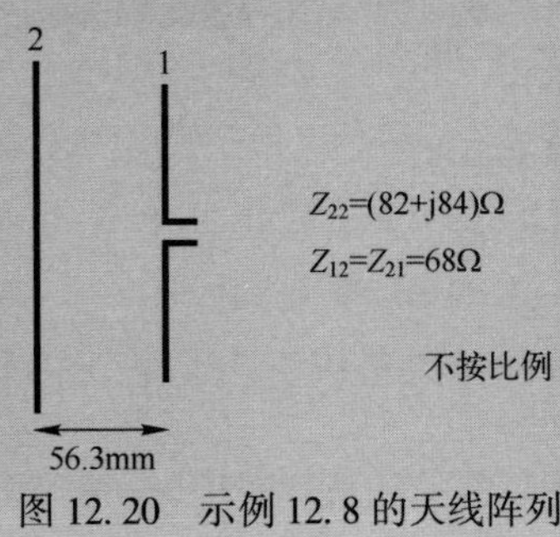


图 12.20　示例 12.8 的天线阵列

解：

（1）使用式（12.88）和式（12.89）得

$$Z_1=\frac{V_1}{I_1}=Z_{11}-\frac{Z_{12}^2}{Z_{22}}$$
$$=\left(75-\frac{(68)^2(82-j84)}{(82)^2+(84)^2}\right)\Omega$$
$$=(47.48+j28.19)\Omega$$
$$800\text{MHz}\Rightarrow\lambda_0=375\text{mm}$$

（2）
$$\beta d=\frac{2\pi}{375}\times56.3\text{rad}\equiv54°$$

使用式（12.91）和式（12.92）得

$$E_{\theta=90°}=kI_1+kI_2\angle-54°$$
$$E_{\theta=-90°}=kI_1+kI_2\angle54°$$

从式（12.87）可得

$$F/B=\left|\frac{E_{\theta=90°}}{E_{\theta=-90°}}\right|=\left|\frac{kI_1+kI_2\angle-54°}{kI_1+kI_2\angle54°}\right|$$
$$=\left|\frac{1+\dfrac{I_2}{I_1}\angle-54°}{1+\dfrac{I_2}{I_1}\angle54°}\right|=\left|\frac{1-\dfrac{Z_m}{Z_{22}}\angle-54°}{1-\dfrac{Z_m}{Z_{22}}\angle54°}\right|$$

替换剩余数据得到：

$$F/B=\left|\frac{1-\dfrac{68}{82+j84}\angle-54°}{1-\dfrac{68}{82+j84}\angle54°}\right|=\left|\frac{82+j84-(68\cos54°-j68\sin54°)}{82+j84-(68\cos54°+j68\sin54°)}\right|$$
$$=\left|\frac{42.03+j139.01}{42.03+j28.99}\right|=2.84$$

即 $F/B=2.84\equiv20\log2.84\text{dB}=9.07\text{dB}$

（3）从第（2）部分的结果可以看出，最大辐射方向为 $\theta=90°$。因此，增益由下式给出：

$$G=\left|\frac{E_{\theta=90^\circ}}{E_{\text{ref}}}\right|^2=\left|\frac{kI_1+kI_2\angle-54^\circ}{kI_{\text{ref}}}\right|^2=\left|\frac{I_1\left(1-\dfrac{Z_{\text{m}}}{Z_{22}}\angle-54^\circ\right)}{I_{\text{ref}}}\right|^2$$

$$=\left|\frac{\sqrt{\dfrac{P}{R_{\text{in}}}}\left(1-\dfrac{Z_{\text{m}}}{Z_{22}}\angle-54^\circ\right)}{\sqrt{\dfrac{P}{75}}}\right|^2$$

现 $R_{\text{in}}=47.48\Omega$，从第（1）部分开始，用我们已有的数据代入：

$$G=\frac{75}{47.48}\times\left|1-\frac{68}{82+\text{j}84}\angle-54^\circ\right|^2$$

$$=1.58\times\left|\frac{82+\text{j}84-68(\cos54^\circ-\text{j}\sin54^\circ)}{82+\text{j}84}\right|^2$$

$$=2.43\equiv10\log2.43\text{dB}=3.86\text{dB}$$

（4）为了找到相对于各向同性辐射器的增益，必须将阵列相对于 $\lambda/2$ 偶极子的增益与相对于各向同性辐射器的 $\lambda/2$ 偶极子的增益相加，即

$$G(\text{相对于各向同性辐射器})=3.86+2.16=6.02\text{dB}$$

## 12.9　八木-宇田天线

八木-宇田天线是使用寄生元件中的最著名的天线，是在 20 世纪 20 年代开发的，以 Hidetsugu Yagi 和 Shintaro Uda 命名，已成为最常见的线射频天线类型之一。基本结构如图 12.21 所示，由单个驱动半波偶极子和多个寄生元件组成。

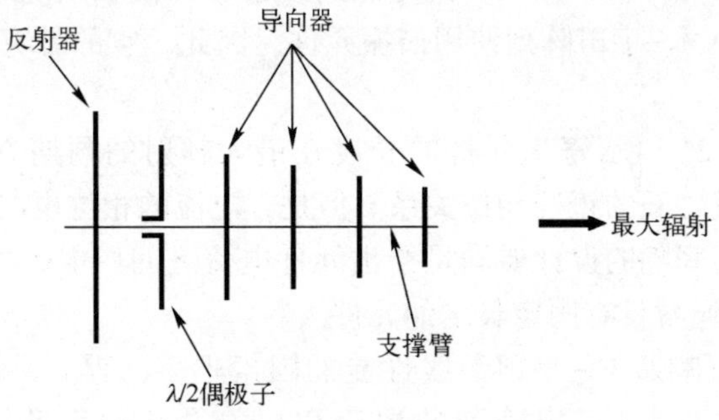


图 12.21　六元件八木-宇田阵列

八木-宇田天线仅使用一个反射器，因为若增加反射器将位于低电场区域，因此，具有较小的感应电流，不会对天线的性能产生显著影响。然而，若增加导向器则总是在高电场区域，会对电磁场会有显著的相互作用。故此，额外的导向器将具有显著的感应电流，这将增加阵列的增益。在图 12. 21 所示的八木-宇田天线中，导向器的长度逐渐变短，以确保元件电流从左到右逐渐滞后，这将具有在所示方向上加强来自元件的辐射的效果。每个元件的中心是一个电压零点，因此，这些点可以连接到导电臂上，以形成自支撑结构。

关于八木-宇田天线的其他要点如下。

(1) 对于六个元件，如图 12. 21 所示，增益约为 10dB，每增加一个导向器，增益将增加约 1dB。

(2) 虽然只需要一个反射器，但通过由导线网格形成反射器可以略微提高性能，从而减少反向辐射并增加正向增益。

(3) 如前述示例所示，相邻于天线的寄生元件的存在对于 $\lambda/2$ 偶极子来说具有降低输入阻抗的效果。为了使输入阻抗更接近于典型同轴电缆的阻抗，通常使用折叠偶极子作为驱动元件。图 12. 22 显示了一个典型的折叠偶极子，两个导体之间的间距远小于一个波长，因此，它们之间存在很强的相互耦合，并且每个导体具有相同大小和相位的电流。这意味着来自折叠偶极子的场是单个偶极子的两倍，辐射功率比单个偶极子大 4 倍。故此，阻抗增加 4 倍，即

$$R_{\text{rad}}(\text{折叠偶极子}) = 4\times73\Omega = 292\Omega \tag{12.104}$$

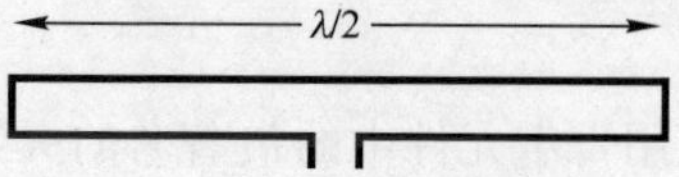

图 12. 22　折叠偶极子

通常，驱动元件两侧的寄生元件将驱动点阻抗降低了 4 倍，这样使用折叠偶极子作为驱动元件时，输入阻抗降低到接近 75Ω 同轴电缆的阻抗。

(4) 由于八木-宇田阵列使用谐振元件，因此，它的带宽相当窄，通常只有几个百分点。

(5) 图 12. 21 所示寄生元件的长度在最大辐射的预期方向上逐渐变短，以获得元件电流之间的正确相位关系。但是，电流的相位也取决于元件之间的间距，元件之间间隔的设计要满足给出元件电流之间所需的相位关系，因此，八木-宇田天线通常具有固定长度的元件。

(6) 由于影响八木-宇田天线性能的因素很多，因此，设计可能相当复杂。Balanis[2] 对八木-宇田阵列的理论和相关设计过程进行了非常详实的讨论。

**例 12.9**　三元件八木-宇田天线如图 12.23 所示，由一个驱动 $\lambda/2$ 偶极子和两个寄生元件组成，假设 $\lambda/2$ 偶极子的损耗电阻为 2Ω，求：

（1）驱动点阻抗；

（2）前后比，单位为 dB。

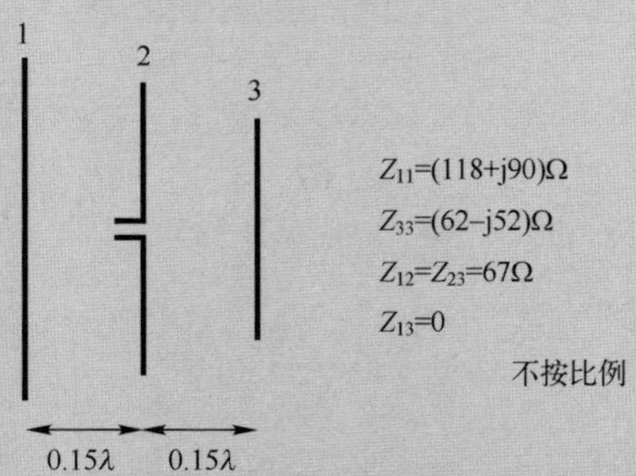


图 12.23　例 12.9 的三元件八木-宇田天线

**解：**

（1）互阻抗方程为（注意，$Z_{12}=Z_{31}=0$）

$$V_1=0=I_1Z_{11}+I_2Z_{12}$$

$$V_2=I_2Z_{22}+I_1Z_{21}+I_3Z_{23}$$

$$V_3=0=I_3Z_{33}+I_2Z_{32}$$

将这 3 个方程结合起来

$$Z_2=\frac{V_2}{I_2}=Z_{22}-\frac{Z_{12}^2}{Z_{11}}-\frac{Z_{32}^2}{Z_{33}}$$

注意，由于互易性，我们可以写出 $Z_{12}=Z_{21}$ 和 $Z_{23}=Z_{32}$

替换阻抗数据：

$$Z_2=\left(75-\frac{(67)^2}{118+\mathrm{j}90}-\frac{(67)^2}{62-\mathrm{j}52}\right)\Omega$$

$$=(8.445-\mathrm{j}17.305)\Omega$$

（2）由于元件之间的间距引起的相移：

$$\beta d=\frac{2\pi}{\lambda}\times0.15\lambda=0.3\pi\mathrm{rad}\equiv54°$$

轴向合成电场的计算：

$$E_{\mathrm{R},\theta=90°}=kI_1\angle-54°+kI_2+kI_3\angle54°$$

$$E_{\mathrm{R},\theta=-90°}=kI_1\angle54°+kI_2+kI_3\angle-54°$$

然后

$$F/B=\left|\frac{kI_1\angle-54°+kI_2+kI_3\angle 54°}{kI_1\angle 54°+kI_2+kI_3\angle-54°}\right|=\left|\frac{\dfrac{I_1}{I_2}\angle-54°+1+\dfrac{I_3}{I_2}\angle 54°}{\dfrac{I_1}{I_2}\angle 54°+1+\dfrac{I_3}{I_2}\angle-54°}\right|$$

根据互阻抗方程：

$$\frac{I_1}{I_2}=-\frac{Z_{12}}{Z_{11}}=-\frac{67}{118+\mathrm{j}90}=-\frac{67}{148.405\angle 37.333°}=-0.451\angle-37.333°$$

$$\frac{I_3}{I_2}=-\frac{Z_{32}}{Z_{33}}=-\frac{67}{62-\mathrm{j}52}=-\frac{67}{80.920\angle-39.987°}=-0.828\angle 39.987°$$

因此

$$F/B=\left|\frac{-0.451\angle-91.333°+1-0.828\angle 93.987°}{-0.451\angle 16.667°+1-0.828\angle-14.013°}\right|=\left|\frac{1.048-\mathrm{j}0.373}{-0.235+\mathrm{j}0.071}\right|$$

$$F/B=\frac{1.113}{0.245}=4.543\equiv 13.147\mathrm{dB}$$

## 12.10 对数周期阵列

对数周期阵列是一种高度定向的宽带天线，外观类似于上一节中描述的八木-宇田天线。但和八木-宇田天线只有一个元件馈电不同，对数周期阵列中所有的 $\lambda/2$ 偶极子都馈电，典型阵列如图 12.24 所示。

阵列由短端的双线馈线馈电。由于元件是多个 $\lambda/2$ 偶极子，不同偶极子谐振会产生多个离散频率。如果阵列中心的偶极子激发谐振，将强烈辐射，附近两侧的元件也将如此，它们也接近谐振。因此，我们可以将阵列的一个区域视为在特定频率响应的区域，该响应区域随着频率的变化在阵列中左右平移。缩放元件的长度和间距，可以使得响应区的特性几乎不随频率变化而变化，从而使阵列具有宽带特性。随着频率的增加，响应区域向左移动，随着频率的降低，响应区域向右移动。阵列的标称带宽是最长和最短元件的谐振频率之差。如果将阵列的输入阻抗设置为频率对数的函数，则它将呈现周期性，因此阵列的名称为对数周期性阵列。

比例因子 $\tau$ 对于阵列定义为

$$\tau=\frac{l_{n+1}}{l_n}=\frac{S_{n+1}}{S_n} \tag{12.105}$$

其中，$l_n$和 $S_n$表示阵列中任意位置的元件长度和间距，如图 12. 24 所示。典型的 $\tau$ 值介于 0. 7 和 0. 9 之间，阵列中的元件数在 10 个左右。

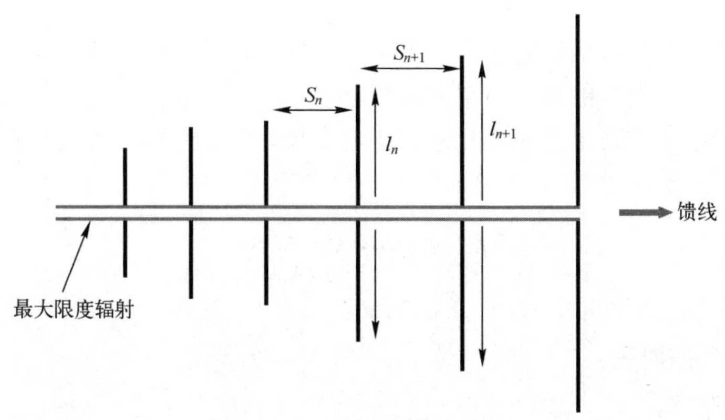


图 12. 24　对数周期阵列

图 12. 24 显示了用于连接元件的双线馈线。如果阵列用作发射天线，则元件电流将从左到右出现渐进相位滞后，这将导致向右的最大辐射，如图 12. 24 所示，这不是理想的布置，因为如果阵列在频带的长端发射，响应区将位于较短元件附近，并且辐射将因较长元件的存在而受到阻碍。更好的设计是将馈电反向连接到相邻元件，如图 12. 25 所示，这将在左侧产生最大辐射，这样，即使响应区位于阵列的右侧，辐射路径中较短元件的存在也只会产生很小的不利影响。

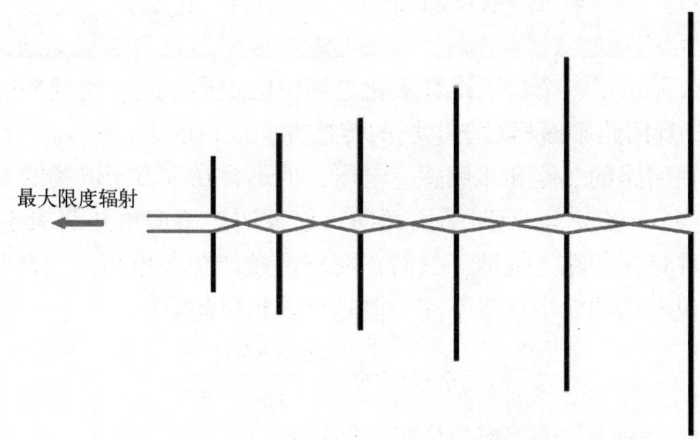


图 12. 25　对数周期阵列，相邻元件馈电之间相位反转

## 12.11 环形天线

矩形或圆形横截面的简单线环提供了一种有用的射频天线，这种天线主要用于接收。这种类型的天线通常构造为电小尺寸，侧面尺寸小于 0.1$\lambda_0$。其中$\lambda_0$是工作频率下的自由空间波长。对于电小尺寸的矩形环形天线，辐射电阻由文献［1］给出。

$$R_{rad} = 320\pi^4 N^2 \left(\frac{A}{\lambda_0^2}\right)^2 \tag{12.106}$$

其中

$A$——环路面积；

$N$——匝数；

$\lambda_0$——自由空间波长。

由于天线的尺寸比波长小得多，因此辐射电阻通常非常小，通常远小于 1Ω。

**例 12.10** 求出由四匝线圈组成的矩形环形天线在 100MHz 下的辐射电阻，每个圈的宽度为 8cm，高度为 5cm。

**解：**

$$f = 100\text{MHz} \Rightarrow \lambda_0 = 3\text{m}$$

使用等式（12.106）得

$$R_{rad} = 320\pi^4 \times 4^2 \times \left(\frac{0.08\times 0.05}{3^2}\right)^2 = 0.1\Omega$$

图 12.26 显示了一个位于线性极化电场中的矩形回路，电场平行于回路的 2 侧和 4 侧，且回路平面相对于电场的传播方向成角度 $\alpha$。

电场将在回路的 2 侧和 4 侧感应电压，但不会在垂直于电场的 1 侧和 3 侧感应电压。当 $\alpha = 90°$，且回路平面面向入射波时，感应电压将具有相同的幅值和相位，并将在回路上抵消，从而在回路两端产生零电压。当环从 90°的位置旋转时感应电压的大小基本不变，但是存在相位差 $\psi$：

$$\psi = \beta \times w\cos\alpha = \frac{2\pi w\cos\alpha}{\lambda_0} \tag{12.107}$$

因此，两个垂直侧的感应电压可以写成：

$$V_2 = h \times E_m \sin\omega t \tag{12.108}$$

$$V_4 = h \times E_m \sin(\omega t - \psi) \tag{12.109}$$

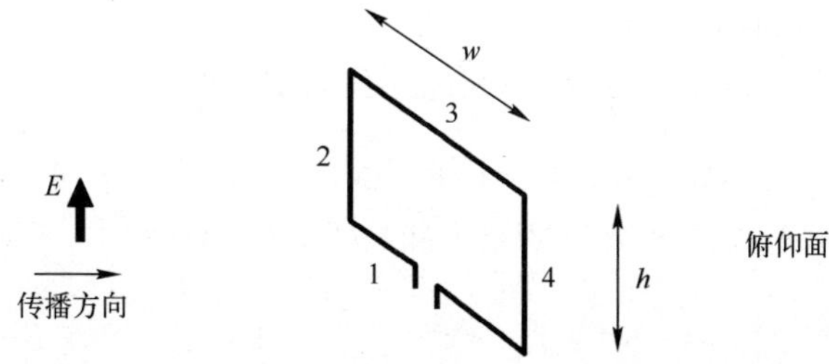


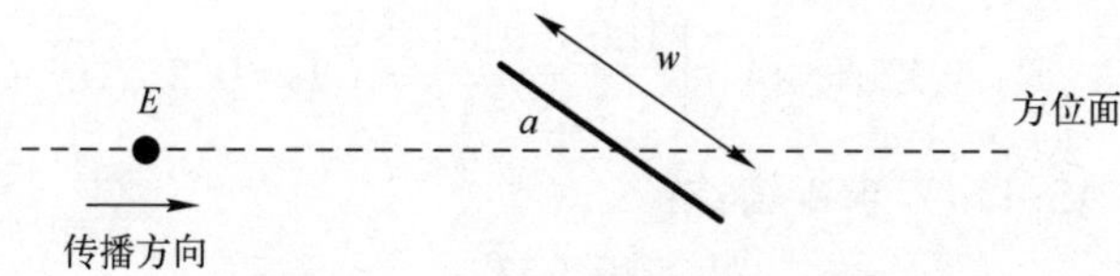


图 12.26　位于电场中的矩形环形天线

其中，$E_{\mathrm{m}}$为峰值电场强度。

回路端子两端的电压将为

$$\begin{aligned} V_{\mathrm{T}} &= V_2 - V_4 = hE_{\mathrm{m}}\{\sin\omega t - \sin(\omega t - \psi)\} \\ &= 2hE_{\mathrm{m}}\cos\left(\frac{2\omega t - \psi}{2}\right)\sin\left(\frac{\psi}{2}\right) \end{aligned} \tag{12.110}$$

根据式（12.110），端子电压的大小为

$$|V_{\mathrm{T}}| = 2hE_{\mathrm{m}}\sin\left(\frac{\psi}{2}\right) \tag{12.111}$$

由于 $\omega \ll \lambda_0$，$\psi$ 将非常小并且 $\sin\left(\frac{\psi}{2}\right) \simeq \frac{\psi}{2}$，那么

$$|V_{\mathrm{T}}| = 2hE\left(\frac{\psi}{2}\right) = \frac{2hE_{\mathrm{m}}\pi w\cos\alpha}{\lambda_0} = \frac{2AE_{\mathrm{m}}\pi}{\lambda_0}\cos\alpha \tag{12.112}$$

其中，$A$ 为环形天线的面积。

如果回路上有 $N$ 匝，则端子电压变为

$$|V_{\mathrm{T}}| = \frac{2NAE_{\mathrm{m}}\pi}{\lambda_0}\cos\alpha \tag{12.113}$$

相对于小型环形天线（即尺寸小于 $0.1\lambda_0$的天线）的各向同性辐射器的增益 $G$，由文献［1］给出

$$G = \frac{1.5R_{\mathrm{rad}}}{R_{\mathrm{L}}} \tag{12.114}$$

其中，$R_L$为回路的损耗电阻。

对于小尺寸回路，$R_{rad} \ll R_L$，因此环路的增益非常小。

**例 12.11** 方环天线的面积为 $100cm^2$。天线有 4 匝，总损耗电阻为 2.2Ω，试确定天线在 80MHz 频率下相对于各向同性辐射器的增益。

**解**：

$$80MHz \Rightarrow \lambda_0 = \frac{3\times10^8}{80\times10^6} m = 3.75m$$

使用式（12.106）求出辐射电阻：

$$R_{rad} = 320\pi^4 \times 4^2 \times \left(\frac{100\times(0.01)^2}{(3.75)^2}\right)^2 \Omega = 0.252\Omega$$

使用式（12.114）求出增益：

$$G = \frac{1.5\times0.252}{2.2} = 0.172$$

即 $G_{dB} = 10\log0.172dB = -7.64dB$

**例 12.12** 矩形环形天线为 15 匝，宽度 10cm 和高度 8cm 的，用作垂直极化电场中的接收天线

$$E = 65\sin(6\pi\times10^8 t)\,\mu V/m$$

如果环路定向为最大接收，求：

（1）$\alpha$ 的值（如图 12.26 所示）；

（2）回路两端电压的有效值；

（3）如果天线关于其垂直轴旋转 30°，回路两端电压的变化。

**解**：

（1）为了获得最大接收，环路平面必须在传播场的方向上，即 $\alpha = 0°$。

（2）根据我们得到的给定数据

$$2\pi f = 6\pi\times10^8 \Rightarrow f = 300MHz$$

因此，

$$\lambda_0 = \frac{c}{f} = \frac{3\times10^8}{300\times106} = 1m$$

在式（12.113）中进行替换，得

$$|V_T|_{rms} = \frac{2\pi\times15\times(0.1\times0.08)\times\frac{65}{\sqrt{2}}}{1}\mu V = 34.659\mu V$$

注意，电场的峰值已经除以$\sqrt{2}$以获得有效值。

(3) $$\alpha=30°\Rightarrow\cos\alpha=0.866$$

因此

$$|V_T|_{rms}(\alpha=30°)=(34.659\times0.866)\mu V=30.015\mu V$$

端子间电压的变化$=(34.659-30.015)\mu V=4.644\mu V$

环形天线的几何形状表明，在端子处看到的电抗主要是电感性的。因此，我们可以推导出回路的等效电路，该回路由电感和电阻的组合组成，串联的电压源相当于天线终端的感应电压，如图 12.27 所示。如前所述，回路天线的辐射电阻非常小，故此，等效电路中的电阻主要是回路导线的欧姆电阻。为了从回路中提取最大电压，可以在回路两端连接一个电容器以形成谐振电路。

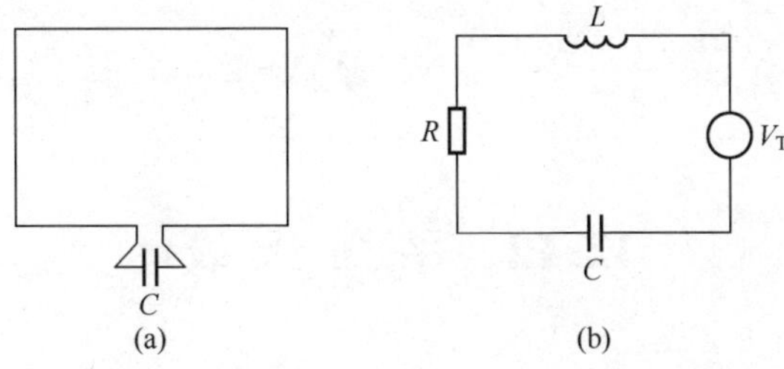


图 12.27　带调谐电容器的接收环路天线

(a) 带调谐电容器的环路；(b) 接收回路等效电路。

谐振时，图 12.27 所示调谐电容器两端的电压 $V_C$将为

$$|V|=Q\times|V_T|=\frac{\omega L}{R}\times|V_T| \tag{12.115}$$

**例 12.13**　使用边长为 100mm 的方环天线检测来自 100MHz 电场的信号，该电场的均方根振幅为 120μV/m，天线有 3 匝，总电阻为 4Ω，总电感为 250nH，调谐电容器连接在回路的两端。

求：

(1) 调谐电容器的所需值；

(2) 当回路定位为最大接收时，电容器两端的 rms 电压。

**解：**

(1) 在共振时 $$f_0=\frac{1}{2\pi\sqrt{LC}}$$

因此

$$100\times10^6=\frac{1}{2\pi\sqrt{250\times10^{-9}\times C}}$$

$$C=10.13\text{pF}$$

（2）$f=100\text{MHz}\Rightarrow\lambda_0=3\text{m}$

天线端子处的最大开路电压由式（12.113）给出，注意：$\alpha=0$ 表示最大接收。

$$|V_T|=\frac{2\pi NAE}{\lambda_0}=\frac{2\pi\times3\times(0.1\times0.1)\times120\times10^{-6}}{3}\text{V}=7.54\mu\text{V}$$

谐振时电容两端的电压由等式（12.115）给出：

$$|V_C|=Q\times|V_T|=\frac{\omega L}{R}\times|V_T|$$

即 $|V_C|=\frac{2\pi\times100\times10^6\times250\times10^{-9}}{4}\times7.54\mu\text{V}=296.13\mu\text{V}$

# 12.12 平面天线

## 12.12.1 线性极化[①]贴片天线

微带贴片的使用是制作射频和微波平面天线最常用的技术之一，典型的微带贴片天线如图 12.28 所示，器件还包括一个四分之一波阻抗变换器，它将贴片的高阻抗边缘连接到馈电线上。

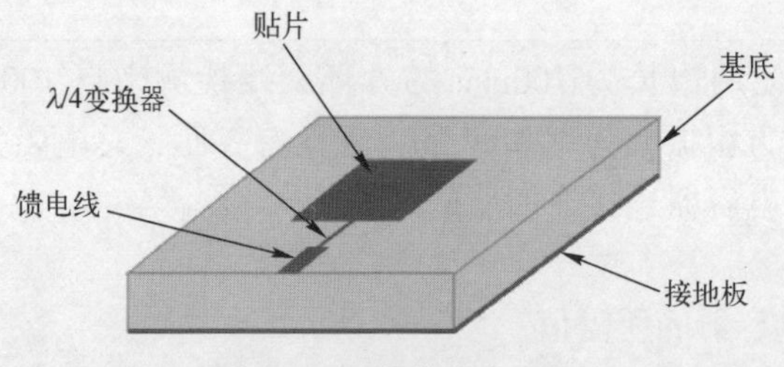


图 12.28　微带贴片天线

图 12.28 所示类型的贴片天线对于高频应用有许多优点，具体如下：

（1）辐射贴片可以很容易地集成到混合封装中；

① 线性极化天线是随着波传播时辐射电场方向保持固定的天线。

（2）如果需要，贴片可以在一个保角的、弯曲的表面上形成；

（3）可以在相对较小的区域内制作贴片阵列，从而形成紧凑的高增益天线；

（4）将移相器纳入阵列中的贴片的馈电线中，以产生相位阵列是很容易的；

（5）可以缩短馈线以降低线路衰减和改善噪声性能。

虽然贴片天线有上述优点，但也有一些小的限制。为了获得良好的辐射，基底的介电常数要小，基底的厚度要适当地大，这往往会导致在低频段需要相对大的尺寸的天线。此外，贴片天线往往辐射效率较低、功率较低。

图 12.29 显示了微带矩形贴片和馈电线的平面图。

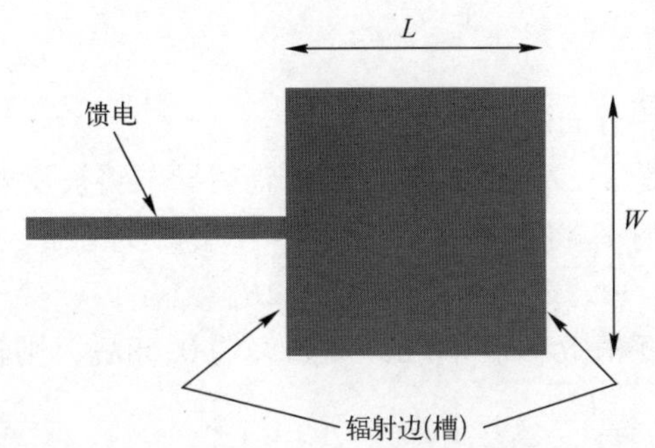


图 12.29　微带贴片的平面视图（显示辐射边缘（槽）的位置）

当贴片进入轴向谐振时，贴片的两个端部边缘分别与地平面形成一个有效槽，每个都作为面积为 $W\times h$ 的辐射槽，其中 $W$ 是贴片的宽度，$h$ 是基片的厚度。这两个槽以反相方式辐射电场，因此，在轴向的电场中产生类似于半波偶极子的电场辐射模式。

如图 12.30 所示，传输线模型可以用来表示谐振贴片。

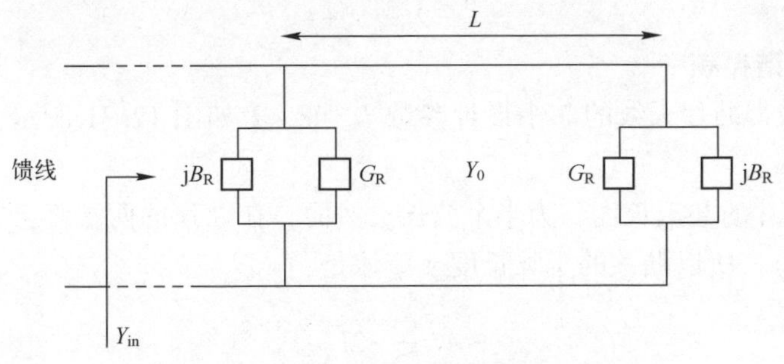


图 12.30　微带贴片天线的传输线模型

在传输线模型中，每个槽位的辐射导纳用 $Y_R$ 表示。其中

$$Y_R = G_R + jB_R \tag{12.116}$$

$G_R$——每个槽的辐射电导率；

$B_R$——每个槽的辐射电纳，它与开口端的边缘场有关。

Munson[3] 给出了 $G_R$ 和 $B_R$ 的表达式

$$G_R = \frac{W}{120\lambda_0} \tag{12.117}$$

和

$$B_R = \frac{W(3.135 - 2\log\beta W)}{120\pi\lambda_0} \tag{12.118}$$

其中

$\beta = 2\pi/\lambda_S$；

$\lambda_S$——沿着贴片方向的基底波长。

如果贴片正好是 $\lambda_S/2$ 长，贴片远端的辐射导纳将被反射到馈电端。因此，馈电点的总辐射导纳 $Y_{in}$ 将是式（12.119），不会产生谐振。

$$Y_{in} = 2G_R + j2B_R \tag{12.119}$$

如果贴片的长度稍微小于 $\lambda_S/2$，例如大约 $0.48\lambda_S$，则辐射反射到馈电点的导纳，$Y_{refl}$ 为

$$Y_{refl} = G_R - jB_R \tag{12.120}$$

因此，该贴片将在以下方面产生谐振

$$Y_{in} = 2G_R \tag{12.121}$$

值得注意的是，式（12.119）忽略了两个辐射槽之间的互导，但对于实际的微带天线来说，这通常是很小的。

微带贴片的宽度不是关键的，对于有效的辐射，表示为

$$W = \frac{c}{2f_0}\sqrt{\frac{2}{\varepsilon_r + 1}} \tag{12.122}$$

其中，$f_0$ 为谐振频率。

前馈微带贴片天线的 3 个设计参数 $L$、$W$、$T$ 如图 12.31 所示，参数信息如下。

$L$ 是贴片的共振长度，为半个波长。然而，在贴片的两端都会有一定散射（开端效应），所以贴片的实际长度 $A$ 应该是

$$A = \frac{\lambda_S}{2} - 2l_{eo} \tag{12.123}$$

其中

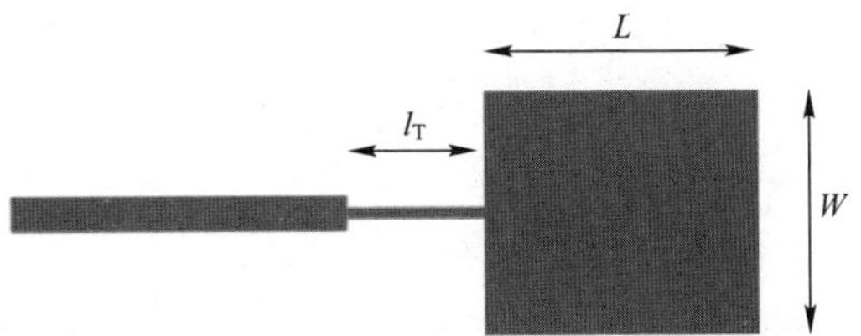


图 12.31　一个简单的微带贴片天线的设计尺寸

$\lambda_S$——宽度为 $B$ 的微带线的基底波长；

$l_{eo}$——等效的开端效应长度，即

$$l_{eo}=0.412h\left(\frac{\varepsilon_{r,eff}+0.3}{\varepsilon_{r,eff}-0.258}\right)\left(\frac{w/h+0.264}{w/h+0.8}\right) \tag{12.124}$$

$W$ 是贴片的宽度，这个尺寸不是关键的，但通常使用式（12.122）来计算。

$l_T$是四分之一波匹配部分的长度，即 $\lambda_{ST}/4$，其中 $\lambda_{ST}$对应于该部分的设计阻抗。变换器的阻抗 $Z_{0T}$为

$$Z_{0T}=\sqrt{R_{feed}R_{in}} \tag{12.125}$$

即

$$Z_{0T}=\sqrt{R_{feed}\times\frac{1}{2G_R}} \tag{12.126}$$

其中，$G_R$在式（12.117）中定义。

**例 12.14**　设计一个工作频率为 5GHz 的微带单贴片天线。基底相对介电常数为 2.3、厚度为 2.5mm，馈电微带线电阻为 50Ω。

**解：**

使用等式（12.122）得

$$W=\frac{c}{2f_0}\sqrt{\frac{2}{\varepsilon_r+1}}=\frac{3\times10^8}{2\times5\times10^9}\sqrt{\frac{2}{2.3+1}}\text{m}=23.35\text{mm}$$

使用附录 12.A 中的设计图表：

$$W=23.3\text{mm}\Rightarrow\frac{W}{h}=\frac{23.35}{2.5}=9.34\Rightarrow\varepsilon_{r,eff}^{MSTRIP}=2.07$$

此外

$$\lambda_S(\text{patch})=\frac{\lambda_0}{\sqrt{2.07}}=\frac{60}{\sqrt{2.07}}\text{mm}=41.70\text{mm}$$

$$\frac{\lambda_S(\text{patch})}{2}=20.85\text{mm}$$

使用式（12.124）得

$$l_{eo}=0.412h\left(\frac{\varepsilon_{r,eff}+0.3}{\varepsilon_{r,eff}-0.258}\right)\left(\frac{w/h+0.264}{w/h+0.8}\right)$$

$$=0.412\times2.5\left(\frac{2.07+0.3}{2.07-0.258}\right)\left(\frac{9.34+0.264}{9.34+0.8}\right)\text{mm}=1.28\text{mm}$$

此外

$$L=(20.85-[2\times1.28])\text{mm}=18.29\text{mm}$$

使用式（12.117）得

$$G_R=\frac{W}{120\lambda_0}=\frac{23.35}{120\times60}\text{S}=3.24\text{mS}$$

使用式（12.126）得

$$Z_{0T}=\sqrt{R_{feed}\times\frac{1}{2G_r}}=\sqrt{50\times\frac{1}{2\times3.24\times10^{-3}}}\Omega=87.84\Omega$$

使用附录 12. A 中的设计图表：

$$87.84\Omega\Rightarrow wT=2.8\text{mm and }\varepsilon_{r,eff}^{MSTRIP}=1.85$$

因此

$$l_T=\frac{\lambda_{s,T}}{4}=\frac{\lambda_0/\sqrt{1.85}}{4}=\frac{60/\sqrt{1.85}}{4}\text{mm}=11.03\text{mm}$$

使用附录 12. A 中的设计图表：

$$50\Omega\Rightarrow\frac{w_T}{h}=3\Rightarrow w_T=7.5\text{mm}$$

最终的设计如图 12. 32 所示。

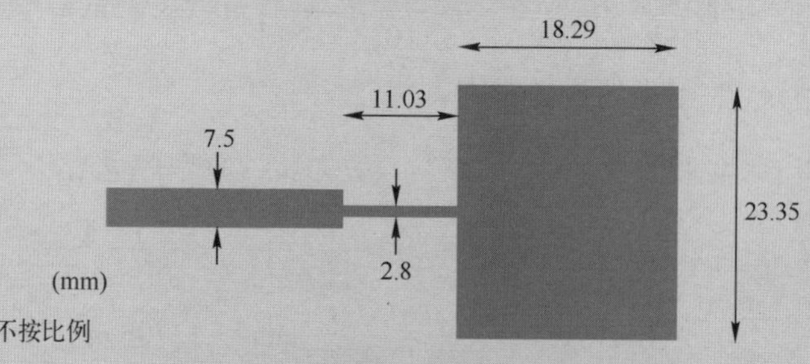


图 12. 32　例 12. 14 的完整设计

前面介绍的微带贴片天线配置中，馈电线均连接到贴片的一个边缘，这种布置的缺点是，由于贴片边缘的阻抗非常高，需要 $\lambda/4$ 变换器将贴片与馈线匹配。如图 12.33 所示，可以通过使用嵌入式馈电点来克服这一缺点。由于贴片在轴向上谐振，贴片中心的电压和阻抗必须都为零。可以看出沿着贴片中心线方向的阻抗满足以下关系

$$R_{\text{in}}(x_0)=R_{\text{in}}(x=0)\times\cos^2\left(\frac{\pi}{L}x\right) \tag{12.127}$$

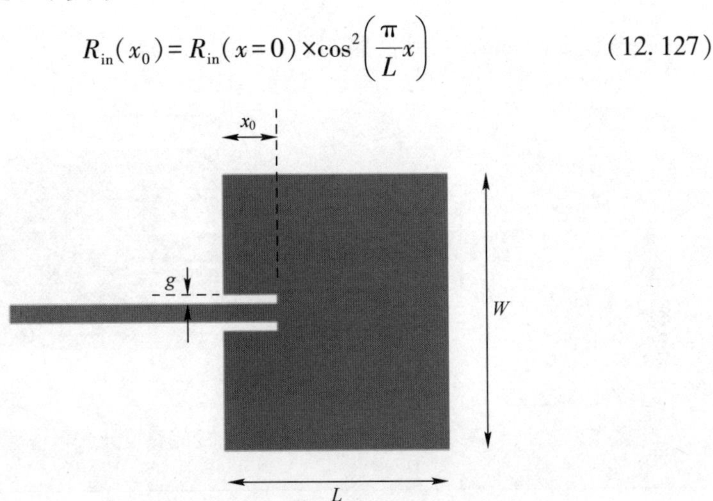


图 12.33　插入馈电点的贴片天线

因此，可以找到一个与馈电线路的特性阻抗相匹配的 $X_0$ 值，从而减少了 $\lambda/4$ 波匹配变换器的必要性。从图 12.33 可以看出，使用嵌入式馈电在馈电线进入贴片的两侧产生了两个凹槽，间隙为 $g$。$g$ 的值对设计来说并不重要，但这两个凹槽会在馈电线和贴片之间产生一些耦合电容。Balanis[2] 指出，这通常会使贴片的谐振频率改变约 1%。在深入研究凹槽的宽度对谐振频率的影响后，Matin 和 Sayeed[4] 提出以下公式来计算间隙宽度为 $g$ 而引起的谐振频率

$$f_{\text{r}}=\frac{c}{\sqrt{2\varepsilon_{\text{r,eff}}}}=\frac{4.6\times10^{-14}}{g}+\frac{f}{1.01} \tag{12.128}$$

**例 12.15**　使用嵌入式馈电贴片重复例 12.14 的设计。

**解：**

$L$ 和 $W$ 的值与例 12.14 的解法一样，没有变化。

贴片边缘的电阻由以下公式给出

$$R_{\text{in}}(x=0)=\frac{1}{2G_{\text{R}}}=\frac{1}{2\times3.24\times10^{-3}}\Omega=154.32\Omega$$

使用式（12.127），我们可以找到 $X_0$ 的值，对应的馈电点阻抗为 50Ω。

$$50=154.32\times\cos^2\left(\frac{\pi}{18.29}x\right)$$

$$x=5.62\mathrm{mm}$$

现假设 $g=1\mathrm{mm}$，得到完整的设计如图 12.34 所示。

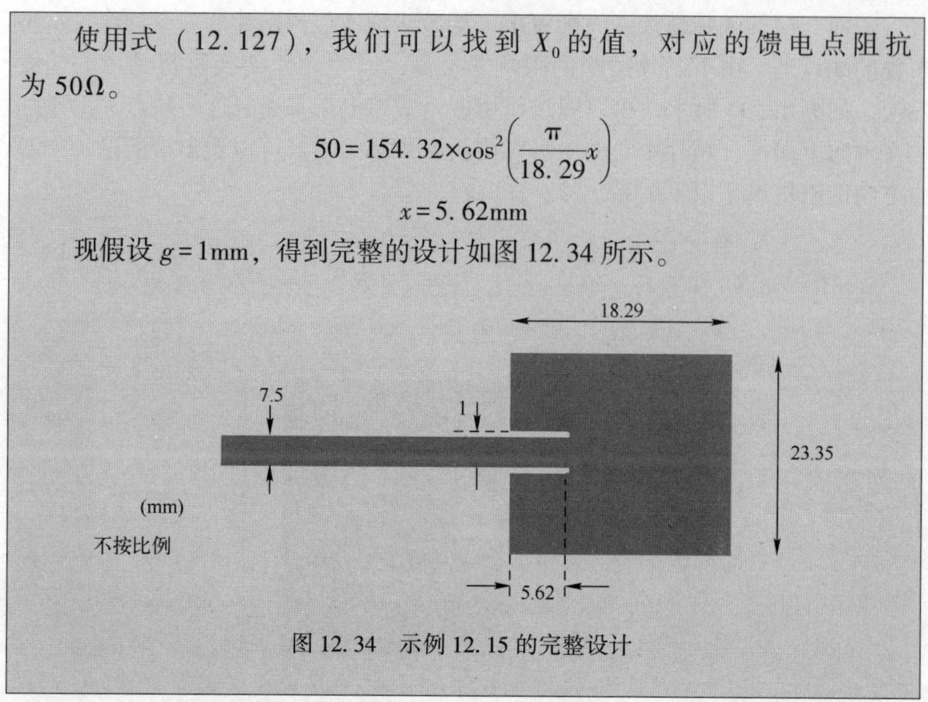


图 12.34　示例 12.15 的完整设计

到目前为止所描述的微带贴片天线都是前馈式的，即馈电线与辐射贴片在基片的同一侧。这种馈电方法的缺点是，馈电网络可能会产生大量不必要的辐射，尤其是在贴片阵列的情况下。另一种方法是通过探针直接传导或通过电磁耦合的方式，穿过基底馈电。最简单的后馈技术是由同轴电缆馈电线的末端形成一个探针，如图 12.35 所示。探针的位置被设计成在贴片阻抗与馈线阻抗相匹配的地方并与贴片接触。

图 12.36 所示为使用孔径耦合的馈电技术，该图显示了使用两种不同电介质的多层结构。辐射贴片是在一个低介电常数为 $\varepsilon_{r1}$ 的基底的上表面形成的，下层基板的微带线通过埋式接地板中的孔将电磁能量耦合到贴片，孔径位置的选择应提供正确的阻抗匹配。

使用图 12.36 所示的多层结构的优点是，可以在贴片下面使用低介电常数的基片来增强辐射，而在较低基底上可以使用一个高介电常数基底来提供物理上更紧凑的馈电网络。图 12.36 所示结构的另一种变化是在上下介质中都使用高介电常数，这使得辐射贴片更小，并在辐射边缘下嵌入低介电常数材料区域，以增强辐射，图 12.37 所示为修改后的结构。当需要在一个小区域内构建一个贴片阵列时，这种技术是非常有用的。如第 3 章所述，使用光敏材料的厚膜印刷使这种类型天线的制造可行且相对简单。

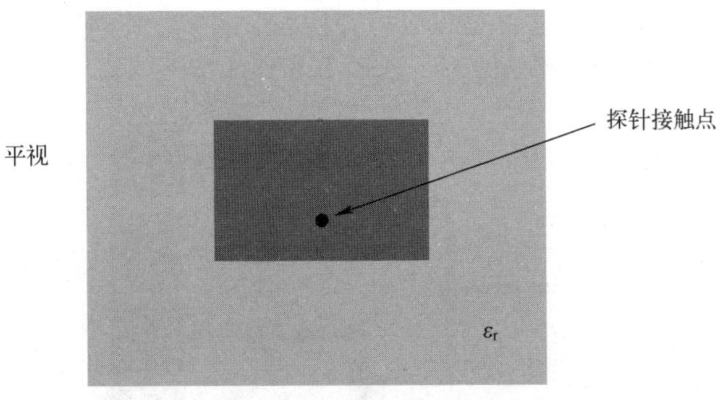


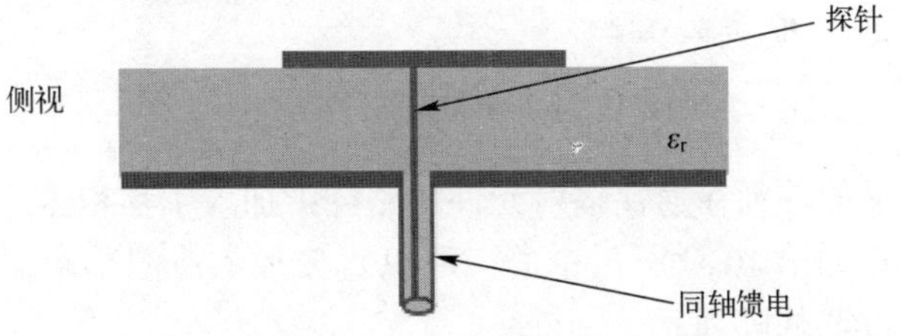


图 12.35　探针馈电微带贴片

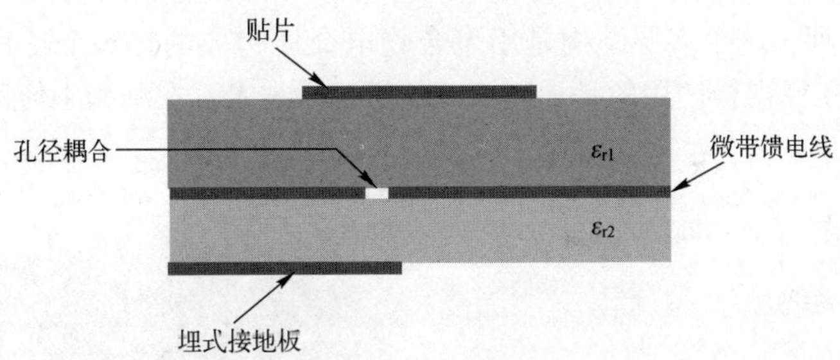


图 12.36　通过耦合孔径的贴片激励

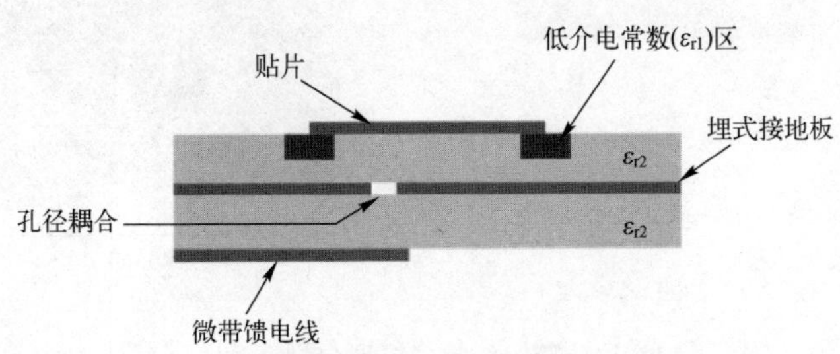


图 12.37　修改后的多层馈电结构

使用贴片天线的好处之一是可以很容易地形成天线阵列。图 12.38 显示了 1 个具有 4 个微带贴片的简单阵列，他们有共同的馈电网络。

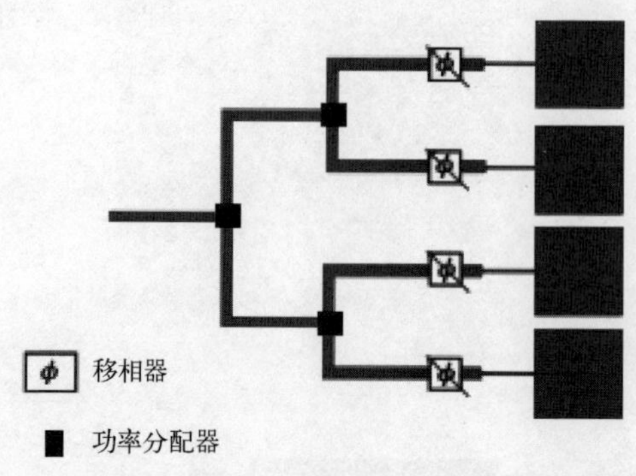


图 12.38　微带贴片阵列

图 12.38 所示的阵列在通往辐射元件的路径中加入了移相器。由于该阵列是微带结构的，正如第 10 章所讨论的，可以直接加入有源移相器，从而形成一个主波束电子可调的阵列。

为了说明如何利用新材料的特性来设计高频平面天线，图 12.39 显示了一个实际是 77GHz 固定波束阵列的照片，它包括一个在多层结构的顶表面的 16×16 的矩形阵列，这个多层结构是用聚合物电介质构成的。每个贴片与底面的微带馈电线孔径耦合使用的是如图 12.36 所示的技术，在结构中使用了组合式

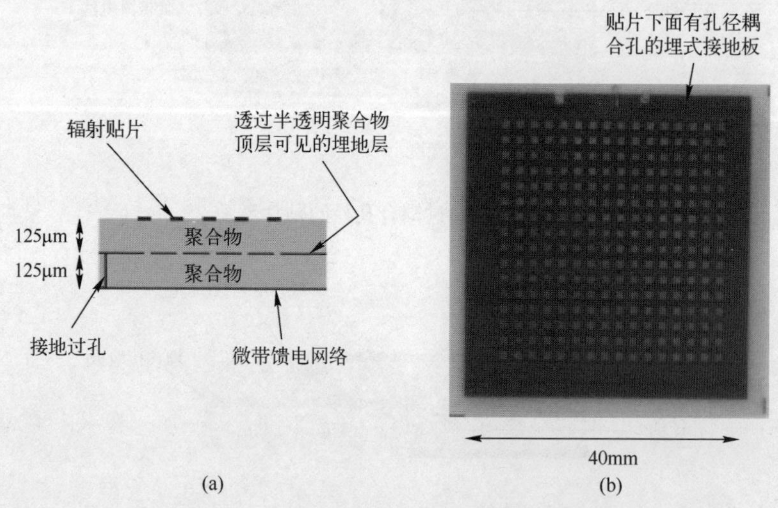


图 12.39　77GHz 的多层聚合物贴片阵列

（a）结构细节（不按比例缩放）；（b）顶部表面显示辐射贴片的照片。

的馈电方案。这个阵列是用薄的（125μm 厚）柔性聚合物层制造的，导体的薄片层叠压在聚合物层上，被蚀刻以形成所需的导体图案。使用薄聚合物层的主要优点是最终的结构十分灵活，总厚度约为 250μm，兼容曲面安装。

### 12.12.2　圆极化平面天线

本章到目前为止描述的贴片天线都产生了线性极化。圆极化可以通过对贴片天线的馈电方式稍作修改就可以实现。图 12.40 显示了一个在两个相邻边上集中馈电的方形微带贴片，两个边上的信号彼此正交。

参照图 12.40 可以看出，当在 1 处施加一个正电压峰值时，辐射电场的峰值在 $\phi=0°$ 方向上。由于额外的 $\lambda/4$ 的长度，电压波形的正峰值在四分之一个周期后到达 2 处，产生一个在 $\phi=90°$ 方向上的电场峰值。因此，辐射波将被圆极化，并沿逆时针方向旋转。

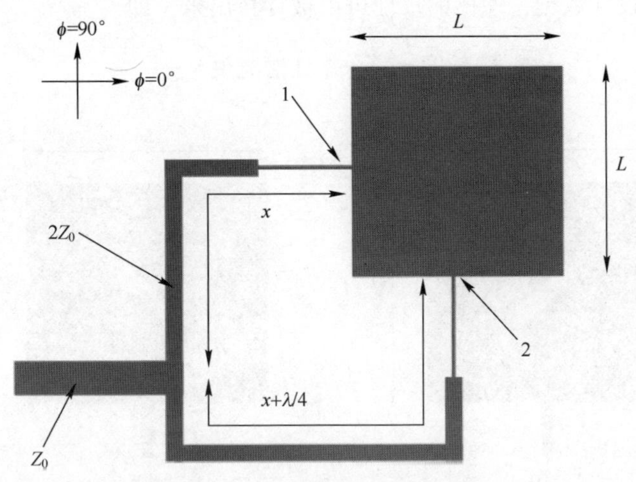


图 12.40　单个微带贴片的圆极化

图 12.40 所示的单个贴片产生了圆极化，因为两个馈线激发了相同的正交电磁模式，它们处于正交相位。也可以通过改变矩形贴片的一些几何参数来产生两个正交模式与所需的相位差，也可以对矩形贴片进行单次馈电来实现圆极化。一种常见的技术是使用一个后馈探针，其接触点在矩形贴片的对角线上。贴片不能是方形的，但必须是近似方形的，以便两个模式有几乎相同的性质。这种技术的基础理论超出了本书的范围，但在参考文献［2］中给出了全面的讨论。图 12.41 显示了产生左旋圆极化和右旋圆极化所需的探针位置。

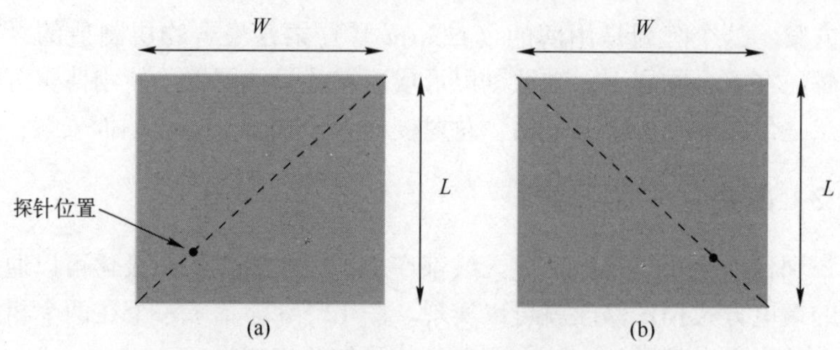


图 12.41　探针馈电矩形贴片的圆形极化

（a）左旋圆极化；（b）右旋圆极化。

为了产生高质量的圆极化，尺寸 $L$ 通常要比尺寸 $W$ 大 10%左右。另一种从单个微带贴片产生圆极化的技术是在贴片上开槽，如图 12.42 所示。Balanis[2] 提供了实用的设计数据，使槽的尺寸可以被计算出来，即

$$\text{槽长度}=\frac{L}{2.72}\text{并且槽宽度}=\frac{L}{27.2} \tag{12.129}$$

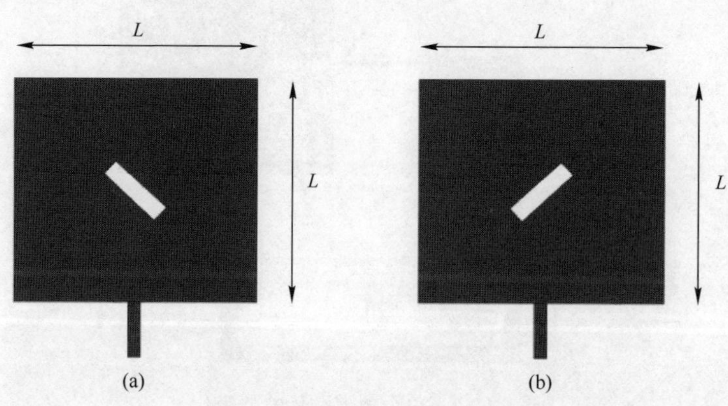


图 12.42　来自前馈式微带贴片的圆极化

（a）左旋圆极化；（b）右旋圆极化。

圆极化也可以使用线性极化贴片阵列来实现。Huang[5] 展示了使用 4 个线性极化的微带贴片阵列，以特殊的空间排列和适当的馈电相位，展示了出色的圆极化。图 12.43 展示了 Huang 的阵列原理。

图 12.43（a）所示的 4 个线性极化贴片的排列方式使每个贴片都是相对于其相邻的贴片正交，这些贴片的馈电点被编号为 1、2、3 和 4。假设各个贴片是通过基片底面的接地板用探针馈电的，使用的技术如图 12.35 中所示。为了产生圆极化，4 个贴片应以 90°的渐进相位延迟进行馈电。所需的相位关系

是通过在每个贴片的馈电部分增加额外的 $\lambda/4$ 长度来实现的，如图 12.43（b）所示，该图还显示了单个输入端馈电的阵列。图 12.43 只给出了馈电方案的一个示意图。在实际的天线中，需要在馈电网络中加入适当的 $\lambda/4$ 变换器，使贴片阻抗与天线输入阻抗相匹配。

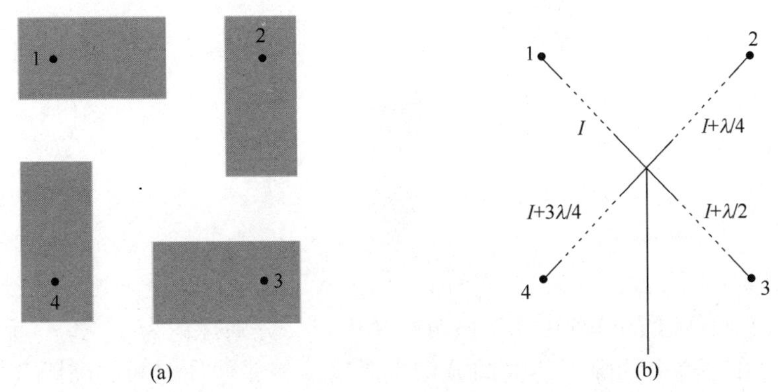


图 12.43　使用线性极化贴片阵列的圆极化

（a）4 个线性极化贴片阵列的位置，以产生圆极化；（b）4 个贴片的馈电点的径路长度。

天线的工作原理可以解释如下。

（1）如果我们考虑在馈电点 1 施加最大正电压的瞬间，那么由于馈电线的长度，2 号和 4 号点将出现零电压，这两个贴片将不会辐射。由于这些贴片馈电线的相对差值为 $\lambda/2$，1 点的最大正电压将导致 3 点的最大负电压。但是，由于 1 号和 3 号贴片的方向是 180°，就彼此而言，它们将同相辐射。在 $\phi=90°$的方向上产生一个最大的电场。

（2）四分之一个周期后，在 2 号馈电点会有一个最大的正电压，在 4 号馈电点会有一个最大的负电压。因此，2 号和 4 号贴片将在 $\phi=180°$的方向上与最大的电场同向辐射。因此，随着时间推移，最大电场将沿逆时针方向旋转，产生左旋圆极化。

由于 Huang 的阵列中相邻的贴片是正交的，所以它们之间的相互耦合很小，这就简化了分析和设计。然而，这种类型的阵列的一个限制是：如果不改变馈电网络，极化的方向也不能改变。为了实现右旋圆极化，需要在馈电相位上有一个方向为顺时针渐进的 90°的相位差。

在 Huang、Lum 及其同事[6]的进一步研究[5]中使用了一个线性极化的微带阵列，该阵列由一个行波馈电，以实现极化分集。使用如图 12.44 所示的贴片阵列，可以通过扭转槽线的行进方向来改变圆极化的方向。

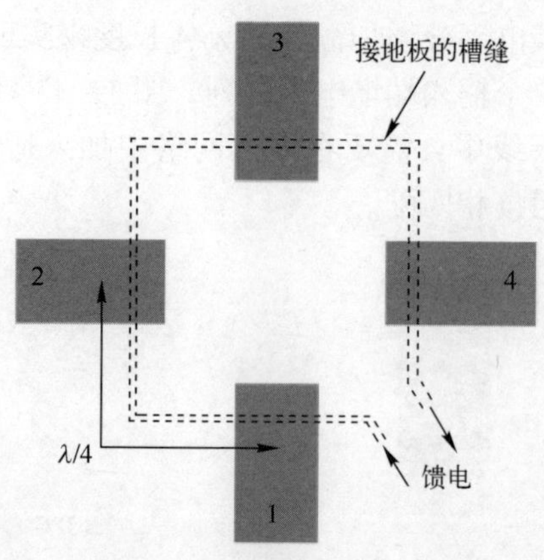


图 12.44　产生圆极化的行波馈电贴片阵列

图 12.44 所示的阵列由 4 个微带贴片组成，分别标记为 1、2、3 和 4，这些贴片由在接地板缝隙中传播的波依次激发。相邻贴片之间的间距（在槽周围测量）为 $\lambda/4$。因此，当波在狭缝周围传播时，贴片被依次激发，并且由于它们的方向，净辐射电场的方向随时间旋转，场一次旋转的时间等于波在狭缝线中的周期。在图 12.44 所示的天线中，波在槽线中顺时针传播，产生右旋圆极化（RHCP）场。

图 12.45 中的照片显示了采用行波馈电技术的 5GHz 天线。这情况下，有 8 个辐射贴片在微带介质基片的上表面形成。输入和输出微带线与辐射贴片在

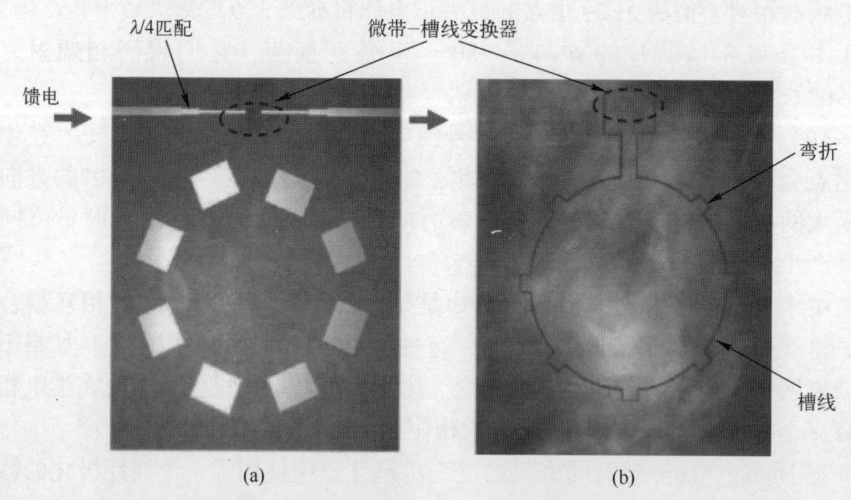


图 12.45　带有行波馈电的 5GHz 圆极化天线的照片

（a）显示 8 个辐射贴片和微带输入和输出的俯视图；（b）显示在贴片下面的槽线的视图。

同一侧，并通过两次微带-槽线的转换与接地板的槽线耦合。微带馈电线中包括 $\lambda/4$ 匹配部分，以将微带的 50Ω 阻抗与槽线的高阻抗相匹配。槽线中包括弯曲段，以获得相邻贴片馈电之间正确的 45° 相位差。应该注意的是，在图 12.45 所示的天线中，槽线中的波是沿逆时针方向传播的，因此，产生左旋圆极化的。另外，图 12.45 所示天线的一个缺点是，微带馈电线与辐射贴片在基片的同一侧，并且有可能从馈电线上产生不需要的辐射。解决这个问题的方法是使用多层结构，如图 12.46 所示。

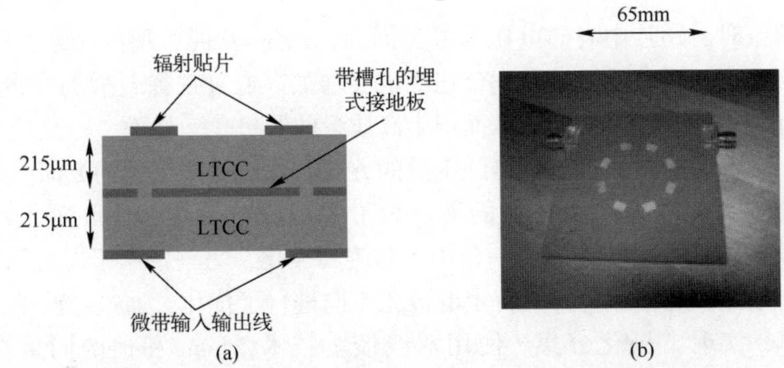


图 12.46　使用低温公烧陶瓷制作的 15GHz 行波馈电天线

（a）结构示意图（不按比例）；（b）实际的 15GHz LTCC 天线的照片。

在图 12.46 所示的天线中，上表面只包含辐射贴片。这些贴片通过电磁耦合从位于封装中心的接地极的槽线馈电。所述的微带馈电线位于下表面，并通过微带线到槽线的转换与埋入的槽线耦合。图 12.46（b）中的实际天线的照片包括 SMA 连接器，用于将信号送入和送出微带线。在实际的天线中还包括一组通孔，用于将连接器的接地线连接到埋式接地板。

如果槽线中的波的方向是相反的，那么极化的方向也将是相反的。因此，使用一个简单的微带开关电路来控制波在槽线中的方向，可以实现极化分集。

当波在图 12.44~图 12.46 所示的阵列中的槽线周围传播时，能量被依次耦合到每个贴片。因此，槽线上的信号振幅随着波的传播而降低，可用于耦合到后一个贴片的能量也减少。如果所有的贴片相对于槽线有相同的偏移量，则较少的信号将被耦合到后面的贴片。所以，4 个贴片中辐射的功率将不相等，这将对圆极化的质量产生不利影响。为了克服这个问题，当波在槽周围传播时，槽线和贴片之间的耦合度应该逐渐增加。这可以通过逐渐增加贴片相对于槽线的偏移量来实现。偏移量 $x$ 被定义在图 12.47 中，同时，图中也展示了贴片的谐振长度。

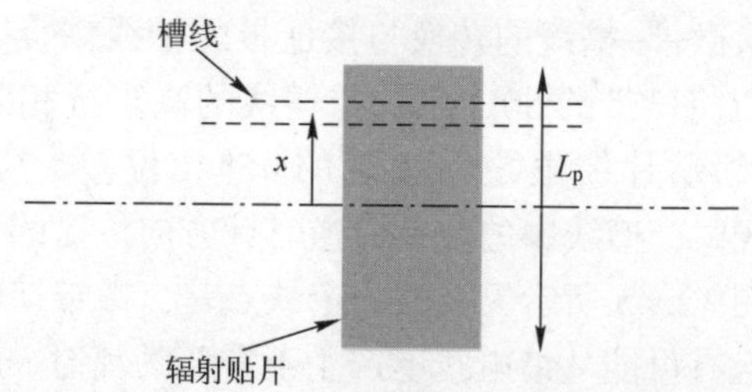


图 12.47 槽线馈电微带贴片

在谐振时，贴片中心的电压为零，因此，当 $x=0$ 时，槽线和贴片之间几乎没有耦合。随着 $x$ 的增加，耦合程度也会增加。通过选择合适的增量 $x$，可以使所有贴片辐射功率相同，从而产生高质量的圆极化。然而，一旦应用了增量方案，就不可能再通过改变槽线中波的方向，以改变圆极化的方向。因为增量仅适用于在一个方向上传播的波。为了实现极化分集，Lum 等人在文献［6］中使用了两条槽线馈电，一条用于右旋圆极化，另一条用于左旋圆极化。

每个槽线中的偏移量针对特定的极化方向进行了优化，通过在两条线之间切换馈电，实现了极化分集。使用双线馈电技术，Lum 和他的同事在文献［7］中展示了使用 RT/Duroid 基片制造的 5GHz 天线的优异性能。Min 和 Free[8]在随后的工作中，对行波馈电贴片阵列进行了更严格的分析，得出了有用的实际设计数据。

## 12.13 喇叭天线

长期以来在微波频段上，喇叭天线一直是制造高性能天线的标准方法之一，是将矩形波导的终端扩展成一个大的辐射开口面而形成的。从惠更斯原理[1]来看，大孔径将提供具有高方向性和高增益的天线。波导可以在一个维上进行扩展，如图 12.48（a）、（b）所示的扇形角，最常见的喇叭类型是通过在两维上扩展导形成一个角锥喇叭如图 12.48（c）所示。

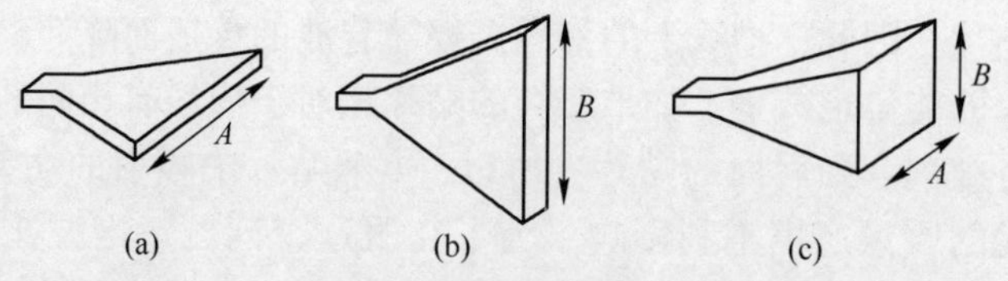


图 12.48 波导喇叭

（a）H 面扇形喇叭；（b）E 面扇形喇叭；（c）角锥喇叭。

图 12.49 是一张典型的使用角锥喇叭的照片，图中所示的号角的孔径为 72mm×58mm，由 WR62 矩形波导实现，工作在 13~18GHz 的微波频段。

图 12.49　13~18GHz 角锥喇叭的照片

微波喇叭的轴向长度 $L$ 定义在图 12.50 中，它是指从喇叭口的喉部到孔径面所测量的距离。

扩张角 $\theta$，定义为

$$\theta=2\arctan\left(\frac{B/2}{L}\right)=2\arctan\left(\frac{B}{2L}\right) \tag{12.130}$$

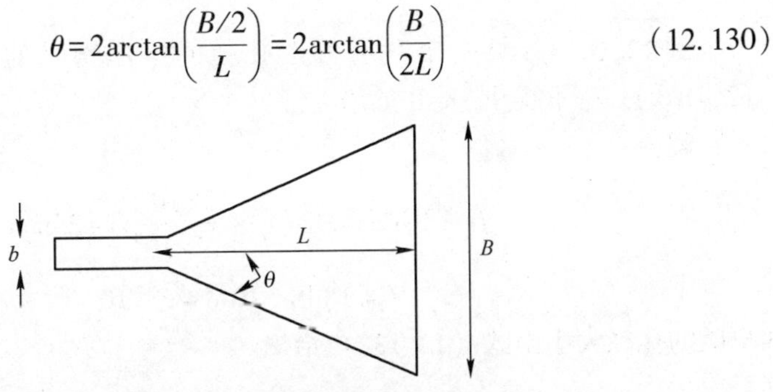


图 12.50　角锥喇叭的轴向长度 $L$

由于沿喇叭边缘的路径长度大于沿中心的路径长度，孔径上会有一个相位变化，因为沿中心传播的波会比沿边缘传播的波先到达孔径，如图 12.51 所示。

如果整个孔径的相位变化太大，可能会对天线的增益和方向性产生不利影响。通常的标准是，相位变化不应超过 90°，也就是说，路径差 $x$ 应小于 $\lambda_0/4$，其中 $\lambda_0$是自由空间的波长。

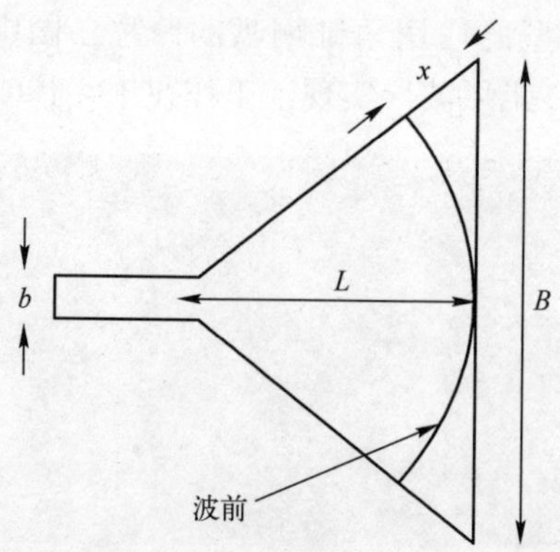


图 12.51　穿过角锥喇叭孔径的弯曲波前

这就导致了空气填充式喇叭天线的最佳长度为

$$L \simeq \frac{B^2}{2\lambda_0} \tag{12.131}$$

在这个最佳长度下，喇叭天线相对于各向同性辐射体的增益为

$$G \approx 7.4 \times \frac{A \times B}{\lambda_0^2} \tag{12.132}$$

**例 12.16**　计算一个具有方形孔径的锥形喇叭的最佳尺寸，其将在 12GHz 的频率下提供 18dB 的增益。

**解：**

$$f = 12\text{GHz} \Rightarrow \lambda_0 = \frac{c}{f} = \frac{3\times 10^8}{12\times 10^9}\text{m} = 25\text{mm}$$

$$G = 18\text{dB} = 10^{1.8} = 63.10$$

喇叭的孔径大小由式（12.132）给出

$$63.1 = 7.4 \times \frac{B^2}{(25)^2} \Rightarrow B = 72.95\text{mm}$$

喇叭的最佳长度由式（12.131）给出

$$L = \frac{(72.95)^2}{2\times 25}\text{mm} = 106.43\text{mm}$$

式（12.131）显示的 $L$ 和 $B$ 的相对值的限制意味着需要很长的喇叭才能实现高增益。如果需要一个具有大孔径的短喇叭，又要在较小空间内提供高增益，可以使用一个电介质透镜来校正整个孔径的相位变化。该透镜将球形波前转换为平面波前，其中所有的点都是同相位的。通常情况下，透镜是由低损耗的塑料材料制成的，容易加工成所需的轮廓。为透镜选择的材料通常具有较低的介电常数，以最大限度地减少空气和透镜表面材料之间的不匹配。一个典型的凸透镜在图 12.52 中所示，透镜轮廓的设计可以从简单的射线理论中得到。

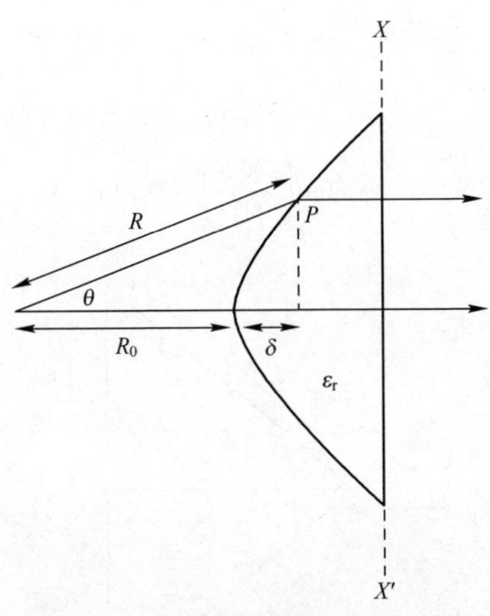


图 12.52　凸面介质透镜中的射线路径

如果我们考虑通过图 12.52 所示透镜表面任意点 $P$ 的光线的传输时间，则所有此类光线在平面 $XX'$ 内都是同相的，如果

$$\frac{R}{c}=\frac{R_0}{c}+\frac{\delta}{v_p} \tag{12.133}$$

其中，$v_p=\dfrac{c}{\sqrt{\varepsilon_r}}$ 并且 $\varepsilon_r$ 是透镜材料的介电常数，$\delta$ 的定义如图 12.52 所示，从图 12.52 可以看出

$$\delta=R\cos\theta-R_0$$

代入式（12.133）得到

$$\frac{R}{c}=\frac{R_0}{c}+\frac{(R\cos\theta-R_0)\sqrt{\varepsilon_r}}{c} \tag{12.134}$$

重写式（12.134）得到

$$R=\frac{R_0(\sqrt{\varepsilon_r}-1)}{\sqrt{\varepsilon_r}\cos\theta-1} \tag{12.135}$$

式（12.135）使电介质透镜的轮廓得以设计，由于 $\varepsilon_r>1$，因此曲面是双曲的。

**例 12.17** 确定需要插入例 12.16 的锥形喇叭中的电介质透镜（$\varepsilon_r=2.3$）的轮廓，以便将喇叭的轴向长度减少到 50mm。

**解：**

有
$$L=50\text{mm}\quad \frac{B}{2}=\frac{72.95}{2}\text{mm}=36.48\text{mm}$$

参照图 12.53 有 $R_1=\sqrt{(50)^2+(36.48)^2}\text{mm}=61.89\text{mm}$

$$\theta_1=\arctan\left(\frac{36.5}{50}\right)=36.11°$$

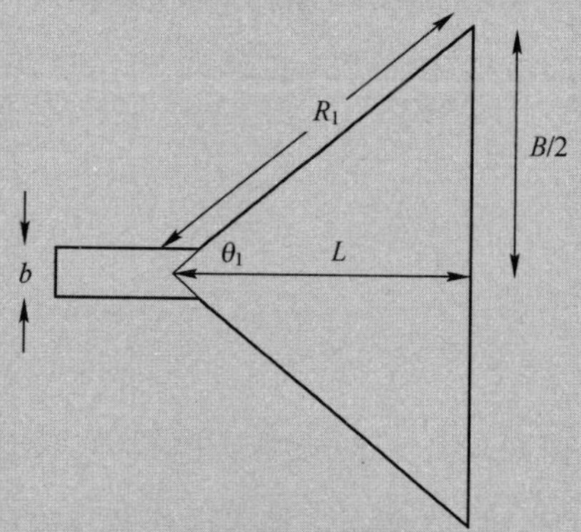


图 12.53 例 12.17 的喇叭尺寸

代入式（12.135）得到 $R_0$的值为

$$61.89=\frac{R_0(\sqrt{2.3}-1)}{\sqrt{2.3}\times\cos(36.11)-1}\Rightarrow R_0=26.94\text{mm}$$

将 $R_0$和 $\varepsilon_r$代入式（12.135）中，我们得到一个透镜轮廓的方程，即

$$R=\frac{26.94(\sqrt{2.3}-1)}{\sqrt{2.3}\times\cos\theta-1}=\frac{13.92}{1.52\times\cos\theta-1}\text{mm}$$

一个与简单镜透镜相关的问题是，如果 $\varepsilon_r$很小，透镜可能会变得非常厚，这可能会导致器件过重和通过透镜的不均匀传输损耗。这个问题可以通过去除部分透镜来解决，因为透镜可能有许多波长之和那么厚。图 12.54（a）显示了一个电介质透镜，从透镜的平面上切除了一个深度为 $\sigma$ 的部分（严格来说，阶梯的深度应该在径向上计算确定，但这在实践中差别不大）。

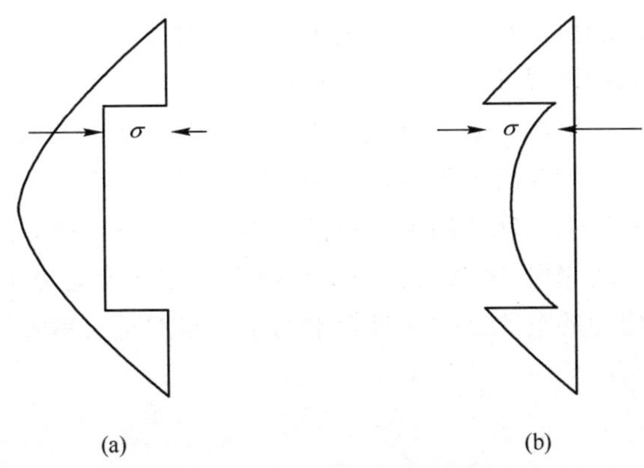


图 12.54　阶梯介质透镜示例

如果电介质长度 $\sigma$ 和空气的长度 $\sigma$ 的传输时间之差等于信号的一个周期，那么去除该部分就不会对相位产生影响，即

$$\frac{\sigma}{v_{\mathrm{p}}}-\frac{\sigma}{c}=\frac{1}{f}=\frac{\lambda_0}{c} \tag{12.136}$$

重写式（12.136），并将 $v_{\mathrm{p}}=\frac{c}{\sqrt{\varepsilon_{\mathrm{r}}}}$代入，得到

$$\sigma=\frac{\lambda_0}{\sqrt{\varepsilon_{\mathrm{r}}}-1} \tag{12.137}$$

介质透镜两个面均可以抠除，图 12.54（b）所示的方案较好，因为其机械强度更强。根据透镜的原始尺寸，只要不违反式（12.137）所给出的条件，可以去除一些阶梯。使用介质透镜还有一个额外的优点，即可以密封喇叭的孔径以避免外界环境的影响。使用阶梯式介质透镜的一个小缺点是它们往往是窄带的，因为阶梯的深度和波长的特定比例关系。

## 12.14　抛物面反射器天线

天线利用抛物面反射器的聚焦特性提供了高增益和高方向性，在微波频段，特别是在卫星系统和点对点通信中广泛使用。其工作原理可以用光学原理类似的方式简单解释，如图 12.55 所示在反射器焦点处的辐射源将产生准直（平行）反射光线。

如果如图 12.55 所示的抛物线反射器围绕其中心轴旋转，就会产生一个被称为抛物面的三维表面，这是大多数实际反射器天线中使用的反射器形式。在抛物面焦点处的源理论上将产生一个狭窄的平行射线。以上仅为理想状态，由于源必须有一定的物理尺寸，不能完全集中在焦点上。但是，如果抛物面的直径比波长大，这种类型的反射器就能产生一个窄的、略微发散的主波束和低旁瓣的辐射图。抛物面天线的两种最常见的馈电方式是前馈方式，在焦点处使用一个微型偶极子或喇叭，或使用卡塞格伦排列。这两种馈电方法如图 12.56 所示。在图 12.56（a）中，焦点处有一个小喇叭，喇叭孔通常是圆形的，以便为反射器提供更均匀的电磁波。这种技术的主要缺点是与喇叭的长馈电连接会带来衰弱和噪声。

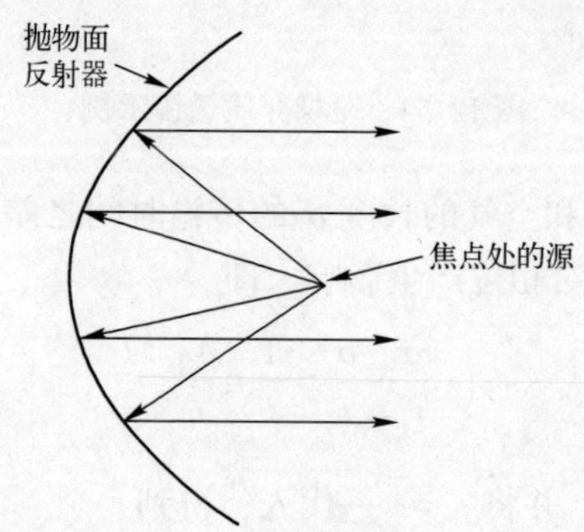


图 12.55　波在抛物面上的反射

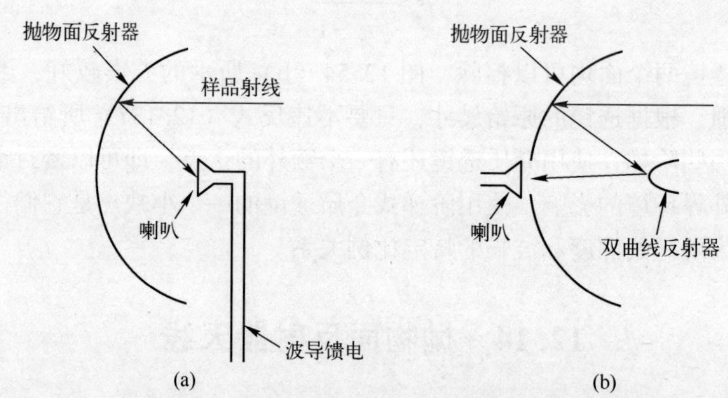


图 12.56　抛物线反射器天线的典型馈电装置

（a）焦点处带有喇叭的抛物线反射器；（b）在焦点处带有双曲线反射器的抛物面反射器。

图 12.56（b）显示了一种更好的结构，这种结构特别适用于接收天线，这就是卡塞格伦天线，使用一个双曲线反射器，将射线从主抛物面集中到主盘的中心点。接收喇叭位于中心点上，使接收器的前端能够安装在抛物面后面，

在天线和第一级接收器之间没有明显的馈线。这样可以使接收系统的损耗和噪声值降到最低。

将馈源辐射抛物面的效率定义为孔径效率，并用 $\eta$ 表示，有

$$A_{eff}=\eta\times A_{phs} \tag{12.138}$$

其中

$A_{eff}$——天线的有效孔径；

$A_{phs}$——物理孔径。

通常抛物面的 $\eta$ 在 0.6~0.75 之间，然后使用式（12.10）计算天线的增益为

$$G=\frac{4\pi}{\lambda_0^2}A_{eff}=\frac{4\pi}{\lambda_0^2}\eta A_{phs}=\frac{4\pi}{\lambda_0^2}\eta\frac{\pi D^2}{4} \tag{12.139}$$

即

$$G=\eta\left(\frac{\pi D}{\lambda_0}\right)^2 \tag{12.140}$$

其中，$D$ 是抛物面反射器的直径。

抛物面天线的 3dB 波束宽度近似为

$$\theta_{3dB}\approx 60\frac{\lambda_0}{D} \tag{12.141}$$

其中

$\lambda_0$——自由空间的波长；

$D$——抛物面天线的直径。

应该注意的是，特定天线的 3dB 波束宽度的精确值取决于辐射源对抛物面辐射的精度。

**例 12.18**　一个抛物面天线的直径为 1.3m，孔径效率为 65%。确定该天线在 8GHz 时的增益和 3dB 波束宽度。

**解：**

$$8\text{GHz}\Rightarrow\lambda_0=0.0375\text{m}$$

使用式（12.140）有

$$G=0.65\times\left(\frac{\pi\times 1.3}{0.0375}\right)^2=7.71\times 10^3\equiv 38.87\text{dB}$$

使用式（12.141）有

$$\theta_{3dB}=\left(60\times\frac{0.0375}{1.3}\right)^{\circ}=1.73^{\circ}$$

**例 12.19** 在高度为 35800km 的对地静止卫星和地面站之间建立了一个 6GHz 的通信链路。卫星使用增益为 19dB 的天线发射功率为 146W。如果接收功率为 1.4pW，则确定地面基站所需的抛物面所需的直径。说明计算中适用的假设。

**解：**

$$6\text{GHz} \Rightarrow \lambda_0 = 0.05\text{m}$$

$$G_{\text{T, sat}} = 19\text{dB} \equiv 79.43$$

使用式（12.11）求出地球站收到的功率：

$$P_{\text{R, Earth}} = \frac{P_{\text{T, sat}} G_{\text{T, sat}} G_{\text{R, Earth}} \lambda_0^2}{16\pi^2 R^2}$$

代入数据：

$$1.4 \times 10^{-12} = \frac{146 \times 79.43 \times G_{\text{R, Earth}} \times (0.05)^2}{16\pi^2 (35.80 \times 10^6)^2}$$

$$G_{\text{R, Earth}} = 9775.73$$

假设地球上的天线的孔径效率为 70%，并使用式（12.140）有

$$9775.73 = 0.7 \times \left(\frac{3.142 \times D}{0.05}\right)^2 \Rightarrow D = 1.88\text{m}$$

该计算假设传输过程中的吸收损耗为零。

有关抛物面反射器天线的其他要点如下。

（1）抛物面不需要是实心的，可以由导电网格制成，前提是网格中的孔径比波长小。

（2）图 12.56 所示的两种馈电结构都会导致馈源及其支撑结构对信号造成一定程度的阻挡。为了解决这个问题，可以如图 12.57 所示进行偏置馈电，其原理是去除抛物面反射器的一部分，使焦点位于反射器的辐射光束之外。在这种情况下，馈源倾斜以正确辐射到反射器剩余部分。虽然偏移馈电导致机械结构稍显复杂，但没有孔径阻挡可以显著降低旁瓣电平。

（3）在给定频率下，抛物面天线的增益随抛物面天线直径的平方而增加，如式（12.140）所示。

（4）使用沿抛物面表面逐渐减小振幅分布的馈源配置可以显著降低旁瓣的电平。当抛物面天线用于卫星接收时，这一点很重要，因为旁瓣会接收到来自地球的大量噪声。Collin[9] 表明，如果抛物面天线的振幅分布适当减小，旁瓣电平可以降低多达 25dB。

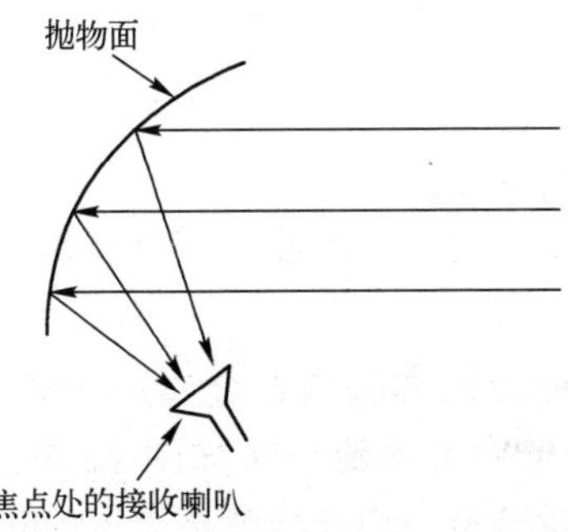


图 12.57　偏置馈电抛物面反射器

(5) 通过使用有源馈电系统，有可能实现抛物面反射器的主光束的某种程度的转向。

(6) 当并非所有来自馈源的辐射功率都被抛物面拦截时，就会产生溢出损耗。溢出效率（$\eta_S$）定义为来自馈源的总功率中被抛物面截获的部分。溢出效率差将会导致抛物线天线产生后瓣。

## 12.15　缝隙辐射器

缝隙天线是通过在导电片上切割一个窄缝隙形成的，缝隙天线外形尺寸比缝隙的尺寸大，馈源连接到插槽的中心。Babinet 原理表明，缝隙可以用与其“互补”的偶极子来表示，其中 $E$ 场和 $H$ 场互换，互补偶极子是通过用金属替换缝隙并将所得偶极子馈入中心而形成的，如图 12.58 所示。可以根据偶极子的辐射特性计算缝隙的带宽和方向等辐射特性，缝隙和偶极子的终端阻抗 $Z_{\text{Slot}}$ 和 $Z_{\text{Dipole}}$ 与下式相关

图 12.58　Babinet 原理示意图

$$Z_{\text{Dipole}}Z_{\text{Slot}}=\frac{Z_0^2}{4} \tag{12.142}$$

其中，$Z_0$为自由空间的特征阻抗。

缝隙的长度通常为半个波长，因此，可以很容易地从互补半波偶极子的长度推断出它们的特性。

构造缝隙天线的一种传统方法是在金属矩形波导中切割缝隙阵列。支持TE10模式的矩形波导管壁中的电流分布如图12.59所示。图12.59还显示了波导剖面方向的两个辐射缝隙，切开缝隙是为了截断波导壁中的电流。从壁电流的方向可以看出，两个缝隙将反相辐射，但由于缝隙间距为$\lambda_g/2$，它们将沿着波导传播的波反相激发。最终效果是两个缝隙将形成一个阵列，两个缝隙同相辐射。辐射缝隙也可以在波导的窄壁上切割，但是它们必须倾斜以截断电流。

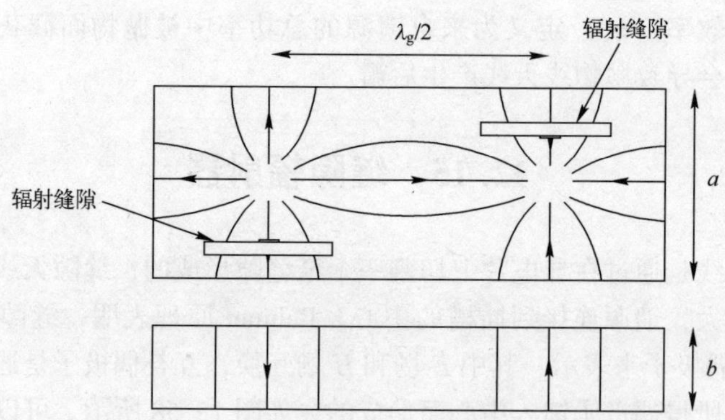


图12.59　支持TE10模式的矩形波导壁内电流分布示意图

图12.60中的照片显示了X波段矩形波导中缝隙天线的两个实例。尽管由金属波导中的缝隙形成的天线在现代微波系统中的应用有限，但其原理正在基片集成波导（SIW）中得到积极利用，SIW天线的原理已在第3章中介绍，其概念如图12.61所示。

Henry等人[10]研究表明，采用缝隙阵列技术，利用光成像的厚膜技术可以制作出高性能的77GHz SIW天线。图12.62显示了两个77GHz阵列的俯视照片，这两个阵列使用18层厚膜，采用第3章中描述的方法制作。该天线在设计频率下产生了清晰的辐射方向图，回波损耗约为30dB。

Henry等[11]进一步研究了缝隙波导天线的概念，表明该技术可以应用于LTCC结构。这项工作的一个特点为集成波导是由空气填充的，从而减少了馈电损耗。图12.63显示了LTCC集成充气波导的照片以及关键尺寸数据。

图 12.63 所示天线的制作方法遵循第 3 章中所述的方法，该天线在 G 波段的实测性能非常好，在设计频率下回波损耗优于 30dB。天线有 8 个产生窄的主波束的辐射缝隙，3dB 波束宽度约为 6°，与预测值相差不大。

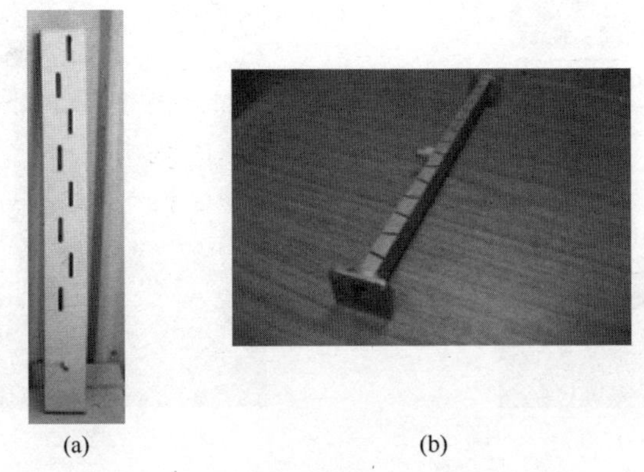

(a)　(b)

图 12.60　X 波段波导中的缝隙天线

（a）宽壁中的 8 个缝隙阵列；（b）窄壁中的 14 个缝隙阵列。

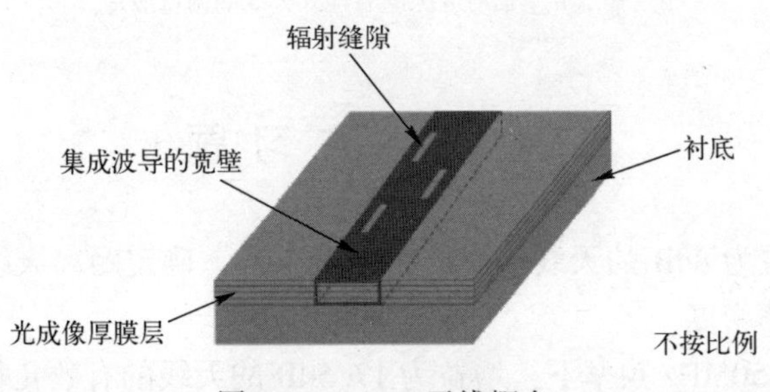


图 12.61　SIW 天线概念

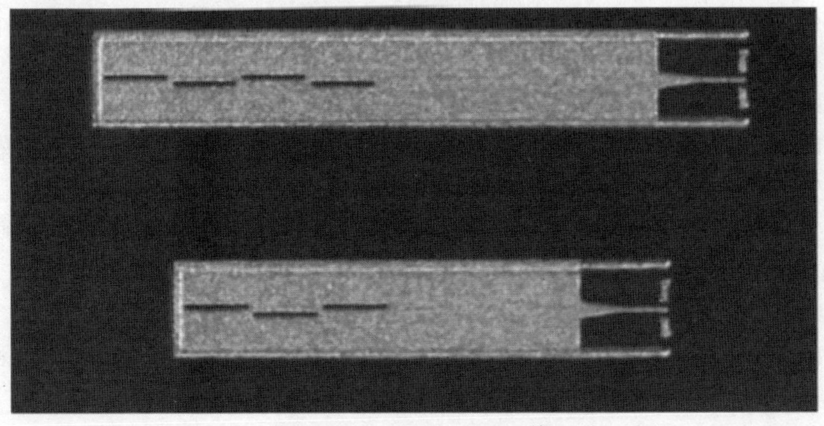

图 12.62　77GHz SIW 天线

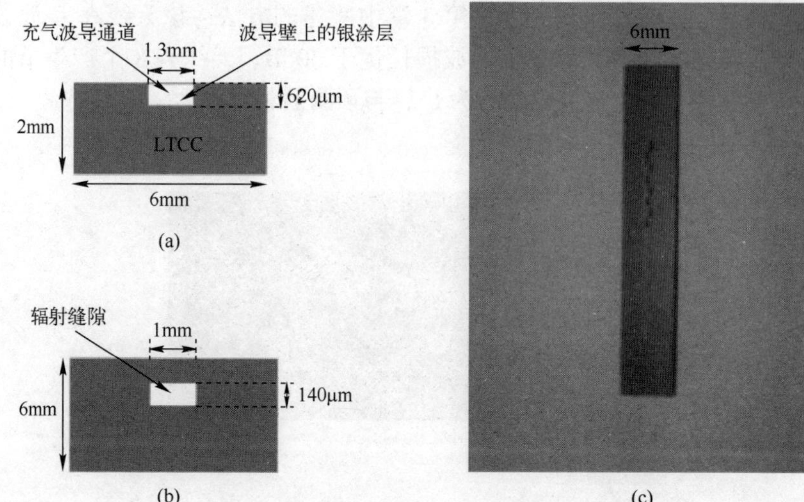


图 12.63 在 LTCC 中制造的 160GHz 充气波导天线

（a）横截面尺寸（未按比例）；（b）辐射缝隙尺寸（未按比例）；（c）显示 8 个辐射缝隙的装配式天线的俯视照片。

## 12.16 补充习题

12.1 增益为 8dB 的天线辐射的功率为 50W。确定距离天线 10km 处最大辐射方向的功率密度。

12.2 在 850MHz 频率下，增益为 17.5dB 的天线的有效孔径是多少？

12.3 相距 24km 的两个相同的天线之间建立视距通信链路，每个天线在 1.5GHz 的频率下具有 13dB 的增益。当天线朝向最大发射和接收时，确定在该频率下两个天线之间的传输损耗（dB）。

12.4 计算 10cm 长的偶极子在 300MHz 处的辐射电阻。

12.5 偶极子的长度为 $0.08\lambda$，假设损耗电阻为 $2\Omega$，偶极子的辐射效率是多少？

12.6 利用阵列因子，确定由 6 个各向同性点源组成的宽边阵列在 500MHz 频率下的场方向图。这些点源的间距为 0.3m，并提供等幅的电流。假设这些点源之间没有相互耦合。

12.7 8 个各向同性源的线性阵列之间间距为 100mm，输入同幅度、同相位的电流，源之间没有耦合。按式（12.75）计算阵列因子对 $\theta$ 的函数，并计算：

（1）主波束的 3dB 波束宽度；

（2）在辐射方向图中，第一个零点之间的角度；

（3）旁瓣的方向。

12. 8　重复习题 12. 7，但使用 12 个间距为 100mm 的各向同性辐射源。阐述由 8 个辐射源和 12 个辐射源形成的阵列的辐射方向图之间的差异。

12. 9　如果半波偶极子提供 0. 5A 的峰值电流，确定距离天线 1km 处 E 场和 H 场的最大值。

12. 10　使用 $\lambda/2$ 偶极子作为天线在发射机和接收机之间建立一简单的通信系统。为了实现最大的通信，偶极子应该如何相互定位？

12. 11　图 12. 64 显示了两个 $\lambda/2$ 偶极子的阵列。馈入两个偶极子的电流为 $I_1=2\angle 0°\text{A}$，$I_2=2\angle 60°\text{A}$。假设两个偶极子之间没有相互作用，确定在频率为 600MHz 时，$B$ 方向与 $A$ 方向远处的电场强度之比。

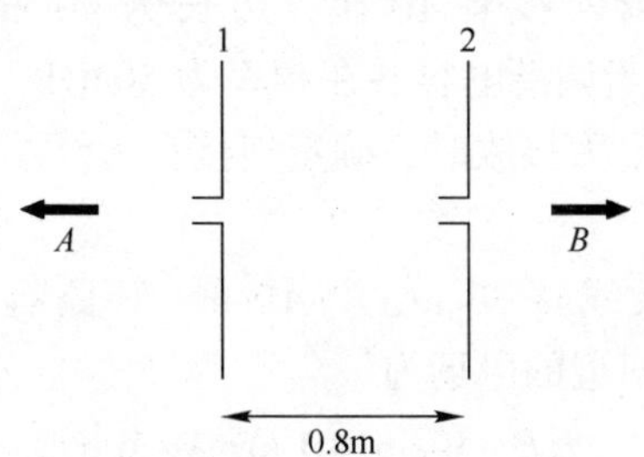


图 12. 64　习题 12. 11 的天线阵列

12. 12　天线阵列由两个平行的 $\lambda/2$ 偶极子组成。偶极子之间的互阻抗为 $(20-\text{j}38)\Omega$。假设 $\lambda/2$ 偶极子的损耗电阻为 $2\Omega$，在以下条件下确定每个偶极子端子的输入阻抗：

（1）偶极子馈入等幅度的同相电流；

（2）偶极子馈入等幅度的反相电流；

（3）偶极子馈入电流满足 $I_1=\text{j}I_2$。

12. 13　800MHz 天线由一个 $\lambda/2$ 长驱动偶极子和一个寄生偶极子组成。天线的两个元件平行，相隔 6cm。元件之间的互阻抗为 $(60-\text{j}10)\Omega$，寄生元件的自阻抗为 $(70+\text{j}40)\Omega$。$\lambda/2$ 长偶极子的损耗电阻为 $2\Omega$。

确定：

（1）天线的前后比，单位为 dB；

（2）驱动点阻抗；

（3）天线相对于 $\lambda/2$ 长偶极子的增益。

12. 14　如图 12. 65 所示，该天线由一个驱动半波偶极子和两个寄生元件组成，阻抗参数如下，计算八木-宇田天线的前后比。

$$Z_{11}=(68+\mathrm{j}52)\Omega,\quad Z_{33}=(47-\mathrm{j}41)\Omega,\quad Z_{12}=Z_{23}=62\Omega,\quad Z_{13}=0$$

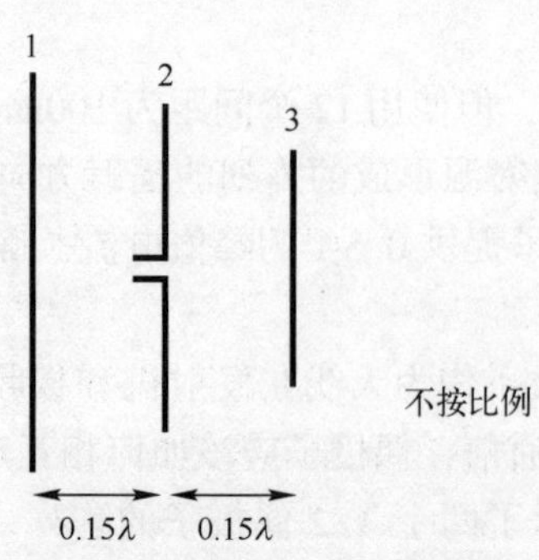


图 12.65　习题 12.14 的天线阵列

12.15　方形的环形天线有 10 匝，边长为 40cm。该回路的总电感为 175nH，总电阻为 7Ω。当调谐电容器在频率为 50MHz、场强有效值为 6mV/m 的线性极化电场中实现最大接收时，确定连接在天线端子之间的调谐电容器两端的电压有效值。

12.16　矩形环形天线宽 30cm，高 10cm，环路有 15 匝，总电阻为 6Ω，总电感为 280nH。环路附近的电场为

$$E=50\sin(10^{9}t)\,\mathrm{mV/m}$$

如果环路位于平行于电场的狭窄长度处，并且面向最大接收，则确定：

（1）开环的端电压有效值；

（2）环路两端所需的调谐电容值；

（3）调谐电容器两端的电压有效值；

（4）当环路绕垂直轴旋转 20°时，电容器上电压的变化（dB）。

12.17　抛物面碟形天线的直径为 0.6m。如果碟形天线的孔径效率为 72%，请计算天线在 6GHz 时的增益，用 dB 为单位给出答案。

12.18　使用习题 12.17 中规定的发射和接收设置的抛物面碟形天线建立 15km 视距通信系统。假设大气中没有吸收损耗，确定 6GHz 链路的传输损耗。

12.19　习题 12.18 中，假设抛物面盘的孔径效率不随直径的增加而变化，使用的抛物面碟形天线的直径需要增加多少，才能将链路的传输损耗降低 10dB?

12.20　地球静止卫星通信系统上行链路的发射天线以 20GHz 的频率向卫星发射 60W 的功率。发射天线为抛物面碟形天线，直径为 2m，效率为 70%。如果卫星上的接收天线增益为 18dB，天线和传播路径的综合吸收损耗为 2.9dB，确定卫星接收到的功率。请注意，地球到地球同步卫星的距离约为 35800km。

12.21　以下数据适用于 28GHz 的地球同步卫星通信系统的下行链路：

卫星发射天线增益：22dB；

卫星发射功率：50W；

总吸收损耗：2.3dB。

如果地球站所需的接收功率为 1.2pW，请确定接收天线所需的增益（以 dB 为单位)。如果接收天线是抛物面碟形的，请估计所需的碟形天线的直径。对任何未知参数做出合理的假设。

12.22　在相对介电常数为 2.3、厚度为 2mm 的基片上设计一个 10GHz 的前馈微带贴片天线。该贴片由 50Ω 微带线馈电。(微带设计数据如图 12.66 和图 12.67 所示。)

12.23　使用插入式馈电技术重新设计题 12.22 中指定的天线。

12.24　计算最佳长度的角锥喇叭天线在 8GHz 时的近似增益，其孔径尺寸为 $A=B=55$mm。

12.25　计算优化后的 15GHz 角锥喇叭的尺寸，该喇叭的增益为 20dB，喇叭的孔径是方形的。

12.26　以下尺寸适用于 10GHz 的 E 平面扇形喇叭：$L=80$mm，$B=100$mm。为校正孔径上的相位分布，请设计插入喇叭中的介质透镜($\varepsilon_r=2.34$)。

12.27　习题 12.26 中的透镜设计可以转换为阶梯透镜吗？

12.28　一个 30GHz 的 E 平面扇形喇叭具有以下尺寸：$L=60$mm，$B=90$mm。设计一个阶梯介质透镜来校正喇叭孔径上的相位分布，电介质的相对介电常数是 2.34。

附录 12.A　$\varepsilon_r=2.3$ 的基片的微带设计图（图 12.66，图 12.67）

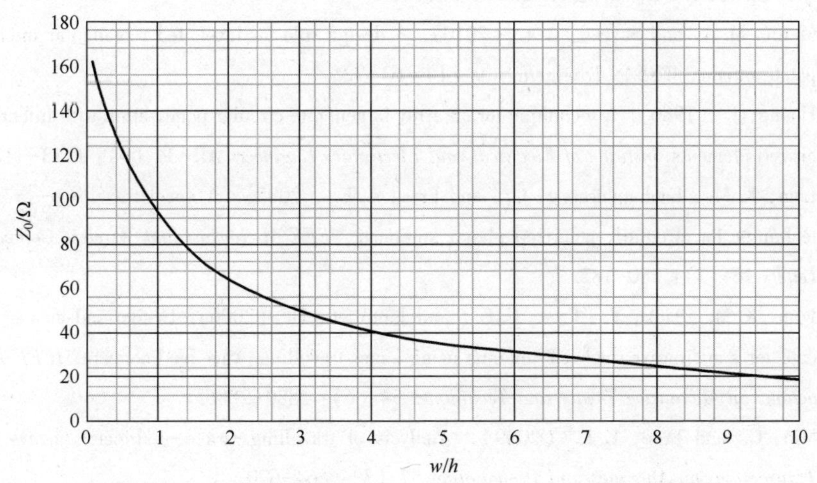


图 12.66　微带设计图展示了 $\varepsilon_r=2.3$ 时 $Z_0$与 $w/h$ 的函数关系

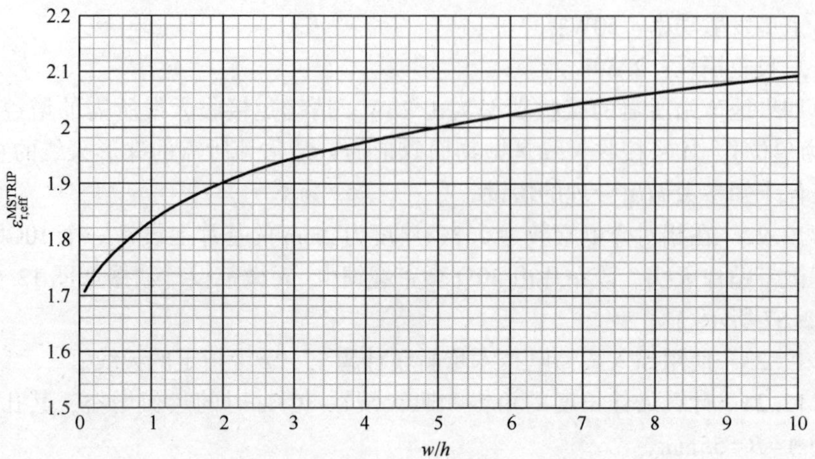


图 12.67　微带设计图展示了 $\varepsilon_r=2.3$ 时，$\varepsilon_{r,eff}^{MSTRIP}$ 与 $w/h$ 的关系

# 参 考 文 献


[1] Kraus, J. D. and Marhefka, R. J. (2002). *Antennas*, 3e. New York: McGraw-Hill.

[2] Balanis, C. A. (2016). *Antenna Theory: Analysis and Design*, 4e. New York: Wiley.

[3] Munson, R. E. (1974). Conformal microstrip antennas and microstrip phased arrays. *Institute of Electrical and Electronics Engineers*: 74-78.

[4] Matin, M. A. and Sayeed, A. I. (2010). A design rule for inset-fed rectangular microstrip patch antenna. *WSEAS Transactions* 9 (1): 63-72.

[5] Huang, J. (1986). A technique for an array to generate circular polarization with linearly polarized elements. *Institute of Electrical and Electronics Engineers* AP-34 (9): 1113-1124.

[6] Lum, K. M., Laohapensaeng, C., and Free, C. E. (2005). A novel travelling-wave feed technique for circularly polarized planar antennas. *IEEE Microwave and Wireless Components Letters* 15 (3): 180-182.

[7] Lum, K. M., Tick, T., Free, C. E., and Jantunen, H. (2006). Design and measurement data for a microwave duel-CP antenna using a new travelling-wave feed concept. *IEEE Transactions on Microwave Theory and Techniques* 54 (6): 2880-2886.

[8] Min, C. and Free, C. E. (2009). Analysis of travelling-wave-fed patch arrays. *IEEE Transactions on Antennas and Propagation* 57 (3): 664-670.

[9] Collin, R. E. (1985). *Antennas and Radiowave Propagation*. New York: McGraw-Hill.

[10] Henry, M., Free, C. E., Izqueirdo, B. S. et al. (2009). Millimeter wave substrate integrated waveguide antennas: design and fabrication analysis. *IEEE Transactions on Advanced Packaging* 32 (1): 93–100.

[11] Henry, M., Osman, N., Tick, T., and Free, C. E. (2008). Integrated air-filled waveguide antennas in LTCC for G-band operation. *Proceedings of* 2008 *Asia Pacific Microwave Conference*, Hong Kong, pp. 1–4.

# 第13章　功率放大器和分布式放大器

## 13.1　引　　言

功率放大器是任何射频或微波传输系统中必不可少的设备，主要功能是将传输信号放大到能克服传输信道损耗的程度。由于功率放大器通常是发射机链中的最后一个有源设备，因此，在放大器内产生的任何失真都会被传输到信道。失真是由于放大器内部的非线性引起的，故此与非线性有关的问题将是本章的主要焦点，而不是功率放大器的电路设计。

非线性问题对于现代复杂的数字调制方案尤为重要，否则会导致较高的峰均功率比。如果要将错误率保持在一个可接受的低水平，这些数字调制方案要求功率放大器具有高度的线性度。

本章首先对具有非线性功率转移响应的放大器产生的不需要的频率成分进行理论分析，特别是三阶失真产物的影响。接着讨论用于线性化功率放大器性能的主要方法。由于通常不可能从一个线性化的功率放大器达到期望的输出功率水平，因此，可能需要将多个这样的放大器的输出组合起来。因此，本章对用于多个功率放大器输出的合成技术进行了综述。

在设计中，功率放大器以高效率提供线性性能的能力是一个很关键的问题。Doherty 放大器，最初由 W. H. Doherty 于 1936 年[1]提出，是一种实现高效率和线性度结合的方法。近年来，Doherty 放大器因其在射频和微波频率上的应用而受到了技术文献的广泛关注，本章将介绍 Doherty 放大器的基本原理。

本章还讨论了分布式放大器的基本原理。这种类型的放大器使用一些 FET 作为放大设备，并采用强大的设计技术，其中 FET 的输入和输出电容被纳入匹配的传输线。尽管分布式放大器需要使用具有相同特性的 FET 才能达到最大的性能，但这可以产生非常宽频带的操作。

本章最后简要回顾了影响射频和微波功率放大器器件发展的材料和封装的发展。讨论了两个特别重要的发展，即在分立应用和单片应用中使用氮化镓（GaN）取代砷化镓（GaAs），以及使用先进的封装技术改善高功率器件的热管理。

## 13.2　功率放大器

### 13.2.1　功率放大器参数概述

#### 13.2.1.1　功率增益

功率放大器的概念在第 9 章介绍小信号放大器时有讨论，同样的一般定义也适用于功率放大器。给定频率下的传感器功率增益可以简单地定义为

$$G_{\mathrm{T}}=\frac{P_0}{P_{\mathrm{avail}}} \tag{13.1}$$

其中

$P_0$——传递到负载的功率；

$P_{\mathrm{avail}}$——来自源端的可用功率。

在功率放大器的情况下，增益通常由输入端的特定驱动电平定义。

#### 13.2.1.2　功率附加效率

由于功率放大器的作用是将偏置电源的直流功率转换为输出端的射频功率，功率放大器的效率（$\eta$）可以定义为

$$\eta=\frac{P_0}{P_{\mathrm{DC}}} \tag{13.2}$$

其中

$P_0$——放大器输出端的射频可用功率；

$P_{\mathrm{DC}}$——直流偏置电源的功率。

然而，这个定义没有考虑射频驱动功率，这对于功率放大器来说可能很重要。大多数功率放大器往往具有低功率增益，因此，这个定义往往高估了放大器的性能。关注射频水平的系统设计师通常采用的另一种定义是功率附加效率（PAE），其中

$$\mathrm{PAE}=\frac{P_0-P_{\mathrm{avail}}}{P_{\mathrm{DC}}} \tag{13.3}$$

例如

$$\mathrm{PAE}=\frac{P_0}{P_{\mathrm{DC}}}\left(1-\frac{P_{\mathrm{avail}}}{P_0}\right)=\eta\left(1-\frac{1}{G_{\mathrm{T}}}\right) \tag{13.4}$$

由于 PAE 是根据输入和输出射频功率之间的差异定义的，因此，它可以更真实地反映驱动功率相对较高、增益较低的功率放大器的效率。

#### 13.2.1.3 输入和输出阻抗

厂家通常采用大信号的输入和输出阻，而不是用 $S$ 参数来规定功率放大器的匹配标准，$S$ 参数本质上是小信号参数。在设计功率放大器时，正常的做法是设计一个源匹配网络之间提供一个共轭阻抗匹配源和放大器的输入，但在输出的情况下设计一个负载网络将提供最大输出功率（或最大输出电压摆幅）相关的频率，这可能不符合阻抗匹配。

### 13.2.2 失真

一般来说，功率放大器具有非线性响应，用泰勒级数的形式来描述，即

$$v_o(t)=a_1[f(t)]+a_2[f(t)]^2+a_3[f(t)]^3+\cdots \tag{13.5}$$

其中

$v_o(t)$——在输入为 $f(t)$ 表示的时间函数时放大器输出端的信号；

$a_1\cdots a_n$——标量系数。

式（13.5）右边的第一项表示放大器的线性行为，因为输出只是输入的标量倍。高阶项表示非线性行为，这些项将导致输出端产生额外的频率。通常，泰勒展开式（13.5）中的前三项就足以描述放大器的非线性行为。系数 $a_1$ 和 $a_2$ 通常是正的，而 $a_3$ 是负的。如果我们考虑一个正弦信号应用到放大器的输入，然后我们可以写

$$f(t)=V\cos(\omega t) \tag{13.6}$$

和

$$v_o(t)=a_1[V\cos(\omega t)]+a_2[V\cos(\omega t)]^2+a_3[V\cos(\omega t)]^3+\cdots \tag{13.7}$$

利用简单的三角恒等式，可以将式（13.7）展开，得到

$$v_o(t)=\frac{a_2V^2}{2}+\left(a_1V+\frac{3a_3V^3}{4}\right)\cos(\omega t)+\frac{a_2V^2}{2}\cos(2\omega t)+\frac{a_3V^3}{4}\cos(3\omega t)+\cdots \tag{13.8}$$

可以看出，高阶项的作用是产生输入信号的谐波。所产生的谐波失真通常表示为放大器输出的理想（线性电压增益）信号的百分比（见例 13.1）。

**例 13.1** 一个峰值幅度为 1.5V，频率为 20MHz 的正弦信号作用于放大器的输入端，放大器的响应为

$$v_o(t)=a_1[f(t)]+a_2[f(t)]^2+a_3[f(t)]^3$$

其中，$a_1=8.1$，$a_2=3.9$，$a_3=-3.1$，其他符号有其通常的含义。

求解：

（1）放大器输出端的频率；

（2）放大器输出端的二次谐波失真百分比；

（3）放大器输出端的三次谐波失真百分比。

**解：**

（1）基波频率：20MHz

二次谐波：40MHz

三次谐波：60MHz

（2）线性增益的输出幅值 $=a_1V=8.1\times1.5\text{V}=12.15\text{V}$

$$\text{二次谐波输出幅值}=\frac{(a_2V^2)}{2}=\left(\frac{3.9\times(1.5)^2}{2}\right)V=4.39V$$

$$\text{二次谐波失真百分比}=\left|\frac{\frac{a_2V^2}{2}}{a_1V}\right|=\frac{4.39}{12.15}\times100\%=36.13\%$$

$$\text{(3) 三次谐波输出振幅}=\frac{a_3V^3}{4}=\frac{-3.1\times(1.5)^2}{4}\text{V}=-2.62\text{V}$$

$$\text{三次谐波失真百分比}=\left|\frac{\frac{a_3V^3}{4}}{a_1V}\right|=\frac{2.62}{12.15}\times100\%=21.56\%$$

注释：虽然二、三次谐波的失真程度相对较高，但在实际系统中，这些谐波通常可以通过滤波很容易地消除。

当放大器的输入端作用一个以上的频率时，非线性的影响变得更加显著。如果我们考虑两个频率，$f_1$ 和 $f_2$，作用于一个响应由式（13.5）的前三项表示的放大器的输入端，那么我们有

$$f(t)=V_1\cos(\omega_1t)+V_2\cos(\omega_2t) \tag{13.9}$$

放大器输出端的信号为

$$\begin{aligned}v_o(t)=&a_1[V_1\cos(\omega_1t)+V_2\cos(\omega_2t)]+a_2[V_1\cos(\omega_1t)+V_2\cos(\omega_2t)]^2\\&+a_3[V_1\cos(\omega_1t)+V_2\cos(\omega_2t)]^3\end{aligned} \tag{13.10}$$

经过冗长而直接的三角恒等式替换后，可以将式（13.10）展开为单个频率分量，即

$$\begin{aligned}v_o(t)=&\left[a_1V_1+a_3\left(\frac{3V_1^3}{4}+\frac{3V_1V_2^2}{2}\right)\right]\cos(\omega_1t)+\left[a_1V_2+a_3\left(\frac{3V_2^3}{4}+\frac{3V_1^2V_2}{2}\right)\right]\cos(\omega_2t)\\&+\left[\frac{a_2V_1^2}{2}\right]\cos(2\omega_1t)+\left[\frac{a_2V_2^2}{2}\right]\cos(2\omega_2t)+\left[\frac{a_3V_1^3}{4}\right]\cos(3\omega_1t)+\left[\frac{a_3V_2^3}{4}\right]\cos(3\omega_2t)\end{aligned}$$

$$
\begin{aligned}
&+[a_2V_1V_2]\cos(\omega_2+\omega_1)t+[a_2V_1V_2]\cos(2\omega_1-\omega_2)t \\
&+\left[a_3\frac{3V_1^2V_2}{4}\right]\cos(2\omega_1+\omega_2)t+\left[a_3\frac{3V_1^2V_2}{4}\right]\cos(2\omega_1-\omega_2)t \\
&+\left[a_3\frac{3\,V_1V_2^2}{4}\right]\cos(2\omega_2+\omega_1)t \\
&+\left[a_3\frac{3V_1V_2^2}{4}\right]\cos(2\omega_2-\omega_1)t
\end{aligned}
\tag{13.11}
$$

由式（13.11）可以看出，放大器的非线性在输出端产生了额外的频率，这将导致失真。这些频率包括输入频率的谐波，以及互调（IM）频率（$f_2\pm f_1$）、（$2f_2\pm f_1$）和（$2f_1\pm f_2$）。由互调频率引起的失真通常缩写为 IMD（互调失真）。为了清晰起见，式（13.11）中的频率及其峰值幅度汇总于表 13.1。

表 13.1　非线性放大器输出频率成分

| 频　率 | 峰值振幅 | 意　义 |
|---|---|---|
| $f_1$ | $a_1V_1+a_3\left(\frac{3V_1^3}{4}+\frac{3V_1V_2^2}{2}\right)$ | 输入频率 |
| $f_2$ | $a_1V_2+a_3\left(\frac{3V_2^3}{4}+\frac{3V_1^2V_2}{2}\right)$ | 输入频率 |
| $2f_1$ | $\frac{a_2V_1^2}{2}$ | 输入二次谐波 |
| $2f_2$ | $\frac{a_2V_2^2}{2}$ | 输入二次谐波 |
| $3f_1$ | $\frac{a_3V_1^3}{4}$ | 输入三次谐波 |
| $3f_2$ | $\frac{a_3V_2^3}{4}$ | 输入三次谐波 |
| $f_2+f_1$ | $a_2V_1V_2$ | 二阶 IM 频率 |
| $f_2-f_1$ | $a_2V_1V_2$ | 二阶 IM 频率 |
| $2f_1+f_2$ | $a_3\frac{3V_1^2V_2}{4}$ | 三阶 IM 频率 |
| $2f_1-f_2$ | $a_3\frac{3V_1^2V_2}{4}$ | 三阶 IM 频率 |
| $2f_2+f_1$ | $a_3\frac{3V_1V_2^2}{4}$ | 三阶 IM 频率 |
| $2f_2-f_1$ | $a_3\frac{3V_1V_2^2}{4}$ | 三阶 IM 频率 |

同时，放大器输出端的一些不需要的频率可以通过滤波去除，但三阶 IM 部分可能会存在问题。例如，如果两个输入频率 $f_1$ 和 $f_2$ 靠近，IM 频率 $2f_2-f_1$ 将落在原始信号的通带内，这无法通过滤波去除。因此，在功率放大器的指标中使用的基本参数之一是三阶 IM 性能，它通常用三阶截点来表示，这在 13.2.2.2 节中定义。

#### 13.2.2.1　增益压缩

如果我们只考虑单个频率信号，$f(t)=V_1\cos(\omega_1 t)$，作用于非线性放大器，从式（13.11）可以得出在输出端这个频率的幅值 $[v_o(t)]_{f_1}$ 为

$$[v_o(t)]_{f_1}=\left(a_1V_1+a_3\frac{3V_1^3}{4}\right)\cos(\omega_1 t) \tag{13.12}$$

则放大器在频率 $f_1$ 处的电压增益 $G_V$ 为

$$G_V=\frac{a_1V_1+a_3\frac{3V_1^3}{4}}{V_1}=a_1+a_3\frac{3V_1^2}{4} \tag{13.13}$$

由于 $a_3$ 通常是负的，式（13.13）表明，放大器非线性的影响之一是降低电压增益，减少量随着输入电平的增加而增加。这种效果被称为增益失真，通常以 1dB 压缩点来指定。在这个点上，放大器的输出功率 $P_{out}$ 比外推线性输出功率下降了 1dB。

非线性放大器的典型功率传输特性如图 13.1 所示。对于较小的输入功率，放大器具有线性响应，但随着输入功率的增加，放大器进入压缩，输出功率开始下降。通常用输入功率电平 $P_{1dB}$ 来指定 1dB 的压缩点。此外，压缩效果可以用单音增益失真因子（$G_{VCF}$）来描述，定义为带有失真的电压增益与理想线性电压增益之比，因此，我们有

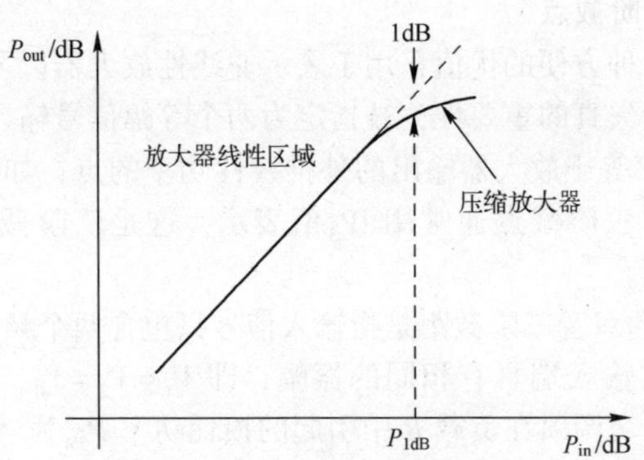


图 13.1　压缩点为 1dB 的非线性放大器的功率传输特性

$$G_{\mathrm{VCF}}=\frac{a_1V_1+a_3\frac{3V_1^3}{4}}{V_1}=1+\frac{3a_3V_1^2}{4a_1} \tag{13.14}$$

**例 13.2** 在不超过 1dB 压缩点的情况下，确定例 13.1 中规定的放大器输入端的最大电压。

**解：**

$$1\mathrm{dB}=1.122(\text{电压比})$$

使用式（13.14）有

$$\frac{1}{1.122}=1+\frac{3a_3V_1^2}{4a_1}$$

例 13.1 的数据：$a_1=8.1\quad a_3=-3.1$

则

$$\frac{1}{1.122}=1-\frac{3\times3.1\times V_1^2}{4\times8.1}$$

$$V_1=0.615\mathrm{V}$$

1dB 的功率压缩点也用于指定功率放大器的动态范围（DR），定义为

$$(DR)_{\mathrm{dB}}=10\log\frac{P_{1\mathrm{dB}}}{P_{\mathrm{n}}} \tag{13.15}$$

其中

$P_{1\mathrm{dB}}$——1dB 压缩点对应的输入功率；

$P_{\mathrm{n}}$——放大器在输入端的噪声功率下线（噪声的含义和特性将在第 14 章中详细讨论）。

#### 13.2.2.2 三阶截点

三阶截点是一种方便的优值，用于表示非线性放大器以及其他非线性器件如混频器等中三阶失真的重要性，被指定为两个等幅信号输入产生的输出端的外推三阶 IMD 功率等于放大器输出的外推线性功率的点，如图 13.2 所示。在放大器规格表中，三阶截点通常用 $\mathrm{IP}_3$ 值表示，这是三阶截点对应的输入功率值。

图 13.2 所示的双音三阶截距是指输入信号只包含两个频率 $f_1$ 和 $f_2$ 的情况。如果这两个频率在输入端具有相同的振幅，即 $V_1=V_2=V_0$，则由式（13.11）可知，由于各三阶交调项在负载 $R$ 中引起的损耗功率 $P_{\mathrm{IM}}$ 为

$$P_{\mathrm{IM}}=\left(\frac{3a_3V_0^3/4}{\sqrt{2}}\right)^2\times\frac{1}{R}=\frac{9a_3^3V_0^6}{32R} \tag{13.16}$$

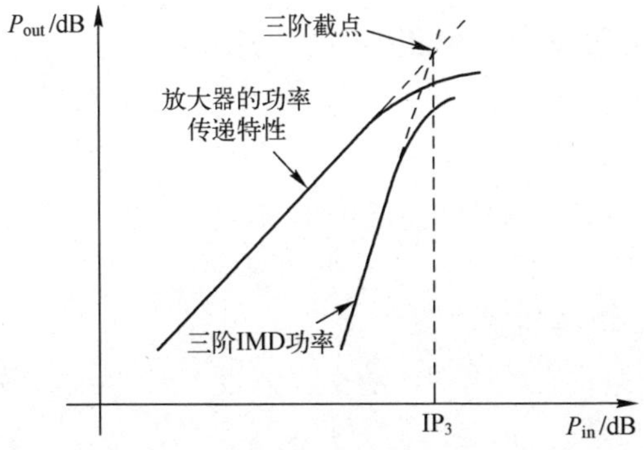


图 13.2　双音三阶截点的截距图

仅考虑式（13.11）的线性项，由于输入端有单音，输出功率 $P_o$ 在负载 $R$ 上损耗为

$$P_o = \left(\frac{a_1 V_o}{\sqrt{2}}\right)^2 \times \frac{1}{R} = \frac{{a_1}^2 V_o^2}{2R} \tag{13.17}$$

此时单音在负载 $R$ 中耗散的输入功率 $P_i$ 为

$$P_i = \frac{V_o^2}{2R} \tag{13.18}$$

结合式（13.16）到式（13.18），我们可以根据输入功率将 $P_{IM}$ 和 $P_o$ 写为

$$P_{IM} = \frac{9a_3^3(2RP_i)^3}{32R} = \frac{9{a_3}^2 R^2}{4} \times P_i^3 \tag{13.19}$$

和

$$P_o = a_1^2 \times P_i \tag{13.20}$$

从式（13.19）我们看到互调功率与输入功率的立方成正比，而从式（13.20）我们看到单音（线性）输出功率直接与输入功率成正比。因此，在 dB 尺度上，IM 功率的线性部分的斜率将是传递函数线性部分的 3 倍，如图 13.2 所示。

另一个常用来表示互调失真影响的参数是互调失真比（IMR）。考虑到功率放大器（PA）的双音等幅输入，IMR 定义为一个输出三阶互调项的幅值与一个线性输出项的幅值之比。再一次，利用式（13.11）中给出的振幅可知

$$\text{IMR} = \left|\frac{a_3 3V_1^2 V_2/4}{a_1 V_1}\right| = \left|\frac{3a_3 V_1 V_2}{4a_1}\right| \tag{13.21}$$

由于 $V_1 = V_2 = V_0$，我们可以将式（13.21）写为

$$\text{IMR} = \left|\frac{a_3 3V_1^3 V_2/4}{a_1 V_1}\right| = \left|\frac{3a_3 V_1 V_2}{4a_1}\right| \tag{13.22}$$

**例 13.3** 匹配功率放大器的输出电压表示为

$$v_o(t)=5[f(t)]+3.8[f(t)]^2-0.27[f(t)]^3$$

其中，$f(t)$为输入信号。

如果输入是一个双音信号由$f(t)=1.3\cos(31.420\times10^7 t)+1.7\cos(34.562\times10^7 t)$ V 确定：

(1) 放大器输出端的频率；

(2) 三阶 IM 组件在输出端的功率（假设 50Ω 匹配负载）；

(3) IMR。

**解：**

(1)

$$31.420\times10^7=2\pi f_1\Rightarrow f_1=50\text{MHz}$$

$$34.562\times10^7=2\pi f_2\Rightarrow f_2=55\text{MHz}$$

输出端频率：

$$f_1:50\text{MHz},$$

$$f_2:55\text{MHz},$$

$$2f_1:100\text{MHz},$$

$$2f_2:110\text{MHz},$$

$$3f_1:150\text{MHz},$$

$$3f_2:165\text{MHz},$$

$$f_1\pm f_2:105\text{MHz}\quad 5\text{MHz},$$

$$2f_1\pm f_2:155\text{MHz}\quad 45\text{MHz},$$

$$2f_2\pm f_1:160\text{MHz}\quad 60\text{MHz}$$

(2) 三阶 IM 分量的功率，有两组 IM 分量需要考虑：

(a) $2f_1\pm f_2\Rightarrow 155\text{MHz}$ 和 $45\text{MHz}$

使用式（13.16）可得

$$P_{\text{IM}}=\frac{a_3^2\left(\dfrac{3V_1^2V_2}{4}\right)^2}{2\times R}=\frac{(0.27)_3^2\left(\dfrac{3(1.3)_1^2\times1.7}{4}\right)^2}{2\times50}\text{W}=0.0034\text{W}$$

$$\text{IMR}=\left|\frac{3a_3V_1V_2}{4a_1}\right|=\frac{3\times0.27\times1.3\times1.7}{4\times5}=0.09$$

(b) $2f_2\pm f_2\Rightarrow 160\text{MHz}$ 和 $60\text{MHz}$

使用式（13.16）可得

$$P_{\text{IM}}=\frac{a_3^2\left(\dfrac{3V_1V_2^2}{4}\right)^2}{2\times R}=\frac{(0.27)_3^2\left(\dfrac{3(1.7)_1^2\times 1.3}{4}\right)^2}{2\times 50}\text{W}=0.0058\text{W}$$

（3）

$$\text{IMR}=\left|\frac{3a_3V_1V_2}{4a_1}\right|=\frac{3\times 0.27\times 1.3\times 1.7}{4\times 5}=0.09$$

## 13.2.3　线性化

对于许多现代通信系统，特别是那些承载多通道数字业务的系统，功率放大器以线性模式工作的需求是必不可少的。我们从前面的章节中可知，随着饱和电平的接近，功率放大器表现出非线性，导致失真水平的增加，图 13.3 总结了这种情况。

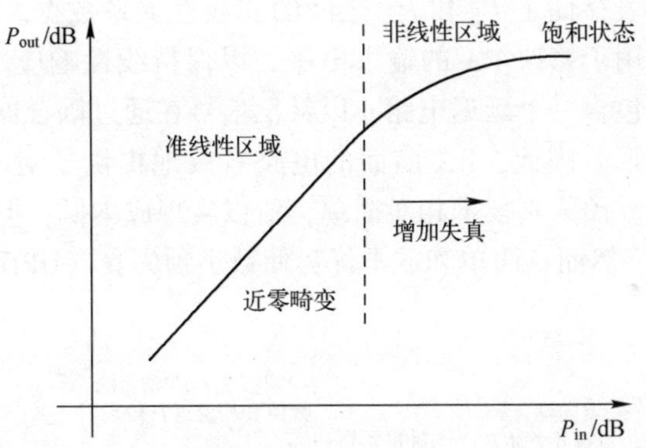


图 13.3　功率放大器中的典型非线性特性

在实际应用中，为了避免失真，功率放大器的输出必须从非线性区域后退，这将导致效率的显著损失。线性化指的是用于补偿功率放大器中的非线性，使其在接近饱和的更高功率水平下以准线性模式工作的技术。实现线性化最重要的 3 个技术如下。

（1）预失真：在这些系统中，功率放大器的行为是已知的，通常是输入功率的函数，然后对输入信号进行预失真，从而得到线性输出。该系统通常使用一个查询表来存储功率放大器的非线性数据（这项技术简单，而且通常成本低廉）。

（2）负反馈：在这些系统中，功率放大器的输出与输入进行比较，并对输出进行线性化校正。这种技术的主要问题是反馈网络对带宽的限制（该技术是精确的，不需要事先知道放大器的形状，但是窄带的）。

（3）前馈：在这些系统中，输入信号在功率放大器输入和参考路径之间被分割，然后将功率放大器输出端的信号特性与参考路径中的信号特性进行比较，并进行后续的校正。这里的关键点是没有反馈参与，因此没有显著的带宽限制（这项技术是精确和宽带的）。

这3种线性化技术的原理将在下面的章节中详细介绍。为了清晰起见，已经使用模拟电路来解释每种技术的操作，尽管在现代实用线性器件中，大多数电路功能都将以数字方式实现。

#### 13.2.3.1　预失真

预失真的基本原理如图13.4所示的电路所示。

利用定向耦合器对PA的输入信号进行小样本采样。该样本被送入检测器，检测器提供与射频样本振幅成比例的直流输出。然后将直流信号输入PA查找表，该查找表存储了$P_{in}$和$P_{out}$之间的非线性关系数据。然后，该表提供了一个输出，可用于修改PA的输入电平，以保持线性响应。应该注意的是，在校正单元之前包含一个延迟电路，以补偿信号在通过耦合器、检测器和查表单元时产生的延迟。因此，PA前面的电路有效地提供了对PA的互补响应，但在较低的水平。预失真技术相对简单，所以实现成本低，但缺点是必须提前知道PA的响应。然而，简单和成本优势使数字预失真（DPD）成为主要的线性化技术。

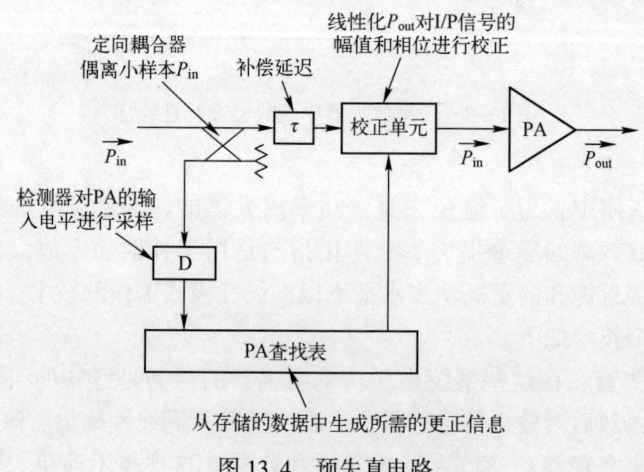


图13.4　预失真电路

#### 13.2.3.2　负反馈

一个反馈线性化的简单例子如图 13.5 所示。

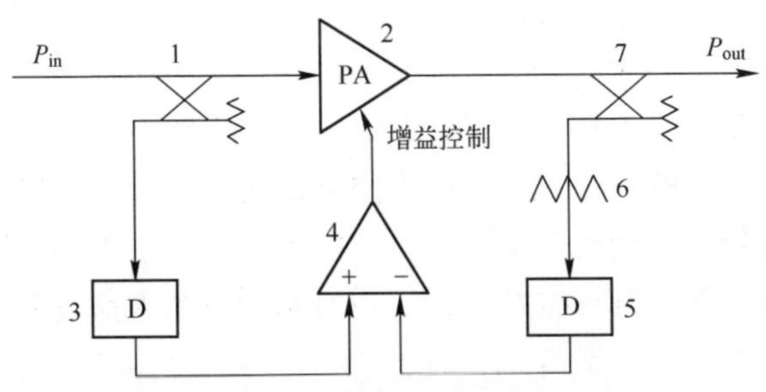


图 13.5　使用包络反馈技术的线性化

包络反馈线性化器使用两个定向耦合器（1,7）对功率放大器（2）的输入和输出功率进行采样。定向耦合器的耦合端口连接到两个包络检测器（3,5），其输出连接到差分放大器（4）。衰减器（6）包括在输出端的包络检测器的输入路径中，以补偿 PA 的标称增益。差分放大器的输出连接到放大器的幅度增益控制。在线性工作模式下，差分放大器的两个输入是相等的，作用于 PA 增益控制的电压为零。但是，如果由于非线性导致 PA 的输出电平发生变化，则差分放大器的输出将产生误差电压，并将其作用于 PA 的增益控制，以保持线性工作。

图 13.5 所示的排列方式只是提供幅度校正，然而，通过使用相位检测器来比较功率放大器输入和输出端的相位，可以将基本方法扩展到包括相位校正，这称为极性环路校正。提供幅度和相位校正的另一种方法是使用笛卡儿反馈，无须相位检测器。这种方法将功率放大器输入和输出的复杂信号分离为同相和正交分量，通常称为 $I$ 和 $Q$ 分量。任何信号的 $I$ 和 $Q$ 分量必须包含信号的幅值和相位的信息。通过比较 PA 输入和输出的这些分量，可以同时提供振幅和相位校正，而不需要相位检测器。关于笛卡儿循环线性化系统的更详细的讨论见文献[2,3]。

#### 13.2.3.3　前馈线性化

前馈线性化器的基本结构如图 13.6 所示。

在前馈线性化方案中，输入功率（$P_{in}$）被功分器（1）分成两条路径。将上路中的信号施加到功率放大器（2）的输入端，定向耦合器（4）对 PA 的输出进行少量采用，并通过衰减器（5）将其应用于比较器（6）的一个端口。来自功分器的下通路中的信号应用到比较器的另一个端口。下通路中包含延迟电路（3），以补偿通过功率放大器的延迟。因为信号没有通过任何非线性设备，因此，信号 $S_0(t)$ 将只包含所需的输入频率，而 $S_1(t)$ 将包含需要的频率加上所有由 PA 的非线性行为引起的不需要的频率。衰减器的值使得所需的频率项在比较器中被抵消，仅在比较器输出 $S_e(t)$ 中留下不需要的频率项。该输出信号被放大（8），并通过第二定向耦合器（9）重新插入 PA 的输出信号中，但相对于直接来自 PA 的信号，其具有 180°的相位差。因此，重新插入的信号将与 PA 的信号相抵消。设置 $G_e$ 值使重新插入的信号与直接来自 PA 的信号具有相同的振幅，从而完全抵消了 PA 中产生的不需要的频率，并有效地线性化了性能。通常包括延迟电路（7），以补偿通过放大器（8）的延迟。

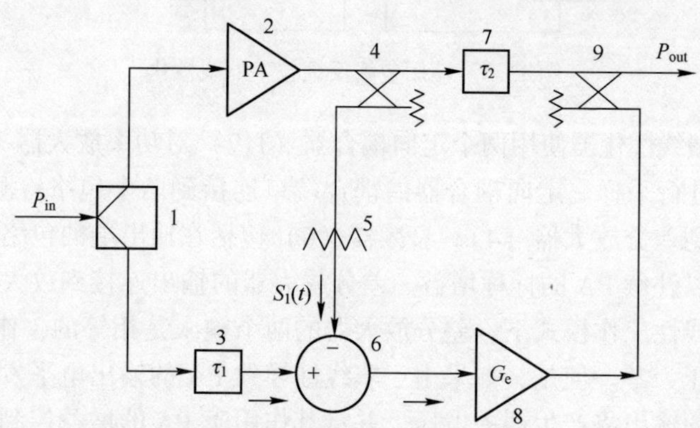


图 13.6　前馈线性化器基本结构

## 13.2.4　功率合成

在许多实际情况下，单个放大器无法达到所需的射频或微波功率，因此，需要将多个独立功率放大器的输出进行组合。虽然组合放大器输出似乎是一个简单的任务，但合成电路必须满足以下一些要求。

（1）不应改变单个放大器的负载条件；

（2）不应实质上改变个别放大器的带宽；

（3）失调时不应该使放大器的匹配恶化；

（4）应该在被组合的放大器的输入和输出之间提供有效的隔离。

通常用于射频和微波频率的功率合成技术有以下三种。

（1）多路合成。这是基于威尔金森功分器的使用，这在第 2 章中讨论过。4 个功率放大器组合的布置如图 13.7 所示。

在图 13.7 所示的排布中，使用三个威尔金森功分器将输入功率分成 4 路，为 4 个放大器提供输入。如第 2 章所述，每个威尔金森功分器包括两个 $\lambda/4$ 节。4 个放大器的输出使用另 3 个威尔金森节进行组合，以相反的方式连接。

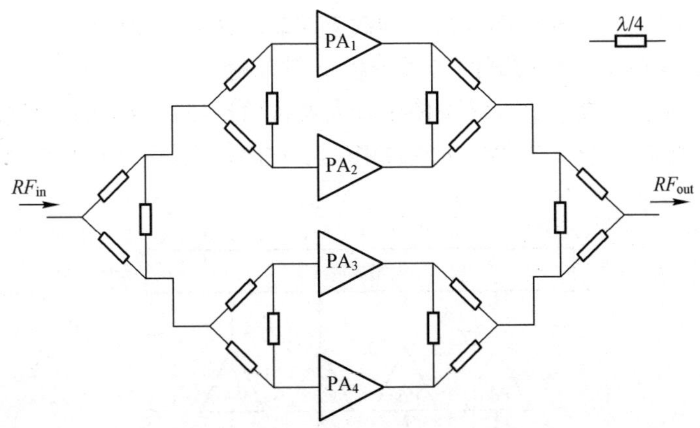


图 13.7　多路功率合成器

（2）正交合成。通过增加额外的 $\lambda/4$ 节来形成所谓的正交合成器，可以提高基本的多路合成器的性能，如图 13.8 所示。

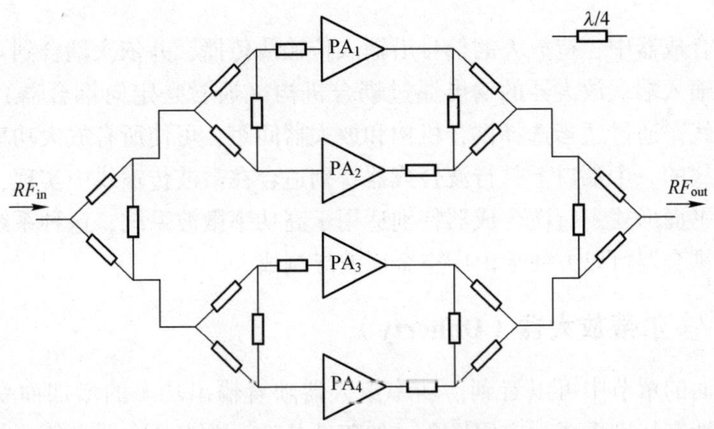


图 13.8　正交功率合成器

可以看出，正交合成器具有与多路合成器相同的基本结构，但在每对功率放大器的输入和输出端都有额外的 $\lambda/4$。如果我们考虑由 $PA_1$ 和 $PA_2$ 组成的一对放大器，我们看到两个放大器的输入现在是相位正交的。如果每个放大器具有相同的输入反射系数，那么来自两个放大器的反射将在之前的威尔金森节上是异相的，所以反射将被抵消。因此，额外 $\lambda/4$ 的存在将提高合成器的匹配性。然而，由于 $\lambda/4$ 的行为与频率有关，只有在设计频率和设计频率的奇次谐波处才会完全抵消。还应该注意的是，由于在 $PA_1$ 的输入端添加了 $\lambda/4$，为了在每个放大器路径中保持相同的传输相位，必须在 $PA_2$ 的输出

端添加类似的 $\lambda/4$。虽然正交合成器改善了输入匹配，但附加的、频率相关的 $\lambda/4$ 节的存在将对合成器的带宽产生不利影响。

（3）行波合成器：这种设备使用放大器将两条传输线上的行波耦合起来，特别适用于微波频率，并已在许多 MMIC 设计中使用，一个典型的排列方式如图 13.9 所示。

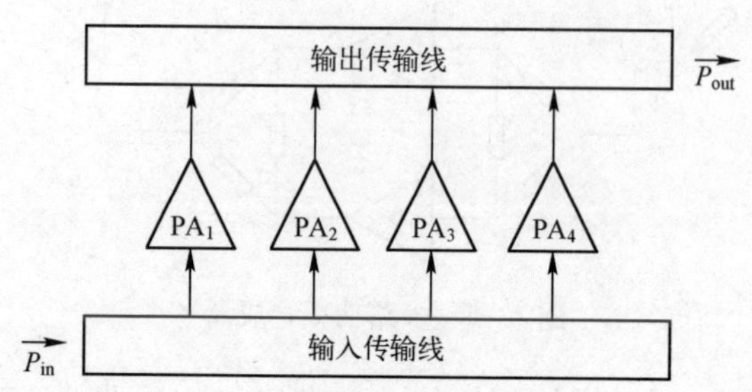


图 13.9　行波功率合成器

在该合成器中，待放大的信号沿输入传输线传播，并依次耦合到 4 个功率放大器的输入端。放大器的输出通过耦合机构（通常是定向耦合器）连接到输出传输线。通过适当选择耦合机构和放大器间距，可使所有放大功率出现在输出传输线的一个端口上。行波合成器特别适合在微波传输线中实现，无论是波导还是平面形式。行波合成器特别适用于高功率微波系统，这种系统的传输线和定向耦合器可以方便地由中空金属波导制成。

### 13.2.5　多尔蒂放大器（Doherty）

在前面的章节中可以看到，功率放大器随着输出功率的增加而变得非线性。在线性度特别重要的应用场合，如移动基站，功率放大器必须从其峰值输出功率后退，以保持足够的线性，这种回退导致效率损失较大。Doherty 放大器[1]以 1936 年首次提出该放大器的 W. H. Doherty 命名，在保持良好线性度的同时提供高效率。虽然 Doherty 放大器已经存在了相当长的一段时间，但直到最近几年才在射频和微波频段得到普及。

Doherty 放大器的基本结构如图 13.10 所示，由两个功率放大器组成，一个称为载波放大器或主放大器，另一个称为峰值放大器。载波放大器的输出接阻抗变换器，通常为 $\lambda/4$ 传输线，其输出接峰值放大器的输出，并接负载 $R_0$。在峰值放大器之前增加一条额外的 $\lambda/4$ 传输线，以补偿由阻抗变换器引入的相移，从而确保两个放大器输出的正确相位。

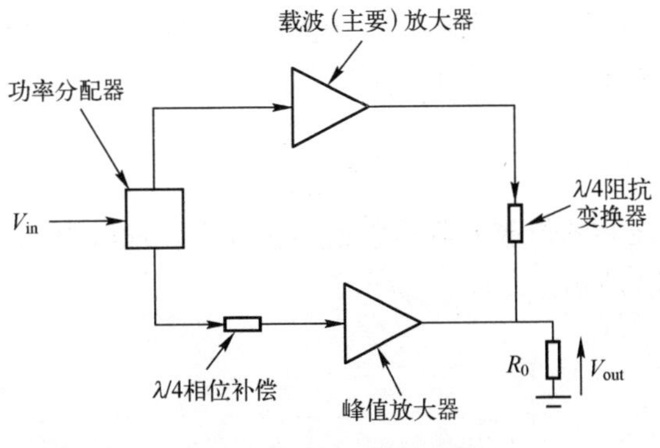


图 13.10　多尔蒂放大器

在低输入驱动电平时，峰值放大器是截止的，载波放大器以线性模式单独工作。当输入电平增加时，到达一个过渡点，此时载波放大器开始饱和，峰值放大器开始导通。通常设计电路使过渡点发生在系统输出电压峰值的一半。

由于两个放大器的输出连接到一个共同负载 $R_0$，每个放大器的负载将取决于另一个放大器的状态，该状态将随着驱动电平的变化而变化，这就是负载调制。为了便于分析，Doherty 放大器的工作可以用图 13.11 所示的布局来表示，其中每个放大器都用合适的电流源[4]表示。载波和峰值放大器的负载阻抗分别为 $Z_C$和 $Z_P$，$Z_T$为 $\lambda/4$ 变换器的特性阻抗。

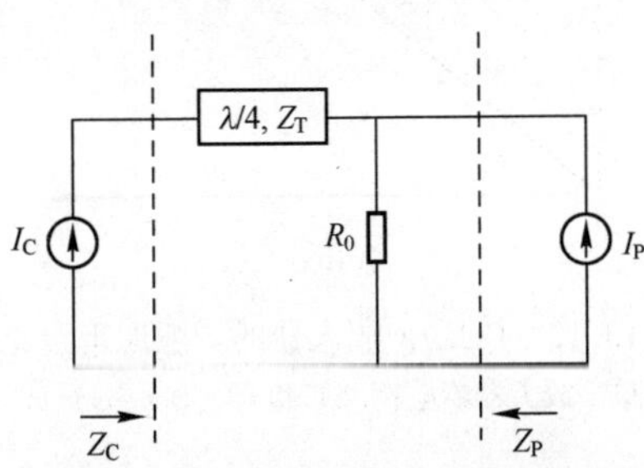


图 13.11　Doherty 放大器等效电路

Cripps[2]基于图 13.11 的电路对 Doherty 放大器进行了全面的分析，得到了以下关于载波和峰值放大器负载阻抗的表达式。

$$Z_C = \frac{Z_T^2}{R_0\left(1+\dfrac{I_P}{I_C}\right)} \tag{13.23}$$

$$Z_P = R_0\left(1+\frac{I_C}{I_P}\right) \tag{13.24}$$

对于 Doherty 放大器的低输入驱动电平，其中峰值放大器被切断，$I_P = 0$，载波负载阻抗简单地由下式给出

$$Z_C = \frac{Z_T^2}{R_0} \tag{13.25}$$

通过考虑载波和峰值放大器的单独响应，可以理解 Doherty 放大器的本质行为，如图 13.12 所示。

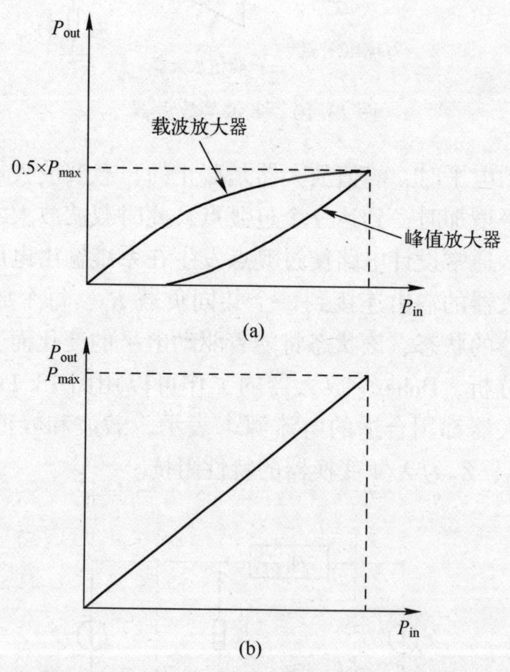


图 13.12　Doherty 放大器的一般原理示意图

（a）单个放大器响应；（b）组合（Doherty）放大器。

载波放大器具有线性区，并且在 $P_{in}$ 高电平处达到饱和。当载波放大器不再线性时，峰值放大器导通，并且具有与非线性区域中的载波放大器相反的有效响应。结合这两种响应，对于比单独的载波放大器高得多的输入电平给出了准线性响应。改进的线性度意味着 Doherty 放大器可以比单个功率放大器在更高的驱动电平上工作，从而提高了效率。

## 13.3　功率放大器负载匹配

功率放大器的负载匹配网络与源匹配网络的不同之处在于输出端不存在共

轭阻抗匹配。对于功率放大器，负载匹配网络的准则是保证输出电压和电流的波动能使放大器输出最大的功率。在典型情况下，输出的共轭匹配会导致输出功率比最大输出功率小 3dB。

有 3 种技术广泛用于设计功率放大器的最佳负载网络。

(1) 负载牵引法（Load-pull）。

这是一种在大信号条件下确定功率放大器最佳负载阻抗的行之有效的实用技术。负载牵引测量系统的主要特征如图 13.13 所示。

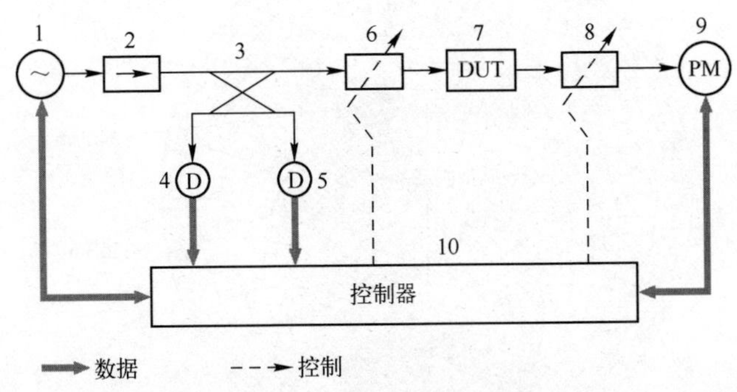


图 13.13　负载牵引测量系统

如图 13.13 所示，调谐网络（6，8）连接到待测设备（7）的输入和输出，在这种情况下是功率放大器，调谐网络中元素的值可以由控制器（10）的控制信号改变。输入到 DUT 的信号来自高频源（1），其幅度和频率可以通过控制器的数据信号来改变。隔离器（2）连接到源的输出，以防止阻抗的变化导致源的频率失调，并改变源的输出电平。定向耦合器（3）对来自 DUT 的输入信号和反射信号进行采样。定向耦合器的耦合端口连接到幅值检测器（4，5），幅值检测器的输出将电平信息反馈给控制器。这些电平可以确定主路径上的 VSWR。来自 DUT 的输出功率水平由传统功率计（9）监控，其直流输出连接到控制器。

负载牵引测量系统的操作很简单。控制器从电源中选择所需的频率和功率电平。然后，控制器内的算法改变调谐电路内的值，直到达到所需的 DUT 输出功率，与可接受的输入 VSWR 相称。一旦达到了所需的条件，调谐电路就从测量系统中移除，并连接到 VNA。VNA 可以确定调谐电路的阻抗。最后，这些阻抗可用于在所需的介质中实现适当的输入和输出匹配电路，无论是分布式的还是集总的。负载牵引测量系统也可用于生成数据，使负载牵引等值线得以绘制。这些等值线绘制在史密斯圆图表，显示在给定的频率恒定的输出功率作为负载阻抗的函数。图 13.14 所示为使用场效应晶体管的微波功率放大器的负载牵引线。需要注意的是，如果功率放大器工作在非线性区域，负载牵引线不会形成完美的圆，这与前一章讨论的低功耗（线性）放大器的恒噪声和恒增益圆的情况相同。等值线围绕着最优位置，即产生功率放大器最大输出功率的负载阻抗。

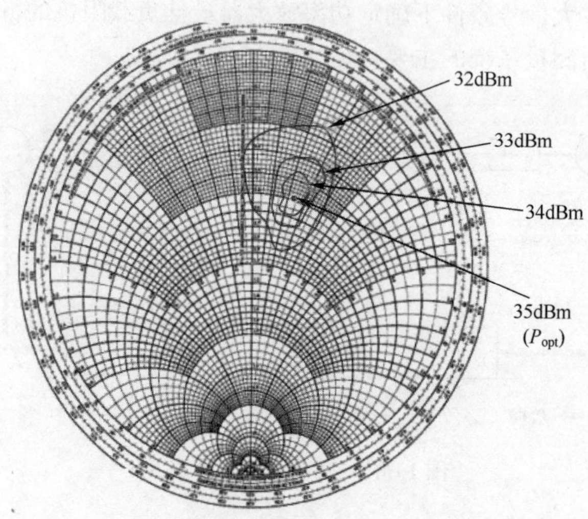


图 13.14　场效应晶体管在 12GHz 时的典型负载牵引线

（2）Cripps 方法[1]。

使用 Cripps 方法确定所需的负载阻抗有两个步骤。首先，从有源器件（通常是场效应晶体管）的 $I-V$ 特性中找到最佳负载电阻值。最佳电阻是放大器输出端具有最大电压摆幅的值。其次，求出负载电抗，该方法中所使用的负载电抗就是 FET 小信号输出电抗的共轭。需要注意的是，可以使用小信号电抗，因为输出电抗不是功率电平的强函数。一旦找到所需的负载阻抗，输入匹配网络设计为提供与源的共轭匹配（注意，如果 FET 有任何反向传输，FET 的输入阻抗将是最佳负载阻抗的函数）。

（3）大信号 CAD。

采用这种基于计算机的方法，将 FET 的大信号参数用于一个非线性仿真包中。该技术的优点是模拟器可以预测谐波和互调失真。然而，一些工业用户建议谨慎使用该技术，因为在宽带宽上实现负载电路以到达预期的 PAE、增益和光谱纯度通常是不可行的。

# 13.4　分布式放大器

## 13.4.1　工作原理描述

使用一个或多个 FET 作为放大器件，其放大器的带宽通常受 FET 的输入和输出电容的限制。通过将 FET 的输入和输出电容整合到匹配的集总宽带人工传输线中，分布式放大器克服了这一限制。该原理并不是新的，最初是为了实现使用阀门作为有源器件[5]而提出的。然而，直到 20 世纪 80 年代，这项技术才引起了人们对使用 FET 的极大兴趣。由于该技术依赖于被匹配传输线吸收的多个 FET 的输入和输出电容，因此，每个 FET 都必须具有相同的电路特性，即相同的电容。虽然如果 FET 在单片集成电路中形成，这个要求很容易实现，但在混合电路中使用离散 FET 仍然有可能利用分布式放大器原理，并实现高性能。20 世纪 80 年代，混合分布式放大器的一个例子是 Law 和 Aitchison[6]，他们报道了一种宽带分布式放大器，采用分立 FET 与集总电感相连接的混合形式制造，用离散 FET 与集总电感连接，在 2~18GHz 频率范围内的功率增益为（4.5±1.5）dB。

分布式放大器的基本结构如图 13.15 所示。

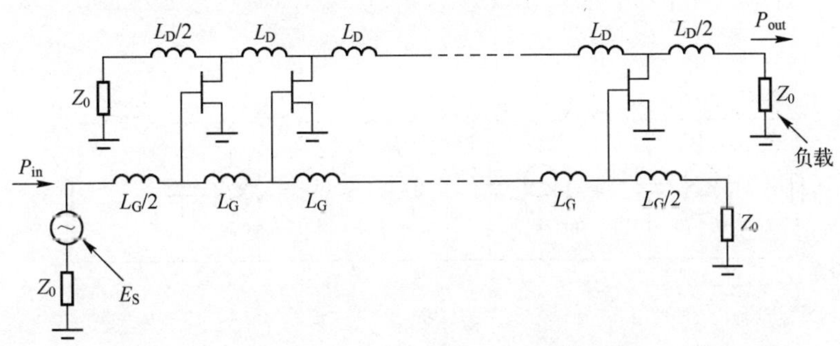


图 13.15　分布式放大器基本结构

在图 13.15 所示的排布中，FET 的线性阵列与电感器相互连接，这样电感与 FET 的并联电容结合形成两条人工传输线，一条线互连接 FET 的栅极，另一条线互连接漏极。FET 的并联电容如 FET 的简单等效电路如图 13.16 所示。

在所示的等效电路中，$C_{GS}$为 FET 栅极与源极之间的电容，$C_{DS}$为漏极与源极之间的电容。这个等效电路忽略了通常较小的串联栅极电阻和通常较大的并

联漏极电阻。在等效电路中还显示了一个电流源 $I_{DS}$，以表示 FET 产生的放大，即

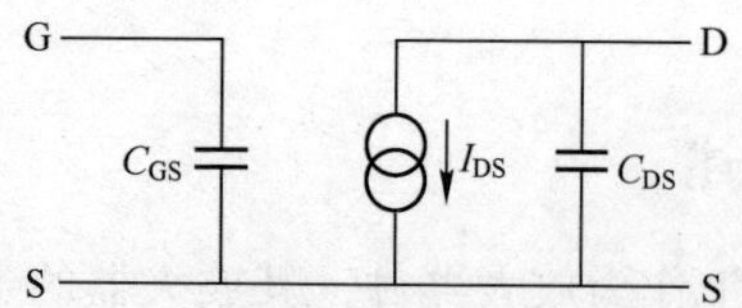


图 13.16　场效应晶体管的简单等效电路

$$I_{DS}=v_G g_m \tag{13.26}$$

其中

$v_G$——栅极电压；

$g_m$——FET 的跨导。

图 13.17 所示为代表分布式放大器栅极线和漏极线的两条人工传输线，$L_G$ 和 $L_D$ 分别为栅极线和漏极线电感。

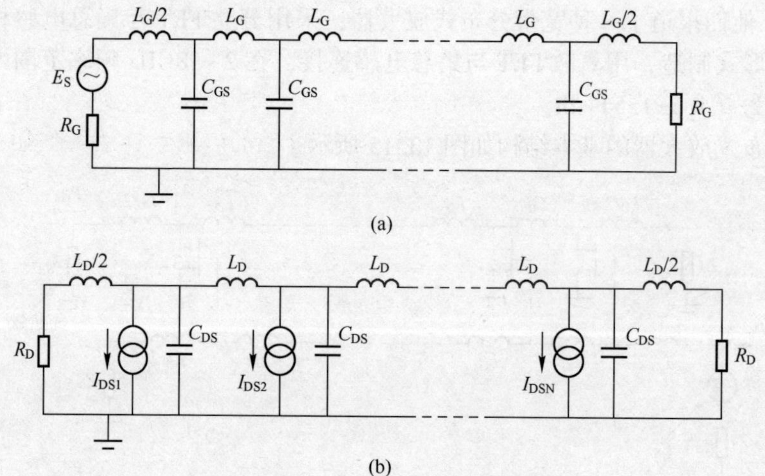


图 13.17　分布式放大器等效电路

（a）栅极线等效电路；（b）漏极线等效电路。

人工传输线可以方便地用 T 段或 π 段进行分析，其特征阻抗分别为 $Z_{0T}$ 和 $Z_{0\pi}$。$Z_0=\sqrt{L/C}$ 与 $Z_{0T}$、$Z_{0\pi}$ 的关系为

$$Z_{0T}=Z_0\sqrt{1-\frac{\omega^2}{\omega_c^2}} \tag{13.27}$$

$$Z_{0\pi}=\frac{Z_0}{\sqrt{1-\frac{\omega^2}{\omega_c^2}}} \tag{13.28}$$

$$\omega_c=\frac{2}{\sqrt{LC}} \tag{13.29}$$

为了避免反射，人工传输线应分别终止在线路的特性阻抗中，即 $Z_{0T}$或 $Z_{0\pi}$，这取决于分析是在 T 或 π 部分。$Z_{0T}$或 $Z_{0\pi}$的值由式（13.27）和式（13.28）确定。其中，对于简化的场效应晶体管等效电路

$$Z_0=\sqrt{\frac{L_G}{C_{GS}}}=\sqrt{\frac{L_D}{C_{DS}}} \tag{13.30}$$

沿栅极线从左向右传播的波将被场效应晶体管依次放大并与漏极线耦合。这将导致沿漏极线从左到右传播的波，以及沿漏极线从右到左传播的波。假设栅极线和漏极线的相位速度设计合理，从左向右传播的波振幅将随着距离增加，因为更多的电流从连续的 FET 耦合而来，最终总能量将在负载中耗散。因此，原则上，分布式放大器的正向增益会随着电路中 FET 的数量而增加。然而，由于波沿漏极线从右向左传播，反向增益会因通过不同 FET 的路径差异引起传输相位差而降低。关于分布式放大器，有一些实际问题需要注意。

(1) 简单等效电路忽略了与 FET 和电感有关的电阻。在实际应用中，会有一些电阻，因此，会产生功率损耗，可使用的 FET 数量最终会受到电路损耗的限制。

(2) 当来自源的波沿栅极线传播时，随着能量被 FET 连续吸收，其振幅将降低。然而，由于 FET 的输入阻抗通常非常高，这种衰减将很小，并且很容易通过使用额外的电容来降低栅极线阻抗，以便每个 FET 的栅极接收到相同振幅的信号。

(3) 沿漏极线传播的波的振幅将随着它接近右端负载而增加，这意味着靠近右端负载的 FET 的漏极电压会更高，击穿准则最终会限制使用 FET 的数量。

关于分布式放大器的总体布局，还应注意以下几点。

(1) 分布式放大器的工作依赖于栅极线和漏极线上波的速度相等。栅极线和漏极线上的波速分别为 $v_G$和 $v_D$，其中

$$v_G=\frac{1}{\sqrt{L_G C_{GS}}} \tag{13.31}$$

$$v_D=\frac{1}{\sqrt{L_D C_{DS}}} \tag{13.32}$$

对于一个 FET 来说，$C_{GS} \gg C_{DS}$，每个 FET 的漏极和源极之间通常使用额外的并联电容器，以增加 $C_{DS}$的有效值，从而避免在漏极线中使用高值电感器。集中式结构的高值电感器的缺点是引入显著的串联电阻，从而造成串联损耗。

(2) 图 13.15 所示的串联电感可以由短而窄的微带线段提供，而不是由集总电感提供。平面电感的使用降低损耗，并允许单片实现。微带部分的弯曲也可以使用，既可以减少空间，也可以在给定总长度下增加电感。

(3) 分布式放大器由于其非常宽的带宽而被广泛使用，但它也可以使用功率场效应管作为中功率放大器。然而，由于功率场效应管有更大的栅极宽度，从而导致更高的 $C_{GS}$值和更低的带宽，这导致了在工作带宽方面的一些折衷。在某种程度上，这个问题可以通过将 FET 的栅极与栅极线进行电容性耦合来克服（使用一个串联电容连接到每个栅极线），这具有降低整体栅源电容的效果。

## 13.4.2 分析

在前面对分布式放大器工作的描述中，我们看到行波在漏极线上被激发，行波沿正向（从左到右）和反向（从右到左）两个方向传播。分析的主要目的是确定放大器在正方向和反方向增益的表达式，从而表明，通过适当的电路设计，大多数显著增益发生在正方向。

Aitchison[7] 根据 π 部分分析了 $N$ 段分布式放大器，确定了正向可用增益（$G_{av,F}$）和反向可用增益（$G_{av,R}$）的表达式。为方便起见，图 13.18 重绘了漏极线的等效电路，并显示了正反两个方向。

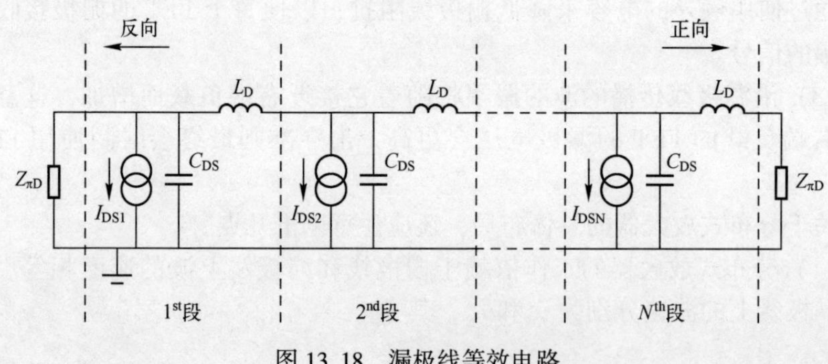


图 13.18 漏极线等效电路

按照［7］的步骤叠加，可求出漏极线上正向负载中 $N$ 段的总电流 $I_D$ 为

$$I_{D}=\frac{1}{2}(I_{DS1}e^{-jN\phi_{D}}+I_{DS2}e^{-j(N-1)\phi_{D}}+\cdots+I_{DSN}e^{-j\phi_{D}})\tag{13.33}$$

其中，$\phi_D$为通过漏极线的一段相位变化。

沿栅极线传播的波将在栅源电容上产生电压

$$V_{GS1}=V_{in}e^{-j\phi_{G}},V_{GS2}=V_{in}e^{-j2\phi_{G}},\cdots V_{GSN}=V_{in}e^{-jN\phi_{G}}\tag{13.34}$$

其中

$V_{in}$——栅极线两端的电压；

$\phi_G$——通过栅极线一段的相位变化。

从场效应晶体管的基本理论我们知道

$$I_{DS1}=g_{m}V_{GS1},I_{DS2}=g_{m}V_{GS2},\cdots I_{DSN}=g_{m}V_{GSN}\tag{13.35}$$

由于我们认为栅极线是无损耗的，栅极电压的大小将是相等的，即

$$|V_{GS1}|=|V_{GS2}|=|V_{GSN}|=V_{G}\tag{13.36}$$

和

$$|I_{DS1}|=|I_{DS2}|=|I_{DSN}|=I_{DS}\tag{13.37}$$

结合式（13.33）~式（13.37）给出正向漏极负载的电流为

$$\begin{aligned}I_{D}&=\frac{V_{G}g_{m}}{2}(e^{-j(N\phi_{D}+\phi_{G})}+e^{-j([N-1]\phi_{D}+2\phi_{G})}+e^{-j(\phi_{D}+N\phi_{G})})\\&=\frac{V_{G}g_{m}}{2}\left(\frac{1-e^{-jN(\phi_{D}-\phi_{G})}}{1-e^{-j(\phi_{D}-\phi_{G})}}\right)e^{-j(N\phi_{D}+\phi_{G})}\end{aligned}\tag{13.38}$$

可以看出[7]，式（13.38）可以改写为

$$|I_{D}|=\frac{V_{G}g_{m}}{2}\left|\frac{\sin\frac{N}{2}(\phi_{D}-\phi_{G})}{\sin\frac{1}{2}(\phi_{D}-\phi_{G})}\right|\tag{13.39}$$

现在，如果栅极线匹配，则 $V_G=E_S/2$，其中 $E_S$ 是源极的开路电压（图 13.17（a）），此时正向漏极负载 $Z_{\pi D}$耗散的功率为

$$P_{\pi D}=\frac{E_{S}^{2}g_{m}^{2}}{16}\left(\frac{\sin\frac{N}{2}(\phi_{D}-\phi_{G})}{\sin\frac{1}{2}(\phi_{D}-\phi_{G})}\right)^{2}Z_{\pi D}\tag{13.40}$$

源端的可用功率是

$$P_{source}=\frac{E_{S}^{2}}{4Z_{\pi G}}\tag{13.41}$$

所以可用的正向增益是

$$G_{av,F}=\frac{P_{\pi D}}{P_{source}}=\frac{g_m^2 Z_{\pi D} Z_{\pi G}}{4}\left(\frac{\sin\frac{N}{2}(\phi_D-\phi_G)}{\sin\frac{1}{2}(\phi_D-\phi_G)}\right)^2 \tag{13.42}$$

如果沿漏极和栅极线的波速相等，则 $\phi_D=\phi_G$，且有

$$G_{av,F}=\frac{g_m^2 Z_{\pi D} Z_{\pi G} N^2}{4} \tag{13.43}$$

式（13.43）表明，当栅极线和漏极线上的波速相等时，正向增益基本上与频率无关。此外，如果栅极和漏极截止频率足够高，$Z_{\pi D}$ 和 $Z_{\pi G}$ 可以用 $Z_{0D}$ 和 $Z_{0G}$ 代替，可以简单地从式（13.30）中得到。式（13.43）中的表达式还表明，原则上可以通过增加 $N$，即分段数来无限增加可用前向增益，尽管这只适用于无损耗情况。

在文献［7］中的分析还生成了一个反向的可用增益表达式

$$G_{av,R}=\frac{g_m^2 Z_{\pi D} Z_{\pi G}}{4}\left(\frac{\sin\frac{N}{2}(\phi_G+\phi_D)}{\sin\frac{1}{2}(\phi_G+\phi_D)}\right)^2 \tag{13.44}$$

现在最大正向增益 $\phi_G=\phi_D$，并把 $\phi_G=\phi_D=\phi$ 代入式（13.44），我们有

$$G_{av,R}=\frac{g_m^2 Z_{\pi D} Z_{\pi G}}{4}\left(\frac{\sin N\phi}{\sin\phi}\right)^2 \tag{13.45}$$

对于 $N=7$，函数 $(\sin N\phi/\sin\phi)^2$ 绘制在图 13.19 中。

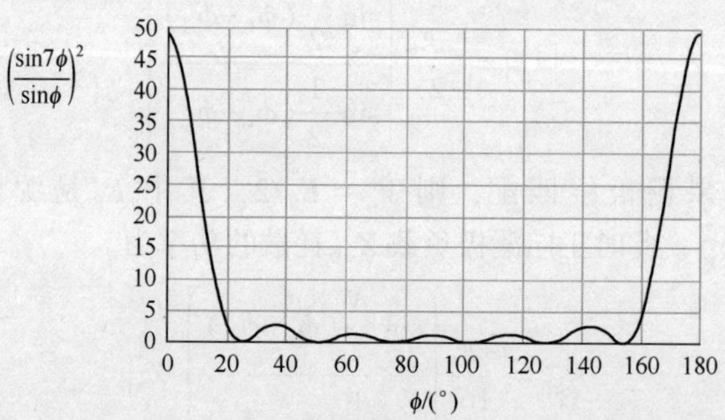


图 13.19　对于 $N=7$，函数 $(\sin N\phi/\sin\phi)^2$ 的示意图

可以看出，在 $\phi$ 以 90°为中心的大范围内，函数 $(\sin N\phi/\sin\phi)^2$ 的值很小。因此，在很大的频率范围内，反向增益 $G_{av,R}$ 可以忽略不计，主要集中在使 $\phi$

等于 90°的频率上。在这个频率范围内，大部分放大的功率将在正向漏极负载中耗散。

前面的分析得到了式（13.43）和式（13.45）中正向和反向增益的表达式，这对于解释分布式放大器的基本工作是有用的，但是需要考虑损耗的来源，以便获得关于最佳使用的场效应管数目的实际设计数据，并确定噪声性能[7]。图 13.20 显示了 FET 的增强等效电路，其中一个电阻 $R_G$ 表示栅极连接的串联损耗，另一个电阻 $R_{DS}$ 表示漏极和源极之间的损耗。像以前一样，栅极和漏极之间的电容 $C_{GD}$ 被忽略了，尽管在一些设计中这可能是不必要的耦合的来源。

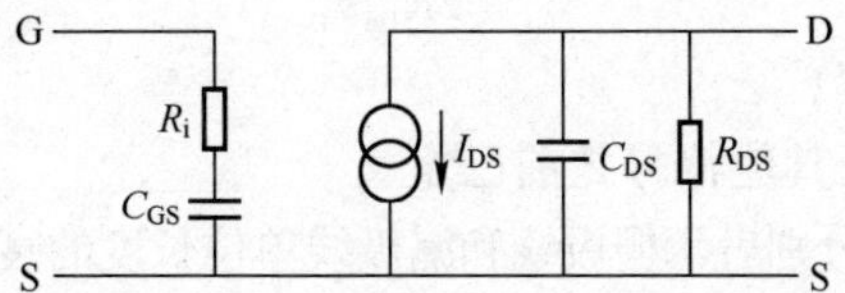


图 13.20　FET 的简单等效电路，包括主要损耗源的电阻

使用修改后的场效应晶体管等效电路，图 13.17 所示的栅极线和漏极线的等效电路可以重绘为图 13.21，在这幅图中，栅极线和漏极线中的电感被等效长度的传输线所取代。因此，$d_G$ 和 $d_D$ 分别为提供电感 $L_G$ 和 $L_D$ 的传输线长度。

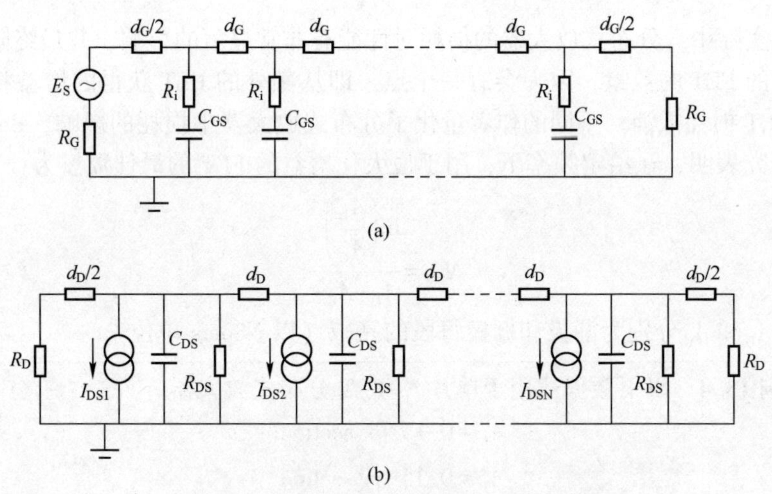


图 13.21　分布放大器等效电路，包括主要损耗源

（a）栅极线等效电路；（b）漏极线等效电路。

Ayasli 等人[8]对图 13.21 所示形式的等效电路进行了分析，得出了分布式放大器的正向功率增益 $G_p$ 的表达式，该分布式放大器的栅极线和漏极线具有相同的特性阻抗 $Z_0$。

$$G_P=\frac{g_m^2Z_0^2}{4}\frac{(e^{-\alpha_G d_G N}-e^{-\alpha_D d_D N})^2}{(\alpha_G d_G-\alpha_D d_D)^2} \tag{13.46}$$

其中

$$\alpha_G=\frac{R_i\omega^2C_{GS}^2Z_0}{2d_G} \tag{13.47}$$

$$\alpha_D=\frac{Z_0}{2R_{DS}d_D} \tag{13.48}$$

$\omega$——工作角频率；

$N$——FET 个数，其他符号之前已定义。

请注意，$\alpha_G$和$\alpha_D$分别表示栅极线和漏极线单位长度的衰减（单位为 Np/m）。

将式（13.46）中功率增益的表达式[8]进行两种简化：

（1）当漏极线损耗比栅极线损耗小时，这通常是实际 FET 的情况

$$G_p\approx\frac{g_m^2N^2Z_0^2}{4}\left(1-\frac{(\alpha_G d_G N)}{2}+\frac{(\alpha_G d_G N)^2}{6}\right)^2 \tag{13.49}$$

（2）由式（13.46）可知，如果也忽略栅极线损耗

$$G_p\approx\frac{g_m^2N^2Z_0^2}{4} \tag{13.50}$$

在实际中，分布式放大器的损耗对性能有非常显著的影响，并最终限制了可使用的 FET 的数量，因为会有一个点，即从额外的 FET 获得的增益将被增加的 FET 损耗抵消。不同的作者量化了分布式放大器中损耗的影响，Beyer 等人[9]研究表明，在给定频率下，用于最大化增益的 FET 的最佳数量为

$$N_{opt}=\frac{\ln\left(\dfrac{A_D}{A_G}\right)}{A_D-A_G} \tag{13.51}$$

其中，$A_D$和$A_G$分别为漏极和栅极每段的衰减（以 Nepers 单位）。

**例 13.4**　以下数据适用于单片 $N$-FET 分布式放大器

$$A_G=0.11\text{Np/section}$$

$$A_D=0.15\text{Np/section}$$

能提供最大增益的 FET 的最佳数量是多少？

**解：**

$$N_{\mathrm{opt}}=\frac{\ln\left(\frac{A_{\mathrm{D}}}{A_{\mathrm{G}}}\right)}{A_{\mathrm{D}}-A_{\mathrm{G}}}=\frac{\ln\left(\frac{0.15}{0.11}\right)}{0.15-0.11}=\frac{0.31}{0.04}=7.75$$

由于数组中 FET 的个数必须是整数，我们为 $N_{\mathrm{opt}}$ 选择最接近的整数，即 $N_{\mathrm{opt}}=8$

分布式放大器的最新发展是由于需要非常宽带的放大器来满足高速数字系统的需求，有些系统的脉冲宽度为皮秒级。这些需求的结果之一是超宽带分布式放大器的发展，通常是分布式单片形式。这些放大器的一个特点是，工作频率范围不局限于微波区域，而是包括单个放大器从低射频值到毫米波频率的频率。文献中报道的一些代表性例子如下。

（1）2014 年，Yoon 和他的同事[10]演示了一种工作频率范围为 40～222GHz 的超宽带分布式放大器。放大器由 4 个级联增益单元组成，在全频率范围内总测量增益约为 10dB，输出功率约为 8.5dBm。报告的性能的一个小缺点是相对较差的回波损耗约为 10dB。

（2）Eriksson 和同事[11]在 2015 年证明了分布式放大器覆盖从低射频到毫米频率范围的能力，并开发了工作范围从 75kHz 到 180GHz 的放大器。这个放大器报告的增益大于 10dB，噪声系数在 5～10dB 范围内变化。

（3）Kobayshi 和同事[12]在 2016 年报告了一种工作在 100MHz 到 45GHz 频率范围内的分布式放大器。放大器增益为>10dB，输出功率为 1～2W。但是，这项工作的一个特殊之处是该放大器具有约 1.6dB 的低噪声系数。这证明了分布式放大器在提供具有低噪声系数的超宽带频率性能组合的潜力。

## 13.5　功率放大器材料和封装的发展

用于高频功率放大器的传统半导体材料是砷化镓（GaAs）。在过去的 20 年中，这种材料逐渐被氮化镓（GaN）所取代，这使得器件性能得到了很大的提高。

GaN 对射频和微波功率放大器具有吸引力的主要特性如下[13]。

（1）较大的击穿电压为 0.4～3.3MV/cm，这意味着 GaN FET 功率器件可以在更高的直流电压轨道上运行，对于给定的射频输出功率，这将减少漏极电流，从而降低散热。

（2）禁带宽度为～3.39eV（GaAs 的值为 1.42eV）这意味着 GaN 器件可

以在比 GaAs 器件更高的温度下工作。

（3）工作功率密度高，为 1.3W/cm K（GaAs 的值为 0.43W/cm K），这意味着可以用更小的器件面积制造器件。

（4）饱和速度高达 $2.5\times10^{7}$cm/s（GaAs 的值为 $1.0\times10^{7}$cm/s），这使得 GaN 具有在非常高的频率下工作的潜力。

在最近的技术文献中，已经广泛报道使用分立和单片器件的 GaN 技术在功率放大器方面的优势。有数据表明，GaN 功率器件在很好地延伸到毫米波区域的频率下具有显著的输出功率和较高的效率。一些代表性的例子展示了 GaN 技术的潜力，并指出了当前的技术最前沿状况。

（1）Tao 等人[14]的研究结果显示了 GaN 技术用于集成高功率微波放大器的潜力，他们报道了一种 MMIC 器件，输出功率为 56～74W，频率范围为 8～12GHz。该电路是一个使用 0.25μmGaN HEMT（高电子迁移率晶体管）器件的三级功率放大器。芯片面积仅为 13.3mm$^2$，PAE 为 43%。输出功率在脉冲模式下实现，脉宽为 100μs，占空比为 10%。

（2）GaN 器件在高毫米频率下工作的能力已经由 Shaobing 等人[15]所报道的工作证明。给出了工作在 W 波段（75～110GHz）的单片三级放大器的实验结果。放大器采用 0.1μm AlGaN/GaN 工艺制作。在 93GHz 的连续波模式下，峰值输出功率为 32.2dBm（1.66W）。结果的一个显著特点是 3.46W/mm 的高功率密度，表明 GaN 器件具有在高温下工作的能力。

（3）使用 GaN 技术提供一个完全集成的高功率子系统已经被 Hejningen 等人证明[16]。为了提供完整的雷达前端，研制了大功率 GaN MMIC，工作在 5.2～5.6GHz 的频率范围内。MMIC 构成了收发器的前端，包括驱动放大器、高功率放大器、Tx/Rx 开关和低噪声放大器。据报道，该芯片的输出功率超过 40W，PAE 为 36%。正如作者所指出的，使用具有较高击穿电压的 GaN 意味着可以实现高输出功率，而不需要功率合成器，也不需要在模块的接收端安装额外的保护电路。

半导体技术的发展，特别是使用 GaN 材料的半导体技术，使高功率射频和微波器件能够在小电路面积上制造。这些发展的结果之一是热管理，无论是离散和单片器件，已成为一个关键问题。必须提供有效的散热以保持晶体管有源区域的温度较低，从而提高器件的稳定性、可靠性和寿命。传统的散热混合电路方法是将有源器件安装在金属散热片上。这种类型的散热器通常使用的金属是铝，主要是因为它很轻，容易制造，但它的热性能[17]有限。特别是，由于铝的导热性有限，散热器中的热量分布非常不均匀，在有源器件的正下方有很高的热浓度，这可能导致元件过热。这个问题可以通过使用某种形式的散热器来解决。热解石墨（PG）是近年来备受关注的一种热扩散材料。这种材料吸引人的主要原因是它的导热系数是铜的 400%以上，密度是铝的 80%[18]。然而，PG 材料具有各向异性的分子结构，只有在 3 个坐标方向中的两个方向上才能获得良好的导热性能。这意味着材料在作为散热器使用之前必须仔细地进行调理，以确保在所需的方向上实现高导电性。图 13.22 说明了使用 PG 片改善 GaN 功率放大器热管理的一种方法。

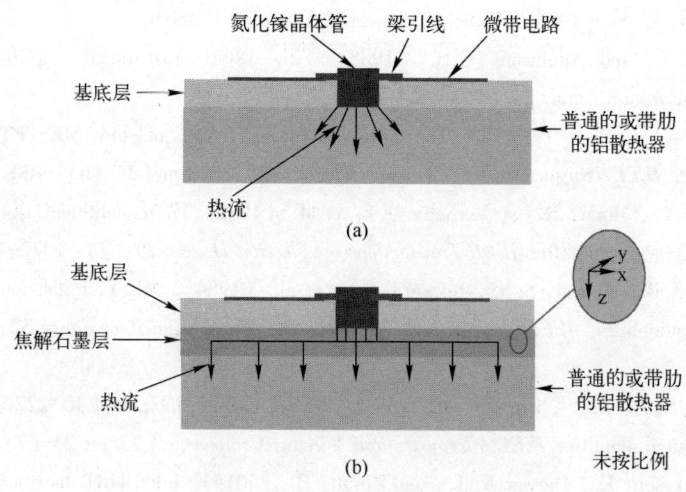


图 13.22　热解散热器的使用

（a）常规散热器；（b）包含热解石墨层。

没有 PG 片，来自晶体管的热量往往集中在晶体管正下方的铝中。使用热分解片，使其在 $x$-$y$ 平面具有最高的导热性，将晶体管的多余热量传播到铝的更大区域，从而改善散热。这种技术对于多层结构（如 LTCC）的应用特别有用。

散热器的使用只是热管理的一个方面。将裸芯片封装在大功率晶体管中的方法和材料也具有相当重要的意义。新的高温塑料模化合物目前正与 GaN 半导体一起使用，其结温可能接近 230℃。对于对高功率高频放大器的热管理和封装的更详细信息感兴趣的读者，Samanta[19] 提供了一篇关于现有技术和材料的优秀综述。

## 参考文献

[1] Doherty, W. H. (1936). A new high efficiency power amplifier for modulated waves. *Pro-*

*ceedings of the IRE* 24 (9): 1163–1182.

[2] Cripps, S. C. (1999). *RF Power Amplifiers for Wireless Communications*. Norwood, MA: Artech House.

[3] Katz, A., Wood, J., and Chokola, D. (2016). The evolution of PA linearization. *IEEE Microwave Magazine* 17 (2): 32–40.

[4] Raab, F. H. (1987). Efficiency of Doherty RF power-amplifier systems. *IEEE Transactions on Broadcasting* 33 (3): 77–83.

[5] Percival, W. S. (1936). British Patent Specification No. 460562.

[6] Law, C. L. and Aitchison, C. S. (1985). 2 ~ 18GHz distributed amplifier in hybrid form. *Electronics Letters* 21 (16): 684–685.

[7] Aitchison, C. S. (1985). The intrinsic noise figure of the MESFET distributed amplifier. *IEEE Transactions on Microwave Theory and Techniques* 33 (6): 460–466.

[8] Ayasli, Y., Mozzi, R. L., Vorhaus, J. L. et al. (1982). A monolithic GaAs 1–13–GHz traveling-wave amplifier. *IEEE Transactions on Electron Devices* 29 (7): 1072–1077.

[9] Beyer, J. B., Prasad, S. N., Becker, R. C. et al. (1984). MESFET distributed amplifier design guidelines. *IEEE Transactions on Microwave Theory and Techniques* 32 (3): 268–275.

[10] Yoon, S., Lee, I., Urteaga, M. et al. (2014). A fully-integrated 40–222GHz InP HBT distributed amplifier. *IEEE Microwave and Wireless Componenent Letters* 24 (7): 460–462.

[11] 11 Eriksson, K., Darwazeh, I., and Zirath, H. (2015). InP DHBT distributed amplifiers with up to 235-GHz bandwidth. *IEEE Transactions on Microwave Theory and Techniques* 63 (4): 1334–1341.

[12] Kobayashi, K. W., Denninghoff, D., and Miller, D. (2016). A novel 100MHz–45GHz input-termination-less distributed amplifier design with low-frequency low-noise and high linearity implemented with a 6 inch 0.15μmGaN–SiC wafer process technology. *IEEE Journal of Solid-State Circuits* 51 (9): 2017–2026.

[13] Mishra, U. K., Shen, L., Kazior, T. E., and Wu, Y.-F. (2008). GaN-based RF power devices and amplifiers. *Proceedings of the IEEE* 96 (2): 287–305.

[14] Tao, H.-Q., Hong, W., Zhang, B., and Yu, X.-M. (2017). A compact 60W X-band GaN HEMTPower amplifier MMIC. *IEEE Microwave and Wireless Components Letters* 27 (1): 73–75.

[15] Shaobing, W., Jianfeng, G., Weibo, W., and Junyun, Z. (2016). W-band MMIC PA with ultrahigh power density in 100-nm AlGaN/GaN technology. *IEEE Transactions on Electron Devices* 63 (10): 3882–3886.

[16] Heijningen, M., Hek, P., Dourlens, C. et al. (2017). C-band single-Chip radar front-end in AlGaN/GaN technology. *IEEE Transactions on Microwave Theory and Techniques* 65 (11): 4428–4437.

[17] Icoz, T. and Arik, M. (2010). Light weight high performance thermal management with advanced heat sinks and extended surfaces. *IEEE Transactions on Components, Packaging and Manufacturing Technology* 33 (1): 161–166.

[18] Sabatino, D. and Yoder, K. (2014). Pyrolytic graphite heat sinks: a study of circuit board applications. *IEEE Transactionson Components, Packaging and Manufacturing Technology* 4 (6): 999–1009.

[19] 19 Samanta, K. K. (2016). PA thermal management and packaging. *IEEE Microwave Magazine* 17 (11): 73–81.

# 第 14 章　接收机和子系统

## 14.1　引　　言

超外差接收机是射频和微波应用中使用最广泛的接收机配置，也是本章的主要重点。本书主要涉及射频和微波设计，因此只考虑接收机设计的前端部分。噪声是接收机电路设计中的一个重要问题，本章首先回顾了噪声源及其电路指标，进而分析了噪声在超外差接收机中的影响，并使用了噪声预算图。频率混频器在超外差设计中提供频率下变频，通常被认为是超外差接收机前端的关键部件，本章最后回顾了射频和微波频率中使用的各种类型的混频器。

## 14.2　接收机噪声源

噪声是指电子系统中自然产生的随机的、不需要的信号。在本节中，我们将描述电子电路中两个最常见的噪声源，即热噪声和散粒噪声，并提供使噪声能够被量化的数学表达式。

### 14.2.1　热噪声

热噪声是由热扰动引起导体中载流子的随机运动引起的。载流子的随机运动产生小的随机电流，因而产生小的随机噪声电压。热噪声有时称为约翰逊噪声，是继 J. B. Johnson 之后，在 20 世纪 20 年代实验中观测到的。随后，H. Nyquist 根据量子理论导出了热噪声的理论表达式。电阻介质的可用热噪声功率是通过考虑特性阻抗为 $R_0$，长度为 $l$，以特性阻抗为端点的无损传输线行为得到的，如图 14.1 所示。图中还显示了两个开关，使终端阻抗被短路。

当开关打开时，带宽 $B$ 内每个终端电阻的噪声功率流为 $P$ W。在任何时刻，线路中包含的能量为 $2Pt$，即

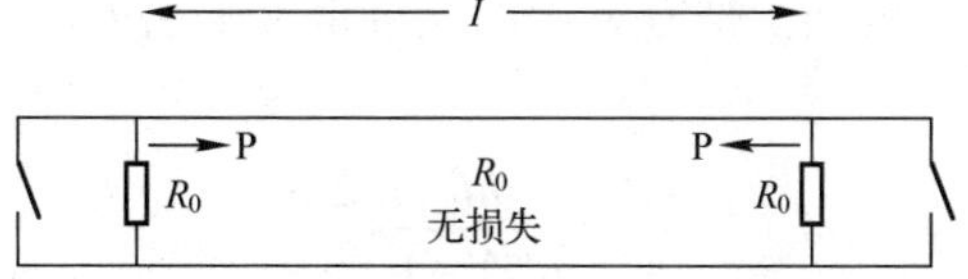


图 14.1　特性阻抗 $R_0$ 的无损耗传输线（两端接匹配阻抗）

$$2Pt=\frac{2Pl}{v_P} \tag{14.1}$$

其中

$v_P$——沿线路传播的速度；

$t$——在线路上传播的时间。

当开关关闭时，线路上存储的能量为带宽 $B$ 内的 $2Pl/v_P$ J。我们从量子力学中知道，能量存储在无限个共振模式中，每个共振模式存储的能量（$E_1$）由普朗克定律给出

$$E_1=\frac{hf}{e^{hf/kT}-1} \tag{14.2}$$

其中

$f$——频率；

$h$——普朗克常数（$=6.6\times10^{-34}$J）；

$k$——玻尔兹曼常数（$k=1.38\times10^{-23}$J/K）。

如果我们现在考虑开关闭合时的第 $r$ 次共振；与第 $r$ 次共振相关的波长为

$$\lambda_r=\frac{2l}{v_P} \tag{14.3}$$

对应的频率为

$$f_r=\frac{rv_P}{2l} \tag{14.4}$$

第（$r$+1）个共振和第 $r$ 个共振之间的带宽 $B_1$ 为

$$B_1=\frac{(r+1)v_P}{2l}-\frac{rv_P}{2l}=\frac{v_P}{2l} \tag{14.5}$$

现在带宽 $B$ 内的共振数 $N$ 为

$$N=\frac{B}{B_1}=\frac{B}{v_P/2l}=\frac{2lB}{v_P} \tag{14.6}$$

因此，与带宽 $B$ 内共振相关的能量 $E$ 为

$$E=\frac{hf}{e^{hf/KT}-1}\times\frac{2lB}{v_P} \tag{14.7}$$

但从式（14.1）可知，带宽 $B$ 中的能量也等于 $2Pl/v_{\mathrm{P}}$。因此，式（14.7）可以写为

$$\frac{2Pl}{v_{\mathrm{P}}}=\frac{hf}{\mathrm{e}^{hf/KT}-1}\times\frac{2lB}{v_{\mathrm{P}}}$$

$$P=\frac{hf}{\mathrm{e}^{hf/kT}-1}\times B \tag{14.8}$$

现在，用指数级数的标准展开式

$$\mathrm{e}^{hf/kT}=1+\left(\frac{hf}{kT}\right)+\frac{1}{2!}\left(\frac{hf}{kT}\right)^2+\frac{1}{3!}\left(\frac{hf}{kT}\right)^3+\cdots$$

假设$\frac{hf}{kT}\ll 1$，则 $\mathrm{e}^{hf/kT}\approx 1+\left(\frac{hf}{kT}\right)$和式（14.8）变为

$$P=kTB \tag{14.9}$$

式（14.9）给出了一个非常有用的结果，它表明，从任何匹配的电阻源中可以提取的最大热噪声功率为 $kTB$，并且通过降低源的温度和/或工作带宽来降低热噪声功率。

我们可以用无噪声电阻 $R$ 表示温度为 $T$ 时的阻值为 $R$ 的电阻，电阻 $R$ 与噪声电压发生器串联，噪声电压发生器的均方根为$\sqrt{\overline{v_{\mathrm{n}}^2}}$。图 14.2 显示了一个电阻连接到负载电阻 $R_{\mathrm{L}}$的串联等效电路。

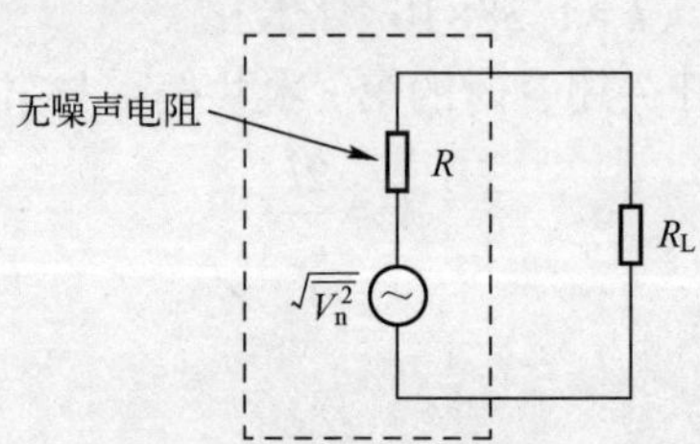


图 14.2　温度为 $T$ 时噪声电阻 $R$ 的串联等效电路

从电阻到匹配负载的可用噪声功率，即当 $R_{\mathrm{L}}=R$ 时，为

$$P=\frac{\overline{v_{\mathrm{n}}^2}}{4R} \tag{14.10}$$

但我们知道噪声功率也由式（14.9）给出，因此有

$$\frac{\overline{v_{\mathrm{n}}^2}}{4R}=kTB$$

$$\sqrt{\overline{v_{\mathrm{n}}^2}}=\sqrt{4kTBR} \tag{14.11}$$

或者，我们可以用并联等效电路来表示噪声电阻，如图 14.3 所示，该电路由均方根电流发生器$\sqrt{\overline{i_n^2}}$与无噪声电导 $G$ 并联组成，其中

$$G=1/R$$

$$\sqrt{\overline{i_n^2}}=\sqrt{4kTBG} \tag{14.12}$$

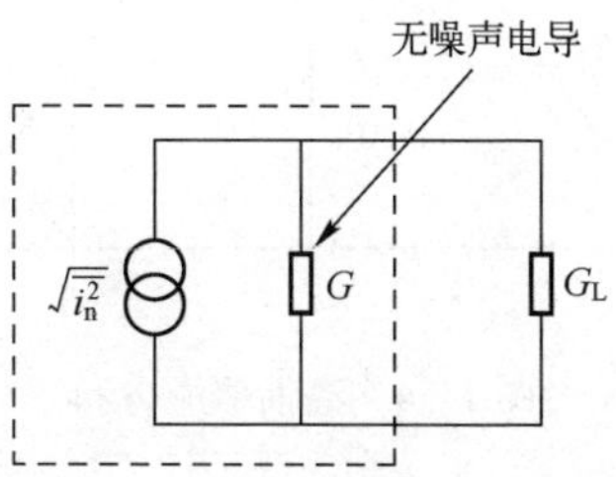


图 14.3　温度 $T$ 时噪声电导的并联等效电路

由于热噪声是大量随机事件（即电子的随机运动）的结果，它将在宽频率范围内具有均匀的功率分布，因此，常被称为白噪声（与白光类比）。然而，在通信系统中，噪声频谱通常受到滤波器的限制，更准确地说，噪声应称为带限白噪声。

**例 14.1**　当电阻在 20℃下，在 3MHz 带宽内测量一个 10kΩ 的电阻的开路热噪声电压是多少？该电阻所能产生的最大噪音功率是多少？

**解：**

开路噪声电压由式（14.11）可得

$$v_n=\sqrt{4\times1.38\times10^{-23}\times(20+273)\times3\times10^6\times10^4}\text{ V}=22.02\mu\text{V}$$

最大噪声功率由式（14.9）可得

$$P_n=1.38\times10^{-23}\times(20+273)\times3\times10^6\text{W}=0.012\text{pW}$$

由于热噪声是随机的，特定噪声水平发生的概率需要用统计方法确定。热噪声的概率分布为高斯分布（有时称为正态分布）。这是基于中心极限定理，该定理指出，依赖于大量随机个体事件的事件可以用高斯分布表示。

高斯概率密度函数 $P(x)$ 由

$$P(x)=\frac{1}{\sigma\sqrt{2\pi}}\exp\left(-\frac{(x-m)^2}{2\sigma^2}\right) \tag{14.13}$$

其中

$m$——$x$ 的均值；

$\sigma$——标准差。

对于白噪声，$m=0$，高斯概率分布的形状如图 14.4 所示。

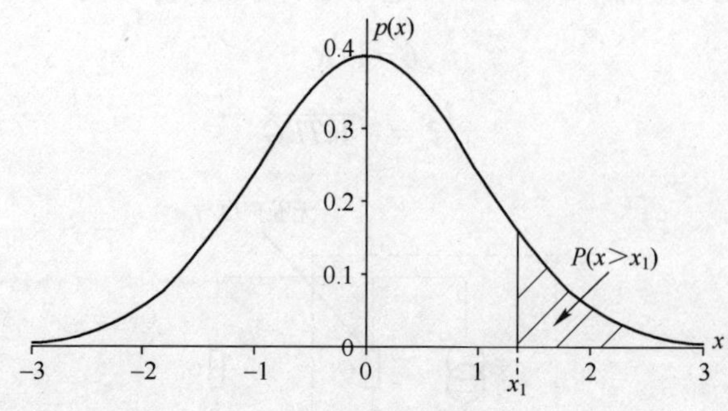


图 14.4　高斯概率分布

在电子通信中，概率分布的重要性在于它表明出现具有特定振幅的噪声尖峰的概率。这对于数字通信特别重要，因为噪声尖峰可能被误认为是窄脉冲，从而导致错误。但是这个理论对于像脉冲雷达这样混合了模拟和数字技术的系统也很重要。同样需要注意的是，对于包含滤波器的系统，高斯分布需要修改为瑞利分布[1]，因为滤波器限制了频谱。

图 14.4 显示了概率分布下的阴影区域，这个区域给出了噪声将超过特定水平 $x_1$ 的概率。数学上可以写为

$$P(x > x_1) = \int_{x_1}^{\infty} P(x)\,\mathrm{d}x \tag{14.14}$$

由于概率分布曲线下的总面积必须是 1，我们可以把 $x$ 超过 $x_1$ 的概率写为

$$P(x > x_1) = \frac{1}{2}\left(1 - \int_{-x_1}^{x} P(x)\,\mathrm{d}x\right) \tag{14.15}$$

将式（14.13）代入式（14.15），得

$$P(x > x_1) = \frac{1}{2}\left(1 - \int_{-x_1}^{x_1} \frac{1}{\sigma\sqrt{2\pi}}\exp\left(-\frac{x^2}{2\sigma^2}\right)\mathrm{d}x\right) = \frac{1}{2}\left(1 - \frac{2}{\sigma\sqrt{2\pi}}\int_{0}^{x_1}\exp\left(-\frac{x^2}{2\sigma^2}\right)\mathrm{d}x\right) \tag{14.16}$$

我们可以将式（14.16）中的积分转化为标准形式，可做如下代换：

$$\frac{x^2}{2\sigma^2} = y^2 \tag{14.17}$$

然后，对式（14.17）两边求微分，得

$$\frac{2x}{2\sigma^2}\mathrm{d}x = 2y\mathrm{d}y \tag{14.18}$$

将式（14.18）代入式（14.16），对积分的上限作适当的改变，得

$$P(x > x_1) = \frac{1}{2}\left(1 - \frac{2}{\sqrt{\pi}}\int_0^{\frac{x_1}{\sigma\sqrt{2}}} \exp(-y^2)\,dy\right) \tag{14.19}$$

式（14.19）中的积分可以用一个称为误差函数的数学函数表示，该函数定义如下：

$$\frac{2}{\sqrt{\pi}}\int_0^{\frac{x_1}{\sigma\sqrt{2}}} \exp(-y^2)\,dy = \mathrm{Erf}\left(\frac{x_1}{\sigma\sqrt{2}}\right) \tag{14.20}$$

其中，$\mathrm{Erf}\left(\frac{x_1}{\sigma\sqrt{2}}\right)$表示自变量为$\frac{x_1}{\sigma\sqrt{2}}$的误差函数。

误差函数是一种常用的数学函数，其值通常以表格的形式存在。误差函数表见附录 14. A. 1。

将误差函数代入式（14.19），得

$$P(x>x_1) = \frac{1}{2}\left[1-\mathrm{Erf}\left(\frac{x_1}{\sigma\sqrt{2}}\right)\right] \tag{14.21}$$

式（14.21）有时可以写成互补误差函数 Erfc，定义为

$$\mathrm{Erfc}(\alpha) = 1-\mathrm{Erf}(\alpha) \tag{14.22}$$

因此，式（14.21）也可以写成这样的形式

$$P(x>x_1) = \frac{1}{2}\left[\mathrm{Erfc}\left(\frac{x_1}{\sigma\sqrt{2}}\right)\right] \tag{14.23}$$

**例 14.2**　如果系统的热噪声 RMS 为 0.7μV，那么在任意时刻，该噪声水平超过 2μV 的概率是多少？

**解：**

使用式（14.21）有

$$P(x>2\mu V) = \frac{1}{2}\left[1-\mathrm{Erf}\left(\frac{2}{0.27\sqrt{2}}\right)\right] = \frac{1}{2}[1-\mathrm{Erf}(2.02)]$$

使用附录 14. A. 1 中的误差函数表有

$$\mathrm{Erf}(2.02) = 0.995719$$

因此

$$P(x>2\mu V) = \frac{1}{2}[1-0.995719] = 2.14\times10^{-3}$$

通过考虑在存在热噪声的情况下检测数字信号，可以看出这种噪声理论的实际意义。图 14.5 展示了一个简单的基带数字信号，其中“1”状态由振幅为 $V$ 的单极脉冲表示，“0”状态由空格表示。在使用这种数字格式的系统的

接收机中，使用中心采样检测器来恢复信息。这种类型的检测器检查每个脉冲位置的中心点，以确定信号电平是否高于或低于设定在 $V/2$ 的阈值电平。

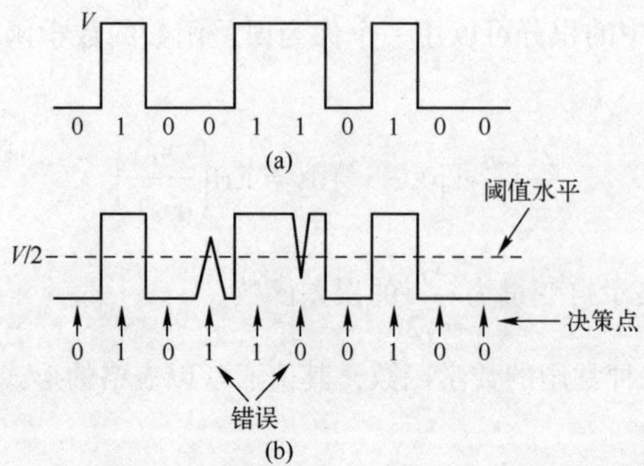


图 14.5 简单数字电压波形和带有噪声电压尖峰的数字波形

图 14.5（b）显示了噪声尖峰如何在检测过程中导致错误的稍微简化的表示。在这个简单的系统中，当噪声尖峰的幅值超过 $V/2$ 时，就会产生误差。可以看出，在一个决策点上，一个正的噪声峰值将导致一个“0”被检测为“1”，而一个负的噪声峰值将导致一个“1”被检测为“0”。由于这是一个没有任何频率约束的基带系统，我们可以假设噪声是高斯分布的。在一长串“1”和“0”中发生错误的概率是

$$P_e = P(0) \times P\left(x > \frac{V}{2}\right) + P(1) \times P\left(x < \frac{V}{2}\right) \tag{14.24}$$

其中，$P(0)$ 和 $P(1)$ 分别表示“0”和“1”状态出现的概率。

对于普通的数字通信 $P(0) = P(1) = 0.5$，由于概率密度函数关于原点是对称的

$$P(x > \frac{V}{2}) = P(x < \frac{V}{2}) = \frac{1}{2}\left[1 - \text{Erf}\left(\frac{V/2}{\sigma\sqrt{2}}\right)\right] \tag{14.25}$$

$$P_e = \frac{1}{2}\left[1 - \text{Erf}\left(\frac{V/2}{\sigma\sqrt{2}}\right)\right] \tag{14.26}$$

在射频接收机中，情况稍微复杂一些，其中数字信息被调制到高频载波上。接收机将包含滤波器，因此，我们必须考虑带限高斯噪声的影响。限制噪声的频率范围会改变其特性，限带高斯噪声可以用瑞利分布来表示，其概率密度函数为

$$p(x) = \frac{x}{\sigma^2}\exp\left(-\frac{x^2}{2\sigma^2}\right) \tag{14.27}$$

其中，$\sigma$ 为噪声的均方根值。

数字调制最简单的形式之一是开关键控方案，其中“0”状态由一个空格表示，“1”状态由一个载波信号突发表示；我们必须使用不同的噪声概率分布来找出在每种状态下发生错误的概率。对于“0”状态，没有信号，只有带限的噪声，我们必须使用瑞利分布来找出错误发生的概率。但对于“1”状态，噪声叠加在载波上，我们需要考虑信号和噪声包络的瞬时值，这是由一个 Rician 概率分布[1]描述的。Rician 的概率分布为

$$p(x)=\frac{x}{\sigma^2}\exp\left(-\frac{x^2+V^2}{2\sigma^2}\right)I_0\left(\frac{xV}{\sigma^2}\right) \tag{14.28}$$

其中

$V$——载波振幅；

$I_0\left(\frac{xV}{\sigma^2}\right)$——修改后的零阶贝塞尔函数，其参数为$\frac{xV}{\sigma^2}$。

因此，在错误率计算中使用合适的概率分布是很重要的。

一个简单的脉冲雷达系统是瑞利和 Rician 分布可以应用于实践的另一个例子。这种类型的雷达系统发射高频载波脉冲，并寻找反射来识别目标。应用于开关键控的噪声理论原理可以直接用于确定目标检测中的错误概率。

**例 14.3**　一个简单的基带数字通信系统以幅度为 3mV 的单极脉冲的形式传输数据。信息是通过中心采样检测器恢复的。如果 RMS 热噪声电压为 1.4mV，假设“0”和“1”出现的概率相等，求出检测过程中出现错误的概率。

**解：**

阈值电平为 1.5mV，如果噪声尖峰大于这个值，就会发生错误。因此，利用式（14.26）有

$$P(x>1.5\text{mV})=\frac{1}{2}\left[1-\text{Erf}\left(\frac{1.5}{1.4\sqrt{2}}\right)\right]=\frac{1}{2}[1-\text{Erf}(0.76)]$$

使用附录 14. A. 1 中的误差函数表有

$$\text{Erf}(0.76)=0.717537$$

故此，错误发生的概率为

$$P_e=\frac{1}{2}[1-0.717537]=141.23\times10^{-3}$$

**例 14.4** 中心采样检测器输入端信噪比为 6dB，是一个简单的单极性脉冲基带数字通信系统，计算在检测过程中发生错误的概率。

**解：**

如果脉冲的振幅为 $V$，则平均值为 $V/2$，假设两种数字状态出现的次数相等。信噪比为

$$\left(\frac{\frac{V}{2}}{\sigma}\right)^2 = 10^{0.6}$$

代入式（14.26）得

$$P_e = \frac{1}{2}\left[1 - \mathrm{Erf}\left(\frac{10^{0.3}}{\sqrt{2}}\right)\right] = \frac{1}{2}[1 - \mathrm{Erf}(1.41)]$$

使用附录 14.A.1 中的误差函数表有

$$\mathrm{Erf}[1.41] = 0.95385$$

因此，错误发生的概率为

$$P_e = [1 - 0.95385] = 2.3\times10^{-2}$$

## 14.2.2 半导体噪音

半导体器件的主要噪声源是散粒噪声，这是因为电荷载流子穿过势垒的随机运动，如 PN 结，这就在结的两端产生了随机波动的电流。我们可以通过首先考虑单个电子从阴极流过半导体结到阳极的影响来确定波动电流的表达式，假设这里没有空间电荷效应①。图 14.6（a）显示了连接到外部电阻 $R$ 的半导体结。

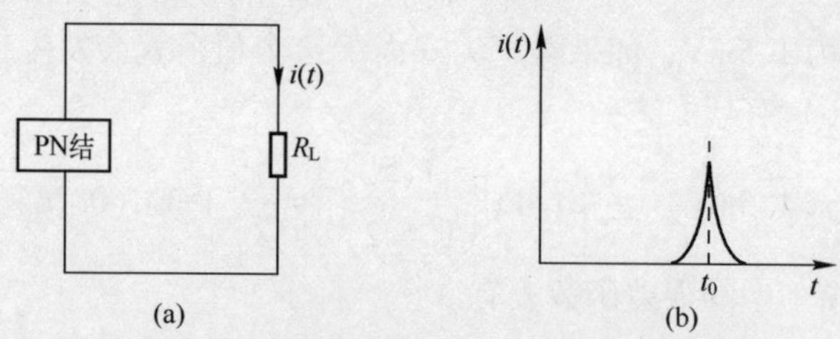


图 14.6 由散粒噪声引起的电流脉冲

（a）连接到负载电阻的 PN 结；（b）电流脉冲。

① 两个半导体连接处的空间电荷区是耗尽区的另一种名称；空间电荷的存在会影响载流子在结上的流动。

单电子流过结的作用是在外电路中产生一个电流脉冲 $i(t)$。脉冲的示意图如图 14.6（b）所示。

脉冲的确切形状不显著，可以认为是一个狄拉克脉冲函数 $\delta(t-t_0)$，其中 $t_0$ 表示脉冲在时域中的位置，如图 14.6（b）所示。脉冲可以用函数来表示

$$f(t)=q\delta(t-t_0) \tag{14.29}$$

其中

$q$——电子变化单位（$1.6\times10^{-19}$℃）；

$\delta(t-t_0)$——狄拉克函数。

一般来说，时域中的函数 $f(t)$ 和频域中的函数 $g(\omega)$ 之间的关系为

$$g(\omega)=\int_{-\infty}^{+\infty}f(t)\,\mathrm{e}^{-\mathrm{j}\omega t}\mathrm{d}t \tag{14.30}$$

因此，对于我们目前的脉冲有

$$g(\omega)=\int_{-\infty}^{+\infty}q\delta(t-t_0)\,\mathrm{e}^{-\mathrm{j}\omega t}\mathrm{d}t=q\int_{-\infty}^{+\infty}\delta(t-t_0)\,\mathrm{e}^{-\mathrm{j}\omega t}\mathrm{d}t=q\mathrm{e}^{-\mathrm{j}\omega t} \tag{14.31}$$

并且

$$|g(\omega)|=|q| \tag{14.32}$$

我们现在可以使用 Parseval 定理来计算电流 $i(t)$ 在电阻 $R$ 中耗散的能量，它有一个传递函数 $g(\omega)$，即

$$E=R\int_{-\infty}^{+\infty}|g(\omega)|^2\mathrm{d}f=2R\int_0^{\infty}q^2\mathrm{d}f=2Rq^2B \tag{14.33}$$

如果在总时间 $T$ 内有 $N$ 个电子从结中流出，则在电阻中耗散的功率 $P$ 为

$$P=2Rq^2\times\frac{N}{T} \tag{14.34}$$

如果我们现在考虑用一个均方根电流为 $\sqrt{\overline{i_\mathrm{S}^2}}$ 的发电机来替换该结，则电阻中耗散的功率为

$$P=\overline{i_\mathrm{S}^2}R \tag{14.35}$$

结合式（14.34）和式（14.35）得

$$\overline{i_\mathrm{S}^2}R=2Rq^2B\times\frac{N}{T}$$

$$\overline{i_\mathrm{S}^2}=2q^2B\times\frac{N}{T} \tag{14.36}$$

此时从结流出的直流电流 $I_{\mathrm{DC}}$ 为

$$I_{\mathrm{DC}}=\frac{Nq}{T} \tag{14.37}$$

最后，将直流电流代入式（14.36），得到来自结的 RMS 脉冲噪声电流为

$$\sqrt{\overline{i_S^2}}=\sqrt{2qI_{DC}B} \tag{14.38}$$

半导体中另外两个重要的噪声源是分配噪声和闪烁噪声。半导体中由于载流子在结处的随机分配而产生分配噪声；例如，在双极结晶体管中，基极-发射极结和基极-集电极结之间的载流子是随机分布的。闪烁噪声是一种低频效应，与半导体材料中的晶体缺陷有关。在低频率下，闪烁噪声的大小往往与频率的倒数成正比，因此闪烁噪声通常被称为 $1/f$ 噪声。

**例 14.5** 通过半导体结的直流电流为 10mA。计算：

（1）8MHz 带宽下来自结的 RMS 散粒噪声电流；

（2）如图 14.6a 所示，15kΩ 电阻分流接点时所耗散的散粒噪声功率。

**解：**

（1）$\sqrt{\overline{i_S^2}}=\sqrt{2\times1.6\times10^{-19}\times10\times10^{-6}\times8\times10^{6}}\,\mathrm{A}=0.16\mu\mathrm{A}$

（2）$P=\overline{i_S^2}R=(0.16\times10^{-6})^2\times15\times10^3\,\mathrm{W}=384\mathrm{pW}$

## 14.3 噪声测量

### 14.3.1 噪声系数（$F$）

双端口换能器的噪声性能由噪声系数($F$)表示，有时也称为噪声因子。“噪声系数”和“噪声因子”是同义词。无线电工程师协会（IRE）标准委员会[2]给出了噪声系数的基本定义。IRE 的定义可以表达为

在指定的输入频率下，噪声系数 $F$ 由以下比率给出：

$$F=\frac{(1)\text{在输出端可用的单位带宽(在相应的输出频率上)的总噪声功率}}{(2)\text{在标准噪声温度下(1)由输入端在输入频率处产生的那部分}} \tag{14.39}$$

关于式（14.39）的定义，需要注意 4 点：

（1）标准噪声温度为 290K；

（2）对于外差系统，原则上有一个以上的输出频率对应一个输入频率，反之亦然，对每一对对应的频率定义一个噪声系数；

（3）短语“在输出端可用”可以替换为“由系统交付到输出端”；

（4）只有在指定了输入端时，用噪声系数来描述一个系统才有意义。

图 14.7 所示为具有噪声系数 $F$ 和可用增益 $G_{avail}$ 的两端口换能器。

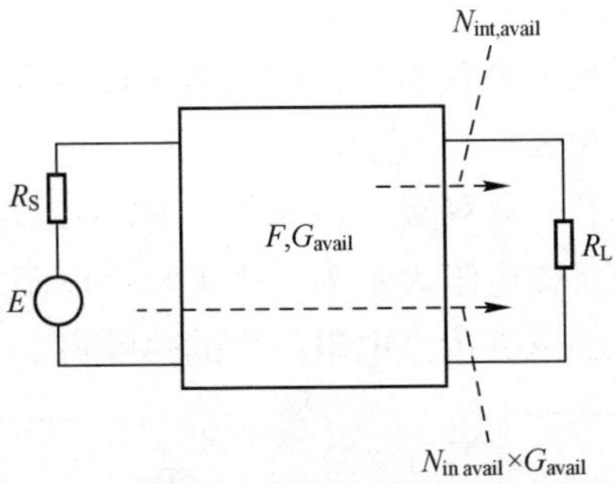


图 14.7　噪声网络输出端的噪声分量

输入端口由一个在温度为 $T_0$ 时具有内阻 $R_S$ 的发电机 $E$ 端接。换能器的输出端有一个电阻 $R_L$。在换能器输出端可用的噪声 $N_{out,avail}$ 将是换能器内部产生的噪声 $N_{int,avail}$ 和输入噪声 $N_{S,avail}$ 的总和，通过换能器的增益放大，即

$$N_{out,avail} = N_{in,avail} \times G_{avail} \tag{14.40}$$

应用式（14.39）给出的噪声系数定义，我们得到

$$F = \frac{N_{int,avail} + (N_{in,avail} \times G_{avail})}{(N_{in,avail} \times G_{avail})} = \frac{N_{out,avail}}{(N_{in,avail} \times G_{avail})} \tag{14.41}$$

现在我们可以用换能器输入和输出的信号功率来表示 $G_{avail}$，即

$$G_{avail} = \frac{S_{out,avail}}{S_{in,avail}} \tag{14.42}$$

结合式（14.41）和式（14.42）得

$$F = \frac{\left(\dfrac{S}{N}\right)_{in,avail}}{\left(\dfrac{S}{N}\right)_{out,avail}} \tag{14.43}$$

当功率在负载中消耗，而不是在输出端可用时，我们可以将式（14.43）写为

$$F = \frac{\left(\dfrac{S}{N}\right)_{in}}{\left(\dfrac{S}{N}\right)_{out}} \tag{14.44}$$

要注意两点：

（1）$F$ 为无噪声网络的单位数，大于实际网络的单位数；

（2）式（14.43）和式（14.44）仅在源阻抗温度为 290K 时成立。

### 14.3.2 噪声温度（$T_e$）

噪声温度是噪声系数的替代参数，用来表示设备或电路中产生的噪声，噪声温度与噪声系数直接相关。

图14.8（a）显示了一个双端口传感器，在温度$T_0$时，电阻$R_S$端接输入端口。为了便捷，我们将该电阻表示为一个无噪声电阻和一个均方输出为$\overline{e_S^2}$的噪声发生器的串联组合，以表示该电阻产生的热噪声。

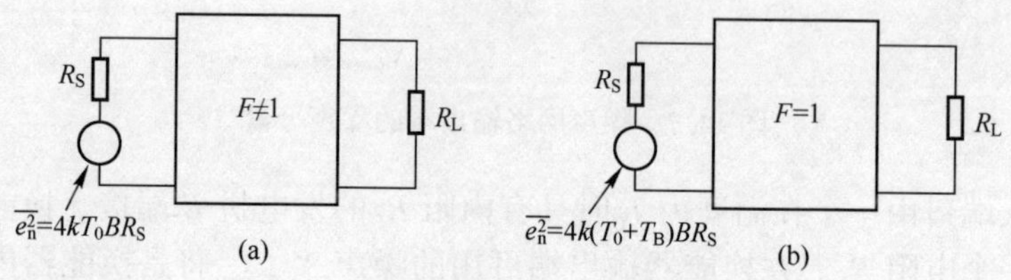


图14.8 使用噪声系数和噪声温度的等效网络

（a）有噪声的网络；（b）无声的网络。

由之前的热噪声理论

$$\overline{e_S^2}=4kT_0BR_S \tag{14.45}$$

我们重写式（14.41），即

$$F=\frac{G_{avail}kT_0B+N_{int,avail}}{G_{avail}kT_0B} \tag{14.46}$$

我们可以用源温度的升高$T_e$来表示换能器内部产生的噪声，然后认为换能器是无噪声的，这种情况如图14.8（b）所示，其中无噪声换能器的$F=1$，则式（14.46）变为

$$F=\frac{G_{avail}kT_0B+G_{avail}kT_eB}{G_{avail}kT_0B}=1+\frac{T_e}{T_0} \tag{14.47}$$

或者

$$T_e=(F-1)T_0 \tag{14.48}$$

标准源温度为290K，因此，式（14.48）通常写为

$$T_e=(F-1)290\text{K} \tag{14.49}$$

**例14.6** 射频组件的噪声系数为3.42dB，计算部件的噪声温度。

**解：**

$$F_{dB}=3.42\text{dB}=10\log(F)\text{dB}\Rightarrow F=2.2$$

使用式（14.49）有

$$T_e=(2.2-1)\times290\text{K}=348\text{K}$$

表 14.1 说明了典型噪声系数与噪声温度的对应关系。

表 14.1　典型噪声系数及对应的噪声温度

| 噪声系数，$F$ | $10\log F$/dB | 噪声温度，$T_e$/K |
|---|---|---|
| 1 | 0 | 0 |
| 2 | 3.0 | 290 |
| 3 | 4.8 | 580 |
| 4 | 6.0 | 870 |
| 5 | 7.0 | 1160 |
| 10 | 10.0 | 2610 |

在处理天线和低噪声接收系统时，噪声温度往往是一个在数值上更方便的表示噪声的参数。测量双端口网络噪声系数的方法见附录 14.A.2。

## 14.4　级联网络的噪声系数

两个网络的级联如图 14.9 所示。在标准温度 $T_0$ 下源电阻为 $R_S$，负载电阻为 $R_L$。

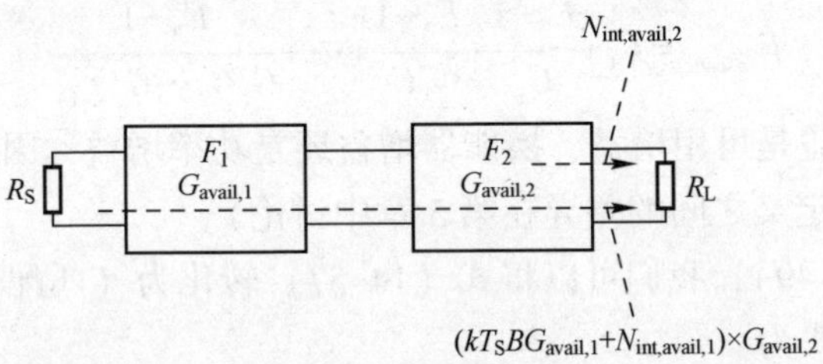


图 14.9　级联网络

级联的总体噪声系数 $F_0$ 由

$$F_0=\frac{N_{R_L}}{kT_0BG_{avail,1}G_{avail,2}} \tag{14.50}$$

其中

$N_{R_L}$——第二个网络输出的可用总噪声功率；

$$N_{R_L}=N_{int,avail,2}+N_{out,avail,1}G_{avail,2}=N_{int,avail,2}+(kT_0BG_{avail,1}+N_{int,avail,1})G_{avail,2} \tag{14.51}$$

将式（14.51）中的 $N_{R_L}$ 代入式（14.50），得到

$$F_0=\frac{N_{\text{int,avail},2}+(kT_0BG_{\text{avail},1}+N_{\text{int,avail},1})G_{\text{avail},2}}{kT_0BG_{\text{avail},1}G_{\text{avail},2}} \tag{14.52}$$

将噪声系数的定义应用到单个网络中，得

$$F_1=\frac{kT_0BG_{\text{avail},1}+N_{\text{int,avail},1}}{kT_0BG_{\text{avail},1}}=1+\frac{N_{\text{int,avail},1}}{kT_0BG_{\text{avail},1}} \tag{14.53}$$

$$F_2=\frac{kT_0BG_{\text{avail},2}+N_{\text{int,avail},2}}{kT_0BG_{\text{avail},2}}=1+\frac{N_{\text{int,avail},2}}{kT_0BG_{\text{avail},2}} \tag{14.54}$$

将式（14.53）和式（14.54）代入式（14.52），得到两个网络级联的总体噪声系数为

$$F_0=F_1+\frac{F_2-1}{G_{\text{avail},1}} \tag{14.55}$$

将上述分析直接推广，得到 $N$ 个网络级联的噪声系数为

$$F_{\text{cascade}}=F_1+\frac{F_2-1}{G_{\text{avail},1}}+\frac{F_3-1}{G_{\text{avail},1}G_{\text{avail},2}}+\cdots+\frac{F_N-1}{G_{\text{avail},1}G_{\text{avail},2}\cdots G_{\text{avail},(N-1)}} \tag{14.56}$$

级联中若干单元的总体噪声系数表达式如式（14.56）所示，对于分析实际系统的噪声性能非常重要，式（14.56）也称为 Friis 噪声方程。

对于输入端和输出端网络都匹配的情况，式（14.56）可以写为

$$F_{\text{cascade}}=F_1+\frac{F_2-1}{G_1}+\frac{F_3-1}{G_1G_2}+\cdots+\frac{F_N-1}{G_1G_2\cdots G_{(N-1)}} \tag{14.57}$$

没有指定增益是可用增益、换能器增益还是功率增益，因为增益在数值上是相同的（增益定义之间的差异在第 5 章中讨论）。

利用式（14.49），我们可以将式（14.57）转化为（匹配）网络级联的总体噪声温度表达式为

$$T_{\text{e,cascade}}=T_{\text{e1}}+\frac{T_{\text{e2}}}{G_1}+\frac{T_{\text{e3}}}{G_1G_2}+\cdots+\frac{T_{\text{e}N}}{G_1G_2\cdots G_{(N-1)}} \tag{14.58}$$

其中，$T_{\text{e}n}$ 为单个网络的噪声温度。

由式（14.56）到式（14.58）可以推导出 4 个要点：

（1）噪声主要来自级联中的第一个单元；

（2）初始单元的高增益将具有降低后续单元噪声贡献的效果；

（3）理想情况下，第一个单元噪声小，以保持 $T_{\text{e1}}$ 小，增益高，以降低后续单元的噪声；

（4）级联最后一个网络的增益不影响整体噪声系数和温度。

**例 14.7**　对于三个匹配的放大器级联，数据如下：

| | | |
|---|---|---|
| 放大器 1： | 增益 = 8dB | 噪声系数 = 1.9dB |
| 放大器 2： | 增益 = 15dB | 噪声系数 = 2.6dB |
| 放大器 3： | 噪声图 = 3.1dB | |

确定总噪声系数，以及相应的总噪声温度。

**解：**

放大器 1：$G_1 = 10^{0.8} = 6.31$　　$F_1 = 10^{0.19} = 1.55$

放大器 2：$G_2 = 10^{1.5} = 31.62$　　$F_2 = 10^{0.26} = 1.82$

放大器 3：$F_3 = 10^{0.31} = 2.04$

代入式（14.57）有

$$F_{\text{overall}} = 1.55 + \frac{1.82-1}{6.31} + \frac{2.04-1}{6.31 \times 31.62} = 1.69$$

$$F_{\text{overall}}(\text{dB}) = 10\log(1.69)\,\text{dB} = 2.28\text{dB}$$

使用式（14.49）有

$$T_{\text{e,overall}} = (1.69-1) \times 290\text{K} = 200.10\text{K}$$

## 14.5　天线噪声温度

天线噪声是指天线接收到（或拾取）的噪声，而不是天线材料内部产生的噪声。后者的噪声非常小，因为天线通常是由高导电性材料制成的。天线接收到的噪声用一个有效的噪声温度来表示，即天线噪声温度，它与天线的物理温度无关。

天线噪声主要由两种因素造成，即来自天空的噪声和来自地球的噪声。天空噪声，以天空噪声温度 $T_{\text{sky}}$ 为代表，是由于来自星系辐射的噪声和源于大气的噪声。图 14.10 显示了天空噪声温度随频率的典型变化。当频率接近 1GHz 时，银河噪声会迅速降低，而在 1GHz 以上，大气噪声会逐渐增加，第一个峰值出现在 23GHz，这是由于大气中的水分子发生共振，而另一个峰值出现在 60GHz，这是由于氧分子发生共振。这些峰值的大小，特别是在 23GHz 时，非常依赖于物理条件。从图 14.10 可以看出，大约在 1～10GHz 之间存在一个低天空噪声区域，天空噪声温度为 10K 量级，这个低噪声区域通常称为微波窗口。这个窗口内的噪声温度非常依赖于天线主波束的仰角，因为这改变了大气中的路径长度，在大波束仰角时，微波内部的噪声温度窗口可以低至 5K。

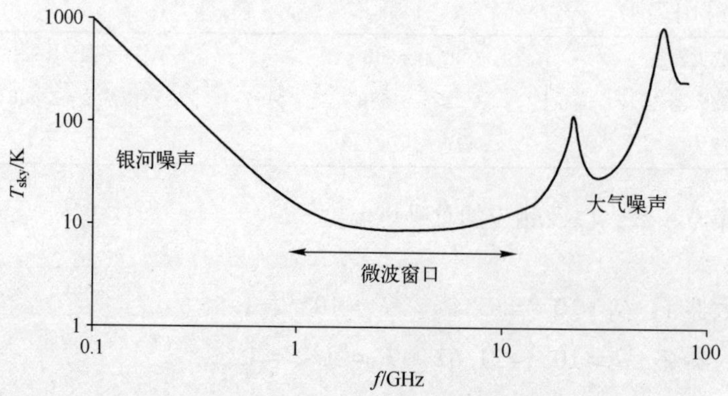


图 14.10　主波束典型仰角下天线天空噪声温度随频率的典型变化

地球在典型的环境温度为 290K 时，构成了一个辐射热噪声的热体。天线接收到的天空和地球噪声的比例取决于天线的辐射方向图。天线噪声温度 $T_{ae}$ 可以写为

$$T_{ae}=xT_{sky}+yT_{earth} \tag{14.59}$$

其中，$x$ 和 $y$ 为天线辐射图中分别观察天空和地球的部分。

如果我们考虑地球表面环境温度为 290K，则式（14.59）可改写为

$$T_{ae}=xT_{sky}+290y \tag{14.60}$$

**例 14.8**　确定一个天线的天线噪声温度，其中 95%的极图与 22K 的天空相交，5%的极图与地球相交。

**解：**

$$T_{ae}=(0.95\times22+0.05\times290)\text{K}=(20.9+14.5)\text{K}=35.4\text{K}$$

例 14.8 表明，虽然只有 5%的辐射图接触到地球，但这对天线的整体噪声温度有很大的影响。显然，对于低噪声无线接收机来说，设计和使用旁瓣与地球接触最小的天线是非常重要的。

## 14.6　系统噪声温度

系统噪声温度 $T_{sys}$ 为天线噪声温度与组成接收机的级联单元噪声温度之和，即

$$T_{sys}=T_{ae}+T_{cascade}=T_{ae}+T_{e1}+\frac{T_{e2}}{G_1}+\frac{T_{e3}}{G_1G_2}+\cdots+\frac{T_{eN}}{G_1G_2\cdots G_{(N-1)}} \tag{14.61}$$

在接收系统的输出端可用的噪声功率是 $kT_{sys}BG_{avail}$，其中 $G_{avail}$ 是跟随天线的网络的可用增益。

## 14.7　温度 $T_0$ 时匹配衰减器的噪声系数

匹配衰减器如图 14.11 所示。

衰减器的输入和输出阻抗为 $R_0$，并连接相同值的源和负载阻抗。假设衰减器、源阻抗和负载阻抗都处于相同的参考温度 $T_0$，衰减器的损耗因子为 $\alpha$。

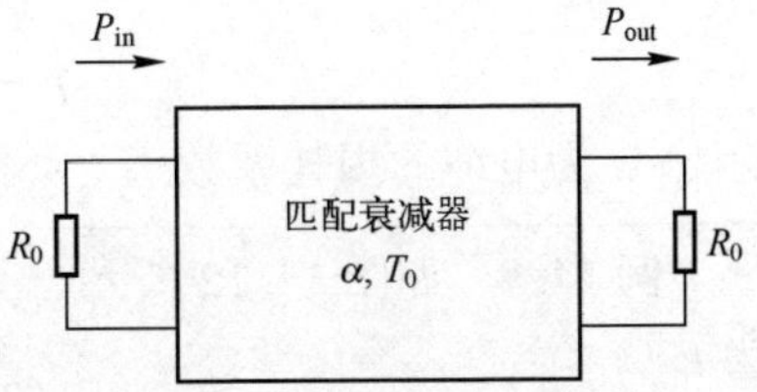

图 14.11　匹配衰减器

从源流入匹配衰减器的噪声功率将为

$$P_{in} = kT_0B \tag{14.62}$$

从衰减器流出的噪声功率将是来自源的噪声 $\frac{kT_0B}{\alpha}$，加上匹配衰减器内产生的噪声 $xkT_0B$，即

$$P_{out} = \frac{kT_0B}{\alpha} + xkT_0B \tag{14.63}$$

对于热平衡，输出的噪声功率必须等于输入的噪声功率，即

$$\frac{kT_0B}{\alpha} + xkT_0B = kT_0B \tag{14.64}$$

并且

$$x = 1 - \frac{1}{\alpha} \tag{14.65}$$

$$P_{out} = \frac{kT_0B}{\alpha} + \left(1 - \frac{1}{\alpha}\right)kT_0B \tag{14.66}$$

根据式（14.39）给出的噪声系数 $F$ 的定义，我们有

$$F = \frac{\frac{kT_0B}{\alpha} + \left(1 - \frac{1}{\alpha}\right)kT_0B}{\frac{kT_0B}{\alpha}} \tag{14.67}$$

$$F = \alpha \tag{14.68}$$

因此，我们看到，在参考温度 $T_0$ 下，匹配衰减器的噪声系数在数值上等于损耗因子。由此可见，在参考温度下，对于匹配的有损电缆，其噪声系数将等于电缆损耗因子。

这对接收机设计是一个重要的结果，表明为了进行噪声分析，必须将天线和接收机之间的馈线视为接收机级联的第一级。对于第一级，高馈线损耗意味着高噪声系数或高噪声温度，由于这没有除以任何增益因子，它将对接收机的整体噪声产生显著影响。此外，有一个有损馈线作为第一阶段将有效地放大来自后续阶段的噪声，因为这些阶段的噪声温度将除以馈线的增益，它小于 1。

由式（14.49）和式（14.68）可得，物理温度为 290K 的馈线电缆的噪声温度 $T_f$ 为

$$T_f=(\alpha-1)290\text{K} \tag{14.69}$$

其中，$\alpha$ 为电缆的损耗系数。

**例 14.9** 如图 14.12 所示，天线通过匹配的馈线连接到接收机，温度为 $t_0$。

图 14.12 示例 14.9 的接收系统

图 14.12 所示排列的数据如下：

| | |
|---|---|
| 天线： | 92%的天线方向图看到的是 19K 的天空<br>8%的天线方向图看到的是 290K 的地球 |
| 馈线： | 损失 = 3.2dB |
| 接收机： | 噪声系数 = 6.1dB |

（1）确定系统噪声温度。

（2）如果在天线和馈线之间插入增益为 12dB、噪声系数为 2.08dB 的前置放大器，则确定系统噪声温度，对结果发表评论。

**解：**

（1）利用式（14.59）求出天线噪声温度：

$$T_{ae}=(0.92\times19+0.08\times290)\text{K}=40.68\text{K}$$

$$\text{馈线噪声系数}\equiv\text{馈电损耗}=3.2\text{dB}\Rightarrow F=10^{0.32}$$

利用式（14.69）求出馈线的噪声温度：

$$T_f=(100.32-1)\times290\text{K}=315.90\text{K}$$

利用式（14.49）求出接收机噪声温度：

$$T_{Rx}=(100.61-1)\times 290\text{K}=891.40\text{K}$$

利用式（14.61）求系统噪声温度：

$$T_{sys}=\left(40.68+315.90+\frac{891.40}{10^{-0.32}}\right)\text{K}=2218.98\text{K}$$

（2）前置放大器：

$$G_{dB}=12\text{dB}\Rightarrow G_{pa}=10^{1.2}$$

$$F_{dB}=2.08\text{dB}\Rightarrow T_{pa}=(10^{0.208}-1)\times 290\text{K}=178.16\text{K}$$

修改系统噪声温度表达式，使其包含前置放大器，并注意前置放大器插入在馈线前：

$$T_{sys}=T_{ae}+T_{pa}+\frac{T_f}{G_{pa}}+\frac{T_{Rx}}{G_{pa}G_f}=\left(40.68+178.16+\frac{315.90}{10^{1.2}}+\frac{891.40}{10^{1.2}10^{-0.32}}\right)\text{K}=356.28\text{K}$$

备注：前置放大器的存在显著降低了系统的噪声温度。一般来说，位于有耗网络前的放大器会降低网络对整体噪声的贡献。

## 14.8　超外差接收机

超外差接收机是射频和微波频率上使用的最常见的接收机结构形式。超外差接收机的基本原理是将接收到的频率下变频为更低的频率，称为中频(IF)，其中大部分的放大和检测发生在中频。中频是固定频率的，这使得高质量的电路能够被设计出来，具有良好的选择性。

### 14.8.1　单转换超外差接收机

图 14.13 所示为一个简单的单变频超外差接收机的基本结构，接收机的输入端连接到天线上。

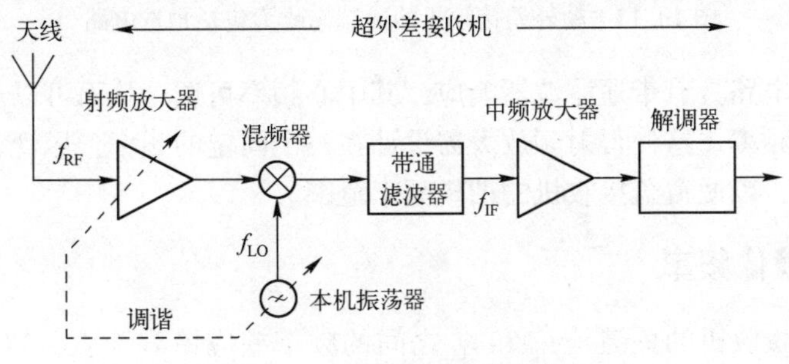


图 14.13　单变频超外差接收机

图 14.13 所示单元的关键功能如下。

（1）一个可调谐、低噪声的射频放大器放大频率为 $f_{RF}$ 的接收信号，然后将其施加于混频器的一个输入端。

（2）频率为 $f_{LO}$ 的本振（LO）的输出作用于频率混频器的另一个输入端。

（3）频率混频器包含一个非线性器件，该器件产生两个输入频率的所有可能组合，即

$$f_{\text{mixer o/p}} = mf_{RF} \pm nf_{LO} \tag{14.70}$$

（4）中频滤波器具有带通频率响应，从混频器输出端的频率梳中选取差频，即

$$f_{IF} = |f_{RF} - f_{LO}| \tag{14.71}$$

（5）中频放大器是一种高质量、高增益、定频放大器，在检测前对信号进行放大。

（6）为了接收不同的信道，RF 放大器和 LO 必须调谐，使它们的频率差始终等于中频值。通常这两个单元的调谐控制是连接（或组合），因此，只需要一个手动或电子调谐元件。

图 14.13 所示的简单接收机的缺点是，除了可调谐之外，射频放大器必须有一个相对较窄的频率响应，以便接收机可以拒绝天线拾取的不需要的频率和信道。为了克服这一缺点，许多超外差接收机在天线和射频放大器之间包括一个预选择电路，如图 14.14 所示。

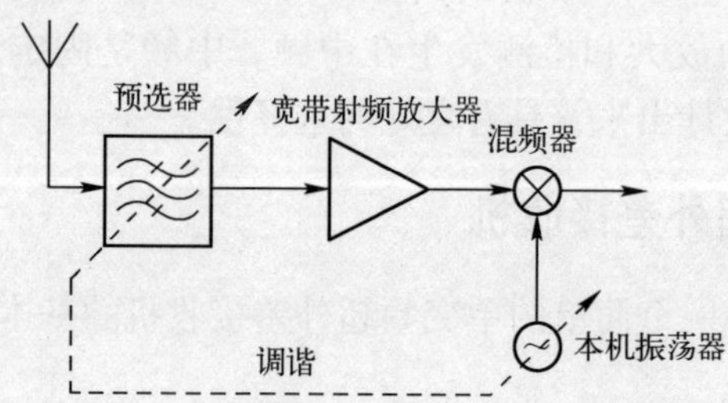


图 14.14　超外差接收机的前端修改为包括预选电路

预选择电路具有带通滤波器响应，其中心频率可调，从而可以从天线中滤除不需要的频率。这使得射频放大器设计在一个固定的频率，尽管它必须有一个宽带响应，以便覆盖接收机的期望频率范围。

## 14.8.2　镜像频率

超外差接收机的关键是 $f_{RF}$ 和 $f_{LO}$ 之间的频率差应该等于 $f_{IF}$。LO 可以高于或低于射频频率；通常情况下，$f_{LO}$ 高于 $f_{RF}$，因为这减少了 LO 和 RF 放大器所

需的调谐范围。如果我们假设$f_{LO}>f_{RF}$在 LO 频率的另一侧会有另一个频率，当与 LO 信号混合时将产生正确的 IF。由于另一个频率和低频之间的频率间隔也必须等于 IF 值，因此称为镜像频率，用$f_I$表示。镜像频率相对于 RF 和 LO 值的位置如图 14.15 所示。

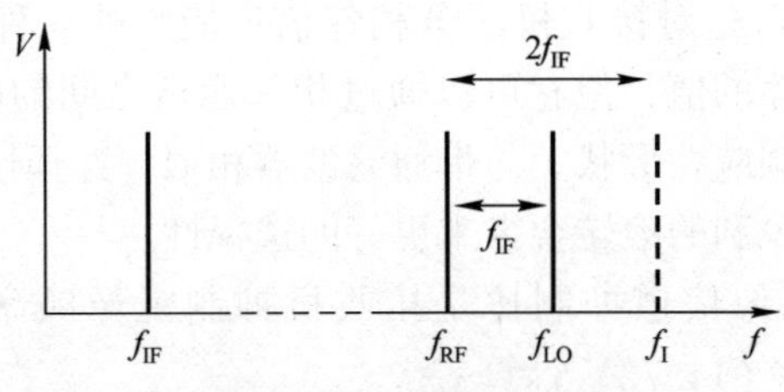


图 14.15　镜像频率位置

从图 14.15 可以看出，所要的 RF 信号与镜像频率的频率分离等于 $2f_{IF}$。图 14.14 所示的预选择器的一个关键功能就是通过 RF 信号，阻断镜像频率。如果允许镜像频率到达混频器，将产生正确的中频，并造成严重的干扰。预选择器可以是一个窄带、带通滤波器，尽管使用具有高 $Q$ 值的谐振电路可以获得更高的镜像频率抑制。图 14.16 显示了预选器的典型响应。

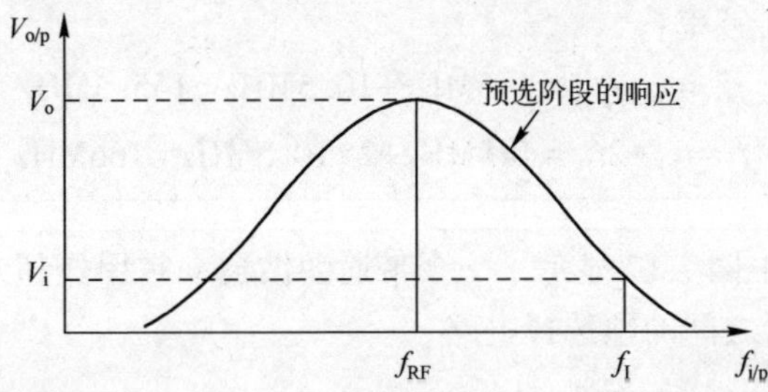


图 14.16　预选择电路的典型响应，显示镜像抑制

图 14.16 显示了预选择电路的输出电压与输入频率的关系。电路调谐到频响 $f_{RF}$，使镜像频率很好地位于响应的边缘，镜像抑制由表达式给出

$$20\log\left(\frac{V_o}{V_i}\right)\text{dB} \tag{14.72}$$

其中，$V_i$和 $V_o$分别为预选器输入和输出电压的幅值。

如果在预选择阶段使用谐振电路，则可以通过增加谐振电路的 $Q$ 值来增加镜像抑制。但是，如果使用非常高的 $Q$ 值，则需要谨慎，因为这也会缩小电路的带宽，并可能对以 $f_{RF}$ 为中心的信号的边带频率产生不利影响。

### 14.8.3 超外差接收机的主要优点

（1）灵敏度。灵敏度定义为产生理想输出所需的输入载波的最小功率，通常被认为是 15dB 的信噪比。

（2）专一性。这是对接收机区分相邻信道能力的一种衡量，尽管通常引用该参数时没有具体的值，但它可以通过相邻通道之间的串扰来指定。通常，接收机的整体频率响应在形状上与带通滤波器相似，选择性取决于频率响应边缘的滚转质量，更锐利的滚转会带来更好的选择性。

（3）ICRR。镜像信道抑制比是接收机抑制镜像频率能力的一个度量，ICRR 的值可以用式（14.72）计算。

**例 14.10** 射频超外差接收机调至 145MHz，如果中频为 10.5MHz，计算两个可能的 LO 频率值，并计算每种情况下的镜像频率。

**解：**

LO 频率低于 RF 频率：

$$f_{LO}=f_{RF}-f_{IF}=145\text{MHz}-10.5\text{MHz}=134.5\text{MHz}$$

$$f_I=f_{RF}-2f_{IF}=145\text{MHz}-2\times10.5\text{MHz}=124\text{MHz}$$

LO 频率高于 RF 频率：

$$f_{LO}=f_{RF}+f_{IF}=145\text{MHz}+10.5\text{MHz}=155.5\text{MHz}$$

$$f_I=f_{RF}+2f_{IF}=145\text{MHz}+2\times10.5\text{MHz}=166\text{MHz}$$

**例 14.11** 图 14.17 显示了一个带通滤波器，它用作超外差接收机中天线和第一混频器之间的预选择电路。

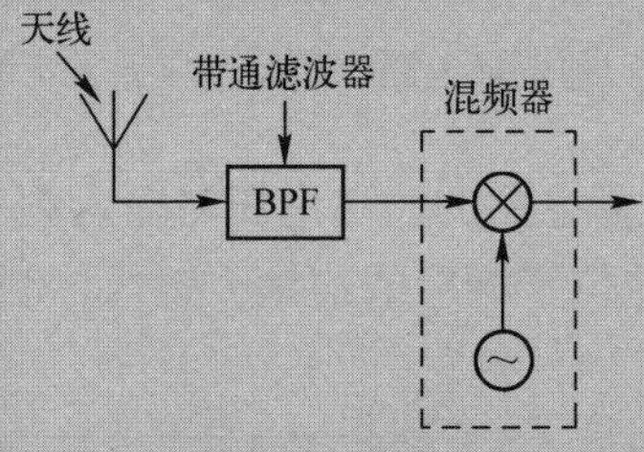


图 14.17 作为预选电路使用的带通滤波器

本例中的预选电路具有谐振电路的特性，其输出电压 $V$ 在频率 $f$ 处为

$$\frac{V}{V_o}=\left(1+jQ\left|\frac{f}{f_0}-\frac{f_0}{f}\right|\right)^{-1}$$

其中

$V_o$——谐振频率 $f_0$ 处的输出电压；

$Q$——电路的 $Q$ 因子。

如果电路调谐到射频频率为 100MHz，中频频率为 10.7MHz，确定所需的 $Q$ 值，使镜像信道抑制比（ICRR）为 25dB。

**解：**

假设 $f_{LO}>f_{RF}$ 则 $f_i=(100+2\times10.7)\text{MHz}=121.4\text{MHz}$

$$\text{ICRR}=25\text{dB}\Rightarrow\frac{V_o}{V}=10^{1.25}$$

重新排列给定的方程

$$\frac{V_o}{V}=1+\mathrm{j}Q\left(\frac{f}{f_0}-\frac{f_0}{f}\right)$$

$$\left|\frac{V_o}{V}\right|=\left[1+Q^2\left(\frac{f}{f_0}-\frac{f_0}{f}\right)^2\right]^{0.5}$$

代入数据得

$$10^{1.25}=\left[1+Q^2\left(\frac{121.4}{100}-\frac{100}{121.4}\right)^2\right]^{0.5}\Rightarrow Q=45.49$$

## 14.8.4　双变频超外差接收机

在单变频超外差接收机中，$f_{IF}$ 中频的选择是很重要的，其值有两个基本要求：

（1）它应该较高，以便能很好地抑制镜像频率；

（2）它应该较低，便于设计高质量的 IF 级。

显然，这些相互冲突的要求不能通过单一的混频级来满足。图 14.18 所示的双变频超外差接收机采用了两个混频级，中频增益大部分在低频中频级。

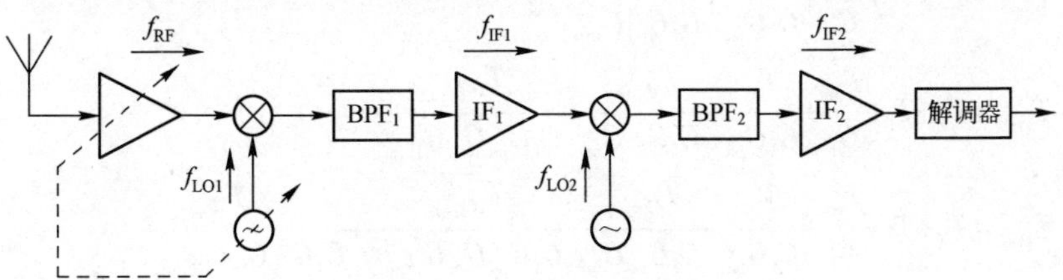


图 14.18　双变频超外差接收机

第一个中频，$f_{IF1}$被选为高的，以便镜像频率很好地位于预选择器响应的边缘，从而提供良好的镜像抑制。第二个中频$f_{IF2}$可以降低，以允许在接收机的输出级设计高质量的电路。

### 14.8.5 超外差接收机的噪声预算图

噪声预算图显示了噪声和信噪比在接收机子系统中的变化情况。图 14.19 显示了一个典型的超外差无线接收机的前端，并确定了 7 个噪声参考位置。通过考虑每个位置之前的系统噪声温度，我们可以确定通过接收机的信噪比的变化。

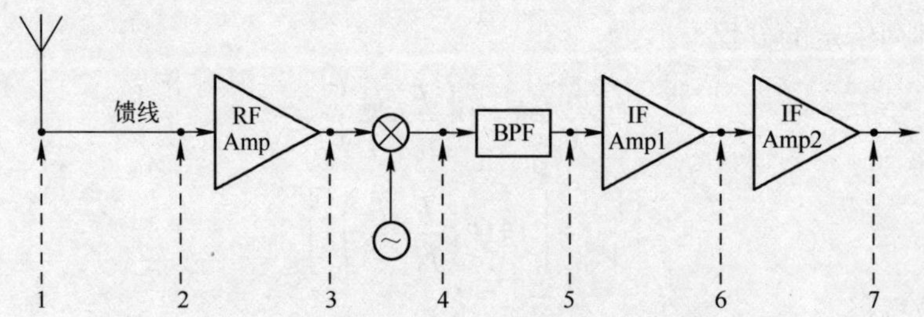


图 14.19 超外差接收机前端噪声温度参考点

利用前面关于级联噪声源的理论，图 14.19 所示的 7 个位置之前的系统噪声温度为

$$T_{sys1}=T_a$$

$$T_{sys2}=T_a+T_f$$

$$T_{sys3}=T_a+T_f+\frac{T_{pa}}{G_f}$$

$$T_{sys4}=T_a+T_f+\frac{T_{pa}}{G_f}+\frac{T_m}{G_fG_{pa}}$$

$$T_{sys5}=T_a+T_f+\frac{T_{pa}}{G_f}+\frac{T_m}{G_fG_{pa}}+\frac{T_{IF_{filter}}}{G_fG_{pa}G_m}$$

$$T_{sys6}=T_a+T_f+\frac{T_{pa}}{G_f}+\frac{T_m}{G_fG_{pa}}+\frac{T_{IF_{filter}}}{G_fG_{pa}G_m}+\frac{T_{IF_{amp1}}}{G_fG_{pa}G_mG_{IF_{filter}}}$$

$$T_{sys7}=T_a+T_f+\frac{T_{pa}}{G_f}+\frac{T_m}{G_fG_{pa}}+\frac{T_{IF_{filter}}}{G_fG_{pa}G_m}+\frac{T_{IF_{amp1}}}{G_fG_{pa}G_mG_{IF_{filter}}}+\frac{T_{IF_{amp2}}}{G_fG_{pa}G_mG_{IF_{filter}}G_{IF_{amp1}}}$$

每个位置的信噪比将为

$$\left(\frac{S}{N}\right)_n = \frac{P_{\mathrm{R}}}{KT_{\mathrm{sys}_n}B} \tag{14.73}$$

其中

$P_{\mathrm{R}}$——天线终端的接收功率；

$n$——特定位置；

其余符号有其通常含义。

典型的数值计算和得到的噪声预算图实例见例 14.12。

实际上，重要的是接收链输出端的信噪比，而不是中间位置的信噪比。然而，作为对接收机噪声问题的介绍，噪声预算图的概念有助于强调接收机链中第一个单元的特殊意义。

**例 14.12**　以下数据应用于图 14.19 所示的接收机前端

| 天线终端接收信号功率 = 302pW | |
|---|---|
| 天线噪声： | 93%的光束看到 32K 的天空 |
| | 7%的光束看到 290K 地球 |
| 馈线： | Loss = 3.8dB |
| 射频前置放大器： | 增益 = 7.1dB |
| | 噪声温度 = 175K |
| 混频器： | 转换损失 = 1.9dB |
| | 噪声系数 = 2.1dB |
| 中频过滤器： | 通带损耗 = 0.7dB |
| 第一中频放大器. | 增益 - 17dB |
| | 噪声系数 = 2.7dB |
| 第二中频放大器： | 增益 = 21dB |
| | 噪声系数 = 3.6dB |

假设接收机带宽为 2GHz，画一个噪声预算图，显示信噪比如何通过接收机变化。

**解：**

天线噪声式（14.59）：

$$T_{\mathrm{ae}} = (0.93\times32+0.07\times290)\,\mathrm{K} = 50.06\mathrm{K}$$

| 馈线 | $G_f=10^{-0.38}$ $T_f=(10^{0.38}-1)\times290\text{K}=405.66\text{K}$ |
|---|---|
| 射频前置放大器 | $G_{pa}=10^{0.71}$ $T_{pa}=175\text{K}$ |
| 混频器 | $G_m=10^{-0.19}$ $T_m=(10^{0.21}-1)\times290\text{K}=180.32\text{K}$ |
| 中频过滤器 | $G_{\text{IF}_{\text{filter}}}=10^{-0.07}$ $T_{\text{IF}_{\text{filter}}}=(10^{0.07}-1)\times290\text{K}=50.72\text{K}$ |
| 第一中频放大器 | $G_{\text{IF}_{\text{amp1}}}=10^{1.7}$ $T_{\text{IF}_{\text{amp1}}}=(10^{0.27}-1)\times290\text{K}=250.01\text{K}$ |
| 第二中频放大器 | $G_{\text{IF}_{\text{amp2}}}=10^{2.1}$ $T_{\text{IF}_{\text{amp2}}}=(10^{2.1}-1)\times290\text{K}=374.35\text{K}$ |

计算中间系统噪声温度：

$T_{\text{sys1}}=50.06\text{K}$

$T_{\text{sys2}}=(50.06+405.66)\text{K}=455.72\text{K}$

$$T_{\text{sys3}}=\left(455.72+\frac{175}{10^{-0.38}}\right)\text{K}=875.53\text{K}$$

$$T_{\text{sys4}}=\left(875.53+\frac{180.32}{10^{-0.38}10^{0.71}}\right)\text{K}=959.86\text{K}$$

$$T_{\text{sys5}}=\left(959.86+\frac{50.72}{10^{-0.38}10^{0.71}10^{-0.19}}\right)\text{K}=996.60\text{K}$$

$$T_{\text{sys6}}=\left(996.60+\frac{250.01}{10^{-0.38}10^{0.71}10^{-0.19}10^{-0.07}}\right)\text{K}=1209.39\text{K}$$

$$T_{\text{sys7}}=\left(1209.39+\frac{374.35}{10^{-0.38}10^{0.71}10^{-0.19}10^{-0.07}10^{1.7}}\right)\text{K}=1215.75\text{K}$$

使用式子（14.73）

$$\left(\frac{S}{N}\right)_n=\frac{P_R}{kT_{\text{sys}_n}B}=\frac{302\times10^{-12}}{1.38\times10^{-23}\times T_{\text{sys}_n}\times2\times10^9}=\frac{10942.03}{T_{\text{sys}_n}}$$

将 $T_{\text{sys}_n}$ 代入，可以得到 7 个指定位置的信噪比：

| 位置 | 1 | 2 | 3 | 4 | 5 | 6 | 7 |
|---|---|---|---|---|---|---|---|
| $S/N$ | 218.58 | 24.01 | 12.50 | 11.40 | 10.98 | 9.05 | 9.00 |
| $(S/N)/\text{dB}$ | 23.40 | 13.80 | 10.97 | 10.57 | 10.41 | 9.57 | 9.54 |

使用表中的数据，我们可以绘制噪声预算图，显示 $S/N$ 比在接收机中如何随位置变化。

图 14.20 绘制的信噪比预算图强调了接收机的第一级在确定最后一级输出信噪比方面的重要性。在这个特殊的例子中，可以看到最后四个阶段对最终信噪比的影响很小。

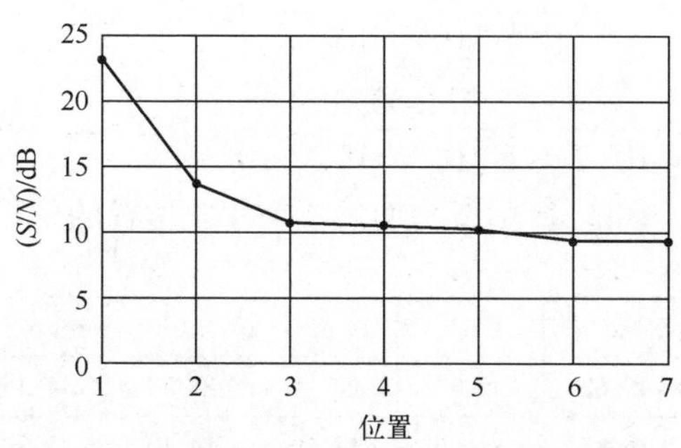


图 14.20　例 14.12 的信噪比预算图

**例 14.13**　将射频前置放大器置于天线和馈线之间，重复例 14.12，比较两种情况下的噪声预算图。

**解：**

新的接收机配置如图 14.21 所示。

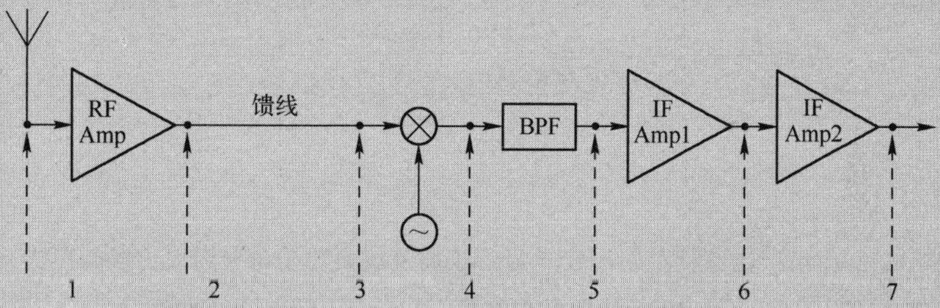


图 14.21　修改示例 14.13 的接收机配置

利用例 14.12 中各机组的噪声温度数据，可以得到新的中间系统噪声温度：

$$T_{sys1}=50.06\text{K}$$

$$T_{sys2}=(50.06+175)\text{K}=255.06\text{K}$$

$$T_{sys3}=\left(255.06+\frac{405.66}{10^{0.71}}\right)\text{K}=304.16\text{K}$$

$$T_{sys4}=\left(304.16+\frac{180.32}{10^{0.71}10^{-0.38}}\right)\text{K}=388.50\text{K}$$

$$T_{sys5}=\left(388.50+\frac{50.72}{10^{0.71}10^{-0.38}10^{-0.19}}\right)K=425.24K$$

$$T_{sys6}=\left(425.24+\frac{250.01}{10^{0.71}10^{-0.38}10^{-0.19}10^{-0.07}}\right)K=638.03K$$

$$T_{sys7}=\left(638.03+\frac{374.35}{10^{0.71}10^{-0.38}10^{-0.19}10^{-0.07}10^{1.7}}\right)K=644.39K$$

替换 $T_{sys_n}$，我们可以得到新构型的 7 个指定位置的信噪比：

| 位置 | 1 | 2 | 3 | 4 | 5 | 6 | 7 |
|---|---|---|---|---|---|---|---|
| $S/N$ | 218.58 | 48.62 | 35.97 | 28.16 | 25.73 | 17.15 | 16.98 |
| $(S/N)$/dB | 23.40 | 16.87 | 15.56 | 14.50 | 14.10 | 12.34 | 12.30 |

修改后的排列方式的噪声预算图以及原排列方式的噪声预算图如图 14.22 所示。

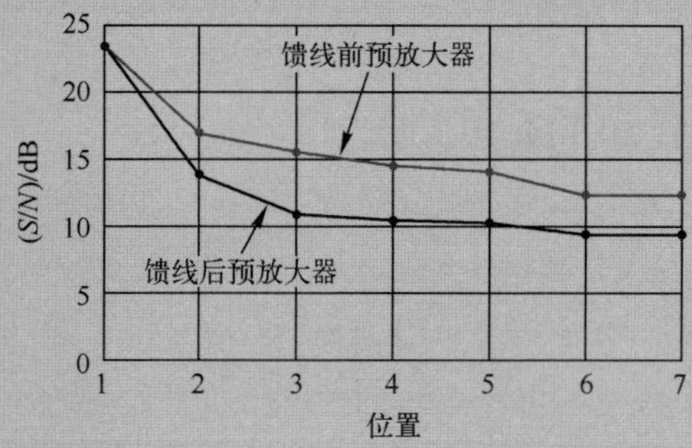


图 14.22　信噪比预算图的比较（显示了前置放大器相对于馈线位置的影响）

注释：图 14.22 显示了在有损耗馈线之前放置前置放大器对信噪比的显著改善。

**例 14.14**　假设当天线终端接收到的信号功率为 370pW 时，要求例 14.12 中指定的接收机输出的信噪比至少为 12dB。要达到这一要求，在室温下最大允许的馈线损耗是多少？

**解：**

首先，我们需要找到达到输出要求的最大系统噪声温度：

$$\left(\frac{S}{N}\right)_n=\frac{P_R}{KT_{sys_n}B}$$

因此

$$10^{1.2}=\frac{302\times10^{-12}}{1.38\times10^{-23}\times T_{sys}\times2\times10^{9}}$$

$$T_{sys}=845.85\text{K}$$

用前面的完整接收机的系统噪声温度表达式，我们有

$$845.85=T_a+T_f+\frac{T_{pa}}{G_f}+\frac{T_m}{G_fG_{pa}}+\frac{T_{IF_{filter}}}{G_fG_{pa}G_m}+\frac{T_{IF_{amp1}}}{G_fG_{pa}G_mG_{IF_{filter}}}$$
$$+\frac{T_{IF_{amp2}}}{G_fG_{pa}G_mG_{IF_{filter}}G_{IF_{amp1}}}$$

设馈线损耗系数为 $\alpha$，则

$$\alpha=\frac{1}{G_f}$$

将数据代入系统噪声温度表达式，注意到馈线的噪声温度为$(\alpha-1)290\text{K}$，得到

$$845.85=50.06+(\alpha-1)290+175\alpha+\frac{180.32\alpha}{10^{0.71}}+\frac{50.72\alpha}{10^{0.71}10^{-0.19}}+\frac{250.01\alpha}{10^{0.71}10^{-0.19}10^{-0.07}}$$
$$+\frac{374.35\alpha}{10^{0.71}10^{-0.19}10^{-0.07}10^{1.7}}$$

解这个方程有

$$\alpha=1.79\equiv2.53\text{dB}$$

即最大允许馈线损耗为 2.53dB。

## 14.9　混　频　器

混频器，或者更准确地说是频率混频器，是在超外差接收机和许多其他射频和微波仪器中提供频率转换的基本设备。

### 14.9.1　混频器基本原理

正如我们在超外差接收机的描述中所看到的，混频器的基本目的是将两个信号相乘，并提取和频和差频。如图 14.23 所示，它也显示了混频器的常规电路符号。

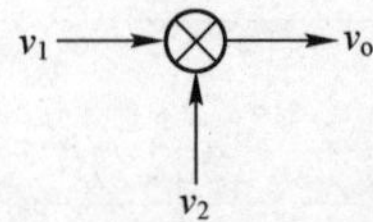


图 14.23　混频器的电路符号

如果图 14.23 所示的混频器的输入是正弦的，那么理想输出为

$$v_o = v_1 \times v_2 = V_1 \sin\omega_1 t \times V_2 \sin\omega_2 t = \frac{V_1 V_2}{2}[\cos(\omega_1 - \omega_2)t - \cos(\omega_1 + \omega_2)t] \tag{14.74}$$

由式（14.74）可知，理想输出由和频和差频组成；包含$(\omega_1+\omega_2)$的术语称为上边带，包含$(\omega_1-\omega_2)$的术语称为下边带。通常会通过简单的滤波去除其中一个边带。在实际中，执行混频的非线性元件将产生 $m\omega_1 \pm n\omega_2$形式的频率频谱，其中 $m$ 和 $n$ 是整数，但是可以使用合适的滤波器在输出端隔离所需的频率。

## 14.9.2　混频器参数

（1）可用转换增益（$G_m$）。

这是单边带中频输出功率与射频输入功率的比值

$$(G_m)_{dB} = 10\log\left(\frac{可用中频输出功率}{可用射频输入功率}\right)dB \tag{14.75}$$

在许多情况下，特别是对于无源混频器，中频输出功率将小于射频输入功率，$(G_m)_{dB}$将为负，表示转换损耗。

（2）噪声系数$(F_m)$。

混频器的噪声系数是射频输入到混频器的可用信噪比除以中频输出的可用信噪比，即

$$(F_m)_{dB} = 10\log\left(\frac{\left(\frac{S}{N}\right)_{RF,avail}}{\left(\frac{S}{N}\right)_{IF,avail}}\right)dB \tag{14.76}$$

值得注意的是，混频器在射频信号和镜像频率处都会产生下变频噪声。如果在混频器之前加 RF 滤波器来去除镜像信号，则式（14.76）给出的噪声系数称为单边带噪声系数。

（3）失真。

混频器必然是非线性器件，因为它们的功能是提供频率混频。因此，混频

器将产生相对较高的失真程度，它们通常被认为是接收机中主要的失真产生器件。混频器的失真程度可以用与功率放大器类似的方式来指定（参见第 13 章)，即 IM3 截距点和 1dB 压缩点。

(4) 带宽。

与所有射频和微波器件一样，混频器将有一个可用带宽，这通常是由混频器中的耦合器和匹配电路决定的，而不是由有源组件本身决定的。

(5) 隔离。

这通常是根据混频器射频和 LO 端口之间的泄漏来指定的，在实际系统中尽量减少这种泄漏是非常重要的。例如，在天线连接到混频器射频端口的接收系统中，任何 LO 到 RF 端口的泄漏都会导致一些 LO 信号从天线辐射出去。一般情况下，RF 与 LO 端口之间的泄漏量应大于 20dB。

(6) 动态范围($D_m$)。

动态范围由射频端口提供的最大和最小功率来指定。

$$D_m = 10\log\left(\frac{P_{RF,max}}{P_{RF,min}}\right)\text{dB} \tag{14.77}$$

其中

$P_{RF,max}$——允许的最大输入功率；

$P_{RF,min}$——要求的最小输入功率，满足混频器性能的其他要求。

最大输入功率通常由 1dB 压缩点设置，最小功率是在混频器输出端提供令人满意的信噪比的功率。

(7) LO 噪声抑制。

这指的是混频器抵消 LO 产生的噪声的能力，它被混频到中频频率。这在射频和微波接收机中通常很重要，其中 LO 的噪声水平可以与天线的小接收信号水平相当。

### 14.9.3 有源和无源混频器

混频器分为两大类，即提供转换增益的有源混频器和存在转换损耗的无源混频器。有源混频器通常采用 FET 作为非线性器件，这种类型的混频器可以提供数 dB 的转换增益，但往往有 5~10dB 的高噪声系数。使用 FET 的混频器之所以有吸引力是因为它们与单片技术兼容。另外，双栅场效应晶体管允许输入频率被应用到混频器上，而不需要耦合器来保持输入源之间的隔离。在使用双栅场效应晶体管的混频器中，射频信号作用于一个栅极，而 LO 信号作用于另一个栅极。最近，高电子迁移率晶体管（HEMT）器件被用于有源混频器，因为它们可以在高射频频率下提供低噪声和高转换增益的组合。无源混频器通常使用肖特基势垒二极管，这种二极管的转换损耗为几个 dB，噪声系数与此相近。

### 14.9.4 单端二极管混频器

单端二极管混频器的基本结构如图 14.24 所示。

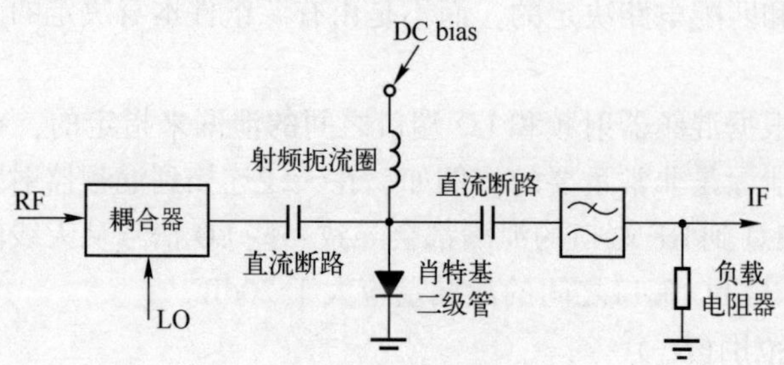


图 14.24 单端二极管混频器

在图 14.24 所示的电路中，射频和 LO 信号通过前向耦合定向耦合器加到混频二极管上。耦合器提供射频源和 LO 源之间的隔离。直流电压 $V_{DC}$，通过适当的扼流圈施加到二极管，该电压用于在二极管的 $I$-$V$ 特性上选择适当的工作点。施加到二极管上的总电压 $v$ 为

$$v = V_{DC} + v_{RF} + v_{LO} = V_{DC} + V_{RF}\sin\omega_{RF}t + V_{LO}\sin\omega_{LO}t \tag{14.78}$$

文中给出了混频器二极管的小信号 $I$-$V$ 特性

$$i(v) = I_{SS}\left(\exp\left[\frac{q}{\eta kT}v\right] - 1\right) \tag{14.79}$$

其中

$I_{SS}$——通过二极管的反向饱和电流；

$q$——电子电荷；

$\eta$——理想因子；

$k$——玻耳兹曼常数；

$T$——绝对温度。

式（14.79）中的指数项可以展开为级数，得到

$$i(v) = I_{SS}\left(\left[\frac{q}{\eta kT}\right]v + \frac{1}{2!}\left[\frac{q}{\eta kT}\right]^2 v^2 + \frac{1}{3!}\left[\frac{q}{\eta kT}\right]^3 v^3 + \cdots\right) \tag{14.80}$$

如果我们将式（14.78）的 $v$ 代入式（14.80），那么平方项将产生二极管输出的差频 $\omega_{LO}-\omega_{RF}$。二极管输出端剩余的所有不需要的产物都可以用合适的低通滤波器去除，如图 14.24 所示。

如果 LO 驱动电平很高，则从 LO 发出的正负交替的电压摆幅会使二极管在交替周期内完全导通和关断，器件将充当开关混频器，LO 有效地充当方波电压源的作用，其波形如图 14.25 所示，其中 $T=(f_{LO})^{-1}$。

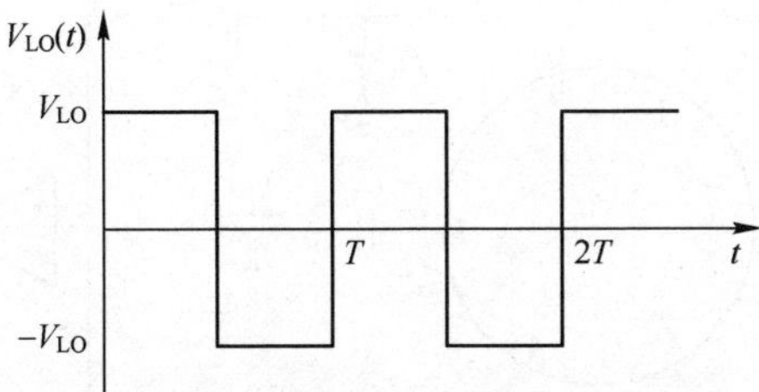


图 14.25　高驱动电平的有效 LO 波形

图 14.25 所示的波形可以用傅里叶级数表示为

$$v_{LO}(t)=\sum_{n=1}^{\infty}\frac{2V_{LO}\sin\left(\frac{n\pi}{2}\right)}{n\pi}\cos(n\omega_{LO}t) \tag{14.81}$$

混频器二极管的输出由

$$v_o=v_{RF}(t)\times\sum_{n=1}^{\infty}\frac{2V_{LO}\sin\left(\frac{n\pi}{2}\right)}{n\pi}\cos(n\omega_{LO}t) \tag{14.82}$$

扩展式（14.82）并考虑一个正弦射频输入，得到

$$v_o=V_{RF}\sin\omega_{RF}t\times\frac{2V_{LO}}{\pi}\left(\cos\omega_{LO}t-\frac{1}{3}\cos3\omega_{LO}t+\cdots\right) \tag{14.83}$$

将式（14.83）中的三角函数项相乘得到

$$v_o=\frac{2V_{RF}V_{LO}}{\pi}\left(\frac{\sin(\omega_{RF}\pm\omega_{LO})t}{2}-\frac{\sin3(\omega_{RF}\pm\omega_{LO})t}{6}+\cdots\right) \tag{14.84}$$

经过适当的滤波，可以将包含差频的项分离出来

$$v_o=\frac{V_{RF}V_{LO}}{\pi}\sin(\omega_{RF}-\omega_{LO})t \tag{14.85}$$

### 14.9.5　单平衡混频器

平衡混频器是指其配置为从输出端移除或平衡一个或多个输入频率的混频器。单平衡混频器将从输出端去除一个输入频率。这方面的一个例子是使用一个单平衡混频器来消除超外差接收机中第一混频器级输出的 LO 噪声。制造这种混频器的方法有很多种，其中一种方法是使用微带混合环或分支线耦合器，

这在第 2 章中已经讨论过。图 14.26 展示了使用混合环的单平衡混频器的结构。

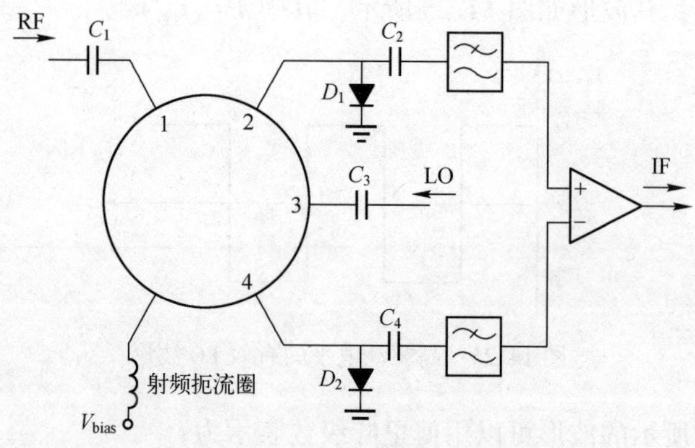


图 14.26　单平衡混频器

在图 14.26 所示的电路中，混合环的端口 1 和端口 3 分别连接到射频输入口和 LO 上。端口 2 和端口 4 连接到混合元件，如半导体二极管。通过第 2 章讨论的混合环的工作，我们知道射频输入信号和 LO 的输出信号将一起作用于端口 2 和端口 4，这些信号将在两个二极管中混合产生和差积。二极管输出连接到滤波器，滤波器通过所需的差分频率，这些被应用到差分放大器的输入端。

在图 14.26 电路中，需要注意的其他点：

（1）由于混合环的端口 1 和端口 3 是相互隔离的，因此，射频源和 LO 源之间有很好的隔离；

（2）LO 源到差分放大器两个输入端的路径长度相等，因此，LO 噪声分量将在差分放大器的两个输入端同相，从而在其输出端抵消；

（3）离开混合环的端口 2 和端口 4 的射频信号将是相同的幅度，但 180° 失相。因此，射频衍生的信号分量在差分放大器的两个输入端是失相的，因此在其输出端是同相的。

## 14.9.6　双平衡混频器

双平衡混频器与单平衡混频器相比有以下几个优点：

（1）它提供所有 3 个端口之间的隔离，即 RF、LO 和 IF 端口之间的隔离；

（2）抑制 RF 和 LO 信号的所有偶次谐波；

（3）它提供了比单一平衡混频器更大的三阶截点（参见第 13 章）。

双平衡开关混频器的示例如图 14.27 所示。

图 14.27 所示的双平衡混频器的运行可以通过首先考虑 LO 信号的振幅足以将二极管完全打开或完全关闭来解释。因此，当 LO 信号为正时，二极管 D1 和 D2 将导通，可以用一个小的正向电阻（$r_d$）替代，而二极管 D3 和 D4 将偏置关断，可以用开路替代。这就产生了如图 14.28 所示的等效电路。同样，当 LO 信号为负时，二极管 D3、D4 导通，二极管 D1、D2 截止，产生如图 14.29 所示的等效电路。

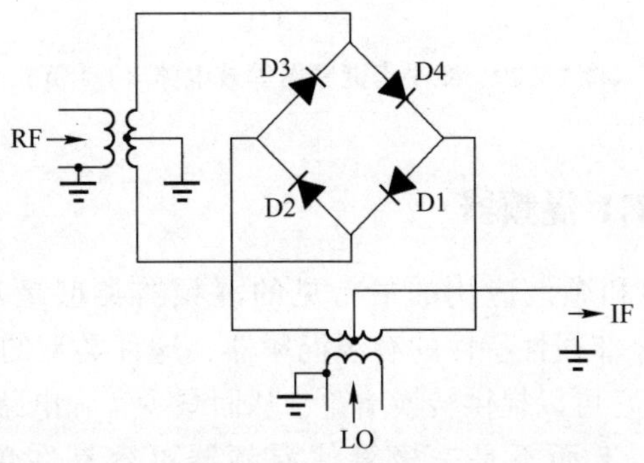


图 14.27　双平衡开关混频器

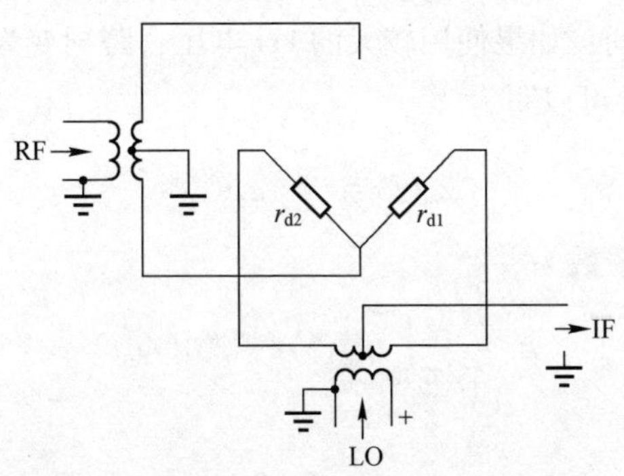


图 14.28　双平衡混频器等效电路（LO 正）

因此，图 14.27（标记为 IF）电路的输出将是一个射频信号乘以一个开关波形，如式（14.81）所述，因此通过在输出端适当滤波，我们可以得到式（14.85）所述的差频项。

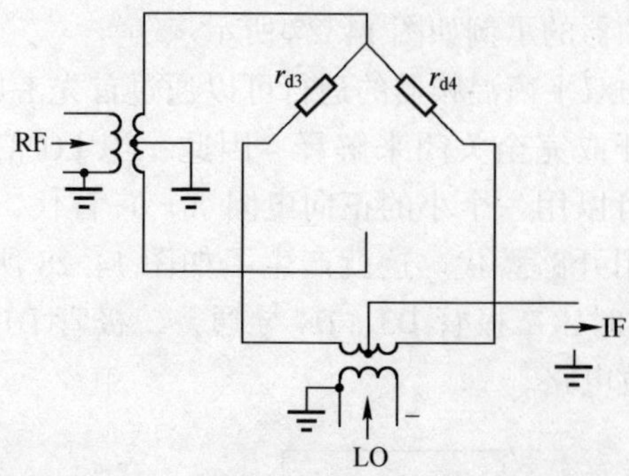


图 14.29　双平衡混频器等效电路（LO 负）

## 14.9.7　有源 FET 混频器

目前用于射频和微波应用的最常见的混频器类型是基于场效应晶体管（通常是 MESFET）非线性特性的有源混频器，这种类型的混频器比二极管混频器的主要优点是它可以提供转换增益，从而减少实际电路中所需的额外放大量。此外，使用 FET 而不是二极管使混频器更容易在单片微波集成电路（MMIC）中实现。

FET 混频器有多种配置，但最常见的是跨导混频器。在该结构中将 LO 应用于栅端和源端之间；如果使用较大的 LO 电压，跨导变为基波频率为 $f_{LO}$ 的时变函数 $g_m(t)$，跨导可以写为[3]

$$g_m(t) = \sum_{k=-\infty}^{\infty} g_k e^{jk\omega_0 t} \tag{14.86}$$

跨导的傅里叶系数为

$$g_k = \frac{1}{2\pi}\int_0^{2\pi} g_m(t)e^{-jk\omega_0 t}d(\omega_0 t) \tag{14.87}$$

和

$$\omega_0 = 2\pi f_{LO} \tag{14.88}$$

如果我们考虑在栅极上加一个小的射频电压 $v_{RF}$，那么小信号漏极电流将是

$$i_d(t) = g_m(t)v_{RF} \tag{14.89}$$

其中

$$v_{RF}(t) = V_{RF}\cos\omega_{RF}t \tag{14.90}$$

并且 $|V_{RF}| \ll |V_{LO}|$。

由此可见，漏极电流将包含频率 $|n\omega_0 \pm \omega_{RF}|$，其中 $n$ 为整数。在 FET 混频

器用作频率下变频器的情况下，连接到漏极的低通滤波器可用于选择($\omega_{RF}-\omega_0$)频率分量。

一个简单的 FET 混频器电路如图 14.30 所示，为了简单起见，省略了直流偏置连接。

在电路中，输入射频信号被下变频为中频输出，该混合电路用于将射频和 LO 输入相互隔离，并将它们在 FET 的栅端结合起来。混合电路还将包含一个匹配电路，以匹配射频输入到 FET 的栅极。由于频率不同，该电路不会使电路与栅极相匹配，但这一点并不重要，因为电路的功能主要是提供栅极和源极之间的开关功能。如前所述，低通滤波器（LPF）用于选择所需的中频输出。

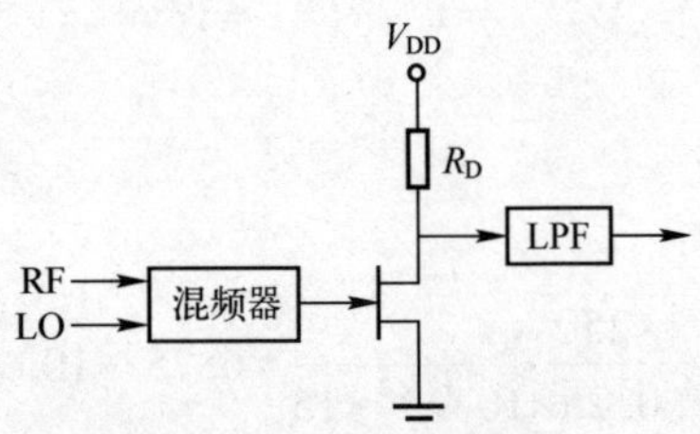


图 14.30　跨导混频器

用于指定 FET 混频器性能的最重要参数之一是可用的混频器转换增益 $G_c$。使用 FET 的等效电路，Pucel 等[3]提出了最大可用转换增益的表达式

$$G_{c,\max}=\frac{g_1^2\overline{R_d}}{4\omega_{RF}^2\bar{c}^2R_i} \tag{14.91}$$

其中

$g_1$——基波傅里叶系数，由式（14.86）得到；

$\overline{R_d}$——FET 漏极电阻的时间平均值；

$\omega_{RF}=2\pi f_{RF}$($f_{RF}=RF$ 输入频率)；

$\bar{c}$——场效应晶体管栅源电容的时间平均值；

$R_i$——场效应晶体管的输入电阻。

为方便起见，式（14.91）中的参数也显示在图 14.31 简化的 FET 等效电路中。注意，对于式（14.91）中规定的最大可用转换增益，$R_L=R_d$，其中 $R_L$ 是负载电阻。

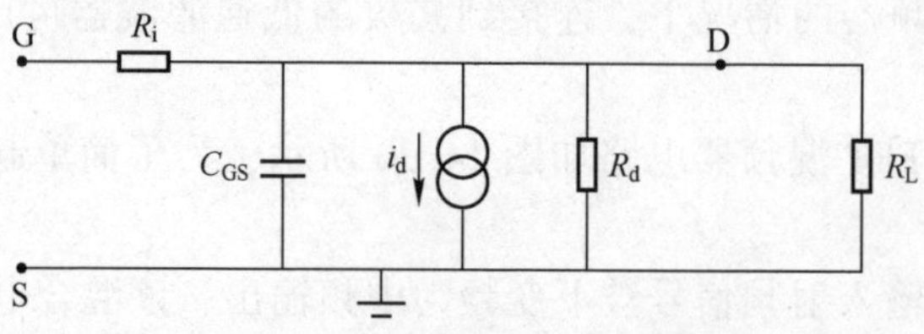


图 14.31 FET 的简化等效电路

**例 14.15** 以下 FET 数据适用于 5GHz 接收机中用作第一级的换能器混频器：

$$R_i = 15\Omega \quad \overline{C} = 0.25\text{pF} \quad \overline{R_d} = 250\Omega \quad g_1 = 10\text{mS}$$

计算最大可用转换增益。

**解：**

使用式（14.91）有

$$G_{c,\max} = \frac{10^{-4}\times 250}{4\times(2\pi\times 10^9)^2\times(0.25\times 10^{-12})^2\times 15} = 6.75 \equiv 10\log(6.75)\,\text{dB} = 8.29\text{dB}$$

FET 混频器有多种结构。一种特别有用的结构使用双栅场效应晶体管，如图 14.32 所示。

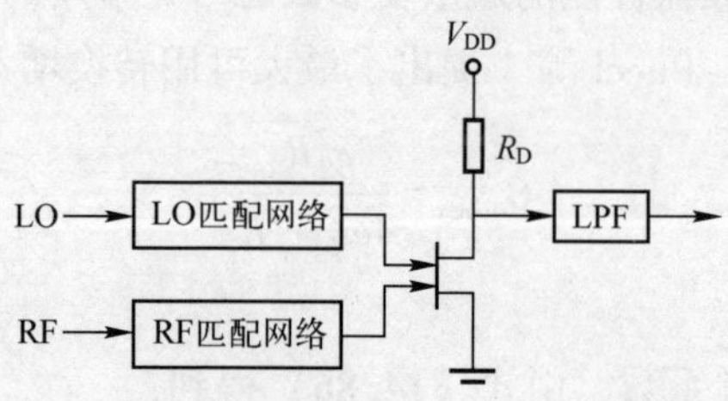


图 14.32 双栅场效应晶体管混频器

双栅的使用在射频源和射频源之间提供了隔离，并消除了混合的需要，还可以为射频和射频源输入设计单独的匹配网络。双栅 FET 混频器的理论与跨导混频器的理论有很大的不同，超出了本书的范围，但 Tsironis 等人[4]对双栅混频器的理论和性能进行了深入分析。此外，S. S. Maas 在参考文献[5]的第 5 章中对各种 FET 混频器的配置进行了详细的讨论。

## 14.10 补充习题

14.1　射频元件的噪声系数为 4.9dB，计算部件的噪声温度。

14.2　在室温下匹配的传输线长度的损耗为 3.8dB，计算线路的噪声系数和噪声温度。

14.3　当电阻的温度为 24℃时，在 3MHz 带宽内测量的 14kΩ 电阻上的开路 RMS 热噪声电压是多少？

14.4　通过半导体 *PN* 结的直流正向电流为 35mA，在 1MHz 的带宽下通过二极管的 RMS 散粒噪声电流是多少。

14.5　在均方根热噪声等级为 11μV 的系统中，任何时刻噪声等级超过 25μV 的概率是多少？

14.6　一个简单的基带数字通信系统以单极脉冲的形式传输数据，其中一个脉冲代表“1”，一个空格代表“0”。如果脉冲幅值为 12mV，热噪声电压均方根为 7.2mV，如果“1”和“0”出现的概率相等，求长消息中发生错误的概率。

14.7　确定天线的噪声温度，其中 85%的辐射图指向 45K 的天空，15%的辐射图指向地球，假设噪声温度为 290K。

14.8　天线终端的可用噪声功率为-110dBm。如果天线连接到放大器的输入端，放大器的增益为 20dB，噪声系数为 6dB，那么放大器输出端的噪声功率是多少？假设天线是与放大器输入阻抗匹配，带宽为 10MHz。

14.9　假设在习题 14.8 规定的结构中，第二个相同的放大器与第一个放大器级联。第二个放大器输出端的噪声功率是多少？假设第一个放大器的输出与第二个放大器的输入阻抗匹配。

14.10　以下数据适用于两个射频放大器：

| | | |
|---|---|---|
| 放大器 1： | 可用增益 = 12dB | $F_{dB} = 4.2$dB |
| 放大器 2： | 可用增益 = 5dB | $F_{dB} = 2.2$dB |

两个放大器按什么顺序连接才能得到最小的整体噪声系数？

14.11　接收系统由一个前置放大器通过一段电缆连接到主接收机。前置放大器的噪声系数为 6dB，电缆在室温下的损耗为 8dB。如果主接收机的噪声系数为 13dB，在接收系统的总体噪声系数不超过 9dB 的情况下，求前置放大器所需的最小可用增益。假设接收系统的所有阶段是匹配的。

14.12　确定射频接收机前端的系统噪声温度，如图 14.33 所示，其中：

| | |
|---|---|
| 天线： | 90%的光束看到 60K 的天空<br>10%的波束看到 290 K 的地球 |
| 带通滤波器： | 通带插入损耗 = 0.5dB |
| 前置放大： | 增益 = 6dB<br>噪声温度 = 200K |
| 主放大器： | 增益 = 20dB<br>噪声系数 = 3.4dB |
| 混频器： | 噪声系数 = 4dB |

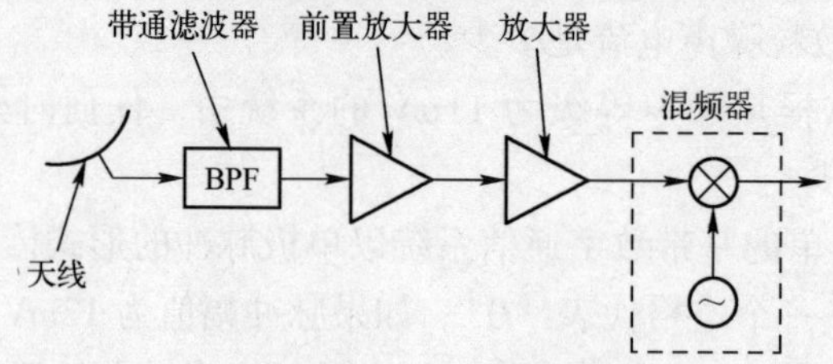


图 14.33　题 14.12 的接收机

14.13　确定卫星接收机前端系统噪声温度，如图 14.34 所示，其中：

| | |
|---|---|
| 天线： | 88%的光束看到 30K 的天空<br>12%的波束看到 290K 的地球 |
| 馈线： | 损耗 = 4dB |
| 带通滤波器： | 通带插入损耗 = 0.9dB |
| 前置放大： | 增益 = 7dB<br>噪声温度 = 175K |
| 主放大器： | 增益 = 18dB<br>噪声系数 = 2.9dB |
| 混频器： | 噪声系数 = 3.1dB |

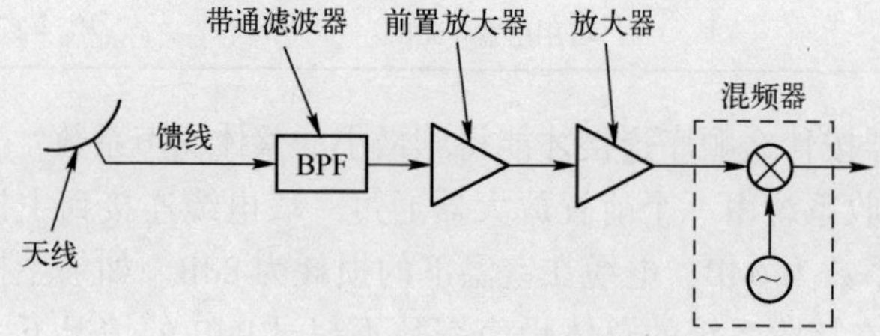


图 14.34　习题 14.13 的接收机

14.14　如果习题 14.13 天线在 10GHz 频率下增益为 32dB，天线附近的信号功率密度为 $1\mathrm{nW/m^2}$，则确定：

(1) 天线接收的功率，$1\mathrm{nW/m^2}$；

(2) 如果带宽为 2GHz，接收机输出端的信噪比；

(3) 如果将前置放大器重新放置在天线和馈线之间，接收机输出信噪比的变化；

(4) 用一个简单的噪声预算图显示 $(S/N)_0$ 在接收系统中 (2) 和 (3) 部分的变化情况。

14.15　射频接收机前端数据如下：

| | |
|---|---|
| 天线： | 84%的光束看到 47K 的天空 |
| | 16%的波束看到 290K 的地球 |
| 前置放大器： | 噪声温度 = 195K |
| 馈线： | 损耗 = 3.2dB |
| 放大器： | 增益 = 22dB |
| | 噪声系数 = 3.8dB |
| 混频器： | 噪声系数 = 4.5dB |

如果天线终端的信号功率为 3pW，在接收端带宽为 80MHz 的情况下，确定从前置放大器获得 9dB 输出信噪比所需的增益。

14.16　超外差接收机中预选择电路的频率响应如下：

$$\frac{V}{V_o}=\frac{1}{1+\mathrm{j}Q\left|\frac{f}{f_0}-\frac{f_0}{f}\right|}$$

如果电路调谐到 8MHz 信号，中频为 455KHz，确定所需的 $Q$ 值，以给出 20dB 的 ICRR（镜像信道抑制比）。

14.17　习题 14.16 中指定的预选择电路的 3dB 带宽是多少？

14.18　假设增加习题 14.16 的 $Q$ 值，得到的 ICRR 为 25dB，3dB 带宽会改变多少？

# 附录 14. A

## 14. A. 1　误差函数表

$$\mathrm{Erf}(x)=\frac{2}{\sqrt{\pi}}\int_0^x \mathrm{e}^{-y^2}\mathrm{d}y$$

| $x$ | Erf($x$) | $x$ | Erf($x$) | $x$ | Erf($x$) | $x$ | Erf($x$) |
|---|---|---|---|---|---|---|---|
| 0 | 0 | 0. 3 | 0. 328627 | 0. 6 | 0. 603856 | 0. 9 | 0. 796908 |
| 0. 01 | 0. 011283 | 0. 31 | 0. 338908 | 0. 61 | 0. 611681 | 0. 91 | 0. 801883 |
| 0. 02 | 0. 022565 | 0. 32 | 0. 349126 | 0. 62 | 0. 619411 | 0. 92 | 0. 806768 |
| 0. 03 | 0. 033841 | 0. 33 | 0. 359279 | 0. 63 | 0. 627046 | 0. 93 | 0. 811564 |
| 0. 04 | 0. 045111 | 0. 34 | 0. 369365 | 0. 64 | 0. 634586 | 0. 94 | 0. 816271 |
| 0. 05 | 0. 056372 | 0. 35 | 0. 379382 | 0. 65 | 0. 642029 | 0. 95 | 0. 820891 |
| 0. 06 | 0. 067622 | 0. 36 | 0. 38933 | 0. 66 | 0. 649377 | 0. 96 | 0. 825424 |
| 0. 07 | 0. 078858 | 0. 37 | 0. 399206 | 0. 67 | 0. 656628 | 0. 97 | 0. 82987 |
| 0. 08 | 0. 090078 | 0. 38 | 0. 409009 | 0. 68 | 0. 663782 | 0. 98 | 0. 834232 |
| 0. 09 | 0. 101281 | 0. 39 | 0. 418739 | 0. 69 | 0. 67084 | 0. 99 | 0. 838508 |
| 0. 1 | 0. 112463 | 0. 4 | 0. 428392 | 0. 7 | 0. 677801 | 1 | 0. 842701 |
| 0. 11 | 0. 123623 | 0. 41 | 0. 437969 | 0. 71 | 0. 684666 | 1. 01 | 0. 84681 |
| 0. 12 | 0. 134758 | 0. 42 | 0. 447468 | 0. 72 | 0. 691433 | 1. 02 | 0. 850838 |
| 0. 13 | 0. 145867 | 0. 43 | 0. 456887 | 0. 73 | 0. 698104 | 1. 03 | 0. 854784 |
| 0. 14 | 0. 156947 | 0. 44 | 0. 466225 | 0. 78 | 0. 704678 | 1. 04 | 0. 85865 |
| 0. 15 | 0. 167996 | 0. 45 | 0. 475482 | 0. 75 | 0. 711156 | 1. 05 | 0. 862436 |
| 0. 16 | 0. 179012 | 0. 46 | 0. 484655 | 0. 76 | 0. 717537 | 1. 06 | 0. 866144 |
| 0. 17 | 0. 189992 | 0. 47 | 0. 493745 | 0. 77 | 0. 723822 | 1. 07 | 0. 869773 |
| 0. 18 | 0. 200936 | 0. 48 | 0. 50275 | 0. 78 | 0. 73001 | 1. 08 | 0. 873326 |
| 0. 19 | 0. 21184 | 0. 49 | 0. 511668 | 0. 79 | 0. 736103 | 1. 09 | 0. 876803 |
| 0. 2 | 0. 222703 | 0. 5 | 0. 5205 | 0. 8 | 0. 742101 | 1. 1 | 0. 880205 |
| 0. 21 | 0. 233522 | 0. 51 | 0. 529244 | 0. 81 | 0. 748003 | 1. 11 | 0. 883533 |
| 0. 22 | 0. 244296 | 0. 52 | 0. 537899 | 0. 82 | 0. 753811 | 1. 12 | 0. 886788 |
| 0. 23 | 0. 255023 | 0. 53 | 0. 546464 | 0. 83 | 0. 759524 | 1. 13 | 0. 889971 |
| 0. 24 | 0. 2657 | 0. 54 | 0. 554939 | 0. 84 | 0. 765143 | 1. 14 | 0. 893082 |
| 0. 25 | 0. 276326 | 0. 55 | 0. 563323 | 0. 85 | 0. 770668 | 1. 15 | 0. 896124 |
| 0. 26 | 0. 2869 | 0. 56 | 0. 571616 | 0. 86 | 0. 7761 | 1. 61 | 0. 899096 |
| 0. 27 | 0. 297418 | 0. 57 | 0. 579816 | 0. 87 | 0. 78144 | 1. 17 | 0. 902 |
| 0. 28 | 0. 30788 | 0. 58 | 0. 587923 | 0. 88 | 0. 786687 | 1. 18 | 0. 904837 |
| 0. 29 | 0. 318283 | 0. 59 | 0. 595936 | 0. 89 | 0. 791843 | 1. 19 | 0. 907608 |

（续）

| x | Erf(x) | x | Erf(x) | x | Erf(x) | x | Erf(x) |
|---|---|---|---|---|---|---|---|
| 1.2 | 0.910314 | 1.6 | 0.976348 | 2 | 0.995322 | 2.4 | 0.999311 |
| 1.21 | 0.912956 | 1.61 | 0.977207 | 2.01 | 0.995525 | 2.41 | 0.999346 |
| 1.22 | 0.915534 | 1.62 | 0.978038 | 2.02 | 0.995719 | 2.42 | 0.999379 |
| 1.23 | 0.91805 | 1.63 | 0.978843 | 2.03 | 0.995906 | 2.43 | 0.999411 |
| 1.24 | 0.920505 | 1.64 | 0.979622 | 2.04 | 0.996086 | 2.44 | 0.999441 |
| 1.25 | 0.9229 | 1.65 | 0.980376 | 2.05 | 0.996258 | 2.45 | 0.999469 |
| 1.26 | 0.925236 | 1.66 | 0.981105 | 2.06 | 0.996423 | 2.46 | 0.999497 |
| 1.27 | 0.927514 | 1.67 | 0.98181 | 2.07 | 0.996582 | 2.47 | 0.999523 |
| 1.28 | 0.929734 | 1.68 | 0.982493 | 2.08 | 0.996734 | 2.48 | 0.999547 |
| 1.29 | 0.931899 | 1.69 | 0.9835153 | 2.09 | 0.99688 | 2.49 | 0.999571 |
| 1.3 | 0.934008 | 1.7 | 0.98379 | 2.1 | 0.997021 | 2.5 | 0.999593 |
| 1.31 | 0.936063 | 1.71 | 0.984407 | 2.11 | 0.997155 | 2.51 | 0.999614 |
| 1.32 | 0.938065 | 1.72 | 0.985003 | 2.12 | 0.997284 | 2.52 | 0.999635 |
| 1.33 | 0.940015 | 1.73 | 0.985578 | 2.13 | 0.997407 | 2.53 | 0.999654 |
| 1.34 | 0.941914 | 1.74 | 0.986135 | 2.14 | 0.997525 | 2.54 | 0.999672 |
| 1.35 | 0.943762 | 1.75 | 0.986672 | 2.15 | 0.997639 | 2.55 | 0.999689 |
| 1.36 | 0.945561 | 1.76 | 0.98719 | 2.16 | 0.997747 | 2.56 | 0.999706 |
| 1.37 | 0.947312 | 1.77 | 0.987691 | 2.17 | 0.997851 | 2.57 | 0.999722 |
| 1.38 | 0.949016 | 1.78 | 0.988174 | 2.18 | 0.997951 | 2.58 | 0.999736 |
| 1.39 | 0.95673 | 1.79 | 0.988641 | 2.19 | 0.998046 | 2.59 | 0.999751 |
| 1.4 | 0.952285 | 1.8 | 0.989091 | 2.2 | 0.998137 | 2.6 | 0.999764 |
| 1.41 | 0.953852 | 1.81 | 0.989525 | 2.21 | 0.998224 | 2.61 | 0.999777 |
| 1.42 | 0.955376 | 1.82 | 0.989943 | 2.22 | 0.998308 | 2.62 | 0.999789 |
| 1.43 | 0.956857 | 1.83 | 0.990347 | 2.23 | 0.998388 | 2.63 | 0.9998 |
| 1.44 | 0.958297 | 1.84 | 0.990736 | 2.24 | 0.998464 | 2.64 | 0.999811 |
| 1.45 | 0.959695 | 1.85 | 0.991111 | 2.24 | 0.998537 | 2.65 | 0.999822 |
| 1.46 | 0.961054 | 1.86 | 0.991472 | 2.26 | 0.998607 | 2.66 | 0.999831 |
| 1.47 | 0.962373 | 1.87 | 0.991821 | 2.27 | 0.998674 | 2.67 | 0.999841 |
| 1.48 | 0.963654 | 1.88 | 0.992156 | 2.28 | 0.998738 | 2.68 | 0.999849 |
| 1.49 | 0.964898 | 1.89 | 0.992479 | 2.29 | 0.998799 | 2.69 | 0.999858 |
| 1.5 | 0.966105 | 1.9 | 0.99279 | 2.3 | 0.998857 | 2.7 | 0.999866 |
| 1.51 | 0.967277 | 1.91 | 0.99309 | 2.31 | 0.998912 | 2.71 | 0.999873 |
| 1.52 | 0.968413 | 1.92 | 0.993378 | 2.32 | 0.998966 | 2.72 | 0.99988 |
| 1.53 | 0.969516 | 1.93 | 0.993656 | 2.33 | 0.999016 | 2.73 | 0.999887 |
| 1.54 | 0.970586 | 1.94 | 0.993923 | 2.34 | 0.999065 | 2.74 | 0.999893 |
| 1.55 | 0.971623 | 1.95 | 0.994179 | 2.35 | 0.999111 | 2.75 | 0.999899 |
| 1.56 | 0.972628 | 1.96 | 0.994426 | 2.36 | 0.999155 | 2.76 | 0.999905 |
| 1.57 | 0.973603 | 1.97 | 0.994664 | 2.37 | 0.999197 | 2.77 | 0.99991 |
| 1.58 | 0.974547 | 1.98 | 0.994892 | 2.38 | 0.999237 | 2.78 | 0.999916 |
| 1.59 | 0.975462 | 1.99 | 0.995111 | 2.39 | 0.999275 | 2.79 | 0.99992 |

## 14. A. 2　噪声系数测量

噪声系数测量是射频和微波子系统的关键测量方法之一，尤其是用于接收机第一级的低噪声放大器。测量噪声系数有许多方法，这里将介绍 3 种最常见的方法，即 $Y$ 因子法、噪声二极管法和放电管法。

(1) $Y$ 因子法。

$Y$ 因子测量的基本排列如图 14. 35 所示，它由一个源电阻组成，源电阻的物理温度可以改变，提供给待测设备（DUT），被测设备末端有一个功率计来测量输出噪声。

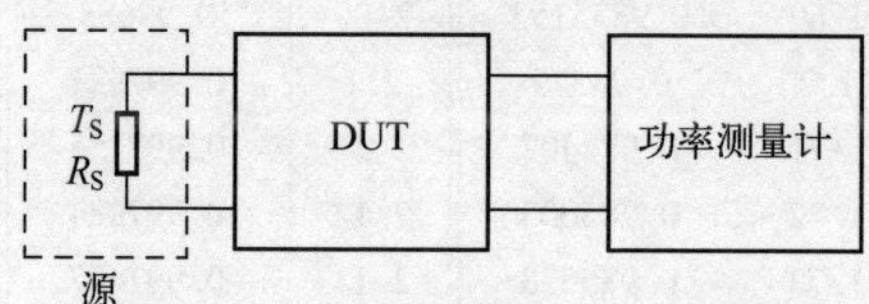


图 14. 35　噪声系数测量（$Y$ 因子法）

测量的过程很简单，本质上包括在两个源温度下测量 DUT 输出的噪声功率。

首先，测量 DUT 在冷源温度 $T_{S1}$ 下的输出噪声功率 $N_1$。输出噪声功率将是源端经过 DUT 放大后的噪声功率加上 DUT 内部产生的噪声功率之和，即

$$N_1 = kT_{S1}BG_{avail} + kT_eBG_{avail} \tag{14.92}$$

其中，$T_e$ 为被测设备的噪声温度，其他参数有其通常含义。

其次，将源温度提高到 $T_{S2}$ 值，测量新的输出噪声功率 $N_2$。然后，我们有

$$N_2 = kT_{S2}BG_{avail} + kT_eBG_{avail} \tag{14.93}$$

$Y$ 因子定义为[6]

$$Y = \frac{N_2}{N_1} \tag{14.94}$$

将式（14. 92）和式（14. 93）代入式（14. 94）得到

$$Y = \frac{T_{S2} + T_e}{T_{S1} + T_e} \tag{14.95}$$

$$T_e = \frac{T_{S2} - YT_{S1}}{Y - 1} \tag{14.96}$$

使用式（14. 47）有

$$F = 1 + \frac{T_e}{T_0} = 1 + \frac{T_{S2} - YT_{S1}}{(Y-1)T_0} \tag{14.97}$$

重新排列式（14.97）得到

$$F=\frac{(T_{S2}-T_0)+Y(T_0-T_{S1})}{(Y-1)T_0} \tag{14.98}$$

其中，$T_0$为标准参考温度，290K。

由于式（14.98）右边的所有量的值都是已知的，或者是可以测量的，因此我们可以通过测量来确定噪声系数 $F$ 的值。

（2）噪声二极管法。

该方法使用雪崩二极管为 DUT 提供噪声输入。DUT 的输出接精密衰减器，精密衰减器端接功率计，如图 14.36 所示。

在图 14.36 中，噪声二极管由噪声电流发生器和导体 $G_S$的并联组合表示。

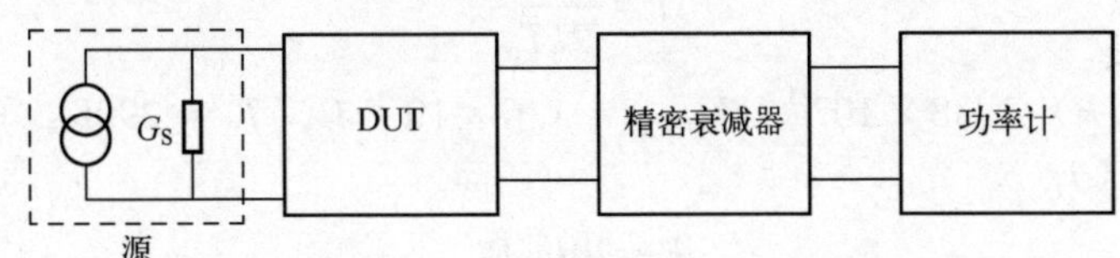


图 14.36　噪声系数测量（噪声二极管法）

测量分为两个阶段。

首先，设定通过二极管的直流电流 $I_{DC}$为零。从源获得的噪声功率 $N_{S1}$可以写为

$$N_{S1}=kT_0B+kT_eB \tag{14.99}$$

其中，$T_e$为 DUT 的噪声温度。

在衰减器的输出端可用的噪声功率 $N_1$将是

$$N_1=(kT_0B+kT_eB)G_{avail}L \tag{14.100}$$

其中

$G_{avail}$——DUT 的可用增益；

$L$——通过衰减器的初始损耗。

其次，衰减器的值增加 3dB（即功率比为 2），同时增加 $I_{DC}$的值以在功率计上给出与阶段 1 相同的噪声功率读数（注意，由于测量的第一阶段和第二阶段都使用功率表上相同的刻度读数，因此可以消除与功率表相关的任何非线性）。增大 $I_{DC}$ 值会导致二极管产生散粒噪声。二极管提供的散粒噪声功率 $N_S$由

$$N_S=\frac{qI_{DC}BR_S}{2} \tag{14.101}$$

其中，$R_S=1/G_S$。

接下来得到

$$2\times(kT_0B+kT_eB)G_{av}L=\left(kT_0B+kT_eB+\frac{qI_{DC}BR_S}{2}\right)G_{av}L \tag{14.102}$$

重新排列式（14.102）得到

$$kT_0B+kT_eB=\frac{qI_{DC}BR_S}{2}$$

$$1+\frac{T_e}{T_0}=\frac{qI_{DC}R_S}{2kT_0} \tag{14.103}$$

因此，有

$$F=\frac{qI_{DC}R_S}{2kT_0} \tag{14.104}$$

注意到 $k=1.38\times10^{-23}$ J/K，$q=1.6\times10^{-19}$ C，$T_0=290$K，可以将式（14.104）写为

$$F\approx20I_{DC}R_S \tag{14.105}$$

因此，由于$R_S$在实际安排中是已知的，$I_{DC}$是可以测量的，因此，DUT 的 $F$ 值可以通过测量来确定。

（3）放电管法。

当频率大于 1GHz 时，雪崩二极管不能为测量提供足够的噪声功率，通常使用气体放电管作为噪声源。气体放电噪声源可提供同轴或波导输出。在微波频率下最常见的布置是使氩气放电管以一定角度安装在矩形金属波导上，该矩形金属波导的一端终止于匹配的负载，这种布置提供了宽带阻抗匹配。

使用气体放电管进行噪声系数测量的典型布置如图 14.37 所示，其中 DUT 的噪声温度为 $T_e$。

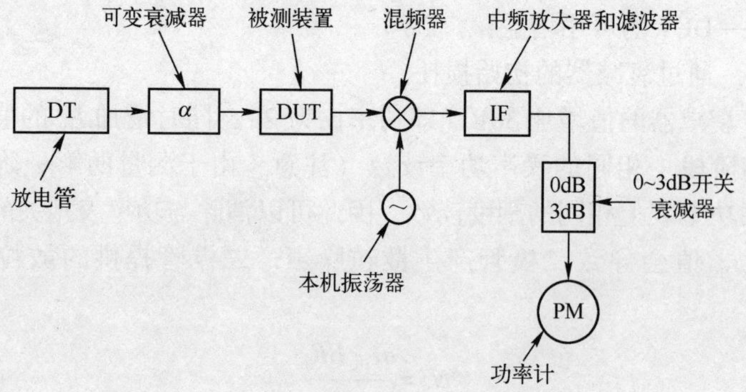


图 14.37　噪声系数测量（放电管法）

测量包括两个步骤。第一步是注意功率计的读数，放电管关闭，可变衰减器设置为 0dB（即 $\alpha=1$），中频衰减器也设置为 0dB。在这些条件下，被测器件输出端可用的噪声功率 $P_n$ 简单地有

$$P_n=(kT_eB+kT_0B)G_{avail} \tag{14.106}$$

其中

$T_0$——参考源温度，即放电管在关闭状态下的温度，通常为 290K；

$B$——DUT 的带宽；

$G_{avail}$——DUT 的可用增益。

第二步，打开放电管的开关，使 DUT 的输入端附加噪声，将中频衰减器调至 3dB，调整可变衰减器的值，即 $\alpha$ 的值，得到功率表上的原始读数。由于 3dB 衰减器现在已经接通，DUT 输出的可用功率必须是原来值的两倍，即我们现在有

$$P_n=2\times(kT_eB+kT_0B)G_{avail} \tag{14.107}$$

但是由于放电管现在为 DUT 的输入端提供了额外的噪声我们可以把 DUT 的输出端可用的噪声写成三项之和

$$P_n=\frac{kT_{tube}B}{\alpha}G_{avail}+kT_0B\left[1-\frac{1}{\alpha}\right]G_{avail}+kT_eBG_{avail} \tag{14.108}$$

其中

$\frac{kT_{tube}B}{\alpha}G_{avail}$——噪声来自放电管，放电管有噪声温度；

$kT_0B\left[1-\frac{1}{\alpha}\right]G_{avail}$——来自衰减器的噪声［使用式（14.65）］；

$kT_eBG_{avail}$——来自 DUT 的噪声。

式（14.107）和式（14.108）给出

$$\frac{kT_{tube}B}{\alpha}G_{avail}+kT_0B\left[1-\frac{1}{\alpha}\right]G_{avail}+kT_eBG_{avail}=2\times(kT_eB+kT_0B)G_{avail} \tag{14.109}$$

重新排列式（14.109）得

$$T_e=\frac{T_{tube}-T_0}{\alpha}-T_0 \tag{14.110}$$

利用式（14.48），我们可以根据噪声系数重写式（14.110）为

$$F=\frac{1}{\alpha}\left(\frac{T_{tube}}{T_0}-1\right) \tag{14.111}$$

其中，$\left(\frac{T_{tube}}{T_0}-1\right)$为气体放电管的超额噪声比（ENR），通常是由制造商以分贝引用，即

$$ENR=10\log\left(\frac{T_{tube}}{T_0}-1\right)dB \tag{14.112}$$

一般情况下，对于一个氩气放电管 ENR＝15.2dB。

由式（14.111）中可知，通过测量 $\alpha$ 可以确定 DUT 的噪声系数。

有关噪音测量的更多信息，建议参考以下两个参考资料：

（1）惠普①应用说明 57-1[6]对噪声测量的一般领域做了很好的介绍。

（2）J. P. Dunsmore[7]就使用现代测试设备进行噪声测量作了翔实的讨论，例如噪声图分析仪和频谱分析仪。

# 参考文献

[1] Haykin, S. (1988). *Digital Communications*. *Chichester*, UK: Wiley.

[2] IRE Standards on Electron Tubes (1957). Definition of terms. *Proceedings of the IRE* 45: 983-1010.

[3] Purcel, R. A., Masse, D., and Bera, R. (1976). Performance of GaAs MESFET mixers at X band. *IEEE Transactions on Microwave Theory and Techniques* 24 (6): 351-360.

[4] Tsironis, C., Meierer, R., and Stahlmann, R. (1984). Dual-gate MESFET mixers. *IEEE Transactions on Microwave Theory and Techniques* 32 (3): 248-255.

[5] Larson, L. E. (1996). *RF and Microwave Circuit Design for Wireless Communications*. Norwood, MA, USA: Artech House Inc.

[6] Fundamentals of RF and Microwave Noise Figure Measurements, Hewlett Packard Application Note HP-AN-57-1 1983, (Available at: http://www.hparchive.com/appnotes)

[7] Dunsmore, J. P. (2012). *Handbook of Microwave Component Measurements*. Chichester, UK: Wiley.

① 惠普射频和微波测试设备现在以 Keysight 技术的名义制造。

# 名词术语表

**a**

| | |
|---|---|
| ABCD parameters | ABCD 参数 |
| definitions | 定义 |
| π-network | π 型网络 |
| T-network | T 型网络 |
| Abrupt junction diode | 突变结二极管 |
| Acoustic wavelength | 声波波长 |
| Active and passive mixers | 有源与无源混频器 |
| active FET mixers | 有源场效应晶体管混频器 |
| double balanced mixer | 双平衡混频器 |
| single balanced mixer | 单平衡混频器 |
| single-ended diode mixer | 单端二极管混频器 |
| transconductance mixer | 跨导混频器 |
| Admittance | 导纳 |
| Admittance parameters (Y-parameters) | 导纳参数（Y-参数） |
| AFM scans of gold conductor | 金导体的原子力显微镜（AFM）扫描 |
| Alumina | 氧化铝 |
| AM noise | 调幅噪声 |
| Amplifier (microwave, small-signal) | 放大器（微波，小信号） |
| Amplitude distortion | 幅度失真 |
| Anode | 阳极 |
| Antenna, see also specific antenna types | 天线 |

| | |
|---|---|
| beamwidth | 波束宽度 |
| data on typical antennae | 典型天线的数据 |
| effective aperture | 有效孔径 |
| Friis transmission formula | Friis 传输线公式 |
| gain | 增益 |
| impedance | 阻抗 |
| isotropic | 各向同性 |
| radiation efficiency | 辐射效率 |
| radiation resistance | 辐射阻抗 |
| radiation pattern | 辐射图 |
| spherical polar coordinates | 球面极坐标 |
| Antenna array | 天线阵列 |
| array factor | 阵因子、阵列因子 |
| array gain | 阵增益、阵列增益 |
| array of isotropic sources | 各向同性源阵列 |
| broadside array | 垂射天线阵 |
| end-fire array | 端射阵 |
| front-to-back ratio | 前后比 |
| mutual impedance | 互耦阻抗 |
| parasitic elements | 寄生元件 |
| Antenna noise temperature | 天线噪声温度 |
| Antiferromagnetic | 反铁磁、反铁磁性的 |
| APC-7 connector | （高频阻抗测量仪）APC-7 连接器 |
| Aperture efficiency | 孔径效率 |
| Artificial transmission line | 人工传输线 |
| Atomic force microscope（AFM） | 原子力显微镜（AFM） |
| Attenuation constant | 衰减常量 |
| Available power gain（$G_A$） | 可用功率增益（$G_A$） |

| | |
|---|---|
| Average substrate wavelength | 平均衬底波长 |

**b**

| | |
|---|---|
| Babinet's principle | 巴比涅原理 |
| Balanced antenna | 平衡天线 |
| Balun | 平衡-不平衡变换器 |
| Band-pass filter | 带通滤波器 |
| Band-stop filter | 带阻滤波器 |
| Barium hexaferrite | 钡铁氧体 |
| Barium Strontium Titanate（BST） | 钛酸锶钡 |
| Bayonet Navy Connector（BNC） | 海军刺刀连接器 |
| Beam-lead | 梁式引线 |
| Beamwidth | 波束宽度 |
| Bessel filter response | 贝塞尔滤波器响应 |
| Bessel function | 贝塞尔函数 |
| B-H characteristic（ferrite） | 磁化特性（铁氧体） |
| Biasing，see DC biasing | 偏置 |
| Binomial coefficient | 二项式系数 |
| Blocking capacitor | 隔直流电器容 |
| Branch-line coupler | 分支线耦合器 |
| Broadband | 宽带 |
| Bulk resistivity | 体电阻率 |
| Butterworth filter | 巴特沃斯滤波器 |
| band-pass | 带通 |
| frequency response | 频率响应 |
| high-pass | 高通 |
| low-pass | 低通 |
| normalized filter parameters | 归一化滤波器参数 |

| | |
|---|---|
| order of the filter | 滤波器的阶数 |
| transfer function | 传输函数 |
| Butterworth response | 巴特沃斯响应 |

**c**

| | |
|---|---|
| Calibration of a VNA | VNA 的校正 |
| Calibration（VNA）standards | （VNA）校正标准 |
| Capacitor | 电容 |
| interdigitated | 叉指式 |
| lumped element | 集总元件 |
| metal-insulator-metal | 金属-绝缘体-金属 |
| RF equivalent circuit | 射频等效电路 |
| Carbon resistor | 碳质电阻 |
| Cathode | 阴极，负极 |
| Cavity perturbation | 空腔微扰 |
| Cavity resonators | 空腔谐振器 |
| cavity perturbation | 空腔微扰 |
| coupling iris | 耦合膜片 |
| design | 设计 |
| loaded $Q$ | 有载 $Q$ 值 |
| modes | 模式 |
| over-moded circular cavity | 多模环形腔 |
| relationship between loaded and unloaded $Q$ | 有载 $Q$ 值与无载 $Q$ 值之间的关系 |
| tuning plunger | 调谐活塞 |
| tuning screw | 调谐螺钉 |
| unloaded $Q$ | 无载 $Q$ 值 |
| Ceramic | 陶瓷的 |

Chamfering of microstrip corners　微带角的倒角
Characteristic impedance　特征阻抗
　of coaxial cable　同轴电缆的
　of coplanar line　共面线的
　of microstrip　微带的
　of transmission line　传输线的
　of waveguide　波导的
Characterization of RF and microwave materials　射频与微波材料的表征
Chebyshev filter　切比雪夫滤波器
　band-pass　带通
　frequency response　频率响应
　low-pass　低通
　normalized filter parameters　归一化滤波器参数
　order of the filter　滤波器的阶数
　polynomial　二项式
　transfer function　传输函数
Chip component　芯片元件
Circular polarization　圆偏振
Circulator　环行器
　planar　平面环行器
　waveguide　波导环行器
Clapp-Gouriet oscillator　克拉普-克里特振荡器
Coaxial cable　同轴电缆
　characteristic impedance　特征阻抗
　conductor loss　导体损耗
　cut-off wavelength　截止波长
　dielectric loss　电介质损耗

| | |
|---|---|
| electromagnetic field pattern | 电磁场模式 |
| nomenclature | 命名法 |
| propagation constant | 传播常数 |
| typical dimensions | 典型维度 |
| velocity of propagation | 传播速度 |
| Collinear array | 直排天线阵 |
| Colpitts oscillator | 科耳皮兹振荡器 |
| Common source configuration | 通用源配置 |
| Complex permittivity | 复介电常数 |
| Conduction band | 导带 |
| Conductive inks | 导电墨水 |
| Conductor loss | 导体损耗 |
| Conductor requirements at RF | 射频中导体要求 |
| Conductor surface profiles | 导体表面轮廓 |
| Conjugate impedance | 共轭阻抗 |
| Conjugate impedance matching | 共轭阻抗匹配 |
| Constant gain circles | 等增益圆 |
| meaning | 含义 |
| plotting on Smith chart | 在史密斯圆图上绘制 |
| Coplanar probe | 共面探针 |
| Coplanar waveguide (CPW) | 共面波导 |
| characteristic impedance | 特征阻抗 |
| conductor loss | 导体损耗 |
| dielectric loss | 电介质损耗 |
| effective dielectric constant | 有效介电常数 |
| electromagnetic field pattern | 电磁场模式 |
| impedance range | 阻抗范围 |
| nomenclature | 命名法 |

| | |
|---|---|
| propagation constant | 传播常数 |
| summary of key properties | 关键特性汇总 |
| velocity of propagation | 传播速度 |
| Coplanar probe | 共面探针 |
| Copper | 铜 |
| Corner chamfering (microstrip) | 倒角 |
| Coupled line | 耦合线 |
| Coupling iris, in waveguide | 波导中耦合膜片 |
| Coupling to dielectric resonator | 耦合到介质谐振器 |
| Current distribution | 电流分布 |
| in a conductor | 导体中 |
| in a half-wave dipole | 半波偶极子中 |
| in waveguide walls ($TE_{10}$ mode) | 波导壁中（$TE_{10}$模） |
| Cut-off frequency (microstrip) | 截止频率（微带） |
| Cut-off frequency (waveguide) | 截止频率（波导） |
| Crosstalk | 串扰 |
| Crystal controlled oscillator | 晶控振荡器 |
| Crystals | 晶体 |
| AT-cut | AT 切型 |
| equivalent circuit | 等效电路 |
| quartz | 石英 |
| parallel resonant frequency | 并联谐振频率 |
| series resonant frequency | 串联谐振频率 |
| structure | 结构 |
| temperature coefficient | 温度系数 |

**d**

| | |
|---|---|
| DC biasing | 直流偏置 |

| | |
|---|---|
| DC finger break (microstrip) | 直流手指击穿（微带线） |
| Delay-line discriminator | 延迟线鉴频器 |
| Delay-line stabilized microwave oscillator | 延迟线稳定振荡器 |
| SAW delayline | 声表面波（SAW）延迟线 |
| Depletion layer | 耗尽层 |
| PIN diode | PIN 二极管 |
| MESFET | 金属半导体场效应晶体管 |
| Schottky junction | 肖特基结 |
| varactor diode | 变容二极管 |
| Design graphs (microstrip) | 设计图（微带） |
| Design of a microstrip band-pass filter | 微带带通滤波器的设计 |
| Design of a microstrip low-pass filter | 微带低通滤波器的设计 |
| Dielectric constant | 介电常数 |
| Dielectric loss | 介电损耗 |
| Dielectric measurements using | 电介质测量 |
| cavity resonators | 空腔谐振器 |
| free-space transmission | 自由空间传输 |
| microstrip resonant ring | 微带谐振环 |
| non-resonant lines | 非谐振线 |
| open resonator | 开放式谐振器 |
| split post dielectric resonator | 分离介质谐振器 |
| Dielectric overlay | 介质覆盖 |
| Dielectric puck | 介电片 |
| Dielectric requirements at RF | 射频中电介质的要求 |
| Dielectric resonator | 介质谐振器 |
| Dielectric resonator oscillator (DRO) | 介质谐振振荡器 |
| design steps | 设计步骤 |

| | |
|---|---|
| parallel feedback | 并联反馈 |
| series feedback | 串联反馈 |
| Dielectrics (basic properties) | 介质(基本特性) |
| Dielectric underlay | 介质衬底 |
| Digital phase shifters | 数字移相器 |
| loaded-line | 负载线 |
| multi-bit | 多位 |
| reflection type | 反射类型 |
| single switch | 单开关 |
| switched-path | 切换路径 |
| Diode capacitance | 二极管电容 |
| Diode oscillators | 二极管振荡器 |
| Dipole | 偶极子 |
| Dirac delta function | 狄拉克函数 |
| Directional couplers, see also microstrip directional couplers | 定向耦合器,例如 微带定向耦合器 |
| Direct digital synthesizer | 直接数字式频率合成器 |
| Director, for dipole | 对偶极子的导向 |
| Direct synthesizer | 直接式合成器 |
| Discontinuities in microstrip | 在微带中的不连续处 |
| corner | 拐角 |
| gap | 间隙 |
| open-end | 开端 |
| symmetrical step | 对称阶跃 |
| T-junction | T 型节点 |
| Dispersion | 色散 |
| Distortion | 失真 |
| Distributed amplifiers | 分布式放大器 |

| | |
|---|---|
| analysis | 分析 |
| available gain | 可用增益 |
| concept | 概念 |
| equivalent circuit | 等效电路 |
| Distributed matching circuits | 分布式匹配电路 |
| Doherty amplifier | 多尔蒂放大器 |
| Domain | 域 |
| Dominant mode | 主模 |
| Double-stub tuner | 双短截线调谐器 |
| Drain current | 漏极电流 |
| Drain line | 漏电线 |
| Dydyk technique | Dydyk 技术 |
| Dynamic range | 动态范围 |

**e**

| | |
|---|---|
| Edge-coupled microstrip filter | 边耦微带滤波器 |
| Edge-guided-mode isolator | 边导模隔离器 |
| Edge-guided-mode propagation | 边导模传播 |
| Effective dielectric constant | 有效介电常数 |
| Effective series resistance（ESR） | 等效串联电阻 |
| Electrical length | 电长度，电气长度 |
| Electric（$E$）field | 电场（$E$） |
| around coupled microstrip lines | 耦合微带线周围的电场 |
| around half-wave dipole | 半波偶极子周围的电场 |
| around microstrip line | 微带线周围的电场 |
| in circular waveguide（$TE_{01}$ mode） | 圆形波导（$TE_{01}$模）的电场 |
| in ferrite disc | 铁氧体盘的电场 |
| in ferrite substrate | 铁氧体衬底的电场 |

| | |
|---|---|
| at open end (microstrip) | (微带线)开口端电场 |
| in rectangular waveguide | 矩形波导的电场 |
| in SPDR ($TE_{01\delta}$ mode) | SPDR(分离介质谐振器)中的($TE_{01\delta}$模)电场 |
| Electromagnetic coupling | 电磁耦合 |
| between aperture and microstrip patch | 孔径与微带贴片的电磁耦合 |
| between dielectric puck and microstrip | 介电盘与微带之间的电磁耦合 |
| between inductors | 导体之间的电磁耦合 |
| between microstrip lines | 微带线之间的电磁耦合 |
| between slotline and microstrip patch | 间隙线与微带贴片之间的电磁耦合 |
| Electromagnetic waves | 电磁波 |
| Elemental length of transmission line | 传输线的基本长度 |
| Elliptic filter response | 椭圆滤波器响应 |
| Elliptic integral | 椭圆积分 |
| Enclosure | 外壳 |
| CPW | CPW 外壳 |
| microstrip | 微带外壳 |
| SPDR | SPDR 外壳 |
| End-coupled microstrip filter | 端耦微带滤波器 |
| Energy band diagram (GaAs) | 能带图(砷化镓) |
| Equal ripple filter, see also Chebyshev filter | 等波纹滤波器,例如切比雪夫滤波器 |
| Equivalent circuit | 等效电路 |
| of a capacitor | 电容器的等效电路 |
| of an inductor | 电感器的等效电路 |
| of a microstrip gap | 微带间隙的等效电路 |
| of a packaged resistor | 封装电阻的等效电路 |

| | |
|---|---|
| of a transmission line | 传输线的等效电路 |
| Equivalent π-network（of transmission line） | （传输线的）等效 π 型网络 |
| Equivalent T-network（of transmission line） | （传输线的）等效 T 型网络 |
| Error detection | 误差检测 |
| Error function table | 误差函数表 |
| Error models representing a VNA | 表示 VNA 的误差模型 |
| Error rate | 错误率 |
| Etched circuits | 蚀刻电路 |
| Etch ratio | 刻蚀速率 |
| Evanescent mode | 消失模 |
| Even mode | 偶模 |
| Excess inductance | 过剩电感 |
| Excess phase | 过剩相 |

**f**

| | |
|---|---|
| Faraday rotation | 法拉第旋转 |
| Faraday's law | 法拉第定律 |
| Feedback | 反馈 |
| in delay-line stabilized oscillator | 延迟线稳定振荡器中的反馈 |
| in dielectric resonator oscillator | 介质谐振器振荡器中的反馈 |
| in Leeson model | 李森模型中的反馈 |
| network | 反馈网络 |
| path（phase locked loop） | 反馈路径 |
| in power amplifiers | 功率放大器中的反馈 |
| transistor oscillator | 晶体管振荡器的反馈 |
| Feeder | 馈线 |

| | |
|---|---|
| Ferric oxide | 氧化铁 |
| Ferrimagnetic | 铁磁体 |
| Ferrite | 铁氧体 |
| Faraday rotation in | 铁氧体中的法拉第旋转 |
| materials | 铁氧体材料 |
| in microwave devices | 微波器件中的铁氧体 |
| permeability tensor | 渗透率张量 |
| precession in | 铁氧体中的进动 |
| Ferromagnetic | 铁磁体 |
| Field displacement isolator | 场位移隔离器 |
| Field effect transistor (FET), see also GaAs MESFET | 场效应晶体管 |
| Filters, see also specific types of filter | 滤波器 |
| bandwidth | 带宽 |
| cut-off frequency | 截止频率 |
| design strategy | 设计策略 |
| group delay | 群延迟 |
| insertion loss | 插入损耗 |
| order | 阶数 |
| practical frequency responses | 实际频率响应 |
| performance parameters | 性能参数 |
| return loss | 回波损耗 |
| roll-off | 衰减 |
| transfer function | 传输函数 |
| types | 类型 |
| Finite-difference time-domain (FDTD) | 时域有限差分（FDTD） |
| Finite ground plane coplanar waveguide (FGPCWP) | 有限地共面波导（FGPCWP） |

Firing cycle（thick-film） 焙烧周期（厚膜）
First-order loop 一阶环路
FM noise 调频噪声
Folded dipole 折叠偶极子
Fractional bandwidth 分数带宽
Free-space transmission measurements 自由空间传输测量
Frequency discriminator 鉴频器
Frequency limitations（microstrip） 频率限制（微带）
Frequency synthesizers 频率合成器
  direct digital synthesizer（DDS） 直接数字式频率合成器
  direct synthesizer（DS） 直接式频率合成器
  fractional-N synthesizer 小数分频合成器
  indirect synthesizer（IDS） 间接式频率合成器
  multi-loop synthesizer 多环路频率合成器
Friis equation 弗里斯传输方程（功率传播方程）
Fringing field 边缘场
Front-to-back ratio 前后比

**g**

GaAs MESFET 砷化镓金属半导体场效应晶体管
  equivalent circuit 等效电路
  structure 结构
  typical data 典型数据
Gain compression 增益失真
Galactic noise 银河噪声
Galliumarsenide see GaAs MESFET 砷化镓
Gap equivalent circuit（microstrip） 间隙等效电路
Gate line 栅极线

| | |
|---|---|
| Gaussian probability distribution | 高斯概率分布 |
| Germanium telluride （GeTe） | 碲化锗晶体（GeTe） |
| Gold | 金 |
| AFM scans | AFM 扫描 |
| plating | 电镀 |
| thick-film microstrip profiles | 厚膜微带轮廓 |
| Graded junction diode | 缓变结二极管 |
| Green tape | 生料带 |
| Group delay | 群延迟 |
| Group velocity | 群速度 |
| Gunn diode | 耿氏二极管 |
| Gunn diode oscillator | 耿氏二极管振荡器 |
| LSA mode | 限累模式 |
| transit-time mode | 传输时间模式（转移电子二极管的三种工作模式之一） |
| Gyrator | 回转器 |
| Gyromagnetic ratio | 旋磁比 |

**h**

| | |
|---|---|
| Half-wave dipole | 半波偶极子 |
| bandwidth | 带宽 |
| beamwidth | 波束宽度 |
| concept | 概念 |
| current distribution | 电流分布 |
| gain | 增益 |
| input impedance | 输入阻抗 |
| radiation efficiency | 辐射效率 |
| radiation pattern | 辐射图 |

| | |
|---|---|
| radiation resistance | 辐射阻抗 |
| Hard substrates | 硬基板 |
| table of | 硬基板表 |
| Hartley oscillator | 哈特莱式振荡器 |
| Heat spreaders, for power amplifier packaging | 热传导器，用于功率放大器封装 |
| Helical waveguide | 螺旋波导 |
| Hemispherical open resonator | 半球面开放式谐振器 |
| Heralock$_{TM}$ | 一种自约束 LTCC 生带 |
| Hertzian dipole | 赫兹偶极子 |
| concept | 概念 |
| gain | 增益 |
| radiation from | 来自赫兹偶极子的辐射 |
| radiation resistance | 辐射阻抗 |
| High electron mobility transistor (HEMT) | 高电子迁移率晶体管 |
| High impedance line | 高阻线 |
| High-pass filter | 高通滤波器 |
| Horn antennas | 喇叭天线 |
| flare angle | 喇叭张角 |
| gain | 增益 |
| lenses, for waveguide horns | 透镜，用于波导喇叭 |
| pyramidal waveguide horn | 锥形波导喇叭 |
| sectorial horn | 扇形喇叭 |
| Hybrid amplifier (microstrip) | 混合放大器（微带） |
| Hybrid ring | 混合环 |
| Hyper-abrupt junction diode | 超突变结二极管 |
| Hyperbolic functions | 双曲函数 |

**i**

| | |
|---|---|
| Image frequency | 镜像频率 |
| Immittance | 导抗 |
| Impedance parameters（$Z$-parameters） | 阻抗参数（$Z$-参数） |
| Impedance matching（microstrip） | （微带）阻抗匹配 |
| Incident wave | 入射波 |
| Indirect frequency synthesizer | 间接式频率合成器 |
| fractional-N | 小数分频式 |
| frequency step size | 频率步长 |
| multi-loop | 多环路式 |
| offset oscillator | 偏置振荡器 |
| pre-scalar | 预置标量 |
| reference frequency | 参考频率 |
| Inductance | 电感 |
| circular wire | 圆形线 |
| coil | 圈 |
| flat lead | 扁平线 |
| loop | 环形 |
| spiral | 螺旋形 |
| Inductor | 电感器 |
| equivalent circuit | 等效电路 |
| lumped element | 集总元件 |
| in matching circuit | 匹配电路中的电感 |
| in planar format | 平面电感 |
| on Smith chart | 史密斯圆图上的电感 |
| in T-network | T 形网络中的电感 |
| Inkjet printing | 喷墨印刷 |
| Input impedance | 输入阻抗 |

coupled lines 耦合线
device-under-test (DUT) 测试设备 (DUT)
FET 场效应晶体管
half-wave dipole 半波偶极子
log-periodic array 对数周期阵列
matching network 匹配网络
Schiffman phase shifter 谢夫曼移相器
stub 短截线
transmission line 传输线
Yagi antenna 八木天线
Immittance 导抗
Immittance inverter 导抗逆变器
IMPATT diode 雪崩二极管
oscillator 雪崩二极管振荡器
Indirect synthesizer 间接式频率合成器
Inline phase change switch (IPCS) devices 内联相变开关 (IPCS) 设备
Input impedance of a transmission line 传输线的输入阻抗
Insertion loss due to a microstrip gap 由于微带间隙造成的插入损耗
Integrated winding 集成绕组
Interdigitated capacitor 叉指电容
Interdigitated transducer (IDT) 叉指传感器
periodicity 周期性
typical finger widths 典型的指间宽度
Interference pattern 干涉图
Intermodulation distortion (IMD) 互调失真
Intermodulation distortion ratio (IMR) 互调失真比
Intermodulation frequencies 互调频率

| | |
|---|---|
| Isolator | 隔离器 |
| planar | 平面隔离器 |
| waveguide | 波导隔离器 |
| Isotropic permittivity | 各向同性介电常数 |

**k**

| | |
|---|---|
| Kaplon | 一种柔性衬底 |
| K connector | K 连接器 |
| Kuroda identities | 黑田恒等式 |

**l**

| | |
|---|---|
| Lag-lead filter | 滞后-超前型滤波器 |
| Lange coupler | 兰吉耦合器 |
| Laplacian operator | 拉普拉斯算子 |
| Larmor frequency | 拉莫尔频率 |
| Lead inductance | 引线电感 |
| Leeson | 利森 |
| Lenz's law | 楞次定律 |
| Limited space charge accumulation (LSA) mode | 有限空间电荷积累（LSA）模式 |
| Linear polarization | 线偏振 |
| Loaded-line phase shifter | 负载线移相器 |
| Loaded Q factor | 有载品质因数 |
| Load matching of power amplifiers | 功率放大器负载匹配 |
| Load-pull contours | 负载牵引轮廓 |
| Load-pull measurement | 负载牵引测量 |
| Log periodic array | 对数周期阵列 |
| with phase reversal feeds | 具有相位反转馈电 |

| | |
|---|---|
| Loop antenna | 环形天线 |
| equivalent circuit | 等效电路 |
| gain | 增益 |
| radiation resistance | 辐射电阻 |
| tuning capacitor | 调谐电容器 |
| Loop filter | 回路滤波器 |
| Loop inductor | 单匝感应器 |
| Lossless reactance | 无损电抗 |
| Lossless transmission lines | 无损传输线 |
| Loss tangent | 损耗角正切 |
| Low impedance line | 低阻抗线 |
| Low-loss feeder | 低损耗馈线 |
| Low-noise amplifier (matching conditions) | 低噪声放大器（匹配条件） |
| Low-noise amplifier design | 低噪声放大器设计 |
| Low-pass filter | 低通滤波器 |
| Low permittivity dielectric | 低介电常数介质 |
| Low temperature co-fired ceramic (LTCC) | 低温共烧陶瓷 |
| fabrication process | 制造工艺 |
| SiP package | SiP 封装 |
| Lumped element low-pass filter | 集总低通滤波器 |
| Lumped equivalent circuit | 集总等效电路 |
| Lumped impedance matching | 集总阻抗匹配 |
| Lumped impedances (on the Smith chart) | 集总阻抗（在史密斯圆图上） |

**m**

| | |
|---|---|
| Maintenance of connectors | 连接器的维护 |
| Magnetic（H）field | 磁场（$H$） |
| around coupled lines | 耦合线周围磁场 |
| incircular waveguide（$TE_{01}$ mode） | 圆形波导（$TE_{01}$模）的磁场 |
| in coaxial cable | 同轴电缆的磁场 |
| in ferrite disc | 铁氧体盘的磁场 |
| in ferrite rod | 铁氧体磁棒的磁场 |
| in rectangular waveguide（$TE_{10}$ mode） | 矩形波导（$TE_{01}$模）的磁场 |
| Manual tuning | 手动调谐 |
| of phase shifter | 移相器的手动调谐 |
| of resonant cavities | 共振腔的手动调谐 |
| Mason's non-touching loop rule | 梅森不接触环法则 |
| Matched transmission line | 匹配的传输线 |
| Matching complex impedances | 匹配复阻抗 |
| Matching network | 匹配网络 |
| distributed, microstrip | 分布式，微带 |
| Matching resistor | 匹配电阻 |
| Maximally - flat response, see also Butterworthresponse | 最大平坦响应 |
| Maximum available transducer power | 最大有效转换功率 |
| Maximum unilateral power gain | 最大单向功率增益 |
| Meandered microstrip lines | 弯折型微带线 |
| Measurement of dielectric properties, see dielectricmeasurements | 介电材料特性测试 |
| Measurement of noise figure | 噪声系数测量 |
| discharge tube method | 放电管法 |

| | |
|---|---|
| dielectric loss | 介电损耗 |
| effective relative permittivity | 有效相对介电常数 |
| field distribution | 场的分布 |
| frequency and size limitations | 频率和大小限制 |
| impedance range | 阻抗范围 |
| propagation constant | 传播常数 |
| structure | 结构 |
| substrate wavelength | 衬底波长 |
| Microstrip band-pass filter | 微带带通滤波器 |
| Microstrip coupledlines | 微带耦合线 |
| analysis | 分析 |
| coupling coefficient | 耦合系数 |
| directional couplers | 定向耦合器 |
| odd and even modes | 奇偶模式 |
| Microstrip DC break | 微带直流击穿 |
| Microstrip design graphs | 微带设计图 |
| Microstrip directional couplers | 微带定向耦合器 |
| basic geometry | 基本几何形状 |
| coupling（$C$） | 耦合系数（$C$） |
| design procedurc | 设计过程 |
| directivity（$D$） | 方向性（$D$） |
| improvements | 改进 |
| isolation（$I$） | 隔离度（$I$） |
| transmission,（$T$） | 传输系数（$T$） |
| Microstrip edge-coupled band-pass filter | 微带边耦带通滤波器 |
| Microstrip end-coupled band-pass filter | 微带端耦带通滤波器 |

| | |
|---|---|
| Microstrip low-pass filter | 微带低通滤波器 |
| using stepped impedances | 采用阶梯阻抗 |
| using stubs | 采用短截线 |
| Microstrip matching network | 微带匹配网络 |
| using Smith chart | 使用史密斯圆图 |
| Microstrip phase shifter | 微带移相器 |
| Microstrip resonant ring | 微带谐振环 |
| Microwave noise window | 微波噪声窗口 |
| Microwave oscillators | 微波振荡器 |
| dielectric resonator oscillator（DRO） | 介质谐振器振荡器（DRO） |
| delay-line stabilized oscillator | 延迟线稳定振荡器 |
| Gunn diode oscillator | 耿氏二极管振荡器 |
| IMPATT diode oscillator | IMPATT 二极管振荡器 |
| Microwave small-signal amplifier | 微波小信号放大器 |
| Millimeter-wave | 毫米波 |
| Mismatched transmission line | 失配的传输线 |
| Mixers，see also Active and Passive Mixers | 混合器 |
| available conversion gain | 有效转换增益 |
| bandwidth | 带宽 |
| distortion | 失真 |
| dynamic range | 动态范围 |
| isolation | 隔离度 |
| LO noise suppression | LO 噪声抑制 |
| noise figure | 噪声系数 |
| Mode filter | 波模滤波器 |
| Modified Bessel function | 修正贝塞尔函数 |

| | |
|---|---|
| Monolithic microwave integrated circuit (MMIC) | 单片微波集成电路（MMIC） |
| Multi-element low-pass filter | 多元件低通滤波器 |
| Multilayer fabrication techniques | 多层制造技术 |
| Multilayer package | 多层封装 |
| Multi-loop frequency synthesizer | 多环路频率合成器 |
| Multiple reflections in a VNA | VNA 中的多重反射 |
| Multi-step quarter wave transformer | 多阶四分之一波变换器 |
| fractional bandwidth | 分数带宽 |
| Multi-stub tuner | 多短截线调谐器 |
| Mutual impedance | 互阻抗 |
| between half-wave dipoles | 半波偶极子之间 |

**n**

| | |
|---|---|
| Nanoparticle (Ag) ink | （银）纳米粒墨水 |
| Negative feedback | 负反馈 |
| Negative-positive-zero (NPO) dielectrics | NPO 电介质 |
| Neper | 奈培 |
| Network analyzer, see VNA | 网络分析仪 |
| Network parameters | 网络参数 |
| Node | 节点 |
| Noise budget graph | 噪声预算图 |
| Noise circles | 噪声圆 |
| meaning | 含义 |
| plotting on Smith chart | 在史密斯圆图上绘制 |
| Noise figure ($F$) | 噪声系数（$F$） |
| of cascaded networks | 级联网络的噪声系数 |

| | |
|---|---|
| Open-circuit | 开路 |
| Open-end compensation (microstrip) | 开端式补偿 |
| Open-loop gain | 开环增益 |
| Open resonator | 开端式共振腔 |
| Operating power gain (Gp) | 转换功率增益 |
| Order of a Butterworth filter | 巴特沃斯滤波器的阶数 |
| Order of a Chebyshev filter | 切比雪夫滤波器的阶数 |
| Oscillator noise | 振荡器噪声 |
| AM and FM noise | 调幅和调频噪声 |
| Leeson model | 李森模型 |
| Oscillators | 振荡器 |
| Clapp-Gouriet oscillator | 克拉普振荡器 |
| Colpitt's oscillator | 科耳波兹振荡器 |
| criteria for oscillation in a feedback circuit | 反馈电路振荡的判断依据 |
| crystal controlled oscillator | 晶控振荡器 |
| Hartley oscillator | 哈特莱振荡器 |
| microwave, see Microwave oscillators | 微波 |
| Pierce oscillator | 皮尔斯振荡器 |
| voltage controlled oscillator (VCO) | 压控振荡器(VCO) |
| Overlay (dielectric) | 层叠(电介质) |
| Over-moded waveguide | 过模波导 |

**P**

| | |
|---|---|
| Packaged lumped-element components | 封装集总元件组件 |
| Parabolic reflector antennas | 抛物面反射面天线 |
| beamwidth | 波束宽度,波瓣宽度 |
| Cassegrain antenna | 卡塞格伦天线 |

| | |
|---|---|
| gain | 增益 |
| offset-feed reflector | 偏馈反射面 |
| front-feed reflector | 前馈反射面 |
| Parallel-plate capacitor | 平行板电容器 |
| Parasitic antenna element | 寄生天线元件 |
| director | 导向器 |
| reflector | 反射器 |
| Parseval's theorem | 帕塞瓦尔定理 |
| Patch antenna (for circular polarization) | 贴片天线（圆偏振） |
| array of LP patches | 线偏振贴片阵列 |
| diagonal slot | 对角线槽 |
| dual fed patch | 双馈贴片 |
| probe excitation | 探针激励 |
| travelling wave excitation | 行波激励 |
| Patch antenna (for linear polarization) | 贴片天线（线偏振） |
| aperture feed | 孔径馈电 |
| array | 阵列 |
| design | 设计 |
| front (edge) feed | 前馈（边缘馈电） |
| inset feed | 嵌入馈电 |
| probe feed | 探针馈电 |
| radiation admittance | 辐射导纳 |
| transmission line model | 传输线模型 |
| Permeability of free space | 自由空间磁导率 |
| Permeability tensor | 磁导率张量 |
| Phase detector | 鉴相器 |
| Phase-locked loop | 锁相环 |

| | |
|---|---|
| damping factor | 阻尼因子 |
| loop bandwidth | 环路带宽 |
| loop gain | 环路增益 |
| phase comparator | 相位比较器 |
| phase sensitivity of VCO | 压控振荡器的相位灵敏度 |
| phase transfer function | 相位传递函数 |
| principle | 原理 |
| step response | 阶跃响应 |
| transient analysis | 瞬态分析 |
| VCO | 压控振荡器 |
| Phase noise | 相位噪声 |
| Phase shifter, ferrite | 铁氧体移相器 |
| Phase shifter, microstrip, see Digital phase shifters | 微带移相器 |
| Phase velocity | 相速度 |
| Photoimageable thick-film | 光可成像厚膜 |
| Photo-resist | 光刻胶 |
| Pierce oscillator | 皮尔斯振荡器 |
| PIN diode | PIN 二极管 |
| bias conditions | 偏置条件 |
| equivalent circuit | 等效电路 |
| figure of merit (FoM) | 品质因数（FoM) |
| operation | 运转 |
| power rating | 额定功率 |
| self-resonant frequency | 自谐振频率 |
| structure | 结构 |
| switching ratio (SR) | 开关比（SR) |
| switching speed | 开关速度 |

| | |
|---|---|
| linearization | 线性化 |
| pre-distortion | 预失真 |
| negative feedback | 负反馈 |
| feed-forward | 前馈 |
| load matching | 负载匹配 |
| load pull method | 负载牵引法 |
| Cripps method | 克里普斯法 |
| large-signal CAD | 大信号 CAD |
| materials (GaAs and GaN) | 材料(砷化镓和氮化镓) |
| power added efficiency (PAE) | 功率附加效率 |
| single-tone gain compression factor | 单音频增益压缩因子 |
| thermal management | 热管理 |
| third-order intercept point | 三阶交调截取点 |
| Power combining | 功率合成 |
| corporate combining | 多路合成 |
| quadrature combining | 正交合成 |
| travelling-wave combiner | 行波合成器 |
| Power gain definitions | 功率增益的定义 |
| Power splitter imperfections | 功率分配器的缺陷 |
| Precessional motion | 进动 |
| Pre-amplifier | 前置放大器 |
| Pre-distortion | 预失真 |
| Pre-scalar | 预分频 |
| Pre-selector | 预选器 |
| Print-over edge effect | 印刷边缘效应 |
| Probe station | 探针台 |
| Probability of error | 误码率 |
| Profiles of gold thick-film lines | 金厚膜线剖面图 |

| | |
|---|---|
| Programmable divider | 可编程分频器 |
| Propagation constant | 传播常数 |
| Proximity effect | 邻近效应 |
| Pulling range | 牵引范围 |
| Pyrolytic graphite（PG） | 热解石墨（PG） |

**q**

| | |
|---|---|
| *Q*-factor | *Q* 因子 |
| Quarter-wave transformer | λ/4 变换器 |
| fractional bandwidth | 分数带宽 |
| multi-step | 多阶 |
| single step | 单阶 |
| Quartz | 石英 |

**r**

| | |
|---|---|
| Radiation resistance | 辐射电阻 |
| Rayleigh probability distribution | 瑞利概率分布 |
| Receiver（VNA） | 接收机（VNA） |
| Receiver architecture, see also superhet receiver | 接收机结构，例如外差式接收机 |
| Recessed-gate（MESFET） | 凹栅（MESFET） |
| Reflected wave | 反射波 |
| Reflection coefficient | 反射系数 |
| on a transmission line | 传输线上的反射系数 |
| of a two-port network | 双端口网络的反射系数 |
| Reflection-type phase shifter | 反射式移相器 |
| Reflector, for dipole | 反射器，对偶极子 |

| | |
|---|---|
| Relationships between network parameters | 网络参数之间的关系 |
| Relaxation time | 弛豫时间 |
| Reflectometer | 反射计 |
| Requirements for RF conductors | 射频导体的要求 |
| Requirements for RF dielectrics | 射频介质的要求 |
| Resistive thick-film pastes | 电阻厚膜浆料 |
| Resistor | 电阻 |
| biasing | 偏置电阻 |
| equivalent circuit of noisy resistor | 噪声电阻等效电路 |
| load | 负载电阻 |
| lumped element | 集总元件电阻 |
| in MESFET model | 在 MESFET 模型 |
| in multilayer package | 在多层封装中 |
| representing loss | 代表损耗 |
| RF equivalent circuit | 射频等效电路 |
| Resonant cavity loaded $Q$ factor | 谐振腔有负载 $Q$ 因子 |
| Resonant cavity unloaded $Q$ factor | 谐振腔无负载 $Q$ 因子 |
| Resonant circuit | 谐振电路 |
| Resonance isolator | 谐振式隔离器 |
| Resonator（microstrip） | 谐振器（微带线） |
| Resonator（waveguide） | 谐振器（波导） |
| Return loss | 回波损耗 |
| RF and microwave connectors | 射频和微波连接器 |
| Richard's transformation | 理查德变换 |
| Rician probability distribution | 莱斯概率分布 |
| Rollet Stability Factor（$K$） | Rollet 稳定系数（$K$） |
| Rotating waveguide joints | 波导旋转关节 |

| | |
|---|---|
| RT/duroid | 杜洛埃材料 |

**S**

| | |
|---|---|
| Scattering matrix（*S*-matrix） | 散射矩阵（*S* 矩阵） |
| branch-line coupler | 分支线耦合器 |
| coaxial cable | 同轴电缆 |
| directional coupler | 定向耦合器 |
| four-port network | 四端口网络 |
| hybrid ring | 混合环 |
| ideal amplifier | 理想放大器 |
| two-port network | 二端口网络 |
| Scattering（*S*）parameter definitions | 散射（*S*）参数定义 |
| Schiffman 90°phase shifter | 希夫曼 90°移相器 |
| Schottky junction | 肖特基结 |
| Screen printing | 丝网印刷 |
| Second-order differential equation | 二阶微分方程 |
| Second-order loop | 二阶环路 |
| Second-order system | 二阶系统 |
| Self-biased ferrites | 自偏置铁氧体 |
| Semiconductor noise | 半导体噪声 |
| Short circuit | 短路 |
| Shunt-connected stub | 并联连接短截线 |
| Signal flow graph | 信号流程图 |
| Simultaneous conjugate impedance match | 同步共轭阻抗匹配 |
| Single-ended diode mixer | 单端二极管混合器 |
| Single-stub tuner | 单短截线调谐器 |
| Single-switch phase shifter | 单刀开关移相器 |
| Single-tone gain compression factor | 单音增益压缩因子 |

| | |
|---|---|
| Sintering | 烧结 |
| Skin depth | 趋肤深度 |
| Sky noise | 天空噪声 |
| Slope detector | 斜坡检测器 |
| Slot antenna | 缝隙天线，槽孔天线 |
| in metal waveguide | 金属波导中的缝隙天线 |
| in substrate integrated waveguide | 介质集成波导中的缝隙天线 |
| Slot-fed patch antenna | 缝隙馈电贴片天线 |
| Slotline | 槽线 |
| SMA connector | SMA 连接器 |
| Smith chart | 史密斯圆图 |
| derivation | 史密斯圆图推导 |
| properties | 史密斯圆图属性 |
| Soft substrates | 软基板 |
| table of | 软基片表 |
| SOLT calibration of VNA | VNA 的 SOLT 校准 |
| Spinning electrons (ferrite) | 旋转电子（铁氧体） |
| Spiral inductor | 螺旋电感 |
| Split post dielectric resonator (SPDR) | 分离介质谐振器（SPDR） |
| Stability | 稳定 |
| conditional | 有条件稳定 |
| unconditional | 无条件稳定 |
| Stability circles | 稳定圆 |
| meaning | 含义 |
| plotting on Smith chart | 史密斯圆图上绘制 |
| Step compensation (microstrip) | 阶跃补偿（微带） |
| Strontium hexaferrite | 锶铁氧体 |
| Stub | 短截线 |

| | |
|---|---|
| Substrate data | 衬底数据 |
| Substrate integrated waveguide（SIW） | 介质集成波导（SIW） |
| cavity resonator | 空腔谐振器 |
| filter | 滤波器 |
| Substrate wavelength | 衬底波长 |
| Superhet receiver | 外差式接收机 |
| double-conversion | 二次变频 |
| ICRR | 镜像信道抑制比 |
| image frequency | 镜像频率 |
| local oscillator | 本机振荡器 |
| noise budget | 噪声预算 |
| selectivity | 选择性 |
| sensitivity | 灵敏度 |
| single-conversion | 一次变频 |
| Surface acoustic wave （SAW） delay line | 声表面波（SAW）延迟线 |
| Surface impedance | 表面阻抗 |
| Surface mount waveguide（SMW） | 表面安装波导（SMW） |
| Surface profilers | 表面轮廓仪 |
| Surface roughness | 表面粗糙度 |
| Surface-wave modes | 表面波模式 |
| Switch（RF/microwave） | 开关（射频/微波） |
| comparative performance data | 比较性能数据 |
| IPCS | 内联相变开关 |
| PIN diode | PIN 二极管 |
| MEMS | 微电子机械系统 |
| MESFET | 金属半导体场效应晶体管 |
| single pole double throw（SPDT） | 单刀双掷（SPDT） |

| | |
|---|---|
| single pole single throw（SPST） | 单刀单掷（SPST） |
| switching ratio | 开关比 |
| switching speed | 开关速度 |
| Switched-path path shifter | 开关路径移位器 |
| Switched-path phase shifter with terminated OFF line | 带端接离线的开关路径移相器 |
| Symmetrical microstrip T-junction | 对称微带 T 形结 |
| Synthesized signal source | 合成信号源 |
| System-in-package（SiP） | 系统级封装（SiP） |
| System noise temperature | 系统噪声温度 |
| **t** | |
| Talysurf profiler | Talysurf 轮廓仪 |
| Tapped inductor | 抽头式电感器 |
| Taylor series | 泰勒级数 |
| Temperature stability | 温度稳定性，耐热性 |
| Test set（VNA） | 测试集（VNA） |
| Thermal noise | 热噪声 |
| power | 功率 |
| Thick-film circuits | 厚膜电路 |
| Thick-film fabrication process | 厚膜制备过程 |
| Third-order distortion | 三阶畸变 |
| Third-order intercept point | 三阶截点 |
| Three-bit phase shifter | 三位移相器 |
| Threshold voltage（Gunn diode） | 阈值电压（耿式二极管） |
| T-junction equivalent circuit（microstrip） | T 结等效电路（微带） |

| | |
|---|---|
| T-network representation of a transmission line | 传输线的T型网络表示 |
| Tracking error | 循迹误差 |
| Transconductance | 跨导 |
| Transconductance mixer | 跨导混频器 |
| Transducer power gain（$G_T$） | 传感器功率增益（$G_T$） |
| Transistor oscillator | 晶体管振荡器 |
| Transistor packages | 晶体管封装 |
| Transit time | 渡越时间 |
| Transmission line，see also specific types of transmission line | 传输线 |
| characteristic impedance | 特征阻抗 |
| equivalent lumped circuit | 等效集总电路 |
| input impedance | 输入阻抗 |
| lossless | 无损的 |
| primary line constants | 主线常数 |
| propagation constant | 传播常数 |
| types of | 类型 |
| waves on | 传输线上的波 |
| Transmission line equations | 传输线方程 |
| Transverse electromagnetic （TEM） waves | 横向电磁波（TEM） |
| Travelling waves | 行波 |
| Triple-stub tuner | 三短截线调谐器 |
| TRL calibration of VNA | VNA 的 TRL 校准 |
| Tuning screw，in waveguide | 波导中的调谐螺丝 |
| Two-port network | 二端口网络 |
| ***ABCD*** matrix | ***ABCD*** 矩阵 |

| | |
|---|---|
| available power gain | 可用功率增益 |
| modified reflection coefficient | 修正的反射系数 |
| noise measurement | 噪声测量 |
| operating power gain | 工作功率增益 |
| reflection coefficient | 反射系数 |
| signal flow graph | 信号流程图 |
| *S*-parameters | *S* 参数 |
| transducer power gain | 跨导功率增益 |
| Type-N connector | N 型连接器 |

**u**

| | |
|---|---|
| Undercutting | 底切 |
| Unilateral transducer power gain | 单向转换功率增益 |
| Universal test fixture | 通用测试夹具 |
| Unloaded *Q* factor | 无负载品质因子 *Q* |
| Unwanted parasitics | 非需要寄生 |

**v**

| | |
|---|---|
| Varactor diode | 变容二极管 |
| abrupt junction | 突变结 |
| back-to-back diodes, use of | 背靠背二极管 |
| bias voltage | 偏压 |
| capacitance variation | 电容变化量 |
| graded junction | 缓变结 |
| hyper-abrupt junction | 超突变结 |
| structure | 结构 |
| tuning range | 调谐范围 |
| Varicap diode | 变容二极管 |

Vector network analyzer（VNA） 矢量网络分析仪（VNA）
  calibration 校准
  description 说明
  functional diagram 功能示意图
  12-term error model 12-term 误差模型
  on-wafer measurements 片上测试
Velocity of propagation 传播速度
  coaxial cable 同轴电缆
Vertical interconnections（VIA） 垂直互联（VIA）
  fence 栅栏
Voltage controlled oscillator（VCO） 压控振荡器（VCO）
Voltage standing wave ratio（VSWR） 电压驻波比（VSWR）
  circle 圆圈

W

Waveguide 波导
  rectangular 矩形
  attenuation in 矩形波导中的衰减
  cut-off wavelength 截止波长
  field theory 场理论
  guide wavelength 波导波长
  group velocity 群速度
  impedance 阻抗
  modes 模式
  structure 结构
  circular 圆形
  attenuation in 圆形波导中的衰减
  cut-off wavelength 截止波长

| | |
|---|---|
| field theory | 场理论 |
| modes | 模式 |
| structure | 结构 |
| Waveguide circulator | 波导环行器 |
| Waveguide designations | 波导名称 |
| Waveguide equation | 波导方程 |
| Waveguide field displacement isolator | 波导场位移隔离器 |
| Waveguide resonance isolator | 波导谐振隔离器 |
| Waves on a transmission line | 传输线上的波 |
| White noise | 白噪声 |
| Wilkinson power divider | 威尔金森功率分配器 |
| Wire bonds | 导线连接 |
| Wire ended component | 线端组件 |
| Wire wound resistor | 线绕电阻器 |

**y**

| | |
|---|---|
| Yagi-Uda antenna | 八木宇田天线 |
| radiation resistance | 辐射电阻 |
| structure | 结构 |
| use of folded dipole | 折叠偶极子的使用 |
| $Y$-factor method | $Y$ 系数法 |
| $Y$ junction circulator | $Y$ 结环行器 |
| microstrip | 微带 |
| waveguide | 波导 |
| $Y$-parameters | $Y$ 参数 |
| Yttrium Iron Garnet (YIG) resonator | 钇铁石榴石（YIG）谐振器 |

**z**

| | |
|---|---|
| $Z$-parameters | $Z$ 参数 |

# 部分习题答案

## 第1章

1.1 $Z=(51+j25)\Omega$

1.2 距离为 0.02$\lambda$

1.3 $\rho=0.72\angle-37°$，VSWR=6

1.4 $\rho=0.36\angle25°$

1.5 $Z_L=(232.5-j157.5)\Omega$

1.6 $Y_L=(4-j1.5)$mS，距离为 0.191$\lambda$

1.7 $Z_L=(7.5-j4)\Omega$

1.8 负载到短截线的距离为 0.035m，短截线的长度为 0.038m

1.9 负载到短截线的距离为 0.035m，短截线的长度为 0.138m

1.10 负载到短截线的距离为 0.048m，短截线的长度为 0.034m

1.11 长度为 16.5mm

1.12 长度为 70.27mm

1.13 $Z_{in}=(6.5+j18)\Omega$

1.14 $Z_{in}=(18+j23.5)\Omega$

1.15 $Z_{in}=(24+j2.5)\Omega$

1.16 解 1：$C_{串联}=64.30$pF，$L_{并联}=6.89$nH

解 2：$L_{串联}=9.98$nH，$C_{并联}=12.15$pF

1.17 （1）解 1：$C_{并联}=0.42$pF，$L_{串联}=3.18$nH

解 2：$L_{并联}=4.57$nH，$C_{串联}=0.88$pF

（2）解 1：$\rho_{in}=0.14\angle-43°$

解 2：$\rho_{in}=0.20\angle-124°$

1.18 $L_{并联}$(距离负载最近)= 2.63nH，$L_{串联}$(距离源最近)= 2.39nH

## 第2章

2.3 $\lambda_S=30.78$mm

2.4

| $Z_0/\Omega$ | $w/\mu m$ | $\lambda_S/mm$ | $V_p/m/s$ |
|---|---|---|---|
| 25 | 2159.0 | 10.95 | $1.10\times10^8$ |
| 50 | 571.5 | 11.68 | $1.17\times10^8$ |
| 75 | 190.5 | 12.05 | $1.20\times10^8$ |
| 100 | 63.5 | 12.27 | $1.23\times10^8$ |

2.5　17.98%

2.6　1GHz 处的最小厚度为 10.55μm
　　10GHz 处的最小厚度为 3.35μm
　　100GHz 处的最小厚度为 1.05μm

2.7　50Ω 线的百分比误差为 6.0%
　　70Ω 线的百分比误差为 11.4%

2.8　(a) $V_2=0.707\angle-90°$，$V_3=0$，$V_4=0.707\angle-270°$
　　(c) 环：$w=175\mu m$，平均直径为 5.73mm
　　(d) 7.99GHz

2.9　$w_{变换器}=240\mu m$，变换器的长度为 4.96mm

2.10　变换器的长度为 8.24mm

2.11　第一步：宽度为 635.0μm，长度为 2.43mm
　　第二步：宽度为 908.1μm，长度为 2.39mm
　　第三步：宽度为 1460.5μm，长度为 2.33mm
　　第四步：宽度为 1905.0μm，长度为 2.30mm

2.12　第一步：宽度为 400.0μm，长度为 1.96mm
　　第二步：宽度为 240.0μm，长度为 1.99mm
　　第三步：宽度为 150.0μm，长度为 2.01mm

2.13　带宽为 13.72GHz

2.14　新带宽为 15.50GHz

2.15　$w_{端口}=1.08mm$，$w_{变换器}=420\mu m$
　　变换器的长度为 3.33mm，电阻为 100Ω

2.16　并联臂：宽度为 360μm，长度为 1.95mm
　　串联臂：宽度为 720μm，长度为 1.89mm
　　端口：宽度为 360μm

2.18　$Z_{oe}=61.24\Omega$，$Z_{oo}=40.82\Omega$

2.19　频率范围为 6.78GHz

## 第 3 章

3.1　$\tan\delta=3.03\times10^{-3}$，$Q=331.13$

3.2　$\varepsilon^*=6.38-\mathrm{j}0.051$

3.3　$\gamma=1.34+\mathrm{j}10$

3.4　损失为 1.42dB/m

3.5　$\tan\delta=1.28\times10^{-3}$

3.6　损失为 0.85dB/mm

3.7　$Q_u=7502.95$

3.8　（1）长度为 11.45mm

（2）$Q_u=17.69\times10^3$

3.9　（1）$r=4.27\mathrm{mm}$

（2）长度为 14.65mm

3.10　（1）$f_L=9.312\mathrm{GHz}$

（2）$Q_L=3353$

（3）$\tan\delta=1.74\times10^{-4}$，$Q_{介质}=5747.13$

3.11　长度为 2.42mm

3.12　$\Delta_{max}=0.347\mu\mathrm{m}$

## 第 5 章

5.1　$\boldsymbol{S}=\begin{bmatrix}0 & 0\\ 12.59\angle0° & 0\end{bmatrix}$

5.2　$\boldsymbol{S}=\begin{bmatrix}0 & 1\angle-77°\\ 1\angle-77° & 0\end{bmatrix}$

5.3　（1）$\Gamma_{in}=0.12\angle24°$

（2）$\Gamma_{in}=0.25\angle46.8°$

5.4　$G_{附加}=8.12\mathrm{Db}$

5.5　SPDT 开关

5.6　$(S_{21})_{总}=24.61\angle-223.8°$

5.8　（1）$G_P=6.58\mathrm{dB}$

（2）$G_A=2.90\mathrm{dB}$

（3）$G_T=2.07\mathrm{dB}$

（4）$G_{TU}=2.01\mathrm{dB}$

5.9　$G_{TU,max}=2.01dB$

## 第6章

6.1　$f_0=3.07GHz$

6.2　$H_0=73.91kA/m$

6.4　（1）$\lambda_+=29.46mm$ $\lambda_-=15.35mm$

（2）5.61°/mm

（3）角度为56.1°，方向：负

6.5　（1）VSWR=3.76

（2）VSWR=1.16

6.6　VSWR=1.11

## 第8章

8.1　第9阶

8.2　π型配置：

$C_1=3.28pF$，$L_2=21.46nH$

$C_3=10.61pF$，$L_4=L_2C_5=C_1$

8.3　（1）第五阶

（2）第八阶

8.4　π型配置：

$L_1=32.19nH$，$C_2=2.19pF$

$L_3=9.95nH$，$C_4=C_2$，$L_5=L_1$

8.5　第七阶

8.6　π型网络：

第一并联谐振电路：

$C_1=333.76pF$，$L_1=14.66nH$

串联谐振电路：

$C_2=3.79pF$，$L_2=1.29\mu H$

第二并联谐振电路：

$C_3=333.76pF$，$L_3=14.66nH$

8.7　π型配置：

第一并联谐振电路：$C_1=26.33pF$，$L_1=1.98nH$

串联谐振电路：$C_2=0.29pF$，$L_2=180.40nH$

第二并联谐振电路：$C_3=104.27pF$，$L_3=0.50nH$

串联谐振电路：$C_2=0.18\text{pF}$，$L_2=289.34\text{nH}$

第三并联谐振电路：$C_3=104.27\text{pF}$，$L_3=0.5\text{nH}$

串联谐振电路：$C_2=0.29\text{pF}$，$L_2=180.40\text{nH}$

第四并联谐振电路：$C_1=26.33\text{pF}$，$L_1=1.98\text{nH}$

8.8 10.16dB

8.9 （使用图 2.24 和图 2.25 所示的微带线数据）

宽截面：宽=2.8mm，长=2.29mm

窄截面：宽=0.08mm，长=6.16mm

宽截面：宽=2.8mm，长=9.55mm

窄截面：宽=0.08mm，长=6.16mm

宽截面：宽=2.8mm，长=2.29mm

8.10 π 型网络：

$C_1=0.5\text{pF}$，$L_2=1.93\text{nH}$，$C_3=0.50\text{pF}$

8.11 （使用图 2.24 和图 2.25 所示的微带线数据）

宽截面：宽=8.00mm，长=0.87mm

窄截面：宽=0.24mm，长=2.22mm

宽截面：宽=8.00mm，长=0.87mm

8.12 （使用图 2.24 和图 2.25 所示的微带线数据）

参考图 8.24：

第一个短截线：宽=0.22mm，长=2.53mm

第二个短截线：宽=0.50mm，长=2.48mm

第三个短截线：宽=0.22mm，长=2.53mm

短截线分离：宽=0.22mm，长=2.52mm

端口宽为 1.47mm

## 第 9 章

9.1 （1）$K=4.26$，晶体管稳定

（2）$G_{\text{TU,max}}=14.4\text{dB}$

9.2 选择 $w_{宽}=2\text{mm}$，$l_{宽}=1.94\text{mm}$

选择 $w_{窄}=50\mu\text{m}$，$l_{窄}=2.19\text{mm}$

9.3 VSWR=4.1

9.4 变换器：$w=90\mu\text{m}$，$l=2.0\text{mm}$

短截线：$w=225\mu\text{m}$，$l=1.42\text{mm}$

9.5 $\Gamma=0.87\angle-152°$

9.6 $\Gamma_S=0.39\angle-110.3°$

$\Gamma_L=0.66\angle-144.2°$

9.8 (1) 源:

变换器: $w=410\mu m$, $l=7.47mm$

短截线: $w=900\mu m$, $l=11.91mm$

负载:

变换器: $w=170\mu m$, $l=7.62mm$

短截线: $w=900\mu m$, $l=12.41mm$

(2) $F=3.47dB$

(3) 布局:

源..$L_{串联,1}$..$L_{并联,1}$..FET..$L_{并联,2}$..$L_{串联,2}$..负载

$L_{串联,1}=1.79nH$, $L_{并联,1}=12.43nH$

$L_{串联,2}=1.53nH$, $L_{并联,2}=3.26nH$

9.9 $G_{TU}=11.42dB$

## 第10章

10.1 插入损耗: 0.166dB

隔离: 11.43dB

10.2 $C_{pk}=0.037pF$

10.3 FoM=1.24THz

10.6 并联电阻: 50Ω

互连线阻抗: $Z_T=35.36\Omega$

互连线长度: $0.25\lambda_T$

10.7 (1) $\phi=75.63°$

(2) $f_0=8GHz$

(3) $\alpha=304.8\mu m$, $b=1.86mm$

10.8 (2) $l=1.68mm$

(3) 1.6%

(4) VSWR1.05

## 第11章

11.1 $P_{RF}=478.8mW$

11.2 长度(Impatt) = 1.25μm, 长度(Gunn) = 5μm

11.3 牵引范围为43.9kHz

11.4 （1）$f_S = 4.994\text{MHz}$

（2）$L = 67.7\text{mH}$

11.5 $C_1 = 341.7\text{pF}$，$C_2 = 6.83\text{pF}$

11.6 $Q = 628.41$

11.7 $V_b = -1.20\text{V}$，$V_m = 278.91\text{mV}$

11.8 $V_b = -1.45\text{V}$，$V_m = 124.48\text{mV}$

11.9 （1）$V_b = -0.62\text{V}$

（2）$\Delta V_b = 62.16\text{mV}$

11.10 （1）$V_b = -4.37\text{V}$

（2）$\Delta V_b = 696.97\text{mV}$

11.11 $V_b = -0.64\text{V}$，$V_m = 219.03\text{mV}$

11.12 FM 噪声为-73.81dBc/Hz

11.13 $N$:935~1935

11.14 （1）$f_{ref} = 5\text{kHz}$

（2）$f_{offset\ osc} = 127.5\text{MHz}$

（3）$N_{max} = 2500$

（4）$N = 1904$

11.15 对于 65VCO 周期：$N = 14$

对于 35VCO 周期：$N = 15$

## 第 12 章

12.1 $P_{den} = 251.03\text{mW/m}^2$

12.2 $A_{eff} = 0.56\text{m}^2$

12.3 97.57dB

12.4 $R_{rad} = 7.90\Omega$

12.5 $\eta = 72\%$

12.7 （1）$\theta_{3dB} \approx 8.3°$

（2）$\theta_{1stNULLSdB} \approx 17.9°$

（3）90°±13.3°，90°±22.9°，90°±33.6°，90°±42.7°，90°±60.3°

12.9 $E_{\theta,max} = 30\text{mV/m}$，$H_{\phi,max} = 79.6\mu\text{V/m}$

12.11 $|E_B E_A| = 3.59$

12.12 （1）$Z_1 = (95-\text{j}38)\Omega$，$Z_2 = (95-\text{j}38)\Omega$

（2）$Z_1 = (55+\text{j}38)\Omega$，$Z_2 = (55+\text{j}38)\Omega$

（3）$Z_1 = (37-\text{j}20)\Omega$，$Z_2 = (113+\text{j}20)\Omega$

12. 13 （1） $F/B=11.10$dB

（2） $Z_{in}=(44.69+j34.46)\Omega$

（3） $G(\text{rel. }\lambda/2)=4.56$dB

12. 14 F/B=4. 56dB

12. 15 $V_c=79$mV

12. 16 （1） $V_T=52.90$mV

（2） $C=3.57$pF

（3） $V_c=2.47$V

（4） Change=−0. 54dB

12. 17 $G=30.10$dB

12. 18 71. 33dB

12. 19 直径增加 78. 3%

12. 20 $P_R=0.27$pW

12. 21 直径为 2. 74m

12. 22 贴片：宽为 11. 68mm，长为 8. 56mm

匹配变换器：宽为 2. 36mm，长为 5. 51mm

12. 23 贴片尺寸采用习题 12. 22 中的尺寸，插入长度为 2. 63mm

12. 24 $G=12.02$dB

12. 25 孔径：73. 52mm×73. 52mm，长度为 135. 13mm

12. 27 否

12. 28 带有 $\sigma=18.88$mm 的阶梯设计

## 第 14 章

14. 1 $T_e=606.2$K

14. 2 $F=3.8$dB，$T_e=405.7$K

14. 3 $v_n(\text{RMS})=26.24\mu$V

14. 4 $i_n(\text{RMS})=0.11\mu$A

14. 5 $P_{rob}=11.4\times10^{-3}$

14. 6 $P(e)=2.02\times10^{-1}$

14. 7 $T_{天线}=81.75$K

14. 8 $P_n=12.93$pW

14. 9 $P_n=1.3$nW

14. 10 2−1

14. 11 $G=15$dB

14.12 $T_{sys}=404.82K$

14.13 $T_{sys}=1380.98K$

14.14 （1）$P_R=113.5Pw$

（2）$S/N=4.74dB$

（3）增加4.16dB

14.15 $G_{PreAmp}=12.81dB$

14.16 $Q=46.06$

14.17 $B_{3dB}=176MHz$

14.18 减少45.5%